CAMBRIDGE LIBRARY COLLECTION

Books of enduring scholarly value

Botany and Horticulture

Until the nineteenth century, the investigation of natural phenomena, plants and animals was considered either the preserve of elite scholars or a pastime for the leisured upper classes. As increasing academic rigour and systematisation was brought to the study of 'natural history', its subdisciplines were adopted into university curricula, and learned societies (such as the Royal Horticultural Society, founded in 1804) were established to support research in these areas. A related development was strong enthusiasm for exotic garden plants, which resulted in plant collecting expeditions to every corner of the globe, sometimes with tragic consequences. This series includes accounts of some of those expeditions, detailed reference works on the flora of different regions, and practical advice for amateur and professional gardeners.

Catalogus bibliothecæ historico-naturalis Josephi Banks

Following his stint as the naturalist aboard the *Endeavour* on James Cook's pioneering voyage, Sir Joseph Banks (1743–1820) became a pre-eminent member of the scientific community in London. President of the Royal Society from 1778, and a friend and adviser to George III, Banks significantly strengthened the bonds between the practitioners and patrons of science. Between 1796 and 1800, the Swedish botanist and librarian Jonas Dryander (1748–1810) published this five-volume work recording the contents of Banks's extensive library. The catalogue was praised by many, including the distinguished botanist Sir James Edward Smith, who wrote that 'a work so ingenious in design and so perfect in execution can scarcely be produced in any science'. Volume 5 (1800) contains a list of works from the first four volumes indexed by author, as well as a supplementary list of those items that were acquired after the publication of the previous volumes.

Cambridge University Press has long been a pioneer in the reissuing of out-of-print titles from its own backlist, producing digital reprints of books that are still sought after by scholars and students but could not be reprinted economically using traditional technology. The Cambridge Library Collection extends this activity to a wider range of books which are still of importance to researchers and professionals, either for the source material they contain, or as landmarks in the history of their academic discipline.

Drawing from the world-renowned collections in the Cambridge University Library and other partner libraries, and guided by the advice of experts in each subject area, Cambridge University Press is using state-of-the-art scanning machines in its own Printing House to capture the content of each book selected for inclusion. The files are processed to give a consistently clear, crisp image, and the books finished to the high quality standard for which the Press is recognised around the world. The latest print-on-demand technology ensures that the books will remain available indefinitely, and that orders for single or multiple copies can quickly be supplied.

The Cambridge Library Collection brings back to life books of enduring scholarly value (including out-of-copyright works originally issued by other publishers) across a wide range of disciplines in the humanities and social sciences and in science and technology.

Catalogus bibliothecæ historico-naturalis Josephi Banks

VOLUME 5:
SUPPLEMENTUM ET INDEX AUCTORUM

JONAS DRYANDER

CAMBRIDGE
UNIVERSITY PRESS

University Printing House, Cambridge, CB2 8BS, United Kingdom

Published in the United States of America by Cambridge University Press, New York

Cambridge University Press is part of the University of Cambridge.
It furthers the University's mission by disseminating knowledge in the pursuit of
education, learning and research at the highest international levels of excellence.

www.cambridge.org
Information on this title: www.cambridge.org/9781108069540

© in this compilation Cambridge University Press 2014

This edition first published 1800
This digitally printed version 2014

ISBN 978-1-108-06954-0 Paperback

CATALOGUS

BIBLIOTHECÆ

HISTORICO-NATURALIS

JOSEPHI BANKS

REGI A CONSILIIS INTIMIS,

BARONETI, BALNEI EQUITIS,

REGIÆ SOCIETATIS PRÆSIDIS, CÆT.

AUCTORE

JONA DRYANDER, A. M.

REGIÆ SOCIETATIS BIBLIOTHECARIO.

TOMUS V.

SUPPLEMENTUM

ET

INDEX AUCTORUM.

LONDINI:

TYPIS GUL. BULMER ET SOC.

1800.

SUPPLEMENTUM TOMI I.

Pag. 4. lin. 14 a fine lege :
    1797. pagg. 546. tabb. 12.
    1798. pagg. 598. tabb. 24.
    1799. Part 1. pagg. 156. tabb. 3.
Pag. 18. post sect. 20.

Societas Philomatica Parisina.

Rapport general des travaux de la Societé Philomatique de Paris, depuis le 1 Janvier 1792, jusqu'au 23 Frimaire de l'an 6 ; par le C. Silvestre, Secretaire de cette Societé.
    Pagg. 272.   Paris, an 6. (1798.) 8.
Pag. 19. post lin. 1. sect. 26.

Societas Œconomica Madritensis.

Memorias de la Sociedad Economica.
    Tomo 1. pagg. xliii et 431 ; cum tabb. æneis.
                        Madrid, 1780. 4.
      2. pagg. 244 et 321.
Pag. 27. post lin. 24.
    1792 et 1793. pagg. 66 et 670. tabb. 2.   1798.
Sammlung der Deutschen abhandlungen, welche in der Königlichen Akademie der Wissenschaften zu Berlin vorgelesen worden in den jahren 1788 und 1789.
    Pagg. 188. tabb. æneæ 2.   Berlin, 1793. 4.
Pag. 36. lin. 8. a fine lege :
    Tom. 17. för år 1796. pagg. 302. tabb. 9.
        18. för år 1797. pagg. 324. tabb. 11.
        19. för år 1798. 1, 2 och 3 Quartalet. pag. 1—
          249. tab. 1—4.
Pag. 37. lin. 15. lege 180.
        18. lege 123.
Pag. 38. post lin. 12 a fine.
    3 Stycket. pagg. 109. tabb. 4.   1785.
    4 Stycket. pagg. 88.   1788.
Tom. 5.   B

ib. post lin. 9 a fine.

    3 Stycket. pagg. 103.   1785.

    4 Stycket. pagg. 95.   1797.

Pag. 53. lin. 13 et 14 lege:

Tome 1. Nivose—Fructidor, an 2. pagg. 484.

    2. Juillet—Decembre 1794. (h. e. 1797.) pagg.
        480.

    3. Nivose—Prairial, an 6. pagg. 480.

    4. Messidor, an 6.—Frimaire, an 7. pagg. 480.

    5. Nivose—Prairial, an 7. pagg. 480.

        Cum tabulis æneis.   Paris. 4.

Pag. 54. lin, 8. lege: parte 1—4. pagg. 288 et 32. tabb. 4.

Pag. 60. lin. 15. lege:

Tome 23. pagg. 336. tabb. 2.

    24. pagg. 340. tabb. 2.

    25. pagg. 335. tab. 1.   1798.

    26. pagg. 340. tab. 1.

    27. pagg. 336. tabb. 2.

    28. pagg. 336. tabb. 2.   an 7.

    29. pagg. 336. tab. 1.

    30. pagg. 344.

Pag. 61. post lin. 10.

    1 Trimestre. an 3. No. 1—3. pagg. 128, 128 et 126.
    tabb. æneæ 2.

    2 Trimestre. an 3. No. 4—6. pagg. 96, 95 et 78. tab.
    3tia.

    3 Trimestre. an 3. No. 7—9. pagg. 80, 80 et 85. tab. 4ta.

    4 Trimestre. an 3. No. 10—12. pagg. 87, 94 et 80.
    tabb. 5—8.

    1 Trimestre. an 4. No. 13—15. pagg. 91, 96 et 82.
    tabb. 9—11.

    2 Trimestre. an 4. No. 16—18. pagg. 88, 82 et 100.
    tabb. 12, 13.

    3 Trimestre. an 4. No. 19—21. pagg. 85, 85 et 80.
    tabb. 14, 15.

ib. lin. 15—17. lege:

    2 Trimestre. an 5. No. 28—30. pag. 249—494. tab.
    20—22.

    3 Trimestre. an 5 No. 31—33. pag. 497—734. tab. 23.

    4 Trimestre. an 5. No. 34—36. pag. 737—971. tab. 24, 25.

    1 Trimestre. an 6. No. 37—39. pagg. 240. tab. 26.

    2 Trimestre. an 6. No. 40—42. pag. 243—484. tab. 27.

    3 Trimestre. an 6. No. 43—45. pag. 487—724. tab.
    28, 29

    4 Trimestre. an 6. No. 46—48. pag. 727—992.

1 Trimestre. an 7. No. 49, 50. pagg. 164.
Journal de l'Ecole Polytechnique, ou bulletin du travail
    fait à cette ecole, publié par le conseil d'instruction et
    administration de cet etablissement.
Tome 1. 1—4 Cahier. pagg. 189, et 744.
                                    Paris, an 3—5. 4.
    2. 5 Cahier. pagg. 208.   an 6.
    Cum tabb. æneis.
Pag. 61. ante sect. 70. et ante addenda, pag. 305.
La Decade philosophique, litteraire et politique.
    Cinquieme année de la Republique. 4 Trimestres.
    Sixieme année. 4 Trimestres.
    Septieme année. 1—3 Trimestre.
    Singula trimestria pagg. 576.   Paris. 8.
Bulletin des Sciences, par la Societé Philomatique.
    No. 1—24. Germinal, an 5—Ventose, an 7. pagg.
    192.
    Tome 2. No. 25—27. Germinal—Prairial, an 7. pag.
    1—24.
    Cum tabulis æneis.
Sammlung naturhistorischer und physikalischer aufsäze,
    herausgegeben von *Franz von Paula* SCHRANK.
Pagg. 456.   Tabulæ desiderantur.
                                    Nürnberg, 1796. 8.
ib. ante sect. 70; sed post addenda, pag. 305.
The philosophical magazine, by *Alexander* TILLOCH.
    Vol. 1. June—September 1798.   Pagg. 439. tabb.
    æneæ 13.
    2. Oct. 1798—Jan. 1799.   Pagg. 442. tabb.
    11.
    3. Feb.—May 1799.   Pagg. 441. tabb. 10.
                                    London. 8.
Allgemeines Journal der Chemie, herausgegeben von
    Alexander Nicolaus SCHERER.
    1 Band. pagg. 713. tabb. æneæ 8. Leipzig, 1798. 8.
Pag. 62. ante lin. 18 a fine.
Georgii BAGLIVI
    Opera omnia.   Editio septima.
    Pagg. 854; cum tabb. æneis.   Lugduni, 1710. 4.
Pag. 68. ante sect. 71.
Caroli Guil. SCHEELE
    Opuscula chemica et physica, latine vertit Godofr. Henr.
    Schæfer.
    Vol. 1. pagg. 284. tab. ænea 1.   Lipsiæ, 1788. 8.
    2. pagg. 284.   1789.
                    B 2

Bertrand PELLETIER.
Memoires et observations de chimie, recueillis et mis en
ordre par Ch. Pelletier, et Sedillot jeune.
Paris, an 6.—1798. 8.
Tome 1. pagg. 416. Tome 2. pagg. 492; cum tabb.
æneis.
Pierre BAYEN.
Opuscules chimiques. Paris, an 6. 8.
Tome 1. pagg. lxxiv et 395. Tome 2. pagg. 468.
Pag. 68. ad calcem paginæ.
Johannis Conradi PEYERI
Parerga anatomica et medica VII.
Pagg. 202. tabb. æneæ 2. Genevæ, 1681. 8.
————— Editio tertia. Lugd. Bat. 1750. 8.
Pagg. 264. tabb. æneæ 2; præter Jo. Jac. Peyeri ob-
servationes; de quibus Tomo 2. p. 377.
Pag. 77. post lin. 11.
Petrus GASSENDUS.
Nicolai Claudii Fabricii de Peiresc, Senatoris Aquisex-
tiensis vita. Pagg. 405. Parisiis, 1641. 4.
Pag. 80. post lin. 23.
————— : Cinquieme chapitre de la geographie physique,
des divers bancs de terre; traduit par la Citoyenne A.
Guichelin.
Journal des Mines, an 4. Frimaire, p. 55—82.
Nivose, p. 21—66.
Pag. 84. post lin. 4.
Pierre BERGERON.
Relation des voyages en Tartarie de Fr. Gu. de Rubru-
quis, Fr. Jean du Plan Carpin, Fr. Ascelin et autres
religieux, qui y furent envoyez par le Pape Innocent
IV. et le Roy S. Louys; plus un traicté des Tartares,
avec un abregé de l'histoire des Sarasins et Mahometans.
Pagg. 466, 240 et 119. Paris, 1634. 8.
Alia itinera huic collectioni addidit Bipliopola Belga, et
farraginem suam, præfixo Petri Bergeron nomine, edi-
dit 1735, vide pag. 85.
ib. post lin. 17.
Recueil de voyages. Paris, 1681. 8.
Pagg. 43, 18, 32, 20, 8, 13, 16 et 16; cum tabb.
æneis.
Pag. 88. ante lin. 5 a fine.
Carl Friederich BEHRENS.
Reise durch die Süd-länder und um die welt. (1721—1723.)
Pagg. 331. tabb. æneæ 2. Frankf. u Leipz. 1737. 8.

Pag. 91. post lin. 7 a fine, et post addenda pag. 307.
George Vancouver.
  A voyage of discovery to the North Pacific Ocean, and
  round the world, in the years 1790—1795.
                    London, 1798.   4.
  Vol. 1. pagg. xxix et 432. Vol. 2. pagg. 504. Vol.
    3. pagg. 505. tabb. æneæ 34.
Pag. 95. post lin. 21.
Anon.
  The annual *Hampshire* repository, or historical, econo-
  mical, and literary miscellany. Winchester, (1799.) 8.
  Vol. 1. pagg. 128 et 150. tabb. æneæ 4.
Pag. 99. ante lin. 12 a fine.
Johann Gottfried Schmeisser.
  Beyträge zur näheren kenntniss des gegenwärtigen zu-
  standes der wissenschaften in Frankreich.
  1 Theil. pagg. 138.   Hamburg, 1797.   8.
  2 Theil. pagg. 127.   1798.
Pag. 105. lin. 12. lege Pachhelbel,
ibid. post lin. 15.
Anon.
  Sendschreiben eines freundes an den andern, wegen der zu
  Leipzig A. 1716. herausgegebenen ausführlichen be-
  schreibung des Fichtelberges. Pagg. 22. 4.
ibid. ante lin. 8 a fine.
Johann Philipp Rüling.
  Physikalisch-medicinisch-ökonomische beschreibung der
  zum Fürstenthum Göttingen gehörigen stadt *Northeim,*
  und ihrer umliegenden gegend.
  Pagg. 340.   Göttingen, 1779.   8.
Pag. 115. post lin. 7.
  Afhandling, geographisk och historisk, om *Sysmä* socken,
  i Kymmenegårds Län, och Savolax öfredels härad.
  Resp. Mich. Ticcander. Pagg. 34.   Åbo, 1792.   4.
Pag. 118. post lin. 1.
William Tooke,
  View of the Russian empire during the reign of Catha-
  rine II. and to the close of the present century.
                    London, 1799.   8.
  Vol. 1. pagg. 564. Vol. 2. pagg. 612. Vol. 3. pagg.
    694.

———

ib. post lin. 4.
Philipp Johann von Strahlenberg.
  Das nord-und ostliche theil von Europa und Asia, in so

weit solches das ganze Russische reich mit Siberien und
der grossen Tatarey in sich begreiffet.
  Pagg. 438. tabb. æneæ 21.   Stockholm, 1730. 4.
Pag. 121. lin. 9 a fine, lege:
Christophorus DONAVERUS.
  Martini a Baumgarten in Braitenbach peregrinatio in
  Ægyptum, Arabiam, Palæstinam et Syriam. (1507.)
    Pagg. 173.   Noribergæ, 1594. 4.
    ————: Travels through Egypt, &c.
Pag. 122. post lin. 11 a fine.
Nic. Christophori RADZIVILI, *Ducis Olicæ et Niesvisii*
  Jerosolymitana peregrinatio, (1583.) a Thoma Tretero
  ex Polonico sermone in latinum translata.
    Pagg. 308.   Antverpiæ, 1614. fol.
Pag. 126. ante sect. 95.
Charles Sigisbert SONNINI.
  Voyage dans la haute et basse Egypte.   Paris, an 7. 8.
    Tome 1. pagg. 425. Tome 2. pagg. 417.   Tome 3.
    pagg. 424. tabb. æneæ 38.
Pag. 129. lin. 20 a fine, adde: (PRUNEAU DE POMME-
    GORGE.)
ib. ante lin. 9 a fine.
Mungo PARK.
  Travels in the interior districts of Africa, performed under
  the direction and patronage of the African Association,
  in the years 1795—1797.   London, 1799. 4.
    Pagg. 372; cum tabb. æneis; præter Geographical
    illustrations by Major Rennell. ·
Pag. 130. lin. 5. lege:
Willem BOSMAN.
  Nauwkeurige beschryving van de Guinese Goud-Tand-en
  Slave-kust.   Utrecht, 1704. 4.
    Pagg. 207 et 280; cum tabb. æneis.
    ————: A new description, etc.
ib. post lin. 13.
Godefroy LOYER.
  Relation du voyage du royaume d'*Issyny,* côte d'or, païs
  de Guinée.
    Pagg. 298; cum tabb. æneis.   Paris, 1714. 12.
Archibald DALZEL.
  The history of *Dahomy,* an inland kingdom of Africa.
    Pagg. xxxi, xxvi et 230. tabb. æneæ 7. London, 1793. 4.
Pag. 133. post lin. 13.
    ————: Voyage en Tartarie. dans la Relation des
    voyages en Tartarie, par Bergeron, p. 1—311.

Pag. 140. post lin. 31.

J. S. Stavorinus.

Voyage par le Cap de Bonne-esperance à Batavia, à Bantam et au Bengale, en 1768—71 ; traduit du Hollandois par H. J. Jansen.

Pagg. 434. tabb. æneæ 3.　Paris, l'an 6. (1798.)　8.

Voyage par le Cap de Bonne-esperance, et Batavia, a Samarang, à Macassar, à Amboine, et à Surate, en 1774—78 ; traduit du Hollandois.　ib. an 7.　8.

Tome 1. pagg. 386.　Tome 2. pagg. 361 ; cum tabb. æneis.

ib. ante lin. 13 a fine.

Anton Pantaleon Hove.

Journal kept in a journey through *Guzerat*, in the years 1787 and 1788.

Mscr. Pagg. 239.　　　　　　　　　fol.

Pag. 147. ante sect. 104.

Anon.

A missionary voyage to the Southern Pacific ocean, performed in the years 1796—1798, in the ship Duff, commanded by Capt. James Wilson.

Pagg. 420. tabb. æneæ 13.　London, 1799.　4.

Pag. 153. post lin. 11.

Isaac Weld, *junior.*

Travels through the states of North America, and the provinces of upper and lower Canada, in the years 1795 —1797.

Pagg. 464. tabb. æneæ 16.　London, 1799.　4.

Pag. 154. ante lin. 16 a fine.

Anon.

Histoire naturelle et politique de la *Pensylvanie.*

Paris, 1768.　12.

Pagg. 372 ; cum mappa geographica.

Pag. 155. post lin. 11.

Edward Williams,

Virgo triumphans, or Virginia richly and truly valued, more especially the south part thereof, viz. the fertile Carolana, and no lesse excellent isle of Roanoak.

Pag. 47.　　　　　　　London, 1650.　4.

————— : Virginia, more especially the south part thereof, richly and truly valued.　Second edition.

Eadem editio, novo titulo.　　　　ib. 1650.　4.

Edward Bland,

The discovery of New Brittaine.

Pagg. 16. tab. ænea 1.　　　　　ib. 1651.　4.

Pag. 159. post lin. 24.
L. M. B.
 Voyage à la Guiane et à Cayenne, fait en 1789 et années
  suivantes.
   Pagg. 400; cum tabb. æneis.   Paris, an 6.   8.
Pag. 161. ante sect. 108.
Anton Zacharias HELMS.
 Tagebuch einer reise durch Peru, von Buenos-Ayres über
  Potosi nach Lima.
   Pagg. 300.   Dresden, 1798.   8.
Pag. 162. post lin. 10 a fine.
Bengt Anders EUPHRASEN.
 Reise nach der Schwedisch-westindischen insel St. Bar-
  thelemi, und den inseln St. Eustache und St. Chris-
  toph; aus dem schwedischen von J. G. L. Blumhof.
   Pagg. 308. tab. ænea 1.   Göttingen, 1798.   8.
Pag. 168. post lin. 4.
 Pars posterior. Præs. Sam. Liljeblad. Resp. Jon. Envall.
   Pag. 19—32.   Upsaliæ, 1789.   4.
David SZABO DE BARTZAFALVA.
 Oratio inauguralis de multiplicibus scientiarum natura-
  lium in omni vita utilitatibus, recitata S. Patakini die 1
  Maji 1792. Pagg. 124.   Posonii.   8.
Pag. 170. post lin. 23.
 Åminnelse-tal öfver *Clas* BJERKANDER, af Samuel Öd-
  mann. Pagg. 29.   Stockholm, 1798.   8.
ib. post lin. 26.
 Alberti Schultens oratio academica in memoriam Herm.
  Boerhaavii. Pagg. 83.   Lugd. Bat. 1738.   4.
ib. ante lin. 5 a fine.
Andreas CÆSALPINUS. de cujus viri ingenio, doctrina et
  virtute pauca delibat ad capessendum in arte medica
  Doctoris axioma Carolus Fuchs.
   Pagg. 25.   Marburgi, 1798.   4.
 Narratio succincta de vita et meritis *Joachimi* CAMERA-
  RII, auctore Paul. Sigism. Carol. Preu.
   Pagg. 28.   Altorfii, 1782.   4.
Pag. 171. ante lin. 6 a fine.
 Biographische nachrichten von *Friedrich* EHRHART, von
  ihm selbst geschrieben.
   Usteri's Annalen der Botanik, 19 Stück, p. 1—9.
Pag. 172. post lin. 2.
 Oratio de vita et morte *Leonharti* FUCHSII, habita a
  Georgio Hizlero.   Tubingæ, 1566.   4.
   Pagg. adsunt 40, sed deest finis.

Pag. 172. ad calcem paginæ.
Oratio in laudes meritorum Alberti de Haller, publice
recitata d. 2. Jan. 1778. ab Ern. Godofr. Baldinger.
Pagg. 24.   Gottingæ. 4.
Pag. 176. post lin. 19.
Memoria Augusti Johannis Roeselii de Rosenhof.
Comment. Medic. Lips. Vol. 8. p. 563—568.
ib. ante lin. 10 a fine.
Syllabus scriptorum a SCHEUCHZERIS fratribus hactenus
elaboratorum. impr. cum J. J. Scheuchzeri Museo di-
luviano. Pagg. 4.   Tiguri, 1716. 8.
Pag. 184. ante sect. 9.
7. Lief. Französ. u. Italien. Wörterb. Col. 1061—1508.
8. und lezte Lief. Span. Holländ. Schwed. u. Dän. Wör-
terb. Col. 1513—2108.   1798.
ib. post lin. 20.
George Louis le Clerc Comte DE BUFFON.
De la maniere d'etudier et de traiter l'histoire naturelle.
dans son Histoire naturelle, Tome 1. p. 3—62.
Pag. 185. post lin. 10.
Jobann FIBIG.
Uiber das studium der naturgeschichte. Ein programm.
Pagg. 16.   Mainz, 1784. 8.
Pag. 186. lin. 14 a fine, lege : tabb. æneæ 2.
———— Sechste auflage.
Pagg. 708. tabb. æneæ 2.   Göttingen, 1799. 8.
————: Haandbog i naturhistorien, oversat efter den
fierde tydske udgave, af O. J. Mynster.
Pagg. 598. tabb. æneæ 3.   Kiöbenhavn, 1793. 8.
Pag. 187. ante sect. 11.
Franz von Paula SCHRANK.
Ueber die Linnäischen farbennamen. in ejus Samml.
naturhistor. Aufsäze, p. 1—96.
Pag. 192. post lin. 20. sect. 12.
Louis Jean Marie DAUBENTON.
Observations sur les caracteres generiques en histoire na-
turelle.
Mem. de l'Institut, Tome 1. Scienc. Phys. p. 387—396.
Pag. 195. ante sect. 15.
L. F. JAUFFRET.
Voyage au Jardin des plantes.
Pagg. 244. tabb. æneæ 2.   Paris, an 6. 18.
Pag. 199. lin. 8 a fine, lege :
Pagg. 152. tabb. æneæ 6.   Firenze, 1671. 4.
———— Pagg. 122. tabb. æneæ 6.   ib. 1686. 4.

Pag. 205. post lin. 7.
Heinrich Friedrich Link.
Beyträge zur naturgeschichte.
                    Rostock u. Leipzig, 1794.   8.
  1 Band. 1 Stück. pagg. 124.
       2 Stück. pagg. 126.   1795.
       3 Stück. pagg. 136.   1797.
ib, post lin. 11.
Robert Townson.
  Tracts and observations in natural history and physio-
    logy.
    Pagg. 232. tabb. æneæ 7.   London, 1799. 8,
Pag. 226. lin, 16 a fine, dele Anon. et adde :
  Catalogue raisonné d'une collection choisie de mineraux,
    cristallisations, madrepores, coquilles et autres curio-
    sités. (de M. Jacob Forster.) La vente s'en fera le 4
    Avril, 1769. Pagg. 128.   Paris, 1769. 8.
ib. lin. 13 a fine, post naturelle, adde : (de M. Jacob For-
    ster.)
ib. ante lin. 11 a fine.
  Catalogue des curiosités naturelles, qui composent le cabi-
    net de M. de * * * (Beost), et dont la vente se fera le
    4 Juillet, 1774. Pagg. 295.   ib. 1774. 8.
  Catalogue raisonné d'une collection de mineraux, cristal-
    lisations, petrifications, coquilles, et autres objets d'his-
    toire naturelle, (de M. Jacob. Forster) dont la vente se
    fera le 21 Fevrier, 1780. Pagg. 220.   ib. 1780. 8.
Anon.
Pag. 228. lin. 17. lege.
    Pagg. 88. tabb. æneæ 36.   Schleswig, 1666. 4. obl.
  ———— Pagg. 80. etc.
Pag. 244. ad calcem sect. 42.
  Naturhistorische beobachtungen um Pöttmes, Neuburg
    und Weihering. in ejus Samml. naturhist. Aufsäze, p.
    97—226.
Pag. 246. post lin. 2.
Joannes Conradus Trumphius.
  Historia naturalis urbis *Verdæ*.
    Pagg. 24.   Norimbergæ, 1744. 4.
Pag. 247. post lin. 5.
Christian Lehmanns
  Historischer schauplaz derer natürlichen merckwürdig-
    keiten in dem Meissnischen *Ober-Erzgebirge*.
                    Leipzig, 1699. 4.
    Pagg. 1005 ; cum tabb. æneis, et figg. ligno incisis.

Pag. 250. ad calcem sect. 55.
ANON.
 Beschreibung des Karpathischen gebirges.
  Ungrisches Magazin, 3 Band, p. 3—47.
Pag. 251. post lin. 10.
 Catalogus plantarum Tauricæ redit in Usteri's Annalen
  der Botanik, 22 Stück, p. 20—34.
Pag. 252. ad calcem.
ANON.
 Volumina 2, foliorum 200, continentia icones animalium
  et plantarum, coloribus fucatas a pictore quodam si-
  nensi, ante annum 1776.   fol. obl.
Pag. 253. ante sect. 61.

Americæ.

J. J. VIRET.
 Discours sur l'origine des animaux et des plantes du nou-
  veau continent.
  Magazin encycloped. 4 Année, Tome 3. p. 433—458.
Pag. 254. post lin. 3.
Benjamin Smith BARTON.
 Fragments of the natural history of Pennsylvania.
  Part 1. pagg. xviii et 24.   Philadelphia, 1799. fol.
Pag. 257. ad calcem.
Friedrich Wilhelm OTTO.
 Abriss einer naturgeschichte des Meeres.
  1 Bändchen. pagg. 206.   Berlin, 1792. 8.
  2 Bändchen, pagg. 220.   1794.
Pag. 258. post titulum sect. 64.
Richard BARTON.
 Some remarks, towards a full description of Upper and
  Lower *Lough Lene,* near Killarny, in the county of
  Kerry.
  Pagg. 14. tab. ænea 1.   Dublin, 1751. 4.
Pag. 269. post lin. 10 a fine.
Jacobus Bartholomæus BECCARIUS.
 De quamplurimis phosphoris nunc primum detectis com-
  mentarius. Pagg. 85.   Bononiæ, 1744. 4.
Pag. 281. post lin. 9 a fine.
Georgii Wolffgangi WEDELII
 Amoenitates materiæ medicæ.
  Pagg. 512.   Jenæ, 1684. 4.
Pagg. 290. ad calcem.
 ————— Pagg. 146 et plagg. 6½. Leipzig, 1592. 4.

Pag. 292. post lin. 4 a fine.
Petrus DE ABBANO.
   Tractatus de venenis.   Padue, 1473. 4.
   Foll. 29; præter tractatum sequentem, et Valastum de
   Tarenta de Peste.
Arnaldus DE VILLA NOVA.
   Tractatus de arte cognoscendi venena, cum quis timet sibi
   ea ministari. impr. cum priori. Foll. 4.
Pag. 300. post lin. 2.
VARENNE DE FENILLE.
   Observations, experiences et memoires sur l'agriculture.
     Pagg. 290. tab. ænea 1.   Lyon, 1789. 8.
Johann BECKMANN.
   Vorbereitung zur waarenkunde, oder zur kentniss der vor-
   nehmsten ausländischen waaren.
    1 Theil. pagg. 618.   Göttingen, 1793, 94. 8.
    2 Bandes 1 Stück, pagg. 155.   1796.
ib. ante sect. 84.
J. W. L. VON LUCE.
   Öconomische abhandlungen für den nordischen landmann.
     Pagg. 164. tab. ænea 1.   Riga, 1795. 8.
Johann FABBRONI.
   Versuch eines magazins für beobachtungen und erfahrun-
   rungen über verbrennliche stoffe.
   Göttingisches Journal, 1 Band. 2 Heft, p. 49—138.
Pag. 303. ante lin. 9 a fine.
   Memoires de l'Institut national des Sciences et Arts, pour
   l'an IV de la Republique.
   Sciences Mathematiques et Physiques.
     Tome 1. pagg. xlvi et 623. tabb. æneæ 14.
   Sciences Morales et Politiques.
     Tome 1. pagg. xxvj et 642. tab. 1.
   Litterature et Beaux-arts.
     Tome 1. pagg. iv et 676. tabb. 4. Paris, an 6. 4.
Pag. 305. lin. 16, lege:
   Vol. 2. pagg. 564. tabb. 24.   1799.
     3. pag. 1—236. tab. 1—10.
Pag. 309. post lin. 14 a fine.
   ———— Nicholson's Journal, Vol. 2. p. 381—386, et
   p. 431—438.
ib. ante lin. penult.
    2 Theil. 1 Abtheilung. pagg. 286.   1798.
      2—4 Abtheil. pag. 293—1142.   1799.
ib. lin. ult. deleatur.

SUPPLEMENTUM TOMI II.

Pag. 1. ante lin. 1.

Historia Zoologiæ.

Gustaf PAYKULL.
Tal om Djur-kännedomens historia (i *Sverige*) för Lin-
nés tid. Pagg. 42.   Stockholm, 1797. 8.
Pag. 2. ante lin 10. a fine.
ANON.
Gesammlete kunstgriffe und nachrichten, zum nuzen und
vergnügen der liebhaber der naturhistorie.
Stralsund. Magaz. 1 Band, p. 247—263.
Pag. 4. ante sect. 4.
J. J. SUE.
Notice sur la maniere de preparer des squelettes d'ani-
maux et de plantes.
Nouv. Journal de Physique, Tome 5. p. 291—293.,
ibid. ad calcem paginæ.
Louis Jean Marie DAUBENTON.
Observations sur la division generale et methodique des
productions de la nature.
Magasin encycloped. 2 Année, Tome 3. p. 7—10.
DUCHESNE.
Classification des habitans des eaux. ib. p. 300, 301.
Pag. 7. post lin. 6.
Charles WHITE.
An account of the regular gradation in Man, and in dif-
ferent animals and vegetables.
Pagg. 166. tabb. æneæ 4.   London, 1799. 4.
ib. post lin. 12.
————   Parisiis, 1524. fol.
Foll. 101; præter libros de partibus et generatione, de
quibus infra.
Pag. 9. post lin. 11.
Joannes Gottlieb BUHLE.
De fontibus, unde Albertus Magnus libris suis 25 de ani-
malibus materiem hauserit.
Commentat. Societ. Götting. Vol. 12. p. 94—115.
ib. lin. 17 a fine, deleatur lineola ante Pagg.

Pag. 12. lin. 27. pro Reliquæ 3 desiderantur, lege : Pars 3,
    4 et 5. pag. 1837—3624.

———————: The history of brutes, rendred into english
    by N. W.

    Pagg. 256. tab. ænea 1.   London, 1670. 8.

Pag. 14. ante lin. 6 a fine.

Histoire naturelle des Poissons, par le Citoyen L a C e p e d e.
    Tome 1. pagg. cxlvij et 532. tabb. æneæ 25.
                        Paris, l'an 6. 1798. 4.

(*Joseph Albert* L a L a n d e d e L i g n a c. Hall. bibl. anat.
    2. p. 469.)

Lettres à un Ameriquain, sur l'histoire naturelle de M. de
    Buffon.

    1 Partie. pagg. 180. 2 Partie. pagg. 126 et 68. 3
        Partie. pagg. 199.   Hambourg, 1756. 12.
    4 Partie. pagg. 78 et 92. 5 Partie. pagg. 185. 1751.

Suite des lettres à un Ameriquain, sur les iv et v volumes
    de l'histoire naturelle de M. de Buffon, et sur le traité
    des animaux de M. l'Abbé de Condillac. 6 Partie. pagg.
    238. 7 Partie. pagg. 238. 8 Partie. pagg. 258. 9
    Partie. pagg. 276.   1756.

Pag. 18. lin. 14 a fine, lege : 1758.

Pag. 20. post lin. 6.

Bernhard Sebastian N a u.

Einige naturhistorische bemerkungen. in ejus Neue ent-
    deckungen, 1 Band, p. 245—260.

Pag. 21. ad calcem.

Joanne Adamo K u l m o

Præside, Exercitatio de animalibus in genere. Resp. Aug.
    Mart. Schadeloock.

    Plag. 1.   Gedani, 1728. 4.

Pag. 23. post lin. 6. et addenda pag. 570.

Jean H e r m a n n.

Lettre contenant differentes remarques zoologiques.
    Magasin encycloped. 2 Année, Tome 1. p. 290—302.

A n o n.

Du pouvoir de la musique sur les animaux, et du concert
    donné aux Elephans.

    Decade philosophique, an 6, 4 Trim. p. 257—264, et
    p. 321—329.

ibid. post lin. 18.

Levinus V i n c e n t.

Catalogus et descriptio animalium - - - quæ in liquoribus
    ad vivum conservat. latine et gallice.

    Pagg. 72.   La Haye, 1726. 4.

Pag. 24, ante lin. 5 a fine.
Adolph Ulric GRILL.
 Tal om naturalie samlingen på Söderfors.
  Pagg. 36. Stockholm, 1796. 8.
ib. ad calcem paginæ.
Johann August Ephraim GOEZE.
 Verzeichniss der naturalien meines kabinets, mit natur-
  historischen anmerkungen.
  Pagg. 80. Leipzig, 1792. 8.
Pag. 26. ad calcem sect. 17.
A. DELARBRE.
 Essai zoologique sur l'*Auvergne*, ou histoire naturelle des
  animaux sauvages quadrupedes, et oiseaux indigenes ;
  de ceux qui ne sont que passagers ou qui paraissent
  rarement, et des poissons et amphibies, observés dans
  cette province.
  Pagg. 348. Paris, 1798. 8.
Pag. 27. ante sect. 19.

Lusitaniæ.

Dominicus VANDELLI.
 Faunæ Lusitanicæ specimen.
  Mem. da Acad. R. de Lisboa, Tomo 1. p. 64—79.
ib. ante lin. 13 a fine.
Moriz Balthasar BORKHAUSEN.
 Deutsche fauna, oder kurzgefasste naturgeschichte der
  thiere Deutschlandes.
  1 Theil. Säugthiere und Vögel.
  Pagg. 620. Frankfurt am Mayn, 1797. 8.
Pag. 28. post lin. 4.
Franz Wilibald SCHMIDT.
 Versuch eines verzeichnisses aller in *Böhmen* bisher be-
  merkten thiere. in sein. Samml. physikal. Aufsäze, 1
  Band, p. 1—103.
Pag. 32. ad calcem sect. 28.
 Excerpta, germanice, in Götting. Journal, 1 Band, 2
  Heft, p. 143—148.
ib. ante lin. 10 a fine.
Louis BOSC.
 Description de deux nouvelles especes d'animaux.
  Magasin encycloped. 2 Année, Tome 2. p. 26.
Pag. 33. lin. 1. lege : Targioni Tozzetti.

Pag. 34. post lin. 18.
Johann Gottlob KRÜGERS
    Physicotheologische betrachtungen einiger thiere.. impr.
    cum ejus' Gedanken von den Steinkohlen; p. 101—
    147.
ib. post lin. 25.
Hendrik VAN DEN HESPEL.
    Verhandeling over Gods goedheid, in de bepaaling om-
    trent den dood der meeste dieren. Verhand. van het
    Genootsch. te Vlissing. 12 Deel, p. 313—345.
Johan JULIN.
    Inträdes-tal om Djur-rikets bestånd.
       Pagg. 30.   Stockholm, 1793. 8.
Pag. 35. lin. 19. lege :
       Pagg. 503.   Frankf. und Leipzig, 1738. 8.
    ————— Dritte auflage.
       Pagg. 495.   Leipzig, 1758. 8.
Pag. 37. post lin. 15 a fine.
    ————— recensuit suis notis adjectis Ern. Frid. Car.
    Rosenmüller.
    Tom. 1. pagg. 820.   Lipsiæ, 1793. 4.
         2. pagg. 870.   1794.
         3. pagg. 1092.   1796.
Pag. 38. post lin. 3.
ANON.
    Physiologus Syrus, seu historia animalium 32 in S. S. me-
    moratorum, syriace; edidit, vertit et illustravit Ol. Gerh.
    Tychsen. Pagg. 195.   Rostochii, 1795. 8.
ib. ante lin. 13 a fine.
Friedrich Albert Anton MEYER.
    Versuch über das vierfüssige säugthier Réem, der Heili-
    gen Schrift, ein beytrag zur naturgeschichte des Ein-
    horns. in ejus Zoolog. Archiv, 2 Theil, p. 75—254.
ib. ad calcem paginæ.
Joh. Gabr. SPARVENFELT.
    De voce Behemoth epistola. impr. cum Epistola Tati-
    schowii de Mamontowa kost; p. 9—12.
Pag. 40. lin 9—13. lege :
Christianus Gabriel FISCHER.
    Notæ et animadversiones ad caput Plinii 33. Lib. ix. Hist.
    Nat. de Concharum differentiis.
    Act. Eruditor. Lips. 1733. p. 487—505.
    ————— impr. cum Kleinii Methodo ostracologica.
       Pagg. 16.   Lugd. Bat. 1753. 4.

Pag. 41. post lin. 19.
T. C. H. (Hoppe.)
Anmerckung über die sogenante abergläubische Tod-
ten-uhr, Todten-krähe, oder Raben, Wehe-klage, Haus-
uncken, Erd-huhn, Kläppel-hunde, welche hier bekant
sind, und anzeichnen sollen, so ein mensch sterben will.
    Pagg. 16.   Gera, 1745. 4.
ib. post lin. 1. sect. 39.
Christian Richter.
    Ueber die fabelhaften thiere.
    Pagg. 137.   Gotha, 1797. 8.
August Ferdinand Graf von Veltheim.
    Von den goldgrabenden Ameisen und Greiffen der alten,
    eine vermuthung.   Pagg. 32.   Helmstädt, 1799. 8.
Pag. 42. post lin. 12.
Christophorus Heerfort.
    Dissertatio historico-physico-critica de Sirenibus, seu pis-
cibus humani corporis structuram quodammodo imi-
tantibus.   Resp. Andr. Bing.
    Pagg. 20.   Hafniæ, (1725.) 4.
ib. post lin. 18.
    Recherches sur les animaux qui ont pu donner lieu de
croire à l'existence des hommes marins.
    Magasin encycloped. 4 Année, Tome 2. p. 149—161.
Pag. 43. post lin. 13 a fine, et addenda pag. 570.
G. Reusser.
    Sur l'existence de la Licorne.
    Magasin encycloped. 3 Année, Tome 5. p. 311—316.
Pag. 48. lin. 9. lege 936 loco 636, qui error typographicus
in libro ipse.
ib. lin. 11—18. lege:
    5 Abtheilung. (Pecora.) pag. 939—1000.
Adsunt etiam tabb. 241—260, 262—273, 275—330, 332
    —344, 346, 347.   Harum 242, 246, 249, 252, 257,
    263, 270, 281, 286, 287, 290, 291, 299, 300, 302, 336,
    337, 338, binæ; 294 ternæ; 248 quaternæ; 247 sep-
    tenæ. Supplementi tab. I B, C. II B, C. III B.
    IIII B. VIII B, C, D. X B, C, D. XI B. XIII
    B. XIV B. LVIII B. LIX B. CLIX B, C, D.
    CLXX B.
Pag. 49. ad calcem sect. 41.
(*Johannes Fridericus* Blumenbach.)
    Ordines Mammalium emendatiores. 1795. pag. 1. 8.
    ———— in præfatione ad tertiam editionem ejus de ge-
neris humani varietate nativa, p. xv—xix.
Tom. 5.   C

Pag. 49. ad calcem sect. 42.
Et. Geoffroy et *G.* Cuvier.
Memoire sur une nouvelle division des Mammiferes, et sur
les principes qui doivent servir de base dans cette sorte
de travail.
Magasin encyclopedique, Tome 2. p. 164—190.
ib. post lin. 10. sect. 43.
———— Pagg. 398 ; cum figg. ligno incisis.
Barcelona, 1696. 4.
Pag. 52. post lin. 8.
Nathanael Gottfried Leske.
Kurze beschreibung des amerikanischen Luchses, und
einige anmerkungen über gewisse thierarten.
Sammlungen zur Physik, 1 Band, p. 325—333.
Pag. 53. ad calcem sect. 48.
Christian Friedrich Ludwig.
Grundriss der naturgeschichte der Menschenspecies.
Pagg. 313. tabb. æneæ 5.   Leipzig, 1796. 8.
Pag. 54. post lin. 20 a fine.
————— : Ueber die natürlichen verschiedenheiten im
menschengeschlechte, übersezt von Joh. Gottfr. Gruber.
Pagg. 291. tabb. æneæ 3.   Leipzig, 1798. 8.
ib. post lin. 16 a fine.
————— : Comparison between the human race and that
of swine.
Philosophical Magazine, Vol. 3. p. 284—290.
Pag. 55. ante sect. 50.
Aubin Louis Millin.
Des varietés de l'espece humaine, indiquées dans les
poemes d'Homere.
Magasin encyclopedique, Tome 4. p. 159—169.
Pag. 56. post lin. 19 a fine.
————— : Description d'un Negre blanc de l'isle de Bali.
Decade philosophique, 5 Année, 1 Sem. p. 1—6.
ib. ante lin. 4 a fine.
Johanne Gotschalk Wallerio
Præside, Disputatio de Gigantum reliquiis. Resp. Vilh.
Gust. Zetterberg. (1763.)
in ejus Disputat. Academ. Fascic. 2. p. 133—149.
Pag. 57. post lin. 2.
P. S. B.
Gesammlete nachrichten von denen sogenannten Patago-
niern.
Stralsund. Magaz. 1 Band, p. 27—51.
ib. lin. 8. lege: (Coyer.)

Pag. 58. ante lin. 12 a fine.
Nicolaus Tulpius.
   Juvenis balans.
      in ejus Observat. medicis, p. 311—313.
ib. lin. 4 a fine, adde: (*C. M.* de la Condamine.)
Pag. 59. post lin. 1. sect. 57.

Simiarum genus.

Et Geoffroy et *G.* Cuvier.
   Des caracteres qui peuvent servir à diviser les Singes.
      Magasin encyclopedique, Tome 3. p. 451—463.
   ————— : Memoire sur les Orangs-outangs.
      Nouv. Journal de Physique, Tome 3. p. 185—191.
Pag. 60. ad calcem.
   ————— : Description of the large Orang outang of
   Borneo.
      Philosophical Magazine, Vol. 1. p. 225—231.
Etienne Geoffroy.
   Note sur un pretendu Orang-outang des Indes, publié
   dans les actes de la Societe de Batavia.
      Nouv. Journal de Physique, Tome 3. p. 342—346.
   ————— : Observations on the account of the supposed
   Orang outang of the East Indies, published in the
   Transactions of the Batavian Society.
      Philosophical Magazine, Vol. 1. p. 337—342.
      Excerpta in Bulletin de la Soc. Philomatique, p. 25,
   26; et inde in Magasin encycloped. 3 Année, Tome 2.
   p. 151—153.
Pag. 61. post lin. 3.
Christoph Ludwig Pfeiffer.
   Der Orang-outang oder wald-mensch.
      Pagg. 53.   Mannheim, 1787. 8.
Pag. 63. post lin. 3.
Georg Edwards.
   Beschreibung des Sanglins, oder kleinern Cagui.
      Pagg. 6. tab. ænea 1.   Hamburg, 1773. 4.
      Ex ejus Gleanings of Natural history, Vol. 1. p. 15—
   17, versa.
ib. ante sectionem 69.

Lemurum genus.

Etienne Geoffroy.
   Memoire sur les rapports naturels des Makis, Lemur

L. et description d'une espece nouvelle de Mammi-
fere.
Magasin encyclopedique, 2 Année, Tome 1. p. 20—50.
Pag. 63. ad calcem sect. 69.
Sir William JONES.
On the Loris, or slowpaced Lemur.
Transact. of the Soc. of Bengal, Vol. 4. p. 135—139.
Pag. 64. ad calcem sect. 73.
George CUVIER.
Conjectures sur le sixieme sens qu'on a cru remarquer
dans les Chauve-souris.
Magasin encyclopedique, Tome 6. p. 297—301.
Pag. 65. ante sect. 76.

Myrmecophagarum genus.

Etienne GEOFFROY.
Observations sur le genre Myrmecophage.
Magasin encyclopedique, Tome 6. p. 294—297.

Myrmecophaga capensis.

Etienne GEOFFROY.
Extrait d'un memoire sur le Myrmecophaga capensis. ib.
2 Année, Tome 2. p. 289—291.
Pag. 69. lin. antepenult. lege:
(*Christian* LÖPER. Gelehrt. Deutschl. 5 Ausg. 4 Band, p.
493.)
Pag 70. ante sect. 82, et ante addenda, p. 571.
———— Philosophical Magazine, Vol. 3. p. 5—12, et
p. 130—141.
Observations on the manners, habits and natural history
of the Elephant.
Philosophical Transactions, 1799. p. 31—55.
Observations on the different species of the Asiatic Ele-
phants, and their mode of dentition. ib. p. 205—236.
George CUVIER.
Memoire sur les especes d'Elephans.
Magasin encycloped. 2 Année, Tome 3. p. 440—445.
Pag. 73. post lin. 21.
Aylmer Bourke LAMBERT.
Account of the Canis grajus hibernicus, or Irish Wolf-
dog, described in Pennant's history of quadrupeds, 3d
edit. vol. 1. p. 241.
Transact. of the Linnean Soc. Vol. 3. p. 16, 17.

——— Philosoph. Magazine, Vol. 2. p. 168—170.
Pag. 75. ad calcem.
ANON.
 Versuch einer Kazengeschichte.
  Pag. 52. tab ænea 1.   Frankf. u. Leipz. 1772. '8.
Pag. 78. ad calcem.

Viverra quædam.

Martin STAAF.
 Viverra Vengreniana, beskrifven. Götheb. Wet. Samh.
 Handl. Wetensk. Afdeln. 4 Styck. p. 82—84.
Pag. 80. ante sect. 120.

Melis genus Blumenbachii.

Friedrich Albert Anton MEYER.
 Ueber das Dachsgeschlecht. in ejus Zoolog. Archiv, 2
  Theil, p. 33—48.
Pag. 81. post lin. 2.

Didelphidum genus.

Etienne GEOFFROY.
 Dissertation sur les animaux à bourse (Didelphis L.)
  Magasin encyclopedique, 2 Année, Tome 3. p. 445—
  472.
ib. ad calcem sect. 124.
G. CUVIER et *Et.* GEOFFROY.
 Memoire sur les rapports naturels du Tarsier.
  Magasin encyclopedique, Tome 3. p. 147—154.
ib. ad calcem paginæ.
Arthur BRUCE.
 A curious fact in the natural history of the common Mole,
 Talpa europæa Linn.
  Transact. of the Linnean Soc. Vol. 3. p. 5, 6.
  ——— Philosophical Magazine, Vol. 2. p. 36, 37.
Pag. 89. ad calcem.
Thomas DAVIES.
 An account of the jumping mouse of Canada. Dipus
 canadensis.
  Transact. of the Linnean Soc. Vol. 4. p. 155—157.
  ——— Philosophical Magazine, Vol. 1. p. 285—
  287.

Pag. 90. post lin. 9.

ANON.

Kurze nachricht von dem Erd-oder Springhasen.
Stralsund. Magaz. 1 Band, p. 189—191.

Pag. 93. post lin. 16.

P. S. PALLAS (e schedis Stelleri.)
Beyträge zur naturgeschichte des Elennthieres.
Stralsund. Magaz. 1 Band, p. 382—394.

Pag. 95. post lin. 8.

ANON.

Das Rennthier. Dresdnisches Magazin, 1 Band, p. 115
—127.

P. S. PALLAS (e schedis Stelleri.)
Beyträge zur naturgeschichte des Rennthiers.
Stralsund. Magaz. 1 Band, p. 394—411.

Pag. 101. ad calcem sect. 189.

* * *

Portrait of a four sheer wether, bred and fed by Mr. Daniel
Hebb of Claypole in Lincolnshire. R. M. Batty delin.
W. Claughton sculp.
Tab. ænea long. 12 unc. lat. 9 unc.

Pag. 102. ante lin. 4 a fine.

The Howick motled Ox. Drawn and engraven by Bailey.
1787.
Tab. ænea color. long. 14 unc. lat. 16 unc.

The Howick red Ox. Drawn and engraved by Bailey.
published 1 Feb. 1788.
Tab. ænea color. ejusdem magnitudinis.

Pag. 103. post lin. 4.

To Lord Somerville this plate of a Holderness Cow is
respectfully dedicated by George Garrard.
Painted by G. Garrard. Engraved by W. Ward. 1798.
Tab. ænea, long. 19 unc. lat. 24 unc.

ib. post sect. 198.

Bos grunniens.

Samuel TURNER.

Description of the Yak of Tartary, called Soora-Goy, or
the bushy-tailed Bull of Tibet.
Transact. of the Soc. of Bengal, Vol. 4. p. 351—353.

Pag. 104. ad calcem sect. 201.

———— : Description of the Equus Hemionus.
Philosophical Magazine, Vol. 2. p. 113—121, et p.
234—240.

Pag. 105. post lin. 10.

De natuurlyke historie van den Hippopotamus of het
Rivierpaard, door den Hr. Graaf de Buffon, vertaald
door den Hr. C. van Engelen; neffens eenige waarneemingen gedaan by het opzetten van't Rivierpaard, door
den Hr. J. C. Klockner.   Amsterdam, 1775. 4.

Pagg. 24. tab. ænea 1, eadem ac in Allamandi additionibus ad Historiam naturalem Buffoni, (vide Tom. 2.
p. 14.) ubi etiam excerpta ex observationibus Klockneri.

Pag. 106. ad calcem sect. 206.

* * *

This remarkable Sow was bred by Mr. John Taylor of
Canklow-mills, is now the property of F. F. Foljambe,
Esq. of Aldwark Hall, Yorkshire.

Drawn and engraved by Tho. Harris. Sheffield. 1798.

Tab. ænea, long. 9 unc. lat. 11 unc.

Pag. 111. post lin. 6.

J. G. K. (Krünitz?)

Zufällige gedanken über die eintheilungen und über die
verbindungsarten der vögel.

Dresdnisches Magazin, 1 Band, p. 467—480.

Pag. 113. ad calcem sect. 218.

François Levaillant.

Histoire naturelle des Oiseaux d'Afrique.

Tome 1. pagg. 194. tabb. æneæ color. 49.

Paris, an 7. (1799.) 4.

Continet etiam alias aves ac Africanas.

Pag. 115. post lin. 9.

Antoine Joseph Desallier d'Argenville.

Oyseaux qui n'ont jamais eté gravés. dans son Oryct0-
logie, p. 533, 534. tab. 25.

Pag. 116. ante sect. 221.

Sigismundus L. B. de Hochenwart.

Descriptiones duorum Avium.

Nov. Act. Acad. Nat. Curios. Tom. 8. p. 228—230.

Martin Vahl.

Anmerkungen über einige vögel.

Göttingisches Journal, 1 Band. 2 Heft, p. 149—159.

Pag. 118. lin. 22. lege Pag. 1—80.

Pag. 119. ante sect. 224.

Anon.

History of British birds. The figures engraved on wood
by T. Bewick.

Vol. 1. pagg. 335; cum figg. ligno incisis.

Newcastle, 1797. 8.

William MARKWICK.
Aves Sussexienses, or a catalogue of Birds found in *Sussex*,
with remarks.
Transact. of the Linnean Soc. Vol. 4. p. 1—30.
G. MONTAGU.
Description of three rare species of British birds. ibid.
p. 35—43.
Richard PULTENEY.
A catalogue of Birds observed in *Dorsetshire*. From the
new edition of Mr. Hutchins's history of that county.
London, 1799. fol.
Pagg. 22; præter Catalogos Testaceorum et Planta-
rum, de quibus infra.
ib. lin. 6 a fine, lege:
3 Deel. pag. 195—294. tabb. 50.   1797.
Pag. 120. ante sect 227.
Johann Andreas NAUMANN.
Naturgeschichte der land-und wasser-vögel des nördlichen
Deutschlands. Adest etiam alius titulus: Ausfürliche
beschreibung aller wald-feld-und-wasser-vögel, welche
sich in den Anhältischen fürstenthümern, und einigen
umliegenden gegenden aufhalten und durchziehen.
1 Band. pagg. 249. tabb. æneæ color. 48.
Köthen, 1797. 8.
Pag. 121. ad calcem sect. 228.
Carl Peter THUNBERG.
Underrättelse om någre Svenske foglar.
Vetensk. Acad. Handling. 1798. p. 177—188.
Pag. 124. ad calcem sect. 237.
Gustaf VON CARLSON.
Tal, med utkast til Falk-slägtets, i synnerhet de Svenska
arternes, indelning och beskrifning.
Pagg. 30.   Stockholm, 1798. 8.
ib. post sect. 239.

Falco fulvus β. canadensis.

Sven Ing. LJUNGH.
Beskrifning på svarta Örnen, Falco fulvus canadensis, en
ny recrut för fauna svecica.
Vetensk. Acad. Handling. 1798. p. 235—240.
Pag. 125. ad calcem sect. 242.
————— : Singular instance of the attachment of birds
of prey to their young.
Philosophical Magazine, Vol. 3. p. 176, 177.

Strix Nyctea.

Nachricht von einer bey Dahlen geschossenen ausländischen Eule.
Dresdnisches Magazin, 2 Band, p. 394—401.
ib. post sect. 244.

Lanius surinamensis Schrank.

Franz von Paula SCHRANK.
Beschreibung eines seltenen vogels aus der gattung der Würger.
Abhandl. einer Privatgesellsch. in Oberdeutschland, 1 Band, p. 95—98.
Pag. 126. post lin. 3.

Ramphastos viridis et Momota.

Joachim Johann Nepomuk SPALOWSKY.
Beschreibung und abbildung des Ramphastos viridis, und des Momota Linn. Neu. Abhandl. der Böhm. Gesellsch. 2 Band, p. 172—178.
ib. post sect. 247.

Bucerotes varii.

Charles WHITE.
On the Dhanésa, or Indian Buceros.
Transact. of the Soc. of Bengal, Vol. 4. p. 119—128.
Pag. 127. lin. 11 a fine, dele: 1667, et adde:
Plagg. 3; cum fig. ligno incisa.   Jenæ 1667. 4.
——————   ib. 1688. 4.
ib. ante sect. 256.

Cuculi varii.

Martin VAHL.
Beschreibung dreier unbekannter vögel aus der Guguksgattung.
Göttingisches Journal, 1 Band. 3 Heft, p. 154—160.

Pag. 156. post sect. 381.

Testudo græca.

Martin STAAF.
Några anmärkningar, rörande en Skyldpadda, som i nio
månader lefde i Götheborg. Götheb.Wet. Samh. Handl.
Wetensk. Afdeln. 4 Styck. p. 65—68.
Pag. 157. ante sect. 385.
Anders SPARRMAN.
En grönfläckad Groda, funnen i Carlscrona.
Vetensk. Acad. Handling. 1795. p. 183—185.
Pag. 159. post lin. 2.
Thomas HUTCHINSON.
The natural history of the Frog fish of Surinam.
Pagg. 8; tabb. æneæ color. 4.   York, (1797.) 4.
Pag. 163. post lin. 20.
ANON.
Einige fragen über die in Deutschland befindlichen Schlan-
genarten.
Sammlungen zur Physik, 1 Band, p. 507—510.
Pag. 164. post lin. 3.
Ulrich Jaspar SEEZEN.
Ophiologische fragmente.
Meyer's Zoolog. Archiv, 2 Theil, p. 49—74.
ib. ad calcem sect. 408.
Benjamin Smith BARTON.
A memoir concerning the fascinating faculty which has
been ascribed to the Rattle-snake, and other American
serpents. Pagg. 70.   Philadelphia, 1796.   8.
Johann Friedrich BLUMENBACH.
Ueber die zauberkraft der Klapperschlange, besonders in
rücksicht einer schrift des Hrn. Dr. Barton. Pagg. 11. 8.
——————— : On the fascinating power of the Rattle-snake,
with some remarks on Dr. Barton's memoir on that
subject.
Philosophical Magazine, Vol. 2. p. 251—256.
Pag. 165. post sect. 412.

Coluber ferruginosus Sparrm.

Anders SPARRMAN.
Coluber ferruginosus, en aldeles ny Hugg-orm, funnen i
Södermanland.
Vetensk. Acad. Handling. 1795. p. 180—183.

Pag. 170. ante sect. 419.
Carolus ALLIONI.
  Animalia aliquot littoris *Nicæensis.* impr. cum ejus Enu-
  meratione stirpium agri Nicæensis; p. 238—245.

Hispaniæ.

Don Joseph CORNIDE.
  Ensayo de una historia de los peces y otras producciones
  marinas de la costa de *Galicia,* con un tratado de las
  diversas pescas, y de las redes y aparejos con que se
  practican. Pagg. 263.   1788. 8.
ib. ad calcem paginæ.
  ————— : Beobachtungen über verschiedene merkwürdigkeiten des Meers.
  Sammlungen zur Physik, 4 Band, p. 289—353.

Maris Adriatici.

Franciscus Xaverius L. B. DE WULFEN.
  Descriptiones zoologicæ ad Adriatici littora maris con-
  cinnatæ.
  Nov. Act. Acad. Nat. Cur. Tom. 8. p. 235—359.
Pag. 171. ad calcem.

Americæ.

Don Antonio PARRA.
  Descripcion de diferentes piezas de historia natural, las
  mas del ramo maritimo.
  Pagg. 195. tabb. æneæ color. 73. Havana, 1787. 4.
Pag. 173. lin. 5. Christophorus, lege: Christianus.
ib. post lin. 15 a fine.
  ————— Pars 3. emendata et aucta a Joh. Jul. Walbaum.
  Pagg. 723. tabb. æneæ 3. Grypeswaldiæ, 1792. 4.
  Pars 4. pagg. 140. Pars 5. pagg. 112.   1793.
Pag. 174. post lin. 5.
Johannes Julius WALBAUM.
  J. T. Kleinii Ichthyologia enodata, sive index rerum ad
  Historiam Piscium naturalem, synonymis recentissimo-
  rum systematicorum explicatus.
  Pagg. 114.   Lipsiæ, 1793. 4.
ib. ante sect. 427.
  7 Partie. pagg. 104. 8 Partie. pagg. 122. 9 Partie.
  pagg. 110. 10 Partie. pagg. 120. 11 Partie. pagg.
  136. 12 Partie. pagg. 142.   1797.

Pag. 176. post lin. 14.
Johannes HELSINGIUS.
De carne piscium dissertatio. Resp. Chr. Lehmann.
Pagg. 8.   Hafniæ, 1714. 4.
Pag. 179, post sect. 435.

Helvetiæ.

Eigentliche abbildung aller in dem *Zürich-see* und der
Limmat sich befindenden gattung Fischen, in welchen
monaten selbige, wie hier verzeichnet, wegen des leichs
und fasels zu fangen, zu kauffen und zu verkauffen
verbotten.
Joh. Melch. Füssli excud. discip s. Joh: Simler: fecit.
Tab. ænea long. 10½ unc. lat. 14 unc.
Pag. 180. post lin. 8.
————— Stralsund. Magaz. 1 Band, p. 445—468.
Pag. 181. post sect. 441.

Indiæ Orientalis.

Mungo PARK.
Descriptions of eight new fishes from *Sumatra.*
Transact. of the Linnean Soc. Vol. 3. p. 33—38.
ib. lin. 13. lege: *Americæ.*
Antoine Joseph Desallier D'ARGENVILLE.
Poissons de l'Amerique, dessinez par le Pere Plumier, et
qu'on pretend n'avoir jamais eté gravez. dans son
Oryctologie, p. 534—536. tab. 26.
Pag. 187. ad calcem sect. 476.
————— : Nachricht von der besondern eigenschaft ge-
wisser ostindischer fische, mit einem aus dem munde
geworfenen wassertropfen insekten aus der luft herunter
zu stürzen.
Stralsund. Magaz. 1 Band, p. 58—63.
Pag. 188. ad calcem sect. 483.
————— germanice in Stralsund. Magaz. 1 Band, p.
61, 62.
ib. ad calcem paginæ.
Franz von Paula SCHRANK.
Nähere bestimmung dreyer Barscharten.
Abhandl. einer Privatgesellsch. in Oberdeutschland, 1
Band, p. 98—103.

Pag. 189. post lin. 6.
DALDORFF.
Natural history of Perca scandens.
Transact. of the Linnean Soc. Vol. 3. p. 62, 63.
ib. ad calcem sect. 487.
———— : Holocentrus lentiginosus beschrieben.
Göttingisches Journal, 1 Band. 1 Heft, p. 149—158.
Pag. 191. ad calcem sect. 494.
SCHULZE.
Einige nachrichten vom Lachszuge in der Elbe.
Dresdnisches Magazin, 2 Band, p. 234—238.
Pag. 192. ad calcem sect. 502.
Joseph MAYER.
Beschreibung einer neuen fischart aus den Böhmischen
gebürgen. Neu. Abhandl. der Böhm. Gesellsch. 1
Band, p. 275—278.
Pag. 193. ad calcem sect. 507.
S. B. J. NOEL.
Memoire en forme d'examen du systeme des migrations
du Hareng, d'après les preuves et les circonstances ne-
gatives tirées de l'histoire naturelle et de la peche de ce
poisson. Magasin encyclopedique, Tome 6. p. 5—22.
Pag. 194. ad calcem sect. 509.
———— : Carp. in his Hist. of inventions, Vol. 3. p.
140—159.
Pag. 198. ad calcem.

Squalus cornubicus α.

Samuel GOODENOUGH.
A description of the Porbeagle Shark, the Squalus cornu-
bicus of Gmelin, var. α.
Transact. of the Linnean Soc. Vol. 3. p. 80—83.
Pag. 199. post lin. 1. sect. 532.
Christianus Fridericus STEPHAN.
De Rajis. Schediasma primum.
Pagg. 24.   Lipsiæ, 1779.   8.
Pag. 200. ad calcem.
Sur le Gastrobranchus, nouveau genre de poisson.
Bulletin de la Soc. Philomat. p. 26.
———— Magasin encycloped. 3 Année, Tome 2. p. 154.
Pag. 204. post lin. 12.
Joanne Adamo KULMO
Præside, Exercitatio de Insectis. Resp. Jo. Eilhard. Rei-
nick. Plag. 1.   Gedani, 1729.   4.

Pag. 208. lin. 4. lege : tab. 60—95. O. P.

    7 Theil. pagg. 346. tab. 96—116. Q—U. 1797.
    8 Theil. pagg. 420. tab. 117—137. V—X. 1799.
ib. lin. 14. lege: tab. 154—181.
    8 Theil. pagg. 304. tab. 182—230.   1796.
    9 Theil. pagg. 206. tab. 231—260.   1798.
ib. ante sect. 542.

Fridericus WEBER.

    Nomenclator entomologicus secundum Entomologiam sys-
    tematicam ill. Fabricii, adjectis speciebus recens detectis
    et varietatibus.
    Pagg. 171.   Chilonii et Hamburgi, 1795. 8.

Pag. 211. post lin. 17 a fine.

    ———— (edidit M. Houttuyn.)
    Pagg. 34. tabb. æneæ 33.   Amsterdam, 1774. fol.

Pag. 214. post lin. 6.

    Abbildung einiger Insekten, von denen meines wissens
    noch keine, oder keine gute zeichnung gemacht wor-
    den ist.
    in sein. Beytr. zur Naturgeschichte, p. 42—59.
    Verzeichniss einiger Insekten, derer im linneeanischen
    natursysteme nicht gedacht wird. ibid. p 59—98.
    Libelli Schrankii nunc ad paginam antecedentem, post
    Walchium, amovendi.

Pag. 215. ad calcem.

Antonius Joannes COQUEBERT.

    Illustratio iconographica Insectorum, quæ in musæis Pa-
    risinis observavit et in lucem edidit J. C. Fabricius,
    præmissis ejusdem descriptionibus ; accedunt species
    plurimæ, vel minus aut nondum cognitæ.
    Tabularum Decas 1. Pagg. 42. tabb. æneæ color. 10.
                              Parisiis, anno 7. 4.

Pag. 217. post lin. 21.

Gothofredus VOIGTIUS.

    De Vermibus nivis. in ejus Dissertatione contra nivis al-
    bedinem realem, p. 91—96.   Rostochii, (1669). 8.

Pag. 220. post lin. 22.

ANON.

    Anzeige von den heuer sich in unzähliger menge zei-
    genden Raupen, und daher entstandenen Schmetter-
    lingen. Dresdnisches Magazin, 1 Band, p. 496—501.

ib. ante lin. 17 a fine.

Peter Simon PALLAS.

    Anmerkungen über einige besonderheiten an Insekten.
    Stralsund. Magaz. 1 Band, p. 225—247.

Pag. 222. post lin. 4 a fine.
Martinus HOUTTUYN.
    Ueber die herbstfäden, oder die zu ende des sommers in
    der luft herumfliegenden fasern.
    Sammlungen zur Physik, 4 Band, p. 395—399.
Pag. 223. ad calcem sect. 548.
ANON.
    Catalogus musei zoologici ditissimi Hamburgi, d. 16 Maj.
    1797 auctionis lege distrahendi, continens Insecta.
    Pagg. 156.   Hamburg. 8.
Jacob STURM.
    Verzeichniss meiner Insecten-sammlung.
    Plag. 1.   (Nürnberg,) 1798. 8.
ib. ad calcem paginæ.
William LEWIN.
    Observations respecting some rare British Insects.
    Transact. of the Linnean Soc. Vol. 3. p. 1—4.
Pag. 225. lin. 16 et 17 a fine, lege:
    3 Jahrgang. 25—36 Heft.   1796.
    4 Jahrgang. 37—48 Heft.   1797.
    5 Jahrgang. 49—60 Heft.   1798.
ib. post lin. 5 a fine.
Sigmund Freyherr VON HOHENWARTH.
    Alpenentomologie. (*Carinthiæ*) in ejus et Jos. Reiner's
    botanische reisen, p. 255—270.
Pag. 227. post lin. 12.
Christian Friedrich LUDWIG.
    Erste aufzählung der bis jezt in Sachsen entdeckten In-
    sekten. Pagg. 66.   Leipzig, 1799. 8.
Pag. 228. post lin. 1.
Gustavi PAYKULL
    Fauna Svecica. Insecta.
    Tom. 1. pagg. 358.   Upsaliæ, 1798. 8.
ib. post lin. 15.
Olof ESTLUND.
    Entomologiske anmärkningar hörande til Fauna Svecica.
    Vetensk. Acad. Handling. 1796. p. 126—132.
    ————— : Entomologische bemerkungen die Fauna Sve-
    cica betreffend.
    Göttingisches Journal, 1 Band. 1 Heft. p. 144—148.

Pag. 228. ante sect. 558.

Chinæ.

E. DONOVAN.
An epitome of the natural history of the insects of China.
London, 1798. 4ʰ
Foll. 47. tabb. æneæ color. 50.
Pag. 231. ad calcem sect. 562.
Carl Chassot DE FLORENCOURT.
Verzeichniss der insekten *Göttingischer* gegend.
Meyer's Zoolog. Archiv, 1 Theil, p. 197—244.
Pag. 232. ad calcem.
————— printed with Boate's Natural history of Ireland,
quarto edition ; p. 164—172.
Pag. 233. ante sect. 568.
Christian Jacob GENSSLER.
Der Maikäfer, und seine larve ökonomisch betrachtet,
nebst den mitteln ihre schädlichen wirkungen zu min-
dern. Pagg. 53. Gotha, 1796. 8.
Pag. 235. post sect. 578.

Cassidæ variæ.

William KIRBY.
A history of three species of Cassida.
Transact. of the Linnean Soc. Vol. 3. p. 7—11.
Pag. 236. ad calcem sect. 583.
Adam AFZELIUS.
Observations on the genus Pausus, and description of a
new species.
Transact. of the Linnean Soc. Vol. 4. p. 243—275.
ib. ad calcem sect. 584.
Godofredus Christianus REICH.
Mantissæ insectorum iconibus illustratæ species novas aut
nondum depictas exhibentis Fasciculus 1. Programma.
Pagg. 16. tab. ænea color. 1. Erlangæ, 1797. 8.
Pag. 237. post sect. 587.

Cordyles genus Thunbergii.

Carl Peter THUNBERG.
Cordyle, et särskildt insect-slägte, beskrifvit.
Vetensk. Acad. Handling. 1797. p. 44—49.

Pag. 238. ad calcem.

Cychrys Fabricii.

Johann Christian FABRICIUS.
Cychrys, eine neue insectengattung.
Göttingisches Journal, 1 Band. 3 Heft, p. 146—150.
Pag. 241. ante sect. 608.
Anthony Augustus Henry LICHSTENSTEIN.
Essay on the eye-like spot in the wings of the Locustæ of
Fabricius, as indicating the male sex.
Transact. of the Linnean Soc. Vol. 4. p. 51—62.
John PARKINSON.
Description of the Phasma dilatatum. ibid. p. 190—192.
Pag. 244. ad calcem sect. 610.
———— : Beobachtungen über das geschlecht Fulgora.
Meyer's Zoolog. Archiv, 2 Theil, p. 30—32.
Pag. 246. post lin. 7. sect. 618.
———— : Account of Bugs found in hollow trees, with
observations on that phenomenon.
Philosophical Magazine, Vol. 4. p. 57, 58.
ib. post lin. ult. ejusdem sect.
———— in english, in the Philosoph. Magazine, Vol. 4.
p. 58, 59.
Pag. 249. ante sect. 628.

Coccus ulmi.

Pierre André LATREILLE.
Description du Kermes male de l'orme.
Magasin encycloped. 2 Année, Tome 2. p. 146—152.
Pag. 250. ante sect. 631.

Thrips quædam.

Franz von Paula SCHRANK.
Beschreibung eines Blasenfusses.
in seine Beytr. zur Naturgeschichte, p. 31—33.
ib. lin. 8 et 9 a fine, lege:
4 Theil. Eulenphalenen. 1 Band. pagg. 372. tab. 80—
105.   1786.
2 Band. pag. 373—464. tab. 106—191. Harum
117 binæ, et 125 ternæ.
5 Theil. Spannerphalenen. pag. 1—104. tab. 1—20.
1794.

Pag. 251. ad calcem.
Bernhard Sebastian NAU.
Einige bemerkungen und erinnerungen zu Herrn Hübners
drei ersten theilen seiner beiträge zur geschichte der
Schmetterlinge.
Nau's Neue entdeckung. 1 Band, p. 81—93.
Pag. 252. ante sect. 635.
Johann Christian FABRICIUS.
Beschreibung des schädlichen Zuker-und Baumwollen-
wurms in Westindien, und von der verwandlung der
Zygænæ Pugionis.
Göttingisches Journal, 1 Band. 1 Heft, p. 137—143.
Pag. 254. lin. 8—11. lege:
2 Deel. pagg. 12, 6, 4, 110, 14 et 62. tabb. 3, 1, 1,
27, 3 et 15.   1786. seqq.
Pag. 255. ad calcem.

Americæ.

The natural history of the rarer Lepidopterous Insects of
Georgia, collected from the observations of *John* AB-
BOT, by *James Edward* SMITH. in english and french.
London, 1797. 4.
Vol. 1. pagg. 100. tabb. æneæ color. 50. Vol. 2. pag.
101—208. tab. 51—104.
Pag. 261. post sect. 662.

Phalænæ Tortrices variæ.

Carl Peter THUNBERG.
Någre nye Natt-fjärilar af Bladrullare-slägtet.
Vetensk. Acad. Handling. 1797. p. 165—171.
Pag. 264. ante lin. 1.

Phalæna Tinea proletella.

Pierre André LATREILLE.
Memoire sur la Phalene culiciforme de l'Eclaire.
Magasin encyclopedique, Tome 4. p. 304—310.
(Non hujus generis, sed Hemipteron esse.)

Pag. 268. ad calcem.

Pteromalus Swederi.

Nils Samuel SWEDERUS.
Beskrifning på ett nytt genus, Pteromalus.
Vetensk. Acad. Handling. 1795. p. 201—205, et p. 216—222.

Pag. 269. ante lin. 16 a fine.
Johann Daniel DENSO.
Von den Markfressern. in ejus Physikalische briefe, p. 165—188.
ib. ante sect. 694.
George SHAW.
Account of a minute Ichneumon.
Transact. of the Linnean Soc. Vol. 4. p. 189.

Ichneumon manifestator.

Thomas MARSHAM.
Observations on the oeconomy of the Ichneumon manifestator Linn.
Transact. of the Linnean Soc. Vol. 3. p. 23—29.
Pag. 270. post lin. 4.

Ammophilæ genus Kirby.

William KIRBY.
Ammophila, a new genus of insects, in the class Hymenoptera, including the Sphex sabulosa Linn.
Transact. of the Linnean Soc. Vol. 4. p. 195—212.

Tiphia rufipes Latreille.

Pierre André LATREILLE.
Description d'une nouvelle espece de Tiphie.
Magasin encycloped. 3 Année, Tome 1. p. 25—27.
Pag. 274. post lin. 1.
——————: Beytrag zur naturgeschichte der Termiten.
Sammlungen zur Physik, 3 Band, p. 387—433.
ib. ante sect. 704.
Pierre André LATREILLE.
Extrait d'un memoire pour servir de suite à l'histoire des Termès.
Magasin encyclopedique, Tome 6. p. 438—443.

Pag. 274. ad calcem sect. 706.
Bracy CLARK.
    Observations on the genus Œstrus.
        Transact. of the Linnean Soc. Vol. 3. p. 289—329.
        Excerpta, gallice, in Nouv. Journal de Physique, Tome
          3. p. 329—337.
Pag. 275. ante lin. 14.
Franz von Paula SCHRANK.
    Beschreibung einer Mücke.
        in sein. Beytr. zur Naturgeschichte, p. 1—3.
Pag. 276. post sect. 712.

Diopsis ichneumonea.

Pierre André LATREILLE.
    Memoire sur le genre Diopsis.
        Magasin encycloped. 2 Année, Tome 6. p. 433—437.
Pag. 278. ad calcem.

Bombylii varii.

Joannes Christianus MIKAN.
    Monographia Bombyliorum Bohemiæ.
        Pagg. 59. tabb. æneæ color. 4.   Pragæ, 1796. 8.

Hippoboscarum genus.

Adolph MODEER.
    Beskrifning om slägtet Häst-fluga, Hippobosca.
        Görheb. Wet. Samh. Handl. Wetensk. Afdeln. 3 Styck.
        p. 26—43.
Pag. 279. ad calcem sect. 725.
Johann Friedrich Wilhelm HERBST.
    Natursystem der ungeflügelten Insekten.
        1 Heft. Solpuga (bey A. A. H. Lichtenstein) und Pha-
          langium. Pagg 88. tabb. æneæ color. 6.
                                      Berlin, 1797. 4.
        2 Heft. Opilio. Pag. 1—26. tabb. 5.   1798.
Pag. 280. ad calcem sect. 728.
Franz von Paula SCHRANK.
    Versuch einer naturgeschichte der Läuse.
        in sein. Beytr. zur Naturgeschichte, p. 111—120.

Acarorum genus.

Pierre André LATREILLE.
Observations sur la varieté des organes de la bouche des
Tiques, et distribution methodique des insectes de cette
famille d'après les caracteres etablis sur la conforma-
tion de ces organes.
Magasin encyclopedique, Tome 4. p. 15—20.
Pag. 281. post lin. 6.
Franz von Paula SCHRANK.
Beschreibung verschiedener arten aus dem Milbenge-
schlechte. in sein. Beytr. zur Naturgeschichte, p. 3—
15, p. 33—42, et p. 120—129.
Pag. 284. post lin. 12 a fine.
Johannes Samuelis NAUMBURG.
Descriptio Araneæ nuperrime mihi occurrentis in Bistor-
tæ spicis. impr. cum ejus Diss. inaug. Pr. J. F. Weis-
senborn (vide Tom. 3. p. 160.) pag. 31, 32.
ib. ante sect. 742.
ANON.
Sur les Araignées. Magasin encyclopedique, 2 Année,
Tome 3. p. 505—509.
Note sur les Araignées tendeuses.
Nouv. Journal de Physique, Tome 4. p. 319—322.
————: Observations on the Garden Spider, and the
method it employs to construct its web.
Philosophical Magazine, Vol. 2. p. 272—277.

Aranea Diadema.

Friedrich Albrecht Anton MEYER.
Ueber eine, bisher nicht beachtete, abart der Kreuzspinne,
in ejus Zoolog. Archiv, 2 Theil, p. 3—27.
ib. ad calcem paginæ.
Christoph-Andreas SCHÖNGAST.
Enkurek Persarum, morsumque Tarantulæ. Diss. pro loco,
Resp. Andr. Peterman. Plagg. 2½. Lipsiæ, 1668. 4.
Pag. 286. post sect. 743.

Aranea scenica.

SCHULZE.
Die Springspinne. Dresdnisches Magazin, 2 Band, p.
499—503.

Pag. 300. ante lin. 1.
Franz von Paula SCHRANK.
Beyträge zur geschichte der Würmer.
in sein. Beytr. zur Naturgeschichte, p. 98—111.
Helminthologische beobachtungen.
in sein. Samml. naturhist. Aufsäze, p. 315—340.
ib. ante sect. 774.
J. J. VIREY
Memoire sur la classe des Vers, et principalement sur
ceux qu'il importe le plus de connoitre en medecine.
Nouv. Journal de Physique, Tome 4. p. 409.—440.
5. p. 453, 454.
Pag 302. ante lin. 14 a fine.
Conte Andrea DE CARLI.
Del Bdelleudiometro, ossia osservazioni meteorologiche
colle Mignatte.
Opuscoli scelti, Tomo 18. p. 204—213.
Pag. 303. post lin. 2.

Hirudo Sturionis Abildgaard.

Peter Christian ABILDGAARD.
Beschreibung eines neuen auf den kiemen des Störs gefun-
denen Blutigels.
Göttingisches Journal, 1 Band. 1 Heft, p. 135, 136.
Pag. 304. ad calcem sect. 783.
John LATHAM.
Observations on the spinning Limax.
Transact. of the Linnean Soc. Vol. 4. p. 85—89.
Pag. 305. post lin. 9.
————— printed with Boate's Natural history of Ire-
land, quarto edition; p. 172—176.
Pag. 306. ante sect. 791.

Naidum genus.

Adolph MODEER.
Beskrifning af et slägte ibland maskkräken, kalladt Slin-
ga, Nais.
Vetensk. Acad. Handling. 1798. p. 107—143.
Pag. 310. post lin. 10.
Tentamen systematis Medusarum stabiliendi.
Nov. Act. Ac. Nat. Cur. Tom. 8. App. p. 19—34

Pag. 314. ante lin. 12 a fine.
Jean Guillaume BRUGUIERE.
Les vers Testacées. (ex Encyclopedie methodique.)
Meyer's Zoolog. Archiv, 1 Theil, p. 245—254.
ib. ante sect. 821.
——————: Beobachtungen über die Conchylien, und über einige neugebildete 'geschlechter der Schaalenthiere.
Meyer's Zoolog. Archiv, 1 Theil, p. 255—266.
Pag. 316. ad calcem.
Karl SCHREIBERS.
Versuch einer vollständigen Conchylienkenntniss nach Linnes system.   Wien, 1793. 8.
1 Band. pagg. 446. 2 Band. pagg. 416.
Pag. 317. ante lin. 11 a fine.
Johann Daniel DENSO.
Gedanken vom nuzen der muscheln, und sonderlich in ernärung der fische.
in ejus Physikalische briefe, p. 93—116.
Pag. 320. ante lin. 12 a fine.
J. C. A. M. ABEL.
Die Conchylien in dem naturalkabinet des Herrn Fürsten und Bischofs von Konstanz in der residenzstadt Mörsburg.
Pagg. 282. Nachtrag. pagg. 38. Bregenz, 1787. 8.
Pag. 321. post lin. 18.
John ADAMS.
The specific characters of some minute shells discovered on the coast of *Pembrokeshire.*
Transact. of the Linnean Soc. Vol. 3. p. 64—67.
Descriptions of some British shells. ib. p. 252—254.
Richard PULTENEY
A catalogue of shells found on the *Dorsetshire* coast. printed with his Catalogue of Birds of Dorsetshire; p. 22—54.
Edward DONOVAN.
The natural history of British shells.
London, 1779. 8.
Vol. 1. tab. æn. color. 1—6; præter textum.
ib. post lin. 26.
——————: Abhandlung von den conchylien, welche um Paris sowohl auf dem lande, als in süssen wassern gefunden werden; übersezt, und mit zusäzen vermehrt von F. H. W. Martini.
Pagg. 133.   Nürnberg, 1767. 8.

Pag. 322. post lin. 10.
 Shells which Dr. George Lewis sent me very lately from
 Fort St. George. ibid. Vol. 23. n. 282. p. 1266.
Pag. 323. ante sect. 832.

De Testaceis Multivalvibus Scriptores.

Joannes Hieronymus CHEMNIZ.
 Observationes de Testaceis multivalvibus nonnullis.
 Nov. Act. Ac. Nat. Cur. Tom. 8. App. p. 35—42.
Pag. 325. ad calcem sect. 839.
MESAIZE.
 Observations sur les Conques anatiferes.
 Magasin encycloped. 2 Année, Tome 6. p. 156—158.
Pag. 328. ante sect. 846.
George CUVIER.
 Extrait d'un memoire sur l'animal des Lingules.
 Magasin encycloped. 2 Année, Tome 6. p. 438, 439.
ib. ad calcem paginæ.

Tellina rivalis Maton.

William George MATON.
 On a species of Tellina, not described by Linnæus.
 Transact. of the Linnean Soc. Vol. 3. p. 44, 45.
Pag. 331. ante sect. 860.
Johann BECKMANN.
 Austern. in sein. Waarenkunde, 2 Band, p. 81—111.
Pag. 332. post sect. 863.

Mytilus margaritiferus.

Carl LINNÆUS.
 Anmärkningar om den så kallade Påfogel-stenen.
 Vetensk. Acad. Handling. 1759. p. 24—26.
Pag. 334. post lin. 5.

Argonautæ et Nautili.

Leopold VON FICHTEL, et *Johann Paul Carl* VON MOLL.
 Testacea microscopica aliaque minuta ex generibus Argo-
 nauta et Nautilus, ad naturam picta et descripta. latine
 et germanice.
 Pagg. 123. tabb. æneæ color. 24.   Wien, 1798. 4.

Pag. 338. post sect. 891.

Orthocera genus Modeeri.

Adolph MODEER.

Slag·c: Rörkamring, Orthocera. Vetensk. Acad. Handling. 1796. p. 63—97, et p. 143—170.

Pag. 339. lin 6—13. lege:

Fortsezungen. 1 Theil. pagg. 230. tabb. 104. 1797.
2 Theil. pag. 1—24. cum tabb. 12.
Adsunt etiam absque textu tabulæ sequentes: Tubipora 1. Alcyonium 1. 1 A. B. 2—22. Flustra 1—9. Tubularia 1—21. Corallina 1—12. Sertularia 1—35. Vorticella 1—6. 6 A. 7. Pennatula 1—7. Petrificata 1—6.

ib. ad calcem paginæ.

John ADAMS.

An account of a new marine animal.
Transact. of the Linnean Soc. Vol. 3. p. 67, 68.

Pag. 345. ad calcem.

————— Knorr Lapides diluvii universalis testes, 1 Theil, p. 29—32. tab. 35.

Pag. 346. post lin. 9 a fine.

————— : Abhandlung von den Infusionsthierchen.
Sammlung. zur Physik, 2 Band, p. 131—174.

Franz von Paula SCHRANK.

Wahrnehmungen mit den Infusions-thierchen.
in sein. Beytr. zur Naturgeschichte, p. 15—31.

Pag. 347. post lin. 16.

Wilh. Fried. Freyh. VON GLEICHEN *genannt Russworm.*

Abhandlung über die Saamen-und Infusionsthierchen.
Pagg. 171. tabb. æneæ 32. Nürnberg, 1778. 4.

Pag. 354. post lin. 23.

Linguatula, der Zungenwurm, eine neue gattung der eingeweidewürmer.
in ejus Samml. naturhist. Aufsäze, p. 227—232.

ib. ante sect. 935.

Joannes Henricus EBER.

Observationes quædam helminthologicæ. Dissertatio inaug.
Pag. 42. tab. ænea 1.   Gottingæ, 1798. 4.

Gotthelf FISCHER.

Memoire sur un nouveau genre de vers intestins, Cystidicola Farionis, suivi de quelques remarques sur les milieux dans lesquels les vers intestins vivent.
Nouv. Journal de Physique, Tome 4. p. 304—309.

Pag. 358. ante lin. 9 a fine.
Thomas WALLIS.
Dissertatio inaug. de Vermibus intestinorum.
Pagg. 53. Edinburgi, 1784. 8.
ib. ad calcem paginæ.
Joanne Friderico WEISSENBORN
Præside, Dissertatio de Vermibus corporis humani intes-
tinalibus, morbisque verminosis nostris in terris maxime
vulgaribus. Resp. Franc. Jul. Henr. Frenzel
Pagg. 30. Erfordiæ, 1797. 8.
Joannes Augustus Christianus KÜHN.
Dissertatio inaug. de Ascaridibus per urinam emissis, ad-
juncta commentatione de Vermium intestinalium gene-
ratione. Pagg. 18. Jenæ, 1798. 4.
Pag. 359. post lin. 14.
Friedrich Wilhelm KLÄRICH.
Beschreibung einer convulsivischen krankheit, welche von
einem kriechenden insecte (Scolopendra forficata) im
magen entstanden. Deutsche schrift. der Soc. zu Göt-
tingen, 1 Band, p. 187—193.
ib. ante sect. 938.
Samuel CRUMPE.
History of a case in which very uncommon worms were
discharged from the stomach.
Transact. of the Irish Acad. Vol. 6. p. 57—63.
Pag. 360. post lin. 16.
Pehr Gustaf TENGMALM.
Rön om en mängd flugor, som framkommit ur näsan på
et spädt barn.
Vetensk. Acad. Handling. 1796. p. 286—291.
Pag. 365. ante sect. 950.
Bernhard Sebastian NAU.
Sind die kleinern Leberegeln in den Schaflebern alle jun-
gen der grössern, oder machen sie eine eigne von den
grössern abgesonderte art aus? in ejus Neue Entdec-
kung. 1 Band, p. 36—39.
Johann Georg Heinrich ZEDER.
Schreiben über obigen gegenstand. ib. p. 40—46.
Pag. 366. ante lin. 12.
Peter Simon PALLAS.
Beschreibung derer hauptsächlich im unterleibe wieder-
käuender thiere anzutreffenden Hydatiden oder Wasser-
blasen, welche von einer art von Bandwurm ihren ur-
sprung haben.
Stralsund. Magaz. 1 Band, p. 64—83.

Pag. 367. post lin. 3.

Tænia bovina.

Georg PROCHASKA.
Nähere berichtigung der in den wasserblasen der leber
wohnenden würmer, nach einer in der leber einer Kuh
gemachten beobachtung.
Neu. Abhandl. der Böhm. Gesellsch. 2 Band, p. 18—28.
Pag. 369. post sect. 961.

Furiæ genus.

Adolph MODEER.
Slägtet Dödskott. (Furia.)
Vetensk. Acad. Handling. 1795. p. 143—167.
Pag. 371. post lin. 10 a fine.
impr. cum Historia animalium.
Foll. 42, 53 et 13.   Parisiis, 1524. fol.
———— ———— in Aristotelis et Theophrasti etc.
Pag. 374. ante lin. 14 a fine.
DICQUEMARE.
Sur le principe, l'organisation et les rapports des etres
animés.
Journal de Physique, Tome 16. p. 448—456.
————: Ueber das lebensprincipium, organisation, und
ähnlichkeiten der lebenden wesen.
Leipzig. Magazin, 1781. p. 476—491.
Pag. 375. ante sect. 7.
J. J. SUE.
Recherches physiologiques, et experiences sur la vitalité.
Pagg. 76.   Paris, an 6. (1797.) 8.
J. J. VIREY.
Considerations physiologiques sur la production de la
graisse chez les animaux.
Magasin encycloped. 4 Année, Tome 3. p. 150—163.
Pag. 378. lin. 5. lege: Tabb. æneæ 20.
5 a fine, adde: conf. p. 139.
Pag. 382. post lin. 15.
———— printed with Boate's Natural history of Ireland,
quarto edition ; p. 180, 181.
Pag. 383. post lin. 15. a fine.
Gotthelf FISCHER.
Memoire pour servir d'introduction à un ouvrage sur la

respiration des animaux, contenant la bibliographie.
Magasin encyclopedique, 4 Année, Tome 2. p. 289—
302, et p. 437—469.   Tome 3. p. 289—33L

Pag. 384. ante sect. 18.
LAVOISIER et SEGUIN.
Premier memoire sur la respiration des animaux.
 Mem. de l'Acad. des Sc. de Paris, 1789. p. 566—584.
Pag. 386. post lin. 22.
George CUVIER.
Sur les organes de la voix dans les oiseaux.
 Bulletin de la Soc. Philomat. p. 115, 116.
———— Magasin encycloped. 4 Ann. Tome 2. p. 162—165.
Pag. 387. ad calcem sect. 23.
Martin Christian Gottlieb LEHMANN.
De sensibus externis animalium exsanguium, Insectorum
 silicet ac Vermium, commentatio.
 Pagg. 47.   Gottingæ, 1798.   4.
Franz Joseph SCHELVER.
Versuch einer naturgeschichte der sinneswerkzeuge bey
 den Insecten und Würmern. Pagg. 88. ib. 1798.   8.
Pag. 390. post lin. 14 a fine.
An account of the orifice in the retina of the human eye,
 discovered by Prof. Soemmering; to which are added
 proofs of this appearance being extended to the eyes of
 other animals.
 Philosophical Transactions, 1798. p. 332—345.
Experiments and observations upon the structure of nerves.
 ib. 1799. p. 1—12.
Andreæ COMPARETTI
Observationes dioptricæ et anatomicæ comparatæ de colo-
 ribus apparentibus, visu et oculo.
 Pagg. 112. tab. ænea 1.   Patavii, 1798.   4.
Pag. 391. ante sect. 26.

Odoratus.

Constant DUMERIL.
Dissertation sur l'organe de l'Odorat, et sur son existence
 dans les Insectes.
 Magasin encycloped. 3 Année, Tome 2. p. 435—446.
ib. post lin. 17.
Jacques TENON.
Sur une methode particuliere d'etudier l'anatomie, em-
 ployée, par forme d'essai, à des recherches sur les dents
 et sur les os des machoires.

Second essai d'etude, par epoques, des dents molaires du Cheval.
    Mem. de l'Institut, Tome 1. Scienc. Phys. p. 558—623.
John CORSE.
    Observations on the mode of dentition of the Asiatic Elephants.
    Philosoph. Transactions, 1799. p. 205—236.
Everard HOME.
    Some observations on the structure of the teeth of graminivorous quadrupeds, particularly those of the Elephant and Sus æthiopicus. ib. p. 237—258.
Pag. 394. post lin. 20.
ANON.
    Beschreibung der Magendrüse bey der sogenannten Türkischen oder Chinesischen Gans (*Anser Cygnoides.*)
    Stralsund. Magaz. 1 Band, p. 263—266.
Pag. 399. post lin. 4.
Alexander MONRO.
    Dissertatio inaug. de Testibus et Semine in variis animalibus.
    Pagg. 88. tabb. æneæ 5.   Edinburgi, 1756. 8.
ib. post lin. 7.
Caspar Fridericus WOLFF.
    Theoria generationis. Dissertatio inaug.
    Pagg. 146. tabb. æneæ 2.   Halæ, 1759. 4.
    ————— : Theorie von der generation.
    Pagg. 283.   Berlin, 1764. 8.
    ————— : Theoria generationis, editio nova, aucta et emendata.
    Pagg. 231. tabb. æneæ 2.   Halæ, 1774. 8.
Pag. 400. post lin. 15.
Joannes MAYER.
    Dissertatio inaug. de iis quæ generationem animalis vel plantæ concernunt. (Pragæ, 1775.) Usteri Delect. Opusc. botan. Vol. 2. p. 171—196.
Wilh. Friedr. Freyb. VON GLEICHEN *genannt Russworm.*
    Abhandlung über die Saamen-und Infusionsthierchen, und über die erzeugung. vide supra pag. 43.
Pag. 401. post lin. 7.
    ————— London Medical Journal, Vol. 9. p. 71—80.
Pag. 403. ante sect. 37.
Henri Alexandre TESSIER.
    Extrait d'un memoire contenant des recherches sur la durée de la gestation dans les femelles d'animaux.
    Bulletin de la Soc. Philomatique, p. 177, 178.

———— Magasin encycloped. 4 Année, Tome 6. p. 7—9.
———— Decade philosophique, 7 Année, 2 Sem. p. 449
—450.
Pag. 412. ante sect. 53.
Pierre André LA TREILLE.
Observations sur les organes de la generation de l'Iule ap-
plati. (Iulus complanatus Linn)
Magasin encycloped. 2 Année, Tome 2. p. 291, 292.
Pag. 412. ad calcem paginæ.
Constans DE CASTELLET.
Sulle uova de' vermi da seta fecondate senza l'accopia-
mento delle farfalle.
Opuscoli scelti, Tomo 18. p. 242—245.
Pag. 415. post lin. 1.
Joan Daniel DENSO.
Ob sich ein geschlecht der thiere in das andere, oder ein
Weiblein in ein Männlein verwandeln könne ?
in sein. Beitr. zur Naturkunde, 6 Stük, p. 494—498.
(Commentatio hæc delenda pag. 425 Catalogi.)
ib. ad calcem sect. 58.
Carolus METZGER.
Momenta quædam ad animalium differentiam sexualem
præter genitalia. Programma.
Pagg. 16.   Regiomonti, 1797. 8.
ib. post lin. 17.
Everard HOME.
An account of the dissection of a hermaphrodite Dog, to
which are prefixed some observations on hermaphrodites
in general.
Philosophical Transactions, 1799. p. 157—178.
Pag. 418. post lin. 22.
———— printed with Boate's Natural history of Ireland,
quarto edition ; p. 177—179.
Pag. 425. post lin. 4 a fine.
———— : On the possibility of casual mutilations in the
bodies of animals becoming in the course of time here-
ditary marks of distinction.
Philosophical Magazine, Vol. 4. p. 1—6.
Pag. 426. ante lin. 3 a fine.
William NICHOLSON.
On the propagation of the *Zebra* with the *Ass.* in his
Journal, Vol. 2. p. 267, 268.

Pag. 432. ante lin. 8 a fine.
F. W. A. Murhard.
Ueber lebendig, in harte massen, eingeschlossen gefundene
　thiere.
　Voigt's Magazin, 11 Bandes 1 Stück, p. 133—151.
———— : Observations on living animals found inclosed
　in stones and other solid substances.
　Philosophical Magazine, Vol. 3. p. 225—233.
Pag. 433. lin. 13. lege 1674.
Pag. 434. post lin. 7.
———— : On the revivification of some kinds of Insects
　killed in spirit of wine.
　Philosophical Magazine, Vol. 1. p. 171—173.
ib. post lin. 11.
John Gough.
On the supposed revival of Insects, after long immersion
　in wine or other intoxicating liquor.
　Nicholson's Journal, Vol. 2. p. 353—355.
Pag. 435. post lin. 25.
———— ; Versuche an thieren und pflanzen, über die
　kräfte hize zu erzeugen.
　Sammlungen zur Physik, 1 Band, p. 420—435.
Pag. 441. post lin. 7.
———— : Observationes de Cicindela volante.
　Act. Eruditor. Lips. Supplem. Tom. 1. p. 443—447.
ib. ante lin. 18 a fine.
Carradori.
Experiences et observations sur la phosphorescence des
　Lucioles, Lampyris italica.
　Annales de Chimie, Tome 26. p. 96—101.
———— : Experiments and observations on the phos-
　phorescence of the Luciole.
　Philosophical Magazine, Vol. 2. p. 77—80.
Pag. 442. post lin. 10.
———— : Zoologische bemerkungen.
　Meyer's Zoolog. Archiv, 2 Theil, p. 28, 29.
Pag. 443. lin. 10 a fine, lege :
(*Comte Gregoire* Razoumowsky.)
ib. post lin. 7 a fine.
———— : Waarneemingen over het verschynsel der
　phosphorike lichten van de Oost-zee. Verhand. van
　de Maatsch. te Haarlem, 23 Deel, Berichten, p. 3—12,

Pag. 446. post lin. 4.
C. DUMERIL.
Memoire sur les moyens que les Insectes emploient pour
leur conservation.
Magasin encycloped. 5 Année, Tome 1. p. 7—33.
ib. ad calcem sect. 94.
Josephus SCHOELLER.
Dissertatio inaug. sistens considerationem physiologicam
Amphibiorum. Pagg. 24. Viennæ, 1784. 8.
(E Martini Allgemeine geschichte der natur in alpha-
betischer ordnung.)
Pag. 447. post lin. 9.
ANON.
Von einem Zeisigneste.
Dresdnisches Magazin, 1 Band, p. 403—408.
Pag. 448. ante sect. 97.
Cornelis NOZEMAN.
Verhandeling over de inlandsche zoetwater-spongie, eene
huisvesting der maskers van Puistenbijteren (Tipulæ.)
Verhand. van het Genootsch. te Rotterdam, 9 Deel, p.
242—257.
Pag. 449. ad calcem sect. 98.
Gioachino CARRADORI.
Osservazione, dalla quale par che si rilevi, che i pesci sof-
frone nel inverno un grado d'intorpidimento.
Opuscoli scelti, Tomo 18. p. 165—167.
Pag. 450. post lin. 3.
Peter Simon PALLAS.
Ueber den winteraufenthalt der Schwalben.
Stralsund. Magaz. 1 Band, p. 20—26.
Pag. 451. ad calcem.
P. S. PALLAS. (e schedis Stelleri.)
Vermische anmerkungen von den zugvögeln Sibiriens.
Stralsund. Magaz. 1 Band, p. 145—168.
Pag. 452. lin. ult. sect. 101. adde: et Vol. 4. p. 30.
Edmund LAMBERT.
Observations relating to the migration of Birds.
Transact. of the Linnean Soc. Vol. 3. p. 12—15.
Pag. 455. ad calcem.
BARTHOLDI.
Lettre sur un Calcul trouvé dans l'intestin rectum d'un
Cheval.
Annales de Chimie, Tome 23. p. 123—135.

Pag. 456. ad calcem.
David JEFFRIES.
Of Pearls. in his Treatise on Diamonds, p. 62—67.
London, 1750. 8.
Pag. 457. post lin. 21.
Michael VOGT.
De origine, seu causa, qua Margaritæ in Myis producun-
tur. Nov. Act. Ac. Nat. Cur. Tom. 8. p. 172—175.
Pag. 459. ante lin. 24 a fine.
Fridericus Ludovicus KREYSIG.
Momenta quædam vitæ vegetabilis cum animali convenien-
tiam illustrantia exponuntur. Programma.
Pagg. 12. Wittebergæ, 1796. 4.
ib. post lin. 5 a fine.
————: Ueber die ähnlichkeit zwischen den bewegun-
gen der thiere und der pflanzen.
Voigt's Magazin, 6 Band. 3 Stück, p. 44—62.
ib. ad calcem paginæ.
Alexander HUNTER.
An illustration of the analogy between vegetable and ani-
mal parturition.
Pagg. 4. tab. ænea 1. London, (1799.) 8.
Pag. 460. ante lin. 2 a fine.
Frederick MICHAELIS.
Of the decussation of the optic nerves in quadrupeds.
London Medical Journal, Vol. 5. p. 289—291.
Pag. 461. ante sect. 113.
DUMERIL.
Extrait d'un memoire sur la forme de la derniere phalange
des doigts dans les animaux mammiferes.
Bulletin de la Soc. Philomatique, Tome 2. p. 9, 10.
Pag. 466. ad calcem sect. 128.
Jean Gottlieb WALTER.
Memoire sur le Blaireau.
Mem. de l'Acad. de Berlin, 1792, 3. p. 3—22.
Pag. 468. lin. 5. adde: (*Ernst Gottfried* HEYSE.)
Pag. 472. ad calcem sect. 149.
George CUVIER.
Sur les Narines des Cetacés.
Bulletin de la Soc. Philomat. p. 26—29.
———— Magasin encyclopedique 3 Année, Tome 2. p.
299—305.
ib. ad calcem paginæ.
Excerpta, germanice; in Monro's Physiologie der fische,
übersezt von Schneider, p. 95—102.
E 2

Pag. 474. ad calcem.
George CUVIER.
Memoire sur le Larynx inferieur des oiseaux.
  Magasin encyclopedique, Tome 2. p. 330—358.
John LATHAM.
An essay on the Tracheæ or Windpipes of various kinds
  of birds.
  Transact. of the Linnean Soc. Vol. 4. p. 90—128.
Pag. 477. post lin. 16 a fine.
———————— : Relatio de anatome Struthiocameli.
  Act. Eruditor. Lips. Supplem. Tom. 1. p. 250—255.
Pag. 478. lin. 6. loco *Oenas,* lege : *domestica.*
ib. ad calcem paginæ.
———————— : Physiological observations on the Amphibia.
  Dissertation 1. on Respiration. Diss. 2. Respiration
  continued, with a fragment upon the subject of absorp-
  tion. in his Tracts, p. 1—79.
Dissertation 3. on the Respiration of the Tortoise. ib.
  p. 81—101.
Miscellaneous remarks on the Amphibia. ib. p. 103—
  115.
Pag. 481. post lin. 16.
———————— : Vergleichung des baues und der physiologie
  der fische mit dem bau des menschen und der übrigen
  thiere ; übersezt, und mit eignen zusäzen, und an-
  merkungen von P. Campern, vermehrt durch J. G.
  Schneider.
    Pagg. 191. tabb. æneæ 34.   Leipzig, 1787. 4.
ib. post lin. 24.
———————— : Von den schuppen einiger fische, welche man
  gemeiniglich für schuppenlos hält.
  Sammlungen zur Physik, 3 Band, p. 710—722.
Pag. 482. ante sect. 177.
Gotthelf FISCHER.
Versuch über die Schwimmblase der fische.
    Pagg. 80. tab. ænea 1.   Leipzig, 1795. 8.
Pag. 487. ante sect. 194.
George CUVIER.
Second memoire sur l'organisation et les rapports des ani-
  maux à sang blanc, dans lequel on traite de la structure
  des Mollusques, et de leur division en ordre.
  Magasin encyclopedique, Tome 2. p. 433—449.
Pag. 488. ad calcem sect. 197.
———————— : Zergliederung des Dintenfisches.
  in ejus Physiologie der fische, p. 84—87. tab. 31.

Pag. 488. ad calcem paginæ.

———— : Zergliederung des Seeigels.

in ejus Physiologie der fische, p. 88—93. tab. 32, 33.

Pag. 494. ad calcem.

John Macdonald.

On the Coral of Sumatra.

Transact. of the Soc. of Bengal, Vol. 4. p. 23—30.

Pag. 497. post lin. 4.

Schulze.

Nachricht von einigen in den Drednischen gewassern vorhandenen polypenarten.

Dresdnisches Magazin, 2 Band, p. 487—499.

Pag. 505. post lin. 11.

———— : Vom Ambra. in ejus Geschichte von Japan, 2 Band, p. 465—470.

ib. post lin. 19.

———— : Disquisitio de Ambra grysea, anjezo in Deutscher sprache publiciret.

Pagg. 116.   Dresden, 1736. 4.

Pag. 506. post lin. 2.

———— : Ueber den ursprung des Ambers.

Sammlungen zur Physik, 3 Band, p. 333—346.

ib. ante lin. 7. a fine.

Josephus Philippus Grasso.

Dissertatio inaug. de Lacerta agili Linn.

Pagg. xxxii.   Helmstadii, 1788. 4.

Pag. 507. post lin. 9.

Joannes Christianus Lehmann.

Dissertatio inaug. exhibens · catalogum Insectorum Coleopterorum medicatorum.

Pagg. 32.   Goettingæ, 1796. 4.

ib. ad calcem sect. 11.

Anon.

On a new insect called antiodontalgicus, and the property possessed by it, in common with some other insects, of curing the Tooth-ache.

Philosophical Magazine, Vol. 2. p. 81—85.

Pag. 508. ante sect. 13.

———— Schlegel Thes. Mat. Med. Tom. 1. p. 57—82.

Joannes Jacobus Schirow.

Dissertatio inaug. de Cantharidibus.

Pagg. 35.   Trajecti ad Viadr. 1794. 4.

ib. lin. 6 a fine, lege : *Apes, Mel, Cera.*

Pag. 508. ad calcem paginæ.
Laurentius Antonius DE RCUM.
  Discursus de Apibus, Melle et Cera, præfixus Disserta-
  tioni sistenti anatomiæ cereæ præstantiam.   Resp. Jo.
  Ge. Henr. Hoffman.
        Pagg. 9.   Wirceburgi, 1743.   4.
Pag. 511 post lin. 4.
George HORN.
  An entire new treatise on Leeches.
        Pagg. 29.   London, 1798.   8.
Pag. 513. ante lin. 12 a fine.
Peter Simon PALLAS.
  Von einer besondern art eines septischen gifts, welches
  aus dem Blauspecht von den Buräthen und Tungusen
  bereitet werden soll.
  Stralsund. Magaz. 1 Band, p. 351—356.
G. de WIND.
  Verhandeling over de vergiften, tot het ryk der dieren be-
  trekkelyk.   Verhandel. van het Genootsch. te Vlis-
  singen, 14 Deel, p. 267—362.
Pag. 514. lin. 4. lege *Reinboldo.*
ib. lin. 10 a fine, lege:
        Pagg. 91.   Firenze, 1664.   4.
  ————— Pagg. 66.   ib. 1686.   4.
Pag. 516. post lin. 6.
Franciscus de Paula FREISKORN.
  Dissertatio inaug. de veneno Viperarum.
        Pagg. 63.   Viennæ, 1782.   8.
Pag. 517. ante lin. 16 a fine.
Rudolphi Augusti BEHRENS
  Dissertatio epistolaris de affectionibus a comestis Mytulis.
  impr. cum Werlhofio de Variolis.
        Pagg. 28.   Hannoveræ, 1735.   4.
Pag. 518. post lin. 19.
Olof SWARTZ.
  Tal om hushålls-nyttan af de däggande djuren.
        Pagg. 78.   Stockholm, 1798.   8.
Pag. 519. post lin. 10.
  Schwamm.   ibid. 2 Band, p. 22—39.
ib. ante lin. 8. a fine.
Friedrich Albrecht Anton MEYER.
  Versuch einer vollständigen naturgeschichte der Haus-
  thiere, im grundrisse.
        Pagg. 268.   Göttingen, 1792.   8.

Pag. 521. post lin. 1. sect. 4.
Gervase MARKHAM.

Cavalarice, or the English Horseman, contayning all the art of Horsemanship, as much as is necessary for any man to understand.   London, 1617. 4.
Pagg. 88, 264, 84, 57, 58, 67, 86 et 37.

Pag. 522. ante lin. 18 a fine.

———: Onderwys voor de Schaapherders, en voor de eigenaars van Schaapen.
Pagg. 356. tabb. æneæ 15.   Amsterdam, 1791. 8.
Est Vol. 8. Actorum Societatis oeconomicæ Amstelo-damensis.

ib. lin. 14 a fine, adde : et p. 534—559.
ib. post lin. 13 a fine.

Traité des Bêtes à laine, ou methóde d'elever et de gou-verner les troupeaux aux champs, et à la bergerie.
Paris, 1770. 4.
Tome 1. pagg. 450. tabb. æneæ 2. Tome 2. pag. 451 —891.

Pag. 524. dele lin. 1.
ib. lin. 2 et 3, lege :

———: A profitable instruction of the perfite ordering of Bees, by Thomas Hyll. impr. cum hujus Arte of gardening.

ib. post lin. 21.
Johannes GRÜTZMANN.

Neugebautes und zugerichtes Immen-hausslein, das ist, beschreibung der Bienen.
Pagg. 127.   Halberstadt, 1669. 8.

Pag. 528. post lin 20.
Josephus MASTALIRZ.

Dissertatio inaug. de Api mellifica, ejusque morbis.
Pagg. 23.   Viennæ, 1783. 8.
ib. post lin. 15 a fine.

Excerpta gallice, in Magasin encyclopedique, 2 Année, Tome 1. p. 165—182.
ib. ante sect. 9.
CHABOUILLE'.

Construction d'une nouvelle ruche, maniere de s'en servir, avec plusieurs observations sur les Abeilles. impr. avec son Manuel du laboureur.
Pagg. 35. tab. ænea 1.   Paris, an 3. (1795.) 8.

Pag. 530. post lin. 4.
Edward WILLIAMS.

Virginia's discovery of Silke-wormes, with their benefit,

and the implanting of Mulberry trees, also the dressing
and keeping of Vines, for the rich trade of making
wines there. London, 1650. 4.
Pagg 75; cum figg. ligno incisis, iisdem ac in libello
de Serres, supra dicto.
Pag. 531. post lin. 6.
Johann Daniel DENSO.
Vom Seidenbaue. in ejus Physikalische briefe, p. 37
—64.
Pag. 532. lin. 1. lege: *Domenico* TROILI.
ib. lin. 3. loco ejus, lege Toderini.
ib. post lin. 16.
Miguel GIJON.
Memoria sobre el uso del thermometro para la cria de los
gusanos de seda.
Mem. de la Soc. Econom. de Madrid, Tomo 1. p. 102
—104.
Pag. 533. post lin. 6.
S. BERTEZEN.
Thoughts on the different kinds of food given to young
Silk worms, and the possibility of their being brought
to perfection in the climate of England, founded on ex-
periments made near the metropolis.
Pagg. 47. London, 1789. 8.
Pag. 534. ad calcem sect. 12.
————: Kermes. Cochineal. in his Hist. of inven-
tions, Vol. 2. p. 171—206.
Pag. 536. post lin. 5.
Joaquim DE AMORIM CASTRO.
Memoria sobre a Cochonilha do Brasil.
Mem. econom. da Acad. R. das Sciencias de Lisboa,
Tomo 2. p. 135—143.
ib. post lin. 9.
Nicholas FONTANA.
Memoir on the Bengal Cochineal.
Pagg. 16. London, 1799. 4.
ib. ante lin. 3 a fine.
Joannis Philippi BREYNII
Annotationes apologeticæ ad historiam naturalem Cocci
radicum.
Act. Eruditor. Lips. 1750. p. 259—267.
Pag 537. post lin. 15 a fine.
————: Naturgeschichte des Insekts, von welchem das
Gummilack kömmt.
Sammlungen zur Physik, 3 Band, p. 479—487.

Pag. 537. post lin. 6 a fine.
——— Seorsim etiam adest.
Pagg. 10. tab ænea 1.   4.
ib. lin. 4 a fine, adde: et inde, in Philosophical Magazine,
Vol. 3. p. 367—369.
Pag. 538. post lin. 11 a fine.
ANON.
Von den verschiedenen arten derer gewürme, woraus man
Purpurfarbe bereiten kann.
Sammlungen zur Physik, 1 Band, p. 436—454.
Pag. 539. ante lin. 11 a fine.
(*Peter* BUSCH.)
Curieuse nachricht von einer neuen art seide, welche von
den Spinnen-weben zubereitet wird.
Pagg. 62.   Frankf. u. Leipz. 1711. 8.
Pag. 541. post lin. 7.
——— : Method to destroy or drive away Earth-worms
and various other insects hurtful to fields and gardens.
Philosophical Magazine, Vol. 1. p. 169—171.
ib. post lin. 11.
C. P. PEZOLD.
Mittel die uns schädlich werdenden Raupen zu vermin-
dern.
Pagg. 112. tabb. æn. color. 2.   Coburg, 1794. 8.
ib. ante sect. 21.
(*Franz Ernst* BRÜCKMANN.)
Die neu-erfundene curieuse Floh-falle, zu gänzlicher aus-
rottung der Flöhe.
Dritte auflage. Pagg. 78. tab. ænea 1.   1729. 8.
Pag. 543. post lin. 5.
J. W. L. VON LUCE.
Ueber den Kornwurm, nebst den palliativ und radical
mitteln gegen denselben. in ejus öconom. Abhand-
lung. p. 47—79.
Thomas MARSHAM.
Observations on the Insects that infested the Corn in the
year 1795.
Transact. of the Linnean Soc. Vol. 3. p. 242—251.
Further observations on the wheat insect. ibid. Vol. 4.
p. 224—229.
William KIRBY.
History of Tipula Tritici, and Ichneumon Tipulæ, with
some observations upon other insects that attend the
wheat. ib. p. 230—239.

Pag. 545. ante sect. 26.
Samuel ÖDMAN.
Tvänne antekningar, rörande larven till Papilio Brassicæ,
eller Kålmatken.
Vetensk. Acad. Handling. 1796. p. 265—271.
ib. ad calcem sect. 26.
Henry VAGG.
Middel, om Raapen en andere gewassen, op het veld, tegen
slakken, aard-vlooyen en wormen te bewaaren; getrok-
ken uit the Massachuset's Magazine, Febr. 1780. Ver-
hand. door de Maatsch. ter bevord. van den Landbouw
te Amsterdam, 7 Deels 3 Stuk, p. 123—138.
Pag. 546. post lin. 11.
ANON.
Nachricht von den schädlichen raupen, welche denen
baumfrüchten das verderben drohen, nebst den mitteln
solches abzuwenden.
Dresdnisches Magazin, 2 Band, p. 472—479.
Pag. 548. ad calcem sect. 31.
Johann Christian FABRICIUS.
Beschreibung des schädlichen Zuckerwurms in West-
indien.
Göttingisches Journal, 1 Band. 1 Heft, p. 137—140.
Pag. 551. ante sect. 39.
Johann HEDWIG.
Vorschlag die gänzliche verwüstung der Tangelwälder
von der Kienraupe zu verhüten.
Samml. seiner Abhandlung. 2 Band, p. 160—163.
Georg Gottfried ZINKE.
Bemerkungen über die schädliche Waldraupe (Phalæna
monacha) nebst den mitteln zu ihrer vertilgung.
Pagg. 32.   Jena, 1797. 8.
Pag. 553. ad calcem sect. 43.
LE VERRIER DE LA CONTERIE.
Bibliotheque historique et critique des auteurs qui ont
traité de la chasse. Pagg. ccxxvj.
1 Partie de son Ecole de la chasse aux chiens courans.
Pag. 555. post lin. 24.
(*Antoine* GAFFET.)
Nouveau traité de Venerie, par un gentilhomme de la ve-
nerie du Roy.
Pagg. 401; cum figg. ligno incisis.   Paris, 1750. 8.
Editio, ni fallor, anni 1742, novo titulo.

Supplementum *Tomi* II.   59

LE VERRIER DE LA CONTERIE.
Ecole de la chasse aux chiens courans.
1 Partie. pagg. ccxxvj.   2 Partie. pagg. 396 et 14;
cum figg. ligno incisis.   Rouen, 1763. 8.
Pag. 557. ad calcem.
ANON.
Observations on the *Mole*, and the means of extirpating
  that destructive animal. (e germanico, in Economische
  hefte.) Philosophical Magazine, Vol. 2. p 32—36.
Pag. 561. post lin. 12.
———— : Falconry. in his Hist. of inventions, Vol. 1.
  p. 319—333.
ib. post lin. 15.
Historical outlines of Falconry.
  Essays by a Society at Exeter, p. 131—164.
Pag. 563. post lin. 12.
ANON.
Fischbüchlin, von der natur und eigenschafft der fischen;
  item, wie man fisch und vögel fahen sol; zu welcher
  zeit auch jeder visch am besten sey.
  Plagg. 4.   Strassburg, 1578. 8.
Pag. 567. post lin. 4 a fine.
———— printed with Boate's Natural history of Ireland,
  quarto edition; p. 187—189.
Pag. 568. post lin. 19.
———— accedunt ejusdem argumenti ex veterum recen-
  tiorumque scriptorum libris (Varrone, Columella, Pli-
  nio, Geoponicis, Petro Crescentiensi et Heresbachio)
  excerpta; omnia Herm. Conringii cura iterum edita.
  Pagg. 156.   Helmestadii, 1671. 4.
ib. post lin. 22.
———— The second edition.
  Pagg. 94.   London, 1715. 8.
Pag. 570. post lin. 12.
Zoologisches archiv.   Leipzig, 1796. 8.
  1 Theil. pagg. 266. 2 Theil. pagg. 256. tab. ænea 1.
ib. lin. 14 a fine, lege:
Bericht tot staving der aanwezigheid van Eenhoornen.
  Verhand. van het Gen. te Vlissing. 15 Deel, voorbe-
  richt, p. li—lviii.
———— : Neueste nachricht vom Einhorn.
ib. lin. 5 a fine, lege: No. 1—20.
Pag. 575 post lin. 18.
Gustaf PAYKULL.
Anmärkningar vid genus Coccinella, och beskrifning

öfver de Svänska arter deraf som äro med fina har be-
strödde.
Vetensk. Acad. Handling. 1798. p. 144—156.
Pag. 577. ante lin. 9 a fine.
Catalogus Musæi Ruyschiani, sive permagnæ, elegantis-
simæ, nitidissimæ, incomparabilis, et vere Regiæ collectionis præparatorum anatomicorum, variorum animalium, - - - quas collegit, præparavit et conservavit
Fredericus Ruyschius, quæ publice distrahentur a.
1731. Pagg. 94.   Amstelædami. 8.
Pag. 578. lin. 6 a fine, lege: Pag. 164. post lin. 3.
ib. ad calcem paginæ.
Excerpta, germanice, in Götting. Journal, 1 Band. 3 Heft,
p. 1—54.

SUPPLEMENTUM TOMI III.

Pag. 5. ante sect. 2.
Johann Christoph EBERMAJER.
Ueber die nothwendige verbindung der systematischen
pflanzenkunde mit der pharmacie.
Hannover, 1796. 8.
Pagg. 83; præter libellum de plantis venenatis, de quo
infra.
TOURNON.
Discours prononcé à l'ouverture d'un cours de botanique.
Magasin encycloped. 3 Année, Tome 3. p. 441—451.
———— Seorsim etiam adest. Pagg. 11.   8.
Pag. 8. ante lin. 10 a fine.
Carolus CLUSIUS.
Stirpium nomenclator Pannonicus.
Plag. 1.   Antverpiæ, 1584. 8.
Pag. 14. ad calcem.
———— Martius anweisung pflanzen nach dem leben
abzudruken, p. 5—25.
Pag. 15. post lin. 3.
———— Martius anweisung pflanzen nach dem leben
abzudruken, p. 25—47.
ib. post lin. 6.
Ernst Wilhelm MARTIUS.
Neueste anweisung, pflanzen nach dem leben abzudruken.
Pagg. 80. ectyp. 1.   Wezlar, 1785. 8.
Pag. 18. post lin. 24.
———— latine et hispanice.
Pagg. 97.   Matriti, 1788. 8.
ib. ante lin. 10 a fine.
———— annotationibus, explanationibus, supplementis
aucta, opera Cas. G. Ortega.
Pagg. 426. tabb. æneæ 10.   Matriti, 1792. 4.
Pag. 21. post lin. 3.
———— Quatrieme edition, augmentée (par J. E. Gilibert.)   Lyon, 1796. 8.
Tome 1. pagg. cxv et 515. tabb. æneæ 8. Tome 2.
pagg. 752. Tome 3. pagg. 776. Tome 4. pagg. 752.
tabb. 4.

62 **Supplementum Tomi III.**

Partie des figures. Tome 1. pagg. 15. tabb. 14 et
pagg. xvi et 104. tabb. 166. Tome 2. tab. 167—282.
(icones Richerii de Belleval, hactenus ineditæ.) pagg.
24, tabb. 16; (e figuris Leersii exscriptæ.) pagg. 31.
tabb. 16; (e Botanico Parisiensi Vaillantii.) pagg. 48.
tabb. 12; (e Flora Lapponica Linnæi.) et pagg. 15. 4.
Pag. 25. post lin. 11.
Carl Ludwig WILLDENOW.
Grundriss der kräuterkunde.
    Pagg. 486. tabb. æneæ 9.   Berlin, 1792. 8.
ib. post lin. 17.
Priscilla WAKEFIELD.
An introduction to botany, in a series of familiar letters.
    Pagg. 184. tabb. æneæ 11.   London, 1796. 12.
Heinrich Friedrich LINK.
Grundlage einer philosophie der Botanik.
Usteri's Annalen der botanik, 20 Stück, p. 1—10.
Philosophiæ botanicæ novæ, seu institutionum phytogra-
phicarum prodromus.
    Pagg. 192.   Gottingæ, 1798. 8.
John THOMPSON.
Botany displayed, being a complete and compendious elu-
cidation of botany, according to the system of Linnæus,
with plates serving as examples of the most beautiful,
rare and curious plants, designed by A. Nunes.
    London, 1798. 4.
No. 1—4. Pag. 1—10. tab. æn. color. 1—12, cum
textus foll. 9. Plura non prodierunt.
ib. post lin. 19.
A short explanation of the technical words made use of in
botany. Plag. dimidia.   4.
Pag. 33. post lin. 13.
———— Usteri Delect. Opusc. botan. Vol. 2. p. 431—
462.
ib. post lin. 10 a fine.
———— recudi curavit notisque auxit P. Usteri.
    Pagg. 526.   Turici, 1791. 8.
Pag. 34. post lin. 5.
Etienne Pierre VENTENAT.
Tableau du regne vegetal, selon la methode de Jussieu.
    Paris, an 7. 8.
Tome 1. pagg. lxxij et 627. Tome 2 pagg. 607.
Tome 3. pagg. 587. Tome 4. pagg. 265. tabb. æneæ
24.

Pag. 36. ante sect. 14.
James Edward Smith.
The characters of 20 new genera of plants.
Transact. of the Linnean Soc. Vol. 4. p. 213—223.
Pag. 40. post lin. 4.
Systema vegetabilium, editio 15, quæ ipsa est recognitio-
nis a b. Murray institutæ tertia, procurata a C. H. Per-
soon. Pagg. 1026. Gottingæ, 1797. 8.
Species plantarum. Editio quarta, post Reichardianam
quinta, adjectis vegetabilibus hucusque cognitis, curante
Car. Lud. Willdenow.
Tom. 1. pagg. 495. Berolini, 1797. 8.
Pars 2. pag. 499—1568. (1798.)
2. pagg. 823. 1799.
Pag. 47. lin. 13 a fine. *J. B.* lege: *J. P.*
Pag. 48. ad calcem.
Johann Hedwig.
Etwas über den vormaligen, gegenwärtigen und künftigen
zustand der gewächskenntniss.
Samml. seiner Abhandl. 2 Band, p. 29—59.
Pag. 56. post lin. 10.
Petro Immanuele Hartmanno
Præside, Dissertatio : Iconum botanicarum Gesnerio-
Camerarianarum minorum (editionis Camerarii præ-
cedentis libri) nomenclator Linnæanus. Resp. Sam.
Marcus.
Pagg. 52. Trajecti ad Viadr. 1781. 4.
Pag. 59. ante lin. 8 a fine.
Johannes Olorinus.
Centuria arborum mirabilium, das ist : Hundert wunder-
bäume auss dem grossen weltgarten in diss kleine pa-
pieren gärtlein versezet.
Pagg. 122. Magdeburgk, 1616. 8.
Centuria herbarum mirabilium, das ist : Hundert wunder-
kräuter, so da theils in der neuen welt, theil in Teut-
schland wachsen. Pagg. 139. ib. 1616. 8.
Pag. 68. post lin. 30.
Plantarum selectarum icones pictæ.
Lugd. Bat. 1798. fol.
Tabb. æneæ color. 28. Textus plagg. 3.
ib. ante lin. 2 a fine.
John Miller.
(Icones plantarum.) (Londini, 1780.) fol.
Textus fol. 1. tab. æn. color. 1—7. Plures non pro-
dierunt.

Pag. 76. post lin. 7.
Epistola ad Guil. Sherardum.
Act. Literar. Sveciæ, 1722. p. 340—343.
Pag. 79. lin. 1. Rud. lege Lud.
Pag. 83. post lin. 26.
Critische bemerkungen über gegenstände aus dem pflan-
zenreiche.
1. 2 Stück. pagg. 303.   Mannheim, 1793. 8.
Pag. 85. post lin. 16 a fine.
Usteri's Annalen der Botanik, 21 Stück, p. 15—28.
Römer's Archiv, 1 Band. 1 Stück, p. 32—39.
Catalecta botanica, quibus plantæ novæ et minus cognitæ
describuntur atque illustrantur.   Lipsiæ, 1797. 8.
Fascic. 1. pagg. 244. tabb æneæ color. 8.
Novæ plantarum species descriptæ.
Römer's Archiv, 1 Band. 3 Stück, p. 37—52.
ib. post lin. 9 a fine.
——— Usteri Delect. Opusc. botan.Vol. 2. p. 79—120.
Pag. 87. post lin. 3.
Vol. 10. tab. et fol. 325—360.   1796.
      11. tab. et fol. 361—396.   1797.
      12. tab. et fol. 397—432.   1798.
ib. post lin. 23.
Duæ plantæ Africanæ descriptæ. Usteri Delect. Opusc.
botan. Vol. 2. p. 197—202.
ib. post lin. 26.
Beiträge zur naheren kenntniss einiger seltenen, wenig be-
kannten pflanzen.
Neu. Schrift. der Berlin. Ges. Naturf. Fr. 2 Band, p.
97—128.
ib. post lin. 4 a fine.
Trium fasciculorum textus latinus redit in Römer's Archiv, 1 Band. 1 Stück, p. 71—94.
Pag. 88. post lin. 10.
Römer's Archiv, 1 Band. 2 Stück, p. 21—31.
ib. lin. 20 a fine, lege:
Pag. 1—20. tab. æn. color. 1—10.
ib. ante lin. 15 a fine:
August Jobann Georg Carl BATSCH.
Botanische bemerkungen.
1 Stück. pagg. 104. tab. æneæ 6.   Halle, 1791. 8.
ib. post lin. 11 a fine.
Vol. 2. pagg. 79. tab. 101—200.   1793.
      3. pagg. 52. tab. 201—300.   1794.
      4. pagg. 82. tab. 301—400.   1797.

Pag. 88. ad calcem paginæ.
Botanische bemerkungen.
    Neu. Abhandl. der Böhm. Gesellsch. 2 Band, p. 40—56.
Pag. 89. ad calcem.
Botanische beobachtungen und berichtigungen.
    Römer's Archiv, 1 Band. 1 Stück, p. 45—50.
Pag. 90. ante sect. 24.
J C. WENDLAND.
Bemerkungen über einige pflanzen.
    Römer's Archiv, 1 Band. 1 Stück, p. 51—55.
Botanische bemerkungen über Glycine monoica, den ge-
    nerischen character von Thea und Camelia, und über
    Ononis crispa.   ib. 3 Stück, p. 103—107.
Henry ANDREWS.
The botanist's repository for new and rare plants.
    No. 1—23. tab. æn. color. 1—69, cum foliis textus
    totidem.   London, 1797—99.   4.
Cajetanus SAVI.
Observationes botanicæ.
    Usteri's Annalen der Botanik, 21 Stück, p. 1—9.
Casimiri Gomezii ORTEGÆ
Novarum, aut rariorum plantarum horti Reg. Botan. Ma-
    trit. descriptionum decades, cum nonnullarum iconibus.
                                Matriti, 1797.   4.
    (Decas 1—4.) pagg. 51. tabb. æneæ 6.
        5 et 6. pag. 53—80. tab. 7—10.   1798.
        7 et 8. pag. 81—108. tab. 11—13.
Pag. 92. post lin. 16 a fine.
Vol. 2. pagg. 462. tabb. æneæ 5.   1793.
Pag. 93. post lin. 4.
    19 Stück. pagg. 154. tab. 1.
    20 Stück. pagg. 137. tab. 2, 4, 5, 6.
    21 Stück. pagg. 137. tab. 1.   1797.
    22 Stück. pagg. 137. tabb. 4.
    23 Stück. pagg. 153. tabb. 2.   1799.
ib. post lin. 16.
    2 Bändchen. pagg. 175. tab. color. 1.   1797.
ib. post lin. ult.
Archiv für die Botanik.   Leipzig, 1796.   4.
    1 Bandes 1 Stück. pagg. 134. tabb. æneæ 7.
        2 Stück. pagg. 122. tabb. 3.   1797.
        3 Stück. pagg. 186. tabb. 7.   1798.
Heinrich Adolph SCHRADER.
Journal für die Botanik.
    1 Stück. pagg. 272. tabb. æneæ 3. Göttingen, 1799. 8.
    TOM. 5.   F

Catalogi Plantarum exsiccatarum.

Catalogus plantarum. (Incipit ab Abrotono campestri, desinit in Zizipho.) Pagg. 19.   8. max.
Sine dubio catalogus plantarum desideratarum in herbario quodam, an Sherardi? in cujus collectionibus, Oxoniæ adservatis, plura exempla inventa.
Herbarium australe, seu catalogus plantarum exsiccatarum, quas in florulæ insularum australium prodromo, in commentatione de plantis esculentis insularum oceani australis, in fasciculo plantarum magellanicarum, descripsit et delineavit, nec non earum, quas ex insulis Madeira, Sti. Jacobi, Adscensionis, Stæ. Helenæ et Fayal reportavit *Georgius* FORSTER.
Pagg. 24.   Gottingæ, 1797. 8.
Pag. 95. post lin. 1.
(*Lady Charlotte* MURRAY.)
The british garden; a descriptive catalogue of hardy plants, indrgenous, or cultivated in the climate of Great-Britain.   Bath, 1799. 8.
Vol. 1. pagg. xxxi et 380. Vol. 2. p. 381—767.
Pag. 97. ante sect. 30.

Hortus J. Symmons Armig. in Paddington.

W. SALISBURY.
Hortus Paddingtonensis; or a catalogue of plants cultivated in the garden of J. Symmons, Esq. Paddington-house. Pagg. 97.   London, 1797. 8.
Pag. 98. post sect. 34.

Hortus Thomæ Sikes Armig. in Hackney.

A catalogue of green house, hot house, herbaceous and hardy plants, which will be sold by auction, at Hackney, July 1799. by order of the executors of Thomas Sikes, Esq. Pagg. 50.   8.
Pag. 99. post sect. 36.

Hortus Doctoris Coyte, Gippovici.

William Beeston COYTE.
Hortus botanicus Gippovicensis, or a systematical enume-

ration of the plants cultivated in Dr. Coyte's botanic
garden at Ipswich, in the county of Suffolk.
Pagg. 158. Ipswich, 1796. 4.
Pag. 101. lin. 1. lege *Luker*.
Pag. 102. ad calcem.
——— ——— Heidelbergæ, 1672. 12.
Pagg. 78; præter Indicem plantarum indigenarum.
Pag. 104. post lin. 15.
Hermannus CORNELII.
Catalogus plantarum horti publici Amstelodamensis.
Pagg. 53. Amstelodami, 1661. 8.
Pag. 105. ante lin. 8 a fine.
Naamlyst van Bloem-zaaden, te bekomen by Willem *van*
Hazen, Bloemist te Leyden. Pagg. 2. fol.
Pag. 111 ad calcem sect. 73.
ANON.
Enumeratio stirpium in horto academico Pisano viventium
anno 1798. Pagg. 29. 8.
Pag. 112. ante sect. 75.
Synopsis plant. horti bot. mus. r. Florent. anno 1797.
Pagg. 48. 4.
Pag. 113. ante lin. 7 a fine.
Catalogus horti botanici Societatis Physicæ Turicensis anni
1776. Plagg. dimidiæ 4. 8.
Secundum ordines naturales Linnæi.
Hujus editionis quinque adsunt exempla, (e Bibliotheca
Jo.Gesneri emta) cum additionibus manuscriptis, statum
horti annis 1776, 1779, 1780, 1781 et 1783 exhibentia.
Pag. 114. post sect. 82.

Hortus Cæsareus Schoenbrunnensis.

Nicolaus Josephus JACQUIN.
Plantarum rariorum horti Cæsarei Schoenbrunnensis de-
scriptiones et icones. Viennæ, 1797. fol.
Vol. 1. pagg. xii et 70. tabb. æneæ color. 129. Vol.
2. pagg. 68. tab. 130—250.
Pag. 117. post sect. 92.

Hortus Marburgensis.

Conradus MOENCH.
Methodus plantas horti botanici et agri Marburgensis, a
staminum situ describendi.
Pagg. 780. Marburgi, 1794. 8.

Pag. 119. ad calcem.
    Fascic. 3. pag. 23—28. tab. 13—18.   1797.
Pag. 120. ad calcem sect. 100.
ANON.
    Conspectus horti botanici Ducalis Jenensis secundum
    areolas systematice dispositas.
        Pagg. 17.   Jenæ, 1795. 4.
Pag. 123. post lin. 6.
    Catalogus arborum, fruticum et herbarum, exoticarum et
    indigenarum, quarum semina venduntur Berolini apud
    Christianum Ludovicum *Krause.*
        Pagg. 36.   Berolini, 1753. 8.
Pag. 128. ad calcem sect. 126.
Carl Ludwig WILLDENOW.
    Beyträge zur geographischen geschichte des pflanzenreichs.
    Usteri's Annalen der Botanik, 22 Stück, p. 1—13.
Pag. 130. post lin. 6.
James Edward SMITH.
    Remarks on the composition of a Flora Britannica.
    Transact. of the Linnean Soc. Vol. 4. p. 276—281.
Pag. 133. ad calcem.
    Vol. 5. pag. et tab. 289—360.   1796.
        6. pag. et tab. 361—432.   1797.
        7. pag. et tab. 433—504.   1798.
        8. pag. et tab. 505—576.   1799.
Pag. 134. post lin. 6.
Jelinger SYMONS.
    Synopsis plantarum insulis Britannicis indigenarum.
        Pagg. 207.   Londini, 1798. 8.
John HULL.
    The British flora, or a Linnean arrangement of British
    plants. Pagg. 449.   Manchester, 1799. 8.
Pag. 135. ante lin. 14 a fine.
ANON.
    Select specimens of British plants. (edidit *Strickland
    FREEMAN.)*   London, 1797. fol.
        No. 1. tabb. æneæ color. 5. textus foll. 4.
ib. ad calcem paginæ.
Richard PULTENEY.
    A catalogue of some of the more rare plants of *Dorset-
    shire.* print. with his Catalogue of Birds of Dorset-
    shire; p. 55—92.
L. S. S.
    Hampshire flora, or list of rare plants.
    Hampshire Repository, Vol. 1. p. 114 bis—122.

Pag. 138. post lin. 5.
(*William* Travis.)
   Catalogus plantarum circa *Scarborough* sponte nascen-
      tium. Pag. 1.   4.
Pag. 140. post lin. 12.
   ————— cum eodem, p. 79—91.
                           Heidelbergæ, 1672.   12.
Pag. 141. post lin. 10.
   ————— Seconde edition.
      Pagg. 398.   Paris, an. 6. (1798.) 8.
ib. post lin. 19.
Boucher.
   Sur le Pois maritime (et autres plantes maritimes de la
      France.)
      Magasin encyclopedique, 3 Année, Tome 1. p. 27—31.
Pag. 142. ante lin. 2 a fine.
Ramond.
   Etat de la vegetation au sommet du *Pic du midi*.
      Usteri's Annalen der Botanik, 21 Stück, p. 56—66.
Pag. 143. post lin. 14 a fine.
   Herborisations des environs de Montpellier, ou guide bo-
      tanique à l'usage des eleves de l'ecole de santé ; ouvrage
      destiné à servir de supplement au flora monspeliaca.
      Pagg. 274. tab. ænea 1.   Montpellier, 4e année. 8.
Pag. 144. post lin. 8.
A. Delarbre.
   Flore d'*Auvergne*.
      Pagg. xl, 220, 24 et 11. Clermont-Ferrand, 1797. 8.
ib. post lin. 14.
   Supplementum chloris Lugdunensis. in Demonstrations
      elementaires de botanique, Lyon, 1796, Tome 4. p. 737
      —750.
Pag. 146. post lin. 5. sect. 132.
   ————— Pagg. 110. In calce: Hujusce libri 125 tantum
      exemplaria impressa sunt. No. 39. Veronæ, 1749. 8.
ib. ante lin. penult.
   Floræ Lusitanicæ specimen.
      Mem. da Acad R. de Lisboa, Tomo 1. p. 38—64.
Pag. 150. post lin. 5.
E. Bernhardinus ab Ucria.
   Plantæ ad Linnæanum opus addendæ. (maxime e Cupani
      Pamphyto Siculo.)
      Römer's Archiv, 1 Band. 1 Stück, p. 67—70.

Pag. 151. post lin. 21.
Albertus ab HALLER, *filius.*
Tentamen additamentorum et observationum ad historiam
　　stirpium Helveticarum spectantium.
　　Römer's Archiv, 1 Band. 2 Stück, p. 1—12.
ib. ante lin. 9 a fine.
SCHLEICHER.
Index plantarum in *Vallesia* et alpibus vicinis a. 1795
　　collectarum.
　　Usteri's Annalen der Botanik, 19 Stück, p. 80—89.
Pag. 152. post lin. 16. sect. 135.
Christian SCHKUHR.
Botanisches handbuch der mehresten theils in Deutschland
　　wild wachsenden, theils ausländischen in Deutschland
　　unter freyem himmel ausdauernden gewächse.
　　1 Theil. pagg. 408. tabb. æneæ color. 126.
　　　　　　　　　　　　　　　　Wittenberg, 1791. 8.
　　2 Theil. pagg. 421. tab. 127—212 b.　　1796.
　　3 Theil. pag. 1—303. tab. 213—307.
ib. post lin. 22. sect. 135.
Zweyter theil für das jahr 1795.
　　Foll. 17. tabb. æneæ color. 14. pagg. 200.
Johann Chr. RÖHLING.
Deutschlands flora, zum bequemen gebrauche beim bota-
　　nisiren. Pagg. 540.　　　　　　　　　　Bremen, 1796. 8.
ib. ad calcem paginæ.
J. A. C. HOSE.
Spicilegium novarum aut in clariorem lucem redditarum
　　plantarum floræ Germanicæ.
　　Usteri's Annalen der Botanik, 21 Stück, p. 32—43.
　　　　　　　　　　　　　　　　　23 Stück, p. 3—17.
Pag. 154. post lin. 5.
———— : Anmerkungen zu den beschreibungen einiger
　　Flechten von Herrn Abt Wulfen ; mit anmerkungen
　　von J. J. Römer.
　　Römer's Archiv, 1 Band. 3 Stück, p. 53—64.
ib. ante lin. 14 a fine.
H. C. FUNK.
Beytrag zur Salzburger flora.
　　Römer's Archiv, 1 Band. 1 Stück, p. 39—45.
Franz Anton VON BRAUNE.
Salzburgische flora.　　　　　　　　　　Salzburg, 1797. 8.
　　1 Band. pagg. lxxvi et 426. tabb. æneæ 3. 2 Band.
　　pagg. xl et 836. tabb. 3.
Franz von Paula SCHRANK.

Pag. 157. ante sect. 142.
Methodus plantas horti botanici et agri *Marburgensis*, a
staminum situ describendi.
Pagg. 780.   Marburgi, 1794. 8.
Pag. 164. post lin. 23.
Verzeichniss der um *Wosetschan* und der benachbarten
gegend, an den ufern der Moldau, im Berauner kreise,
wildwachsenden seltneren pflanzen.
Neu. Abhandl. der Böhm. Gesellsch. 1 Band, p. 1—74.
Pag. 170. post lin. 7.
Pehr Osbeck.
Utkast til flora Hallandica. Götheb. Wet. Samh. Hand-
ling. Wet. Afdeln. 4 Styck. p. 3—34.
Pag. 173. post lin. 18.
———— Chloris Grodnensis et Plantæ rariores, in Us-
teri Delect. Opusc. botan. Vol. 2. p. 255—430.
Pag. 176. ante lin. 4 a fine.
Flora Atlantica, sive historia plantarum, quæ in Atlante,
agro Tunetano et Algeriensi crescunt.
Tom. 1. pagg. 444. tabb. æneæ 116.
                              Parisiis, a. 6. 4.
        2. pag. 1—312. tab. 117—240.
Pag. 178. ad calcem sect. 156.
———— seorsim etiam adest, pagg. 64; cum præfatione
Alb. Lud. Millin, pagg. xii.   Lipsiæ, 1796. 8.
Pag. 180. lin. 14 a fine, lege:
Vol. 1. coll. 68. tabb. æneæ color. 100.
                              London, 1795. fol.
        2. No. 1. col. 1—16. tab. 101—125.   1798.
Pag. 181. post lin. 5.
Anon.
Icones plantarum, in *Bengala* pictæ; adscripta nomina
(Hindostanica?) Persicis characteribus, sæpe etiam Lin-
næana.
Voll. 3. foll. 504.   fol.
Franciscus Buchanan.
Enumeratio plantarum, quas in adeundo *Burmanorum* re-
giam, et dehinc redeundo, anno 1795. observavit.
Mscr. Pagg. 168.   fol.
Pag. 188. post lin. 22.
Flora Indiæ Occidentalis aucta atque illustrata, sive de-
scriptiones plantarum in Prodromo recensitarum.
Tom. 1. pagg. 640. tabb. æneæ 15.
                              Erlangæ, 1797. 8.
        2. sect. 1. pag. 641—928.   1798.

Pag. 190. post lin. 13.
Hippolytus RUIZ, et *Josephus* PAVON.
Floræ Peruvianæ et Chilensis prodromus, sive novorum
generum plantarum Peruvianarum et Chilensium de-
scriptiones et icones. latine et hispanice.
Pagg. 153. tabb. æneæ 37.   Madrid, 1794. fol.
———— Editio secunda. latine tantum.
Pagg. 151. tabb. æneæ 37.   Romæ, 1797. 4.
Antonii Josephi CAVANILLES
Præfatio Voluminis 3. Iconum et descriptionum planta-
rum, observationes in hunc prodromum continet, qui-
bus opposita sequens Ruizii responsio.
———— Usteri's Annalen der Botanik, 21 Stück, p. 44
—56.
ib. post lin. 19.
Hippolitus RUIZ, et *Josephus* PAVON.
Flora Peruviana et Chilensis, sive descriptiones et icones
plantarum Peruvianarum et Chilensium.
Tom. 1. pagg. 78. tabb. æneæ 106.
Madrid, 1798. fol.
Pag. 191. post lin. 7 a fine :
———— : I quattro libri delle cose botaniche, colla tra-
duzione in verso sciolto italiano di Giampietro Bergan-
tini.
Pagg. 511. tab. ænea 1.   Venezia, 1749. 8.
ib. lin. 6 a fine, lege.
Demetrius DE LA CROIX, S. MAC ENCROE.
Fratris ad fratrem de Connubiis florum epistola prima.
Vaillant botanicon Parisiense, post Præfationem, p. iii
—vii.   Leide, 1727. fol.
———— : Connubia florum, etc.
ib. ad calcem paginæ.
———— : Traduction libre des Amours des fleurs, Poeme
latin du Dr. Trante ; par L. P. Berenger.
Demonstrations elementaires de Botanique, Lyon 1796,
Partie des figures, Tome 2. appendix. pagg. 15.
De poemate hoc, et ejus editionibus, confer Magasin
encyclopedique, 3 Année, Tome 6. p. 76—85.
Pag. 192. ante sect. 165.
(*F. K. Freyherr* VON DER LÜHE.)
Hymnus an Flora. Plagg. 2.   Wien, 1797. 4.
ib. ad calcem paginæ.
ANON.
Der Christ bey dem kornhalme.   Bresslau, 1757.
Plag. 1 ; cum fig. ligno incisa.

Pag. 200. post lin. 10.
Franciscus de Paula Schrank.
Plantæ Virgilianæ cum recentiorum synonymis.
Usteri Delect. Opusc. botan. Vol. 2. p. 225—254.
Louis Gerard.
Restitution d'un passage de l'histoire naturelle de Pline.
Magasin encycloped. 3 Année, Tome 6. p. 7—10.
Curtius Sprengel.
Antiquitatum botanicarum specimen 1.
Pagg. 110 tabb. æneæ 2.   Lipsiæ, 1798. 4.
Pag. 201. ante lin. 19 a fine.
Louis Gerard.
Eclaircissement d'un passage de Pline sur la *Laitue*.
Magasin encycloped. 4 Année, Tome 5. p. 433—442.
Pag. 207. post lin. 10.
Julius Bernhard von Rohr.
Naturmässige geschichte der von sich selbst wilde wach-
senden bäume und sträucher in Teutschland.
Pagg. 248.   Leipzig, 1732. fol.
Pag. 208. ad calcem.
Georg Stumph.
Die nordamerikanischen bäume in der *Böhmischen* land-
wirthschaft, besonders im schlossgarten zu Lahna.
Neu. Abhandl. der Böhm. Gesellsch. 1 Band, p. 97—
104.
Pag. 211. post lin. 18.
(*Jer.* Lobo.)
Pag. 213. post lin. 7 a fine.
———— ———— Third edition, p. 46—57.
Pag. 215. ad calcem sect. 187.
A. P. Decandolle.
Plantarum historia Succulentarum. Histoires des plantes
grasses. latine et gallice.   Paris, an 7. 4.
1—3 Livraison. Quisque fasciculus continet tabb.
æneas color. 6, cum totidem foliis textus.
Pag. 220. ante lin. 3 a fine.
Archetypa iconum Filicum Britanniæ, sed desiderantur
tab. 5, 9, 12, 25, 42, 45 et 46.   fol.
Pag. 221. post lin. 4.
———— Römer's Archiv, 1 Band. 2 Stück, p. 47—59.
———— Usteri's Annalen der Botanik, 23 Stück, p. 91
—109.
————: A botanical essay on the genera of dorsiferous
Ferns. in his Tracts, p. 215—263.

Moriz Balthasar Borckhausen.

Monographie der in der oberen grafschaft Catzenellenbo-
gen und der benachbarten gegend einheimischen, auch
einiger anderer deutscher (und fremder) kryptogamischer gewächse aus Linné's erster ordnung der 24ten
classe.

Römer's Archiv, 1 Band. 3 Stück, p. 1—36.

Pag. 222. ante sect. 207.

Sam. El. Bridel.

Muscologia recentiorum, seu analysis, historia et descriptio methodica omnium muscorum frondosorum hucusque cognitorum, ad normam Hedwigii.

Tom. 1. pagg. 179.   Gothæ, 1797.   4.
    2. Pars 1. pagg. 222. tabb. æneæ 6.   1798.

Pag. 223. post lin. 3.

Disquisitio de plantarum maritimarum propagatione, e
præfatione hujus libri, redit in Römer's Archiv, 1 Band.
3 Stück, p. 108—118.

ib. lin. 8. lege:
Fasciculus 1. pagg. vii et 30. etc.
    2. pag. ix—xxiv et 31—70. tab. 9—12.
                                        1797.

Albrecht Wilhelm Roth.

Bemerkungen über das studium der cryptogamischen wassergewächse. Pagg. 109.   Hannover, 1797.   8.

Pag. 225. post lin. 7.

————— Römer's Archiv, 1 Band. 2 Stück, p. 59—74.

ib. post lin. 11.

————— : Tentamen dispositionis methodicæ fungorum
in classes, ordines, genera et familias, cum supplemento
adjecto.   Lipsiæ, 1797.   8.

Pagg. 76. tabb. æneæ 4. Paginæ priores 48 eædem ac
pag. 81—128 in Römer's Magazin ; reliquæ supplementum continent. In hac editione desideratur introductio, germanice scripta, in Röm. Mag. p. 63—80.

ib. post lin. 20.

Noch etwas über die parasitischen staubschwämme auf
den blättern der waldanemonen.

Usteri's Annalen der Botanik, 20 Stück, p. 133—136.

Icones et descriptiones Fungorum minus cognitorum.

                                Lipsiæ, (1799.)   4.

Fascic. 1. pagg. 26. tabb. æneæ color. 7.

Henricus Adolphus Schrader.

Nova genera plantarum.

Pars 1. pagg. 30. tabb. æn. color. 6. Lipsiæ, 1797. fol.

Pag. 225. lin. 13 et 14 a fine, lege:
    Vol. 1. foll. 28. tabb. æneæ color. 120.
                                            London, 1797.   fol.
    Vol. 2. foll. 26. tab. 121—240.   1799.
Pag. 229. ad calcem.
Georgio Rudolpho BOEHMERO
    Præside, Disputatio de plantis monadelphiis, præsertim a
    Cavanilles dispositis. Resp. Car. Wilh. Schmidt.
    Pagg. 18.   Vitembergæ, 1797. 4.
Pag. 231. ad calcem.

Dialium guineense Willd.

Carl Ludwig WILLDENOW.
    Dialium guineense, eine neue Afrikanische pflanze, be-
    schrieben. Römer's Archiv, 1 Band. 1 Stück, p. 30—32.
Pag. 232. post sect. 231.

Gratiolæ variæ.

Johannes COLSMANN.
    Prodromus descriptionis Gratiolæ, sistens species a D.
    König detectas. Pagg. 16.   Hafniæ, 1793. 8.
Pag. 235. post lin. 8.
    ————: Saffron. in his Hist. of inventions, Vol. 1.
    p. 278—287.
Pag. 238. ad calcem.

Bromi varii.

James Edward SMITH.
    Observations on the British species of Bromus.
    Transact. of the Linnean Soc. Vol. 4. p. 276—302.
Pag. 242. post sect. 283.

Plantago maritima.

BOUCHER.
    Observations sur le le Plantain maritime.
    Magasin encycloped. 3 Année, Tome 5. p. 19—21.
ib. ad calcem sect. 284.
    ———— Usteri Delect. Opusc. botan. Vol. 2. p. 141—
    170. (Omissis quatuor tabulis.)
Pag. 246. ad calcem sect. 308.
    ————: Description of a new genus of plants, called
    Sprengelia. in his Tracts, p. 265—274.

Pag. 247. post sect. 312.

Goodenia Smithii.

VENTENAT.
Extrait d'une description du genre Goudenia.
Magasin encyclopedique, 3 Année, Tome 2. p. 13, 14.
Pag. 252. ante sect. 337.

Diosmæ genus.

Carolus Petrus THUNBERG.
Dissertatio de Diosma.   Resp. Car. Joh. Pentz.
Pagg 20.   Upsaliæ, 1797.   4.
Pag. 253. lin. 10 a fine, lege:
Pagg. 24. tabb. æneæ color. 41.
Textus 10 priorum specierum redit in Usteri's Annalen
der Botanik, 22 Stück, p. 14—19.
Pag. 254. ad calcem sect. 351.
Franz Wilibald SCHMIDT.
Kritische betrachtung der Enzianen.
Römer's Archiv, 1 Band. 1 Stück, p. 3—23.
Moriz Balthasar BORKHAUSEN.
Ueber Linné's gattung Gentiana.   ibid. p. 23—30.
Josephi Aloysii FROELICH
De Gentiana libellus.   Erlangæ, 1796.   8.
Pagg. 141. tab. æneæ color. 1.
Pag. 257. post lin. 1.

Viburni genus.

Moriz Balthasar BORKHAUSEN.
Ueber die Linnéische gattung Viburnum.
Römer's Archiv, 1 Band. 2 Stück, p. 18—20.
Pag. 259. lin. 7. adde:
Norimbergæ, 1716. (Act. Erudit. Lips. Suppl. 6. p. 436.)
ib. ad calcem sect. 374.
——————: Ananas. in his Hist. of inventions, Vol. 1.
p. 166—173.
Pag. 261. ante sect. 385.
—————— : Tulips. in his History of inventions, Vol. 1.
p. 36—51.
ib. lin. 8 a fine, lege: *Ornithogali species variæ.*

Pag. 261. ad calcem sect. 387.
Friedrich Gottlob HAYNE.
Ueber eine noch unbeschriebene Deutsche pflanze.
Usteri's Annalen der Botanik, 21 Stück, p. 9—14.
Pag. 267. ante sect. 401.

Agave foetida.

Etienne Pierre VENTENAT.
Furcræa, novum plantæ genus descriptum.
Usteri's Annalen der Botanik, 19 Stück, p. 54—60.
Pag. 268. post lin. 8 a fine.
Der Rohrbaum, Bambus.
Dresdnisches Magazin, 1 Band, p. 186—191.
Pag. 271. ad calcem.

Boroniæ genus Smith.

James Edward SMITH.
Description of a new genus of plants, called Boronia. in
his Tracts, p. 285—312.
Pag. 272. post lin. 15 a fine.
———— Usteri Delect. Opusc. botan. Vol. 2. p. 1—78.
Omissis tabulis æneis.
ib. lin. 11 a fine, lege: Number 1—15.
Pag. 276. post lin. 4. sect. 447.
———— Usteri's Annalen der Botanik, 19 Stück, p. 15
—20.
ib. ad calcem sect. 447.
———— Usteri's Annalen der Botanik, 19 Stück, p. 20
—30.
———— : Nachricht von einer neuen pflanze.
Voigt's Magazin, 11 Band. 4 Stück, p. 35—43.
Attilio ZUCCAGNI.
Extrait d'une lettre. Usteri's Annalen der Botanik, 19
Stück, p. 10—14.
Pag. 276. ad calcem sect. 448.
———— Schlegel Thes. Mat. Med. Tom. 2. p. 187—
—220.
Pag. 278. post sect. 455.

Epigæa repens.

Etienne Pierre VENTENAT.
Extrait d'une description de l'Epigæa repens, L.
Magasin encyclopedique, 3 Année, Tome 2. p. 12, 13.

Pag. 279. post sect. 460.

Saxifragæ genus.

Philippe PICOT-LAPEYROUSE.
 Tableau analytique de la monographie des Saxifrages des
 Pyrenées.
 Nouv. Joutnal de Physique, Tome 5. p. 261—268.
ib. ad calcem paginæ.
 Excerpta in Römer's Archiv, 1 Band. 3 Stück, p. 100—
 103.
Pag. 281. ante lin. 9 a fine.

Phytolaccæ genus.

Bernhardo Christiano OTTO
 Præside, Dissertatio de Phytolacca. Resp. Joh. Frid.
 Guil. Kühn.
 Pagg. 19.   Francof. ad Viadr. 1792. 4.
Pag. 284. ad calcem sect. 487.
 —————: Die gattung Calligonum, eine vereinigung
 der gattungen Pterococcus und Pallasia.
 Römer's Archiv, 1 Band. 3 Stück, p. 82—84.
Pag. 285. ante sect. 490.
Henricus Fridericus DELIUS.
 Cereus, gelu, igne, ferro, martyr, superstes.
 Nov. Act. Acad. Nat. Cur. Tom. 6. p. 214—219.
Joannes Henricus Daniel SCHREBER.
 Spicilegia observationum de Cacto hexagono Linn. ibid.
 Tom. 8. p. 360—368.
Pag. 286. ad calcem sect. 493.
GUISAN.
 Beschreibung des Gewürznelkenbaums.
 Römer's Archiv, 1 Band. 2 Stück, p. 40—43.
Pag. 287. post lin. 3.

Pruni et *Amygdali genera.*

Moritz Balthasar BORKHAUSEN.
 Ueber Linné's Prunus-und Amygdalus-gattungen.
 Römer's Archiv, 1 Band. 2 Stück, p. 36—39.

Pag. 287. post lin. 12.

Cratægi et affinia genera.

Moritz Balthasar BORKHAUSEN.
Ueber die Linneischen gattungen Cratægus, Mespilus,
Sorbus, Pyrus und Cydonia.
Römer's Archiv, 1 Band. 3 Stück, p. 85—91.
Pag. 288. ad calcem sect. 504.
Carolus Petrus THUNBERG.
Descriptiones Mesembryanthemorum quorundam (21) in
Capitis Bonæ Spei Africes interioribus regionibus anno
1774 detectorum.
Nov. Act. Acad. Nat. Cur. Tom. 8. App. p. 1—18.
Pag. 294. post sect. 536.

Westringia rosmariniformis Smith.

James Edward SMITH.
Description of a new genus of plants, called Westringia.
in his Tracts, p. 275—283.
————— : Westringia, et nytt örteslägte, beskrifvit.
Vetensk. Acad. Handling, 1797. p. 171—176.
ib. ad calcem paginæ.

Menthæ species Britannicæ.

William SOLE.
Menthæ Britannicæ, being a new botanical arrangement
of all the British Mints hitherto discovered.
Pagg. 55. tabb. æneæ 24.   Bath, 1798. fol.
Pag. 296. post sect. 545.

Orobanches species variæ.

James Edward SMITH.
Remarks on some foreign species of Orobanche.
Transact. of the Linnean Soc. Vol. 4. p. 164—172.
Charles SUTTON.
A description of five British species of Orobanche. ib. p.
173—188.

Pag. 300. ante sect. 569.

Connarus decumbens Thunb.

Carolus Petrus THUNBERG.
Connarus decumbens descriptus.
Römer's Archiv, 1 Band. 1 Stück, p. 1, 2.
Pag. 302. ad calcem sect. 576.
───── : Die gattung Symplocos, welche in sich die
gattungen Hopea, Alstonia und Ciponima vereiniget.
Römer's Archiv, 1 Band. 3 Stück, p. 80—82.
Pag. 305. post sect. 592.

Lathyrus quidam.

Remi WILLEMET.
Description d'une Gesse inedite.
Nouv. Journal de Physique, Tome 2. p. 308, 309.
Pag. 306. ad calcem sect. 599.
Excerpta, in Römer's Archiv, 1 Band. 3 Stück, p. 91—
100.
Pag. 308. ante sect. 611.

Hieracia varia.

Matthias Ernestus BORETIUS.
Dissertatio inaug. de Hieraciis Prussicis.
Pagg. 21.   Lugduni Bat. 1720. 4.
Pag. 311. post sect. 626.

Tussilago quædam.

Johann MAYER.
Beschreibung und abbildung einer seltner art Huflattig.
Neu. Abhandl. der Böhm. Gesellsch. 1 Band, p. 207,
208.
Pag. 314. post sect. 641.

Polygamia Segregata.

Stoebe gomphrenoides.

Peter Jonas BERGIUS.
Stoebe gomphrenoides.   Götheb. Wet. Samh. Handling.
Wetensk. Afdeln. 3 Styck. p. 5—7.

Supplementum Tomi III.

Pag. 321. ad calcem sect. 675.
——————: Bemerkungen über die gattung Begonia.
Römer's Archiv, 1 Band. 3 Stück, p. 65—79.

Schradera Willdenowii.

Carolus Ludovicus Willdenow.
Schradera, novum plantarum genus.
Göttingisches Journal, 1 Band. 1 Heft. p. 1—6.
—————— Römer's Archiv, 1 Band. 3 Stück, p. 132, 133.
Pag. 323. lin. 5. lege:
Mem. de l'Acad. des Sc. de Paris, 1790. p. 394—398.
—————— Journal de Physique, etc.
Pag. 328. post lin. 1.

Vallisneria spiralis.

Philippe Picot-Lapeyrouse.
Sur la Vallisneria.
Nouv. Journal de Physique, Tome 5. p. 127—132.
Pag. 331. ad calcem.

Rottlera Willdenowii.

Carolus Ludovicus Willdenow.
Rottlera, novum plantarum genus.
Göttingisches Journal, 1 Band. 1 Heft, p. 7—9.
—————— Römer's Archiv, 1 Band. 3 Stück, p. 134, 135.
Pag. 333. post lin. 16.
Martinus Houttuyn.
Aanmerkingen over de bloemen van den Nooten-moskaat-
boom. Verhandel. van de Maatsch. te Haarlem, 26
Deel, p. 211—230.
Pag. 334. post lin. 5. sect. 733.
—————— Usteri Delect. Opusc. botan. Vol. 2. p. 203
—224.
Pag. 339. ante sect. 756.

Vittariæ genus Smithii.

Olof Swartz.
Vittaria, eine neue farrenkraut-gattung beschrieben. Neu.
Schrift. der Berlin. Ges. Naturf. Fr. 2 Band, p. 129—
136.

Том. 5.   G

Pag. 341. post sect. 766.

Polytrichi genus.

Archibald MENZIES.
A new arrangement of the genus Polytrichum, with some
emendations. Transact. of the Linnean Soc. Vol. 4.
p. 63—84, et p. 303, 304.

Polytrichum commune.

Pehr OSBECK.
Rön om den allmänna Björnmåssans fortplantning af
Hästar.
Vetensk. Acad. Handling. 1798. p. 171—176.
Pag. 343. post lin. 14.
1797. p. 69—81, p. 111—133, p. 193—218, et p. 257
—298.
ib. ante sect. 772.
Anmärkningar rörande Laf-arterne.
Vetensk. Acad. Handling. 1796. p. 206—216.
BOUCHER.
Sur la Lepre fuligineuse des Ormes.
Magasin encyclopedique, 2 Année, Tome 6. p. 159—
161.
Joh. Jac. BERNHARDI.
Lichenum gelatinosorum illustratio.
Schrader's Journal, 1 Stück, p. 1—27.
Heinrich Adolph SCHRADER.
Ueber die gattung Usnea, nebst einigen vorausgeschickten
bemerkungen über den zweiten theil der Hoffmanni-
schen flora Deutschlands. ibid. p. 42—85.
ib. ad calcem sect. 772.
Della trasformazione del Nostoc in Tremella verrucosa,
in Lychen fascicularis, ed in Lychen rupestris.
Pagg. 39.   Prato, 1797. 8.
Pag. 344. ad calcem sect. 774.
Eugenius Johann Christoph ESPER.
Icones Fucorum. Abbildungen der Tange, mit beyge-
fügten systematischen kennzeichen, anführungen der
schriftsteller, und beschreibungen der neuen gattungen.
Nürnberg, 1797. 4.
Pagg. 54. tabb. æneæ color. 24.
2 Heft. pag. 57—126. tab. 25—63.   1798.

Pag. 345. ad calcem sect. 779.
———— : Bemerkungen über den gattungs-charakter
von Ulva, nebst beschreibung einiger neuen arten.
Schrader's Journal, 1 Stück, p. 128—149.
Pag. 348. ad calcem sect. 787.
SCHULZE.
Nachricht von den bey Altenberg in Sachsen befindlichen
Violensteinen.
Dresdnisches Magazin, 2 Band, p. 429—435.
Pag. 349. ad calcem.
———— Schlegel Thes. Mat. Med. Tom. 2. p. 1—32.
Pag. 350. ad calcem sect. 796.
Pehr Adrian GADD.
Rön om Pietra fongaja, och des beskaffenhet.
Vetensk. Acad. Handling. 1797. p. 94—97.
Pag. 351. ante lin. 1.

Phalli genus.

Etienne Pierre VENTENAT.
Dissertation sur le genre Phallus.
Mem. de l'Institut, Tome 1. Scienc. Phys. p. 503—523.
Pag. 353. ad calcem sect. 806.
C. H. PERSOON.
Commentatio de fungis clavæformibus, sistens specierum
huc usque notarum descriptiones cum differentiis spe-
cificis.
Pagg. 124. tabb. æneæ color. 4. Lipsiæ, 1797. 8.
Pag. 357. ad calcem sect. 821.
———— : Geschichte und beschreibung eines kleinen
Blätterstaubschwammes auf den blättern der Waldane-
mone.
Usteri's Annalen der Botanik, 19 Stück, p. 31—43.
ibid. post sect. 822.

Uredo Frumenti Lambert.

Aylmer Bourke LAMBERT.
Description of the Blight of wheat, Uredo Frumenti.
Transact. of the Linnean Soc. Vol. 4. p. 193, 194.
Pag. 365. ante lin. 3 a fine.
BUCQUET.
Introduction à l'etude des corps naturels, tirés du regne
vegetal. Paris, 1773. 12.
Tome 1. pagg. 455. tabb. æneæ 3. Tome 2. pagg. 396.
G 2

Pag. 366. ante sect. 2.

Chr. Fr. v. W. (WELLING.)

Allgemeine historisch-physiologische naturgeschichte der gewächse.

Pagg. 332. tabb. æneæ 36.   Gotha, 1791. 8.

Felix AVELLAR BROTERO.

Principios de agricultura philosophica. Livro 1. Anatomia, e Physiologia dos vegetaes.

Pagg. 115.   Coimbra, 1793. 4.

Fridericus Alexander AB HUMBOLDT.

Aphorismi ex doctrina physiologiæ chemicæ plantarum. impr. cum ejus Specimine floræ Fribergensis; p. 133 —182. (excludendi pag. 434 Catalogi hujus.)

———— : Aphorismen aus der chemischen physiologie der pflanzen, übersezt von Gotth. Fischer, nebst einigen zusäzen von Prof. Hedwig.

Pagg. 206.   Leipzig, 1794. 8.

J. VON USLAR.

Fragmente neuerer pflanzenkunde.

Pagg. 188.   Braunschweig, 1794. 8.

Josephi Jacobi PLENCK

Physiologia et pathologia plantarum.

Pagg. 184.   Viennæ, 1794. 8.

Robert HOOPER.

Observations on the structure and economy of plants, to which is added the analogy between the animal and the vegetable kingdom.

Pagg. 129.   Oxford, 1797. 8.

Pag. 370. ante sect. 3.

J. A. CHAPTAL.

Extrait des observations sur les sucs de quelques vegetaux, et sur les moyens dont le carbone circule dans le vegetal et s'y depose pour servir à la nutrition.

Annales de Chimie, Tome 21. p. 284—293.

———— Mem. de l'Institut, Tome 1. Scienc. Phys. p. 288—300.

ib. ad calcem sect. 3.

René DESFONTAINES.

Memoire sur l'organisation des Monocotyledons, ou plantes à une feuille seminale.

Mem. de l'Institut, Tome 1. Scienc. Phys. p. 478—502.

———— Decade philosophique, 5 Année, 1 Trim. p. 257—266, et p. 321—328.

─────── Nouv. Journal de Physique, Tome 5. p. 141
─155.
Pag. 370. ad calcem.
─────── Histoire naturelle de Buffon, Supplem. Tom.
2. p. 304─324.
Pag. 371. ante sect. 6.
───────: Observations sur l'organisation et l'accroisse-
ment du bois.
    Mem. de l'Acad. des Sc. de Paris, 1790. p. 665─675.
    Paulo diversa est hæc editio.
Pag. 372. ad calcem.
Franz von Paula Schrank.
    Von den nebengefässen der pflanzen, und ihrem nuzen.
    Pagg. 94. tabb. æneæ 3.   Halle, 1794. 8.
Pag. 375. ante sect. 8.
Coulomb.
    Experiences relativès à la circulation de la seve dans les
    arbres.
    Magazin encycloped. 3 Année, Tome 2. p. 9─11.
Pag. 376. ante sect. 10.
Jean Claude Delametherie.
    De la respiration des plantes.
    Nouv. Journal de Physique, Tome 4. p. 299─304.
Pag. 378. ante lin. 5 a fine.
de Saussure *le fils.*
    Essai sur cette question : La formation de l'acide carbo-
    nique est elle essentielle à la vegetation ?
    Annales de Chimie, Tome 24. p. 135─149, p. 227,
    228, et p. 336, 337.
J. Gough.
    A statical inquiry into the source of nutrition in succu-
    lent vegetables. Nicholson's Journal, Vol. 3. p. 1─3.
Pag. 381. ante sect. 15.
Heinrich Friedrich Link.
    Ueber die Wurzeln der pflanzen.
    Römer's Archiv, 1 Band. 2 Stück, p. 32─36.
Pag. 382. ante sect. 16.
Johann Hedwig.
    Vom Stamme der gewächse.
    Samml. seiner Abhandlung. 2 Band, p. 60─79.
Pag. 384. post lin. 16.
    Was sind die Blätter und blattartige überzüge den gewäch-
    sen eigentlich ?
    Samml. seiner Abhandlung 2 Band, p. 139─152.
    Kann man von dem zeitigern oder spätern abfall der Blät-

ter von den bäumen, sicher auf die strenge oder gelindigheit des bevorstehenden winters schliessen? ib. p. 153—159.

Pag. 385. ante sect. 21.

———— : Leaf-skeletons. in his Hist. of inventions, Vol. 3. p. 443—460.

ib. post sect. 21.

Glaucities.

BOUCHER.

Dissertation sur les substances glauques.
Nouv. Journal de Physique, Tome 3. p. 279—287.

Pag. 387. ante sect. 24.

Heinrich Friedrich LINK.

Einige beobachtungen über den Blüthenstand (inflorescentia) der pflanzen.
Römer's Archiv, 1 Band. 1 Stück, p. 59—67.

Johann HEDWIG.

Von der Blume und ihren theilen.
Samml seiner Abhandlung. 2 Band, p. 80—101.

ib. ad calcem sect. 24.

———— Usteri's Annalen der Botanik, 19 Stück, p. 44 —53.

Pag. 389. ante sect. 27.

ANON.

On the irritability of the Pollen of plants.
Nicholson's Journal, Vol. 1. p. 471.

H. Ad. NÖHDEN.

Einige bemerkungen über die art, wie die exkretion des befruchtungs-stoffs aus dem blumenstaube der pflanzen geschieht.
Schrader's Journal, 1 Stück, p. 28—41.

Pag 395. ante sect. 29.

Franz von Paula SCHRANK.

Betrachtungen über Syngenesia polygamia frustranea, und ähnliche erscheinungen.
in ejus Samml. naturhist. Aufsäze, p. 381—414.

Johann HEDWIG.

Von den Geschlechtstheilen der blume.
Samml. seiner Abhandlung. 2 Band, p. 102—124.

Thomas Andrew KNIGHT.

An account of some experiments on the fecundation of vegetables.
Philosophical Transactions, 1799. p. 195—204.

Supplementum Tomi III.

Pag. 396. post lin. 14.
Moriz Balthasar BORKHAUSEN.
 Ueber die Maasliebenblüthigen Doldengewächse.
 Römer's Archiv, 1 Band. 1 Stück, p. 55—59.
Pag. 399. ante sect. 31.

J. L. ALIBERT.
 Considerations physiologiques sur le fruit du Coignassier.
 Magasin encycloped. 3 Année, Tome 6. p. 145—155.

Plantarum Disseminatio.

Peter HOLMBERGER.
 Theorie om växternas kringspridande på jorden.
 Götheb. Wet. Samh. Handling. Wetensk. Afdeln. 3
 Styck. p. 7—26.
Pag. 400. ad calcem.
Andrea COMPARETTI.
 Ueber den organismus des keims der vegetabilischen
 saamen.
 Römer's Archiv, 1 Band. 2 Stück, p. 12—18.
F. A. VON HUMBOLDT.
 Ueber das keimen der saamen in oxygenirter kochsalz-
 säure.
 Usteri's Annalen der Botanik, 23 Stück, p. 1—3.
Pag. 402. post lin. 11.
 Eine besondere art die Königskrone (Fritillaria regia) zu
 vervielfältigen.
 Samml. seiner Abhandlung. 2 Band, p. 125—138.
Pag. 408. ante lin. 12 a fine.
ANON.
 Kurze nachricht von den so genannten Weidenrosen.
 Dresdnisches Magazin, 1 Band, p. 297—317.
Pag. 413. post lin. 10 a fine.
Bernhard Sebastian NAU.
 Haben die pflanzen vorstellungen und bewusstseyn ihrer
 existenz?
 in sein. Neu. entdeckung. 1 Band, p. 220—227.
ib. post lin. 5 a fine.
——— in his Tracts, p. 137—146.
Pag. 414. post lin. 14.
——— Smith's Tracts relating to Nat. hist. p. 163—
 178.

Pag. 417. post lin. 8.
Thomas MARTYN.
　Observations on the flowering of certain plants.
　　Transact. of the Linnean Soc. Vol. 4. p. 158—163.
ib. ad calcem sect. 49.
Antonio SOARES BARBOSA.
　Observaçoes sobre hum hygrometro vegetal.
　　Mem. da Acad. R. da Lisboa, Tomo 1. p. 262—285.
Pag. 420. ante lin. 10 a fine.
RAMOND.
　Des plartes qui vivent plusièurs années sous la neige.
　　Decade phiiosophique, 5 Année, 3 Trim. p. 257—260.
Pag. 421. post lin. 20.
　————— Histoire naturelle de Buffon, Supplem. Tome
　　2. p. 325—360.
Pag. 423. ante sect. 55.
　————— Mem. de l'Institut, Tome 1. Scienc. Phys. p.
　　169—178.
Johann HEDWIG.
　Ueber die beste methode die bäume gegen das erfrieren zu
　　sichern.
　　Samml. seiner Abhandlung. 2 Band, p. 1—28.
Pag. 424. post lin. ult.
DU MONT-COURSET.
　Dissertation sur les effets de la lumiere sur les vegetaux.
　　Magasin encycloped. 4 Année, Tome 1. p. 289—303.
Pag. 430. post sect. 64.

Secalis Cerealis.

ROUGIER-LABERGERIE.
　D'une maladie du Seigle.
　　Decade philosophique, 7 Année, 2 Trim. p. 261—268.
Pag. 433. ante sect. 70.
Antoine François FOURCROY.
　Memoire sur la coloration des matieres vegetales, par l'air
　　vital.
　　Mem. de l'Acad. des Sc. de Paris, 1789. p. 335—342.
Pag. 434. ante sect. 71.
Humpbry DAVY.
　Experiments and observations on the silex composing the
　　epidermis, or external bark, and contained in other
　　parts of certain vegetables.
　　Nicholson's Journal, Vol. 3. p. 56—59.

Pag. 434. ante lin. 7 a fine.
Henri Alexandre TESSIER.
    Memoire sur la partie glutineuse du *Froment.*
    Mem. de l'Institut, Tome 1. Scienc. Phys. p. 549—557.
Pag. 436. ad calcem sect. 72.
DECANDOLLE.
    Note sur une gomme du Hêtre qui a été prise pour une
    plante (Næmaspora crocea Persooni.)
    Nouv. Journal de Physique, Tome 5. p. 447—450.
Pag. 437. ante sect. 74.
BOUILLON LA GRANGE.
    Extrait d'un memoire sur le Camphre et l'acide campho-
    rique. Annales de Chimie, Tome 23. p. 153—172.
    ————— : Abstract of a memoir on Camphor and the
    camphoric acid.
    Nicholson's Journal, Vol. 2. p. 97—101, et p. 157—
    159.
Pag. 438. post lin. 17.
    ————— Schlegel Thes. Mat. Med. Tom. 1. p. 1—56.
ib. ante sect. 75.
Joseph MAYER.
    Ueber ein neues elastisches harz aus Madagaskar.
    Neu. Abhandl. der Böhm. Gesellsch. 2 Band, p. 164
    —171.
Pag. 440. post lin. 11 a fine.
    ————— addita Botanophili Romani ad J. C. Amadu-
    tium epistola, qua J. F. Marattium ab Adansonii cen-
    suris vindicat. impr. cum Huperz de Filicum propa-
    gatione. Pagg. 23. tab. ænea 1.
Pag. 441. post lin. 7.
    ————— : Nachricht von dem wachsthum und erzeu-
    gung der Farnkräuter aus saamen.
    Usteri's Annalen der Botanik, 20 Stück, p. 46—55.
ib. ante sect. 78.
    ————— : Auszug aus einem briefe an den Bar. J. Banks.
    Usteri's Annalen der Botanik, 20 Stück, p. 55—57.
Joannes Petrus HUPERZ.
    Specimen inaug. de Filicum propagatione.
                        Goettingæ, 1798. 8.
    Pagg. 26 ; præter libellum Marattii, de quo supra.
Pag. 442. post lin. 9.
Henricus Adolphus NOEHDEN.
    Specimen inaug. in quo de argumentis contra Hedwigii
    theoriam de generatione Muscorum quædam disserit.
    Pagg. 36.   Gottingæ, 1797. 4.

Pag. 442. ante sect. 79.
Girod-Chantran.
 Observations microscopiques sur les plantes cryptogames.
  Magasin encycloped. 3 Année, Tome 3. p. 145—148.
Decandolle.
 Essai sur la nutrition des Lichens.
  Nouv. Journal de Physique, Tome 4. p. 107—116.
Pagg. 444. ad calcem.
Jean Senebier.
 Lettre sur la vegetation des Moisissures.
  Usteri's Annalen der Botanik, 21 Stück, p. 28—31.
Pag. 450. post lin. 9.
Joannes Christophorus Valentin.
 Dissertatio inaug. de plantarum *Succis*.
  Pagg. 79.   Marburgi, 1795. 8.
ib. post lin. 14 a fine.
——— Schlegel Thes. Mat. Med. Tom. 2. p. 127—186.
Pag. 451. post lin. 14 a fine.
——— In codice membranaceo, Tomo 2. pag. 499
  laudato:
  " Incipiunt breves libri medicinalis Platonis ex herbis
  " masculinis." Foll. 31; cum figuris calamo delineatis.
  Capita sunt 131, quorum 63. Solago major, et 64.
  Solago minor, in editione Ackermanni non adsunt.
  Capiti primo præfixa epistola Antonii Musæ ad Agrip-
  pam, et ad finem capitis hæc rubrica: " Virtutes herbe
  " betonice expliciunt Incipit alium herbarium Apulei
  Platonis. eiusdem epistola platonis ad cives suos."
  Ad calcem ejusdem codicis, aliud est herbarium, hac
  rubrica præfixa:
  " Incipit liber medicine Dioscoridis ex herbis femininis
  " numero septuaginto uno." Foll. 14.
Pag. 453. ante lin. 22 a fine.
——— : Inicipit (sic) Tractatus de virtutibus herba-
  rum.   Venetiis, 1499. 4.
  Plagulæ geminæ 21, et simplex 1; cum figg. ligno in-
  cisis.
ib. post lin. 10 a fine.
 Das neuwe distilier buoch.   Strassburg, 1531. fol.
  Foll. cxxiiii; cum figg. ligno incisis; præter Ficini
  buch des lebens.
——— : The vertuose boke of distyllacyon, etc.
Pag. 454. ante lin. 4 a fine.
Johann Popp.
 Kräuter buch, darinnen die kräuter des Teutschen landes,

nach rechter art der signaturen der himlischen einfliessung beschrieben.
Pagg. 676. Leipzig, 1625. 8.
Pag. 462. ante sect. 12.
Albertus Julius SEGERSTEDT.
De pharmacis indigenis observationes oeconomicæ. Spec.
1. Resp. Gust. Fred. Forssberg.
Pagg. 12. Upsaliæ, 1787. 4.
Inde a pag. 4. Observationes de plantis officinalibus indigenis.
Pag. 463. ad calcem sect. 15.
———— Schlegel Thes. Mat. Med. Tom. 1. p. 191—198.
ib. ad calcem sect. 16.
Benjamin Smith BARTON.
Collections for an essay towards a materia medica of the United-States. Pagg. 49. Philadelphia, 1798. 8.
Pag. 467. ad calcem sect. 20.
Jacobo Reinboldo SPIELMANN
Præside, Dissertatio : Cardamomi historia et vindiciæ. Resp. Joh. Herrmann.
Pagg. 40. Argentorati, 1762. 4.
Pag. 470. ad calcem sect. 33.

Digynia.

Cuscuta europaa.

Joannes FRANCKE.
Das verschmächte und wieder erhöhte Flachs-seidenkraut, oder bericht von dem heylsamen und vielen menschen verborgenen nuzen dieses gewächses.
Pagg. 32. Ulm, 1718. 8.
Pag. 471. ad calcem sect. 36.
Carolo Petro THUNBERG
Præside, Dissertatio de usu Menyanthidis trifoliatæ. Resp. Car. Joh. Kjellmann.
Pagg. 6. Upsaliæ, 1797. 4.
Pag. 473. post lin. 6.
J. C. M. (MUTIS.)
Instruccion formada por un facultativo existente por muchos anos en el Peru, relativa de las especies y virtudes de la Quina. Pagg. 19. Cadiz, 1792. 4.
Don Hipolito RUIZ.
Quinologia, o tratado del arbol de la Quina o Cascarilla,

con su descripcion y la de otras especies de Quinos nue-
vamente descubiertas en el Perú.
Pagg. 103.				Madrid, 1792. 4.
───── : Von dem officinellen Fieberrindenbaum, und
den andern arten desselben, die H. Ruiz entdeckte und
beschrieb. Aus dem spanischen ins italienische, und
aus diesem ins deutsche übersezt.
Pagg. 106.				Göttingen, 1794. 8.
Pag. 473. ante lin. 2 a fine.
MAYER.
Untersuchung der Königschinarinde und vergleichung
derselben mit der rothen Chinarinde, und mit der ge-
meinen Chinarinde. Deutsche Abhandl. der Akad. zu
Berlin, 1788, 9. p. 33—61.
Pag. 476. post lin. 4.
Arthur LEE.
Dissertatio inaug. de Cortice Peruviano.
Pagg. 47.				Edinburgi, 1764. 8.
ib. post lin. 7.
Gabriel WYNNE.
Dissertatio inaug. de Cortice Peruviano, usuque ejus in
morbis febrilibus. Pagg. 48.		Edinburgi, 1779. 8.
Pag. 485. post lin. 16 a fine.
Joannis BRICKENDEN
Dissertatio de radice Scillæ. (1759.)
Schlegel Thes. Mat. Med. Tom. 2. p. 365—374.
Pag. 487. post lin. 4.
───── Seorsim etiam adest, pagg. 15.
Pag. 488. post lin. 4.
Caroli KRATOCHVILL
Dissertatio de radice Colchici autumnalis.
Pagg. 50.				Francof. ad Viadr. 1764. 8.
Pag. 491. post lin. 12.
───── Schlegel Thes. Mat. Med. Tom. 2. p. 33—42.
ib. ad calcem paginæ.
Carolus Guilielmus JUSTI.
Dissertatio inaug. de Thymelæa‾Mezereo, ejus viribus,
usuque medico. Pagg. 64.		Marburgi, 1798. 8.
Pag. 493. ante sect. 94.
───── : Aanmerkingen over de Kaneel, op Ceylon
gemaakt; vertaald en met eenige aanteekeningen ver-
meerderd door M. Houttuyn. Verhand. van het Ge-
nootsch. te Vlissingen, 12 Deel, p. 296—312.

Pag. 496. ad calcem sect. 100.
Bouillon la Grange.
Memoire sur le Sené de la Palthe.
Annales de Chimie, Tome 24. p. 3—30.
Pag. 497. post lin. 5. sect. 104.
Theophrastus Paracelsus.
Das Holzbüchlin, darinnen grüntlich der recht nuz unnd
gebrauch des Franzosenholzes - - - reichlich wirdt an-
gezaigt.   1565. 8.
Plagg. 2½; præter libellum de Vitriolo, de quo Tomo
4. p. 355, et Chirurgiam.
Pag. 498. ad calcem.
Jo. Theod. Phil. Christ. Ebeling.
Dissertatio de Quassia et Lichene Islandico. (1779.)
Schlegel Thes. Mat. Med. Tom. 2. p. 253—275.
Pag. 500. ad calcem sect. 115.
João de Loureiro.
Memoria sobre a natureza, e verdadeira origem do Páo de
Aguila.
Mem. da Acad. R. da Lisboa, Tomo 1. p. 402—415.
Pag. 505. post lin. 14 a fine.
Carol. Josephi Wirtensohn
Dissertatio demonstrans Opium vires fibrarum cordis de-
bilitare, et motum tamen sanguinis augere. (1775.)
Schlegel Thes. Mat. Med. Tom. 2. p. 331—364.
ib. post lin. 5 a fine.
Hermannus Diedericus Reimarus.
Dissertatio, animadversiones quasdam de Opii, præcipue
in febribus, usu, exhibens. (1784.)
Schlegel Thes. Mat. Med. Tom. 1. p. 241—262.
Everardus Joannes Thomassen a Thuessink.
Dissertatio de Opii usu in siphylide observatis probato.
(1785.)   ib. p. 199—240.
Pag. 511. ad calcem sect. 153.
Leopoldus Antonius Nagel
Cardamine pratensis characterem botanicum et usum me-
dicum publice defendet.
Pagg. 16.   Trajecti ad Viadr. 1793. 4.
Pag. 513. ante sect. 159.
———— Schlegel Thes. Mat. Med. Tom. 2. p. 423—452.
Pag. 514. lin. 2. sect. 166. loco *Joseph*, lege *Antoine*.
Pag. 516. post lin. 4.
Carl Peter Thunberg.
Cajoputi oljans nytta och bruk i medicine.
Vetensk. Acad. Handling. 1782. p. 223—228.

94 *Supplementum Tomi* III.

Dissertatio de Oleo Cajuputi.
Pars prior. Resp. Joh. Gust. Söderstedt. Pagg. 8.
posterior. Resp. Joh. Henr. Olin. Pag.9—18.
Upsaliæ, 1797. 4.
Pag. 516. ante sect. 172.
————— Schlegel Thes. Mat. Med. Tom. 2. p. 375—
400.
Pag. 517. lin. 5. sect. 178. lege: Dekkers.
Pag. 519. ad calcem sect. 187.
————— Schlegel Thes. Mat. Med. Tom. 2. p. 221—
252.
Pag. 520. post lin. 12.

Helianthus annuus.

Joannes FRANCKE.
Gründliche untersuchung der unvergleichlichen Sonnen-
blume, oder sogenannten Heliotropii magni von Peru.
Pagg. 34.   Ulm, 1725. 8.
Pag. 525. ad calcem.

Salix caprea.

W. WHITE.
Observations and experiments on the broad-leaved willow
bark. Pagg. 58.   Bath, 1798. 8.

Salix alba.

BARTHOLDI.
Analyse de l'ecorce de Saule blanc.
Annales de Chimie, Tome 30. p. 268—283.
Pag. 527. ad calcem sect. 216.
Ferdinandus Ludovicus DAMMERS.
Dissertatio inaug. de Datiscæ cannabinæ in febribus in-
termittentibus sanandis usu.
Pagg. 19.   Gottingæ, 1799. 4.
Pag. 529. ad calcem.
————— Schlegel Thes. Mat. Med. Tom. 2. p. 401—
422.
Pag. 533. post lin. 11 a fine.
Jo. Theod. Phil. Christ. EBELING.
Dissertatio de Quassia et Lichene islandico. (1779.)
Schlegel Thes. Mat. Med. Tom. 2. p. 276—290.

Pag. 534. ad calcem sect. 238.
——— Schlegel Thes. Mat. Med. Tom. 1. p. 307—326.

Pag. 537. post titulum sect. 249.

Nathanael SENDELIUS.
De Succino Indico epistola ad J. P. Breynium, impr. cum
hujus epistola de Melonibus petrefactis; p. 35—48.
Lipsiæ, 1722. 4.

Pag. 539. ante sect. 254.

Joāo DE LOUREIRO.
Da incerteza que ha acerca da origem da Gomma Myrrha.
Dá-se noticia de hum arbusto, que tem as mesmas qua-
lidades, e virtudes.
Mem. da Acad. R. da Lisboa, Tomo 1. p. 379—387.

Pag. 540. post sect. 257.

Styrax liquida.

BOUILLON LA GRANGE.
Memoire sur le Styrax liquide.
Annales de Chimie, Tome 26. p. 203—220.

Pag. 542. ante sect. 260.

Johann Christoph EBERMAIER.
Ueber die bekanntmachung der giftartigwürkenden pflanzen. impr. cum ejus: Ueber die verbindung der systematischen pflanzenkunde mit der pharmacie; p. 85
—117.   Hannover, 1796. 8.

COQUEBERT.
Sur les plantes qui servoient aux anciens peuples de l'Eu-
rope à empoissoner leurs fleches.
Magasin encycloped. 3 Année, Tome 5. p 503—506.

Pag. 547. ante lin. 15 a fine.

SCHULZE.
Nachricht von der schädlichen wirkung des sogenannten
Wasserschierlings.
Dresdnisches Magazin, 2 Band, p. 436—441.
ib. ante lin. 3 a fine.

John RAY.
Account of the poysonous qualities of Hemlock-water-
dropwort.
Philosoph. Transact. Vol. 20. n. 238. p. 84—86.
——— printed with Boate's Natural history of Ireland,
quarto edition, p. 181—183.

Pag..550. post lin. 4 a fine.
Christophorus Fridericus SIGEL.
  Recensio binorum casuum tragicorum, qui ex usu radicis
    cujusdam, falso pro radice Hellebori nigri venditatæ,
    orti sunt.
  Nov. Act. Acad. Nat. Cur. Tom. 6. p. 129—150.
  Venenatissimæ radicis anonymæ, in N. A. A. N. C. Tom.
    6. memoratæ, planta reperta. ibid. Tom. 8. p. 4—8.
Pag. 552. post sect. 287.

Taxus baccata.

C. J. BREDIN.
  Extrait d'une lettre, contenant une suite d'experiences sur
    la proprieté veneneuse de l'If.
  Magasin encycloped. 3 Année, Tome 1. p. 35—37.
Pag. 558. post lin. 17 a fine.
  —————: Antwoord op de vraag : welken zyn de on-
    derwerpen, betreffende de natuurlyke historie onzes
    vaderlands, waarvan men met gegronde reden te ver-
    wachten hebbe, dat eene verdere naspooring ten nutte
    van het vaderland verstrekken zal ? Verhand. van de
    Maatsch. te Haarlem, 26 Deel, p. 231—316.
Pag. 561. post lin. 15.
  —————: Artichoke. in his Hist. of inventions, Vol.
    1. p. 339—360.
Pag. 563. ad calcem.
  —————: Buck-wheat. in his Hist. of inventions, Vol.
    2. p. 247—261.
Pag. 564. post lin. 8 a fine.
  ————— Nicholson's Journal, Vol. 2. p. 136—140.
Pag. 565. post lin. 11.
Sigismund Friedrich HERMBSTÄDT.
  Chemische versuche und beobachtungen über die darstel-
    lung des Zuckers und eines brauchbaren syrups aus
    einheimischen gewächsen. Neu. Schrift. der Berlin.
  Ges. Naturf. Fr. 2 Band, p. 324—350, et p. 450—452.
ib. post lin. 11 a fine.
  Philosophical Magazine, Vol. 1. p. 182—191.
ib. ante lin. 7 a fine.
Henri Alexandre TESSIER.
  Sur les Erables à sucre.
  Decade philosophique, 6 Anneé, 1 Trim. p. 513—521.
  ————— : On the Sugar Maple.
  Nicholson's Journal, Vol. 2. p. 304—308.

Anon.
Der neueste deutsche stellvertreter des indischen zuckers,
oder der zucker aus *Runkelrüben.* Zweite auflage.
Pagg. 44. tab. ænea 1. Berlin, 1799. 8.
Karl August Nöldechen.
Ueber den anbau der sogenannten Runkelrüben, und die
mit denselben angestellten Zuckerversuche.
Pagg. 70. 2 Heft. pagg. 139. ib. 1799. 8.
J. D. Nicolai.
Was ist für und wider den einländischen Zuckerbau in
den Preussischen staaten zu sagen?
Pagg. 67. ib. 1799. 8.
Pag. 566. post lin. 6.
Pierre Joseph Delaville.
Sucre retiré des feuilles de *Mauve.*
Nouv. Journal de Physique, Tome 5. p. 235—237.
Pag. 568 ad calcem.
Labadie.
Memoire en reponse aux diverses questions proposées par
le Cit. Chaptal (sur les vins de *Bordeaux.*)
Annales de Chimie, Tome 30. p. 113—151, et p. 225
—248.
Pag. 569. post sect. 13.

Vina Helvetica.

Franciscus Prince.
Dissertatio inaug. de Vino Neocomensi.
Pagg. 21. Basileæ, 1743. 4.
Pag. 570. ante sect. 15.
Mayer.
Memoires sur les varietés de la Vigne, qui sont naturalisées
dans la *Marche,* sur les procedés employés dans cette
culture, et sur la façon qu'on donne aux vins du pays.
Mem. de l'Acad. de Berlin, 1792, 3. p. 124—171.
ib. post lin. 4. sect. 15.
Joannes Matolai de Zolna.
De Vini Tokajensis cultura, indole, præstantia et qualita-
tibus. Act. Acad. Nat. Cur. Vol. 7. App. p. 1—24.
Pag. 571. post lin. 6.
Thomas Andrew Knight.
A treatise on the culture of the Apple and Pear, and on
the manufacture of Cider and Perry.
Pagg. 162 et xxiii. Ludlow, 1797. 8.
Tom. 5. H

Pag. 573. ante sect. 21.

Succedanea Coffeæ, Theæ et *Sacchari.*

(*J. D. F.* Rumpf.)
 Deutschlands goldgrube, oder durch welche inländischen
  erzeugnisse kann der fremde Kaffee, Thee und Zucker
  ersezt werden?
  Pagg. 171. tabb. æneæ color. 2.   Berlin, 1799. 8.
Pag. 577. post lin. 22.
 Excerpta, germanice, in Dresdnisch. Magaz. 2 Band, p.
  410—428.
Pag. 580. ad calcem.
Johanne Lostbom
 Præside, Dissertatio de oleis seminum expressis. Resp.
  And. Gust. Ekeberg.   Pagg. 16.   Upsaliæ, 1788.   4.
Pag. 582. ante lin. 10 a fine.
Louis Bernard Guyton.
 Recherches sur la matiere colorante des sucs vegetaux, son
  alteration par l'etain, et les autres substances metal-
  liques; suivies d'une nouvelle methode de former des
  laques de couleurs plus intenses et plus solides.
 Annales de Chimie, Tome 30. p. 185—199.
Pag. 583. ante sect. 33.
Dominique Garcia Fernandez.
 Rapport sur un nouveau bois propre à la teinture, nommé
  Paraguatan.
 Annales de Chimie, Tome 23. p. 320—324.
 ————— : A report on a new kind of wood for dyeing,
  named Paraguatan.
 Nicholson's Journal, Vol. 2. p. 93, 94.
 ————— : Report respecting a new wood proper for dye-
  ing, called Paraguatan.
 Philosophical Magazine, Vol. 1. p. 92—94.
ib. ad calcem sect. 34.
 ————— : Madder. in his Hist. of inventions, Vol. 3.
  p. 271—282.
Pag. 584. post sect. 39.

Aloë perfoliata vera.

Jean Fabbroni.
 Sur la decouverte d'une couleur pourpre-violet, qui resiste

à l'action de l'oxigene, des acides et des alcalis, dans les feuilles de l'aloës succotrin.

Annales de Chimie, Tome 25. p. 299—304.

———— : Account of a violet dye produced from the leaves of Succotrine Aloës, which resists the action of oxygen, acids and alkalis.

Philosophical-Magazine, Vol. 1. p. 56—58.

Pag. 587. post lin. 13.
6 Afdeln. Lichenes filamentosi.
Vetensk. Acad. Handling. 1797. p. 176—192.
1798. p. 1—22.

ib. ad calcem sect. 53.

———— : Argol. in his Hist. of inventions, Vol. 1. p. 58—71.

Pag. 588. ante sect. 56.
George Biggin.
Experiments to determine the quantity of Tanning principle and gallic acid contained in the bark of various trees.
Philosophical Transactions, 1799. p. 259—264.

Pag. 589. ad calcem sect. 59.
———— Schlegel Thes. Mat. Med. Tom. 1. p. 83—122.

Pag. 591. ante sect. 64.
Boucher.
Examen de quelques matieres tirées du regne vegetal propres à remplacer le chiffon dans la fabrication du papier.
Magasin encycloped. 3 Année, Tome 1. p. 316—325.

ib. post lin. 3 a fine.
———— dans son Histoire naturelle, Supplem. Tome 2. p. 111—184.

Pag. 593. post lin. 13.
Richard North.
An account of the different kinds of grasses propagated in England, for the improvement of corn and pasture lands.   London. 8.
Pagg. 23 ; præter libellum : Manures, non hujus loci.

Pag. 594. post lin. 12.
Antonio Palau.
Memoria sobre la planta llamada Pipirigallo.
Mem. de la Soc. Econom. de Madrid, Tomo 1. p. 104—107.
Memoria sobre la planta Anthoxantum. ib. p. 108—110.

H 2

Pag. 594. ad calcem paginæ.
———— Third edition.
    Pagg. 73. tabb. æneæ color. 6.   London, 1798. 8.
Pag. 598. post sect. 76.

Epilobium hirsutum.

Santiago DE S. ANTONIO.
    Memoria sobre la planta Lysimachia.
    Mem. de la Soc. Econom. de Madrid, Tomo 1. p. 135
    —137.
Antonio PALAU.
    Descripcion de la planta que llama Lysimachia el Padre
    de San Antonio. ib. p. 137—139.
Pag. 600. ad calcem sect. 85.
Georgio STUMPF
    Præside, Dissertatio de Robiniæ Pseudoacaciæ præstantia
    et cultu. Pars Pr. Resp. Bernh. Beronius. Pars Post.
    Resp. Magn. Petr. Wetterlund. 1796.
        Pagg. 24.   recusa, 1798. 4.
Johann HEDWIG.
    In wieferne ist die unechte Acacie vermögend dem brand-
    holz-mangel zu steuern?
        Samml. seiner Abhandl. 2 Band, p. 164—175.
Pag. 601. ad calcem sect. 93.
————— : Cork. in his Hist. of inventions, Vol. 1. p.
    114—127.
Pag. 606. ante lin. 17 a fine.
J. WOOLRIDGE.
    The art of gardening. Third edition.
        Pag. 278. tabb. æneæ 3.   London, 1688. 8.
Pag. 608. post lin. 13.
    (Part 1.) pagg. 70.   London, 1717. 8.
    ————— Third edition.   ib. 1719. 8.
Pag. 615. post lin. 21.
James SOWERBY.
    Flora luxurians, or the florists delight.
                    London, (1789—91.) fol.
        No. 1—3. tabb. æneæ color. 18. pagg. textus toti-
        dem.
    ib. ante sect. 108.
    ————— : Garden-flowers. in his Hist. of inventions,
        Vol. 3. p. 1—11.

Pag. 616. ad calcem.
Henry Alexandre TESSIER.
Memoire sur l'importation et le progrès des arbres à epi‑
cerie dans les colonies Françoises.
      Mem. de l'Acad. des Sc de Paris, 1789. p. 585—596.
René Antoine DESFONTAINES.
Extrait d'un rapport sur la culture des arbres à epiceries
à la Guiane Francaise.
      Decade philosophique, 5 Année, 3 Sem. p. 139—146.
————— Usteri's Annalen der Botanik, 22 Stück, p. 87
—95.
Pag. 617. post lin. 5.
Anders Jaban RETZIUS.
Berättelse om de försök som blifvit gjorda med åtskilliga
utländska träd och buskarter.
      Vetensk. Acad. Handling. 1798. p. 43—78.
ib. post lin. 6.
Christoph Wilhelm Jakob GATTERER.
Allgemeines repertorium der forstwissenschaftlichen lite‑
ratur.   Ulm, 1796. 8.
      1 Band. pagg. 285.   2 Band. pagg. 200.

ib. post lin. 16 a fine.
————— dans son Histoire naturelle, Supplem. Tome 2.
      p. 249—271.
ib. post lin. 14 a fine.
————— dans son Histoire naturelle, Supplem. Tome 2.
      p. 271—290.
Pag. 621. post lin. 16.
Carl Fredric CASTENS.
Afhandling om bästa sättet, at i vårt climat från skada
förvara Frukt‑trän. Götheb. Wetensk. Samh. Hand‑
ling. Wetensk. Afdeln. 4 Styck. p. 68—82.
Pag. 624. ad calcem sect. 117.
ST. LEGER.
Notice d'un traité très rare du Safran: Le Safran de la
Roche‑Foucault. Poitiers, 1568, in¹4°.
Magasin encycloped. 3 Année, Tome 2.' p. 289—298.

Cyperus esculentus.

LASTEYRIE.
Culture du Souchet tuberculeux.
      Decade philosophique, 7 Année, 2 Trim. p. 453, 454.

Pag. 629. post lin. 2.
Edward WILLIAMS.
The dressing and keeping of Vines, vide supra pag. 56.
ib. post lin. 12.
ANON.
Einige bemerkungen eines Rheinländers über den Weinbau diesseits des Rheins zwischen Mainz und Bingen.
Nau's Neue entdeckung. 1 Band, p. 63—80.
Ueber die sezreben, das besezen der rottfelder, und über die frage, ob reiflinge oder blindholz zum anpflanzen junger weingärten am vortheilhaftesten seyen? ib. p. 228—244.
ib. ad calcem sect. 130.
Carl Fredric FALLE'N.
Dissertatio de Beta pabulari. Resp. Petr. Elfwendahl.
Pagg. 29. Lundæ, 1792. 4.
Franz Carl ACHARD.
Ausführliche beschreibung der methode, nach welcher bei der kultur der Runkelrübe verfahren werden muss, um ihren zukkerstoff nach möglichkeit zu vermehren, und sie so zu erhalten, dass sie mit vortheil zur zukkerfabrikazion angewandt werden kann.
Pagg. 63. Berlin, 1799. 8.
Pag. 630. ante lin. 11 a fine.
Francisco FERNANDEZ MOLINILLO.
Memoria sobre el cultivo del Lino, y Cañamo en secano.
Mem. de la Soc. Econom. de Madrid, Tomo 1. p. 68—98.
Pag. 632. ad calcem sect. 139.
Antoine Alexis CADET DEVAUX.
Procedés de la culture des Asperges de Hollande.
Decade philosophique, 6 Année, 1 Trim. p. 1—5.
Pag. 633. ad calcem sect. 144.
William Urban BUE'E.
A narrative of the successful manner of cultivating the Clove tree, in the island of Dominica.
Pagg. 31. tab. ænea 1. London, 1797. 4.
ib. post lin. 1. sect. 146.
J. B.
Herefordshire Orchards, a pattern for all England.
Pagg. 36. London, 1724. 8.

Pag. 634. post sect. 149.

Papaver somniferum.

D'HERBOUVILLE et MESAIZE.
Memoire sur la culture du Pavot ou Oeillette, et les moyens
d'en extraire l'huile.
Magasin encycloped. 3 Année, Tome 1. p. 162—170.
Pag. 635. post lin. 17.
Julius Philip Benjamin VON ROHR.
Anmerkungen über den Cattunbau.
1 Theil. pagg. 139.   Altona u. Leipzig, 1791.   8.
2 Theil. pagg. 156.   1793.
Pag. 636. post lin. 1. sect. 159.
Erhardus REUSCHIUS.
Dissertatio epistolica de præcipuis Hesperidum scriptori-
bus. 1713. præfixa editioni latinæ Hesperidum Norim-
bergensium Volkameri.   Plagg. 6.
Pag. 638. ante lin. 16 a fine.
Juan Bautista FELIPÒ.
Memoria sobre el cultivo de Moreras.
Mem. de la Soc. Econom. de Madrid, Tomo 1. p. 147
—196.
Pag. 640. ante lin. 4 a fine.
MARCANDIER.
A treatise on Hemp, translated from the french.
Pagg. 87.   London, 1764.   8.
Baron DE ALVALAT.
Memoria sobre el cultivo del Cañamo en Valencia.
Mem. de la Soc. Econom. de Madrid, Tomo 1. p. 110
—134.
Pag. 641. post lin. 3.
J. W. L. VON LUCE.
Ueber den Hanfsaamen-bau.
in ejus Öconom. Abhandlung. p. 81—89.
Pag. 647. post lin. 17.
2 Stück, pagg. 23.   1798.
Pag. 648. post lin. 10 a fine.
Excerpta, germanice, in Götting. Journal, 1 Band. 3 Heft,
p. 122—126.
Pag. 649. post lin. 6.
Fasciculus 2. pagg. 56. tab. 11—20.   1798.
Icones illustrationi plantarum Americanarum, in Eclogis
descriptarum, inservientes.
Decas 1. tabb. æneæ 10.   Havniæ, 1798.   fol.

Pag. 649. post lin. 17 a fine.
    Excerpta, germanice, in Götting. Journal, 1 Band. 3 Heft,
        p. 117—119.
Pag. 652. post lin. 13.
    ————— : Beschreibung der Prosopis aculeata.
        Götting. Journal, 1 Band. 3 Heft, p. 120—122.
ib. post lin. 20.
    ————— : Botanische geschichte der Mentha exigua.
        Schrader's Journal, 1 Stück, p. 118—127.
ib. post lin. 6 a fine.
    ————— : Beschreibung der Jonesie.
        Götting. Journal, 1 Band. 3 Heft, p. 137—141.
ib. ad calcem paginæ.
Moriz Balthasar BORKHAUSEN.
    Ueber die Fumaria-gattung des Linnäus.
        Römer's Archiv, 1 Band. 2 Stück, p. 43—47.
Pag. 653. post lin. 19.
Carl Peter THUNBERG.
    Gift-trädet på Goda Hopps udden, Toxicodendrum kal-
        ladt, beskrifvet.
        Vetensk. Acad. Handling. 1796. p. 188—191.
ib. post lin. ult.
    Fascic. 2. pagg. 18. tab. 55—60.   1798.

SUPPLEMENTUM TOMI IV.

Pag. 4. ad calcem sect. 4.
Nicolas VAUQUELIN.
Reflexions sur l'analyse des pierres en general.
Annales de Chimie, Tome 30. p. 66—106.
ib. ad calcem sect. 5.
Gregorius WAD.
Tabulæ synopticæ terminorum systematis oryctognostici
Werneriani, latine, danice et germanice.
Pagg. 27.   Hafniæ, 1798. fol.
Pag. 5. ad calcem sect. 6.
Prince Demetri DE GALLITZIN.
Seconde lettre à M. de Crell, ou Reflexions sur la minera-
logie moderne. Pagg. 51.   Brunswick, 1799. 4.
Pag. 7. post lin. 2.
———— : Libri tre, di Lodovico Dolce, ne i quali si
tratta delle diversi sorti delle gemme, che produce la
natura. (omisso veri auctoris nomine.) Foll. 99.
                              Venetia, 1565. 8.
———— ———— Foll. 99. ib. 1617. (in calce 1597.) 8.
Deleantur pag. 81. Catalogi nostri.
Pag. 13. lin. 16 et 17. lege:
Abraham Gottlob WERNERS
Mineralsystem ; mit anmerkungen herausgegeben von C.
A. S. Hoffmann.
Bergmänn. Journal, 2 Jahrgang, p. 369—398.
———— : Systema regni mineralis anni 1788. (omissis
annotationibus Hoffmanni.)
ib. post lin. 18.
ANON.
Systematisch-tabellarisches verzeichniss aller bis jezt in
rücksicht ihres mischungsverhältnisses untersuchten
mineralogisch-einfachen fossilien.
Bergmänn. Journal, 2 Jahrg. p. 417—476.
ib. ante lin. 16 a fine.
Ludwig August EMMERLING.
Lehrbuch der mineralogie.
1 Theil. pagg. 589.   Giessen, 1793. 8.
2 Theil. pagg. 592.   1796.
3 Theil. pagg. 535.   1797.

Pag. 20. post lin. 24.
Abraham Gottlob WERNER.
Æussere beschreibungen des Olivins, Krisoliths, Berils
und Krisoberils, nebst noch einigen über diese steine hin-
zugefügten bemerkungen.
Bergmänn. Journal, 3 Jahrg. 2 Band, p. 54—94.
ib. ante lin. 14 a fine.
STRUVE.
Beschreibung des Hornsteinschiefers und Thonschiefers
des Hrn. von Saussure.
Bergmänn. Journal, 5 Jahrg. 2 Band, p. 117—121.
ib. ad calcem paginæ.
Johann Ehrenreich VON FICHTEL.
Mineralogische aufsäze. Pagg. 374. Wien, 1794. 8.
W. A. LAMPADIUS.
Kurze metallurgisch-und mineralogisch-chemische bemer-
kungen.
Neu. Bergmänn. Journal, 1 Band, p. 79—85.
2 Band, p. 349—356.
A. PELZER.
Mineralogische miscellen. Mayer's Samml. physikal. Auf-
säze, 5 Band, p. 297—309.
Pag. 21. ante sect. 10.
Johann Hieronymus CHEMNIZ.
Mineralogische bemerkungen.
Naturforscher, 28 Stück, p. 138—153.
Pag. 22. ad calcem.
Alexander Wilhelm KÖHLER.
Bergmännisches Journal.
1 Band. April—August 1788. pagg. 478.
2 Band. Septemb.—Decemb. 1788. pag. 479—908.
2 Jahrgang. 1789. 1 Band. pagg. 633.
Martius desideratur.
2 Band. pag. 635—2055. (1155.)
3 Jahrgang. 1790. 1 Band. pagg. 580.
2 Band. pagg. 547.
4 Jahrgang. 1791. 1 Band. pagg. 524.
2 Band. pagg. 500.
5 Jahrgang. 1792. herausgegeben von Köhler und
Hoffmann.
1 Band. pagg. 553.
2 Band. pagg. 504.
6 Jahrgang. 1793. 1 Band. pagg. 541.
(1794.) 2 Band. pagg. 535.
Cum tabulis æneis. Freyberg. 8.

Neues Bergmännisches Journal, herausgegeben von A.W.
Köhler und C. A. S. Hoffmann.
1 Band. pagg. 576. tabb. æneæ 2.
  Freyberg, 1795 (—1797.) 8.
2 Band. 1—4 Stück. pagg. 356. tab. 1. 1798.
Pag. 23. lin. 17 a fine, lege: *Benct.*
Pag. 27. ante lin. 11 a fine.
ANON.
Verzeichniss der fossilien in dem zur allgemeinen ökono-
  mie gewidmeten gebäude der kaiserl. königl. theresia-
  nischen akademie. Pagg. 410.   Wien, 1776. 8.
Pag. 31. ante lin. 17 a fine.
Robert TOWNSON.
A sketch of the mineralogy of *Shropshire.* in his Tracts,
  p. 158—203.
ib. ante lin. 5 a fine.
Robert JAMESON.
An outline of the mineralogy of the *Shetland* islands, and
  of the island of *Arran.*
Pagg. 202.   Edinburgh, 1798. 8.
Pag. 35. ante lin. 15 a fine.
Deodat DOLOMIEU.
Note sur la geologie et la lithologie des montagnes des
  Vosges.
  Journal des Mines, an 6. p. 315—318.
ib. ante lin. 7 a fine.
ANON.
Uiber das verbergen der Rhone bey *Belgarde.*
  Neu. Bergmänn. Journal, 1 Band, p. 97—116.
Pag. 36. ante lin. 9 a fine.
DUHAMEL *fils.*
Relation d'un voyage mineralogique fait au *Pic-du-midi*
  de Bigorre.
  Journal des Mines, An 6. p. 747—762.
Pag. 39. post lin. 11.
  ——————: Beobachtungen über das gebirge Chalanches
  bey Allemont in Dauphine; mit anmerkungen und zu-
  säzen von Hoffmann.
  Bergmänn. Journal, 1 Jahrg. p. 22—42.
ib. post lin. 14.
  ——————: Untersuchung einiger erze, die sich in den
  gängen des gebirges Chalanches befinden.
  Bergmänn. Journal, 1 Jahrg. p. 43—61.

Pag. 41. ante lin. 1.
ROBILANT.
Extrait d'un memoire sur la Mineralogie du *Piemont.*
Journal des Mines, an 7. p. 81—164.
E Volumine Actorum Taurinensium, nobis desiderato.
ib. post lin. 4.
———— Bergmänn. Journal, 4 Jahrg. 2 Band. p. 128
—159.
Pag. 46. post lin. 5.
H. C. ESCHER.
Geognostische nachrichten über die Alpen.
Neu. Bergmänn. Journal, 1 Band, p. 116—160.
2 Band, p. 185—227.
Pag. 49. post lin. 16.
Franz von Paula SCHRANK.
Mineralogische beschreibung der gegend von Kehlheim.
in ejus Samml. naturhist. Aufsäze, p. 341—380.
ib. ante lin. 4 a fine.
Johann Friedrich Wilhelm WIDENMANN.
Einige geognostische bemerkungen über einen theil des
Schwarzwald-gebirgs. Neu. Schrift. der Berlin. Ges.
Naturf. Fr. 2 Band, p. 259—267.
Pag. 53. ante lin. 15 a fine.
CAVILLIER.
Memoire sur les Aluminieres du pays de Nassau-Saar-
bruck.
Journal des Mines, an 6. p. 763—788.
Pag. 55. post lin. 20.
J. A. WEPPEN.
Etwas von den merkwürdigkeiten des steinreichs in der
gegend von *Oldershausen,* (im fürstenthume Calen-
berg.)
Bermänn. Journal, 5 Jahrg. 1 Band, p. 360—368.
ib. ante lin. 7 a fine.
K. F. VON BÖHMER.
Geognostische beobachtungen über den östlichen Com-
munion-unterharz.
Bergmänn. Journal, 6 Jahrg. 1 Band, p. 193—237.
Pag. 60. post lin. 14.
C. A. S. HOFFMANN.
Versuch einer oryktographie von Kursachsen. Bergmänn.
Journal, 1 Jahrg. p. 234—294, et p. 479—522.
2 Jahrg. p. 155—192, p. 934—966, et p.
2025—2048.
4 Jahrg. 1 Band, p. 157—215, et p. 253—286.

ANON.
Mineralogisch-bergmännische beobachtungen auf einer
reise durch einen theil des Meissner und Erzgebirgi-
schen kreises.
Bergmänn. Journal, 5 Jahrg. 2 Band, p. 122—156, p.
200—231, et p. 281—324.
Pag. 62. post lin. 10.
2 Band. pagg. 498. tabb. æneæ 2. 1797.
ib. post lin. 12.
Eintheilung aller zur Trappformation Böhmen's gehörigen fossilien. Mayer's Samml. physikal. Aufsäze, 5
Band, p. 1—14.
ib. post lin. 24.
ANON.
Geognostische beobachtungen, auf einer reise durch einen
theil des Böhmischen mittelgebirges.
Bergmänn. Journal, 5 Jahrg. 1 Band, p. 215—266, et
p. 289—303.
ib. ante lin. 2 a fine.
Ueber einen Basaltgang im Gneusse bey Bilin. Mayer's
Samml. physikal. Aufsäze, 5 Band, p. 452—459.
Geognostische bemerkungen über die Herrschaft *Mille-*
schau im nordwestlichen mittelgebirge Böhmens. ibid.
p. 15—97.
Pag. 63. post lin. 16.
L. C. v. B.
Ein beytrag zu einer mineralogischen beschreibung der
Karlsbader gegend.
Bergmänn. Journal, 5 Jahrg. 2 Band, p. 383—424.
ib. ante lin. 19 a fine.
———— Mayer's Samml. physikal. Aufsäze, 5 Band, p.
199—271.
ib. ante sect. 33.
Franz Ambros REUSS.
Mineralogische beschreibung der kameralherrschaften *Kö-*
nigshof und *Tocznik* im Berauner kreise. Mayer's
Samml. physikal. Aufsäze, 5 Band, p. 98—157.
Pag. 69. post lin. 13.
Johann Friedrich WIDENMANN.
Auszug eines briefes, über einige Ungarische fossilien,
mit anmerkungen von A. G. Werner.
Bergmänn. Journal, 2 Jahrg. p. 596—612.

Jens ESMARK.
  Kurze beschreibung einer mineralogischen reise durch
  Ungarn, Siebenbürgen und das Bannat.
  Neu. Bergmänn. Journal, 1 Band, p. 377—464.
                                         2 Band, p. 1—105.
C. A. S. HOFFMANN.
  Einige anmerkungen zu dem vorhergehenden aufsaze. ib.
  p. 106—120.

L. VON GEUSAU.
  Mineralogische beschreibung einer kleinen suite von fos-
  silien aus dem *Sendomirschen.* Neu. Schrift. der Ber-
  lin Ges. Naturf. Fr. 2 Band, p. 212—216.
Dietrich Ludwig Gustav KARSTEN.
  Geognostisch-historischer nachtrag zu vorstehendem auf-
  saze. ib. p. 217—221.
Pag. 69. ante lin. 7 a fine.
Andreas STÜTZ.
  Physikalisch-mineralogische beschreibung des gold-und
  silber-bergwerkes bei Nagy-ág in Siebenbürgen. Neu.
  Schrift. der Berlin. Ges. Naturf. Fr. 2 Band, p. 1—96.
Pag. 70. ad calcem.
ANON.
  Beyträge zu einer oryktographie von Russland, und vor-
  züglich von Sibirien.
  Neu. Bergmänn. Journal, 1 Band, p. 169—241.
Pag. 72. post lin. 5.
  Excerpta, gallice, in Nouv. Journal de Physique, Tome
  4. p. 278—283.
Pag. 78. lin. 7 a fine, lege: der alten.
Pag, 85. post lin. 7 a fine.
  ——————— : De Silice, Argilla et Alumine.
  in ejus Opusculis, Vol. 2. p. 67—72.
Pag. 86. post lin. 16.
A. PELZER.
  Beyträge zur geschichte und charakteristik des Faserkie-
  sels. Mayer's Samml. physikal. Aufsäze, 5 Band, p.
  271—284.
Pag. 88. ad calcem sect. 59.
  ——————— : Analyse chimique du tuf siliceux d'Islande.
  Mem. de l'Acad. de Berlin, 1792, 3. p. 121—123.
ib. ad calcem sect. 60.
Johann Jacob BINDHEIM.
  Ueber den Sibirischen und Daurischen Kalzedon. Neu.
  Schrift. der Berlin. Ges. Nat. Fr. 2 Band, p. 239—246.

Pag. 94. ad calcem sect. 70.
M. F. DA CAMARA.
Ueber das verhalten des Obsidians vor dem löthrore.
Bergmänn. Journal, 6 Jahrg. 1 Band, p. 280—235.
Einige versûche mit dem Obsidiane. ib. 2 Band, p. 239
—249.
Schreiben an seinen rezensenten in der Jenaischen Allge-
meinen Litteratur-zeitung.
Neu. Bergmänn. Journal, 1 Band, p. 262—275.
Pag. 97. post lin. 11.
——————: Ueber die neue erde im Beryll, Glucine ge-
nannt.
Scherer's Journal der Chemie, 1 Band, p. 341—360.
Pag. 98. ante sect. 81.
Abrabam Gottlob WERNER.
Æusere beschreibung des Prehnits, nebst einigen bemer-
kungen über die ihm beygelegte benennung.
Bergmänn. Journal, 3 Jahrg. 1 Band, p. 99—112.
Pag. 99. lin. penult. et ult. sect. 81. lege:
Observations sur la structure des crystaux appelés zeo-
lithes, et sur les proprietés electriques de quelques-uns.
Mem. de l'Institut, Tome 1. Scienc. Phys. p. 49—55.
Excerpta in Journal des Mines, an 4. Brumaire, p. 86
—88.
Pag. 102. post lin. 3.
—————— Bergmänn. Journal, 4 Jahrg. 1 Band, p. 422
—433.
ib. ante sect. 90.
——————: Untersuchung der erdigten substanz aus Neu-
Süd-Wales, Sydneia genannt.
Scherer's Journal der Chemie, 1 Band, p. 167—194.
Pag. 107. ad calcem sect. 100.
LELIEVRE.
De la Lepidolithe. Mem. de la Soc. d'Hist. Nat. de Paris,
p. 153—166.
ib. post lin. 4 a fine.
——————: Ueber den Demantspath.
Bergmänn. Journal, 3 Jahrg. 1 Band, p. 356—369.
Adolph BEYER.
Drey stücke Diamantspath beschrieben. ib. 6 Jahrg. 1
Band, p. 135—148.
ib. ante lin. ult.
René Just HAÜY.
Observations sur des cristaux trouvés parmi des pierres de

Ceylan, et qui paroissent appartenir à l'espece du co-
rindon, vulgairement spath adamantin.
Mem. de la Soc. d'Hist. Nat. de Paris, p. 55—58.
Pag. 108. post lin. 17.
Dietrich Ludwig Gustav KARSTEN.
Beschreibung einer neuen art von Feldspath.
Bergmänn. Journal, 1 Jahrg. p. 809—812.
Pag. 109. ante sect. 103.
LE LIEVRE.
Note sur le Feld-spath vert de Siberie, et l'existence de la
potasse dans cette pierre.
Journal des Mines, an 7. p. 23—29.
ib. post lin. 5 a fine.
————— : Vom Adular, und seinen äussern kennzeichen.
Bergmànn. Journal, 3 Jahrg. 1 Band, p. 269—278.
ib. post lin. 3 a fine.
————— : Ueber den Adular.
Bergmänn. Journal, 3 Jahrg. 1 Band, p. 369—375.
Pag. 110. ad calcem sect. 104.
Balthasar George SAGE.
Observations sur une Argille feldspathique trouvée dans
la butte des Treils, près le Mans.
Nouv. Journal de Physique, Tome 5. p. 269, 270.
Pag. 112. ad calcem.
Ueber den Trapp der Schweden.
Bergmänn. Journal, 6 Jahrg. 2 Band, p. 46—96.
Pag. 114. ante sect. 115.
A. PELZER.
Zusäze zu den pyramidenförmig ausgezeichneten stücken
des Basalts. Mayer's Samml. physikal. Aufsäze, 5 Band,
p. 284—297.
ib. post lin. 1. sect. 115.
EVERSMANN.
Schreiben über eine an dem Basaltberge König Arthurs-
siz bey Edinburg gemachte beobachtung; mit anmer-
kungen von A. G. Werner.
Bergmänn. Journal, 2 Jahrg. p. 485—504.
Pag. 116. post lin. 15.
Dietrich Ludwig Gustav KARSTEN.
Einige beobachtungen auf dem Basaltberge des städtchens
Amöneburg im Kurmainzischen.
Bergmänn. Journal, 1 Jahrg. p. 328—358.
Pag. 124. post lin. 4. sect. 134.
————— : Untersuchung des Sappare.
Bergmänn. Journal. 3 Jahrg. 1 Band, p. 149—158.

Pag. 124. ad calcem sect. 134.

———— : Beobachtungen über eine art von vierseitig, säulenförmig, kristallisirten, blättrichen Beril.

Bergmänn. Journal, 3 Jahrg. 1 Band, p. 158—163.
Abraham Gottlob WERNER.
Æussere beschreibung des Cyanits.   ib. p. 164—166.
ib. ad calcem paginæ.
Dietrich Ludwig Gustav KARSTEN.
Æussere beschreibungen der drey arten des Strahlsteines.
Bergmänn. Journal, 2 Jahrg. p. 399—402.
Pag. 126. ad calcem.
Carlo Antonio NAPIONE.
Observations lithologiques et chimiques sur une espece singuliere de marbre primitif.
Nouv. Journal de Physique, Tome 5. p. 377—381.
Pag. 136. post lin. 9.

———— : Examen chemicum Fluoris mineralis.
in ejus Opusculis, Vol. 2. p. 1—22.
ib. ad calcem paginæ.

———— : Annotationes de Fluore minerali.
in ejus Opusculis, Vol. 2. p. 92—100.
Pag. 137. ante lin. 12 a fine.

———— : In Fluore minerali acidum naturæ peculiaris inesse, novis experimentis adseritur. in ejus Opusculis, Vol. 2. p. 242—257.
Pag. 138. post lin. 1. sect. 156.
Abraham Gottlob WERNER.
Geschichte, karakteristik, und kurze chemische untersuchung des Apatits.
Bergmänn Journal, 1 Jahrg. p. 76—96.
Martin Heinrich KLAPROTH.
Phosphorsäure, ein bestandtheil des Apatits. ib. p. 294 —300.
ib. ad calcem sect. 156.

———— : Chemische untersuchung des Chrysoliths der juwelenhändler.
Scherer's Journal der Chemie, 1 Band, p. 629—636.
Pag. 139. post lin. 1. sect. 158. adde: confer sect. 160. de Terra ponderosa.
ib. post lin. 4. sect. 158.

———— Bergmänn. Journal, 4 Jahrg. 1 Band, p. 433 —435.
Pag. 140. lin. 4—11 lege:
Observations sur la Strontiane.
Mem. de l'Institut, Tome 1. Scienc. Phys. p. 58—71.

Том. 5.   I

———— Journal des Mines, an 4. Prairial, p. 33—48.
———— Annales de Chimie, Tome 21. p. 113—137.
———— dans ses Memoires, Tome 2. p. 435—458.
————: Observations on Strontian. Nicholson's Jour-
nal, Vol. 1. p. 518—522, et p. 529—532.
Suite des observations sur la Strontiane, et sur l'existence
de cette terre ailleurs qu' à Strontian, en Ecosse.
Journal des Mines, an 4. Messidor, p. 21—24.
———— Annales de Chimie, Tome 21. p. 137—143.
———— dans ses Memoires, Tome 2. p. 458—464.
———— in english, in Nicholson's Journal, Vol. 1. p.
533, 534.
Pag. 140. ante lin. 6 a fine.
————: Examen chemicum Terræ ponderosæ. in ejus
Opusculis, Vol. 2. p. 262—265.
Pag. 141. ante sect. 161.
Nicolas VAUQUELIN.
Sur quelques proprietés de la Strontiane et de la Baryte.
Annales de Chimie, Tome 29. p. 270—280.
————: On certain properties of Strontian and Barytes.
Nicholson's Journal, Vol. 3. p. 122—125.
William HENRY.
Experiments on Barytes and Strontites. ib. p. 169—171.
ib. post lin. 11 a fine.
————: Nachricht von dem bergwerke zu Anglezark
in England, wo die luftsaure schwererde gebrochen hat;
von dem verfasser, mit einigen veränderungen übersezt.
Bergmänn. Journal, 3 Jahrg. 2 Band, p. 216—227.
Pag. 144. post lin. 17.
————: Bemerkungen über die gemischten steinarten
und über die gebirgsarten.
Bergmänn. Journal, 5 Jahrg. 2 Band, p. 27—57.
6 Jahrg. 1 Band, p. 26—83, et p.
489—539.
2 Band, p. 317—363, p.
400—436, et p. 449—
494.
Pag. 145. ante sect. 166.
PALASSOU.
Memoire sur l'Ophite des Pyrenées.
Journal des Mines, an 7. p. 31—74.
Pag. 161. ante lin. 10 a fine.
Lawrence DE CRELL.
On the decomposition of the acid of Borax, or sedative salt.
Philosophical Transactions, 1799. p. 56—73.

Supplementum Tomi IV. 115

———— Nicholson's Journal, Vol. 3. p. 257—263.

Pag. 170. post lin. 4.

Johannes WIGAND.

Vera historia de Succino Borussico; studio et opera Joh. Rosini. Jenæ, 1590. 8.

Foll. 37 ; præter alia ejus opuscula, de quibus Tomo 2. p. 92, Tomo 3. p. 171, et Tomo 4. p. 149.

Pag. 172. ad calcem sect. 197.

———— : Bemerkungen über ein gelbes, durchsichtiges, oktaedrisch kristallisirtes fossil, welches für bernstein ausgegeben worden ist.

Bergmänn. Journal, 5 Jahrg. 1 Band, p. 519—526.

F. G. B. VON HEYNIZ.

Ueber den Honigstein.

Neu. Bergmänn. Journal, 1 Band, p. 532—541.

Pag. 174. ad calcem.

Joseph CORREA *de Serra.*

On a submarine forest, on the east coast of England.

Philosophical Transactions, 1799. p. 145—156.

———— Nicholson's Journal, Vol. 3. p. 216—222.

———— Philosophical Magazine, Vol. 4. p. 287—296.

Pag. 177. lin 3. lege : 175.

Pag. 178. lin. 8 lege :

Pagg. 36 ; præter Gedancken von dem kalten winter, non hujus loci, et Physicotheologische etc.

Pag. 180. ante lin. 7 a fine.

Dietrich Ludwig Gustav KARSTEN.

Die mineralogische beschaffenheit der Steinkohlenflöze am Dickeberg, Buchholz und Schafberg im Lingenschen betreffend. Neu. Schrift. der Berlin. Ges. Naturf. Fr. 2 Band, p. 268—273.

Pag. 181. post lin. 10 a fine.

———— : Beschreibung des kohlenartigen oder sechsseitigen Graphits, welches neulich in der Schweiz entdeckt worden.

Bergmänn. Journal, 3 Jahrg. 1 Band, p. 457—464.

Zusäze des übersezers. ib. p. 464—470.

ib. ante lin. 6 a fine.

VON RÖMER.

Beschreibung eines vermeintlichen Steinkohlenflözes zu Lischwiz ohnweit Gera.

Bergmänn. Journal, 3 Jahrg. 1 Band, p. 471—482.

Pag. 182. post lin. 16.

———— : De Plumbagine. in ejus Opusculis, Vol. 1. p. 214—222.

I 2

Pag. 184. ante lin. 14 a fine.

―――――― : Ueber die natur des Diamants.

Scherer's Journal der Chemie, 1 Band, p. 287—292.

Louis Bernard Guyton.

Extrait du procès verbal des experiences faites à l'ecole polytechnique sur la combustion du Diamant.

Annales de Chimie, Tome 31. p. 72—112.

Pag. 190. post lin. 14.

―――――― : Additamentum ad dissertationem de principiis lapidis ponderosi.

Scheele Opuscula, Vol. 2. p. 127—131.

ib. ante lin. 4 a fine.

―――――― : On the different kinds of Cadmia, and particularly those of Zinc and Cobalt.

Philosophical Magazine, Vol. 4. p. 250—255.

ib. ad calcem paginæ.

―――――― : Ueber die wirkung des Salpeters auf Gold und Platina.

Scherer's Journal der Chemie, 1 Band, p. 306—314.

Georg Friedrich Hildebrandt.

Ueber eine scheinbare verwandlung des Silbers in Gold.

ib. p. 298—305.

―――――― : On the apparent conversion of Silver into Gold.

Philosophical Magazine, Vol. 4. p. 18—23.

Pag. 193. ante sect. 210.

―――――― : Untersuchungen über einige eigenschaften der Platina.

Scherer's Journal der Chemie, 1 Band, p. 671—686.

ib. ad calcem paginæ.

Georg Friedrich Hildebrandt.

Beyträge zur chemischen geschichte des Goldes.

Scherer's Journal der Chemie, 1 Band, p. 650—655.

Pag. 196. post lin. 4.

―――――― : Deutsche abhandl. der Akad. zu Berlin, 1788, 9. p. 16—32.

(Hactenus sectio 1. et 2; reliquæ forte adsunt in sequenti volumine actorum, quod nondum ad nos pervenit.)

Pag. 198. post lin. 8.

Editio hæc uberior sequente :

Ueber die bestandtheile des Rothgiltigerzes.

Bergmänn. Journal, 5 Jahrg. 1 Band, p. 141—148.

Cuprum mineralisatum cæruleum.

Johann Jacob BINDHEIM.
  Von der Sibirischen kupfer-lasur. Neu. Schrift. der Ber-
  lin. Ges. Naturf. Fr. 2 Band, p. 236—238.
Pag. 204. ad calcem sect. 232.
Johann Jacob BINDHEIM.
  Ueber das Sibirische kupfergrün. Neu. Schrift. der Ber-
  lin. Ges. Naturf. Fr. 2 Band, p. 232—235.

Cuprum mineralisatum arsenicale.

VON SCHLOTHEIM.
  Æussere beschreibung des Olivenerzes, von Karrarach in
  Kornwallis.
  Bergmänn. Journal, 5 Jahrg. 2 Band, p. 232—234.
Pag. 206. ante sect. 236.
David MUSHET.
  On the principles of Iron and Steel.
  Philosophical Magazine, Vol. 2. p. 155—168.
                                   3. p. 210—212.
CLOUET.
  Resultats d'experiences sur les differens etats du Fer.
  Journal des Mines, an 7. p. 3—12.
Pag. 207. ante lin. 11 a fine.
  ————— : Rön om Ferrum phosphoratum.
  Vetensk. Acad. Handling. 1785. p. 134—138.
  ————— : De Ferro acido phosphori saturato.
  in ejus Opusculis, Vol. 2. p. 209—214.
Pag. 208. ad calcem.
David MUSHET.
  On the component parts of Iron-stones, and how these in
  the manufacturing affect the quality of Crude Iron.
  Philosophical Magazine, Vol. 3. p. 193—210, et p. 239
  —255.
  On primary ores of Iron. ib. p. 350—366.
CRAMER.
  Mineralogische anzeige über ein paar neuerlich aufgefun-
  dene grosse merkwürdigkeiten in Eisensteinen, aus dem
  Hachenburgischen und Isensburgischen. Neu. Schrift.
  der Berlin. Ges. Naturf. Fr. 2 Band, p. 292—302.

Pag. 210. post lini' 3.

———— : Observations on native Iron found in Straw-
berries.
Philosophical Magazine, Vol. 4. p. 198—200.
Pag. 213. ad calcem sect. 248.

———

Joannes Georgius Schneider.
Minerarum Plumbi oryctognosia.   Dissertatio inaug.
Pag. 70.   Erlangæ, 1796. 8.
Pag. 220. ad calcem sect. 260.
Hecht *fils.*
Analyse d'une mine de Zinc sulfuré, trouvée dans le
Comté de Geroldseck en Brisgaw.
Journal des Mines, an 7. p. 13—22.
Pag. 222. ante lin. 20 a fine.
Georg August Fuchs.
Von bestandtheilen des Spiesglases und dessen tinkturen,
eine streistschrift, vertheidigt unter vorsiz des H. Simon
Paul Hilschers, zu Jena 1743 ; übersezt von dessen sohn
G. F. C. Fuchs. impr. cum hujus Natürliche geschichte
des Spiesglases ; p. 331—388.
ib. ante lin. 16 a fine.
Georg Friedrich Christian Fuchs.
Versuch einer natürlichen geschichte des Spiesglases.
Halle, 1786. 8.
Pagg. 330; præter dissertationem patris, de qua supra.
ib. ante lin. 13 a fine.
Balthazar George Sage.
De l'inflammation explosive de l'Antimoine.
Nouv. Journal de Physique, Tome 5. p. 240, 241.
Pag. 225. ante sect. 265.
Tassaert.
Analyse du Cobalt de Tunaberg, suivie de plusieurs
moyens d'obtenir ce metal à l'etat de pureté, et de
quelquesunes de ses proprietés les plus remarquables.
Annales de Chimie, Tome 28. p. 92—107.
ib. ante lin. 3 a fine.
———— : De Magnesia nigra. in ejus Opusculis, Vol.
1. p. 227—281.
Pag. 226. post lin. 3.
———— : Additamentum examinis Scheeliani Magnesiæ
nigræ. Scheele Opuscula, Vol. 1. p. 282—284.
Pag. 228. ante lin. 12 a fine.
———— : De principii lapidis ponderosi. in ejus Opus-
culis, Vol. 2. p. 11;—126.

Pag. 229. ante lin. 5 a fine.
————: Ueber den Wolfram von Puy-les-mines.
Neu. Bergmänn. Journal, 2 Band, p. 288—290.
Pag. 230. post lin. 4.
————: De Molybdæna. in ejus Opusculis, Vol. 1.
p. 200—213.
Pag. 231. ante lin. 5 a fine.
————: De Arsenico, ejusque acido. in ejus Opusculis, Vol. 2. p. 28—66.
Pag. 234. ante sect. 273.
F. G. B. von Heyniz.
Vorläufige nachricht von einer chemischen untersuchung des Mänakans.
Neu. Bergmänn. Journal, 1 Band, p. 248—256.
ib. post lin. 11. sect. 273.
————: On a new metallic substance contained in the red lead of Siberia, to which it is proposed to give the name of Chrome, on account of the property it possesses of colouring every substance combined with it.
Philosophical Magazine, Vol. 1. p. 279—285.
ib. post lin. 16. sect. 273.
————: Second memoir on the metal contained in the red lead of Siberia.
Philosophical Magazine, Vol. 1. p. 361—367.
ib. ad calcem paginæ.
———— Extract from a Memoir on a new metal called Tellurium.
Philosophical Magazine, Vol. 1. p. 78—82.
Pag. 236. post lin. 25.
Ueber die vorgegebene reduktion der einfachen erden.
Bergmänn. Journal, 3 Jahrg. 2 Band, p. 504—523.
————: Memoire sur la pretendue reduction etc.
ib. ad calcem paginæ.
W. A. Lampadius.
Versuche über ein vorgeblich aus dem Schwerspathe erhaltenes neues metall.
Bergmänn. Journal, 6 Jahrg. 2 Band, p. 511—519.
Pag. 238. ad calcem.
Anon.
Transunto della dissertazione del P D. *Ambrogio* Soldani sopra una pioggetta di sassi accaduta nella sera de' 16 Giugno 1794 in Lucignan d'Asso nel Sanese.
Opuscoli scelti, Tomo 18. p. 33—45.
Articolo di lettera sopra la pioggia di sassi avvenuta nel territorio Sanese. ibid. p. 136.

Lazzaro Spallanzani.
  Sulla pioggia di sassi avvenuta in Toscana.
  Opuscoli scelti, Tomo 18. p. 185—196.
Ambrogio Soldani.
  Riflessioni sull' articolo di lettera stampata nel Tom. 18.
  Opuscoli di Milano, risguardante la pioggetta de' sassi
    accaduta nel Sanese. ib. p. 285—288.
Ernst Florens Friedrich Chladni.
  Einige allgemeine bemerkungen über Feuerkugeln und
    Sternschnuppen.
    Voigt's Magazin, 11 Band. 2 Stück, p. 112—123.
  ——————: Some observations on Fire-balls and shooting
    stars.
    Philosophical Magazine, Vol. 2. p. 225—231.
  Fortsezung der bemerkungen über Feuerkugeln und nie-
    dergefallene massen.
    Voigt's Neu. Magazin, 1 Band. 1 Stück, p. 17—30.
  ——————: Observations on Fire-balls and hard bodies
    which have fallen from the atmosphere.
    Philosophical Magazine, Vol. 2. p. 337—345.
Pag. 245. post lin. 9. sect. 5.
Abraham Gottlob Werner.
  Bekauntmachung einer von ihm am Scheibenberg:r hügel
    über die entstehung des Basaltes gemachten entdeck-
    ung, nebst zweyen zwischen ihm und Herrn Voigt da-
    rüber gewechselten streitschriften.
    Bergmänn. Journal, 1 Jahrg. p. 845—907.
Pag. 246. post lin. 7.
Johann Friedrich Wilhelm Widenmann.
  Ueber den Basalt als eine flözgebirgsart betrachtet.
    Bergmänn. Journal, 4 Jahrg. 2 Band, p. 347—371.
Johann Carl Wilhelm Voigt.
  Antwortschreiben an Hrn. Widenmann über den Basalt.
    ib. 6 Jahrg. 2 Band, p. 185—238.
ib. ante sect. 6.
Franz Ambros Reuss.
  Ueber die nothwendigkeit, mehrere formationen des Ba-
    saltes anzunehmen.
    Mayer's Samml. physikal. aufsäze, 5 Band, p. 158—
    198.
U P. Salmon.
  Memoire sur un fragment de Basalte volcanique, tiré de
    Borghetto, territoire de Rome.
    Nouv. Journal de Physique, Tome 5. p. 432—442.

Pag. 250. ante sect. 11.

Girod-Chantrans.

Conjectures sur la conversion de la chaux en silice, de-
duites de differentes observations faites dans les de-
partemens du Doubs, du Jura et de la Haute-Saone.
Journal des Mines, an 6. p. 853—864.

Pag. 253. post lin. 20.

Louis Bernard Guyton.

Nouvelles experiences sur la fusibilité des terres melangées,
à la faveur faveur de l'action qu'elles exercent les unes
sur les autres.
Annales de Chimie, Tome 29. p. 320—325.

Pag. 256. ad calcem sect. 16.

Sur la double refraction de quelques substances minerales.
Mem. de la Soc. d'Hist. Nat. de Paris, p. 25—27.

Pag. 259. ad calcem.

Anon.

Nachricht von einer durch Hrn. Humboldt entdeckten
magnetischen gebirgsmasse.
Neu. Bergmänn. Journal, 1 Band, p. 257—261.

Sammlung einiger aktenstücke, die von Hrn. Humboldt
entdeckte polarisirende gebirgsart betreffend. ibid. p.
542—563.

Johann Gottfried Steinhäuser.

Ueber magnetische und des magnetismus fähige mineralien, ihre menge und eintheilung; und entdeckung
eines in sehr hohem grade selbst magnetischen uran-
fänglichen Thonschiefers.
Scherer's Journal der Chemie, 1 Band, p. 274—286.

Pag. 261. post lin. 1.

—————— : Theory of crystallization.
Philosophical Magazine, Vol. 1. p. 35—46, p. 153—
169, p. 287—303, et p. 376—392.

ib. post lin. 7.

—————— : Account of a simple method of representing
the different crystalline forms by very short signs, ex-
pressing the laws of decrement, to which their structure
is subjected.
Philosophical Magazine, Vol. 2. p. 398—413.

Sur la possibilité de substituer hypothetiquement les formes
secondaires des cristaux aux veritables formes primitives,
de maniere à obtenir encore des resultats conformes aux
lois de la structure.
Mem. de la Soc. d'Hist. Nat. de Paris, p. 102—110.

Pag. 263. post lin. 19.
Louis Bernard GUYTON.
Examen et analyse d'un Quartz presentant la cristallisation du Spat metastatique, vulgairement dent de cochon.
Annales de Chimie, Tome 30. p. 107—112.
Pag. 265. ante sect. 26.
GILLET-LAUMONT.
Description d'un groupe de cristaux de Chaux carbonatée triforme, presentant la disposition des molecules qui composent ces cristaux.
Mem. de la Soc. d'Hist. Nat. de Paris, p. 167—171.

Crystalli Lapidum Strontianilicorum.

René Just HAUY.
Memoire sur la comparaison des cristaux de Strontiane sulfatée, avec ceux de Baryte sulfatée, nommés communement Spath pesans.
Mem. de la Soc. d'Hist. Nat. de Paris, p. 129—140.
ib. post lin. 6 a fine.
————: Ueber die kristallisation eines Schwerspaths in kleinen geschobnen würfeln, deren stumpfer winkel 105° beträgt.
Bergmänn. Journal, 5 Jahrg. 1 Band, p. 516—518.
Pag. 267. post lin. 17.
René Just HAUY.
Memoire sur les formes cristallines du Mercure sulfuré, ou Cinabre.
Mem. de la Soc. d'Hist. Nat. de Paris, p. 114—117.
ib. ante lin. 7 a fine.
William DAY.
An attempt to arrange the crystals of oxidated Tin ore, according to their supposed structure.
Philosophical Magazine, Vol. 4. p. 152—160.
Pag. 270. post lin. 2.
————: Von einem elastischen kalksteine des St. Gotthards. Bergm. Journal, 5 Jahrg. 2 Band, p. 325—336.
ib. post lin. 6.
————: Von der art, mehreren mineralien biegsamkeit zu ertheilen, und von einigen steinen, die von natur biegsam und elastisch sind.
Bergmänn. Journal, 5 Jahrg. 2 Band, p. 460—504.
Pag. 271. ad calcem.
W. H. PEPYS, *jun.*
Account of some experiments on the production of artifi-

cial cold, in one of which 56 pounds of Mercury was
frozen into a solid mass.
Philosophical Magazine, Vol. 3. p. 76—84.
Pag. 273. ante sect. 35.
GILLET-LAUMONT.
Observations geologiques sur le gissement et la forme
des replis successifs que l'on remarque dans certaines
couches de substances minerales, et particulierement de
mines de houille, suivies de conjectures sur l'origine de
ces replis.
Mem. de la Soc. d'Hist. Nat. de Paris, p. 147—152.
Pag. 277. ante lin. 9 a fine.
John WILLIAMS.
The natural history of the mineral kingdom.
Edinburgh, 1789. 8.
Vol. 1. pagg. 450. Vol. 2. pagg. 531.
Pag. 278. post lin. 5 a fine.
———— : Agenda, or a collection of observations and
researches, the results of which may serve as the foun-
dation for a theory of the earth.
Philosophical Magazine, Vol. 3. p. 33—41, p. 147—
156, p. 294—299. Vol. 4. p. 68—71, p. 188—190,
et p. 259—265.
ib. ad calcem paginæ.
Guillaume Antoine DELUC.
Remarques sur la partie qui concerne les Volcans, dans le
memoire de Kirwan, sur l'etat primitif du globe et la
catastrophe qui lui a succedé.
Nouv. Journal de Physique, Tome 6. p. 23—37.
Pag. 279. ante sect. 36.
MUTHUON.
Observations sur l'article du Rapport fait à l'Institut Na-
tional par le C. Dolomieu, qui concerne les volcans de
l'Auvergne, et la volcanisation en general.
Journal des Mines, an 6. p. 869—882.
Pag. 282. lin. 15 et 14 a fine, lege :
Essai sur les usages des montagnes.
Pagg. 412. Zuric, 1754. 8.
———— dans le Recueil de ses traités sur l'Hist. Nat.
p. 105—222.
Pag. 283. ante lin. 3 a fine.
Johann Carl Wilhelm VOIGT.
Drey briefe über die gebirgs-lehre.
Zweyte auflage. Pagg. 72. Weimar, 1786. 8.

Practische gebirgskunde.   zweyte auflage.
Pagg. 286. tab. ænea 1.   Weimar, 1797. 8.
Pag. 284. ante lin. 6 a fine.
Dietrich Ludwig Gustav KARSTEN.
Bemerkungen über die Lehmannische theorie : den gene-
    rellen zusammenhang der flözkalkarten mit den stein-
    kohlenflözarten betreffend, nebst der darstellung einer
    auffallenden thatsache, welche selbige bestätiget.
    Neu. Bergmänn. Journal, 1 Band, p. 63—78.
Pag. 287. lin. 12 a fine, adde : et p. 145—159.
Pag. 288. ante lin. 8 a fine.
Karl Wilhelm NOSE.
Beyträge zu den vorstellungsarten über vulkanische ge-
    genstände.
    Pagg. 457.   Frankfurt am Mayn, 1792. 8.
Fortsezung der beyträge etc. Pagg. 158.   1793.
Beschluss der beyträge etc. Pagg. 228.   1794.
Pag. 297. post lin. 12.
Franz Ambros REUSS.
Etwas über den ausgebrannten vulkan bey Eger in Böh-
    men.
    Bergmänn. Journal, 5 Jahrg. 1 Band, p. 303—333.
Pag. 299. post lin. 6 a fine.
——————— : Description of the volcano in the island of St.
    Lucia.
    Philosophical Magazine, Vol. 3. p. 1—5.
Pag. 304. ante sect. 59.
Guillaume Antoine DELUC.
Memoire sur la Lenticulaire des rochers de la perte du
    Rhone, sur la Lenticulaire numismale, et sur la Belem-
    nite.
    Nouv. Journal de Physique, Tome 5. p. 216—225.
Pag. 306. lin. penult. *Johann,* lege : *Gottlob.*
Pag. 308. post lin. 3.
RIESS.
Ueber einige merkwürdige abdrücke in bituminösem-mer-
    gelschiefer.
    Bergmänn. Journal, 3 Jahrg. 2 Band, p. 281—287.
Johann Friedrich BLUMENBACH.
Ein wort über die abdrücke in bituminösen-mergelschie-
    fer. ib. 4 Jahrg. 1 Band, p. 151—156.
Pag. 310. ante lin. 18 a fine.
Barthelemy FAUJAS-SAINT-FOND.
Histoire naturelle de la montagne de Saint-Pierre de Maes-
    tricht. Pag. 1—80. tab. ænea 1—11. Paris, an 7. 4.

Pag. 311. post lin. 16 a fine.
Catalogus lapidum Veronensium ιδιομορφων id est propria
forma præditorum, qui apud J. J. Spadam asservantur.
Pagg. 31.   Veronæ, 1739. 4.
――――: Corporum lapidefactorum etc.
Pag. 312. ante sect. 67.
Biagio BARTALINI.
Catalogo dei corpi marini fossili che si trovano intorno a
Siena. impr. cum ejus Catalogo delle piante intorno
alla città di Siena; p. 123—134.
Pag. 317. ante lin. 10 a fine.
――――― Magasin encyclopedique, 4 Année, Tome 3.
p. 145—150.
―――――― Nouv. Journal de Physique, Tome 4. p. 315
—317.
――――― Extract of a memoir on the fossil bones of qua-
drupeds.
Philosophical Magazine, Vol. 1. p. 413—417.
Pag. 334. post lin. 4.
C. L. KÄMMERER.
Einige seltene versteinte Muscheln, aus dem Fürstl. Ca-
binette zu Rudolstadt.
Naturforscher, 28 Stück, p. 172—188.
Pag. 347. ad calcem sect. 132.
Louis Jean Marie DAUBENTON.
Observation sur une petrification du mont de Terre-noire,
departement de la Loire.
Mem. de l'Institut, Tome 1. Scienc. Phys. p. 543—548.
Pag. 366. ante lin. 8 a fine.
Martin Heinrich KLAPROTH.
Ueber die anwendbarkeit der Platina zu verzierungen auf
porcelan.
Deutsche abhandl. der Akad. zu Berlin, 1788, 9. p. 12
—15.
ib. post lin. 4 a fine.
――――― : On the so called Sea Froth and other sub-
stances of which the bowls of the Turkish pipes are
made.
Philosophical Magazine, Vol. 3. p. 165—168.
Pag. 369. post lin. 12.
――――― : Docimasie, oder probir-und schmelz-kunst,
aus dem fransösischen (e præcedenti versione contractà)
übersezt, und mit einem anhang vermehrt, von Matthia
Godar.
Pagg. 155. tabb. æneæ 7.   Wien, 1749. 8.

Pag. 370. ante sect. 16.
Jean Pierre Louis Marquis DE LUCHET.
Essais sur la mineralogie et la metallurgie.
Pagg. 232   Maestricht, 1779. 8.
Pag. 371. ad calcem.
———— : Uebersicht des ausbringens an mineralischen
stoffen und des handels damit in Frankreich vor der re-
volution.
Neu. Bergmänn. Journal, 1 Band, p. 318—355.
Pag. 373. lin. 3. adde: et p. 243—314.
Pag. 374. ad calcem.
———— (Prior pars.) Bergmänn. Journal, 2 Jahrg. p.
60—92, et p. 138—154.
Pag. 375. ante lin. 18 a fine.
Thomæ SCHREIBERS
Kurzer historischer bericht von aufkunft und anfang der
Fürstl. Braunchweig-Lüneburgischen bergwercke an
und auf dem Harz. Pagg. 62. Rudolstadt, 1678. 4.
ib. ante lin. 7 a fine.
C. A. S. HOFFMANN.
Mineralogische beschreibung eines theils der Glashüttner
revier, nebst einer kurzen geschichte des dasigen berg-
baues.
Bergmänn. Journal, 3 Jahrg. 2 Band, p. 449—500.
                          4 Jahrg. 1 Band, p. 52—73.
Pag. 378. ante lin. 10 a fine.
Gottlieb Wilhelm ORTMANN.
Kurze geschichte der amalgamation in Sachsen.
Bergmänn. Journal, 1 Jahrg. p. 573—614.
Pag. 381. post lin. 4.
———— : Auszug einer abhandlung über die fabrika-
tion des Schmelzstahls im Departement de l'Isere.
Neu. Bergmänn. Journal, 2 Band, p. 263—288.
ib. post lin. ult.
———— Philosophical Magazin, Vol. 1. p. 46—55.
David MUSHET.
Strictures on Mr. Jos. Collier's observations on Iron and
Steel. ib. Vol. 2. p. 9—19.
On the materials used for manufacturing cast Iron. ib.
Vol. 3. p. 13—30.
On the use of calcareous stones in the manufacturing of
crude Iron. ib. Vol. 4. p. 43—57.
On the assaying of Iron ores and Iron stones by fusion.
ib. p. 178—188.
Pag. 383. lin. 5. adde: et p. 645—670.

Pag. 383. post lin. 15.

——————: Mineralogische beschreibung von Boulonois.
Neu. Bergmänn. Journal, 1 Band, p. 300—318.
ib. ante lin. 5 a fine.
BERTRAND.
Note geologique, relative à celles qui ont eté inserées dans
le Journal des mines sur la colline de Champigny, con-
siderée lithologiquement. ib. an 6. p. 789—803.
Pag. 384. ante lin. 10 a fine.

——————: Mineralogische beschreibung des Departe-
ments vom Mont-blanc.
Neu. Bergmänn. Journal, 2 Band, p. 310—348.
Pag. 386. ante lin. 17 a fine.

——————: Analysis of the Spinel Ruby.
Philosophical Magazine, Vol. 3. p. 41—49.
ib. ante lin. 12 a fine.

——————: Analysis of the Emerald of Peru.
Philosophical Magazine, Vol. 1 p. 204—208.

——————: Untersuchung des Peruvianischen Smaragds.
Scherer's Journal der Chemie, 1 Band, p. 361—366.

INDEX AUCTORUM.

INDEX AUCTORUM.

Histoire naturelle du Senegal. II. 322. conf. I. 129.
Familles des plantes. III. 20 et 32.
ADET. I 59, 60. IV. 5.
ADLER, *Carolus Fridericus.* R. II. 444.
ADLERBERG, *Eric Gustaf.* II. 143.
ADLERBETH, *Gudmund Göran.* Reg. Cancellariæ Sveciæ
Consiliarius, Eques Ord. Stellæ Polar. Acad. Sc. Stock-
holm. Soc.
Tal om en philosophisk varsamhet vid naturens betrak-
tande. I. 306.
ADLERHEIM, *Pehr.* II. 546.
ADLERMARCK, *Baron Carl Gustaf.* II. 528.
ÆJMELÆUS, *Christen.* R. III. 235, 542.
ÆLIANUS, *Claudius.* vixit Sec. II.
De natura animalium libri. II. 8.
ÆMYLIANUS, *Johannes.* Ferrariensis, Medicus.
Naturalis de ruminantibus historia. II. 392.
v. ÆNGELEN, *Petrus.* Holsatus.
Herbarius. I. 281.
ÆPINUS, *Franciscus Ulricus Theodorus.* Rostochiensis,
Acad. Sc. Petropol. Soc. Eques Ord. S. Annæ. n. 1724.
IV. 257.
Recueil de memoires sur la Tourmaline. IV. 257. conf.
256.
AFZELIUS, *Adam.* Botan. Demonstrator Upsal. Acad. Sc.
Stockholm. Soc. n. 1750. I. 253. III. 168, 306, 351.
V. 27, 34, 80.
De vegetabilibus Svecanis observationes. III. 168.
AFZELIUS, *Johannes.* Præcedentis frater. Chemiæ Prof.
Upsal. R. IV. 225.
Diss. de Baroselenite in Svecia reperto. IV. 142.
AGNETHLER, *Michael Gottlieb.*
Diss. inaug. de Lauro. III. 274.
AGOSTI, *Josephus.*
De re botanica tractatus. III. 41 et 148.
AGRICOLA, *Georgius.* Saxo, Medicus, n. 1494. ob. 1555.
De ortu et causis subterraneorum. IV. 239.
De natura fossilium. IV. 7.
De veteribus et novis metallis. IV. 186.
Bermannus. IV. 186.
De re metallica. IV. 368.
De animantibus subterraneis. II. 446.
AGRICOLA, *Johannes Georgius.* Medicus Ambergæ.
Cervi natura et proprietas. II. 93.
AHL, *Jonas Nicol.* R. II. 181. III. 500.

AHLGREN, *Gustavus.* R. III. 218.
AHLMAN, *Johannes.* R. II. 486.
AHRENS, *Georg Friedrich.* II. 254.
AIKIN, *Arthur.* Filius sequentis.
  Journal of a tour through North Wales. I. 97.
AIKIN, *John.* Medicus Londinensis.
  An essay on the application of natural history to poetry.
  I. 167.
AIMEN. III. 425.
AINSLIE, *J.* M. D. IV. 133, 387.
AITON, *William.* Scotus, Hortulanus Regius in Kew. ob.
  1793. æt. 62.
  Hortus Kewensis. III. 95.
AITON, *William Townsend.* Filius præcedentis, Hortula-
  nus Regius in Kew. Ed. III. 95.
ALANDER, *Olavus Reinb.* R. III. 580.
ALARDUS *Æmstelredamus.* N. IV. 74.
ALBERTI, *Jacopo.*
  Dell' epidemica mortalità de' Gelsi. III. 638.
ALBERTI, *Michael.* Med. Prof. Halensis. n. 1682. ob. 1757.
  II. 455.
  Præside Alberti Dissertationes:
  De Roremarino. III. 468.
  Auripigmento. IV. 232.
  Camphoræ usu medico. III. 494.
  Squilla. III. 485.
  Valerianis officinalibus. III. 469.
  erroribus in Pharmacopoliis ex neglecto studio bota-
    nico obviis. III. 3 et 457.
  Auro vegetabili Pannoniæ. IV. 195.
  Ferro. IV. 359.
  Belladonna. III. 478.
  Borace. IV. 162.
  Succino. IV. 357.
ALBERTI, *Valentinus.* Theol. Prof. Lips. n. 1635. ob.
  1697.
  Diss. de figuris variarum rerum in lapidibus, et speciatim
    fossilibus comitatus Mansfeldici. IV. 315.
ALBERTUS *Magnus (Grot.)* Episcopus Ratisbonensis. n.
  1193. ob. 1280.
  De animalibus libri. II. 9, 370, 559.
  Liber mineralium. IV. 6.
  De virtutibus herbarum, lapidum et animalium. I. 278.
ALBERTUS, *Salomon.* Med Prof. Witteberg.
  Orationés tres. III. 1, et II. 502.

ALBIN, *Eleazar.* Pictor Londinensis.
A natural history of English Insects. II. 223.
      Birds. II. 114.
      Spiders. II. 279.
      English Song-birds. II. 122.
Icones Piscium. II. 174.
ALBINUS, *Bernhardus.* Med. Prof. Francof. ad Viadrum,
  dein Lugd. Bat. n. 1653. ob. 1721.
  Alhino Præs'de Dissertationes :
De Thee. III. 576.
De Cervo, corde glande plumbea trajecto, mortui instar
  prostrato, et post tres horæ quadrantes quatuor passuum
  millia aufugiente. II. 382.
De Cantharidibus. II. 507.
De Tabaco. III. 477.
ALBINUS, *Bernhard Siegfried.* Filius præcedentis. Anat.
  Prof. Lugduni Bat. n. 1697. ob. 1770.
Oratio de anatome comparata. I. 269.
Academicarum annotationum libri 8. I. 65. conf. II. 71,
  345. III. 294, 334.
ALBINUS, *Petrus.* Poës. Prof. Wittenberg. ob. 1598.
Meissnische land und berg chronica. IV. 370.
ALBOM, *Sveno Ericus.* R. I. 233.
ALBRECHT, *Johannes Friedericus Ernestus.* R. II. 526.
Von der innern einrichtung der Bienen. II. 527. :
ALBRECHT, *Johannes Petrus.* Medicus Hildes. n. 1647.
  ob. 1724. II. 412.
ALBRECHT, *Joannes Sebastian.* Phil. Nat. Prof. Coburg.
  n. 1695. ob. 1774. II. 233, 419. III. 380, 399, 403,
  408, 432, 545. IV. 305, 315, 340, 351. R. IV. 359.
  Ed. III. 16.
ALCENIUS, *Daniel.* R. II. 548.
ALCHORNE, *Stanesby.* Assaymaster in the mint of London.
  ob. 1799. IV. 189.
ALCYONIUS, *Petrus.*' Tr. I. 205. II. 371.
ALDES, *Theodorus.* i. e. *Matthæus* SLADE. Medicus Amste-
  lodam. n. 1628. ob. 1689.
Dissertatio epistolica contra G. Harveum. II. 395.
ALDINUS, *Tobias.* Cesenas, Medicus. III. 258.
Descriptio rariorum plantarum in hortoFarnesiano.III.113.
ALDROVANDUS, *Ulysses.* Hist. Nat. Prof. Bonon. n. 1522.
  ob. 1605.
De Quadrupedibus solidipedibus. II. 10.
Quadrupedium bisulcorum historia. II. 10.
De Quadrupedibus digitatis viviparis. II. 10.

Ornithologia. II. 10.
Serpentum et Draconum historia. II. 11.
De Piscibus. II. 11.
    animalibus Insectis. II. 11.
    reliquis animalibus exsanguibus. II. 11.
Monstrorum historia. II. 417.
Dendrologia. III. 205.
Musæum metallicum. IV. 7.
ALEFELD, *Jo. Ludovicus.* III. 359.
ALEXANDER. III. 495.
                Caleb. IV. 299.
ALGEEN, *Isaac.* R. III. 644.
ALGREN, *Daniel Magnus.* II. 527.
ALGURE'N, *Sven.* R. I. 233.
ALIBERT, *J. L.* V. 87.
ALIPONZONI, *Conte Giuseppe.* II. 203.
ALLAMAND, *Fridericus.* III. 35.
                Joannes Nicolaus Sebastianus. Physices Prof.
    Lugd. Bat. ob. 1787. æt. 74. II. 14, 438.
ALLARDT, *Carolus Fridericus.* R. III. 588.
ALLEN, *Benjamin.* II. 218, 409.
ALLEON DU LAC, *Jean Louis.*
    Melanges d'histoire naturelle. I. 202.
    Memoires pour servir à l'histoire naturelle des provinces
        de Lyonnois, Forez et Beaujolois. I. 238.
ALLIONI, *Carolus.* Botan. Prof. Taurin. III. 80, 109, 149,
        245. Ed. III. 149.
    Rariorum Pedemontii stirpium specimen. III. 147.
    Stirpes littoris Nicæensis. III. 648. conf. V. 29.
    Oryctographiæ Pedemontanæ specimen. IV. 311.
    Flora Pedemontana. III. 147.
    Auctarium ad Floram Pedemontanam. III. 147.
ALLOATTI, *M.* II. 532.
ALM, *Jacob.* R. III. 189.
AB ALMELOVEEN, *Theodorus Janson.* Med. Prof. Harde-
        rovic. n. 1657. ob. 1712. III. 179.
D'ALMEYDA, *Manoel.*
    Historia geral de Ethiopia a alta. I. 127.
ALMOND, *Edmund.* II. 58.
ALPAGUS, *Andreas.* I. 277.
ALPINUS, *Alpinus.* Filius sequentis. Botan. Prof. Patav.
        n. 1603. ob. 1637. Ed. III. 72.
ALPINUS, *Prosper.* Botan. Prof. Patav. n. 1553. ob. 1616.
    De Plant s Ægypti. III. 176.
        Balsamo. III. 489.

De Rhapontico. III. 274.

Plantis exoticis. III. 72.

Historia Ægypti naturalis. I. 126. conf. III. 176, 256, 291.

ALSTEDIUS, *Johannes Henricus.* Herbornensis, Philos. Prof. in Weissenburg Transylvaniæ, n. 1588. ob. 1638. Lexicon philosophicum. I. 182.

ALSTON, *Charles.* Botan. Prof. Edinburg. n. 1683. ob. 1760. III. 392.

Index plantarum, quæ in horto Edinburgensi demonstrantur. III. 101.

Tirocinium botanicum. III. 91. conf. 20, 101.

A dissertation on botany. III. 20.

Lectures on the Materia Medica. I. 285.

ALSTRÖMER, *Baron Clas.* Commend. Ordinis Vasiaci, Acad. Sc. Stockholm. Soc. Frater duorum sequentium. n. 1736. ob. 1794. II. 61. III. 325.

Tal om den finulliga fårafveln. II. 522.

ALSTRÖMER, *Johan.* Acad. Sc. Stockholm Soc. n. 1742. ob. 1786. III. 628.

ALSTRÖM, Nob. ALSTRÖMER, *Baron Patrick.* Eques Ord. Vasiaci, Acad. Sc. Stockh. Soc. III. 627.

ALTAN *di Salvarolo, Conte Federigo.*

Della somiglianza che passa tra il regno vegetabile, ed il regno animale. II. 458.

ALTHEN. III. 626.

ALTHOF, *Ludovicus Christophorus.* Ed. I. 285.

ALTMANN, *Johann Georg.* Pastor in Inss Helvetiæ. ob. 1758.

Beschreibung der Helvetischen eisbirge. IV. 45.

DE ALVALAT, *Baron.* V. 103.

ALVARES DA SILVA, *José Verissimo.* III. 569.

ALYON.

Cours de Botanique. III. 24.

DE ALZATE Y RAMYREZ, *Don Joseph Antoine.* I. 254.

AMATUS *Lusitanus.* i. e. *Joannes Rodericus* DE CASTELLO ALBO S. CASTELBLANCO.

In Dioscoridis de medica materia libros enarrationes. I. 276.

AMBROSINUS, *Bartholomæus.* Frater sequentis, Horti Bonon. Præfectus. ob. 1657. II. 10, 11, 417. IV. 7.

AMBROSINUS, *Hyacinthus.* Botan. Prof. Bonon. n. 1605. ob. 1672.

Hortus studiosorum Bononiæ. III. 111. conf. 73.

Phytologia. III. 9.

Amic. IV. 390.
Amiot. Tr. I. 144.
Amman, *Johannes*, Pauli filius. Botan. Prof. Petropol. n.
1707. ob. 1741. II. 92. III. 35, 220, 235, 270, 273,
276, 306, 319, 350, 407.
Stirpium rariorum in Imperio Rutheno sponte provenien-
tium icones et descriptiones. III. 172.
Amman, *Jost.* Pictor Norimberg. II. 15.
Ammann, *Paulus.* Botan. Prof. Lips. n. 1634. ob. 1690.
III. 332.
Suppellex botanica. III. 120 et 161. conf. I. 281.
Character plantarum naturalis. III. 36.
Hortus Bosianus III. 120.
Præside Ammanno Dissertationes:
De σιδηροπεψια Struthionis. II. 393.
Antiquartii Peruviani historia. III. 474.
Ammonius, *Johannes Agricola.* Med. Prof. Ingolstad.
Medicina herbaria. I. 278.
Amoretti, *Carlo.* II. 426. IV. 41.
Amoreux, *P. J.*
Tentamen de noxa animalium. II. 513.
Amoreux, *fils.* (An idem cum præcedenti?) II. 155, 286.
III. 201, 202, 369, 599. IV. 311.
Notice des Insectes de la France, reputés venimeux. II.
516.
de Amorim Castro, *Joaquim.* III. 590. V. 56.
Amstein, *J. G.* II. 260. N. II. 254.
Ancher, *Petrus.*
Dissertatio de Succino. IV. 171.
Anchersen, *Johannes Joachimus.* R. IV. 171.
d'Ancora, *Gaetano.* II. 57.
Ricerche sopra alcuni fossili metallici della Calabria. IV.
190.
Anderson, *Alexander.* Præfectus horti botanici in insula
Sti. Vincentii. I. 259. IV. 299.
Anderson, *James.* M. D. Physician General at Madras.
IV. 72.
Letters on the subject of Cochineal insects, discovered at
Madras. II. 248.
An account of the importation of American Cochineal in-
sects into Hindostan. II. 536.
Anderson, *James.* LL.D. II. 425, 519.
An account of the present state of the Hebrides. I. 97.
A treatise on Peatmoss. IV. 176.

ANDERSON, *Johann.* Consul Hamburg. n. 1674. ob
 1743.
 Nachrichten von Island und Grönland. I. 109.
ANDERSON, *William.* Chirurgus navalis. ob. in Cookii
 itinere ultimo. II. 516. IV. 72.
D'ANDRADA. II. 506. III. 538. IV. 184.
ANDRE', *William.* II. 391.
ANDREÆ, *Hermannus.* R. IV. 168
 Johann Gerhard Reinhard. Pharmacopoeus Han-
 nover. ob. 1793.
 Briefe aus der Schweiz. I. 103.
ANDREAS *Bellunensis.* Tr. III. 515.
ANDREWS, *Henry.* Pictor Londin.
 Engravings of Heaths. III. 272. V. 77.
 The botanists repository. V. 65.
ANDRIEUX.
 Catalogue des plantes dont on trouve des graines, des
 bulbes et du plant chez lui. III. 108.
ANDRY, *Nicolas.* Medicus Paris. n. 1658. ob. 1742. II.
 369.
 De la generation des vers dans le corps de l'homme. II.
 355.
ANGELINUS, *Fulvius.* Medicus Cesenas.
 De verme per nares egresso. II. 360.
ANGERSTEIN. IV. 39.
DE ANGLERIA S. ANGHIERA, *Petrus Martyr.* Mediola-
 nensis, Regi Ferdinando Catholico a Consiliis, n. 1477.
 ob. circa a. 1525.
 The decades of the new worlde. I. 148.
ANGUILLARA, *Luigi.* Bot. Prof. Patav. ob. circa a. 1570.
 Semplici. I. 277.
ANHALT, *Henricus.* M. D.
 Ambra ad mineralia revocata. II. 505.
ANJOU, *Fridericus.*
 Dissertatio de radice Caryophyllatæ vulgaris. III. 503.
ANKARCRONA, *Theodor.* Admiral, Landshöfdinge, Com-
 mend. af Svärds Orden, Acad. Sc. Stockholm. Soc. n.
 1687. ob. 1753. Il. 186. III. 268.
D'ANNONE, *Johann Jacob.* Juris Prof. Basil. n. 1728. II.
 353. IV. 108, 312, 331, 337.
ANOMOEUS, *Clemens.*
 Sacrarum arborum, fruticum et herbarum Decas 1 et 2.
 III. 193.

Anschütz, *Johann Matthæus.* Gewehrhändler zu Suhla, n. 1745.
Ueber die gebirgs und steinarten des Chursächsischen Hennebergs. IV. 50.
d'Antic. vide Bosc.
Antigonus, *Carystius.*
Historiarum mirabilium collectanea. I. 265.
Åkerman, *Jac.* R. II. 228.
        Richard Arr. R. III. 621.
Amann, *Nicolaus.* R. III. 129.
Aphonin, *Matheus.* R. I. 166.
Apicius *Coelius.*
De opsoniis et condimentis. I. 295.
Apinus, *Johannes Ludovicus.* Med. Prof. Altorf. n. 1668. ob. 1703. III. 407.
Apulejo, *Lucio,* falso adscriptus
De herbarum virtutibus liber. III. 451, 654.
Aquæus, *Stephanus.* s. *Estienne* Laigue.
In Plinii naturalem historiam commentaria. I. 74.
Encomium Brassicarum. III. 561.
Aquivivus, *Belisarius.* Dux Neritinorum.
De principum liberis educandis. II. 554 et 560.
Arbo, *Nicolaus.* R. IV. 158.
Archer, *John.*
Every man his own Doctor, compleated with an herbal. III. 455.
Arctander, *Severinus.* R. II. 39.
d'Arcussia *de Capre, Charles.*
La fauconnerie. II. 560.
Arderon, *William.* R. S. S. II. 176, 380, 388. IV. 31, 243.
de Ardoynis, Santes.
De Venenis. I. 292.
Arduino, *Giovanni.* Pubblico Sopraintendente alle cose Agrarie dello Stato Veneto. IV. 41, 284, 291.
Due lettere sopra varie sue osservazioni naturali. IV. 41.
Saggio di lithogonia e orognosia. IV. 282.
Raccolta di memorie chimico-mineralogiche. IV. 22. conf. 42, 291.
Memoria sopre varie produzioni vulcaniche. IV. 40. conf. 289.
Arduino, *Luigi.* III. 583.
Arduino, *Pietro.* Œconom. Prof. Patav. III. 239, 334.
Animadversiones botanicæ. III. 80.

Memorie di osservazioni e di sperienze. III. 557.
Arenius, *Gabriel.* R. III. 377.
      Johannes. R. I. 268.
Arenstorff, *C. F.*
Comparatio nominum plantarum officinalium cum nominibus botanicis. lII. 459.
von Arenswald, *C. F.* IV. 314.
Galanterie-mineralogie. IV. 83.
Aretius, *Benedictus.* Theol. Prof. Bern. ob. 1574. III. 151.
de Argensola, *Bartolome Leonardo.* Canonicus Cæsaraugustanus.
Conquista de las islas Malucas. I. 146.
Argillander, *Abraham.* II. 410. R. IV. 158.
Ariostus, *Franciscus.*
De oleo montis Zibinii. IV. 357.
Aristoteles, *Stagirita.* ob. an. ante ær. Christ. 322.
Opera. I. 61.
Aristotelis et Theophrasti historiæ. I. 205.
Historia animalium. II. 7. V. 13.
De partibus animalium. II. 371. V. 45.
generatione animalium. II. 371. V. 45.
communi animalium gressu. II. 371. V. 45.
                                 motu. II. 371. V. 45.
spiritu. II. 371.
Parva naturalia. II. 372.
De mirabilibus auscultationibus. I. 264.
Aristoteli falso inscripti, de plantis libri. III. 51.
Armet, *Joseph.* IV. 153.
Armstrong, *John.*
The history of the island of Minorca. I. 101.
Arnaud du Bouisson. II. 533.
Arnault de Nobleville. Cont. I. 284.
Arnemann, *Justus.* Med. Prof. Götting. n. 1763.
Commentatio de Oleis unguinosis. III. 450.
Arnold, *Samuel.* R. III. 467.
      Theodor. Tr. IV. 301.
Arnoldi, *Gabriel.*
Dissertatio de Zoophytis. I. 199.
de Aromatariis, *Josephus, Favorini filius.*
De generatione plantarum ex seminibus. III. 397.
de Arphe y *Villafañe, Juan.* Escultor de oro, y plata, en las casas Reales de la Moneda de Segovia.
Quilatador de Oro, Plata, y Piedras. IV. 14.

ARRIANUS,
De Venatione. II. 554.
ARROT, *William.* III. 475.
ARTEDI, *Petrus.* Svecus, Medicinæ Studiosus, n. 1705. ob.
Amstelodami 1735.
Ichthyologia. II. 172, 173. V. 29.
ARTHAUD. II. 56, 293, 517.
ARTHELOUCHE DE ALAGONA, *Seigneur de Maraveques.*
La Fauconnerie. II. 560.
D'ARTHENAY. IV. 292.
ARTOPÆUS, *Johannes Daniel.* R. II. 445.
D'ARVIEUX, *Laurens.* Massiliensis. n. 1635. ob. 1702.
Voyage dans la Palestine, vers le Grand Emir. I. 126.
ARZWIESER, *Joh. Christophorus.* R. II. 507.
ASCANIUS, *Petrus.* Metallicorum Norvegiæ Septentriona-
lis Præfectus. II. 29, 247, 309. IV. 66.
Figures enluminées d'histoire naturelle du Nord. II. 28.
ASCHAN, *Johannes Laur.* R. III. 335.
ASCHENBORN, *Georgius Carolus.* R. III. 472.
ASCHOLIN, *Carolus.* R. III. 251.
ASHLEY, *Robert.* Tr. I. 142.
ASP, *Matthias.* Eloqu. dein Theol. Prof. Upsal. n. 1696.
ob. 1763.
Præside Asp Dissertatio:
Animalia ex hyberno sopore evigilantia. II. 449.
ASPEGREN, *Gabriel G.* R. IV. 387.
Johannes Henricus. R. III. 554.
ASPELIN, *Elias.* R. III. 556.
Petrus J. R. I. 234.
DE ASSO, *Ignatius.*
Synopsis stirpium indigenarum Aragoniæ. III. 146.
Mantissa stirpium indigenarum Aragoniæ. III. 146.
Introductio in oryctographiam et zoologiam Aragoniæ.
I. 240. conf. II. 27 et III. 146.
ASTER, *Samuel.* R. II. 36.
ASTI, *Felice.* III. 473.
ASTRUC, *Jean.* Medic. Prof. Monspel. n. 1684. ob. 1766.
III. 381. IV. 301.
Memoires pour l'histoire naturelle de Languedoc. I. 100.
ATHAR ALI KHAN. II 146.
ATHENÆUS. vixit Seculo II.
Deipnosophistæ. I. 75
ATROCIANUS, *Joannes.* N. III. 191, 452.
ATZE, *Christian Gottlieb.* Prediger zu Giersdorf in Schlesien.
Naturlehre für frauenzimmer. I. 81.

AUBLET, *Fusée.*
Histoire des plantes de la Guiane Françoise. III. 189.
AUDIRAC, *Jacobus Josephus.*
Quæstio utrum ex recentioris chemiæ detectis, verosimilior assignari queat animalis caloris origo? II. 375.
AUFMKOLK, *Fridericus Wilhelmus.*
Diss. inaug. de cortice Caribæo cortici peruviano substituendo. III. 476.
AUGUSTIN, *Samuel.*
Prolegomena in systema sexuale botanicorum. III. 22.
AULIN, *Henric.* R. I. 184.
AURELI, *Lodovico.* Tr. III. 614.
AURELIUS, *Ericus.* R. II. 449.
AURIVILLIUS, *Carolus.* Lingu. Orient. Prof. Upsal. ob. 1786.
Diss. de nominibus animalium, quæ leguntur Es. xiii: 21. II. 38.
AURIVILLIUS, *Johannes.* R. II. 172.
        Olaus Christoph. R. IV. 14.
AUSTEN, *R.*
A treatise of Fruit-trees. III. 620.
AUZOUT, *Adrien.* Acad. Sc. Paris. Soc. ob. 1691. II. 442.
AVANTIUS, *Carolus.* N. I. 296.
AVELIN, *Gabriel Emanuel.* R. II. 219.
AVELLAN, *Gabriel.* R. II. 519. III. 586.
AVELLAR BROTERO, *Felix.* Bot. Prof. Conimbr.
Principios de agricultura philosophica. V. 84.
AVICENNA. vixit Seculo XI.
Liber canonis. I. 277.
Mineralia. IV. 239.
AXT, *Samuel.* R. II. 39.
AXTIUS, *Johannes Conradus.* Medicus Arnstad.
Tractatus de arboribus coniferis. III. 219. conf. IV. 360.
AYRERUS, *Immanuel Guilielmus.* R. II. 357.
D'AZARA, *Don Giuseppe Niccola.* Ed. I. 240.
DE AZCONOVIETA, *Don Manuel.* III. 534.

BAADE, *Peter Daniel.* III. 123.
VAN BAALEN, *Petrus.*
Diss. inaug. de cortice Peruviano. III. 475.
BABINGTON, *William.* Medicus Londin.
A systematic arrangement of minerals. IV. 13.

BACCHANELLI, *Joannes.*
De consensu medicorum in cognoscendis simplicibus. I.
279.
BACCI, *Andrea.* Medicus Sixti V. P. M.
Discorso dell' Alicorno. II. 42.
De Venenis et antidotis. I. 293.
Le 12 pietre preciose le quali adornavano i vestimenti del
sommo sacerdote. IV. 75. conf. II. 42, 93.
Naturalis Vinorum historia. III. 567.
BACHE, *N.* Hortulanus horti Regii botanici Hafniensis.
Et par ord i anledning af Hr. Riegels usandfærdige be-
retning om den Kongl. botaniske hauge og dens gart-
ner. III. 123.
Kammerraad Lunds angreb paa den botaniske haves for-
fatning besvaret. III. 123.
BACHELEY. IV. 244.
BACHOVIUS, *Gottlob Carolus.*
Diss. inaug. de Helleboro nigro. III. 507.
BACMEISTER, *Johann Vollrath.* ob. 1788.
Essai sur la bibliotheque et le cabinet de l'Academie des
Sciences de St. Petersbourg. I. 234.
BACON *Lord Verulam Viscount St. Alban, Francis.* n. 1560.
ob. 1626.
Sylva sylvarum. I. 78. conf. 269, et IV. 3.
BACON, *Vincent.* Chirurgus, R. S. S. ob. 1739. III. 550.
DE BACOUNIN, *Alexandre.* II. 301.
BADCOCK, *Richard.* III. 388.
BADDAM.
Abridgment of the Philosophical Transactions. I. 5.
BADENACH, *James.* II. 145.
DE BADIER. II. 130, 303, 430. III. 473, 635.
Bäck, *Abraham.* Archiater Regis Sveciæ, Acad. Sc. Stock-
holm. Soc. n. 1713. ob. 1795. II. 55, 190, 496, 515,
548. III. 303, 539. IV. 34, 177. Tr. II. 219.
Åminnelsetal öfver Fredric Hasselquist. I. 173.
Olof Celsius. I. 171.
Carl von Linné. I. 174.
Bäck, *Albertus.* R. II. 493.
Bäckman, *Andreas Petr.* R. II. 111.
Bæckner, *Michael A.* R. II. 540.
Bærius, *Nicolaus.* Collega Scholæ Brem. n. 1639. ob.
1714.
Ornithophonia. II. 122.
Bæumlin, *Johannes Christophorus.* III. 230.
BAGGE, *Christian.* Svensk Consul i Tripoli. IV. 165.

BAGLIVUS, *Georgius.* Med. Prof. Rom. n. Ragusæ 1668. ob. 1708.

Opera omnia. V. 3. conf. II. 285, 369. IV. 240.

De anatome, morsu et effectibus Tarantulæ. II. 285.

BAJER, *Christophorus Guilielmus.*

Diss. inaug. de generatione insectorum in corpore humano. II. 356.

BAJER, *Ferdinandus Jacobus.* Filius Johannis Jacobi sequentis, Medicus Norimberg. Acad. Nat. Curios. Præses, n. 1707. ob. 1788. Ed. I. 71. IV. 51.

Epistola itineraria ad C. J. Trew. I. 105.

BAJER, *Johannes Guilielmus.* Phys. dein Theol. Prof. Altorf. n. 1675. ob. 1729.

Præside J. G. Bajero Dissertationes :

Behemoth et Leviathan. II. 38.

Fossilia diluvii universalis monumenta. IV. 280.

BAJER, *Johannes Jacobus.* Med Prof. Altorf. Acad. Nat. Curios. Præses, n. 1677. ob. 1735. II. 109. III. 266. R. II. 504.

Ορυκτογραφια Norica. IV. 51.

Horti medici Academiæ Altorfinæ historia. III. 116. conf. 114.

Sciagraphia musei sui. I. 229.

Monumenta rerum petrificatarum oryctographiæ Noricæ supplementi loco jungenda. IV. 51.

Epistolæ ad viros eruditos. I. 71.

Præside J. J. Bajero Dissertationes :

De Visco. III. 526.

Artemisia. III. 518.

BAILEY, *Edward.* II. 455.

BAILLARD, *Edme.*

Discours du Tabac. III. 477.

BAILLET. Inspecteur des Mines de la Republique Françoise. IV. 221, 372, 381, 383, V. 126.

DE BAILLOU, *Chevalier Jean.*

Memoire à l'occasion du livre qui donne la description abregée de son cabinet. IV. 26.

BAJON.

Memoires pour servir à l'histoire de Cayenne, et de la Guiane Françoise. I. 256. conf. II. 33, 439, 443.

BAKER, *David Erskine.* II. 478. IV. 340.

BAKER, *Sir George.* Baronetus, Medicus Regis Magnæ Britanniæ, R. S. S. III. 511.

BAKER, *Henry.* R. S. S. ob. 1774. II. 233, 298, 309, 432, 455, 456, 495. III. 359, 391, 398. IV. 309, 326, 339, 342.
Natural history of the Polype. II. 495.
The Microscope made easy. I. 214.
Employment for the Microscope. I. 214.
BALBINUS, *Bobuslaus.* S. J. ob. 1689. æt. 78.
Miscellanea historica Bohemiæ. I. 106.
BALBUS, *Paullus Baptista.* II. 404.
BALDÆUS, *Philip.* Clericus Belga.
Description of the coasts of Malabar and Coromandel. I. 140.
BALDASSARRI, *Giuseppe.* I. 242. IV. 123, 152, 157, 320.
Osservazioni sopra il sale della creta. IV. 149. conf. 43.
BALDINGER, *Ernst Gottfried.* Med. Prof. Jen. dein Götting. nunc Marburg. n. 1738. I. 275.
Catalogus dissertationum quæ medicamentorum historiam, fata et vires exponunt. I. 272.
Ueber das studium der botanik. III. 12.
Secale cornutum perperam ab infamia liberari. III. 429.
Index plantarum horti Jenensis. III. 120 et 161.
Oratio in laudes meritorum Alb. de Haller. V. 9.
Alexiteria et alexipharmaca contra diabolum. III. 204.
Historia Mercurii medica. IV. 358.
Ueber litterar-geschichte der botanik. III. 8.
Litteratura universæ materiæ medicæ. I. 272.
        Præside Baldinger Dissertationes :
De Filicum seminibus. III. 440.
Vires Chamomillæ. III. 519. V. 94.
BALDUINUS, *Gottfried.* R. II. 409.
        Paschasius. IV. 75.
        Paulus Fridericus. R. II. 218.
BALDUS, *Baldus.* Medicus Romæ.
Opobalsami orientalis propugnationes. III. 489.
BALK, *Laurentius.* R. II. 23.
BALLANTUS, *Joseph.* II. 386.
BALOG, *Josephus.*
Spec. inaug. sistens præcipuas plantas in Transsilvania sponte provenientes. III. 554.
BANAL.
Catalogue des plantes usuelles. III. 459.
BANAL *fils aîné.*
Catalogue des plantes usuelles. III. 460.
BANCROFT, *Edward.* M. D. R. S. S
An essay on the natural history of Guiana. I. 159.

Experimental Researches concerning the philosophy of
permanent colours. I. 301.
BANG, *Christianus Fridericus.*
Diss. de plantis quibusdam sacræ botanicæ. III. 195.
BANISTER, *John.* Missionarius Ecclesiæ Anglicanæ in Vir-
ginia. I. 254. II. 229. III. 185.
BANKS, *Sir Joseph.* Regi Magnæ Britanniæ a Consiliis in-
timis, Baronetus, Balnei Eques, Reg. Soc. Præses, n.
1743. IV. 114. Ed. III. 180, 183.
BARBA, *Alvaro Alonso.*
Arte de los metales. IV. 368. V. 125.
BARBA, *Antonio.* III. 441.
BARBAROUX. IV. 289.
BARBARUS, *Hermolaus.* n. 1454. ob. 1493.
In Plinii naturalem historiam castigationes. I. 74.
In Dioscoridem corollaria. I. 276. conf. 273.
BARBOSA, *Odoardo.* I. 134.
BARBOT, *John.*
A description of Guinea. I. 128.
BARBOTEAU. II. 273.
BARBUT, *James.*
The genera Insectorum exemplified. II. 205.
Vermium exemplified. II. 297.
BARCHÆUS, *Andreas Gustaf.* R. I. 264.
BARCHUSEN, *Joannes Conradus.* Chem. Prof. Traject. ob.
1723.
Pyrosophia. I. 282 et IV. 369.
BARCK, *Haraldus.* R. III. 419.
BARCKHAUSEN, *Gottlieb.*
Fasciculus plantarum ex flora comitat. Lippiaci. III. 158.
BARHAM, *Henry.* R. S. S. II. 530.
An essay upon the Silkworm. II. 530.
BARHAM, *Dr. Henry.*
Hortus Americanus. III. 188.
BARKER, *Edmund.* Tr. II. 17.
Robert. IV. 327.
BARLOW, *Francis.*
Various birds and beasts. II. 16.
BARLOW, *William.* II. 195.
BARNADES, *Don Miguel.* Bot. Prof. Madrit. ob. 1772.
Principios de botanica. III. 21.
BARNES, *Thomas.*
A new method of propagating fruit-trees. III. 616.
BARNSTORFF, *Bernhardus.*
Programma de resuscitatione plantarum. III. 439.

BARO, *Roulox.* I. 159.
BARON. II. 244. III. 644.
        Samuel. I. 142.
        Theodore. Medicus Paris. Acad. Sc. Paris. Soc.
    n. 1715. ob. 1768. IV. 155, 162, 165.
BARONIO, *Giuseppe.* I. 295. II. 428.
BARRAL.
    Memoire sur l'histoire naturelle de l'isle de Corse. IV. 39.
BARRELIER, *Jacobus.* Dominicanus, n. Parisiis 1606. ob.
    1673.
    Plantæ per Galliam, Hispaniam et Italiam observatæ. III.
    128. conf. II. 168.
BARRELL, *Edmund.* III. 329.
BARRERE, *Pierre.* Prof. à Perpignan. ob. 1755.
    Question si la theorie de la botanique est necessaire à un
    Medecin ? III. 3.
    Essai sur l'histoire naturelle de la France Equinoxiale. I.
    256.
    Ornithologiæ specimen. II. 115.
    Sur l'origine des pierres figurées. IV. 301.
BARRI, *Christopher.* vide BORRI.
BARRINGTON, *Hon. Daines.* Jurisconsultus Anglus. R.S.S.
    II. 82, 90, 122, 144, 178, 191. III. 135. IV. 309.
    Miscellanies. I. 67. conf. II. 64, 95, 128, 141, 450, 452.
BARRY, *Sir Edward.* Baronetus, Medicus Hibernus. R.S.S.
    Observations on the wines of the ancients. III. 568.
BARTALINI, *Biagio.* IV. 43.
    Catalogo delle piante che nascono intorno alla città di
    Siena. III. 149. conf. V. 125.
BARTALONI, *Domenico.* IV. 293.
BARTH, *Johannes Matthæus.*
    De Culice dissertatio. II. 278.
    Schreiben von einem hieher gebrachten Rhinocerote. II. 66.
BARTHEMA, *Lodovico.* vide VARTHEMA.
BARTHIUS, *Casparus.* N. I. 295. II. 553.
BARTHOLDI. V. 50, 94.
BARTHOLINUS, *Casparus Bartholdi.* Med. Prof. Hafn. n.
    1585. ob. 1629.
    Opuscula quatuor singularia. I. 305. conf. II. 42, 59. IV.
    123.
BARTHOLINUS, *Casparus.* Thomæ filius. M. D. Philos.
    Prof. Hafn. n. 1655. ob. 1738. II. 460, 469, 477. Ed.
    II. 43.
    De respiratione animalium. II. 383.
        Glossopetris. IV. 331.

Bartholinus—Bassi. 149

BARTHOLINUS, *Erasmus.* Caspari senioris filius. Mathes.
Prof. Hafn. n. 1625. ob. 1698.
Experimenta crystalli Islandici disdiaclastici. IV, 256.
BARTHOLINUS, *Thomas.* Caspari senioris filius. Anat.
Prof. Hafn. n. 1616. ob. 1680. I. 177. II. 42, 406, 416.
Ed. I. 68.
De Unicornu observationes. II. 42.
De luce animalium. II. 440.
Cygni anatome. II. 131.
Historiæ anatomicæ rariores. I. 68. conf. II. 106.
Cista medica Hafniensis, et Domus anatomica. I. 43. conf.
II. 23.
Acta medica et philosophica Hafniensia. I. 43. conf. II.
72, 106, 417, 419, 462, 464, 469. III. 73, 177, 402,
405, 438, 464, 518, 532, 549, 561. IV. 170.
Epistolæ medicinales. I. 70.
BARTHOLOMÆUS *Anglicus (de Glanville.)*
De rerum proprietatibus. I. 75.
BARTOLOZZI, *Francesco.* III. 227, 368, 413, 425, 638. IV.
109, 246.
BARTON, *Benjamin Smith.* Hist. nat. Prof. Philadelphiæ.
II. 514, 528. III. 290.
A memoir concerning the fascinating faculty which has
been ascribed to the Rattle-snake. V. 28.
Collections for an essay towards a materia medica of the
United-States. V. 91.
Fragments of the natural history of Pennsylvania. V. 11.
BARTON, *Richard.*
Lectures in natural philosophy. IV. 32.
Remarks towards a description of Lough Lene. V. 11.
BARTRAM, *John.* I. 156. II. 220, 265, 327, 480.
Observations made in his travels from Pensilvania to
Onondago, Oswego and the lake Ontario. I. 151.
BARTRAM, *Moses.* II. 259.
William. Johannis præcedentis filius.
Travels through North and South Carolina, Georgia, East
and West Florida. I. 152.
BARTSCH, *C. D.* I. 259.
BASEGGIO *di Giovanni, Antonio.*
Analisi del Carbon fossile di Arzignano. IV. 180.
BASK, *Elias J.* R. II. 538.
BASSÆUS, *Nicolaus.* Ed. III. 65.
BASSI, *Ferdinandus.* Instit. Bonon. Soc. ob. 1774. I. 241.
III. 85. IV. 347, 348.
Ambrosina, novum plantæ genus. III. 316, 653.

150 *Bassi, Ferdinandus.*

Delle terme Porrettane. I. 241.
BASSO, *Giovanni.* II. 428.
BASTARD, *William.* III. 630.
BASTER, *Job.* Medicus Belga, n. 1711. ob. 1775. II. 194,
    327, 374, 413, 485, 493. III. 401, 557.
Opuscula subcesiva. I. 201.
Verhandeling over de voortteeling der dieren en planten.
    III. 21. conf. II. 399.
BASTIANI, *Annibale.* II. 359.
BATMAN, *Stepben.* Ed. I. 76.
The doome warning all men to the judgemente. I. 266.
BATSCH, *August Jobann Georg Carl.* Philos. Prof. Jen.
    n. 176 . I. 216. III. 13.
Elenchus Fungorum. III. 224.
Naturgeschichte der Bandwurmgattung. II. 366.
Dispositio generum plantarum Jenensium. III. 33.
Anleitung zur kenntniss und geschichte der pflanzen. III.
    24.
Anleitung zur kenntniss der thiere und mineralien. I. 187.
Analyses florum. III. '387.
Botanische bemerkungen. V. 64.
BATTARRA, *Jobannes Antonius.* ob. 1789. II. 411.
Fungorum agri Ariminensis historia. III. 226.
Epistola selectas de re naturali observationes complectens.
    I. 203.
BAUDER, *Jobann Friedrich.* Weinhändler zu Altdorf, n.
    1713. ob. 1791. IV. 313.
Beschreibung des Altdorfischen Ammoniten-und Belem-
    niten-marmors. IV. 313.
Description du Marbre d'Altdorf. IV. 313.
Nachricht von denen zu Altdorf von ihm entdeckten ver-
    steinten cörpern. IV. 313.
BAUDISIUS, *Andreas.* R. IV. 79.
BAUER, *Francis.* Austriacus, Pictor Londini.
Delineations of exotick plants, cultivated in the Royal
    garden at Kew. III. 95, 646.
BAUER, *Joannes Adamus.* R. III. 288.
    Job. Christ.
Formatio avium e terra. II. 36.
BAUER, *Jobannes Fridericus.* Medicus Lips. ob. 1745.
    III. 439.
BAUHINUS, *Caspar.* Johannis sequentis frater. Botan. et
    Anat. Prof. Basil. n. 1560. ob. 1624. Ed. I. 62, 70.
    III. 59.
Φυτοπιναξ. III. 36.

Animadversiones in historiam generalem plantarum Lugduni editam. III. 58.
De lapide Bezoar. II. 454.
Catalogus plantarum circa Basileam sponte nascentium. III. 151.
Πϱοδϱομος theatri botanici. III. 72.
Πιναξ theatri botanici. III. 36.
Theatri botanici liber primus. III. 61.
BAUHINUS, *Hieronymus.* Ed. III. 59.
 Johannes, Medicus Ducis Wirtemberg. n. 1541. ob. 1613.
De plantis a sanctis nomen habentibus. III. 71.
aquis medicatis. I. 244.
Historiæ plantarum generalis prodromus. III. 59.
Historia plantarum universalis. III. 59.
BAUHINUS, *Joh. Casparus.* Ed. III. 61.
         R. III. 74.
BAUMANN, *Josua.*
Miscellanea medico-botanica. III. 93. conf. 4, 48, 395.
BAUME'. Instit. Paris. Soc. IV. 204, 215.
BAUMER, *Joannes.* R. IV. 357.
 Joannes Paulus. Med. Prof. Erfurt. ob. 1771. æt. 46.
Diss. de Apum cultura. II. 526.
BAUMER, *Johannes Wilhelmus.* Med. Prof. Giess. n. 1719. ob. 1788. IV. 95, 116, 130, 284, 285.
Diss. de mineralogia territorii Erfurtensis. IV. 58.
Naturgeschichte des mineralreichs. IV. 10.
Historia naturalis terrarum et lapidum in usum medicum vocatorum. IV. 352.
Historia naturalis regni mineralogici. IV. 10.
BAUMGARTEN, *Johann Christian Gottlob.* M. D. n. 1765. Flora Lipsiensis. III. 161.
A BAUMGARTEN *in Braitenbach, Martinus.* Nobilis Germanus, n. 1473. ob. 1535.
Peregrinatio in Ægyptum, Arabiam, Palæstinam et Syriam. I. 121. conf. V. 6.
BAUSCH, *Johannes Laurentius.* Medicus et Consul Svinfurtensis, Acad. Nat. Curios. Præses, n. 1605. ob. 1665.
De lapide Hæmatite et Aëtite. IV. 207.
 Coeruleo et Chrysocolla. IV. 14.
BAUSSARD. II. 109.
BAUTZMANN, *Johannes Christophorus.* III. 406.
BAVARUS, *Philippus.* R. II. 403.

152 *Bayen—Becker.*

BAYEN, *Pierre.* Instit. Paris. Soc. Pharmacopoeus. n. 1725.
ob. 1798. IV. 17, 121, 131, 211.
Opuscules chimiques. V. 4. conf. IV. 382, 387, 389.
BAYLE, *Franciscus.* Med. Prof. Tolos. ob. 1700.
Dissertationes physicæ. I. 79.
BAZANUS, *Matthæus.* II. 379.
BAZIN, *Gilles Augustin.* Medicus Argentorati. ob. 1754.
Observations sur les plantes et leur analogie avec les in-
sectes. III. 365. conf. II. 373, 380.
Histoire naturelle des Abeilles. II. 525.
Abregé de l'histoire des Insectes. II. 209. conf. 496.
BEAL, *John.* R. S. S. III. 376, 570, 571.
BEAUGENDRE, *Antonius.* Ed. IV. 74.
BEAUMONT, *Albanis.*
Travels through the Rhætian Alps. I. 93.
BEAUMONT, *John.* IV. 309.
DE BEAUPLAN.
Description d'Ukranie. I. 120.
DE BEAU-SOLEIL, *Martine de Bertereau Barone.* IV. 371.
DE BEAUVOIS, *Baron.* III. 442, 444.
BECCARI, *Jacobus Bartholomæus.* Instituti Bonon. Præses,
et Anat. et Chem. Prof. in Univers. ob. 1766.
De quamplurimis phosphoris nunc primum detectis. V.
11.
BECCARIA, *John.* IV. 256.
BECHER, *Johannes Joachimus.* Spirensis, M. D. ob. Lon-
dini 1681.
Parnassus medicinalis. I. 281.
Physica subterranea. IV. 240.
BECHER, *Johann Philipp.* Nassauischer Bergrath zu Dil-
lenburg. IV. 53, 375.
Mineralogische beschreibung der Oranien-Nassauischen
lande. IV. 53.
BECHMANN, *Guilielmus.* R. II. 396.
BECHSTEIN, *Johann Matthæus.* n. 1757. II. 128, 148, 284.
Gemeinnüzige naturgeschichte Deutschlands. II. 27. conf.
114.
Musterung aller von dem jäger als schädlich geachteten
und getödeten thiere. II. 518.
BECK, *Michael.*
Uva magna Cananæa. III. 196.
BECKER, *Christoph. Ludov.* N. III. 62.
Dietrich David. R. IV. 356.
Eberhardus Philippus. R. III. 536.
Georgius. R. II. 129.

BECKER, *Gottlieb.* R. II. 503.
    Hermann Friederich. Forstinspektor zu Rövershagen, n. 1766.
    Beschreibung der baume und straucher, welche in Meklenburg wild wachsen. III. 208.
BECKER, *Johannes Conradus.* Tr. I. 282.
    Johannes Hermannus. R. II. 389.
    Petrus.
    Diss. de duplici visionis et organo et modo. II. 389.
BECKERUS, *Simon Andreas.* R. III. 538.
BECKFORD, *William.*
    A descriptive account of the island of Jamaica. I. 163.
BECKIUS, *Johannes Fridericus.* R. III. 518.
BECKLIN, *Petrus Ericus.* R. II. 228.
BECKMANN, *Johann.* Œconom. Prof. Götting. n. 1739.
    II. 112, 134, 203, 291, 549. III. 564, 583, 592. IV.
    303. Tr. II. 371. Ed. I. 188, 264, 265. II. 314.
    De historia naturali veterum. I. 168.
    Anfangsgründe der naturhistorie. I. 186.
    Physikalisch-ökonomische bibliothek. I. 182, 308.
    Beyträge zur geschichte der Erfindungen. I. 67, 305.
    conf. I. 219. II. 142, 148, 194, 534, 561. III. 15, 235,
    259, 261, 270, 385, 561, 563, 583, 587, 601, 615. IV.
    154, 176, 186, 218, 220, 224, 227, 257, 367, 378. V.
    26, 27, 31, 56, 59, 75, 76, 86, 96, 98, 99, 100.
    Vorbereitung zur Waarenkunde. V. 12. conf. II. 502,
    518—520. III. 467, 514, 525, 526, 530, 562, 583, 585,
    593, 599, 600, 602, 654—656. IV. 366. V. 42, 54.
BECKWITH, *John.* II. 259.
BECMANN, *Johannes Christophorus.* Prof. Francof. ad
    Viadr. n. 1641. ob. 1717. IV. 133.
    Memoranda Francofurtana. III. 163.
BEDDEUS, *Samuel Sigefriedus.*
    Diss. de verme Tænia dicto. II. 365.
BEDDOES, *Thomas.* Medicus Bristol. IV. 145, 245.
BEECKMAN, *Daniel.*
    A voyage to the island of Borneo. I. 146.
BEEN, *Johanne,* Præside, Dissertationes:
    De ultimo incendio montis Heclæ. IV. 297.
    Piscis qui Jonam devoravit. II. 39.
    Spinæ et tribuli ante lapsum producti. III. 197.
BEER, *Leonhardus.*
    Disp. de Metallis. IV. 186.

BEGERT.
Nachrichten von Californien. I. 151.
BEGERUS, *Jo. Daniel.* R. II. 509.
DE BEGUELIN, *Nicolas.* Helvetus, Director Classis Phi-
losoph. Acad. Berolin. n. 1714. ob. 1789. II. 404.
BEHR, *Christianus.* R. II. 79.
BEHRENS, *Carl Friederich.*
Reise um die welt. V. 4.
BEHRENS, *Georg Henning.* Medicus Nordhus. n. 1662. ob.
1712.
Hercynia curiosa. I. 105.
BEHRENS, *Rudolphus Augustus.* Medicus Brunsvic. ob,
1748. II. 501.
De affectionibus a comestis mytulis. V. 54.
BEJER, *Gothofredus.* R. III. 264.
BEIREIS, *Godofredus Christophorus.* Med. Prof. Helmstad.
n. 1730. II. 158.
De utilitate historiæ naturalis. I. 167.
Diss. de febribus et variolis verminosis. II. 358.
BELCHIER, *John.* Chirurgus Londin. R. S. S. n. 1706.
ob. 1785. II. 378.
DE BELFORTE, *Don Antoine de Gennaro Duc.* IV. 294.
BELGROVE, *William.*
A treatise upon husbandry and planting. III. 624.
BELIN DE BALLU, *Jac. Nic.* Ed. II. 554.
BELIUS, *Matthias.* Clericus Lutheranus Hungarus, n. 1684.
ob. 1749. IV. 202.
BELKMEER, *Cornelius.*
Natuurkundige verhandeling betreffende den Zeeworm,
II. 326.
BELKNAP, *Jeremy.* IV. 73.
BELL, *George.* III. 366.
John.
Travels to diverse parts of Asia. I. 136.
BELL, *William.* II. 66, 187.
BELLARDI, *Lodovico.* II. 532. III. 147.
BELLERS, *Fettiplace.* R. S. S. IV. 31.
BELLERY.
Dissertation sur la Tourbe de Picardie. IV. 177.
DE BELLEVAL, *Pierre Richer.* Botan. Prof. Monspel. n.
circa a 1558. ob. 1632 V. 62.
Opuscules. III. 90. conf. 109 et 142.
BELLIN.
Description geographique de la Guyane. I. 159.
BELLUS, *Honorius.* III. 71.

BELLY. IV. 44.
BELON, *Pierre.* Medicus Gallus. ob. 1563.
L'histoire naturelle des estranges poissons marins. II. 167.
De aquatilibus. II. 167.
De admirabili operum antiquorum præstantia. I. 290.
De arboribus coniferis. III. 218
Les observations de plusieurs singularitez, trouvées en
  Grece, Asie, Judée, Egypte, Arabie. I. 121.
L'histoire de la nature des oyseaux. II. 113.
Portraits d'oyseaux, animaux, serpens, herbes, arbres,
  hommes et femmes d'Arabie et Egypte. I. 196.
Les remonstrances sur le default du labour et culture des
  plantes. III. 615.
BELOW, *Jacobus Fridericus.* Med. Prof. Lund. n. 1669.
  ob. 1716.
  Præside Belovio Dissertationes:
De vegetabilibus in genere. III. 364.
  generatione animalium æquivoca. II. 428.
BENDER, *Christophorus Bernhardus.*
Glecoma hederacea. Diss. inaug. III. 509.
BENEDICTIUS, *Jacob.* R. IV. 364.
BENEDICTUS, *Alexander.* Ed. I. 72.
BENEMANN, *Johann Christian.*
Gedanken über das reich derer blumen. III. 649.
Die Tulpe. III. 261.
Die Rose. III. 289.
Adelung, in supplemento Jöcheri, Johanni *Gottfried* Be-
  nemann hos libros adscribit, sed in libello ultimo (licet
  non in titulo libri) Johann *Christian* audit.
BENGEL, *Victor.* R. III. 496.
BENING, *Bernardus Fridericus.*
Diss. de Hirudinibus. II. 302.
BENNET, *Stephen.*
Berättelse om Lins planterande. III. 630.
BENTLEY, *Richard.* N. I. 265.
BENVENUTI, *Josephus.* III. 428.
BENZELIUS, Nob. BENZELSTIERNA, *Lars.* Collegii me-
  tallici Sveciæ Consiliarius, Eques Ord. Stellæ Polar.
  Acad. Sc. Stockholm. Soc. n. 1680. ob. 1755. IV. 66.
  R. IV. 376.
BENZONI, *Girolamo.* Mediolanensis.
La historia del mondo nuovo. I. 148.
BERAUD. III. 634.

BERCH, *Anders.* Œconom. Prof. Upsal. Eques Ord. Va-
siaci, Acad. Sc. Stockholm. Soc. n. 1711. ob. 1774.
Præside Berch Dissertationes:
Jämtelands djur· fänge. II. 557.
Westmanlands Björn och Warg-fänge. II. 557.
Nätra sokns Linsäde. III. 630.
VAN BERCHEM *pere.* III. 622.
                              J. P. Berthout. II. 48, 100. IV. 126.
BERDOT. *D. C. E.* II. 359.
BERELIUS, *Georgius.* Log. Prof. Upsal. ob. 1676. æt. 35.
Præside Berelio Diss. de Insectis. II. 204.
BERENGER, *L. P.* Tr. V. 72.
BERENS, *Franciscus Christophorus.*
Diss. de Monocerote. II. 43.
BERENS, *Joannes Fridericus.* R. III. 449.
          Reinholdus.
Diss. de Dracone arbore Clusii. III. 262.
BERETTA, *Giuseppe.* IV. 106.
BERG, *Petrus Ulr.* R. III. 35, 463.
BERGANTINI, *Giampietro.* Tr. V. 72.
VON BERGEN, *Carolus Augustus.* Med. Prof. Francof.
Viadr. n. 1704. ob. 1759. II. 41, 106, 314, 479. III.
81, 293, 642.
Utri systematum, an Tournefortiano, an Linnæano, po-
tiores partes deferendæ sint ? III. 46.
Hortus academiæ Viadrinæ. III. 122.
Oratio de Rhinocerote. II. 66.
De Alchimilla supina, ejusque Coccis. II. 536. III. 279.
Flora Francofurtana. III. 163. conf. 19.
De Aloide. III. 293.
          Præside von Bergen Dissertationes:
De dentibus Hippopotami. II. 501.
    animalibus hieme sopitis. II. 449.
    Petasitide. III. 518.
BERGER, *Alexander Mal.* R. III. 418.
          Johan. IV. 159.
          Joannes Gothofredus. Med. Prof. Witteberg. ob.
1736.
Dissertatio de Chinchina. III. 475.
BERGERON, *Pierre.* Tr. I. 133.
Relation des voyages en Tartarie. V. 4.
BERGGREN, *Jonas.* R. III. 194.
BERGHUIS, *Henricus.* R. III. 305.

BERGIUS, *Bengt.* Banco Commissarius, Acad Sc. Stockholm. Soc. n. 1723. ob. 1784. II. 424, 569. III. 298, 356, 357

Tal om Svenska äng-sķötseln. III. 593.

Läckerheter. I. 296.

BERGIUS, *Petrus.* R. III. 580.

Pehr Jonas. Benedicti frater. Hist. Nat. Prof. Stockholm. et Acad. Sc. ibid. Soc. ob. 1790. II. 305, 552. III. 212, 231, 240, 241, 253, 255, 271, 273, 276, 278, 282, 300, 303, 304, 308, 309, 318, 319, 325, 331, 339, 483, 504, 522, 563, 580. R. III. 441.

Om spannemåls-bristens ärsättjande medelst Quickrot. III. 561.

Descriptiones plantarum ex Capite bonæ spei. III. 177.

Materia medica e regno vegetabili. III. 460.

Tal om frukt-trägårdar. III. 211.

BERGMAN, *Bened. Joh.* R. I. 1.

Carl. R. I. 114.

Joseph. Phys. et Hist. nat. Prof. Mogunt.

Tabellarischer entwurf der naturgeschichte. I. 309.

Anfangsgründe der naturgeschichte. I. 309.

BERGMAN, *Torbern Olof.* Chem. Prof. Upsal. Eques Ord. Vasiaci, Acad. Sc. Stockholm. Soc. n. 1735. ob. 1784. IV. 226, 235, 272. V. 118.

Svar på frågan, huru kunna maskar, som göra skada på fruktträd, bäst förekommas och fördrifvas? II. 545, 546.

Bref angående anmärkningarna, som utkommit öfver förenämde svar. II. 546.

Physisk beskrifning öfver jordklotet. I. 80. V. 4.

Åminnelse tal öfver Carl de Geer. I. 171.

Opuscula physica et chemica. I. 66. conf. II. 205, 268, 269, 302, 303, 528, 550. IV. 5, 18, 67, 83, 86, 91, 105, 112, 118, 124, 154, 188, 190, 192, 205, 207, 211, 218, 220, 225, 232, 253, 257, 258, 260, 288, 363. V. 116.

Sciagraphia regni mineralis. IV. 12.

De systemate fossilium naturali. IV. 5.

Dissertationes academicæ:

Om hvita Järnmalmer. IV. 211.

De Niccolo. IV. 225.

Magnesia alba. IV. 118.

Arsenico. IV. 231.

mineris Zinci. IV. 220.

diversa phlogisti quantitate in metallis. IV. 188.

De analysi Ferri. IV. 205.
        Lithomargæ. IV. 112.
    terra Asbestina. IV. 124.
BERGROT, *Olavus.* R. III. 194.
BERGSTRÄSSER, *Heinrich Wilhelm.* Filius sequentis. Ju-
    risconsultus. n. 1765.
    Sphingum europæarum larvæ. II. 257.
BERGSTRÄSSER, *Johann Andreas Benignus.* Rector Gym-
    nasii Hanov. n. 1732. II. 262.
    Beschreibung der insecten in der Grafschaft Hanau-Mün-
    zenberg. II. 226.
    Entomologia. II. 205.
BERINGER, *Joannes Bartholomæus Adamus.*
    Lithographia Wirceburgensis. IV. 350.
VAN BERKEL, *Adrian.*
    Beschreibung seiner reisen nach Rio de Berbice und Suri-
    nam. I. 159.
BERKELEY, *George, Lord Bishop of Cloyne.* IV. 128.
BERKENHOUT, *John.*
    A botanical lexicon. III. 26.
    Natural history of Great Britain. I. 235.
BERKEŃMEIJER, *B. N.* II. 413.
VAN BERKHEY, *Johannes le Francq.* II. 414. III. 643.
    Expositio characteristica structuræ florum, qui dicuntur
    compositi. III. 218.
BERLIN, *Andreas Henrici.* R. III. 221.
BERLINGHIERI. II. 407.
BEŔLU, *Jo. Jacob.* of London, Merchant in Drugs.
    The treasury of Drugs unlocked. I. 281.
BERNARD. II. 441.
    Memoires pour servir à l'histoire naturelle de la Provence.
    III. 92. conf. 337, 623.
BERNARD, *Jean Philippe.* II. 33.
        Johannes Stephanus. N. IV. 352.
BERNDTSON, *Bernhard.* III. 596.
        Johannes G. R. I. 234.
BERNER, *Gottlieb Ephraim.* III. 367.
BERNHARDI, *Fabianus.* R. II. 385.
        Joh. Jac. V. 82.
BERNIARD. III. 438. IV. 126, 151, 183, 304.
BERNIER, *François.* Medicus Gallus, ob. 1688.
    Ses voyages. I. 139.
BERNINCK, *Arnoldus.* R. II. 162.
A BERNIZ, *Martinus Bernhardus.* II. 210, 291, 536. III.
    214, 550.

BERNOULLI, *Jean.* Director Classis Mathemat. Acad. Berolin. n. Basileæ 1744. II. 412.
Lettres ecrites pendant le cours d'un voyage par l'Allemagne, la Suisse, la France meridionale et l'Italie. I. 92.
BEROALDUS, *Philippus.* N. I. 297.
VON BEROLDINGEN, *Franz Freyherr.* Canonicus Hildeshem. et Osnabrug. n. 1740. ob. 1798.
Beobachtungen, zweifel und fragen die mineralogie betreffend. IV. 17.
Bemerkungen auf einer reise durch die Pfälzischen Quecksilber-bergwerke. IV. 35.
BERONIUS, *Bernhardus.* R. V. 100.
DE BERQUEN, *Robert* Marchand Orpheure à Paris.
Les merveilles des Indes. IV. 82.
BERSMANNUS, *Gregorius.* Tr. II. 9.
BERT, *Edmund.*
A treatise of Hawkes and hawking. II. 560.
BERTEZEN, *S.*
On the different kinds of food given to young Silkworms. V. 56.
BERTH, *Johannes Jacobus.* R. III. 470.
BERTHELOT, *Josephus.*
De venenatis Galliæ animalibus Diss. inaug. II. 514.
BERTHOLD, *Daniel Gotthilf.* R. IV. 304.
    Jo. Christophorus Fridericus. R. II. 507.
BERTHOLLET, *Claude Louis.* Instit. Paris. Soc. I. 59, 60. IV. 5, 204, 206.
Elements de l'art de la Teinture. I. 301.
BERTHOLON. IV. 115.
BERTHOUT, *J.* IV. 46, 384.
BERTIN, *Exupere Joseph.* Medicus Paris. Acad. Sc. Paris. Soc. n. 1712. ob. 1781. II. 381.
BERTRAND, *Elie.*
Essai sur les usages des montagnes. IV. 282. V. 123.
Dictionnaire des fossiles. IV. 2. conf. 341.
Recueil de divers traités sur l'histoire naturelle de la terre et des fossiles. IV. 22. conf. I. 228. IV. 10, 46, 276, 279, 282.
BERTRAND, *P.* IV. 285, 289. V. 127.
BERWALD, *Johann Gottfried.*
Vom geschlecht der pflanzen. III. 394.
BERZELIUS, *Benedictus.* R. III. 11.

BESEKE, *Johann Melchior Gottlieb.* Juris Prof. Mietav.
n. 1746. I. 185. II. 121, 347.
Ein zuruf an die Naturforscher. I. 185.
Beytrag zur naturgeschichte der vögel Kurlands. II. 572.
conf. 577.
BESLERUS, *Basilius.* Pharmacopoeus Norimberg. n. 1561.
ob. 1629.
Hortus Eystettensis. III. 115.
Fasciculus rariorum varii generis. I. 228.
BESLERUS, *Michael Rupertus.* Filius Hieronymi, fratris
præcedentis. Medicus Norimberg. n. 1607. ob. 1661.
Gazophylacium rerum naturalium. I. 228.
BESNIER. Ed. I. 283.
BESSERUS, *Carolus Augustus.* R. III. 398.
BESSON. I. 82. IV. 114, 145, 243, 250.
BETIKEN, *Laurentius.* R. III. 486.
BETTI, *Zaccaria.*
Del baco da seta, canti. II. 531.
Memorie intorno la ruca de' meli. II. 545.
DE BEUNIE, *Johannes Baptista.* II. 517. IV. 361.
Antwoord op de vraege, welk zyn de profytelykste planten
van dit land? III. 554.
BEURARD. IV. 372, 389.
BEURER, *Johannes Ambrosius.* Pharmacopoeus Norim-
berg. n. 1716. ob. 1754. IV. 133, 171, 313.
BEUTH, *Franciscus.*
Juliæ et Montium subterranea. IV. 53.
(A. v. P. S. schreiben zur beantwortung des von E. P. B.
Freih. von Dethmaris in druck ausgefertigten schrei-
bens, wider das werklein Juliæ et Montium subterranea.
IV. 53.)
BEVERLEY, *R.*
The history of Virginia. I. 155.
BEVILACQUA, *Conte Guglielmo.* III. 430.
BEWERLINUS, *Johannes Jacobus.* R. II. 131.
BEYER, *Adolph.* Bergamtsassessor zu Schneeberg. IV.
262, 263, 386. V. 111.
BEYERSTEN, *Johan Georg.* III. 547.
BEYSCHLAG, *Joannes Fridericus.* R. IV. 326.
DE BEZE, *le Pere.* III. 181.
BIANCANI, *Jacopo.* vide BLANCANUS.
BIANCHI, *Giovanni.* vide *Janus* PLANCUS.

BIANCHI, *Johannes Baptista.* Anat. Prof. Taurin. n. 1681.
ob. 1761.
De naturali in humano corpore, vitiosa morbosaque gene-
ratione. II. 356.
BIANCHINI, *Giuseppe.* Ed. III. 623.
BIBERG, *Isacus J.* R. I. 261.
BIBIENA, *Franciscus.* II. 488, 531.
A BIBRA, *Joh. Bernhard.* R. II. 84.
BIDLOO, *Godefridus.* Anat. Prof. Lugdun. Bat. n. 1649.
ob. 1713.
Oratio in funere Pauli Hermanni dicta. I. 173.
De animalculis in ovino hepate detectis. II. 365.
De oculis et visu variorum animalium. II. 389.
BIDLOO, *Lambertus.* III. 17.
BIEL, *Johannes Christianus.* Pastor Brunsvic. n. 1687.
ob. 1745.
De lignis ex Libano ad templum Hierosolymitanum ædi-
ficandum petitis. III. 198.
BIELER, *Ambrosius Carolus.* III. 62.
BIELITZ, *Julius.* R. III. 531.
BJELKE, *Baron Sten Carl.* Vice President i Åbo Hofrätt,
Eques Ord. Stellæ Polar. Acad. Sc. Stockholm. Soc. n.
1709. ob. 1753. II. 520. III. 595, 598, 600.
BIENER, *Christianus Gottlob.* R. II. 527.
BIERING, *Johann Albert.*
Historische beschreibung des Mansfeldischen bergwerks.
IV. 375.
BJERKANDER, *Clas.* Præpos. et Pastor in Grefbäck Ve-
strogothiæ, Acad. Sc. Stockholm. Soc. n. 1735. ob.
1795. II. 215, 234, 247, 263, 264, 276, 452, 453, 529,
534, 541, 542, 545, 546, 549. III. 376, 400, 417—420,
422, 429.
A BJERKE'N, *Petrus.* R. I. 233.
BIGGIN, *George.* V. 99.
BIGOT DE MOROGUES. II. 307.
BILBERG, *Johannes.* Math. Prof. Upsal. dein Episcopus
Stregnes. ob. 1717.
     Præside Bilberg Dissertationes :
De natura Montium. IV. 281.
Sirenum μυθιϛοϱια. II. 42.
De Formicis. II. 272.
Locustæ. II. 240.
BILFINGER, *Christianus Ludovicus.* R. III. 446.

TOM. 5.   M

BILFINGER, *Georgius Bernhardus.* Theol. Prof. Tubing.
n. 1693. ob. 1750. III. 372, 402, 404.
Varia in fasciculos collecta. I. 63. conf. II. 463. IV. 323.
BILHARD, *Johannes Adolphus.* R. III. 244.
BILHUBER, *Josephus Fridericus.* R. IV. 354.
BINDHEIM, *Johann Jakob.* Pharmacopoeus Moscov. IV.
18, 71, 87, 97, 105, 108, 125, 190, 214, 216, 226. V.
110, 116, 117.
BING, *Andreas.* R. V. 17.
Janus. Medicus Hafn. n. 1681. ob. 1751.
Theses de Cinnabari et Mercurio. IV. 199.
BINNELL, *Robert.* II. 170.
BINNINGER, *Ludovicus Reinhardus.*
Oryctographia agri Buxovillani. IV. 35.
BJÖRKLUND, *Christianus.* R. II. 201.
Svante. R. II. 486.
BJÖRKSTRÖM, *Carl.* R. III. 624.
BJÖRNLUND, *Benedictus.*
Fundamentum differentiæ specificæ plantarum. III. 50.
BJÖRNO *Marci filius.* R. III. 344.
BIONDO, *Michel Angelo.* Tr. III. 52.
BIRCH, *Johannes.*
Diss. inaug. de Opio. III. 505.
BIRCH, *Thomas.* Reg. Soc. Lond. Secret. n. 1705. ob.
1766.
The history of the Royal Society of London. I. 6.
BIRCHEROD, *Jacobus.* Ed. IV. 322.
Thomas Broderus. Rector Scholæ Othinien-
sis in Fionia Daniæ. n. 1661. ob. 1731.
Historia naturalis quatuor costarum bubularum, quibus
quæ superinducta caro fuerat, in os est conversa. IV.
321.
Sciagraphia της κερατολογιας. I. 266.
BIRINGUCCIO, *Vannoccio.* Senensis.
De la Pirotechnia. IV. 367.
BIRKHOLTZ, *Johann Christoph.*
Beschreibung der Fische in den gewässern der Churmark.
II. 180. V. 30.
BIRON, *C.*
Curiosités aportées dans deux voyages des Indes. I. 87.
BIRR, *Daniel.* R. II. 509.
BISMARCK, *Job. Fridericus.* R. III. 469.
BISSATI. II. 533.
BIURBERG, *Johannes.* R. II. 84.
BJURLING, *Thomas Gust.* R. IV. 282.

BIUUR, *Jacobus.* R. III. 5.
BIWALD, *Leopold.* Phys. Prof. Græcens. n. 1731. II. 540.
BLACKBURNE, *Gulielmus.*
Diss. de Sale communi. IV. 150.
BLACKSTONE, *John.* Pharmacopoeus Londin. ob. 1753.
Fasciculus plantarum circa Harefield sponte nascentium.
III. 135.
Specimen botanicum, quo plantarum rariorum Angliæ loci
natales illustrantur. III. 135.
BLACKWELL, *Elizabeth.* III. 356.
A curious herbal. III. 457.
BLADH, *Andreas Johannes.* R. II. 204.
BLAGDEN, *Sir Charles.* Eques, M. D. R. S. S. IV. 271.
BLAIR, *Patrick.* Scotus, Medicus Bostonii. R. S. S. II.
387, 463. III. 390, 447. IV. 123.
Miscellaneous observations. III. 90. conf. 134, 447.
Botanick essays. III. 17.
Pharmaco-botanologia. III. 457.
BLANCANUS, *Jacobus.* IV. 43, 320.
BLANCKENHORN, *Joannes.* R. III. 465.
BLAND, *Edward.*
The discovery of New Brittaine. V. 7.
BLANE, *Gilbert.* Scotus, Medicus Londin. R. S. S. III.
202, 649.
BLANE, *William.* Præcedentis frater, R. S. S. olim Chirur-
gus in India Orientali. IV. 163.
BLANKAART, *Stephen.*
Schouburg der rupsen, wormen, maden en vliegende dier-
kens daar uit voortkomende. II. 211.
Den Nederlandschen herbarius. III. 62.
BLASIUS, *Gerardus.* Med. Prof. Amstelod. ob. 1682. Ed.
II. 417.
Miscellanea anatomica. II. 376.
Zootomia. II. 376.
Anatome animalium. II. 376.
BLASSIERE, *J. J.* Ed. II. 526.
BLEECK, *Joannes.* R. III. 509.
DE BLEGNY, *Nicolas.* Chirurgus Paris.
Du Thé, du Caffé, et du Chocolat. III. 572.
Zodiacus medico-gallicus. I. 43.
BLICHFELD, *Henrich Frantzen.* IV. 181.
Om bergverket i Sundhordlehn. IV. 376.
BLIGH, *William.* Captain in the Royal Navy.
A voyage to the South Sea. I. 147.

BLOCH, *Georgius Castanæus.* Episcopus Ripensis in Da-
nia. n. 1717. ob. 1773.
Φοινιχολογια sacra. III. 199.
BLOCH, *Marcus Elieser.* Medicus Berolinensis. ob. 1799.
æt. 76. I. 259. II. 156, 162, 176, 180, 187, 188, 192,
200, 341, 353, 366, 474, 573. III. 537. IV. 87, 90,
109, 238. V. 31.
Von der erzeugung der Eingeweidewürmer. II. 351.
Naturgeschichte der Fische Deutschlands. II. 174.
          ausländischen Fische. II. 174.
Von den vermeinten doppelten zeugungsgliedern der Ro-
chen und Haye. II. 481.
Von den vermeinten männlichen gliedern des Dornhayes.
II. 481.
BLOCHWITIUS, *Martinus.*
Anatomia Sambuci. III. 484.
BLOFMAERT, *A.*
Icones animalium. II. 16.
BLOM, *Carolus Magnus.* Medicus Svecus, Acad. Sc. Stockh.
Soc. II. 227, 362, 424, 549. III. 320, 545, 625. R. III.
498.
BLOMBERG, *Johan.* R. III. 595.
BLONDEAU. II. 277. IV. 192.
BLOS. II. 572.
BLOUNT, *Sir Thomas Pope.* Baronetus Anglus. n. 1649.
ob. 1697.
A natural history. I. 195.
BLUMENBACH, *Johann Friedrich.* Med. Prof. Götting.
n. 1752. II. 1, 54, 58, 163, 344, 400, 425. III. 347.
IV. 102, 270, 312, 344. V. 18, 48, 111, 124. N. I.
128.
De generis humani varietate nativa. II. 54. V. 18.
Handbuch der naturgeschichte. I. 186. V. 9.
Von den Federbusch-polypen in den Göttingischen wäs-
sern. II. 344.
De oculis Leucæthiopum et Iridis motu. II. 390.
     Nisu formativo et generationis negotio. II. 400.
Specimen physiologiæ comparatæ inter animantia calidi
et frigidi sanguinis. II. 374, 577.
Spec. phys. comp. inter animalia calidi sanguinis vivipara
et ovipara. II. 375.
Decades collectionis suæ craniorum diversarum gentium.
II. 54, 571.
Beyträge zur naturgeschichte. I. 204.
Ueber den bildungstrieb. II. 400.

Ordines Mammalium emendatiores. V. 17.
Abbildungen naturhistorischer gegenstände. I. 204.
Ueber die zauberkraft der Klapperschlange. V. 28.
BLUMENBERG, *Carolus Fr.* R. III. 35, 536.
     Gottfried Wilhelm. R. IV. 357.
BLUMHOF, *Johann Georg Ludwig.* Tr. V. 8.
BOATE, *Gerard.*
Ireland's natural history. I. 236.
BOBARTIUS, *Jacobus.* Ed. III. 36.
BOCCONE, *Paolo.* Siculus, Monachus Cisterciensis. n. 1633.
   ob. 1704. II. 297. III. 149. IV. 240.
Recherches et observations naturelles. I. 199.
       curieuses. I. 199.
Icones et descriptiones rariorum plantarum Siciliæ, Mcli-
   tæ, Galliæ, et Italiæ. III. 128.
Osservazioni naturali. I. 199.
Museo di piante rare. III. 128.
   fisica e di esperienze. I. 199.
Curiöse anmerkungen über natürliche dinge. I. 199.
BOCHART, *Samuel.* Clericus Calvin. Gallus. n. 1599. ob.
   1667.
Hierozoicon. II. 37. V. 16.
BOCK, *Friedrich Samuel.* Theolog. Prof. Regiomont. n.
   1716. ob. 1786. II. 121, 324. IV. 172.
Nachricht von einem Preussischen naturaliencabinet. I.
   234.
Naturgeschichte des Preussischen Bernsteins. IV. 172.
       der Heringe. II. 193.
       von dem königreich Preussen. I. 116.
BOCK, S. TRAGUS, *Hieronymus.* n. 1498. ob. 1554. III. 70.
Kreutterbuch. III. 53. conf. I. 280.
Imagines herbarum in herbario Tragi comprehensarum.
   III. 64.
BOCKENHOFFER, *Johann Joachim.*
Museum Brackenhofferianum. I. 229.
BOCKSPERGER, *Hans.* II. 15.
BODÆUS A STAPEL, *Joannes.* Comm. III. 51.
BODDAERT, *Pieter.* I. 294. II. 23, 61, 152, 163, 175, 206,
   374. III. 47, 199. IV. 83. Tr. II. 338.
De Chætodonte Argo. II. 187.
   Testudine cartilaginea. II. 154.
   Rana bicolore. II. 157.
   Chætodonte diacantho. II. 187.
Over den dierlyken oorsprong der Koraalgewassen. II.
   494.

Table des planches enluminées d'histoire naturelle de M
  D'Aubenton. II. 16. conf. 1.
Elenchus animalium. II. 49.
BODDINGTON, *John.* IV. 320.
BODIN, *Dionysius Sebastianus.* R. I. 297.
BODINUS, *Joannes.* Tr. II. 554.
BÖBER. III. 172.
BOECLER, *Johannes.* Chem. et Botan. Prof. Argentorat.
  n. 1681. ob. 1733. R. III. 484. Ed. I. 283.
Cynosura materiæ medicæ continuata. I. 283.
Præside Boeclero Diss. de Foeniculo. III. 483.
BÖHM, *Johannes.* II. 422.
BOEHMER, *Georgius Rudolphus.* Anat. et Botan. Prof.
  Witteberg. n. 1723. Ed. III. 31.
Flora Lipsiæ indigena. III. 161.
De plantarum semine. III. 398.
Bibliotheca scriptorum historiæ naturalis. I. 179.
De plantis segeti infestis, et de plantis auctoritate publica
  exstirpandis. III. 645 et 542.
Technische geschichte der pflanzen. III. 558.
  Programmata:
De plantis fasciatis. III. 405.
  experimentis Reaumurii ad digestionis modum decla-
  randum. II. 392.
Melocacto. III. 284.
  ornamentis in floribus, præter nectaria. III. 387.
  serendis vegetabilium seminibus. III. 613.
Dissertationis de Nectariis florum additamenta. III. 387.
De plantarum superficie. III. 367.
Commoda quæ arbores a cortice accipiunt. III. 370.
  Præside Boehmero Dissertationes:
Plantæ caule bulbifero. III. 402.
De vegetabilium celluloso contextu. III. 372.
  Nectariis florum. III. 387.
  virtute loci natalis in vegetabilia. III. 367.
Planta res varia. III. 409.
De plantis in cultorum memoriam nominatis. III. 50.
  Sambuco. III. 484.
Spermatologia vegetabilis. III. 398.
De plantis monadelphiis. V. 75.
BOEHMER, *Johannes Benjamin.* Med. Prof. Lips. n. 1719.
  ob. 1754. R. IV. 247.
Radicis Rubiæ tinctorum effectus in corpore animali. II.
  379.
VON BÖHMER, *K. F.* V. 108.

BOEHMER, *Philippus Adolphus.* R. III. 529.
BÖKMAN, *Otto Reinbold.* R. II. 542.
BOERHAAVE, *Hermannus.* Bot. Prof. Lugd. Bat. n. 1668.
  ob. 1738. II. 209. IV. 199.
Index plantarum in horto Academiæ Lugduno Batavæ.
  III. 103.
Index alter. III. 103.
Sermo, quem habuit, quum botanicam et chemicam pro-
  fessionem publice poneret. I. 170.
Epistolæ ad J. B. Bassand. I. 71.
Historia plantarum, ex ore Boerhaavi. III. 103.
BOERNER, *Fridericus.* Med. Prof. Witteberg. Extraord.
  n. 1723. ob. 1761.
De Æmilio Macro. III. 452.
BÖRNER, *Immanuel Karl Heinrich.* Societ. Patriot. Wra-
  tislav. Secret. n. 1745.
Sammlungen aus der naturgeschichte. I. 53. conf. 184,
  218.
BOERNERUS, *Nicolaus.* R. III. 468.
BOËTIUS DE BOOT, *Anselmus.* Medicus Brugensis.
Gemmarum et lapidum historia. IV. 80.
Florum, herbarum ac fructuum icones. III. 73.
BÖTTGER, *Christoph Henrich.*
Verzeichniss der bäume und stauden in den gärten des
  Fürstl. lustschlosses Weissenstein. III. 208.
BOGDANUS, *Martinus.* Tr. I. 295.
BOHADSCH, *Johannes Baptista.* Hist. Nat. Prof. Prag.
  ob. 1772. I. 243.
De veris Sepiarum ovis. II. 413.
De quibusdam animalibus marinis. II. 168. conf. 413.
BOHEMUS, *Martinus.*
Von Hunden. II. 72.
BOHNER, *Leonhardus.*
Diss. de varietate in formis animalium externis tanquam
  indice existentiæ divinæ. II. 34.
BOHNSACH, *Berendt Jochim.* III. 639.
BOKELMANN, *Johannes Fredericus.*
Diss. de Trifolio paludoso. III. 471.
DE BOLIVAR, *Gregorio.* II. 32.
BOLTEN, *Joachim Friedrich.* Medicus Hamburgensis, n.
  1718. ob. 1786. IV. 339.
Von einer neuen thierpflanze. II. 306.
BOLTON, *James.* III. 137.
Filices Britanniæ. III. 220.
History of Fungusses growing about Halifax. III. 225.

BOMME, *Leendert.* II. 298, 448, 494. III. 407.
BON, *François Xavier.* President de la Chambre des Comptes
de Montpellier, ob. 1761. III. 598.
Sur l'utilité de la soie des Araignées. II. 539.
BONAMY, *Franciscus.*
Floræ Nannetensis prodromus. III. 142.
BONANNI, vide BUONANNI.
BONDE, *Grefve Gustaf.* Senator Sveciæ, &c. n. 1682. ob.
1764. III. 383.
Tal om Asketrädets nytta. III. 602.
Om Guds undervärk uti naturen. I. 261.
BONDT, *Nicolaus.* Bot. Prof. Amstelod. n. 1765. ob. 1796.
Diss. de cortice Geoffræææ surinamensis. III. 513.
BONELLI, *Georgius.*
Hortus Romanus. III. 112.
BONENBERG, *Nicolaüs.* R. II. 127.
BONGE, *Daniel.* R. II. 191.
BONGIOVANNI, *Zenone.* III. 553.
BONJOUR. IV. 271.
BONNEMAIN. II. 404.
BONNET, *Charles.* Civis Genevensis, n. 1720. ob. 1793.
II. 426.
Traité d'Insectologie. II. 246 et 497.
Sur l'usage des Feuilles dans les plantes. III. 383.
Considerations sur les corps organisés. II. 399.
Contemplation de la nature. I. 80.
Oeuvres d'histoire naturelle. I. 66. conf. I. 72, 80. II. 3,
222, 247, 260, 347, 365, 385, 399, 408, 429, 431, 485,
498, 526. III. 383, 394, 642.
BONOMO, *Giovanni Cosimo.*
Osservazioni intorno a' pellicelli del corpo umano. II. 360.
BONSDORFF, *Gabriel.* Hist. Nat. Prof. Aboens. II. 233.
R. II. 557.
Præside Bonsdorff Dissertationes :
Historia naturalis Curculionum Sveciæ. II. 236.
Prospectus methodi rem pecuariam scientifice pertractan-
di. II. 519.
Differentiæ capitis Insectorum. II. 485.
Organa Insectorum sensoria. II. 485.
Differentiæ antennarum in Insectis. II. 485.
palporum. II. 486.
BONTIUS, *Jacobus.* Medicus Belga.
Historia naturalis et medica Indiæ Orientalis. I. 251, 287,
296.
BONVICINI, *Giuseppe.* II. 386, 457, 490.

BONVOISIN. Acad. Sc. Taurin. Soc. III. 434. IV. 91, 150.
BONVOUX. II. 155.
BONZ, *Christophorus Gottlieb.* II. 281.
DE BOOT, vide BOËTIUS.
BOOTHBY, *Richard.* I. 132.
BORCH, *Casparus Abrahamus.* R. III. 195.
DE BORCH, *Michel Jean Comte.* II. 443.
  Lythographie Sicilienne. IV. 44.
  Lythologie Sicilienne. IV. 44.
  Mineralogie Sicilienne. IV. 44.
  Sur les Truffes du Piemont. III. 355.
  Lettres sur la Sicile. I. 102.
DE BORDA. III. 422.
BOREL, *Pierre.* Medicus Regis Galliæ, Acad. Sc. Paris.
    Soc. ob. 1689.
  Les raretez de Castres. I. 100. conf. 219, 226.
  Observationes microscopicæ. I. 208.
  Observationes medico-physicæ. I. 68.
  Hortus s. armamentarium simplicium. I. 281.
BORELLI, *Johannes Alphonsus.* Neapolitanus. n. 1608. ob.
    1679.
  Historia incendii Ætnei anni 1669. IV. 295.
  De motu animalium. II. 379.
BORENIUS, *Carl Petter.* R. I. 114.
        Henricus Gust. R. I. 268. II. 519.
BORETIUS, *Matthias Ernestus.* Med. Prof. Regiomont. n.
    1694. ob. 1738.
  Diss. inaug. de Hieraciis Prussicis. V. 80.
  Diss. de anatome plantarum et animalium analoga. II.
    458.
BORGHESI, *Giovanni.*
  Lettera scritta da Pondisceri. I. 140.
BORGSTRÖM, *Johannes.* R. II. 228.
        Laurentius G. R. II. 236.
BORKHAUSEN, *Moriz Balthasar.* Assessor bey der Landes-
    ökonomiedeputation zu Darmstadt. III. 89, 152. V.
    65, 74, 76, 78, 79, 87, 104.
  Naturgesch. der Europäischen Schmetterlinge. II. 252.
  Beschreibung der in den Hessen-Darmstädtischen landen
    im freien wachsenden Holzarten. III. 207.
  Erklärung der zoologischen terminologie. II. 4.
  Rheinisches magazin. I. 208. conf. II. 572, 576, 578. III.
    156. IV. 278.
  Deutsche fauna. V. 15.

170   *Borlase—von Bose.*

Borlase, *William.* Clericus Anglus, R. S. S. n. 1696. ob.
1772. IV. 174, 218, 262.
Observations on the islands of Scilly. I. 95.
The natural history of Cornwall. I. 95.
Born. IV. 117.
von Born, *Ignaz Edler.* Transylvanus. K. K. Hofrath
bey der Hofkammer in Münz-und Bergwesen, n. 1742.
ob. 1791. IV. 16, 48, 78, 195, 235, 333. Ed. I. 58.
IV. 144.
Index fossilium, quæ collegit. IV. 27.
Ueber einen ausgebrannten vulkan bey Eger. IV. 297.
Briefe über mineralogische gegenstände. IV. 69.
Index rerum naturalium musei Vindobonensis. II. 320.
Testacea musei Vindobonensis. II. 320.
Ueber das anquicken. IV. 378.
Catalogue de la collection des fossiles de Mlle de Raab.
IV. 28.
Bornemann, *Gottfried Wilhelm.* R. III. 475.
Borowski, *Georg Heinrich.* Borussus, Œcon. Prof. Fran-
cof. ad Viadr. n. 1746.
Systematishe tabellen über die naturgeschichte. I. 191.
Naturgeschichte des thierreichs. II. 6.
Borri, *Christoforo.* Mediolanensis, S. J. Missionarius in
India Orientali. ob. 1632.
Cochinchina. I. 142.
Borrichius, *Olaus.* M. D. Philosoph. Prof. Hafn. n.
1626. ob. 1690. I. 237. II. 292, 467, 473, 475, 478,
482. III. 73, 345, 402. IV. 119, 237, 239.
Hermetis, Ægyptiorum, et Chemicorum sapientia ab H.
Conringii animadversionibus vindicata. I. 77.
Dissertationes s. Orationes academicæ. I. 62. conf. I. 77,
293. II. 449. III. 1. IV. 170.
Bosc (*d'Antic*) *Louis.* II. 89, 130, 139, 144, 147, 159,
203, 234, 238, 239, 241, 259, 267, 275, 276, 310, 547,
575. III. 237, 291, 327, 357. IV. 263. V. 15.
Bose, *Adolphus Julianus.* Med. Prof. Lips. n. 1742. ob.
1770.
De motu humorum in plantis vernali tempore vividiore.
III. 374.
Diss. de disquirendo charactere plantarum essentiali sin-
gulari. III. 49.
Progr. de differentia fibræ in corporibus trium naturæ
regnorum. I. 270.
von Bose, *Carl Ludwig.* IV. 89, 105, 215.

Bose, *Caspar.* R. II. 407.
Diss. de motu plantarum sensus æmulo. III. 412.
Progr. de calyce Tournefortii. III. 387.
Bose, *Ernestus Gottlob.* Med. Prof. Lips. n. 1723. ob.
1788.
Diss. de Nodis plantarum. III. 382.
Radicum ortu et directione. III. 381.
Progr. de secretione humorum in plantis. III. 374.
generatione hybrida. II. 426.
Bose, *George Matthias.* R. III. 412.
Bosman, *Willem.* Onlangs Raad en Opperkoopman op het
kasteel St. George d'Elmina.
Nauwkeurige beschryving van de Guinese kust. I. 130.
V. 6.
Bosquillon. Tr. I. 5.
Bossart, *Johann Jakob.* Philos. Prof. Barbyens. ob. 1789.
Ed. I. 162
Anweisung naturalien zu sammlen. I. 218.
van den Bossche, *Guilielmus.* Medicus in Dendermonde.
Historia medica animalium. II. 500.
Bosse, *Adrianus.* III. 66.
Bosseck, *Henricus Otto.* R. III. 381, 382, 386.
Diss. de Antheris florum. III. 389.
Bossi, *Luigi.* II. 538. IV. 41, 89, 92.
Bossu.
Voyages aux Indes occidentales. I. 156.
Boswell, *Joannes.*
Diss. de Ambra. II. 505.
Botelho de Lacerda Lobo, *Constantino.* III. 569.
de Bottis, *Gaetano.*
Ragionamento istorico intorno all' eruzione del Vesuvio
1779. IV. 293.
Boucher. III. 546. IV. 328. V. 26, 69, 75, 82, 86, 99.
Pierre.
Histoire des moeurs et productions du pays de la Nouvelle
France. I. 153.
Bougainville, *Louis Antoine.* Instit. Paris. Soc.
Voyage autour du monde. I. 89.
Bougeant.
Observations sur toutes les parties de la physique. I. 79.
Bouillet, *Jean.* M. D. Mathes. Prof. et Secr. Acad. R.
in Beziers. n. 1690. ob. 1777.
Memoire sur l'huile de Petrole. IV. 173.
Bouillon La Grange. III. 435. V. 89, 93, 95.
Boulanger. IV. 136, 305.

BOULDOUC, *Gilles François.* Filius sequentis, Acad. Scient.
 Paris. Soc. Pharmacopoeus Regius, Chem. Demonstr.
 in horto Reg. Paris. n. 1675. ob. 1742. IV. 152.
BOULDOUC, *Simon.* Acad. Scient. Paris. Soc. Chem. De-
 monstr. in horto Reg. Paris. ob. 1729. III. 467, 472,
 495, 507, 525, 529, 530, 537, 538.
BOURDELIN, *Claude l ouis.* Acad. Sc. Paris. Soc. Chem.
 Prof. in horto Reg. Paris. n. 1696. ob. 1777. IV. 161.
 171.
BOURDELOT, *Pierre Michon.* Medicus Gallus. n. 1610.
 ob. 1685.
 Recherches sur les Viperes. II. 515.
BOURGELAT. II. 352.
BOURGUET, *Louis.* Prof. en Philosophie à Neufchatel. n.
 1678. ob. 1742. IV. 8, 261.
 Lettres philosophiques. 1. 205. conf. II. 398. IV. 261,
 274, 303.
 Traité des Petrifications. IV. 305. conf. 241, 243, 301,
 DE BOURNON. IV. 19, 38, 107, 109, 264, 389. V. 111,
 112.
BOURRIT, *Marc Theodore.*
 Description des vallées de glace et des hautes montagnes,
 qui forme la chaine des Alpes Pennines et Rhetiennes.
 IV. 45.
BOUSSUET, *Franciscus.* Medicus Gallus. ob. 1572. æt. 52.
 De natura aquatilium carmen. II. 168.
BOUTCHER, *William.*
 A treatise on forest trees. III. 619.
BOUVIER. II. 512. III. 534.
BOVI, *Rocco.*
 Sopra la produzione de' Coralli. II. 494.
BOWLES, *William.* Hibernus, ob. in Hispania 1780. IV.
 29.
 Introduccion a la historia natural y a la geografia fisica de
 Espana. I. 239.
BOXSTRÖM, *Andreas.* R. II. 519.
BOYLE, *Robert.* R. S. S. n. 1627. ob. 1691. II. 383, 482,
 504.
 An essay about the origine and virtues of Gems. IV. 82.
 General heads for the natural history of a country. I. 235.
BOYLSTON. II. 505.
BOYM, *Michael.* S. J.
 Flora Sinensis. III. 182. conf. II. 31.
BOYS, *William.* II. 321.
 Collections for a history of Sandwich. II. 26.

BRAAD, *Christian Hinric.* III. 360, 627.
VAN BRAAM HOUCKGEEST, *A. E.* II. 161, 197.
BRACCIUS, *Ignatius.*
    Remoræ pisciculi effigies. II. 186.
BRACHIUS, *Jacobus.* II. 414.
BRACKENHAUSEN. II. 517.
BRADLEY, *Richard.* Bot. Prof. Cantabrig. R. S. S. ob.
    1732. III. 358, 373.
    Historia plantarum succulentarum. III. 215.
    New improvements of planting and gardening. III. 608.
        V. 100.
    Gardener's kalendar. III. 611.
    A philosophical account of the works of nature. I. 192.
    The virtue and use of Coffee. III. 574.
    A survey of the ancient husbandry and gardening. I. 297.
    The country gentleman and farmer's monthly director.
        Second edition. Pagg. 132.   London, 1727. 8.
        Addatur Tom. 1. p. 299, post lin. 20.
    Botanical dictionary. III. 10.
    The riches of a Hop-garden. III. 640.
    Lectures upon the materia medica. I. 284.
    Practical discourses concerning the four elements as they
        relate to the growth of plants. III. 608.
BRADY, *Samuel.* II. 418.
        T. II. 348.
BRAHM, *Nikolaus Joseph.* Advokat zu Mainz. II. 222,
    453, 575.
    Insektenkalender. II. 453.
BRAMIERI, *Don Giulio.* III. 629.
BRAND, *F. John.* I. 185. Tr. I. 64.
BRANDE, *August Everard.* M. D. Pharmacopoeus Londin.
    On the Angustura bark. III. 536.
BRANDER, *Carolus Reginaldus.* R. III. 230.
        Fridericus Reginaldus. R. II. 566.
        Gustavus. Svecus, Mercator Londin. R. S. S.
        ob. 1787. II. 313. IV. 341.
    Fossilia Hantoniensia. IV. 309.
BRANDES, *Carl Philip.* Acad. Sc. Berolin. Soc. ob. 1776.
    æt. 56. IV. 212.
BRANDIS, *Joachimus Diedericus.* Medicus Hildeshem. n.
    1762. II. 222.
    De Oleorum unguinosorum natura. III. 450.
BRANDMULLERUS, *Johannes Rudolphus.*
    Diss. inaug. de Nitro. IV. 356.
BRANDSTRÖM, *Jacob. Bened.* R. III. 4.

174 *Brandt—de Breydenbach.*

BRANDT, *Georg.* Consiliarius Collegii Metallici Sveciæ, Acad. Sc. Stockholm. Soc. n. 1694. ob. 1768. IV. 125; 188, 196, 205, 218, 224, 231.
Tal om färg-cobolter. IV. 223.
BRANZELL, *Johannes.* R. I. 233.
BRASAVOLUS, *Antonius Musa.* Medicus Italus, n. 1500. ob. 1555.
Examen simplicium medicamentorum. I. 279.
BRAUNIUS, *Christianus Fridericus.* R. II. 285.
BRAUN, *Josephus Adamus.* Acad. Petropolit. Soc. ob. 1768. æt. 55. II. 435. IV. 270.
BRAUN, *M.* II. 364.
Nicolaus. III. 59.
VON BRAUNE, *Franz Anton.*
Salzburgische flora. V. 70.
BRAUNS, *Johannes Ernestus.*
Amoenitates subterraneæ de metallifodinis Harcicis. IV. 375.
BREDIN, *C. J.* V. 96.
BREIDENSTEIN, *Johann Philipp.* Œconom. Prof. Giess. n. 1724. ob. 1785.
Naturgeschichte des Sperlings. II. 148.
BREISLAK, *Scipione.*
Sull' eruzione del Vesuvio 1794. IV. 294.
BREMER, *Carl Otto.* R. IV. 380.
Hans Erland. R. IV. 357.
Petrus. R. III. 416.
DE BREMOND, *François.* Acad. Sc. Paris. Soc. n. 1713. ob. 1742.
Table des memoires imprimés dans les Transactions Philosophiques. I. 4.
BREMONTIER. IV. 372.
BRENDEL, *Adam.* Anat. et Botan. Prof. Witteberg. ob. 1719.
Præside Brendelio Diss. de Rorella. III. 258.
BRENNER, *Sophia Elizabet.* n. 1659. ob. 1730.
Minne öfver den Americanska Aloen, hvilken uppå Noor begynte blomstras i September 1708. III. 265.
DE BRESSEY. IV. 291.
BREUEL, *Johannes Fridericus Benedictus.* R. III. 50.
BREVET. III. 230.
BREWER, *James.* IV. 334.
DE BREYDENBACH, *Bernardus.* Canonicus Mogunt.
Peregrinationes ad Christi sepulchrum in Hierusalem, atque in montem Synai. I. 308.

BREYNIUS, *Jacobus.* Mercator Gedanensis. n. 1637. ob.
1697.
Exoticarum plantarum centuria. III. 73.
Prodromi rariorum plantarum. III. 73.
Icones rariorum plantarum. III. 73.
BREYNIUS, *Johannes Philippus.* Præcedentis filius, Medi-
cus Gedanensis, n. 1680. ob. 1764. I. 101, 181. II.
26, 43, 45, 342. III. 145, 171, 275, 285, 334, 524.
IV. 171, 322, 333, 350. V. 56. Ed. III. 73.
Diss. de radice Gin-sem. III. 517 et 532.
Fungis officinalibus. III. 534.
De Melonibus petrefactis montis Carmel. IV. 95.
Historia naturalis Cocci radicum tinctorii. II. 536.
De Polythalamiis. II. 334. conf. 313. IV. 333, 340.
BRICKELL, *John.*
The natural history of North Carolina. I. 155.
BRICKENDEN, *Joannes.*
Diss. de radice Scillæ. V. 92.
BRIDEL, *Sam. El.*
Muscologia recentiorum. V. 74.
BRIDGES, *Jeremiah.*
Anatomy of the foot of a Horse. II. 471.
BRIGANTI, *Annibale.* Tr. I. 287.
Joseph.
On the method of carrying to perfection the East-India
raw silk. II. 532.
BRIGELIUS, *Johannes Adamus.*
Diss. inaug. de Græcorum Nitro, Hispanorum Soda, tan-
quam analogis Natri Pannonici. IV. 164.
BRINCKMANN, *Joannes Petrus.*
Diss. inaug. de Alumine. IV. 154.
BRING, *Ebbe.*
Diss. de Morbis plantarum. III. 425.
BRING, *Olof.* R. III. 642.
Nob. LAGERBRING, *Sven.* Histor. Prof. Lund.
n. 1707. ob. 1787.
Præside Bring Dissertationes :
De Purpura. II. 538.
Piscaturis in Oceano boreali. II. 565.
BRINI, *Gian-Tommaso.* II. 355.
BRISSON. Inspecteur du Commerce et des manufactures de
la Generalité de Lyon. I. 238.
Memoires sur le Beaujolois. I. 100.
BRISSON, *Mathurin Jacques.* Instit. Paris. Soc. II. 336.
Regnum animale. II. 47.

Ornithologia. II. 112.
BROCKE, *Barth. Heinr.* II. 50.
VON BROCKE, *Heinrich Christian.* n. 1713. ob. 1778.
Beobachtungen von einigen blümen. III. 615.
Wahre gründe der forstwissenschaft. III. 618.
BROCKLESBY, *Richard.* Medicus Londin. R. S. S. ob.
    1797. II. 374. III. 541, 543.
BRODBECK, *Christophorus David.* R. IV. 356.
BRODD, *Andreas.* R. II. 39.
BRODIN, *Laurentius.* R. III. 471.
BROGIANI, *Dominicus.* Med. Prof. Pis.
De veneno animantium. II. 513.
BROHON, *Joannes.*
De stirpibus epitome. III. 8.
BROLEMANN. IV. 215.
BROMELIUS, *Olaus.* Medicus Gothoburg. n. 1639. ob.
    1705.
Disp. inaug. de Lumbricis terrestribus. II. 510.
Chloris gothica. III. 170. conf. 6.
Catalogus generalis pinacothecæ ejus. I. 233.
Lupulogia. III. 640.
VON BROMELL, *Magnus.* Antecedentis filius, Archiater Re-
    gis Sveciæ, et Collegii Medici Præses. n. 1679. ob.
    1731. IV. 316.
Mineralogia. IV. 8.
BROMFEILD, *William.*
An account of the English Nightshades. III. 478.
BRONGNIART, *Alexandre.* II. 33, 62, 407. IV. 383.
BRONZERIUS, *Joannes Hieronymus.* Medicus Bellun. n.
    1577. ob. 1630.
Dubitatio de principatu Jecoris, ex anatome Lampetræ.
    II. 395.
BROOKES, *R.*
The art of Angling. II. 564.
A new system of natural history. I. 195.
DE BROSSE.
Histoire des navigations aux terres australes. I. 85.
BROSTERHUSIUS, *Johannes.* Med. Prof. Bred.
Catalogus plantarum horti Bredæ. III. 105.
BROTHEQUIO, *Johanne Cunrado,* Præside
'Diss. de Plantis. III. 16.
BROTHERTON, *Thomas.* III. 366.
BROUGHTON, *Arthur.*
Enchiridion botanicum. III. 132.
Hortus Eastensis. III. 126.

A catalogue of the plants in the public botanic garden, in the mountains of Liguanea. III. 127.

BROUSSONET, *J. L. Victor.* Frater sequentis.
Corona floræ Monspeliensis. III. 143.

BROUSSONET, *Pierre Marie Auguste.* Instit. Paris Soc. n. 1761. II. 182, 183, 190, 198, 385, 391, 429, 440, 459, 481. III. 416, 599, 634. V. 51, 52. Tr. III. 391. Ed. III. 90.
Positiones circa respirationem. II. 384.
Ichthyologiæ Decas 1. II. 175.

BROWALLIUS, *Johannes.* Episcopus Aboensis, Acad. Sc. Stockholm. Soc. n. 1707. ob. 1755. I. 165. IV. 231.
Examen epicriseos Siegesbeckianæ in systema plantarum sexuale. III. 45.
Betänkande om vattuminskningen. IV. 279.
    Præside Browallio Dissertationes:
De Convallariæ specie, vulgo Lilium convallium. III. 263.
    harmonia fructificationis plantarum cum generatione animalium. III. 391.
    transmutatione specierum in regno vegetabili. III. 410.

BROWALLIUS, *Johannes J. F.* R. IV. 279.

BROWN, *Edward.* Præses Collegii Medic. Londin. R. S. S. n. 1642. ob. 1708. I. 258. II. 477. IV. 374, 377. V. 52.
Travels in Hungaria, Servia, Bulgaria etc. I. 91.

BROWN, *Georgius.*
Tentamen inaug. de usu Corticis Peruviani in febribus intermittentibus. III. 476.

BROWNE, *John.* Chemicus Londin. R. S. S. ob. 1735. II. 505. III. 437.

BROWN, *Littleton.* II. 291.

BROWNE, *Moses.* Ed. II. 563.
    Patrick. M. D. Hibernus.
The civil and natural history of Jamaica. I. 163.

BROWN, *Peter.* Pictor Londin.
New illustrations of Zoology. II. 19.

BROWN, *Samuel.* III. 180.
    Thomas.
Pseudodoxia epidemica. I. 77.

BROWN, *Thomas.* II. 193.

BROWNE, *William.* Coll. Magd. Oxon. Soc. ob. 1678. æt. 50.
Catalogus horti Oxoniensis. III. 99.

BROWNE, *W. G.*
Travels in Africa, Egypt, and Syria, from the year 1792 to 1798.
Pagg. 496. tabb. æneæ 4.   London, 1799. 4.
Addatur Tom. 1. p. 87. ad calcem.
BROWNRIGG, *William.* M. D. R. S. S. IV. 149, 191.
BRU, *Juan Bautista.*
Coleccion de animales del Real gabinete de Madrid. II. 24.
BRUCE, *Arthur.* V. 21.
　　　Ed. N. II. 553.
　　James. Scotus. R. S. S. ob. 1794. III. 539.
Travels to discover the source of the Nile. I. 128.
BRUCE, *Robert.* III. 413.
BRUCH, *Carolus Ludovicus.*
Diss. inaug. de Anagallide. III. 471.
BRÜCKMANN, *Ernestus Ludovicus.*
De petrificationis fiendi modo. IV. 302.
BRÜCKMANN, *Franciscus Ernestus.* Medicus Guelpherbytanus, n. 1697. ob. 1753. II. 341. III. 398. IV. 220, 268, 329, 347. Cont. IV. 1. Ed. IV. 74, 81.
Diss. de Avellana Mexicana, vulgo Cacao. III. 579.
Historia naturalis Oolithi. IV. 129.
Denominationes omnium potus generum. III. 566.
De Arachneolitho. IV. 347.
　　duabus Conchis marinis. II. 317.
　　Cerevisia Regio-Lothariensi, vulgo Duckstein. III. 571.
　　Lapide violaceo sylvæ Hercyniæ. III. 348.
　　Fungo hypoxylo digitato. III. 353.
　　Frutice Koszodrewina et arbore Limbowe drewo. III. 524.
Hist. nat. lapidis nummalis Transylvaniæ. IV. 350.
　　τ8 Ασβιςʒ. IV. 123.
Magnalia Dei in locis subterraneis. IV. 370.
Epistolæ itinerariæ. I. 62. conf. I. 104, 116, 117, 201, 220, 246, 251, 257, 281, 296. II. 23, 44, 85, 90, 120, 129, 146, 149, 163, 219, 233, 283, 304, 344, 447, 501. III. 28, 60, 72, 115, 121, 155, 159, 161, 176, 183, 221, 241, 266, 287, 328, 351, 355, 432, 570, 571. IV. 24—26, 55—57, 69, 84, 113, 120, 129, 131, 134, 151, 157, 237, 305, 308, 314, 324, 331, 336, 340, 351.
Thesaurus subterraneus ducatus Brunsvigii. IV. 54.
Die neu-erfundene Floh-falle. V. 57.
　　art die kräuter nach dem leben abzudrucken. III. 14. V. 61.

Brückmann, Franciscus Ernestus. 179

Bibliotheca animalis II. 1.
Brückmann, *Franz Hieronymus.* M. D. Sequentis filius,
n. 1758. ob. 1785.
Bemerkungen auf einer reise nach Karlsbad. I. 107.
Brückmann, *Urban Friedrich Benedict.* Medicus Ducis
Brunsvic. n. 1728. IV. 20, 84, 87, 95, 97, 109, 129,
146, 255, 263, 304, 344. R. III. 497.
Vom Sego. III. 360.
Von Edelsteinen. IV. 83.
dem Welt-auge. IV. 90.
Brücknerus, *Christianus Melchior.* R. II. 501.
Brünnich, *Morten Thrane.* Oberberghauptman (i No-
rige.) n. 1737. II. 182, 183, 186, 187, 328. IV. 91,
151, 218, 332. N. IV. 9.
Prodromus Insectologiæ Siællandicæ. II. 227.
Eder-fuglens beskrivelse. II. 133.
Ornithologia borealis. II. 120.
Entomologia. II. 205.
Ichthyologia Massiliensis. II. 179. conf. 27.
Zoologiæ fundamenta. II. 4.
Mineralogie. IV. 11.
Dyrenes historie. II. 24. conf. I. 169.
Literatura Danica scientiarum naturalium. I. 169 et 180.
Catalogus bibliothecæ historiæ naturalis. I. 179.
Brugmans, *Sebaldus Justinus.* I. 225.
Lithologia Groningana. IV. 32.
De plantis inutilibus et venenatis. III. 594.
Over een zwavelagtigen nevel. III. 423.
Brugnatelli, *Luigi.* II. 203. IV. 157.
Brugnone, *Jean.* Chirurg. Prof. Taurin. II. 401. III.
551.
Bruguiere, *Jean Guillaume.* Instit. Paris. Soc. ob. 1798.
I. 208. II. 33, 155, 163, 319, 328, 332, 336, 341, 442,
490. IV. 338, 349. V. 41, 49.
Bruhn, *Olaus.* R. IV. 281.
Brulles.
The mode of cultivating and dressing Hemp. III. 641.
Brumbey, *Karl Christian.* IV. 209.
Brumwell, *William.* III. 546.
le Brun, *Corneille.* vide Bruyn.
Brunacius, *Gaudentius.*
De Cina-Cina. III. 474.
Brunelli, *Gabriel.* II. 388, 486.
Joannes. III. 602.

N 2

BRUNFELS, *Otho.* Medicus Bern. ob. 1534.
Herbarium. III. 52. conf. I. 276.
Ονομαστικον medicinæ. I. 182.
BRUNI, *Gerolami.*
Dissertazione sulla potatura de' Gelsi. III. 638.
BRUNN, *Friedrich Leopold.* II. 254.
BRUNNERUS, *Jo. Amand.* R. IV. 315.
    Johannes Conradus. III. 429.
BRUNO, *Franciscus Romanus.* R. II. 450.
    Samuel.
Navigationes quinque. I. 86.
BRUNSCHWIG, *Hieronymus.*
Das neuwe distilier buoch. III. 453. V. 90.
BRUNTON, *John.*
A catalogue of plants sold by him. III. 100.
BRUNYER, *Abel.*
Hortus Blesensis. III. 108.
BRUYERINUS, *Joannes.* Medicus Henrici II. Regis Galliæ.
De re cibaria. I. 295.
BRUYN, *A.*
Icones animalium. II. 16.
DE BRUYN, *Abraham.*
Den Zeeworm. II. 327.
DE BRUYN, *Cornelis.* Pictor, Belga. IV. 337.
Voyage au Levant. I. 123.
Voyages par la Moscovie, en Perse, et aux Indes Orientales. I. 136.
DE BRUYN, *Nicolaes.*
Animalium quadrupedum effigies. II. 50.
Volatilium varii generis effigies. II. 113.
Varia genera Piscium. II. 169.
BRUZ, *Ladislaus.*
Diss. inaug. de gramine Mannæ. III. 238.
BRUZELIUS, *Carl.* R. III. 594.
DE BRY, *Theodorus,* et filii,
        Joannes Theodorus, et
        Joannes Israel.
America. I. 83.
India Orientalis. I. 83.
DE BRY, *Joannes Theodorus.*
Florilegium novum. III. 65.
BRYANT, *Charles.*
Account of two species of Lycoperdon. III. 356.
Flora diætetica. III. 559.

A dictionary of the ornamental plants cultivated in Great
Britain. III. 12.
BRYANT, *Henry.*
Enquiry into the causes of Brand. III. 429.
BRYANT, *William.* II. 440.
BRYTZENIUS, *Martinus.* R. I. 79.
BUACHE, *Philippe.* Geographus Regis Galliæ, Acad. Sc.
Paris. Soc. n. 1700. ob. 1773. IV. 282.
VON BUBNA, *J. E. Graf.* IV. 184.
VON BUCH, *Leopold.*
Mineralogische beschreibung von Landeck. IV. 64.
BUCHER, *Martinus Gottlob.* R. IV. 305.
          Samuel Fridericus. R. IV. 240.
Diss. de variis corporibus petrefactis. IV. 305.
BUCHHAVE, *Rudolph.* Medicus Hafn. III. 576, 580.
Grunden til plantelæren. III. 21.
Radicis Gei urbani s. Caryophyllatæ vires. III. 503.
BUCHHOLTZ, *Franciscus Henricus.*
Diss. inaug. de hepatomphalocele congenita. II. 212.
BUCHOLZ, *Wilhelm Heinrich Sebastian.* Medicus Vinár.
n. 1734, ob. 1798. IV. 137, 156, 244.
BUC'HOZ, *Pierre Joseph.*
Tournefortius Lotharingiæ. III. 144.
Vallerius Lotharingiæ. IV. 34.
Traité des plantes qui croissent dans la Lorraine. III. 144.
Dictionnaire des plantes de la France. III. 140.
Manuel alimentaire des plantes. III. 559.
Aldrovandus Lotharingiæ. II. 26.
La nature considerée sous ses differens aspects. I. 202.
Collection des fleurs qui se cultivent tant dans les jardins
de la Chine, que dans ceux de l'Europe. III. 68.
Plantes medicinales de la Chine. III. 463.
Histoire des Insectes utiles et nuisibles. II. 519.
Methodes pour detruire les animaux nuisibles. II. 556.
BUCHT, *Johan Fredrich.* R. I. 115.
DE BUCHWALD, *Balthasar Johannes.* Medic. Prof. Hafn.
n. 1697 ob. 1763. Tr. III. 456.
          Præside Buchwald Dissertationes:
Analysis Nitri. IV. 158.
          Visci. III. 526.
Specimen Insectologiæ Danicæ. II. 227.
DE BUCHWALD, *Johannes.* Medic. Prof. Hafn. n. 1658,
ob. 1738.
Specimen medico-practico-botanicum. III. 456.

BUCQUET, *Jean Baptiste.* n. 1747. ob. 1780. IV. 98.
Introduction à l'etude des corps naturels, tirés du regne
mineral. IV. 10.
vegetal. V. 83.
BÜCHNER, *Andreas Elias.* Med. Prof. Hal. Acad. Nat. Cu-
rios. Præses, n. 1701. ob. 1769. I. 25, 46. II. 278. III.
354. Ed. I. 45, 46.
Academiæ Naturæ Curiosorum historia. I. 25.
Præside Büchnero Dissertationes :
De principiis et effectibus Arnicæ. III. 519.
Nuce Juglande. III. 323.
Radice Ipecacuanhæ. III. 538.
Pinastro. III. 523.
Indo germanico. III. 585.
Crystallisatione. IV. 266.
Gummi-resinis Kikekunemalo, Look et Galda. III.
466.
BÜCHNER, *Johannes Godofredus.* Comitum Ruthenorum
ab Archivo secretiori, n. 1695. ob. 1749. II. 28. III.
408. IV. 59.
De memorabilibus Voigtlandiæ subterraneis. IV. 59.
ex regno vegetabili. III.
77.
BUE'E, *William Urban.*
Of the manner of cultivating the Clove tree. V. 102.
BUEK, *Johann Nicolaus.* Hortulanus Hamburg. III. 68.
Verzeichniss von bäumen, sträuchern, pflanzen und saa-
men. III. 123.
BUEK, *Johann Peter.* Hortulanus Hamburg.
Catalogus von bäumen und sträuchen. III. 208.
BÜSCHING, *Anton Friedrich.* Oberconsistorialrath zu Ber-
lin. n. 1724. ob. 1793.
Von der Tarantel. II. 285.
Unterricht in der naturgeschichte. I. 186.
BÜTTNER, *Christianus.* R. III. 401.
David Sigismund. Diaconus Querfurt.
Rudera Diluvii testes. IV. 280.
Die huldigende Kuckenburg. IV. 335.
Coralliographia subterranea. IV. 346.
BÜTTNER, *David Sigismund August.* Botan. Prof. Goet-
ting. n. 1724. ob. 1768.
Enumeratio methodica plantarum carmine J. C. Cuno re-
censitarum. III. 78.
BUFALINI, *Giuseppe.* II. 401.

DE BUFFON, *George Louis le Clerc, Comte.* Horti Botan.
Paris. Præfectus, Acad. Sc. Paris. Soc. n. 1707. ob.
1788. II. 398. III. 370, 421, 591, 617. IV. 192. Tr.
III. 374.
Histoire naturelle generalle et particuliere. II. 13, 49.
conf. IV. 275. V. 9, 85, 88, 99. 101.
Histoire naturelle des Mineraux. IV. 12. conf. 258.
BUHLE, *Joannes Gottlieb.* Phil. Prof. Götting. n. 1763.
V. 13.
Calendarium Palæstinæ oeconomicum. III. 419.
BUISSIFRE, *Paul.* II. 383.
BUISSON, *J. P.*
Classes et noms des plantes. III. 107. conf. 47.
BULIFON, *Antonio.*
Degl' incendii del monte Vesuvio. IV. 292.
BULKELEY, *Edward.* II. 31.
Sir Richard. IV. 114.
BULLEYNE, *William.* Medicus Londin. ob. 1576.
Bulwarke of defence againste all sicknes. I. 280.
BULLIARD. n. 1751. ob. 1793.
Introduction à la flore des environs de Paris. III. 22.
Flora Parisiensis. III. 142.
Herbier de la France. III. 141.
Dictionnaire elementaire de botanique. III. 27.
Plantes veneneuses de la France. III. 141 et 542. V. 69.
Histoire des Champignons de la France. III. 141 et 225.
BULLIVANT, *Benjamin.* II. 21.
BUMALDUS, *Joannes Antonius.* vide Ovid. Montalbanus.
BUNCKIUS, *Christianus.* IV. 187.
BUNIVA, *Michael Franciscus.*
Disputatio in Taurinensi Lyceo. I. 69. conf. I. 272. II.
358. III. 394.
BUONANNI, *Filippo.* Romanus, S. J. n. 1638. ob. 1725.
Ricreatione dell' occhio e della mente nell' osservation'
delle Chiocciole. II. 317.
Observationes circa viventia, quæ in rebus non viventibus
reperiuntur. II. 427. conf. I. 214 et II. 317.
Museum Kircherianum. I. 227.
BURCHARD, *Ernst Friedrich.* II. 536.
BURCKARD, *Johannes Jacobus.*
Diss. inaug. de radice Senecka. III. 512.
BURCKHARD, *Johannes Henricus.* Medicus Wolfenbütt.
n. 1676. ob. 1738. R. II. 68.
De charactere plantarum naturali. III. 43.
VON DER BURG, *Hieronymus.* R. III. 562.

BURGGRAFIUS, *Johannes Philippus.*
De Malo sinensi aureo Diss. III. 515.
BURGHARDI, *Joh. Christianus.* R. III. 505.
BURGHART, *Gottfried Heinrich.*
Iter Sabothicum. I. 107.
VON BURGSDORF, *Friedrich August Ludwig.* Oberforst-
meister der Kurmark Brandenburg, n. 1747. I. 246. II.
94, 268 III. 208, 419, 619.
Geschichte vorzüglicher Holzarten. III. 619.
BURLET, *Claude.* IV. 152.
BURMANNUS, *Joannes.* Botan. Prof. Amstelodam. n. 1707.
ob. 17 . III. 299. Ed. III. 181, 187.
Thesaurus Zeylanicus. III. 180. conf. 177.
Rariores Africanæ plantæ. III. 177.
Wachendorfia. III. 236.
Flora Malabarica. III. 179, et 181.
BURMANNUS, *Nicolaus Laurentius.* Præcedentis filius, Bo-
tan. Prof. Amstelodam. ob. 1793. æt. 59. Ill. 298. Ed.
III. 149.
De Geraniis Spec. inaug. III. 300.
Flora Indica. III. 178. conf. II. 340. III. 177.
BURMESTER, *Joh. Henr.* R. IV. 281.
BURNET, *James.* (*Lord* MONBODDO.) one of the Senators
of the College of Justice in Scotland, ob. 1799. æt. 85.
Of the origin and progress of Language. II. 53, 60.
Ancient Metaphysics. II. 53.
BURNET, *Thomas.*
Telluris theoria sacra. IV. 273.
BURRIEL, *And. Marc.*
Noticia de la California. I. 150.
BURT, *Adam.* II. 462.
BURTIN, *François Xavier.* Medicus Bruxell. IV. 33, 349:
Oryctographie de Bruxelles. IV. 33.
BUSCH, *Peter.*
Von einer neuen art Seide. V. 57.
BUSCHKA, *Johannes Fridericus.* R. IV. 361.
DE BUSTAMANTE DE LA CAMARA, *Juan.*
De Reptilibus S. Scripturæ. II. 38.
BUTE, *John Earl of.* Par Scotiæ, ob. 1792. æt. 79.
Botanical tables, containing the different familys of Bri-
tish plants. III. 132.
BUTINI, *Peter.* IV. 283.
BUTLER, *Charles.* Clericus Anglus. n. 1560. ob. 1647.
History of Bees. II. 524.

Buxbaum, *Jobannes Christianus.* Saxo, Acad. Sc. Petro-
pol Soc. n. 1694. ob. 1730. I. 201. III. 34, 76, 173,
242, 243, 352, 442.
Enumeratio plantarum in agro Hallensi. III. 162.
Plantarum minus cognitarum Centuriæ. III. 76.
Buxtorfius, *Job. Ludovicus.* R. III. 79.
Byam, *Francis.* IV. 329.
Bytemeister, *Henricus Jobannes.* Prof. Helmstad. n.
1698. ob. 1746.
Catalogus apparatus curiosorum. I. 230.

da Ca da mosto, *Aluise.* I. 127.
Cademannus, *Augustus.* R. II. 45.
Cadet, *Louis Claude.* Acad. Sc. Paris. Soc. Pharmaco-
poeus. n. 1731. IV. 79, 162, 163, 183, 293.
Cadet *le jeune.*
Sur les Jaspes de l'isle de Corse. IV. 39.
Cadet Devaux, *Antoine Alexis.* V. 102.
Caels, *Tbeodorus Petrus.*
De Belgii plantis qualitate nociva præditis. III. 542.
Cæsalpinus, *Andreas.* Botan. Prof. Pis. n. 1519. ob. 1603.
De plantis libri xvi. III. 57.
Quæstiones peripateticæ. I. 280.
De metallicis. IV. 7.
Appendix ad libros de plantis. III. 58.
Cæsar, *Gotbofredus.* R. II. 141.
Cæsarius, *Job.* Ed. II. 563.
Cæsius, *Bernardus.* Mutinensis, S. J. ob. 1630. æt. 49.
Mineralogia. IV. 7.
Cæsius, *Federicus; Princeps S. Angeli et S. Poli.* III. 15.
Cagnatus, *Marsilius.* Med. Prof. Rom. ob. 1612. æt. 69.
Variæ observationes. I. 263.
Cajale'n, *Anders.* R. II. 547.
Cajanus, *Eric.* R. I. 115.
Cajus, *Jobannes.* n. 1510. ob. 1563.
De Canibus Britannicis. II. 72.
De rariorum animalium et stirpium historia. I. 198.
Calamnius, *Gabriel Gabr.* R. I. 115.
Calceolarius, *Franciscus.* Pharmacopoeus Veron.
Iter Baldi montis. III. 148.
Caldani, *Floriano.* II. 64, 269, 407.
Caldenbach, *Cbristopborus.* Eloqu. Hist. et Poës. Prof.
Tubing. n. 1613. ob. 1698.
Præside Caldenbachio Disp. de Vite. III, 567.

CALDESI, *Giovanni.*
Osservazioni anatomiche intorno alle Tartarughe. II. 479.
CALLISEN, *Henrich.* II. 436.
CALONIUS, *Johan.* R. III. 633.
CALURI, *Francesco.* IV. 335.
CALVIUS, *Johannes.*
Historia Pisani vireti botanici. III. 111.
CALZA, *Luigi.* II. 401.
DA CAMARA BETHENCOURT, *Manoel Ferreira.* Brasiliensis. Acad. Scient. Olyssippon. Soc. I. 257. II. 507. IV. 180, 246. V. 111.
Experiences faites dans l'intention d'epargner le plomb dans la fonte des minerais d'argent. IV. 379.
CAMDEN, *William.* Clarencieux King at Arms, n. 1551. ob. 1623.
Britannia. I.·94.
CAMERARIUS, *Alexander.* Rudolphi Jacobi filius, Med. Prof. Tubing. n. 1696. ob. 1736. I. 170. III. 412.
Præside A. Camerario Dissertationes:
De Botanica. III. 17.
Antimonio. IV. 360.
CAMERARIUS, *Elias.* Eliæ Rudolphi filius, Med. Prof. Tubing. n. 1672. ob. 1734. IV. 332. R. III. 75.
Præside E. Camerario Dissertationes:
Helminthologia intricata. II. 355.
Σημαλογια. III. 319.
CAMERARIUS, *Elias Rudolphus.* Med. Prof. Tubing. n. 1641. ob. 1695. R. III. 16.
Præside E. R. Camerario Diss. de Cichorio. III. 517.
CAMERARIUS, *Fridericus Henricus.* R. II. 161.
                    Georgius Albertus. R. III. 464.
                    Joachimus. Medicus Norimberg. n. 1534. ob. 1598. II. 9, 568. Ed. III. 55, 56.
De re rustica opuscula. I. 298. conf. 177.
Hortus medicus et philosophicus. III. 71.
Norica s. de Ostentis. I. 265.
Symbolorum et emblematum centuriæ. I. 260.
CAMERARIUS, *Rudolphus Jacobus.* Eliæ Rudolphi filius, Med. Prof. Tubing. n. 1665. ob. 1721. II. 217, 402. III. 44, 218, 244, 329, 352, 357, 389, 390, 410, 479, 544, 560. IV. 262. R. III. 507.
De Sexu plantarum. III. 389. conf. II. 268.
Præside R. J. Camerario Dissertationes:
De plantis vernis. III. 75.

De convenientia plantarum in fructificatione et viribus.
III. 447.
Scordio. III. 508.
Ustilagine frumenti. III. 428.
Biga botanica sc. Cervaria nigra et Pini coni. III. 464.
Experimenta circa generationem. II. 397.
De Fumaria. III. 512.
Nitro. IV. 356.
Lapidum figuratorum usu medico. IV. 353.
Rubo idæo. III. 289.
CAMERS, *Joannes.*
Index Plinianus. I. 73.
CAMPE, *Gottlieb Renatus.* III. 367.
CAMPER, *A. G.* I. 171.
　　　　Petrus. Med. et Anat. Prof. Franeker. hinc Am-
stelod. dein Groning. n. 1722. ob. 1789. I. 204. II.
43, 52, 55, 195, 408, 462, 463, 470, 479. IV. 317. N.
V. 52. Ed. I. 63.
Oratio de analogia inter animalia et stirpes. II. 458.
Lessen over de veesterfte. II. 393.
Ontleding eens jongen Elephants. II. 463.
　　　　van verscheidene Orang outangs. II. 462.
Catalogus operum ejus. I. 171.
Verhandelingen over den Orang outang etc. II. 21. conf.
I. 167. II. 59, 67, 95.
Kleinere schriften. I. 67. conf. II. 56, 95, 107, 182, 362,
386—388, 393, 408, 462, 463, 473. IV. 318.
Wegens den Dugon ende Siren Lacertina. II. 107, 182.
CAMPI, *Balthazar* et *Michael.*
Risposta ad alcune obiettioni fatte nel libro del Balsamo.
III. 490.
Indilucidotione di alcune cose state nella risposta al Sign.
Gaspari. III. 490.
CAMUS, *Armand Gaston.* Tr. II. 7.
CANABÆUS, *Johannes Martinus.* R. I. 269.
CANALS Y MARTI, *Don Juan Pablo.*
Sobre la grana kermes de España. II. 535.
VON CANCRINUS, *Franz Ludwig.* Russischer Bergwerks-
director, n. in Hassia 1738.
Beschreibung der vorzüglichsten bergwerke in Hessen. IV.
373.
CANDIDA, *Giulio.*
Sulla formazione del Molibdeno. IV. 249.
CANE, *Henry.* III. 432.

188   *Caneparius—Carlander.*

CANEPARIUS, *Petrus Maria.*
De Atramentis. I. 301.
CANEVARIUS, *Demetrius.* Medicus Romæ. n. 1559. ob.
1625.
De ligno sancto. III. 497.
CANNEGIETER, *Henricus.* Professor et Rector Scholæ Arn-
hem. n. 1691. ob. 1770.
De Brittenburgo, Britannica herba etc. III. 269.
CANVANE, *Peter.* Medicus Bathon. R. S. S.
On the Oleum Palmæ Christi. III. 524.
CAPIEUX, *Johann Stephan.* Sculptor Lipsiensis, n. 1748.
II. 213.
CAPPEL, *Antonius Fridericus.* R. III. 479.
    Joachim Diderich. Pharmacopœus Hafn. n. 1717.
IV. 166.
Beschreibung 2 Calcedonischen schaustücke. IV. 288.
CAPPEL, *Johann Friedrich Ludwig.* Medicus in Russia,
n. Helmstadii 1759.
Verzeichniss der um Helmstedt wildwachsenden pflanzen.
III. 158.
CAPPELLER, *Mauritius Antonius.* Medicus Lucernensis,
n. 1685. ob. 1769. IV. 261, 303.
Prodromus Crystallographiæ. IV. 260.
Pilati montis historia. I. 243.
CAPPELLINUS, *Severinus Johannis.*
Diss. de Plantis. III. 364.
CAPUTUS, *Nicolaus.*
De Tarantulæ anatome et morsu. II. 285.
CAQUE. III. 279.
CARBURI, *Conte Marco.* Chem. Prof. Patav. IV. 42.
CARCANI, *Paolo.* II. 385.
CARDANUS, *Hieronymus.* Medicus Italus. n. 1501. ob.
1575.
De rerum varietate. I. 265.
    subtilitate. I. 76 et 306.
CARL, *Johannes Daniel.* R. III. 519.
    Joannes Samuel. Archiater Regis Daniæ. n. Oe-
ringæ 1676. ob. 1757.
Lapis lydius ad ossium fossilium docimasiam adhibitus.
IV. 304.
CARL, *Joseph Anton.* Phys. et Botan. Prof. Ingolstad. n.
1725.
Botanisch-medicinischer garten. III. 460.
CARLANDER, *Christophorus.* R. I. 174.

CARLBAUM, *Andreas.*
Diss. sistens ideam generalem historiæ naturalis. I. 185.
CARLBOHM, *Gustavus Jac.* R. III. 458.
CARLBORG, *Henricus Johannes.* R. II. 93.
DE' CARLI, *Conte Andrea.* III. 591. V. 40.
Denis. I. 130.
CARLIER. II. 522.
Traité des Bêtes à laine. V. 55.
CARLING, *Andreas M.* R. II. 539. IV. 123.
CARLISLE, *Anthony.* Chirurgus Londin. II. 487.
CARLSON, *Carolus Axelius.* R. III. 169.
VON CARLSON, *Gustaf.* Commend. Ord. de Stella Polari,
Acad. Sc. Stockholm. Soc. II. 142, 246, 450. V. 35.
Anmärkningar öfver Foglarnes seder och hushållning. II.
117.
Utkast til Falk-slägtets indelning. V. 24.
CARMINATI, *Bassano.* II. 516.
CAROLI, *Theodorus.* Medicus Wirtemberg. n. 1660. ob.
1690. III. 492.
DE' CARONELLI, *Conte Pietro.* III. 629.
VON CAROSI, *Johann Philipp.* Nobilis Polonus, n. 1744.
Lithographie de Mlocin. IV. 68.
Beyträge zur naturgeschichte der Niederlausiz. IV. 61.
Reisen durch verschiedene Polnische provinzen. I. 93.
Sur la generation du Silex et du Quartz. IV. 244.
CARPENTER, *Joseph.* Ed. III. 608.
CARPOW, *Paulus Theodorus.* R. III. 315.
CARPZOVIUS, *Christianus Benedictus.*
Kazen-historie. II. 75.
CARRADORI, *Giovacchino.* II. 434. III. 343. V. 49, 50.
Della trasformazione del Nostoc in Tremella verrucosa.
V. 82.
CARRAMONE, *Gaspard.* III. 336.
CARRARD, *Benjamin.* II. 489.
CARRERE. II. 416.
CARRICHTER, *Bartholomæus.*
Kräuterbuch. III. 454. conf. I. 295.
CARRILLO LASO, *Don Alonso.* IV. 373.
CARRONUS, *Jacobus.* II. 9.
CARTER, *Landon.* II. 544.
CARTERET, *Philip.* II. 57, 96.
CARTHEUSER, *Carolus Wilhelmus.* R. III. 516.
Fridericus Augustus. Med. Prof. Giess. n.
1734. ob. 1796. II. 511. III. 253, 402, 435, 593. IV.
166, 203. R. III. 495.

Oryctographia Viadrino-Francofurtana. IV. 57.
Elementa Mineralogiæ. IV. 9.
Mineralogische abhandlungen. IV. 22. conf. 83, 94, 110,
    117, 121, 135, 155, 159, 172, 202, 208, 211, 231,
    269.
CARTHEUSER, *Johannes Fridericus.* Med. Prof. Francof.
    ad Viadr. n. 1704. ob. 1777.
Amoenitates naturæ. I. 79.
De genericis quibusdam plantarum principiis. III. 433.
        Præside Cartheuser Dissertationes :
De Ligno nephritico et colubrino. III. 465.
    cortice Culilawan. III. 495.
    Cardamindo. III. 488.
    præcipuis Balsamis nativis. III. 465.
    Chenopodio ambrosioide. III. 480.
    radice Saponariæ. III. 500.
    Branca ursina germanica. III. 482.
    Sacharo. III. 564.
    Lichene cinereo terrestri. III. 534.
    Naphtha sive Petroleo. IV. 172.
    Radicibus esculentis. III. 561.
Dissertationes physico-chymico-medicæ. I. 66. conf. II.
    509. III. 472, 491, 493, 536.
Dissertationes selectiores physico-chymicæ ac medicæ. I.
    66. conf. III. 516, 539, 588. IV. 358.
CARTWRIGHT, *George.*
A journal during a residence on the coast of Labrador. I.
    153.
CARVER, *Jonathan.* n. in Connecticut 1732. ob. Londini
    1780.
Travels through the interior parts of North-America. I.
    152.
On the culture of the Tobacco plant. III. 628.
CARYOPHILUS, *Blasius.* s. *Biagio* GAROFALO. Juris-
    consultus. n. Neapoli 1677. ob. Viennæ 1762.
Dissertationes miscellaneæ. III. 195.
De antiquis Marmoribus. IV. 78.
        Fodinis. IV. 76.
CASAL, *Gaspar.*
Historia natural y medica de Asturias. I. 240.
CASAUBONUS, *Isaacus.* n. in Delphinatu 1559. ob. Lon-
    dini 1614. N. I. 264. Ed. I. 61, 75.
Animadversiones in Athenæi Deipnosophistas. I. 75.

Casaux, *Charles Marquis de.* ex Insula Grenada. R. S. S.
ob. Londini 1796.
Systeme de la petite culture des Cannes à sucre. III. 624.
Sur l'art de cultiver la Canne. III. 625.
Casearius, *Johannes.* III. 179.
Casnati, *Francesco.* II. 533.
Caspari, *Philippus Henricus.*
Diss. inaug. de Scilla. III. 485.
Cassan. IV. 299. V. 124.
Casserius, *Julius.*
Nova anatomia, continens Organorum sensilium delineationem. II. 387.
Casström, *Samuel Nic.* R. II. 214.
Casteels, *Peter.*
Icones Avium. II. 114.
de Castellet, *Constans.* V. 48.
Castelli, *Pietro.* Med. Prof. Messan.
Epistolæ de Helleboro. III. 529.
Incendio del monte Vesuvio. IV. 292.
De qualitatibus frumenti Messanam delati a. 1637. III.
562.
Opobalsamum. III. 489.
triumphans. III. 489.
Hortus Messanensis. III. 113.
De Hyæna odorifera zibethum gignente. II. 78.
de Castello albo, s. Castelblanco, *Joannes Rodericus.* vide Amatus.
Castens, *Carl Fredric.* V. 101.
Mauritius. R. II. 243.
Castiglioni, *Luigi.*
Viaggio nelli stati uniti dell' America settentrionale. I.
153.
de Castillon h. e. *Giovan Francesco Mauro Melchior
Salvemini da Castiglione.* Acad. Sc. Berolin. Soc. n. in
Castiglione 1708, ob. Berolin. 1791. II. 56.
Castles, *John.* II. 548.
Castre'n, *Eric.* R. I. 115.
de Castro Sarmento, *Jacob.* Judæus Lusitanus, Medicus Londin. R. S. S. ob. 1762. æt. 70. III. 475. IV.
184.
Materia Medica. I. 285.
Catcott, *A.*
A treatise on the deluge. IV. 281.
Catelan, *Laurent.* I. 291.
Von der natur des Einhorns. II. 42.

192 *Catesby—Celsius.*

CATESBY, *Mark.* R. S. S. ob. 1749. æt. 70. II. 451.
The natural history of Carolina. I. 254.
Hortus Europæ americanus. III. 209.
CATO, *Marcus.* n. A. V. 519. Consul 558.
De re rustica. I. 297.
CATTON, *Charles.* Pictor Londin.
Animals drawn from nature. II. 19.
CAUCHE, *François.* I. 132.
CAUSE, *D. H.*
Den koninglycke hovenier. III. 606.
CAVALLINI, *Fridericus Philippus.*
Pugillus Meliteus. III. 150.
CAVALLO, *Tiberius.* Neapolitanus, R. S. S. IV. 259.
Two mineralogical tables. IV. 12.
Explanation of two mineralogical tables. IV. 13.
CAVANDER, *Christian.* R. I. 114.
CAVANILLES, *Antonius Josephus.* Clericus Hispanus. III.
229, 599.
Monadelphiæ classis. III. 228.
Icones et descriptiones plantarum. III. 88. V. 64.
CAVENDISH, *Henry.* E familia Ducum Devoniæ, R. S. S.
n. 1731. II. 438. IV. 271.
CAVILLIER. Ingenieur des Mines de la Republ. Franç. IV.
224. V. 108.
CAVOLINI, *Filippo.* II. 290. III. 90, 317, 337, 443.
Memorie per servire alla storia de' Polipi marini. II. 339.
Sulla generazione dei Pesci e dei Granchi. II. 409 et 412.
DE CAYLUS, *Anne Claude Philippe de Tubiere de Grimoard
de Pestel de Levi, Comte.* n. 1692. ob. 1765.
Dissertation sur le Papyrus. III. 650.
CEDERHJELM, *Baron Carl Wilhelm.* Acad. Sc. Stock-
holm. Soc. II. 128.
Tal om wilda träns plantering. III. 617.
CEDERLÖF, *Olof.* R. II. 569.
CELLARIO, *Justo,* Præside
Diss. de viventibus sponte nascentibus. II. 427.
CELSIUS, *Andreas.* Nepos sequentis, Astron. Prof. Upsal.
Acad. Sc. Stockholm. Soc. n. 1701. ob. 1744.
Præside A. Celsio, Diss. de novo in fluviis Norlandiarum
piscandi modo. II. 566.
CELSIUS, *Magnus.* Mathes. Prof. Upsal. ob. 1679. æt.
58.
Præside M. Celsio Diss. de natura piscium in genere. II.
172.

CELSIUS, *Olaus.* Filius præcedentis, Theol. Prof. Upsal.
Acad. Scient. Stockholm. Soc. n. 1670. ob. 1756. III.
168, 194. R. II. 110.
חרק ex Arabum scriptis illustratur. III. 194.
De Palma. III. 194.
Arbore scientiæ boni et mali. III. 194.
Melones Ægyptii ab Israëlitis desiderati. III. 194.
Hierobotan con. III. 194, 195.
CERMELLI, *Pier-Maria.*
Carte corografiche, e memorie riguardanti i fossili del Pa-
trimonio, Sabina etc. IV 44.
CERUTVS, *Benedictus.* Medicus Veron. ob. 1620.
Museum Calceolarii. I. 227.
DE CERVANTES, *Don Vicente.* Botan. Prof. Mexic.
Discurso pronunciado en el Real jardin botanico de Mexi-
co. III. 438.
CESTONI, *Giacinto.* ob. 1718. I. 70. II. 211, 280.
CETTI, *Francesco.*
I Quadrupedi di Sardegna. II. 27.
Gli Uccelli di Sardegna. II. 27.
Anfibi e Pesci di Sardegna. II. 27.
CHABOT, *Roger.* III. 633.
CHABOUILLE'.
Manuel pratique du laboureur. V.-55.
CHABRÆUS, *Dominicus.* Medicus Genev. III. 59.
Omnium stirpium sciagraphia. III. 60.
CHAMBERLAINE, *J.* Tr. I. 296. III. 572, 579.
W. Chirurgus Londin.
On the efficacy of Stizolobium or Cowhage in diseases oc-
casioned by Worms. III. 513.
CHAMBERS, *Gulielmus.*
Diss. de Ribes Arabum et ligno Rhodio. III. 496 et 540.
conf. 17.
CHAMBON.
Traité des metaux et des mineraux. IV. 352.
DE CHAMPLAIN.
Voyages de la nouvelle France dicte Canada. I. 153.
CHAMPY. IV. 35, 291.
CHANGEUX. II. 57. III. 407, 432.
DE CHANGY, *Pierre.* I. 74.
CHANNING, *John.* III. 466.
CHAPMAN, *William.* IV. 318.
CHAPPE D'AUTEROCHE, *Jean.* Acad. Scient. Paris. Soc.
n. 1728. ob. 1769.
Voyage en Siberie. I. 118.
TOM. 5. O

Voyage en Californie. I. 255.
CHAPTAL, *J. A.* Instituti Paris. Soc: I. 60. II. 3, 400.
IV. 155, 157, 228, 290, 388. V. 84.
CHARAS, *Moyse.* Acad. Sc. Paris. Soc. ob. 1698.
Experiences sur la Vipere. II. 165.
Theriaque d'Andromacus. I. 291.
CHARITIUS, *Christian Frid.* R. IV. 240.
CHARLETON, *Walter.* Medicus Londin. n. 1619. ob. 1707.
Onomasticon zoicon, s. de differentiis et nominibus ani-
malium. II. 5. conf. II. 467 et IV. 7.
DE CHARLEVOIX, *Pierre François Xavier.* S. J. n. 1684.
ob. 1761.
Histoire de l'Isle Espagnole ou de S. Domingue. I. 163.
Histoire de la Nouvelle France. I. 151.
CHARPENTIER, *Johann Friedrich Wilhelm.* Prof. Acad.
Metallurg. Freyberg. n. 1738. IV. 17, 284.
Mineralogische geographie der Chursächsischen lande.
IV. 60.
DE CHASTILLON, *Ludovicus.* III. 66.
CHATELAIN, *Joannes Jacobus.*
Spec. inaug, de Corallorhiza. III. 315.
CHAUSSIER. II. 534.
CHAUVIN. IV. 290.
CHEMNITIUS, *Johannes.* Medicus Brunsvic. n. 1610. ob.
1651.
Index plantarum circa Brunsvigam nascentium. III. 158.
CHEMNITZ, *Johann Hieronymus.* Magdeburgensis, Pastor
templi militum præsidiariorum Hafniensis, n. 1730. I.
108. II. 41, 105, 109, 300, 318—320, 324, 328, 329,
332—335, 457, 490, 491, 538. IV. 244, 303, 340. V.
42, 106. Cont. II. 316.
Beyträge zur Testaceotheologie. II. 36. conf. I. 230.
Von einem geschlechte vielschalichter conchylien, Chiton.
II. 323.
CHENEVIX, *Richard.* IV. 387.
CHENON *Leonhard Joh.* R. III. 35.
CHERLERUS, *Johannes Henricus.* III. 59.
CHERNAK, *Ladislaus.*
Diss. de respiratione volucrum. II. 384.
CHESELDEN, *William.* Chirurgus Londin. R. S. S. n.
1688. ob. 1752.
Osteographia. II. 378.
CHESNECOPHERUS, *Johannes.* Physiolog. Prof. Upsal. n.
1581. ob. 1635.
Disp. de Succis concretis et Terris pretiosis. IV. 14.

CHEVALIER.
Sur les maladies de St. Domingue. II. 40, et III. 188.
CHEVALIER, *Nicolas.*
Description d'une piece d'Ambre gris. II. 504.
de là chambre de raretés d'Utrecht. I. 223.
CHIARELLI, *Francesco Paolo.*
Discorso preliminare alla storia natùrale di Sicilia. I. 242.
CHIARUGI, *Vicenzo.*
Sistema di mineralogia. IV. 11.
CHILDREY, *Joshua.* Clericus Anglus, ob. 1670.
Britannia Baconica. I. 235.
CHILIANI, *Nicolaus.* R. III. 470, 480.
CHIOCCUS, *Andreas.*
Museum Calceolarii. I. 227.
CHLADNI, *Ernst Florens Friedrich.* J. U. D. Witteberg.
n. 1756. V. 120.
Ueber den ursprung der von Pallas gefundenen Eisen-
masse. IV. 249.
CHLADNI, *Georgius.* R. IV. 187.
DE CHOISY, *François Timoleon.* n. 1644. ob. 1724.
Suite du voyage de Siam. I. 141.
CHOMEL, *Jean.Baptiste.* Medicus Paris. Acad. Sc. Paris.
Soc ob. 1740. III. 305, 310, 315.
Reponse à deux lettres sur la botanique. III. 43.
Histoire des plantes usuelles. III. 456.
Catalogus plantarum officinalium. III. 456.
CHRIST, *Johannes Fridericus.* Poës. Prof. Lips. n. 1701.
ob. 1756.
Præside Christio Diss. Aquilæ juventas. II. 124.
CHRIST, *Johann Ludwig.* Pfarrer zu Kronburg an der
Höhe, im Mainzischen. n. 1739.
Naturgeschichte der Bienen, Wespen und Ameisen. II.
576.
CHRISTIERNIN, *Johan Daniel.* R. IV. 380.
CHRISTMANN, *Gottlieb Friedrich.* Medicus Witemberg.
Des Ritters Carl von Linné pflanzensystem. I. 191.
CHRISTOPHERSSON, *Andreas.* R. III. 32.
CHURCH, *John.* Pharmacopoeus Londin.
A cabinet of Quadrupeds. II. 570. V. 59.
CHURCHILL'S
Collection of voyages. I. 85.
CIAMPINI, *Joannes.*
De incombustibili lino. IV. 122.
CIASSUS, *Joannes Maria.*
Meditationes de natura plantarum. III. 364.

O 2

Cibot. III. 351.
Cicero, *Marcus Tullius.*
 Fragmenta oeconomicorum. I. 297.
de Cieça, *Pedro.*
 Chronica del Peru. I. 161.
Cigalinus, *Paulus.* I. 73.
Cigna, *Francesco.* Anat. Prof. Taurin. n. 1734. ob. 1790.
 II. 404.
Cirillo, *Domenico.* Med. Prof. Neapol. II. 286. III.
 531.
 Ad botanicas institutiones introductio. III. 21.
 De essentialibus nonnullarum plantarum characteribus.
 III. 85.
 Entomologiæ Neapolitanæ specimen. II. 224.
 Plantæ rariores regni Neapolitani. III. 86.
Cirino, *Andreas.* Messanensis, Clericus regularis. n. 1618.
 ob. 1664.
 Variæ lectiones s. de Venatione heroum. II. 555.
 De natura et solertia Canum. II. 72.
Civinini, *Giovanni Domenico.*
 Della storia del Caffé. III. 574.
            degli Agrumi. III. 307.
Clant, *Petrus.*
 Encomium Bovis. II. 102.
Clarici, *Paolo Bartolomeo.* n. Anconæ 1664. ob. 1724.
 Coltura delle piante, che sono piu distinte per ornare un
 giardino. III. 608.
Clark, *Bracy.* V. 38.
Clarke, *Charles.* II. 57.
Clark, *James.* Medicus in insula Dominica, nunc Lon-
 din. R. S. S. III. 552, 589.
Clark, *Sir John.* III. 380.
Clarke, *William.*
 The natural history of Nitre. IV. 158.
de Clarmorgan, *Jean.* II. 557.
Clauderus, *Gabriel.* Medicus Altenburg. n. 1633. ob.
 1691. II. 87, 94, 127, 418, 424, 471.
 De Cinnabari nativa Hungarica. IV. 358.
de Clave, *Estienne.*
 Paradoxes des pierres. IV. 239.
Clavena, *Nicolaus.* Pharmacopoeus Bellun.
 Historia Absinthii umbelliferi. III. 520.
            Scorsoneræ italicæ. III. 516.
Clavenna, *Jacobus Antonius.*
 Clavis Clavennæ. III. 58.

C L A V I G E R O. *Francesco Saverio.*
The history of Mexico. I. 156.
C L A Y T O N, *John.* Clericus Anglus. I. 154.
Medicus in Virginia. III. 186.
Sir Richard, Baronetus. N. III. 191.
C L E G H O R N, *George.* Anat. Prof. Dublin. ob. 1789.
On the epidemical diseases in Minorca. I. 240.
C L E R C K, *Carl.* Acad. Sc. Stockholm. Soc. II. 220, 257,
284.
Aranei Sverici. II. 284.
Nomenclator extemporaneus rerum naturalium. I. 189.
Icones Insectorum rariorum. II. 251.
Anmärkningar om Insecterne. II. 220.
A C L E R I C I S, *Antonius.*
Diss. inaug de Asparago. III. 262.
C L E R I C U S s. L E C L E R C, *Daniel.* Medicus Genev. n. 1652.
ob. 1728.
Historia naturalis latorum Lumbricorum. II. 355.
C L E R K, *George.* IV. 318.
C L E W B E R G, *Christophoro,* Lingu. Orient. Prof. Upsal.
Præside Dissertationes :
De חנם arbore. III. 199.
variis frumentorum et leguminum speciebus in Sac.
Cod. Vet. Test. memoratis. III. 195.
C L E V B E R G I U S, *Nicolaus.* R. III. 531.
C L E Y E R U S, *Andreas.* I. 251. II. 106, 164, 418. III. 75,
183, 576.
C L O D I U S, *Johannes.* Superintendens in Grossen Hayn, in
Saxonia. n. 1645. ob. 1733.
Præside Clodio Dissertationes :
Perdix. II. 144.
Ambra odorata. II. 504.
C L O S T E R, *Fridericus Laurentius von Jemgumer.*
Museum Closterianum. I. 230.
C L O U E T, *Louis.* III. 594. V. 117.
C L O Y N E, *George Lord Bishop of.* vide Berkeley.
C L O Z I E R. IV. 350.
C L U S I U S s. L'E S C L U S E, *Carolus.* n. Atrebati 1526. ob.
Lugduni Bat. 1609. III. 464, 613. Tr. I. 122, 286,
288, 289, 293. III. 54, 251, 615.
Rariorum stirpium per Hispanias observatarum historia.
III. 145.
Aliquot notæ in Garciæ aromatum historiam. I. 287
Descriptiones stirpium et aliarum exoticarum rerum. III
71.

Rariorum stirpium per Pannoniam observatarum historia.
III. 129.
Stirpium nomenclator Pannonicus. V. 61.
Rariorum plantarum historia. III. 59. conf. 227.
Exoticorum libri. I. 198.
Curæ posteriores. I 198. conf. III. 59.
C L U T I U S, *Augerius,* s. *Outger* C L U Y T. Bot. Prof. Lugd.
   Bat.
   Calsuee s. de lapide nephritico. IV. 121.
   Memorie der vreemder Blom-bollen - - - hoe men die sal
      bewaren ende over seynden. III. 612.
   De Nuce medica. III. 359.
      Hemerobio. II. 265.
C L U T I U S, *Theodorus,* s. *Dirck* C L U Y T.
   Van de Byen. II. 524.
C N E I F F, *Johan David.* II. 557.
C N O L L, *Samuel Benjamin.* IV. 166.
V O N C O B R E S, *Joseph.* Mercator Augustæ Vindel.
   Deliciæ Cobresianæ. I. 178.
C O C C H I, *Antonio.*
   De i vermi cucurbitini. II. 368.
C O C Q U I U S, *Adrianus.*
   Historia plantarum quarum fit mentio in S. S. III. 194.
C O D E' IV. 390.
C O E, *T.* II. 57.
C O E L H O S E A B R A S I L V A E T E L L E S, *Vicente.* III. 569,
   639.
V O N C O E L L N, *Johannes.* R. III. 463.
C O H A U S E N, *Johannes Henricus.* Medicus Monaster. ob.
   1750. æt. 85. I. 71.
C O H A U S E N, *Salentinus Ernestus Eugenius.* I. 71.
C O I N T R E L, *Pierre.*
   Catalogue des plantes du jardin de Lille. III. 108.
C O I T E R, *Volcher.* Medicus Norimberg. n. Groningæ 1534.
   ob. 1600. II. 377.
   Principalium humani corporis partium tabulæ. II. 375,
      403, 460.
C O L B I Ö R N S E N, *Fridericus.* R. II. 39.
C O L D E N, *Cadwallader.* III. 185.
      Miss Jenny. III. 307.
C O L E, *William.* II. 538.
C O L E B R O O K E, *Robert.* IV. 298.
C O L E P R E S S E. II. 419.
C O L E R U S, *Johannes.* Clericus Meklenburg. ob. 1639.
   Oeconomia ruralis. I. 299.

COLERUS, *Johannes.*
De Bombyce dissertatio. II. 530.
COLERUS, *Johannes Jeremias.* R. II. 510.
COLES, *William.*
The art of simpling. III. 16.
Adam in Eden. III. 61.
COLIN, *Antoine.* Pharmacopoeus Lugdun. Tr. I. 287—
289. III. 489.
COLINI, *Cosmus.* Florentinus. Director Musei Mannheim.
II. 99. IV. 111, 189, 200, 344.
Journal d'un voyage. IV. 35.
Sur les montagnes volcaniques. IV. 284.
COLIUS, *Jacobus.*
Syntagma herbarum encomiasticum. III. 1.
COLLARDUS S. COLLAERT, *Adrianus.*
Animalium quadrupedum delineationes. II. 50.
Avium icones. II. 113.
Piscium icones, II. 169.
COLLET-DESCOTILS. IV. 86, 105, 385, 386.
COLLIANDER, *Johannes.* R. IV. 376.
    Joh. Georg. R. III. 471.
    Zacharias. R. III. 236.
COLLIER, *Joseph.* IV. 381. V. 126.
COLLIN, *Andreas.* R. III. 6.
   Nicholas. I. 253.
COLLING, *Olaus.* IV. 196.
COLLINS, *Charles.*
Icones Avium. II. 114.
COLLINS, *Samuel,* Medicus Londin.
A system of Anatomy. II. 370.
COLLINS, *Samuel,* of Archester.
Paradise retrieved. III. 608.
COLLINSON, *John.*
The history of the county of Somerset. I. 95.
COLLINSON, *Peter.* Mercator Londin. R. S. S. ob. 1768.
æt. 75. II. 220, 245, 265, 394, 430, 447, 449, 456, 489.
IV. 323.
COLLINUTIUS, *Pandulphus.* I, 75.
COLLOMB. III. 415.
COLMENERO DE LEDESMA, *Antonio.*
De natura Chocolatæ. III. 578.
COLNETT, *James.* Captain in the Royal Navy.
A voyage into the Pacific Ocean. I, 308.
COLOMBINA, *Gasparo.*
Il bomprovifaccia. III. 455.

COLONNE, *François Marie Pompée.* Romanus, ob. Parisiis 1726.
Histoire naturelle de l'univers. I. 79.

COLSMANN, *Johannes.*
Prodromus descriptionis Gratiolæ. V. 75.

COLUMBAGRIUS, *Jonas.* R. II. 42.

COLUMELLA, *Lucius Junius Moderatus.*
De re rustica. I. 297.

COLUMNA, *Fabius.* Neapolitanus, n. circa a. 1567. ob. medio Sec. xvi. N. I. 254.
Φυτοβασανος. III. 71. conf. II. 168.
Minus cognitarum stirpium εκφρασις. III. 71. conf. II. 17, 256. IV. 300.
Purpura. II. 317. conf. IV. 330.

DE COMITIBUS, *Ludovicus.*
Metallorum ac metallicorum naturæ operum elucidatio. IV. 187.

COMITUM, S. DE COMITIBUS, *Natalis.* Tr. I. 264.
De venatione. II. 554.

COMMELIN, *Casparus.* Botan. Prof. Amstelod. ob. 1731. æt. 64.
Disp. inaug. de Lumbricis. II. 357.
Flora Malabarica. III. 179.
Plantarum usualium horti Amstelodamensis catalogus. III. 104.
Horti Amstelædamensis rariorum plantarum descriptio et icones. Pars altera. III. 104.
Præludia botanica. III. 104.
Horti Amstelodamensis plantæ rariores. III. 104.
Oratio in laudem rei herbariæ. III. 2.

COMMELIN, *Joannes.* C. III. 179.
Nederlandtze Hesperides. III. 636.
Catalogus plantarum indigenarum Hollandiæ. III. 139.
horti Amstelodamensis. III. 104.
Horti Amstelodamensis rariorum plantarum descriptio et icones. Pars 1. III. 104.

COMMERELL.
Sur la culture de la Racine de disette. III. 629.
du Chou-à-faucher. III. 634.

COMMERSON, *Philibert.* Medicus Gallus. n. 1727. ob. in insula Mauritii 1773. I. 202.

COMPARETTI, *Andrea.* Prof. Patav. III. 414. V. 87.
Prodromo di fisica vegetabile. III. 366.
Riscontri fisico botanici. III. 89.
De coloribus apparentibus, visu et oculo. V. 46.

CONERDING, *Theodorus.* R. II. 383.
CONFALONERIUS, *Joannes Baptista.*
De vini natura. III. 566.
CONRA'D, *Josephus.* II. 231.
Philosophia ʰistoriæ naturalis. I. 186.
CONRING, *Hermannus.* Med. Prof. Helmstad. n. 1606. ob.
1681. Ed. V. 59.
Præside Conringio Dissertationes:
De Respiratione animalium. II. 383.
Terris. IV. 85.
Sale, Nitro et Alumine. IV. 149.
CONSTANTINI, *Friedrich Gerhard.* Medicus Hamel. III.
576. Tr. III. 574
CONSTANTINUS *Africanus.*
De animalibus. II. 499.
CONSTANTINUS, *Robertus.* III. 52. N. I. 276.
CONSTANTIUS, *Antonius.* II. 96.
CONTANT, *Jacques et Paul.* Pharmacopoei Pictavienses.
Divers exercices. I. 277. conf. I. 225. III. 191.
COOKE, *Benjamin.* III. 395, 396.
Edward.
A voyage to the South Sea. I. 88.
COOK, *James.* Captain in the Royal Navy. R. S. S. n.
1728. ob. 1779.
A voyage towards the South Pole, 1772—75. I. 89.
to the Pacific Ocean, 1776—80. I. 91.
COOK, *John.*
The natural history of Lac, Amber and Myrrh. I. 292.
COOK, *Moses.*
The manner of raising forest trees. III. 617.
COOPER, *William.*
Reflections on the intercourse of nations. I. 78.
COPHON. II. 471.
COQUEBERT, *Antonius Joannes.* V. 95.
Illustratio iconographica Insectorum, quæ in musæis Pa-
risinis observavit J. C. Fabricius. V. 32.
COQUEBERT, *Charles.* IV. 384, 388. V. 127.
CORDINER, *Charles.* Clericus Scotus.
Antiquities and scenery of the North of Scotland. I. 97.
Remarkable ruins and romantic prospects of North Bri-
tain. I. 97.
CORDUS, *Euricius.* Med. Prof. Marburg. dein Medicus
Brem. n. 1486. ob. 1535.
Botanologicon. III. 70.

CORDUS, *Valerius.* Euricii filius, Medicus, n. 1515. ob.
    1544.
    Opera I. 305. conf. I. 198, 276. III. 55.
    De Halosantho s. Spermate Ceti. II. 503.
CORNABE, *Alexander.* II. 127.
CORNARIUS, *Janus.* Tr. I. 274. N. III. 452. IV. 74.
CORNELII, *Hermannus.* Hortulanus.
    Catalogus plantarum horti Amstelodamensis. V. 67.
CORNIANI, *Conte Gio. Battista.* III. 428.
CORNIDE, *Don Joseph.*
    Historia de los peces de la costa de Galicia. V. 29.
CORNISH, *James.* II. 450.
CORNUTI, *Jacobus.* Medicus Parisinus.
    Canadensium plantarum historia. III. 72. conf. 141.
CORREA DE SERRA, *Joseph.* Acad. Sc. Olysipon. Secr. n.
    1751. V. 115.
    On the fructification of the submersed Algæ. III. 442.
CORSALI, *Andrea.* I. 134.
CORSE, *John.* Scotus, Chirurgus in India Orientali. II. 70.
    V. 20, 47.
CORTE's, *Geronimo.*
    Tratado de los animales. II. 13.
CORTHUM, *Joachimus.* R. II. 81.
CORTI, *Bonaventura.* II. 542. III. 375.
    Osservazioni microscopiche sulla Tremella. III. 415 et 375.
CORTINOVIS, *Don Angelo Maria.* II. 539. IV. 77.
CORVINUS, *Georgius Ludovicus.*
    Diss. inaug. de Scilla. III. 485.
COSCHWITZ, *Georgius Daniel.* Anat. et Botan. Prof. Hal.
    ob. 1729.
    Vollständige Apotheke. I. 282.
    Præside Coschwitz Diss. de Lapidibus judaicis. IV. 343.
COSMAS. I. 251.
DE COSSIGNY DE PALMA.
    On the cultivation of Indigo. III. 636.
COSTÆUS, *Joannes.* N. I. 277.
    De universali stirpium natura. III. 15.
COSTANTINI, *Giuseppe Antonio.* Avvocato.
    La verità del diluvio universale. IV. 281.
COSTE, *Petrus.* Tr. II. 352.
COTHENIUS, *Christian Andreas.* Medicus Regis Borussiæ,
    n. 1708. ob. 1789. IV. 153.
    Chemische untersuchung der rothen Chinarinde. III. 473,
    655.
COTHENIUS, *Christianus Andreas.* R. III. 646.
    Dispositio vegetabilium a staminum numero. III. 33.

CRAMER, *Pieter.* Mercator Amstelodam.
De uitlandsche Kapellen. II. 255.
CRANTZ, *David.*
Historie von Grönland. I. 111.
CRANTZ, *Henricus Johannes Nepomucenus.* Med. Prof.
Vindob. n. 1722.
Materia medica. I. 285.
Institutiones rei herbariæ. III. 41.
Classis Umbelliferarum emendata. III. 217.
De duabus Draconis arboribus. III. 262.
Classis Cruciformium emendata. III. 217.
Stirpes Austriacæ. III. 153.
CRASSUS, *Paulus.*
De Lolio. III. 544.
CRATANDER, *Andreas.* Ed. I. 205.
CRAUSIUS, *Rudolphus Gulielmus.* Med. Prof. Jen. n.
1642. ob. 1718.
Progr. de naturæ in regno vegetabili lusibus. III. 408.
Præside Crausio Dissertationes:
De Lumbricis. II. 357.
Hirudinibus. II. 510.
Regulis Antimonii. IV. 222.
Cardamomis. III. 467.
CRAWFORD, *Adair.* Hibernus, Medicus Londin. R. S. S.
ob. 1795. II. 435.
CRELL, *Joannes Fridericus.* Medic. Prof. Helmstad. n.
1707. ob. 1747. R. IV. 258.
Præside Crellio Diss. de Cortice Simarouba. III. 499.
VON CRELL, *Lorenz Florens Friedrich.* Med. Prof. Helm-
stad. n. 1744. V. 114.
Chemisches Journal. I. 54. conf. III. 515.
Die neuesten entdeckungen in der Chemie. I. 54. conf.
III. 435.
Chemische Annalen. I. 55. conf. I. 170, 175, 176. III.
536. IV. 99, 107, 193, 229.
Beyträge zu den chemischen Annalen. I. 55.
Chemical Journal. I. 55.
CRELLIUS, *Ludovicus Christianus.*
Disp. de Locustis in Germania conspectis. II. 242.
CRESCENTIENSIS S. CRESCENZI, *Piero.* Bononiensis, Ju-
ris Consultus, vixit Sec. xiii.
De agricultura. I. 298.
DE' CRESCIMBENI, *Gio. Mario.* Tr. I. 140.
CRICHTON, *Alexander.* Scotus, Medicus Londin. III. 519,
533. Tr. II. 400.

CROFT, *Herbert, Lord Bishop of Hereford.*
Animadversions upon a book intituled the theory of the
earth. IV. 273.

CROFT, *John.*
On the wines of Portugal. III. 568.

CROMARTIE, *George Earl of.* IV. 175.

CRONBERG, *Daniel.* R. IV. 130.

CRONSTEDT, *Axel Fredric.* Bergmästare i Väster-Bergs-
lagen, Acad. Sc. Stockholm. Soc. n. 1722. ob. 1765. III.
585, 627. IV. 15, 67, 98, 134, 192, 208, 225.
Tal om medel til Mineralogiens förkofran. IV. 3.
Försök til Mineralogie. IV. 9.
Mineralgeschichte über das Westmanländische und Dale-
karlische erzgebirge. IV. 67.

GRONSTEDT, *Grefve Carl Johan.* II. 546.
O. L. II. 125. V. 24.

CROPP, *Fridericus Ludovicus Christianus.* R. III. 159.

CRUCIUS S. A CRUCE, *Vincentius Alsarius.* Genuensis,
Med. Prof. Rom. II. 360.
Vesuvius ardens. IV. 292.

CRÜGER, *Bernhardus Ernestus.* R. II. 35.
Daniel. Medicus Stargard. n. 1639. ob. 1711.
II. 509.

CRUIKSHANK, *William.* Chirurgus Londin. R. S. S. II. 429.

CRUMPE, *Samuel.* V. 44.

CRUSELL, *Niclas.* R. III. 617.

CRUSIUS, *Johannes Casparus.* Ed. II. 72.
Justus. R. III. 377.

CÜCHLERUS, *Elias.* R. IV. 353.

CUHN, *E. W.* Tr. I. 128.

CULLEN, *Charles.* Tr. I. 156. IV. 229.

CULLEY, *George.*
Observations on live stock. II. 519.

CULLUM, *Sir John,* Baronetus, R. S. S. n. 1733. ob. 1785.
The history of Hawsted. I. 95.

CULLUM, *Sir Thomas Gery.* Baronetus, R. S. S.
Floræ Anglicæ specimen. III. 131.

CULPEPER, *Nicholas.*
The English Physician. III. 455.

CUNNINGHAM, *James.* R. S. S. I. 143, 253. III. 183.

CUNO, *Cosmus Conrad.* Instrumentorum opticorum arti-
fex Augustæ Vindel. ob. 1745.
Observationes durch microscopia. I. 214.

CUNO, *Joan Christian.*
Ode über seinen garten. III. 192.

CUPANI, *Franciscus.* Siculus, Monachus Franciscanus, n.
1657. ob. 1710.
Hortus Catholicus. III. 113.
Panphyton Siculum. III. 149.
CUPERUS, *Gisbertus.* Hist. Prof. dein Consul Daventrix,
n. 1644. ob. 1716.
De Elephantis in nummis obviis. II. 69.
CUPIUS, *Jacobus.*
Diversa animalia quadrupedia. II. 50.
CURTEIS, *William.* III. 641.
CURTIS, *William.* Pharmacopoeus Londin. ob. 1799. II.
550. Tr. II. 204.
Instructions for collecting Insects. II. 202.
A catalogue of the plants growing wild in the environs of
London. III. 135.
Explanation of the plate containing the fructification of
the Mosses. III. 222.
Flora Londinensis. III. 135.
Linnæus's system of botany illustrated. III. 22.
History of the brown-tail moth. II. 550.
Catalogue of plants growing in the environs of Settle. III.
138.
Catalogue of the London botanical garden. III. 98. conf.
132.
Enumeration of the British Grasses. III. 213.
The botanical magazine. III. 86. V. 64.
Familiar introduction to botany. III. 24.
Practical observations on British grasses. III. 594. V. 100.
conf. III. 213. V. 73.
Catalogue of the Brompton botanic garden. III. 98, 646.
ubi addatur: For the year 1799. Pagg. 36.   8.
CURTIUS S. LE COURT, *Benedictus.* Juris Consultus Gal-
lus.
Hortorum libri. III. 205.
CURTIUS, *Jesaias.* R. III. 498.
        Johann Daniel. R. III. 467.
CUSSON, III. 488.
        fils. II. 368.
CUTLER, *Manasseh.* III. 185.
CUVIER, *George.* Instituti Paris. Soc. II. 215, 274, 292,
463, 492. IV. 317, 319, 323. V. 18—21, 42, 46, 51,
52, 125.
CYPRIANUS, *Joannes.* Theol. Prof. Lips. n. in Polonia
1642. ob. 1723. II. 12.

CYRILLUS. vide Cirillo.

DE CZENPINSKI, *Paulus.*
Diss. inaug. Regni animalis genera. II. 4.
Botanika dlá Szkól Narodowych. III. 23.

DA COSTA, *Emanuel Mendes.* IV. 93, 114, 218, 332, 340,
342, 348. Ed. IV. 9.
A natural history of fossils. IV. 80.
Elements of Conchology. II. 314.
Historia naturalis Testaceorum Britanniæ. II. 321.
Conchology, or natural history of Shells. II. 316.

DAHL, *Andreas.* R. II. 212.
Observationes botanicæ. III. 40 et 86.

DAHLBERG, *Nicolaus E.* R. III. 409.

DAHLGREN, *Johan Adolph.* R. III. 272, 508.

DAHLMAN, *G. T.*
Den färdige trägårdsmästaren. III. 608.

DALDORFF. II. 20, 443. V. 31.

DALE, *Samuel.* Pharmacopoeus in Braintree Essexiæ, dein
Medicus in Bocking. ob. 1739. æt. 80. I. 95. II. 51,
409. IV. 334.
Pharmacologia. I. 282.

DALE, *Thomas.*
Diss. inaug. de Pareira brava. III. 528. conf. 521.

DALECHAMPS, *Jaques.* Medicus Lugdun. ob. 1587. Tr.
I. 75. Ed. I. 73.
Historia generalis plantarum. III. 58.

DALIBARD, *Thomas François.* III. 283.
Floræ Parisiensis prodromus. III. 142.

DALLA BELLA, *Joaõ Antonio.*
Sobre o modo de aperfeicoar a manufactura do Azeite. III.
623.
Sobre a cultura das Oliveiras. III. 623.

DALLA BONA, *Giovanni.*
L'uso e l'abuso del Caffé. III. 574.

DALMAN, *Johan Fredric.* II. 65.

DALRYMPLE, *Alexander.* R. S. S. n. 1737.
Collection of voyages in the South Pacific Ocean. I. 252.
Oriental repertory. I. 60.

DALZEL, *Archibald.*
The history of Dahomy. V. 6.

DAMBOURNEY, *L. A.* Acad. Rothomag. Secr. ob. 1795.
æt. 73.
Experiences sur les Teintures. III. 582.

D AMMERS, *Ferdinandus Ludovicus.*
 Diss. inaug. de Datiscæ cannabinæ in febribus intermit-
 tentibus sanandis usu. V. 94.
D AMPIER, *William.* I. 156.
 A voyage round the world. I. 88.
 to New Holland. I. 146.
D ANA, *Johannes Petrus Maria.* Bot. Prof. Taurin. II.
 301, 310, 418. III. 583.
D ANCER, *Thomas.* Medicus Jamaic.
 Catalogue of plants in the botanical garden, Jamaica. III.
 126.
D ANDENELLE, *Claudius Abrahamus.* R. III. 300.
D ANDINI, *Hieronymus.* Cesenas, S. J. n. 1551. ob. 1634.
 Voyage du Mont Liban. I. 125.
D ANIEL, *Samuel.* I. 123.
D'A NTHOINE. II. 267.
D'A NTIC. vide Bosc.
D ANZ. IV. 35, 47, 91.
D APPER, *Herbertus.*
 Disp. inaug. de Vermibus. II. 357.
D APPER, *Johannes.*
 Disp. inaug. de Mercurio. IV. 358.
D APPER, *Olpher.* Medicus Amstelodam. ob. 1690.
 Description de l'Afrique. I. 127.
 des isles de l'Archipel. I. 124.
D'A RCET, *Jean.* Instituti Paris. Soc. IV. 160, 183.
 Sur l'action d'un feu violent sur un grand nombre de
 pierres. IV. 251.
 Sur l'etat actuel des montagnes des Pyrenées. IV. 36.
D ARDANA, *Josephus Antonius.* III. 553.
D'A RDENE. Presbyter e Congreg. Orator.
 Traité des Tulipes. III. 631.
 Oeillets. III. 632.
 Trattato de' Giacinti. III. 632.
D ARELIUS, *Johan Andreas.* R. I. 201. III. 537.
D'A RGENVILLE, *Antoine Joseph Desallier.* Maitre des
 Comptes de Paris. n. 1680. ob. 1765.
 L'histoire naturelle eclaircie dans la Lithologie et la Con-
 chyliologie. IV. 8. conf. I. 183. II. 315. IV. 1.
 Enumeratio fossilium Galliæ. IV. 32.
 L'Oryctologie. IV. 8. conf. IV. 2, 32. V. 23, 30.
 La Conchyliologie. II. 315. conf. I. 183.
D ARIES, *Petrus Johannes Andreas.* R. III. 250.
D ARLUC.
 Histoire naturelle de la Provence. I. 238.

Darwin, *Erasmus.* Medicus Derby. R. S. S.
The botanic garden. III. 192.
Dassdorff, *Joh. Adam.* R. III. 439.
Dassow, *Carolus Magnus.* R. III. 35.
Daubenton. Lieut. General de Police, à Montbard en
Bourgogne. III. 643.
Daubenton, *Louis Jean Marie.* Instituti Paris. Soc. II.
13, 64, 82, 92, 378, 393, 454, 460, 471, 472, 474, 522.
III. 332, 369, 371, 372, 404, 592. IV. 82, 92, 135, 146,
255, 268, 269, 317, 319, 382. V. 9, 13, 85, 125.
Instruction pour les Bergers. II. 522. V. 55.
Tableau methodique des Mineraux. IV. 12.
Daubenton, *le jeune.*
Planches'enluminées d'histoire naturelle. II. 16.
Dauderstadius, *Caspar Christophorus.*
Disp. de Phoenice. II. 44.
Dauth, *Adrianus.* R. IV. 237.
David, *Aloys.* IV. 376.
Davidson, *George.* III. 473.
Davies, *Hugh.* Rector of Aber, North Wales. III. 343.
John. Tr. I. 137, 139, 161.
Thomas. Major General. R. S. S. II. 110. V. 21,
27.
Instructions for collecting subjects of natural history. I.
218.
Davis, *John.* Tr. II. 484.
Davy, *Humphry.* V. 88.
Dawkes, *Thomas.*
Prodigium Willinghamense. II. 58.
Day, *William.* V. 122.
Debes, *Lucas Jacobsson.* Pastor Færoensis, n. 1623. ob.
1670.
Færoa reserata. I. 109.
Debraw, *John.* II. 527.
De Bure, *Guillaume, fils ainé.*
Catalogue de la bibliotheque de M. Buc'hoz. I. 179.
Decandolle, *A. P.* V. 89, 90.
Plantarum historia succulentarum. V. 73.
Dechan. IV. 365.
Dedu.
De l'ame des plantes. III. 364.
Deering, *Charles* (*G. C.* Doering.) Saxo, Medicus Not-
tingham. ob. 1749.
Catalogue of plants growing about Nottingham. III. 137.
Historical account of Nottingham. III. 137.
Tom. 5. P

Defay. II. 22, 117, 427. IV. 243, 349.
Memoires sur diverses parties de l'histoire naturelle. I.
203. conf. IV. 36.
De Geer, *Baron Carl.* Commend. magnæ crucis Ord.
Vasiaci, Eques Ord. de Stella Polari, Acad. Sc. Stock-
holm. Soc. n. 1720. ob. 1778. II. 220, 244, 245, 247,
249, 251, 260, 265, 269, 275, 277—282, 293, 349, 350,
409, 441, 484, 543.
Om nyttan som Insecternes skärskådande tilskyndar oss.
II. 201.
Om Insecternas alstring. II. 411.
Memoires pour servir à l'histoire des Insectes. II. 206.
Genera et species Insectorum. II. 207.
Degner, *Johann Hartmann.* Medicus, dein Consul No-
viomag. n. Suinfurti 1677. ob. 1756.
Dissertatio de Turfis. IV. 176.
Dehn, *Josephus.*
Diss. inaug. de Ferro. IV. 359.
Dehne, *Johann Conrad Christian.* Medicus Schoening.
ob. 1791. III. 433, 434, 437.
Von dem Maywurme. II. 508.
Deichman, *Carl.* IV. 17, 194.
Dejean, *Ferdinandus.*
Diss. inaug. de Soda hispanica. III. 589. V. 99.
Deisch, *Marcus Paulus.* R. II. 394.
Dekkers, *Friderico*, Præside
Diss. de radice Gin-sem. III. 517.
Delabigarre *Peter.* I. 254. II. 533. III. 638.
De La Borde. I. 256.
De La Boullaye-le Gouz, *Cesar Egasse.*
Voyages en Europe, Asie et Afrique. I. 86.
De La Bouthiere. *Tr.* I. 265.
De La Brosse, *Guy.* Medicus Regis Galliæ, et Horti Pa-
ris. Præfectus.
De la nature, vertu et utilité des plantes. III. 15.
Description du jardin royal des plantes medecinales. III.
106.
L'ouverture du jardin royal de Paris pour la demonstra-
tion de plantes medecinales. III. 106.
Catalogue des plantes cultivees au jardin royal. III. 106.
Icones plantarum, ineditæ. III. 106.
De La Brousse.
Melanges d'agriculture. I. 299. conf. II. 533. III. 623,
641.

De La Caille, *Nicolas Louis.* Acad. Sc. Paris. Soc. n.
1713. ob. 1762.
Voyage au Cap de bonne esperance. I. 131.
De La Chabeaussiere. IV. 285.
De La Chenaye Des Bois, *Alexandre François Aubert.*
Systeme naturel du regne animal. II. 5.
Dictionnaire des animaux. II. 2.
De La Condamine, *Charles Marie.* Acad. Sc. Paris.
Soc. n. 1701. ob. 1774. III. 437, 475.
Voyage dans l'interieur de l'Amerique meridionale. I. 157.
Account of a savage girl. II. 58. conf. V. 19.
De La Coudreniere. II. 160, 443. IV. 323.
De la Court, *Pieter.* Juris Consultus Belga.
Over het aenleggen van lusthoven. III. 609.
De La Croix, s. Mac Encroe, *Demetrius.*
Connubia florum. III. 191. V. 72.
De La Faille, *Clemens.* Acad. Rupellens. Secr. n. 1718.
ob. 1782. II. 133.
Histoire naturelle de la Taupe. II. 81.
Delafollie. I. 301.
De La Font. II. 155.
De La Gardie, *Grefvinnan Eva.* Acad. Sc. Svec. Socia,
Uxor Comitis Ekeblad, Senatoris Sveciæ. III. 596.
Delagrange, *B.* II. 85. conf. Bouillon.
De la Hire, *Jean Nicolas.* Acad. Sc. Paris. Soc. III. 337,
412.
De la Hire, *Philippe.* Mathes. Prof. Paris. et Acad. Sc.
ibid. Soc. n. 1640. ob. 1718. II. 249, 280, 390. III.
373, 381. IV. 119, 348.
De La Hontan, *Baron.*
Voyages dans l'Amerique septentrionale. I. 151.
De La Loubere, *Simon.* Tolosanus. n. 1642. ob. 1729.
Relation of the kingdom of Siam. I. 141.
De La Marre. II. 564.
De La Martiniere.
Voyage des pays septentrionaux. I. 112.
De La Martiniere. II. 19.
Delametherie, *Jean Claude.* II. 64, 75. IV. 174, 253,
262—267, 278. V. 85. Ed. I. 52, 53.
De La Motte. II. 473.
Delandine.
Couronnes academiques. I. 12.
Delany, *Mrs.*
Catalogue of plants copyed in paper mosaick. III. 69.
De La Peirouse. vide Picot.

212   *De La Peyrere—Della Rocca.*

DELLON.
Voyage des Indes Orientales. I. 139.
DELPORTE. II. 523.
DELUC, *Guillaume Antoine.* Frater sequentis. IV. 342,
345, 347. V. 123, 124.
DE LUC, *Jean André.* Genevensis, Geolog. Prof. Gotting.
I. 193. II. 65. IV. 276, 342.
Lettres sur les montagnes. IV. 276.
DEMANET.
Histoire de l'Afrique Françoise. I. 129. conf. II. 55.
DEMBSHER, *Francesco.*
Della legitima distribuzione de' corpi minerali. IV. 5.
DEMEL, *Josephus Eustachius.*
Diss. inaug. sistens analysin plantarum. III. 434.
DEMETRIUS *Constantinopolitanus.*
De cura et medicina Canum. II. 558.
                                   Accipitrum. II. 559.
A DEMIDOW, *Procopius.*
Enumeratio plantarum in horto ejus. III. 126.
DEMOURS, *Pierre.* Medicus Paris. Acad. Sc. Paris. Soc. n.
1702. ob. 17 - - II. 408. Cont. I. 16.
DEMPSTERUS, *Thomas.* II. 10.
DENIS. II 254.
DENMAN, *Thomas.* Medicus Londin.
Engravings to illustrate the generation and parturition of
animals. II. 401.
DENNING, *William.* II. 547.
DENSO, *Johann Daniel.* Rector Scholæ Wismar. n. 1708.
ob. 1795. III. 192. Tr. IV. 9.
Physikalische briefe. I. 304. conf. I. 166, 180, 247, 306.
IV. 78. V. 37, 41, 56.
Beiträge zur naturkunde. I. 49. conf. I. 218, 259. II.
292, 449, 450, 539. III. 620. IV. 23, 56. V. 48.
Physikalische bibliothek. I. 49. conf. I. 166. II. 388,
423, 489. IV. 56.
DENT, *Thomas.* II. 46.
DENTAN, *M.* III. 643.
DENYS.
Description des costes de l'Amerique septentrionale. I. 154.
DERCUM, *Laurentius Antonius.*
De Apibus, melle et cera. V. 54.
DERHAM, *William.* Canononicus Windsor. R. S. S. n. 1657.
ob. 1735. I. 176. II. 218, 270, 451. III. 421. IV. 174.
N. II. 223. Ed. I. 6, 70.
Physico-theology. I. 260.

214 *Deribaucour—Deublinger.*

DERIBAUCOUR. IV. 177.
DESAGULIERS, *John Theophilus.* R. S. S. n. Rupellis 1683.
   ob. 1743. III. 366.
DESCEMET.
   Catalogue des plantes de ses pepinieres. III. 108.
DESCHAMPS. II. 422.
DESCHISAUX.
   Memoire pour servir à l'instruction de l'histoire naturelle
      des plantes de Russie. III. 172.
   Voyage de Moscovie. I. 118.
DESCOTILS. vide Collet.
DESFONTAINES, *René Louiche.* Instituti Paris. Soc. Bot.
   Prof. Musei Paris. II. 121. III. 25. 176, 201, 296, 303,
      304, 308—310, 321, 323, 334, 413, 603. V. 77, 81,
      84, 101.
   Description d'un nouveau genre de plante. Spaendoncea.
      III. 276.
   Flora Atlantica. V. 71; ubi lege:
      Tom. 2. pagg. 458. tab. 117—261.   a. 7.
DES FRANCHIERES, *Jan.*
   L'a Fauconnerie. II. 560.
DESLANDES. II. 298.
   Recueil de traitez de Physique et d'Histoire naturelle. I.
      63. conf. II. 330, 447, 543, 551, 567. III. 399. IV. 87.
DESMAREST, *Nicolas.* IV. 113, 287, 364.
DESMARS.
   De l'air, de la terre et des eaux de Boulogne. I. 239.
DES MOULINS, *Jean.* Tr. I. 274. III. 58.
DESPORTES, *Jean Baptiste René Pouppé.*
   Histoire des maladies de S. Domingue. III. 189, 463, 564.
DESROUSSEAUX, *Ludovicus Augustinus Josephus.*
   An, ut in plantis, sic in animantibus, perspirationi mode-
      randæ inserviat epidermis? II. 459.
DETHARDING, *Georgius.* Med. Prof. Hafn. n. Stralsundæ
   1671. ob. 1747. II. 454. III. 405.
   Præside G. Detharding, Disquisitio Vermium in Norve-
      gia, qui novi visi. II. 258.
DETHARDING, *Georgius Christophorus.* Med. Prof. Buc-
   zov. n. 1699. ob. 1784.
   Præside G. C. Detharding Dissertationes :
   De Seneca. III. 512.
   Insectis Coleopteris Danicis. II. 231.
   Arsenico. IV. 361.
DEUBLINGER, *Samuel.* R. II. 509.

DEUSINGIUS, *Antonius.* Med. Prof. Harderovic. dein Gro-
   ning. n. in Meurs 1612. ob. 1666. III. 507.
Dissertationes de Manna et Saccharo. III. 464.
             Unicornu et Bezaar. II. 43, 502.
Dissertatio de Mandragoræ pomis. III. 196. conf. II. 43.
   III. 204.
Fasciculus Dissertationum selectarum. I. 62. conf. II. 43,
   136, 385, 502, 570. III. 196, 204, 464.
DEUTSCH, *David Henrici.* R. I. 166.
DEXBACH, *Joannes Georgius.*
   Diss. inaug. de Cassia cinnamomea. III. 492.
DEXTER, *Samuel.* II. 450.
DHELLANCOURT. IV. 39.
DIAS BAPTISTA, *Manoel.* I. 101.
DICKMAN, *Friedrich.* R. IV. 183.
DICKS, *John.*
   Gardener's dictionary. III. 11.
DICKSON, *James.* Scotus, Seminum et Herbarum medici-
   nalium mercator Londini. III. 138, 340, 650.
Plantæ cryptogamicæ Britanniæ. III. 219. conf. 138.
DICQUEMARE. I. 270. II. 56, 275, 292, 298, 299, 307,
   413, 426, 430, 443, 486, 551. IV. 147, 307, 319, 339.
   V. 45.
DIEREVILLE.
   Voyage du Port Royal de l'Acadie. I. 154.
DIERSCH, *Johannes Paulus.* R. IV. 359.
VON DIESSKAU, *Christian Johann Friedrich.* II. 52.
Das versezen der bäume. III. 616.
Naturgeschichte der Nachtigall. II. 149.
DIETERICH, *Carl Friedrich.* Juris Prof. Enfurt. n. 1734.
Anfansgründe zu der pflanzenkenntniss. III. 22.
DIETERICHS, *Johann Georg Nicolaus.* III. 62.
DIETHELM, *Johannes Casparus.*
   Diss. inaug. de selectis ex Antimonio remediis. IV. 360.
DE DIETRICH, *Philippe Frederic Baron.* Acad. Scient.
   Paris. Soc. I. 59. IV. 35, 37, 71, 112, 218, 228, 269,
   296. N. I. 101.
Description des gîtes de minerai, etc. de la Haute et Basse-
   Alsace. IV. 372.
DIETZE, *David Gottlob.* R. IV. 247.
DIETZIUS, *Johannes Heinricus.*
   Diss. inaug. de Nuce moschata. III. 528.
DIGBY, *Sir Kenelme.* Eques, R. S. S. n. 1605. ob. 1665.
   On the vegetation of plants. III. 376.
DILGER, *Job. Simon.* R. II. 116, 271.

DILLENIUS, *Johannes Baptista Josephus.*
   Diss. inaug. de Lichene pyxidato. III. 534. V. 95.
DILLENIUS, *Johannes Jacobus.* Botan. Prof. Oxon. R.S.S.
   n. ·Darmstadii 1687. ob. 1747. II. 257, 302. III. 75,
   129, 440, 505, 574.
   Catalogus plantarum circa Gissam nascentium. III. 157.
      conf. III. 34, 44.
   Hortus Elthamensis. III. 98.
   Historia Muscorum. III. 221.
DILLON, *John Talbot.*
   Travels through Spain. I. 100.
DINGLEY. *Robert.* IV. 77.
DIONIS, *Charles.*
   Sur le Tænia ou ver-plat. II. 367.
DIOSCORIDES, *Pedacius.* Anazarbæus.
   Opera omnia. I. 275.
   De medica materia libri. I. 273.
DJUPEDIUS, *Petrus.* R. III. 247.
DIXON, *George.*
   A voyage to the North-west coast of America. I. 150.
   Remarks on the voyages of J. Meares. I. 150.
DIXON, *William.* R. S. S. ob. 1783. III. 347.
DIZE'. III. 586.
DOBBS, *Arthur.* II. 525.
   An account of the countries adjoining to Hudson's bay.
      I. 153.
DOBRIZHOFFER, *Martin.*
   Historia de Abiponibus. I. 160.
DOBSON, *Matthew.* IV. 127.
DODART, *Dionysius.* Medicus Regis Galliæ, Acad. Scient.
      Paris. Soc. n. 1634. ob. 1707. III. 358, 381, 390, 429.
   Memoires pour servir a l'histoire des plantes. III. 74.
DODD, *James Solas.*
   Natural history of the Herring. II. 193.
DODDRIDGE, *P.* II. 419.
DODONÆUS s. DODOENS, *Rembert.* Mechliniensis, n. 1517.
      ob. 1586. II. 92.
   De stirpium historia commentariorum imagines. III. 64.
   Cruydeboeck. III. 54.
   Florum et coronariarum herbarum historia. III. 54.
   Historia frumentorum, leguminum. III. 54.
   Purgantium herbarum historia. III. 54.
   Historia Vitis vinique. III. 567. conf. 55.
   Stirpium historiæ pemptades. III. 55.
DODUN, *J. A.* IV. 108, 109, 246, 265. V. 122.

DOEBELIUS, *Johannes Jacobus.* Med. Prof. Rostoch. n. Gedani 1640. ob. 1684.
Præside Doebelio, Diss. de Ovis. II. 396.
DÖBELIUS Nob. VON DÖBELN, *Johannes Jacobus.* Filius præcedentis, Med. Prof. Lund. n. 1674. ob. 1743. II. 415. IV. 322.
DOEDERLINUS, *Joannes Georgius Zacharias.*
Diss inaug. de Lilio convallium. III. 485.
DÖLLENIUS, *Johannes.* R. II. 45.
DOELLINUS, *Johannes Petrus.* R. III. 523.
DOERING, *G. C.* vide Deering.
DOERINGIUS, *Gottlob Fridericus.* R. III. 367.
DÖRING, *Michael.* Medicus Wratislav. ob. 1644.
De Opobalsamo. I. 291.
DÖRRIEN, *Catharina Helena.* n. 1717. ob. 179—
Verzeichniss der in den Nassauischen landen wildwachsenden gewächse. III. 157. conf. 22.
DÖRRING, *Christoph Ludwig.* IV. 375.
VAN DOEVEREN, *Gualtherus.* Med. Prof. Lugd. Bat. ob. 1783.
Diss. inaug. de Vermibus intestinalibus hominum. II. 356.
VON DOHM, *Christian Conrad Wilhelm.* Königl. Preussischer Geheimer Kreis-Directorialrath. n. 1751. Ed. I. 145.
DOLCE, *Lodovico.* Tr. V. 105.
DOLLFUSS. III. 473.
DOLOMIEU, *Deodat.* Instituti Paris. Soc. IV. 4, 72, 76, 100, 104, 106, 122, 132, 140, 144, 228, 245, 259, 268, 273, 279, 287, 288, 296, 367, 373, 382, 383, 385. V. 107, 114.
Voyage aux iles de Lipari. IV. 294.
Memoire sur les isles Ponces. IV. 292.
DOMBEY, *Jean Baptiste.* ob. 1794. æt. 51. II. 443. IV. 161.
DOMEJER, *Heinrich Ludwig.* IV. 65.
DOMSMA, *Martinus.* II. 196.
DONADEI, *Louis.* II. 506. IV. 138.
DONATI, *Antonio.*
Semplici, Pietre e Pesci nel lito di Venetia. I. 241.
DONATI, *Vitaliano.*
Storia naturale marina dell' Adriatico. I. 258. conf. II. 339.
DONATO *d'Eremita.* III. 258.

DONAVERUS, *Christophorus.*
  Martini a Baumgarten peregrinatio in Ægyptum, Arabiam
    etc. I. 121. conf. V. 6.
DONDI OROLOGIO, *Marchese Antonio Carlo.* IV. 42, 160.
  Prodromo dell' istoria naturale di monti Euganei. IV. 42.
DONN, *James.*   Hortulanus in horto botan. Cantabrig.
  Hortus Cantabrigiensis. III. 99.
DONOVAN, *Edward.*   Pictor Londin.
  On the minute parts of plants. III. 369.
  The beauties of Flora. III. 88.
  Insects of China. V. 34.
  British Shells. V. 41.
DONS, *Paulus.*   R. IV. 201.
DONZELLUS, *Josephus.*
  De Opobalsamo orientali. III. 489.
DORNER, *Joachimus.*   R. II. 160.
DORSTENIUS, *Johannes Daniel.*   Med. Prof. Marburg. n.
    1643. ob. 1706.
  Præside Dorstenio, Disp. de Tabaco. III. 477.
DORSTENIUS, *Theodoricus.*   Medicus, ob. Cassell. 1552.
  Botanicon. I. 279.
DORTHES. II. 260, 272, 284, 542, 576. III. 256, 3 5. IV.
    113, 238.
  Eloge de Pierre Richer de Belleval. I. 170
  Sur les atterrissemens de la Mediterranée. IV. 37.
DOSLERN, *Carolus.*
  Diss. inaug. exhibens divisionem Oleorum. I. 272
DOSSIE, *Robert.*   ob. 1777.
  Memoirs of Agriculture. I. 7.
DOUGLAS, *G.*   Tr. I. 283.
DOUGLAS, *James.* Medicus Londin. R. S. S. ob. 1742. II.
    139. III. 235, 538, 624.
  Myographiæ comparatæ specimen. II. 379.
  Index materiæ medicæ. I. 283.
  Description of the Guernsey Lilly. III. 259. conf. 249.
  History of the Coffee tree. III. 249.
DOUGLAS, *James.*   Clericus.
  On the antiquity of the earth. IV. 277.
DOUGLASS, *Sylvester.*   III. 570. IV. 212.
DOVE, *John.*   IV. 94.
DRAKE, *Salomon.*   R. II. 108.
DE DRAUTH, *Samuel.*   R. II. 358.
DRAY, *Henr.*   IV. 163.
DRECHSSLER, *Joannes Melchior.*   R. III. 320.

DRESIGIUS, *Sigismundus Fridericus.* Conrector Scholæ
Lips. ob. 1742.
Diss. de Cicuta Atheniensium poena publica. III. 547.
DRESKY, *Guilielmus.*
Diss. inaug. de Valeriana officinali. III. 234.
DROSSANDER, *Andreas.* Med. Prof. Upsal. n. 1648. ob.
1696.
Præside Drossander Dissertationes:
Propagatio plantarum. III. 606.
De Balæna. II. 108.
DRURY, *Dru.* Aurifaber Londin.
Illustrations of natural history. II. 212.
DRURY, *Robert.*
Madagascar. I. 132.
DRURY, *Susannah.* IV. 115.
DRYANDER. *Jonas.* Svecus, n. 1748. III. 89, 261, 278,
321, 339. V. 81. R. III. 443.
DRYFHOUT, *Ane.* Clericus, Societ. Vlissing. Secret.
Register der verhandelingen van het Zeeuwsche genoot-
schap. I. 303.
DRYFHOUT, *Jan François.* Advocaat in's Hage. ob. 1792.
æt. 83. III. 367.
DUBOCAGE DE BLEVILLE.
Sur le port du Havre de Grace. I. 100.
DUBOIS, *Godofredus.* R. II. 367.
J. B. II. 88.
DUBOURG, *Barbeu.*
Le botaniste François. III. 91. conf. 21, 108, 142, 445,
447.
DUBRAVIUS, *Janus.* Episcopus Olomucens. ob. 1553.
De Piscinis. II. 568. V. 59.
DUBUISSON. III. 268.
DUCAREL, *Andrew Coltee.* Juris Consultus Anglus, R. S. S.
ob. 1785. I. 177. III. 6, 135.
DU CERF, *Claudius.* R. II. 397.
DUCHANOY *l'ainé.* IV. 294.
DUCHESNE.
Receuil des Coquilles qui se trouvent aux environs de
Paris. II. 321.
DUCHESNE, *Antoine Nicolas.* I. 192, 194. III. 290, 369,
651. V. 13.
Manuel de botanique. III. 554.
Histoire naturelle des Fraisiers. III. 289.
DUCHESNE, *Joseph.* vide Quercetanus.
Leger. vide L. a Quercu.

Du Choul, *Johannes.*
De varia Quercus historia. III. 321. conf. I. 239.
Dudley, *Sir Matthew.* Baronetus, R. S. S. ob. 1721. II. 549.
Dudley, *Paul.* R. S. S. II. 93, 107, 164, 524. III. 366, 548, 565.
Dürr, *Fridericus Ænotheus.* R. II. 85.
Dürrius, *Georgius Tobias.* Medicus Augustan. ob. 1712. III. 549.
Du Fay, *Charles François de Cisternay.* Præfectus horti botan. Paris. Acad. Scient. Paris. Soc. n. 1698. ob. 1739. II. 159.
Du Fouilloux, *Jacques.*
La venerie. II. 555.
Dufour, *Philippe Sylvestre.*
De l'usage du Caphé, du Thé, et du Chocolate. III. 572.
Traitez du Café, du Thé, et du Chocolate. III. 572.
Du Fresnoy.
Des propriétés du Rhus radicans. III. 484, 485.
Du Halde, *Jean Baptiste.* Gallus, S. J. ob. 1743. æt. 70.
Description de la Chine. I. 143.
Duhamel. vide Guillot.
Du Hamel du Monceau, *Henry Louis.* Inspecteur General de la Marine, Acad. Scient. Paris. Soc. n. 1700. ob. 1782. II. 378, 459, 460, 461, 538, 543. III. 287, 329, 356, 370, 371, 377, 404, 409, 421, 592, 621, 641. IV. 150, 151. V. 85, 88.
Avis pour le transport par mer des arbres etc. I. 217.
Traité des Arbres et arbustes. III. 206.
Memoire sur la Garance. III. 626.
La physique des arbres. III. 365. conf. 47.
Des semis et plantations des arbres. III. 618. conf. 206.
Histoire d'un Insecte, qui devore les grains de l'Angoumois. II. 543.
De l'exploitation des bois. III. 618.
Du transport, de la conservation et de la force des bois. III. 592.
Traité des arbres Fruitiers. III. 210.
Pesches. II. 564.
Du Hamel, *Johannes Baptista.* Acad. Scient. Paris. Secret. n. 1624. ob. 1706.
Regiæ Scientiárum Academiæ historia. I. 16.
Duhr, *George Fredrik.* IV. 378.
Dumeril, *Constant.* V. 46, 50, 51.

Du Mont Courset. V. 88.
Du Moulin. III. 620.
Duncan, *Andreas.*
 Tentamen inaug. de Swietenia Soymida. III. 497.
Dunstall, *John.*
 Three books of flowers, fruits, beasts, etc. I. 196.
Dupain-Triel. IV. 32.
Du Perier.
 Histoire universelle des voyages. I. 84.
Duperron de Castera. Tr. IV. 292.
Du Pinet, *Antoine.* vide Pinæus.
Du Plessis, *J.* Tr. II. 17.
Dupont. III. 318.
Du Pont, *Andrew Peter.* II. 304.
Dupuget. IV. 169, 211, 385.
Durand, *David.*
 Histoire de la Peinture ancienne. I. 74.
  naturelle de l'Or et de l'Argent. IV. 189.
Durande. II. 494. III. 4, 451, 581, 616.
 Notions elementaires de botanique. III. 23.
 Flore de Bourgogne. III. 144.
Durante, *Castor.* Medicus Sixti V. P. M. ob. 1590.
 Herbario nuovo. III. 58.
Duret, *Claude.*
 Histoire admirable des plantes. III. 59.
Du Roi, *Johann Philipp.* Medicus Brunsvic. n. 1741. ob.
 1786. III. 335.
 Diss. inaug. observationes botanicas sistens. III. 82.
 Die Harbkesche wilde baumzucht. III. 208.
Du Rondeau. II. 190, 302, 517.
 Quelles sont les plantes les plus utiles des Pays-bas? III.
 554.
Dutens, *Louis.* R. S. S.
 Des pierres precieuses. IV. 83.
Du Tertre, *Jean Baptiste.* Dominicanus, n. 1610. ob.
 1687.
 Histoire generale des Antilles. I. 161.
Dutfield, *James.*
 English Moths and Butterflies. II. 253.
Dutrône la Couture, *Jacques François.*
 Precis sur la Canne. III. 625.
Duttenhofer, *Carl Friedrich.* Lieutenant bey dem Wür
 tembergischen Artilleriekorps. n. 1758.
 Von dem pflanzenleben. III. 378.
Duval. III. 154.

Du Val, *Guillelmus.* Medicus Paris. ob. 1643.
  Phytologia. III. 60. conf. 51.
Duve, *Jordan.*
  Diss. de acceleranda per artem plantarum vegetatione. III.
  377.
Duverney, *Guichard Joseph.* Anat. Prof. in horto Paris.
  Acad. Scient. Paris. Soc. n. 1648. ob. 1730. II. 403.
  Oeuvres anatomiques. II. 372. conf. 383, 480.
Duvernin. III. 4.
Duvernoy, *Georgius David.*
  Diss. inaug. de Lathyri venenata specie. III. 551.
Duvernoy, *Johannes Georgius.* II. 382, 460, 463, 467,
  468.
  Designatio plantarum circa Tubingensem arcem floren-
  tium. III. 155.

Ebel, *Johannes Christophorus.* R. III. 585.
Ebeling, *Jo. Theod. Phil. Christ.*
  Diss. de Quassia et Lichene islandico. V. 93, 94.
Eber, *Joannes Henricus.*
  Observationes helminthologicæ. V. 43.
Eberhard, *Johan Gunther.*
  Over het verlossen der Koeijen. II. 403.
Eberhard, *Johann Peter.* Med. Prof. Hal. n. 1727. ob.
  1779.
  Von dem ursprung der Perle. II. 457.
  Entwurf der thiergeschichte. II. 5.
Ebermajer, *Johann Christoph.*
  Ueber die nothwendige verbindung der systematischen
  pflanzenkunde mit der pharmacie. V. 61. conf. 95.
  De lucis in corpus humanum efficacia. I. 271.
Ebersbach, *Christianus Augustus.* R. III. 28.
Ebert, *Johann Jacob.* Mathes. Prof. Witteberg. n. 1737.
  Naturlehre für die jugend. I. 80.
Eberus, *Paulus.*
  Appellationes quadrupedum, insectorum, etc. I. 182.
Ebn Bitar s. Embitar.
  De Limonibus. III. 515.
Eccardus, *Johannes Michael.* R. I. 267.
Eckhardus, *Johannes Guilielmus.* R. III. 476.
Edelfelt, *Johan Gustaf.* IV. 67.
Eden, *Richarde.* Tr. I. 134, 148, 307.
Edwards, *Bryan.* R. S. S.
  History of the British colonies in the West Indies. I. 162.

EDWARDS, *George.* Pictor Londin. R. S. S. n. 1694. ob.
1773. II. 115, 124, 140, 143, 427.
Natural history of uncommon birds. II. 17. conf. III. 77.
Gleanings of natural history. II. 17. conf. III. 77.
Essays upon natural history. I. 66. conf. I. 184, 261. II.
18, 451.
Beschreibung des Sanglins. V. 19.
Some memoirs of the life of George Edwards. I. 171. conf.
II. 18, 143, 159, 160.
EDWARDS, *George.* M. D.
Elements of fossilogy. IV. 11.
EDWARDS, *John.*
The british herbal. III. 82.
EDZARDUS, *Esdras Henricus.*
De Cygno ante mortem non canente Diss. II. 131.
EGEDE, *Hans.* Norvegus, Missionarius apud Groenlandos,
n. 1686. ob. 1758.
Det gamle Grönlands nye perlustration. I. 111.
EGGERS, *Christian Ulrich Detlev.*
Beschreibung von Island. I. 111.
EGLINGERUS, *Nicolaus.*
Positiones botanico-anatomicæ. III. 74. conf. II. 21.
EGNELL, *Andreas.* R. I. 167.
EHINGER, *Johannes.*
Diss. inaug. de Lupulo. III. 330.
VON EHRENCLOU, *Carl.* III. 630.
EHRENREICH, *J. E. L.* III. 632.
EHRET, *Georg Dionysius.* Pictor, R. S. S. n. in Margra-
viatu Badensi 1708. ob. in Anglia 1770. III. 78, 245,
246, 248, 274, 278, 315, 350
Plantæ et Papiliones rariores. III. 67. conf. II. 256.
EHRHART, *Balthazar.* Medicus Memming. I. 244, 279.
IV. 312.
Diss. inaug. de Belemnitis Svevicis. IV. 340.
Botanologiæ juvenilis mantissa. III. 13.
Von einer neuen meinung, welche den ursprung derer
versteinten sachen betrifft. IV. 301.
Unterricht von einer zu verfassenden historie der nüzlich-
sten kräuter. III. 63.
Oeconomische pflanzenhistorie. III. 63.
EHRHART, *Friedrich.* Helvetus, Pharmacopoeus, ob. 1795.
V. 8.
Beiträge zur naturkunde. I. 68. conf. I. 105, 286, 292.
III. 27, 40, 69, 80, 84, 85, 139, 158, 168, 222, 244,
280, 283, 289, 313, 318, 422, 611.

EHRHART, *Projectus Josephus.*
 Diss. inaug. de Cicuta. III. 481.
EHRLICH, *Henricus Christianus.* R. III. 510.
EHRMANN, *Johannes Christianus.* R. III. 483. Ed. III.
 144.
 Diss. inaug. de Cumino. III. 482.
EHRMANN, *Joh. Christ.*
 Diss. inaug. de Colchico autumnali. III. 488.
EICHHORN, *Johann Conrad.*
 Naturgeschichte der kleinsten wasserthiere in und umb
 Danzig. II. 29.
EICHLER, *Georg Christoph.* R. IV. 280.
EICHSTADIUS, *Laurentius.* Ed. III. 171.
EIDOUS. Tr. II. 84.
EILENBURG, *Christian Heinrich.* ob. 1771. IV. 119.
EINCKEL, *Caspar Friedrich.* vide Neickelius.
EINERSEN, *Halfdan.* Ed. I. 75.
EKEBERG, *Anders Gustaf* IV. 385. R. I. 233. V. 98.
 Carl Gustaf. Capitaine vid Kongl. Amiralitetet
 och Ostindiska Compagniet, Eques Ord. Vasiaci, Acad.
 Scient. Stockh. Soc. n. 1716. ob. 1784. III. 581. IV.
 219.
 Ostindisk resa. I. 144.
EKELUND, *Johannes Martinus.* R. I. 233. II. 214.
EKERMAN, *Petro,* Eloqu. Prof. Upsal.
 Præside, Dissertationes :
 De Alandia. I. 114.
 Elephante turrito. II. 69.
 historia naturali lumine scriptorum Ciceronis collus-
 trata. I. 264.
EKKARD, *Fridericus.*
 Catalogus bibliothecæ Thottianæ. I. 179.
 Theodori Holmskjold. I. 179.
EKMAN, *Johannes.* R. IV. 240.
 Olaus Jacob. R. III. 236.
EKMARCK, *Carolus Dan.* R. II. 451.
EKSTRAND, *Laurentius.* R. IV. 282.
ELFWENDAHL, *Petrus.* R. V. 102.
ELFWING, *Petro,* Præside
 Diss. de Trifolio aquatico. III. 471.
ELLER, *Johannes Theodorus.* Medicus Bernburg.
 Gazophylacium. IV. 24.
ELLER, *Johann Theodor.* Archiater Regis Borussiæ, Di-
 rector Classis Physicæ in Acad. Scient. Berolin. ob. 1760.
 æt. 71. III. 400. IV. 248.

Ellis, *Henry.* R. S. S.
Voyage to Hudson's bay. I. 153.
Ellis, *John.* Mercator Londin. R. S. S. ob. 1776. II. 165,
182, 307, 324, 339, 341, 342, 345, 346, 493, 535. III.
248, 277, 282, 293, 302, 346, 584, 612.
Natural history of Corallines. II. 339.
Directions for bringing over seeds and plants from the
East Indies. III. 612. conf. II. 202. III. 277.
Beschreibung der Dionæa muscipula. III. 277.
Copies of two letters to Dr. Linnæus and to Mr. Aiton.
III. 293 et 302.
An historical account of Coffee. III. 575.
Description of the Mangostan and the Bread-fruit. III.
83. conf. 613.
Natural history of Zoophytes. II. 338.
Ellis, *W.*
Narrative of Cook's last voyage. I. 91.
Elmgren, *Gabriel.* R. III. 188.
          Johannes. R. III. 26.
Elsholz, *Johann Sigismund.* Medicus Electoris Bran-
denburg. n. 1623. ob. 1688. IV. 170, 340.
Flora Marchica. III. 162.
Vom gartenbau. III. 606.
Elsner, *Joachimus Georgius.* Medicus Vratislav. n. 1642.
ob. 1676. II. 503.
Elvert, *Johannes Philippus.* R. II. 509.
Elvio, *Petro,* Præside Dissertationes :
Delineatio magnæ fodinæ Cuprimontanæ. IV. 377.
De re metallica Sveo-Gothorum. IV. 376.
Elwert, *Joannes Casparus Philippus.*
Fasciculus plantarum e flora Marggraviatus Baruthini.
III. 156.
Ely, *Pinas.* R. III. 491.
Embitar. vide Ebn Bitar.
Emeric. II. 535.
Emhardus, *Samuel.* R. III. 485.
Emmerich, *A.*
The culture of forests. III. 619.
Emmerling, *Ludwig August.* Berginspektor zu Thal-
Itter im Darmstädtischen.
Lehrbuch der mineralogie. V. 105.
Emzelius, *Jonas L.* R. IV. 281.
Encelius, *Christophorus.*
De re metallica. IV. 7.
Enckell, *Henric.* R. III. 554.
   Tom. 5.   Q

Enckel, *Nils.* III. 419.
Enckelmannus, *Heinricus Daniel.* R. III. 254.
Endter, *Henr. Christ. Gottl.*
    Diss. inaug. de Astragalo exscapo. III. 514.
Engel, *Johannes Fridericus.* R. III. 17.
Engelbronner, *C. C. E.*
    Musei Grilliani catalogus. IV. 27.
van Engelen, *C.* Tr. V. 23.
Engelhart, *Johan Henric.* R. III. 320.
Engeström, *Carolus.* R. III. 192.
von Engeström, *Gustaf.* Collegii metallici Sveciæ Con-
    siliarius, Acad. Scient. Stockholm. Soc. IV. 4, 163, 166,
    189, 220, 226. Tr. IV. 9.
    Om Mineralogiens hinder och framsteg. IV. 1.
von Engeström, *Jacob.* III. 602.
Engeström, *Johan.* Duorum proxime præcedentium pa-
    ter. Lingu. Orient. Prof. dein Episcopus Lund. ob.
    1777. æt. 78.
    Præside Engeström Diss. de Quercu. III. 322.
Engström, *Carolus.* R. II. 214.
Enholm *Eliæson, Johannes.* R. II. 565.
Ennes, *Car. Joh.* R. III. 169.
Enslin, *Joannes Christophorus.*
    De Boleto suaveolente Diss. inaug. III. 349. V. 83.
Ent, *Georgius.* II. 154, 376.
Envall, *Jonas.* R. V. 8.
Epiphanius. Salaminis in Cypro Episcopus, vixit Sec.
    IV.
    De 12 gemmis, quæ erant in veste Aronis. IV. 75.
Eppli, *Johannes Melchior.* R. III. 541.
Erasmi, *Gotthardus Otto.* R. III. 519.
Erastus, *Thomas.* Meditus Basil. ob. 1583. æt. 60.
    Disputationes de medicina Paracelsi. IV. 133.
Ercker, *Lazarus.*
    Beschreibung aller erzt-und bergwerks arten. IV. 368.
Erdmann, *Carl Gottfried.* III. 89.
Erlacher, *Joseph Anton.* IV. 63.
Ermel, *Joannes Fridericus.* R. III. 527.
Erndl, *Christianus Henricus.* Dresdensis, Medicus War-
    sav. ob. 1734. III. 164.
    Diss. de usu historiæ naturalis exotico-geographicæ in
    medicina. I. 235.
    De itinere suo Anglicano et Batavo relatio. I. 92.
    flora Japanica, codice bibliothecæ Berolinensis. I. 178.
    Warsavia physice illustrata. I. 116. conf. III. 172.

ERNST, *Samuel.*
Diss. inaug. de Tænia secunda Plateri. II. 368.
ERNSTING, *Arthur Conrad.* Medicus Schaumburg. n.
1709. ob. 1768
Phellandrologia. III. 482.
Prima principia botanica. III. 19.
Beschreibung der geschlechter der pflanzen. III. 387.
conf. 32.
EROTIANUS. I. 273.
ERXLEBEN, *Johann Christian Polykarp.* Philos. Prof. Gotting. n. 1744. ob. 1777.
Dijudicatio systematum mammalium. II. 49.
Anfangsgründe der naturgeschichte. I. 186.
Ursachen der unvollständigkeit der mineralsysteme. IV. 5.
Ueber den unterricht in der naturgeschichte auf Akademien. I. 184.
Physikalische bibliothek. I. 182.
Physikalisch-chemische abhandlungen. I. 66. conf. II.
19, 482. III. 406.
Systema regni animalis. Mammalia. II. 48.
ESCHELSKROON. I. 141.
ESCHENBACH, *Andreas Christianus.* Ed. IV. 74.
Johannes Fridericus.
Nectariorum usus. III. 387.
De physiologia seminum. III. 398.
Observationum botanicarum specimen. III. 85. V. 64.
ESCHER, *H. C.* V. 108.
ESMARK, *Jens.* V. 110.
ESPER, *Eugenius Johann Christoph.* Philos. Prof. Erlang.
n. 1742. II. 252, 263. IV. 51, 347.
Die Schmetterlingen. II. 250. V. 35.
Diss. de varietatibus specierum in naturæ productis. I.
270.
Progr. de animalibus oviparis in cataclysmo salvis. II. 37.
Naturgeschichte im auszuge des Linneischen systems. I.
192. conf. 245.
Die Pflanzenthiere. II. 339. V. 43.
Icones Fucorum. V. 82; ubi adde:
3 Heft. pag. 129—166. tab. 64—87. 1799.
ESPER, *Friedrich Eugenius.*
Beobachtungen an einer zwitterphaläne. II. 417.
ESPER, *Johann Friedrich* Superintendent zu Wonsiedel,
ob. 1781. IV. 50, 304.
Von neuentdeckten Zoolithen. IV. 320.

Q 2

Espling, *Olof.*
Diss. de usu mineralium in architectura. IV. 363.
Om mineraliers användande i byggnings-konsten. IV. 363.
Essendrop, *J.* Assessor Collegii metallici Kongsbergen-sis in Norvegia.
Beskrivelse over Lier præstegield. I. 109.
Estenberg, *Carl.* R. II. 565.
Estienne, *Charles.* vide *Car.* Stephanus.
Estlund, *Olof.* V. 33.
Etlinger, *Andreas Ernestus.*
Commentatio de Salvia. III. 233.
Ettmüller, *Michael.* Botan. et Chem. Prof. Lips. n. 1644. ob. 1683. II. 46, 360. R. II. 511, 515.
De virtute Opii diaphoretica. III. 504.
Cerebrum Orcæ. II. 503.
Euphrase'n, *Bengt Anders.* II. 175, 180, 184, 199.
Reise nach St. Barthelemi. V. 8.
Eurelius, *Andreas.* R. IV. 170.
Eurelio, *Gunnone,* Præside
Dissertatio: Ηλεκτρον. IV. 170.
Eutecnius *Sophista.*
Paraphrasis in Oppiani Ixeutica. II. 561.
Alexipharmacorum Nicandri. I. 292.
Evelyn, *Charles.* III. 607.
John. R. S. S. n. 1620. ob. 1706. III. 421.
Sylva. III. 617.
Pomona. III. 570.
Calendarium hortense. III. 611.
Acetaria. III. 562.
Terra. I. 299.
Everartus, *Ægidius.*
De herba panacea, quam Tabacum vocant. III. 477.
Everhard, *Joannes Wilhelmus.*
Diss. inaug. Elaterium. III. 525.
Eversmann. IV. 19. V. 112.
Ewer, *J.* III. 535.
Exschaquet, *Cb.* Oberaufseher der bergwerke im Obern Faucigny (in Schweiz), ob. 1792. IV. 161.
Eyles Stiles, *Sir Francis.* II. 448.
Eyselius, *Joannes Philippus.* Anat. et Botan. Prof. Erfurt. n. 1651. ob. 1717.
Præside Eyselio Dissertationes:
De Comedonibus. II. 46.
Antimonium. IV. 360.

De Agallocho. III. 500.
Bellidographia. III. 519.
De Fuga Dæmonum. III. 516.
Bono Heinrico. III. 480.
Filius ante patrem. III. 518.
De Aquilegia. III. 506.
Trifolium fibrinum. III. 471.
De Betonica. III. 509.
  Veronica. III. 467.
  Cerevisia Erfurtensi. III. 571.
EYSENDRACH, *John*.
  Rarities in the Anatomy hall of Leyden. I. 223.
EYSFARTH, *Christianus Sigismundus*.
  Diss. de morbis plantarum. III. 425.
EYSSONIUS, *Rudolphus*.
  De Arboribus glandiferis. III. 321.
  Castaneis. III. 324.

FABBRONI, *Adamo*.
  Del Bombice e del Bisso degli antichi. I. 264.
  Della coltivazione del Gelso. II. 532.
  Dell' arte di fare il Vino. III. 568.
    Ariete gutturato. II. 101.
FABBRONI, *Giovanni*. Frater præcedentis. IV. 232. V.
    12, 98.
  Dell' Antracite. IV. 179.
  Elogio di Francesco Redi. I. 176.
FABER, *Georgius*. Tr. II. 42.
  Honoratus. S. J.
  De plantis et de generatione animalium. III. 16, et II.
    396.
FABER, *Joannes*. N. I. 254.
  De Nardo et Epithymo. III. 202.
FABER, *Jo. Casparus*.
  De Locustis biblicis. II. 39.
FABRO, *Joanne Ernesto*, Præside
  Diss. de animalibus quorum fit mentio Zephan. ii : 14.
    II. 38.
FABER, *Joannes Matthæus*. Medicus Heilbronn. n. 1626.
    ob. 1702. I. 200. II. 268. III. 316.
  Strychnomania. III. 545. conf. 216.
FABER, *Ulricus*. vide *Huldericus* SCHMIDEL.

FABREGOU, *Matthieu.*,
  Description des plantes, qui naissent aux environs de Paris.
  III. 141. conf. 5.
FABRI, *Joannes.*   R. IV. 361.
FABRICIUS, *Georgius.* Rector Scholæ in Meissen, n. 1516.
  ob. 1571.
  De metallicis rebus observationes. IV. 186.
FABRICIUS *ab Aquapendente, Hieronymus.*   Anat. Prof.
  Patav. n. 1537. ob. 1619.
  Opera anatomica et physiologica. II. 372.
FABRICIUS, *Joannes.*   III. 152.
  Differentiæ animalium quadrupedum. II. 49.
FABRICIUS, *Joannes.*   R. III. 203.
          Johann Christian. Oecon. Prof. Kilon. I. 94.
  II: 202, 205, 208, 230, 273, 389, 573. III. 425. V.
  35, 36, 58. Cont. I. 299.
  Systema Entomologiæ. II. 207.
  Genera Insectorum. II. 205. conf. 573.
  Philosophia entomologica. II. 205.
  Reise nach Norwegen. I. 108.
  Species Insectorum. II. 207.
  Ueber die allgemeinen einrichtungen in der natur. I.
  262.
  Briefe aus London. I. 94.
  Mantissa ·Insectorum. II. 207.
  Entomologia systematica. II. 574.
FABRICIUS, *Otho.* Præst ved Waisenhuset i Köbenhavn.
  (antea Missionarius in Groenlandia.) II. 71, 74, 109,
  132, 185, 276, 279, 288, 305, 306, 332, 333, 367. Ed.
  II. 347.
  Fauna Groenlandica. II. 29.
FABRICIUS, *Philippus Conradus.*   Med. Prof. Helmstad.
  n. 1714. ob. 1774.
  Primitiæ floræ Butisbacensis. III. 157. conf. 46.
  Historia physico-medica Butisbaci. I. 245.
  De animalibus Wetteraviæ indigenis. II. 27.
  Enumeratio plantarum horti Helmstadiensis. III. 8 et 118;
  ubi adde:
  —————— Editio tertia.   Helmstadii, 1776. 8.
  Est editio secunda, novo titulo.
FACIO DE DUILLIER, *Nicolas.* R. S. S. ob. 1753. æt. 90.
  Fruit-walls improved. III. 620.
FAGRÆUS, *Jonas Theodor.* III. 371, 622. R. III. 449.
FAHLBERG, *Algot.* II. 409.

F A H L B E R G, *Samuel.* Medicus in Insula S. Bartholomæi,
  Indiæ Occidentalis, Acad. Scient. Stockholm. Soc. I.
  255. III. 209, 301, 326, 635.
F A I R C H I L D, *Thomas.* Hortulanus. ob. 1729. III. 373.
  The city gardener. III. 608.
F A L A N D E R, *Abrahamus.* R. III. 381.
F A L C H, *Melchior.* II. 565, 566.
F A L C K, *Im. Will.* III. 493.
  Johannes Petrus. R. III. 267.
F A L C K N E R, *Jacobus.* R. Il. 68.
F A L C O N E R, *William.* Medicus Bathon. R. S. S. III. 564.
  V. 96.
F A L L E'N, *Carl Fredric.*
  Diss. de Beta pabulari. V. 102.
F A L L O P I U S, *Gabriel.* Anat. Prof. Patav. n. 1523. ob.
  1562.
  De medicatis aquis atque de fossilibus. IV. 186.
  De partibus similaribus humani corporis. II. 378.
F A L U G I U S, *Virgilius.*
  Prosopopoeiæ botanicæ. III. 191.
F A R R I N G T O N. II. 191.
F A S A N O, *Don Angiolo.* III. 87. IV. 44.
F A S C H I U S, *Augustinus Henricus.* Bot. et Anat. Prof. Jen.
  n. 1639 ob. 1690.
  Præside Faschio Dissertationes:
  De Myrrha. III. 538.
  Castoreum. II. 502.
F A S C H I U S, *Joannes Augustinus.* R. II. 21.
F A S E L T U S, *Christianus.* Pasror et Superintendens in Lie-
  benwerda Saxoniæ, ob. 1694. æt. 56.
  Diss. de primo Avium ortu. II. 36.
F A U D E L, *Fridericus Guilielmus.*
  Spec. inaug. de Viticultura Richovillana. III. 568.
D E F A U G E R E S, *Baron.* II. 118, 148.
F A U J A S - S A I N T - F O N D, *Barthelemy.* Geolog. Prof. in
  Museo Paris. IV. 290, 319, 389. N. IV. 21.
  Sur des Bois de Cerf fossiles. IV. 328.
  Sur les Volcans eteints du Vivarais. IV. 290.
  Histoire naturelle du Dauphiné. I. 238. conf. 180.
  Mineralogie des Volcans. IV. 288.
  Histoire naturelle des roches de Trapp. IV. 112.
  Voyage en Angleterre. l. 94; ubi addatur:
  —————: Travels in England, Scotland, and the He-
  brides.   London, 1799. 8.
  Vol. 1. pagg. 361. Vol. 2. pagg. 352. cum tabb. æn.

Histoire naturelle de la montagne de S. Pierre de Maes-
tricht. V. 124.
DE FAVANNE *de Moncervelle.*   Ed. II. 315.
Catalogue du cabinet du Comte de la Tour d'Auvergne.
I. 226.
FAVRAT, *Ludovicus.*
Theses ex materia medica. I. 292.
FAXE, *Arvid.* Medicus Classis Svecicæ, Acad. Scient. Stock-
holm. Soc. ob. 179—. III. 572.
DE' FEDRICI, *Cesare.*
Viaggio nell' India Orientale. I. 134.
FEHR, *Joannes Michael.* Medicus et Cons. Svinfurt. Ac. Nat.
Cur. Præses, n. 1610. ob. 1688. II. 334. III 403, 519.
Anchora sacra, vel Scorzonera. III. 516.
Hiera picra, vel de Absinthio. III. 517.
FEIGE, *Carl Theodor Ludwig.*
Anweisung zur vertilgung des Blütenwiklers. II. 547.
FELD, *Wolffgang Jacobus.*   R. IV. 151.
FELDMANN, *Bernardus.*
De comparatione plantarum et animalium. II. 458.
FELICI, *Costanzo.*   II. 73. Tr. II. 92.
FELICIANUS, *Joannes Bernardus.*   Tr. II. 7.
FELIPÒ, *Juan Bautista.*   V. 103.
FELLER, *Christian Gotthold.*
De utero canino. II. 402.
FELLER, *Joachim.* Poës. Prof. Lips. n. 1628. ob. 1691.
Præside Feller Dissertationes :
Cygnorum cantus. II. 131.
De avibus noctu lucentibus. II. 45.
FELTON, *Samuel.*   R. S. S. II. 212.
FENTON, *Edward.*
Certaine secrete wonders of nature. I. 266.
FERBER, *Johan Eberhard.* Pharmacopoeus Classis Svecicæ.
Hortus Agerumensis. III. 125. conf. I. 233.
FERBER, *Johan Jacob.* Præcedentis, ni fallor, filius. Acad.
Scient. Petropolit. dein Berolin. Soc. Ordin. n. 1743.
ob. 1790. I. 250. III. 418. IV. 16, 48, 49, 61, 81, 99,
283, 291. R. III. 386. N. I. 94. Ed. IV. 69, 72.
Briefe aus Wälschland. I. 101.
Beschreibung des Quecksilber-bergwerks zu Idria. IV.
374.
Beyträge zur mineralgeschichte von Böhmen. IV. 375.
Oryktographie von Derbyshire. IV. 31.
Bergmannische nachrichten von den Zweybrückischen,
Chur-Pfälzischen etc. ländern. IV. 51.

Neue beyträge zur mineralgeschichte verschiedener län-
der. IV. 22. conf. 243, 297, 375.
Ueber die gebirge und bergwerke in Ungarn. IV. 377.
Von dem anquicken in Ungarn und Böhmen. IV. 378.
Von der verwandlung der mineralischen körper. IV. 249.
Drey briefe mineralogischen inhalts. IV. 16.
Mineralogische bemerkungen in Neuchatel etc. IV. 35.
Ferelius, *Nicolaus.* R. I. 233.
Ferguson, *James.* II. 197.
Fermin, *Philippe.* IV. 341.
Traité des maladies de Surinam. II. 408.
De la generation du Crapaud nommé Pipa, II. 408.
Histoire naturelle de la Hollande equinoxiale. I. 256.
Description de Surinam. I. 159.
Fernandez, *Dominique Garcia.* V. 98.
        Molinillo, *Francisco.* V. 102.
Ferner, *Bengt.* Eques Ord. Stellæ Polar. Acad. Scient.
        Stockh. Soc.
Tvisten om vattu-minskningen. IV. 279.
Ferrari, *Johannes Baptista.* Senensis, S. J. n. 1584. ob.
        1655.
De florum cultura. III. 614.
Hesperides. III. 636.
Ferris. II. 410.
Ferro, *Gio. Maria.* I. 194. III. 58.
de Ferrusac, *Chevalier.* IV. 286.
Ferryman, *R.*
        Catalogue of British Quadrupeds and Birds. II. 25, 26.
Fessard, *Claude.*
        Icones animalium. II. 16.
Festari, *Girolamo.* IV. 42.
Feuereusen, *Carl Gottlob.* Hortulanus in Herrenhausen.
        Pflanzen-organologie. III. 365.
Feuille'e, *Louis.* Ordin. Minorit. n. 1660. ob. 1732.
        Observations faites sur les côtes orientales de l'Amerique
        meridionale. I. 157. conf. III. 190, 464.
Feyerabend, *Melchior Theophilus.* R. III. 468.
Fibig, *Johann.* Hist. Nat. Prof. Mogunt. ob. 1792. II.
        241.
        Uiber das studium der naturgeschichte. V. 9.
        Bibliothek der naturgeschichte. I. 182.
von Fichtel, *Joh. Ehrenreich.* ob. 1795. IV. 125, 298.
        Mineralgeschichte von Siebenbürgen. IV. 69 et 151.
        Von den Karpathen. IV. 69.
        Mineralogische aufsäze. V. 106.

VON FICHTEL, *Leopold.*
  Testacea microscopica. V. 42.
FICKIUS S. FIKKE, *Johannes Jacobus.* Med. Prof. Jen. n.
  1662. ob. 1730. Ed. III. 455.
  De Calce viva. IV. 125.
      Præside Fickio Dissertationes :
  De plantarum extra terram vegetatione. III. 366.
      Roremarino. III. 468.
FIEDLER, *Johannes.*
  Diss. de Metallis. IV. 186.
FJELLSTRÖM, *Nathanaël.* R. IV. 377.
FIERA, *Baptista.* Medicus Mantuan. n. 1469. ob. 1538.
  Coena. I. 296.
FIGULUS, *Benedictus.* III. 454.
      Carolus.
  Dialogus qui inscribitur Botanomethodus. III. 15.
FIKKE. vide FICKIUS.
FILTER, *Franciscus Ernestus.*
  Diss. inaug. de cortice Augusturæ. III. 536.
FIND-EISEN, *Joh. Christophorus.* R. IV. 359.
FINNSE::, *Hans.* Episcopus Skalholt. in Islandia.
  Om tildragelserne ved bierget Hekla 1766. IV. 297.
FIRENS, *Petrus.*
  Piscium icones. II. 169.
FISCHBECK, *Andreas Wilhelmus.* R. II. 427.
FISCHERUS, *Antonius.* R. IV. 79.
FISCHER, *Christian Gabriel.* Phys. Prof. Regiomont. ob.
  1751. II. 314. V. 16. Ed. II. 311.
  Vernünftige gedanken von der natur. I. 261.
FISCHER, *Daniel.* Medicus Hungarus, n. 1695. ob. 1746.
  II. 454.
  De terra medicinali Tokayensi. IV. 354.
FISCHER, *Gotthelf.* V. 43, 45. Tr. V. 84.
  Ueber die schwimmblase der fische. V. 52.
FISCHER, *Jacob Benjamin.* Waisenbuchhalter zu Riga,
  ob. 1793. æt. 63.
  Naturgeschichte von Livland. I. 250.
FISCHER, *Johannes Andreas.* Med. Prof. Erfurt. n. 1667.
  ob. 1729.
      Præside Fischer Dissertationes :
  De Dirdar Ibnsinæ, Ulmo arbore. III. 254.
      Papavere erratico. III. 504.
      Ricino americano. III. 524.
      Saturno. IV. 359.

DE FISCHER, *Joannes Bernhardus.* Archiater Imperatricis Russorum, ob. 1772. æt. 87. II. 90, 136, 309. III. 496, 577.

FISCHER, *Johann Leonhard.* Anat. Prof. Kilon. n. 1760. Cont. II. 353.

De Œstro ovino atque bovino. II. 274.

FISCHERSTRÖM, *Johan.* Acad. Scient. Stockholm. Soc. II. 457. IV. 365.

FISHER, *Joseph.* M. D. IV. 179.

FITZGERALD, *Keane.* R. S. S. ob. 1782. III. 621.

FLACHS, *Andreas.* R. II. 284.

   Sigismund Andreas.

Diss. de vestitu e Papyro. III. 591.

FLACHSENIUS, *Jacobus H.* R. III. 16.

DE FLACOURT, *Etienne.*

Histoire de Madagascar. I. 132.

FLAD, *Johann Daniel.* II. 277. IV. 249, 364.

FLAGG, *Henry Collins.* II. 440.

FLAMEN, *Albert.*

Poissons de mer. II. 169.

   d'eau douce. II. 169.

FLANDRIN. II. 523.

DE FLAUGERGUES *fils.* II. 442.

DE FLAVIGNY, *Vicomte.* Tr. I. 239.

FLEISCHERUS, *Esaias.*

Diss. de Dracone. II. 45.

FLEISCHER, *Esaias.*

Afhandling om Bier. II. 527.

FLEISCHER, *Georgius Christianus.*

Lilia Rubenis. III. 196.

FLEURIAU DE BELLEVUE. IV. 269, 270, 387. V. 122.

FLIESEN, *C. L.* III. 630.

FLODIN, *Carolus Clemens.* R. II. 507.

DE FLORENCOURT, *Carl Chassot.* V. 34.

FLORIANUS, *Joannes.* Tr. I. 126.

FLOYD, *Edward.* vide LHUYD.

FLLOYD, *Thomas.* Tr. II. 209.

FLOYER, *Sir John.* Eques. II. 418. III. 449.

Φαρμακο-βασανος. I. 281.

FLURL, *Matthias.* Pfalzbayrischer wirklicher Berg-und Münzrath, und Inspektor der Porzellanfabrik zu Nymphenburg.

Beschreibung der gebirge von Bajern. IV. 375.

FLYGARE, *Jöns.* III. 168. R. III. 129.

FÖLDI, *Janos.*
   Rövid kritika és rajzolat a' Magyar füvesztudományról.
   III. 172.
FOENANDER, *Jacob.* R. IV. 176.
FOERSCH, *N. P.* III. 204.
FÖRSTER, *Christian Gottlieb.*
   Geschichte des Cichorien-Caffee. III. 576.
FOERSTER, *Johann Christoph.* R. III. 446.
FOESIUS, *Anutius.* N. I. 273.
   Œconomia Hippocratis. I. 273.
FOGELIUS, *Martinus.* Ed. I. 78. III. 16.
FOGGINIUS, *Franciscus.* Ed. IV. 75.
FOGIUS, *David.*
   Diss. de Ciconiarum hibernaculis. II. 451.
FOLEY, *Samuel.* IV. 114.
FOLKES, *Martin.* Reg. Soc. Lond. Præses, n. 1690. ob.
   1754. II. 495.
FOLLI, *Francesco.* Medicus Italus, n. 1624.
   Cultura della Vite. III. 629.
FONTANA, *Felice.* Director Musei Phys. Florent. II. 366.
   III. 375, 415, 427. IV. 153, 203.
   Sopra la Ruggine del grano. III. 428.
      il veleno della Vipera. II. 515.
   Sur le venin de la Vipere, et sur quelques autres poisons.
      I. 294. conf. II. 515. III. 543.
FONTANA, *Jean.* III. 532.
          Nicholas. III. 327.
   On the Bengal Cochineal. V. 56.
FONTELLIAU. IV. 390.
FORBES, *George.* II. 337.
FORCKE, *Joannes Justus Guilielmus.*
   Diss. inaug. de Vermibus medicatis. II. 510.
FORDYCE, *George.* Scotus, Medicus Londin. R. S. S. IV.
   189.
FORELIUS, *Lars.*
   Diss. de cultura Bombycum. II. 531.
FORER, *Cunrat.* Tr. II. 9, 10.
FORGES, *Robert.* vide HUBERT.
FORMI, *Pierre.*
   Traité de l'Adianton. III. 533.
FORNANDER, *Andreas N.* R. III. 168.
FORREST, *Thomas.*
   Voyage to New Guinea. I. 146.
FORSSBERG, *Gustavus Fredericus.* R. V. 91.
FORSBOM, *Johan.* R. III. 621.

FORSELL, *Isaacus.* R. IV. 188.
FORSIUS, *Sigfrid Aron.* Clericus Fenno, ob. 1637.
Minerographia. IV. 352.
FÓRSKåHL, *Jonas Gustav.* R. II. 448.
 Petrus. Svecus, Hist. Nat. Prof. Hafn. ob. in
 Arabia 1763.
Descriptiones animalium. II. 30. conf. I. 289.
Flora Ægyptiaco-Arabica. III. 175. conf. 143, 150, 176.
Icones rerum naturalium. II. 30, et III. 175.
FORSLIN. *Michael.* R. III. 602.
FORSMARCK, *Laurentius Gabriël.* R. II. 22.
FORSTEN, *Rudolphus.*
Cantharidum historia. II. 508.
FORSTER, *Benjamin Meggöt.* Mercator Londin. Frater
 Thomæ sequentis.
Peziza cuticulosa. III. 352.
FORSTER, *George.* Filius Johannis Reinholdi sequentis,
 Bibliothecar. Mogunt. R. S. S. n. prope Gedanum 1754.
 ob. 1794. I. 131. II. 59, 130, 441. III. 184, 254. Tr.
 I. 91. Ed. I. 56.
Characteres generum plantarum. vide J. R. Forster.
Voyage round the world. I. 90.
Reply to Mr. Wales's remarks. I. 90.
Geschichte des Brodbaums. III. 317.
Florulæ insularum australium prodromus. III. 184.
De plantis esculentis insularum oceani australis. III. 184,
 et 560.
De plantis Magellanicis. III. 178, et 190.
FORSTER, *Guilielmus Emanuel.*
Diss. inaug. de Aristolochia. III. 522.
FORSTER, *John Reinhold.* Borussus, Hist. Nat. Prof. Hal.
 R. S. S. n. 1729. ob. 1798. I. 251, 254. II. 31, 32,
 65, 76, 89, 135, 136, 288, 569. III. 182, 202, 583. IV
 275. Tr. I. 89, 110, 144, 152, 156, 239. N. I. 297.
Introduction to mineralogy. IV. 10.
Catalogue of British Insects. II. 223.
Flora Americæ septentrionalis. III. 185.
Catalogue of the animals of North America. II. 32. conf.
 I. 217.
Novæ species Insectorum. II. 213.
Method of assaying mineral substances. IV. 4.
Characteres generum plantarum, quas in itinere ad insulas
 maris australis collegerunt J. R. et G. Forster. III. 35.
De Bysso antiquorum. III. 200.

Observations made during a voyage round the world. I.
90.
Zoologia Indica selecta. II. 30. conf. 44 et 127.
Enchiridion historiæ naturali inserviens. I. 187.
Onomatologia systematis oryctognosiæ. IV. 6.
FORSTER, *Richard.* II. 513.
  Thomas Furly. Mercator Londin.
Additions to Warner's plantæ Woodfordienses. III. 136.
FORSYTH, *William.* Scotus, Hortulanus Regius in Ken-
  sington.
Observations on diseases in trees. III. 617.
FORSYTH, *William.* Filius præcedentis. Seminum merca-
  tor Londini.
A botanical nomenclator. III. 40.
FORTELIUS, *Isaacus.* R. III. 376, 383.
DE FORTEMPS, *Josephus Carolus.*
Vita plantarum illustrata. III. 368.
FORTIS, *Alberto.* IV. 41, 42, 44, 49, 159, 160, 180, 289,
  329, 330.
Osservazioni sopra l'isola di Cherso. I. 117.
Viaggio in Dalmazia. I. 117.
Della valle di Roncà. IV. 42.
Delle ossa d'Elefanti de' monti di Romagnano. IV. 320.
FORTSCHNIGG, *Franciscus.*
Diss. inaug. de Metallis. IV. 187.
FOSSIER.
Le Canard Chat. II. 422.
FOTHERGILL, *John.* Medicus Londin. R. S. S. ob. 1780.
  æt. 69. III. 506, 514, 538. IV. 171.
Some account of the late Peter Collinson. I. 171.
Explanatory remarks on the preface to S. Parkinson's
  journal of a voyage to the South-Seas. I. 89.
FOUGEROUX DE BLAVAU. III. 324.
      BONDAROY, *Auguste Denis.* Acad. Scient.
  Paris. Soc. n. 1732. ob. 1789. II. 70, 190, 236, 292,
  332, 441, 444, 460. III. 203, 235, 254, 287, 296, 313,
  325, 330, 335, 344, 354, 371, 379, 404, 430, 578, 588,
  592, 626. IV. 34, 79, 93, 155, 168, 173, 238, 291,
  293, 349.
FOUGT, *Henricus.* R. II. 492.
FOURCROY, *Antoine François.* Instituti Paris. Soc. I. 59,
  60. II. 387. III. 438, 474, 633. IV. 5, 141, 157, 204,
  210, 215, 216. V. 88.
Leçons d'histoire naturelle. I. 187.
Entomologia Parisiensis. II. 224.

La medecine eclairée par les sciences physiques, ou Jour-
nal des decouvertes relatives aux differentes parties de
l'art de guerir. I. 60. conf. II. 419. III. 88, 487, 538.
IV. 175, 236.
FOURNIER, *Josephus Leopoldus.*
Diss. de Metallis. IV. 188.
FRACASTORIUS, *Hieronymus.* Medicus Veron. n. 1483.
ob. 1553.
Alcon s. de cura Canum venaticorum. II. 558.
FRAGOSO, *Juan.*
Catalogus simplicium, quæ invicem supponuntur, antibal-
lomena Græcis dicuntur. I. 290.
De las cosas aromaticas, que se traen de la India Oriental.
I. 288.
FRAGOSO DE SEQUEIRA, *Joaquim Pedro.* Acad. Scient.
Olysipon. Soc. III. 638, 639.
FRAMPTON, *John.* Tr. I. 287.
FRANC, *Dom.* II. 562.
FRANCHETTI, *Francesco.* III. 238.
DE FRANCHEVILLE, *Joseph du Fresne.* Acad. Scient. Be-
rolin. Soc. n. 1704. ob. 1781. I..301. II. 424, 505.
III. 270, 581.
FRANCILLON, *John.*
Description of a rare Scarabæus. II. 232.
FRANCISCI, *Erasmus.* N. I. 104.
FRANCIUS, *Petrus.* Eloqu. et Hist. Prof. Amstelodam. n.
1645. ob. 1704.
In laudem Thiæ anacreontica. III. 577.
FRANCK S. FRANCKENIUS, *Johan.* Bot. et Anat. Prof.
Upsal. n. 1590. ob. 1661.
Signatur. I. 280.
Speculum botanicum. III. 8.
FRANCK, *Johannes Christophorus.* R. III. 373.
FRANCUS, *Joannes,*
Hortus Lusatiæ. III..165.
FRANCKE S. FRANCUS, *Johann.* II. 84. Ed. III. 508.
Polycresta herba Veronica. III. 467.
Trifolii fibrini historia. III. 471.
Herba Alleluja (Acetosella) III. 501.
De Euphragia herba. III. 509.
Das Flachs-seiden-kraut. V. 91.
Momordicæ descriptio. III. 525.
Untersuchung der Sonnenblume. V. 94.
Veronica theezans. III. 467.

240   *Francus de Franckenau—Frenzel.*

FRANCUS DE FRANCKENAU, *Georgius.*   Med. Prof. Hei-
   delberg. dein Witteberg. hinc Archiater Regis Daniæ,
   n. 1644. ob. 1704.
   Programma ad herbationes anni 1679. III. 1.
                                   1680. III. 439.
                                   1681 et 1687. III. 2.
   Flora Francica. III. 9. conf. 1, 2, 439.
   Flora Francica rediviva. III. 9; ubi lege: vermehret von
      Chph. Hellwig. Pagg. 404.   Leipzig, 1713. 8.
      ———— vermehret von Joh. Gottfr. Thilo.
      Pagg. 640.   ib. 1728. 8.
   De Palingenesia. I. 268.
        Præside Franco Dissertationes :
   Ονισκογραφια. II. 509.
   Malum Citreum. III. 307.
FRANCUS DE FRANCKENAU, *Georgius Fridericus.* Ar-
   gentoratensis. Med. Prof. Hafn. n. 1669. ob. 1732. II.
   287, 324, 342, 422. III. 349, 405. IV. 86.
FRANK, *Joannes.*   R. II. 40.
FRANKLIN, *Benjamin.*   Soc. Amer. Præses, n. 1706. ob.
   1790. IV. 278.
FRANTZIUS, *Joannes Georgius Fridericus.*   Med. Prof.
   Lips. n. 1737. ob. 1789. Ed. I. 295.
   Diss. inaug. de Asparago. III. 262.
FRANTZIUS, *Wolfgangus.*   Theol. Prof.Witteberg. n. 1564.
   ob. 1628.
   Historia animalium. II. 12. V. 14.
FRASER, *John.*
   History of the Agrostis Cornucopiæ. III. 594.
FRASER, *Thomas.*   III. 524.
DE FRAULA, *Comte.*   II. 240.
FRAUNDORFFER, *Philippus.*   Medicus Brünn. ob. 1702.
   Oniscographia. II. 509.
FRAYLINO DI BUTTIGLIERA, *Conte.*   III. 631.
FREDERICK, *Cæsar.*   vide FEDRICI.
FREEMAN, *Strickland.*
   On the mechanism of the Horse's foot. II. 578.
   Select specimens of British plants. V. 68.
FREIESLEBEN, *Henricus.*   R. IV. 186.
FREISKORN, *Franciscus de Paula.*
   Diss. inaug. de veneno Viperarum. V. 54.
FRENCKELL, *Johan Christopher.*   R. III. 597.
FRENZEL, *David.*
   Verzeichniss der fossilien, welche im bezirk der stadt
      Chemniz bemerket worden. IV. 60.

FRENZEL, *Franc. Jul. Henr.* R. V. 44.
    Joannes Samuel Traugott. R. II. 438.
FRENZELIO, *Simone Friderico,* Præside, Dissertationes:
    Fraga. III. 290.
    Serpens. II. 162.
    De lapide fulminari. IV. 79.
    Amianto. IV. 122.
    Insecta Novisolii cum nive delapsa. II. 217.
    De Unicornu. II. 43.
FREÜDENBERG, *Johann-Georg.* R. IV. 362.
DE FREVILLE.
    Supplement au voyage de M. Bougainville. I. 203.
    Om nya uptäkter i Söderhafvet. I. 89.
FREY, *Carolus.* R. II. 378.
    Hermannus Henricus. Superintendens Svinfurt. n.
    1549. ob. 1599.
    Θηϱοβιβλια. II. 37.
    Οϱνιϑοβιβλια. II. 37.
    Ιχϑυοβιβλια. II. 37.
FREY, *Laurentius Josephus.* R. I. 291.
FREYTAG, *Fridericus Gotthilf.* Consul Naumburg. n. 1723.
    ob. 1776.
    Rhinoceros. II. 66.
FREZIER, *Amadée François.* Officier du Genie. n. 1682.
    ob. 1773.
    Voyage aux côtes du Chily et du Perou. I. 161.
FRIDERICI, *Johannes Arnoldus.* Med. Prof. Jen. n. 1637.
    ob. 1672.
    Præside J. A. Friderici Dissertationes:
    Guajacan. III. 497.
    Aloë. III. 264.
    De Pæonia. III. 506.
FRIDERICI, *Valentinus.* Lingu. Hebr. Prof. Lips. n. 1630.
    ob. 1702.
    Præside V. Friderici Diss. de Pavone. II. 141.
FRIDERICUS II. *Imperator.* ob. 1250.
    Reliquá librorum de arte venandi cum avibus. II. 558.
FRIEDEL, *Fridericus.* R. II. 535. III. 286.
VON FRIEDERICI. III. 560.
FRIEDERICI, *Ernestus Ludovicus.* R. II. 38.
    Joh. Frider. Gottlieb. R. III. 409.
FRIES. IV. 271.
    Gust. R. IV. 370.
FRIESE, *Christianus Fridericus.* R. III. 471.

TOM. 5.   R

Friess, *Martinus Fridericus.* Med. Prof. Lips. n. 1632. ob. 1700.
 Præside Friess Diss. Examen Coraliorum tincturæ. II. 511.
Friis, *Nicolai Christian.* Pastor Bergensis, in Norvegia. II. 566, 567.
Frisch, *Jodocus Leopold.* Sequentis filius. Prediger zu Grüneberg in Schlesien. n. 1714. ob. 1787. II. 73, 415.
 Musei Hoffmanniani petrefacta et lapides. IV. 26.
 Das natursystem der vierfüssigen thiere. II. 47 ; ubi loco Johann Leonhard, lege : Jodocus Leopold.
Frisch, *Johann Leonhard.* Rector Gymnasii Berolin. et Acad. Sc. ib. Soc. n. 1666. ob. 1743. II. 64, 109, 129, 132, 136, 137, 175, 185, 188, 194, 246, 258, 352, 447, 530. III. 370.
 Beschreibung von Insecten in Deutschland. II. 225.
 Vorstellung der Vögel Deutschlandes. II. 114.
Frisendahl, *Petrus Elavi.* R. IV. 282.
Frisius, *Baggæus Johannis.* R. II. 428. III. 196.
Fritschius, *Joannes Christophorus.* R. II. 510.
Frölich, *Joseph Aloys.* Medicus Elvang. II. 230, 237. 354. III. 308.
 De Gentiana. V. 76.
Froger.
 Voyage aux côtes d'Afrique, Detroit de Magellan etc. I. 163.
Fromageot de Verrax. II. 203.
Frommann, *Johannes Christianus.* II. 364.
 Anser Martinianus. II. 133.
 Præside Frommann Diss. de Castore. II. 84.
Frondin, *Elia,* Præside Dissertationes :
 De Alandia. I. 114.
  piscatura Harengorum in Roslagia. II. 567.
Fryer, *John.*
 Account of East-India and Persia. I. 135.
Fryxell, *Axelius.* R. IV. 142.
Fuchs, *Carolus.*
 Andreas Cæsalpinus. Diss. inaug. V. 8.
Fuchs, *Georg August.* R. V. 118.
    Friedrich Christian. Med. Prof. Jen. n. 1760. III. 503, 533. IV. 154, 227, 233.
 De Dracunculo Persarum s. Vena Medinensi. II. 364.
 Natürliche geschichte des Boraxes. IV. 163.
       Spiesglases. V. 118.
Fuchs, *Gottlieb Engelbert.* R. III. 523.
   Johann Christoph. Pagehofmeister zu Berlin, n. 1726. ob. 1795. IV. 18, 327.

Fuchs, *Leonhard.* Med. Prof. Tubing. n. 1501. ob. 1566.
 I. 290.
De historia stirpium commentarii. III. 53.
De stirpium historia commentariorum imagines. III. 63.
Apologia qua refellit Gu. Ryffi reprehensiones. I. 275.
Fuchsel, *Georgius Christianus.* IV. 58.
Füessly, *Johann Caspar.* Bibliopola Tigur. ob. 1786.
Verzeichniss der Schweizerischen Insekten. II. 224.
Magazin für die liebhaber der Entomologie. II. 216. conf.
 204, 229, 257.
Neues Magazin. II. 216. conf. 232.
Archiv der Insektengeschichte. II. 216.
Fülleborn, *Jo. Gottlieb.* R. III. 539.
Fürstenau, *Joannes Fridericus.* Anat. Prof. Rintel. n.
 1724. ob. 1751.
Præside Fürstenau Diss. de Antimonio crudo. IV. 360.
Füssel, *Ernestus Godofredus.* R. III. 398.
Fuiren, *Georgius.* M. D. Hafniens. n. 1581. ob. 1628.
 III. 167, 169.
Fuiren, *Thomas.* Hafniensis. n. 1616. ob. 1673.
Rariora musei Henrici Fuiren. I. 232.
Fulberti, *Godefrido.* II. 414.
Funccius, *Georgius.*
De avis Britannicæ ortu. II. 133.
Funck. III. 154.
 Friberre Alexander. IV. 220.
de Funes y Mendoça, *Diego.*
Historia de aves y animales. II. 7.
Funk, *C. B.* Ed. I. 57.
 H. C. V. 70.
Funnel, *William.*
Account of W. Dampier's expedition into the South Seas.
 I. 88.
Furber, *Robert.* III. 206.
Furlanus, *Daniel.* Tr. II. 446. IV. 6.
Furneaux, *Tobias.* I. 89.
Fuscus, *Remaclus.* Canonicus Leodiensis, ob. 1587.
Plantarum, quarum apud Pharmocopolas usus est magis
 frequens, nomenclaturæ. III. 8.
De herbarum notitia Dialogus. III. 454.

Gabelchoverus, *Wolfgangus.* Tr. IV. 75.
Gabrielli, *Pyrrhus Maria.* Med. Prof. Senens. n. 1643.
 ob. 1705. II. 454.
 R 2

244   *Gabucinus—Gadd.*

GABUCINUS, *Hieronymus.*
De Lumbricis. II. 356.
GADD, *Pehr Adrian.*   Chem. Prof. Aboens. Eques Ord.
    Vasiaci, Acad. Sc. Stockholm. Soc. II. 531. III. 256,
    423, 582, 586. IV. 110, 111, 242. V. 83. R. III.
    425.
Observationes in septentrionali prætura territorii supe-
    rioris Satagundiæ. I. 114.
Beskrifning öfver Satacunda häraders norra del. I. 114.
Tal om Finska climatet. I. 249.
Upmuntran til plantagers vidtagande i Finland. III. 610.
Inledning til Stenrikets känning. IV. 85.
    Præside Gadd Dissertationes:
1759. Om Brännetorf. IV. 176.
1760. Möjeligheten af Silkesafvelns införande i Finland.
    II. 531.
1762. Om sättet at förminska Sädesmasken. II. 542.
1766. Om Sädesarternas sjukdomar. III. 427.
    De exhalationibus mineralium. IV. 238.
1767. Indicia mineralogiæ in Fennia sub gentilismo. IV. 1.
    Indicia mineralogiæ Fennicæ ab ortu Christianis-
    mi.'IV. 1.
    Anledningar at känna jordarter. IV. 3.
1768. Upgifter at känna kalkartige stenarter. IV. 387.
    Om Finska Sjelffrätsten. IV. 144.
1769. De monte Cuprifero Tilas wuori. IV. 68.
    Om Sjöfogels vård i Finska skärgården. II. 518.
    Insecta piscatoribus noxia. II. 549.
    Om äkta Saffran, och dess plantering. III. 624.
1770. Om utländske sädesarter i Finska climatet. III.
    562.
1771. Om medel til Saltpetter-sjuderiernes förbättring.
    IV. 159.
1772. Disquisitio chemica palingenesiæ zoologicæ. I. 268.
    Om Skidfrukts-växter. III. 216.
        Solidago canadensis. III. 586.
        Tennets beskaffenhet. IV. 217.
1773. Om förgiftiga växter. III. 542.
1774. Indicia palingenesiæ chemicæ in regno minerali. I.
    268.
1775. Om Demanter. IV. 183.
1776. Om Finska Jaspis-arter. IV. 86.
1778. De Sale Sodomitico. IV. 150.
    Om Asclepias syriaca. III. 597.
1786. Om Lin-och Hampe-växterne. III. 630.

Gadd, Pehr Adrian. 245

1788. Inledning at upsöka nyttiga mineralier. IV. 273.
    Österbotns mineral-historia. IV. 68.
1789. Tavastlands mineral-historia. IV. 68.
    Om Nyland och Tavastehus Län. I. 114.
    Björneborgs Läns mineral-historia. IV. 68.
1792. Om Hollola Socken. I. 115.
    Medel at öka skogsväxten i Finland. III. 619.
    Om Sysmä Socken. V. 5.
GADELIUS, *Ericus.* R. I. 234.
GADOLIN, *Johan.* Chem. Prof. Aboens. Acad. Sc. Stock-
    holm. Soc. IV. 93, 250. R. IV. 205.
    Præside Gadolin Dissertationes :
    De natura metallorum. IV. 188.
    Om flussers värkan vid Järnmalmers proberande. IV.
    380.
    De natura salium simplicium. IV. 148.
GÆRTNER, *Josephus.* M. D. ob. 1791. æt. 59. II. 303.
    III. 34, 90, 174.
    De fructibus et seminibus plantarum. III. 399.
GÆRTNER, *der jüngere.* III. 156.
GAFFET, *Antoine.*
    Traité de Venerie. V. 58.
GAGNEBIN, *Abraham.* III. 46, 247, 256, 315, 319. IV.
    307, 343.
GAHN, *Henricus.* R. III. 212.
    Nicolaus. · R. III. 458.
GAHRLIEP, *Gustavus Casimir.* Medicus Electoris Bran-
    denburg. n. 1630. ob. 1713. II. 280, 387, 404, 447.
    III. 405. IV. 266, 353.
GAKENHOLZ, *Alexander Christ.* Anat. et Chirurg. Prof.
    Helmstad. ob. 1717.
    De vegetabilium præstantia. III. 2.
GALE, *Roger.* III. 399. IV. 318.
GALEATIUS, *Dominicus Gusman.* II. 249.
GALENUS. I. 273.
GALIANI.
    Catalogo delle materie appartenenti al Vesuvio. IV. 293.
GALLANDAT, *David Henricus.* Medicus Vlissing. ob. 1782.
    æt. 50. II. 70, 363. IV. 324.
GALLE'N, *Olavus.* R. I. 233.
GALLI, *Francesco.* II. 548.
DE GALLITZIN, *Prince Dimitri.* IV. 296.
    Lettre à M. G. Forster. IV. 242.
    Traité methodique des mineraux. IV. 13.
    Reflexions sur la mineralogie moderne. V. 105.

GALLON.
Machines approuvées par l'Academie R. des Sciences. I.
16.
GALVANI, *Aloysius.* II. 387.
GANS, *Jacobus.*
Catalogus van boomen en plantagie-gewassen. III. 105.
GANSIUS, *Johannes Ludovicus.*
Coralliorum historia. II. 511.
GARCIA, *Juan Joseph.* Ed. I. 240.
GARCIN, *Laurent.* II. 352. III. 243, 272, 281, 282,
333.
DE GARDEIL. IV. 93.
GARDEN, *Alexander.* Scotus, Medicus in Carolina au-
strali, R. S. S. n. 1730. ob. Londini 1791. II. 439. III.
307, 472.
GARDEN, *George.* I. 200. II. 412.
GARIDEL, *Pierre Joseph.* Prof. d'Anat. à Aix. ob. 1737.
æt. 78.
Histoire des plantes qui naissent aux environs d'Aix. III.
143. conf. 6.
GARMANN, *Christianus Fridericus.* Medicus Chemnic.
n. 1640. ob. 1708.
Oologia. II. 396.
GARN, *Joannes Andreas.* R. II. 439.
GARNEY, *Johan Carl.*
Handledning uti Svenska Masmästeriet. IV. 380.
GAROFALO, *Biagio.* vide CARYOPHILUS.
GARRARD, *George.* Pictor Londin.
Prints of the improved British Cattle. No. 1. containing
a Bull, a Cow, and an Ox, of the Devonshire breed.
1799.
Tabb. æneæ 3, long. 13 unc. lat. 18 unc. fol. impress. 1.
Addatur Tom. II. p. 103. ante sect. 196.
DE GARSAULT.
Les figures des plantes et animaux d'usage en medecine.
I. 284.
GASSENDUS, *Petrus.* Mathes. Prof. Paris. n. 1592. ob.
1655.
Vita Nicolai Claudii de Peiresc. V. 4.
GATAKER, *Thomas.*
Observations on the internal use of the Solanum or Night-
shade. Pagg. 34. London, 1757. 8.
Addatur Tom. III. p. 479. ante sect. 52, præfixo titulo:
Solanum nigrum,

GATERAU.
Description des plantes qui croissent aux environs de Montauban. III. 142.
GATTENHOF, *G. M.* Med. et Bot. Prof. Heidelberg. ob. 1788. æt. 66.
Stirpes agri et horti Heidelbergensis. III. 116 et 156.
GATTERER, *Christoph Wilhelm Jacob.* Technolog. Prof. Heidelberg. n. 1759.
Breviarium zoologiæ. II. 48.
Vom nuzen und schaden der thiere. II. 518.
Anleitung den Harz zu bereisen. I. 246.
Repertorium der Forstwissenschaftlichen literatur. V, 101.
GAUBIUS, *Hieronymus David.* Tr. II. 209.
GAUDIN.
Voyage en Corse. I. 102.
GAUPP, *Carl Engelhard.* R. III. 529.
GAUTERON. I. 175.
GAUTHIER.
Introduction à la connoissance des plantes. III. 459.
GAUTIER, Gallus, Medicus in Canada. III. 565.
GAUTIER.
Observations sur l'histoire naturelle, sur la physique et sur la peinture. I. 49.
GAVELLI, *Niccolo.*
Storia del Tabacco. III. 628.
GAZA, *Theodorus.* Tr. I. 205. II. 7, 371. III. 51.
GEBAUER, *Joann. Christian. Ehrenf.* R. III. 448.
GEBHARDUS, *Christianus Amandus.* R. II. 379.
GEDNER, *Christophorus Eliæ fil.* R. I. 165.
Elias Christophori fil. R. III. 337.
GEFFE, *Nicholas.* II. 529. Tr. II. 529.
GEHLER, *Joannes Carolus.* Med. Prof. Lips. n. 1732. ob. 1796.
Diss. de Characteribus fossilium externis. IV. 4.
Progr. Fossilium physiognomiæ spec. 1. IV. 4.
De rarioribus agri Lipsiensis petrificatis. IV. 332.
GEHRT, *Joannes.* R. IV. 161.
GEIGER, *Davides.* R. IV. 360.
GEIJER. vide GEYER.
GEILFUSIUS, *Bernhard Wilhelm.*
Disp. inaug. de Moxa. III. 518.
GEILFUSIUS, *Johannes Gothofredus.* IV. 353.
GEINITZ, *Johannes.* R. III. 506.

GEISSLER, *Elias.*
  Disp. de Amphibiis. II. 446.
GEISSLER, *J. G.* IV. 109.
GELENIUS, *Sigismundus.* N. I. 73.
GELLER, *Emanuel Henricus.*
  Diss. inaug. Zincum chemicum inquirens. IV. 219.
GELMETTIUS, *Aloysius.* III. 533.
GEMEINHARDT, *Johann Caspar.*
  Catalogus plantarum circa Laubam nascentium. III. 165.
GEMELLI CARRERI, *John Francis.*
  A voyage round the world. I. 307.
GENBERG, *Olof.* II. 80.
GENGE, *Johannes Melchior.* R. III. 576.
DE GENSSANE. IV. 373.
  Histoire naturelle de Languedoc. IV. 37.
GENSSLER, *Christian Jacob.*
  Der Maikäfer. V. 34.
GENTIL.
  Dissertation sur le Caffé. III. 575.
DE GENTON. IV. 73.
GENZMER, *Gottlob Burchart.* Præposit. et Pastor Star-
  gard. in Mecklenb. ob. 1771. æt. 55. IV. 306, 344.
GEOFFROY. II. 388. IV. 349.
  Histoire des Insectes aux environs de Paris. II. 224.
  Coquilles aux environs de Paris. II. 321. V. 41.
GEOFFROY *fils.* Claudii sequentis filius. Acad. Scient.
  Paris. Soc. ob. 1752. IV. 221.
GEOFFROY, *Claude Joseph.* Stephani Francisci frater. Acad.
  Scient. Paris. Soc. Pharmacopoeus Paris. n. 1685. ob.
  1752. II. 248, 429, 454, 534. III. 343, 355, 390. IV.
  151, 155, 156, 217.
GEOFFROY, *Etienne.* Zoolog. Prof. in Museo Paris. II.
  126, 463. V. 18—21, 26.
GEOFFROY, *Etienne François.* Acad. Scient. Paris. Soc.
  Med. Prof. Paris. n. 1672. ob. 1731. II. 397, 492, 511.
  III. 538. IV. 157, 251, 359.
  De Materia medica. I. 283. conf. III. 564.
GEORGII, *Andreas Caspar.* R. III. 479.
        Georgius Eberhardus. R. III. 505.
        Joan. Christoph. Samson. R. III. 574.
GEORGI, *Johann Gottlieb.* Acad. Scient. Petropolit. Soc.
  n. in Pomerania 1738. III. 436, 516. IV. 132, 165,
  250, 362. Tr. I. 144. IV. 11, 67, 380.
  Reise im Russischen reich. I. 119. conf. II. 30. III. 174.
  Beschreibung des Russischen reichs. I. 309. V. 12.

Georgius, *Gottfr. Christ. Sigismund.* R. III. 484.

Gerard, *John.* Chirurgus Londin. n. 1545. ob. circa a. 1607.
The herball. III. 59.

Gerard, *Louis.* Instit. Paris. Soc. III. 255, 644. V. 73.
Flora Gallo-Provincialis. III. 143.

Gerardus, *Marcus.*
Animalium quadrupedum delineationes. II. 50.

Gerardus *Carmonensis.* Tr. I. 277.

Gerber, *Traugott.* R. III. 375.

Gerbi, *Ranieri.* II. 486, 507.

Gerdes, *Fredrik.* II. 273.
Olof. II. 545.

Gerdessen, *Immanuel Gottlob.*
De anomalo animalium albidiore colore. II. 424.

Gerdin, *Georgius Joh.* R. IV. 287.

Gerhard, *Carl Abraham.* Königl. Preuss. geheimer Ober-Finanz-Kriegs-und Domainen-rath. n. 1738.. IV. 18, 64, 90, 105, 114, 146, 205, 242, 250, 269.
Disquisitio Granatorum Silesiæ. Diss. inaug. IV. 101.
Beiträge zur chymie. IV. 22. conf. 5, 80, 101, 168, 188.
Geschichte des mineralreichs. IV. 12.

Gerhardus, *Georgius.* R. II. 131.

Geringius, *Johannes Gabriel.* R. II. 180.

Gerike, *Petrus.* Med. Prof. Helmstad. n. 1693. ob. 1750.
Præside Gerike Diss. de usu medico Camphoræ. III. 494.

Gerlach, *Conradus.* R. II. 530.
Hieronymus Sigismund. R. III. 567.

Gersaint, *Edme François.* Mercator Paris. ob. circa a. 1750.
Catalogue de Coquilles et autres curiosités. I. 226.
d'une collection de curiosités. I. 226.
du cabinet de M. de la Roque. I. 226.

von Gerstenberg, *Friedrich Heinrich.* III. 460.

Gerstner, *Franz.* I. 248.

Gervaise, *Nicolas.* Missionarius, ob. 1729.
Histoire naturelle de Siam. I. 141.

Gesenius, *Wilhelm.* Medicus Nordhus.
Lepidopterologische encyklopädie. II. 255.

Gesner, *Conradus.* Medicus Tigur. n. 1516. ob. 1565.
II. 208. III. 6, 70, 114. Tr. II. 8. N. I. 295. II. 167.
IV. 75. Ed. I. 276.
Historia plantarum et vires. III. 454.
Catalogus plantarum. III. 8.

Pandectæ, sive Partitiones universales. I. 76.
Historia animalium. II. 9.
Thierbuch. II. 9.
Vogelbuch. II. 10.
Fischbuch. II. 10.
Icones animalium quadrupedum. II. 15.
     Avium. II. 15.
     Animalium aquatilium. II. 15.
De stirpium collectione tabulæ. III. 445. conf. 15.
Thesaurus Evonymi Philiatri. I. 279.
De herbis, quæ Lunariæ nominantur. III. 70. conf. I. 243.
De piscibus et aquatilibus. II. 168.
    omni rerum fossilium genere libri aliquot. IV. 21.
    rerum fossilium figuris. IV. 237.
    libris a se editis. I. 172.
Epistolæ medicinales. I. 69, 70. conf. III. 56.
Opera botanica. III. 90. conf. 56, 68.
GESNER, *Johann.* Phys. et Math. Prof. et Canonicus Tigur. n. 1709. ob. 1790.
Dissertationes de partium vegetationis et fructificationis structura. III. 365.
Diss. de Petrificatorum differentiis. IV. 302.
       Ranunculo bellidifloro. III. 396.
Theses de Thermoscopio botanico. III. 609.
Diss. de Petrificatorum variis originibus. IV. 302.
Tractatus de Petrificatis. IV. 302.
Phytographia sacra. III. 193.
Diss. de variis annonæ conservandæ methodis. II. 543.
Weinmanni thesaurus indice systematico illustratus. III. 62.
(Catalogus bibliothecæ ejus. I. 308.)
GESNERUS, *Johannes Albertus.* Medicus Ducis Wirtemberg. n. 1694. ob. 17 - -
Diss. inaug. de Zingibere. III. 466.
Historia Cadmiæ s. Cobalti. IV 223.
GESNERUS, *Joannes Matthias.* IV. 77. Ed. IV. 74.
GESTRINIUS, *Sveno.* R. III. 194.
VAN GEUNS, *Stephanus Joannes.* III. 48, 89.
Plantarum Belgii indigenarum spicilegium. III. 139.
Over de inlandsche plantgewassen. III. 558. V. 96.
VON GEUSAU, *L.* Königl. Preuss. General-Lieutenant. V. 110.
GEVALIN, *Johannes Ericus.* R. III. 240.

Geve, *Nicolaus Georg.* Pictor.
Monatliche belustigungen an Conchylien. II. 315.
Geyer, *Bengt Reinhold.* Öfver-Directeur vid Controll-
verket, Acad. Scient. Stockholm. Soc. IV. 66, 252, 366,
R. IV. 220.
Geyer, *Johannes Daniel.* Medicus Electoris Saxon. n.
1660. ob. circa a. 1735. II. 446.
De Cantharidibus. II. 507.
montibus conchiferis ac Glossopetris Alzeiensibus. IV.
310.
Δικταμνογϱαφια. III. 498.
Gezaur, *Johannes.* R. II. 313.
Gezelius, *Johannes.* R. IV. 82.
Nicolaus. R. III. 197.
Ghiareschi, *Johannes Marianus.* III. 642.
Gibbes, *George Smith.* Medicus Bathon. R. S. S. IV. 388.
Gibelin. Tr. I. 5.
Gibson, *William.*
On the diseases of Horses. II. 521.
Gielleböl, *Rejerus.*
Beskrivelse over Hölands præstegield. I. 109.
Giers, *Carolus Robertus.* R. IV. 1.
Ericus. R. II. 428.
Petrus. R. III. 565.
Gigas, *Caspar.* R. IV. 189.
Godofredus. R. IV. 353.
Gijon, *Miguel.* V. 56.
Gilbert, *Samuel.*
Florist's vade mecum. III. 614. conf. 611.
Gilbert, *Thomas.*
Voyage from New South Wales to Canton. I. 147.
Gilbertus, *Gulielmus.* Medicus Londin. ob. 1603.
De Magnete. IV. 258.
Gilibert, *Joannes Emanuel.* Ed. III. 91. V. 61.
Flora Lituanica. III. 172. V. 71.
Gilij, *Philippus Aloysius.*
Agri romani historia naturalis. II. 120.
Gilij, *Filippo Salvadore.*
Saggio di storia americana. I. 158.
Gilkes, *Moreton.* IV. 127.
Gillet-Laumont, *F. Pierre Nicolas.* Membre du Con-
seil des Mines de la Republique Françoise. IV. 126,
172, 245, 387. V. 115, 122, 123.
Gillius, *Petrus.* vide Gyllius.
Gillot. IV. 261, 266.

GILPIN, *John.* II. 193.
GIMMA, *Hyacinthus.* Jurisconsultus Neapolit.
Dissertationes academicæ. II. 41, 59, 397.
Della storia naturale di tutti i minerali. IV. 8.
GINANNI, *Conte Francesco.* Patricius Ravenn. n. 1716.
  ob. 1766.
Delle malattie del grano in erba. III. 426. conf. II. 541.
III. 644.
Produzioni naturali nel museo Ginanni. I. 228.
Istoria delle pinete Ravennati. I. 102.
GINANNI, *Conte Giuseppe.* Patricius Ravenn. n. 1692.
  ob. 1753.
Delle uova e dei nidi degli Uccelli. II. 405. conf. 241.
Opere postume. I. 258 et II. 321.
GIOANETTI. II. 442.
GIOBERT, *Jean Antoine.* IV. 304.
GIOENI, *Giuseppe.*
Descrizione di una nuova famiglia di Testacei. II. 319.
Della eruzione dell' Etna 1787. IV. 295.
Litologia Vesuviana. IV. 44.
GJÖS, *Johannes.* R. III. 216.
GIORGETTI, *Gianfrancesco.*
Il filugello, o sia il baco da seta. II. 531.
GIORGI, *Federico.*
Del modo di conoscere i buoni Falconi. II. 559.
GIORNA, *Esprit.* II. 485.
GIOVENE, *Giuseppe Maria.* III. 430, 635. IV. 160.
GIRARD. IV. 383.
GIRARDI, *Michele.* II. 384, 438.
De Uva ursina. III. 500.
GIROD CHANTRANS. III. 348. V. 90, 121.
GIROUD. IV. 182, 214, 373, 389.
GIRTANNER, *Christoph.* M. D. Helvetus. n. 1760. I. 242,
  271. II. 88, 100.
Diss. inaug de terra calcarea. IV. 126.
Neue chemische nomenklatur. IV. 6.
Ueber das Kantische prinzip für die naturgeschichte. I.
  271.
GISBORNE, *Thomas.* I. 302.
GISEKE, *Paulus Dietericus.* Phys. Prof. Hamburg. ob.
  179—. III. 68, 211, 215. Ed. III. 19, 31.
Diss. inaug. Systemata plantarum recentiora. III. 47.
Index Linnæanus in Plukenetii opera, et in Dillenii histo-
  riam muscorum. III. 67. conf. I. 176. III. 221.
Theses botanicæ. III. 25.

GISSLER, *Nils.* M. D. Lector Hernösand. Acad. Scient. Stockholm. Soc. n. 1715. ob. 1771. II. 84, 138, 186, 510, 567, 568.
Om Medelpads och Ångermanlands naturliga lynne. I. 249.
GLÄSER, *Friedrich Gottlob.*
Mineralogische beschreibung der Grafschaft Henneberg. IV. 50.
GLAHN, *Henric Christopher.* II. 73.
GLASER, *Johann Friedrich.* Medicus Suhl. n. 1707. ob. 1789 II. 546. IV. 50.
Von den schädlichen Raupen der obstbäume. II. 546.
GLEDITSCH, *Johann Gottlieb.* Med. et Bot. Prof. Berolin. et Acad. Scient. ib. Soc. n. 1714. ob. 1786. II. 177, 243, 525. III. 32, 160, 221, 250, 254, 256, 261 —263, 287, 295, 320, 328, 335, 348, 351, 357, 368, 392, 403, 406, 435, 443, 491, 540, 548, 588, 593, 642, 652. IV. 164, 224.
Catalogus plantarum in horto D. de Zieten. III. 122 et 163.
Consideratio epicriseos Siegesbeckianæ in Linnæi systema plantarum. III. 45.
Diss. inaug. de methodo botanica dubio virtutum in plantis indice III. 447.
De Fuco subgloboso. III. 346.
Methodus Fungorum. III. 223.
Von vertilgung der zug-heuschrecken. II. 244.
Systema plantarum a staminum situ. III. 32.
Physicalisch-Botanisch-Oeconomische abhandlungen. I. 205. conf. II. 158, 235, 244, 272, 521, 525, 528. III. 200, 224, 227, 287, 346, 392, 428, 440, 588, 590, 593, 595, 600, 618, 626, 627, 629, 640, 643. IV. 133.
Vermischte bemerkungen. I. 205. conf. II. 458. III. 382, 445, 632.
Verzeichniss der gewöhnlichen arzeneygewächse. III. 459.
Ueber die beschaffenheit des Bienenstandes in der Mark Brandenburg. II. 525 et 529.
Pflanzenverzeichniss zum nuzen der Lust-und Baumgärtner. III. 610.
Einleitung in die Forstwissenschaft. III. 618.
Geschichte aller in der Arzeney und Haushaltung nüzlich befundenen pflanzen. III. 554.
Einleitung in die wissenschaft der arzeneymittel. I. 286.
Ueber den Heideboden in der Mark Brandenburg. III. 643.

254 *von Gleichen—Gmelin.*

VON GLEICHEN *genannt Russworm, Wilhelm Friedrich Freyherr.* Marchioni Brandenburgico in Bayreuth a Consiliis intimis, n. 1717. ob. 1783. II. 367.
Histoire de la Mouche commune. II. 277.
Observations microscopiques. I. 216.
Geschichte der Blatläuse. II. 248.
Ueber die Saamen-und Infusionsthierchen. V. 43.
Von entstehung des Erdkörpers. IV. 277.
GLENDENBERG. III. 437.
GLOVER, *Thomas.* I. 154.
GLOXIN, *Benjamin Petrus.*
Observationes botanicæ. Diss. inaug. III. 86.
GLUMM, *Josephus Antonius.*
Diss. inaug. de Chelidonio majori. III. 504.
GLYTZ, *Johannes Georgius.* R. II. 357.
GMELIN, *Carolus Christianus.* Hist. Nat. Prof. Carolsruh, IV. 52.
Diss. inaug. Consideratio generalis Filicum. III. 220.
GMELIN, *Georgius Fridericus.* R. III. 447.
Joannes Conradus. IV. 308.
Fridericus. Med. Prof. Götting. n. 1748. III. 285, 354, 543. IV. 20, 49, 77, 100, 102, 106, 110, 153, 221, 225, 229, 313. R. III. 412. Cont. I. 285. N. I. 128. Ed. I. 188.
Enumeratio stirpium agro Tubingensi indigenarum. III. 155.
Geschichte der Gifte. I. 294.
Pflanzengifte. I. 294.
Mineralischen gifte. I. 294.
Des Ritters von Linné Natursystem des mineralreichs. I. 191. conf. IV. 2.
Von den arten des Unkrauts in Schwaben. III. 644.
Einleitung in die Mineralogie. IV. 11.
Ueber die Wurmtroknis. II. 551.
Göttingisches Journal. I. 305.
GMELIN, *Joannes Georgius.* Med. et Bot. Prof. Tubing. n. 1709. ob. 1755. II. 52, 82, 92, 101. III. 587. IV. 339.
Flora Sibirica. III. 173.
De novorum vegetabilium post creationem exortu. III. 409.
Reise durch Sibirien. I. 118.
Præside J. G. Gmelin Dissertationes:
Rhabarbarum. III. 496.
De Coffee. III. 574.

GMELIN, *Philippus Fridericus.* Frater Jo. Georgii præcedentis. Chem. et Bot. Prof. Tubing. n. 1721. ob. 1768. Cont. III. 63. R. II. 359.
Otia botanica. III. 103.
Præside P. F. Gmelin Dissertationes:
Botanica et Chemia ad medicam applicata praxin. III. 446.
De usu interno Vitrioli Ferri factitii. IV. 355.
Fasciculus plantarum patriæ urbi vicinarum. III. 155.
De materia toxicorum hominis vegetabilium simplicium in medicamentum convertenda. III. 541.
GMELIN, *Samuel Gottlieb.* Filius Phil. Friderici præcedentis. Acad. Sc. Petropol. Soc. n. Tubingæ 1743. ob. 1774. II. 66, 83, 97, 115. III. 81, 245, 280, 448. IV. 106. Ed. III. 173.
Historia Fucorum. III. 344.
Reise durch Russland. I. 118.
GNIDITSCH, *Petrus.* R. III. 389.
GOBET. N. IV. 21.
GOCKELIUS, *Johannes Georgius.* II. 21, 385.
GODAR, *Matthias.* Tr. V. 125.
GODDARD, *Jonathan.* II. 161.
GODEHEU DE RIVILLE. II. 258, 278, 442, 451. III. 337.
GODENIUS, *Samuel.* R. I. 185.
GODIN.
Table alphabetique des memoires de l'Academie R. des Sciences. I. 16.
GOEBELIUS, *Severinus.* Med. Prof. Regiomont. n. 1530. ob. 1612.
De Succino. IV. 170.
GÖCKELIUS, *Christophorus Ludovicus.* R. III. 522.
        Philippus Casparus. R. III. 46.
GOEDART, *Joannes.* Pictor Middelburg.
Metamorphosis Insectorum. II. 208.
GOEDING, *Andrea,* Præside
Diss. Descriptio abitus domiciliique hibernalis Hirundinum. II. 449.
GÖLLER, *Christophorus Ludovicus.*
Disp. inaug. de Cinnamomo. III. 492.
GOERITZ, *Johannes Adamus.* Medicus Ratisbon. n. 1681. ob. 1734 III. 198, 264, 578.
GÖSCHEN, *Emanuel.*
Disp. inaug. de Nitro. IV. 158.

von Göthe, *Johann Wolffgang.* Sachs. Weimarischer Kammer-präsident, n. 1749.
Metamorphose der pflanzen. III. 409.
Göttling, *Johann Friedrich August.* Philos. Prof. Jen. n. 1755. IV. 154.
Götz, *Georg Friedrich.* Prediger zu Cassel, n. 1750. II. 115, 222. IV 52, 54. Ed. I. 67.
Naturgeschichte einiger vögel. II. 115. conf. 130, 142, 143, 145, 424.
Goez, *Johannes Christianus.* III. 515.
Diss. inaug. de Glycyrrhiza. III. 513.
Goeze, *Johann August Ephraim.* Diaconus Quedlinburg. n. 1731. ob. 1793. II. 22, 46, 158, 207, 211, 213, 221, 234, 240, 245, 270, 275, 279, 300, 309, 347, 349, 350, 402, 429, 497, 498, 542. Tr. I. 215. II. 495. N. II. 283. Ed. I. 207.
Entomologische beyträge zu des Ritters Linné zwölften ausgabe des Natursystems. II. 207.
F. H. W. Martini's leben. I. 175.
Naturgeschichte der Eingeweidewürmer. II. 351.
Das die Finnen Blasenwürmer sind. II. 367.
Verzeichniss der naturalien meines kabinets. V. 15.
Goltz, *Johannes Fabian.* R. II. 507. IV. 355.
de Gommier, *P.* Seigneur de Lusancy, et *F.* Seigneur du Breuil.
De l'Autourserie. II. 560.
Gonsager, *Andreas.*
Exerc. de Bombycibus. II. 530.
Goodenough, *Samuel.* Canonicus Windsor. R. S. S. III. 318, 345. V. 31.
Googe, *Barnaby.* Tr. I. 298.
Gordon, *Alexander.* III. 134.
Gorlovius, *Christophorus.* R. II. 44.
Gorræus, *Jo. s. Jehan* de Gorris. Tr. I. 292. II. 513.
de Gorter, *David.* Med. et Bot. Prof. Harderovic. ob. 1783. æt. 66. III. 199, 417, 645.
Elementa botanica. III. 19.
Flora Gelro-Zutphanica. III. 140.
Ingrica. III. 173.
Belgica. III. 139.
VII provinciarum Belgii foederati. III. 139.
Leer der plantkunde. III. 19.
Gosford. Tr. IV. 368.
Gottrupius, *Johannes Christophorus.* R. II. 161.

GOTTSCHALCK, *Jacob.* Hortulanus Ducis Holsato-Ploe-
nensis.
Catalogus horti Lugduno-Batavi. III. 103 et 140.
GOTTSCHALCK, *Zacharias.*
Flora hortensis. III. 94.
GOTTSCHED, *Johannes.* Ed. III. 171.
GOTTWALDT, *Christoph.* Medicus Gedan. n. 1636. ob.
1700.
Museum Gottwaldianum. II. 23.
Bemerkungen über die Schildkröten. II. 155.
den Biber. II. 85.
GOTTWALDT, *Johann Christoph.* II. 341.
GOUAN, *Anton.* Instit. Paris. Soc.
Hortus Monspeliensis. III. 109 et 143.
Flora Monspeliaca. III. 143.
Historia Piscium. II. 173.
Illustrationes botanicæ. III. 82.
Explication du systeme botanique du Ch. von Linné. III.
24.
Herborisations des environs de Montpellier. V. 69.
DE GOUFFIER, *Marquis.* II. 233. III. 433, 598, 632.
GOUGH, *John.* III. 400. V. 49, 85.
Richard. Ed. I. 94.
An account of the Cedar of Libanus, now growing in the
garden of Queen Elizabeth's Palace at Enfield.
Pagg. 4. (London,) 1788. fol.
Addatur Tom. 3. p. 324, ad calcem.
GOULD, *William.*
An account of English Ants. II. 272.
GOÜYE. N. I. 13.
GOYEAU. II. 198.
DE GOYON DE LA PLOMBANIE. III. 592, 637.
DE GRAAF, *Regnerus.* Medicus Delphis, n. 1641. ob.
1673. II. 401.
De Succi pancreatici natura et usu. II. 395.
GRAAN, *Petrus O.* R. II. 94.
GRABE, *Johannes Andreas.* Medicus Mulhus. n. 1625.
ob. 1669.
Ελαφογραφια. II. 93.
GRÆFE, *Michael Traugott.* R. III. 398.
GRÆFER, *John.* Germanus, Hortulanus Regius Neapol.
A descriptive catalogue of plants. III. 11.
GRÄFFIN, *Maria Sibylla.* vide MERIAN.
GRAFF, *Conradus.* II. 422.
A GRAFFENRIED, *Franciscus Ludovicus.* Ed. III. 59.
TOM. 5. S

GRAHL, *Joannes Fridericus.*
　　Diss. inaug. Medicamenta Rossorum domestica. III. 462.
GRAINDORGE. Medicus Gallus, ob. 1676. æt. 60.
　　De l'origine des Macreuses. II. 133.
GRAM, *Steno.* R. II. 524.
GRANDIDIER, *P. F.* II. 120.
GRANDIUS, *Jacobus.* Anat. Prof. Venet. ob. 1691. IV.
　　222, 280.
GRANGER. Chirurgus Gallus, ob. in Persia 1737.
　　Voyage en Egypte. I. 126.
GRANGER, *Guillaume.* Medicus Gallus.
　　Paradoxe, que les metaux ont vie. IV. 247.
GRANIT, *Abraham.* R. IV. 159.
GRANLUND, *Wilhelm.* R. II. 520. III. 170.
GRANROTH, *Elias.* R. III. 576.
GRANT, *W.* II. 410.
GRÅBERG, *J. M.* II. 432. IV. 67.
　　　　　　Johannes Martinus. R. III. 409.
GRASMEYER, *Paulus Fridericus Herrmann.*
　　Diss. inaug. de conceptione humana. II. 401.
GRASSIUS, *L. Sigismundus.* III. 408.
GRASSO, *Josephus Philippus.*
　　Diss. inaug. de Lacerta agili. V. 53.
GRATIUS *Faliscus,* vixit paulo ante æram Christ.
　　Cynegeticon. II. 554.
GRAUEL, *Johannes Andreas Benedictus.* R. III. 521.
GRAUER, *Sebastianus.* R. III. 85.
GRAUMANN, *Peter Benedict Christian.*
　　Ueber die allgemeine stuffenfolge der natürlichen körper.
　　　I. 193.
　　Introductio in hist. nat. Mammalium. II. 48.
GRAV, *Georgius.*
　　Panacæa vegetabilis calida s. Majorana nostra. III. 509.
GRAVENHORST, *Johannes Andreas Christophorus.*
　　Diss. inaug. de Cinchonæ corticibus. III. 473.
GRAVES, *Robert.* III. 548.
GRAY, *Christopher.*
　　Catalogue of plants propagated for sale by C. Gray. III.
　　　100.
GRAY, *Edward Whitaker.* M. D. R. S. Secret. Under Li-
　　brarian of the British Museum, n. 1748. II. 152.
GRAY, *John.* III. 475.
　　　　Stephen. I. 214. IV. 309.
GRAYDON, *George.* IV. 330.
GREENWAY, *James.* III. 542, 598.

GREGOR, *William.* IV. 233.
GREGORIUS *de Regio.* III. 251.
GREISELIUS, *Johannes Georgius.* Medicus Znoimæ in
Moravia, ob. 1684. I. 309. II. 464.
GRESALVI, *Strataneo.*
Storia naturale dell' isola di Corsica. I. 237.
GREVILLE, *Charles.* Comitis Warwici frater, Regi Magnæ
Britanniæ a Consiliis intimis, R. S. S. n. 1749. IV. 107,
386.
GREVIN, *Jaques.* Gallus, Medicus Ducissæ Sabaudiæ, ob.
Taurini 1570. æt. 30. Tr. I. 292. II. 513.
Des Venins. I. 293.
GREW, *Nehemiah.* M. D. R. S. S. ob. 1711.
The anatomy of vegetables begun. III. 363.
An idea of a phytological history. III. 363.
The comparative anatomy of Trunks. III. 363.
Musæum Regalis Societatis. I. 220. conf. II. 391.
The anatomy of plants. III. 364.
GRIENDEL VON ACH, *Johannes Franciscus.*
Micrographia nova. I. 214.
GRIENWALDT, *Franciscus Josephus.*
Diss. inaug. de vita plantarum. III. 365.
GRIEVE, *James.* Tr. I. 121.
GRIFFITHS, *Roger.*
On the jurisdiction of the river Thames. II. 169.
GRIGNON. IV. 267.
GRILL, *Adolph Ulric* Bruks Patron, Acad. Sc. Stockholm.
Soc.
Tal om naturalie samlingen på Söderfors. V. 15.
GRILL, *Johan Abraham, Abrahamsson.* Bruks Patron,
Acad. Sc. Stockholm. Soc. IV. 163, 166, 220.
Tal om orsakerna, hvarföre Chinas naturalhistoria är så
litet bekant. I. 252.
GRILLO, *Friedrich.* II. 116.
GRIMM, *Hermannus Nicolaus.* Gotlandus, Medicus in
India Orientali, denique Stockholmiæ. n. 1641. ob.
1711. I. 200. IV. 189.
GRIMM, *Johannes Fridericus Carolus.* III. 160, 298.
GRISELINI, *Franciscus.* III. 392.
Sur la Scolopendre marine luisante. II. 444. conf. 344.
Lettere odeporiche. I. 117.
GRISLEY, *Gabriel.*
Viridarium Lusitanum. III. 146. V. 69.
GRISOGONO, *Pietro Nutrizio.*
Storia naturale della Dalmazia. I. 117.

GRÖNBERG, *And. Nic.* R. IV. 79.
    Laurentius Timon. R. III. 123.
GRÖNING, *Joannes.* IV. 254.
GRÖNLUND, *K. A.* R. IV. 86.
GRÖNWALL, *Andreas.* Moral. Prof. Upsal. ob. 1758. æt
    87.
    Præside Grönwall Dissertationes:
    De Ferro Svecano Osmund. IV. 379.
    Argentifodinæ Salanæ delineatio. IV. 376.
    De ingrato Cuculo. II. 128.
GROHNERT, *Henr. Car. Ernestus.* R. III. 511.
GRONAU, *Karl Ludwig.* Prediger zu Berlin. II. 221
    262.
GRONENBERGIUS, *Simon.* Ed. I. 70.
GRONOVIUS, *Abrabam.* Ed. II. 8.
            Johannes Fredricus. M. D. Senator Lugd.
    Bat. n. 1690. ob. 1762. II. 172, 175, 178, 184, 190,
    192, 495.
    Disp. inaug. Camphoræ historiam exhibens. III. 494.
    Index suppellectilis lapideæ, quam collegit. IV. 26.
    Flora Virginica. III. 186.
        Orientalis. III. 174.
GRONOVIUS, *Laurentius Theodorus.* Filius præcedentis;
    Senator et Scabinus Lugd. Batav. ob. 1777. æt. 47. II.
    26, 175, 178, 287, 414, 438. Ed. II. 167.
    Museum Ichthyologicum. II. 177. conf. 153.
    Bibliotheca regni animalis. I. 178.
    Auctuarium in bibliothecam botanicam Seguieri. III. 7.
    Zoophylacium Gronovianum. II. 24.
GROSCHKE, *Johann Gottlieb.* Hist. Nat. Prof. Mietav
    IV. 31. Tr. IV. 30.
GROSE.
    Voyage to the East Indies. I. 140.
GROSIER.
    Description of China. I. 145.
GROSKURD, *Christian Heinrich.* Tr. I. 131.
GROSS, *Anton.* IV. 173.
        Simon. R. III. 196.
GROSSE. Acad. Scient. Paris. Soc. ob. 1745. IV. 213
DE GROSSER, *Michaël.*
    Phosphorescentia Adamantum. IV. 254.
GROSSON. IV. 290.
GROTHAUS, *Theodorus Wilhelmus.* IV. 336.
GROTJAN, *Johann August.*
    Physikalische winterbelustigung. III. 614

GRUBB, *Michaël.* II. 305. R. IV. 377.
GRUBE, *Hermannus.* Lubecensis, Medicus Hadersleb. n.
    1637. ob. 1698.
Disp..de vita et sanitate plantarum. III. 363.
Analysis Mali Citrei. III. 515.
De ictu Tarantulæ. II. 285.
GRUBER VON GRUBERFELS, *Carl.* I. 204.
    Johann Gottfried. Tr. V. 18.
    Tobias. Baudirektor auf den Böhmischen kame-
    ralherrschaften. I. 248. IV. 29, 49, 114, 286.
Briefe physicalischen inhalts aus Krain. IV. 48.
GRÜMBKE, *Christianus Stanislaus.* R. III. 49, 50.
GRÜNBERG, *Nathanaël.* R. IV. 281.
GRÜNDLER, *Gottfried August.* II. 244, 331, 440. III.
    354.
GRÜZMANN, *Daniele,* Præside
Diss. Aves Paradisiacæ. II. 127. V. 25.
GRÜTZMANN, *Johannes.*
Beschreibung der Bienen. V. 55.
GRUFBERG, *Isaacus Olai.* R. III. 131.
GRUNDBERG, *Johan.* R. III. 601.
GRUNDELIUS, *Johannes Benedictus.* Medicus Marpurg,
    in Styria, n. 1655. ob. 1705. III. 541.
GRUNER, *Christian Gottfried.* Med. Prof. Jen. n. 1744.
    II. 364.
Præside Gruner Diss. de Agarico muscario. III. 535.
GRUNER, *Gottlieb Sigmund.* Fürsprech vor den Zwey-
    hunderten des Freystaates Bern. ob. 1778. æt. 60.
Die Eisgebirge des Schweizerlandes IV. 45.
Naturgeschichte Helvetiens in der alten welt. IV. 45.
Verzeichniss der mineralien des Schweizerlandes. IV. 45,
GRUTERUS, *Jacobus.* Tr. I. 78.
GRYNÆUS, *Simon.* Theologus Svevus, n. 1493. ob. 1541.
Novus orbis regionum veteribus incognitarum. I. 83.
GRYSSELIUS, *Johannes.* R. II. 449.
GUALANDRIS, *Angelo.* Hist. Nat. et Bot. Prof. Mantuan,
    ob. 1788.
Lettere odeporiche I. 92.
GUALTIERUS, *Nicolaus.* II. 312.
Index testarum Conchyliorum in Museo ejus. II. 319.
GUARINONIUS, *Christophorus.* Veronensis. Medicus Ducis
    Urbini, dein Imperatoris Rudolphi II. ob. Pragæ
    1601.
Commentaria in I. librum Aristotelis de historia anima-
    lium. II. 7.

GÜLDENSTÆDT, *Johann Anton.* Livonus. M. D. Acad.
Sc. Petropolit. Soc. n. 1745. ob. 1781. I. 119. II. 74,
76, 79, 82, 87, 88, 98, 101, 115, 134, 180, 189, 193.
III. 319.
Reisen durch Russland. I. 119.
GUENEAU DE MONTBEILLARD, *Philibert.* ob. 1785. æt.
65. II. 14, 441.
GÜNTHER, *Friedrich Christian.* Archiater Ducis Coburg.
ob. 1774. æt. 48. II. 331, 423, 447.
GUERIN, *Franciscus Antonius.* R. III. 543.
GUEROALDUS, *Guillermus.* N. III. 452.
GÜSSMANN, *Franciscus.*
Lithophylacium Mitisianum. IV. 27.
GUETTARD, *Jean Etienne.* Acad. Sc. Paris. Soc. n. 1715.
ob. 1786. I. 225. II. 232, 276, 315, 337, 379, 447, 546.
III. 49, 227, 268, 338, 376, 385. IV. 29, 32, 34, 38,
93, 105, 111, 112, 120, 127, 134, 146, 147, 180, 195,
242, 289, 319, 333, 343, 346, 364.
Observations sur les plantes. III. 141.
De la decouverte de matieres semblables à celles dont la
Porcelaine de la Chine est composée. IV. 366.
Memoires sur differentes parties de la physique, de l'His-
toire naturelle, des sciences et des arts. I. 66. conf. I.
193. II. 40, 46, 199, 318, 325, 337, 342, 343, 353, 405,
406, 418, 432, 447, 452, 472, 494. III. 82, 239, 355,
368, 372, 402, 404, 422, 591. IV. 34, 40, 98, 113, 127,
238, 251, 268, 318, 325, 330, 331, 337, 341, 346, 351,
362, 366.
Mineralogie du Dauphiné. IV. 38.
GUGENMUS, *Stephan.* III. 626.
GUGLIELMINI, *Domenico.* Med. Prof. Patav. n. 1655. ob.
1710.
De Salibus. IV. 266.
Riflessioni dedotti dalle figure de' Sali. IV. 266.
GUICHELIN, *Citoyenne A.* Tr. V. 4.
GUIDE, *P.*
Observations anatomiques sur plusieurs animaux au sortir
de la machine pneumatique. II. 433. V. 4
GUILANDINUS, *Melchior.* Regiomontanus. Præfectus
Horti Patav. ob. 1587 vel 1589. III. 8.
De stirpibus aliquot epistolæ. III. 70. conf. II. 127.
Apologia adversus P. A. Matthæolum. I. 276.
Papyrus. III. 237.
GUILLOT DUHAMEL *pere.* Inspecteur des Mines de la
Republ. Franç. IV. 36, 224, 383.

GUILLOT DUHAMEL *fils.* Inspecteur des Mines de la Republ. Franç. IV. 179, 372. V. 107, 126.
GUISAN. V. 78.
GULBRAND, *J. W.* R. II. 570.
GULLANDER, *Pehr.* II. 527.
GULLETT, *Christopher.* III. 597.
GUMILLA, *Joseph.*
  El Orinoco illustrado. I. 158.
GUMMERUS, *Jacob.* R. II. 518. III. 427.
GUNNERUS, *Joannes Ernestus.* Episcopus Nidros. n. 1718. ob. 1773. II. 28, 29, 41, 131, 136, 304, 308. III. 129, 167. IV. 65. N. I. 109.
  Flora Norvegica. III. 166.
GUNNERUS, *Nicolaus Dorph.*
  De usu plantarum indigenarum in arte tinctoria. III. 582. conf. 4.
  Om Dannemarks naturlige fordeele til föde for mennesket af planteriget. III. 559.
GUTIKE, *Conrad Dietrich.* II. 427.
GUYTON, (DE MORVEAU) *Louis Bernard.* Institut. Paris. Soc. I. 59, 60. IV. 5, 35, 103, 108, 125, 130, 134, 140, 142, 172, 180, 181, 192, 193, 204, 206, 217, 226, 244, 261, 266, 267, 307, 324, 385. V. 98, 116, 121, 122.
DE GY, *Chrysologue.* IV. 35.
GYLLENHAL, *Johan Abraham.* IV. 342.
GYLLENSTÅLPE, *Michaël.* Svecus, Hist. Prof. Aboens. ob. 1671.
  Præside Gyllenstålpe Diss. de regno vegetabili. III. 16.
GYLLENSTEN, *Ericus.* R. II. 37.
GYLLIUS, *Petrus.* Tr. II. 558, 559.
  De vi et natura animalium. II. 8. conf. 170.
  Descriptio Elephanti. II. 67.
GYRALDUS, *Lilius Gregorius.* Tr. I. 295.
GYRSTING, *Johannes Petri.* R. II. 108.

HAAGER, *Johann Daniel.*
  Ueber das vorkommen des goldes in Siebenbürgen. IV. 194.
HAARTMAN, *Johan.* R. III. 395.
         Johannes Gustavus. R. IV. 148.
VON HAAS, *Johann Adam.* Wildmeister zu Gunzenhausen im Fürstenthum Ansbach, n. 1735.
  Ueber den Rinden-oder Borkenkäfer. II. 551.

HAASE, *Augustinus.* IV. 94, 166.
Viola tricolor; Spec. inaug. III. 521.
HAASE, *Christophorus Fridericus.* R. III. 391.
Joannes Gottlob.
Diss. sistens comparationem clavicularum animantium
brutorum cum humanis. II. 378.
HABDARRAHMANUS *Asiutensis.*
De proprietatibus animalium, plantarum ac gemmarum.
I. 277.
HABEL, *Christian Friedrich.* Nassauischer Kammerrath.
IV. 17, 53, 217, 259, 284, 307, 338, 345.
Beyträge zur naturgeschichte der Nassauischen länder.
IV. 53.
HABLIZL, *Carl.* I. 137. II. 22, 74, 452. III. 594, 634.
Description physique de la Tauride. I. 250.
HACHETTE. IV. 271.
HACQUET, *Balthasar.* Hist. Nat. Prof. Lemberg. n. in
Britannia 1740. I 117. II. 422, 578. III. 347. IV. 18,
69, 145, 146, 151, 200, 277, 343, 346, 367.
Oryctographia Carniolica. IV. 48.
Von versteinerungen von schalthieren, die sich in ausge-
brannten feuerspeyenden bergen finden. IV. 307.
Plantæ alpinæ Carniolicæ. III. 154.
Lustreise von dem berge Terglou zu dem berge Glokner.
I. 244.
Reise durch die Julischen, Carnischen, alpen. I. 93.
Dacischen Karpaten. I. 93.
Norischen alpen. I. 308.
Beschreibung der Flintensteine. IV. 367.
HADELICH. III. 199.
HÆBERLINUS, *Georgius Henricus.* Theol. Prof. Tubing.
n. 1644. ob. 1699.
De generatione plantarum. I. 263.
VAN HAECKEN, *Arnold.* II. 169.
HÆGGLUND, *Erik.* R. IV. 3.
HÆMMERLEN, *David Albertus.*
De Fuco Helminthochorto Diss. inaug. III. 534.
HÆNEI, *Christianus.* R. II. 44.
Henricus.
Diss. inaug. de Camphora. III. 494.
HÆNFLER, *Johannes.*
De ovo Gallopavonis. II. 405.
Wegen der blut-trieffenden korn-ähren. I. 267.
HÆNISCHIUS, *Joannes Gottholdus.* R. II. 343.
HÆNKE, *Thaddæus.* I. 248. III. 129, 164, 417.

HAGEMANN, *August Ludolph Wilhelm.* III. 198.
HAGEN, *Carolus Godofredus.* Pharmacopoeus Regiomont.
n. 1749. III. 288, 328. IV. 226.
Historia Lichenum. III. 342.
De Ranunculis Prussicis. III. 294.
Progr. 1. de plantis in Prussia cultis. III. 125.
Præside Hagen Dissertationes:
De Cardamine pratensi. III. 511.
Furia infernali. II. 369.
HAGEN, *Heinrich.* III. 571. IV. 164.
HAGENDORN, *Ehrenfried.* Medicus Görlic. n. 1640. ob.
1692.
De Catechu. III. 530.
Cynosbatologia. III. 289.
HAGER, *Abr. Achatius.*
Aloe Choræ Salitiana. III. 265.
HAGER, *Johannes Henr.* R. I. 257.
HAGGREN, *Laurentius Christophorus.* III. 368. IV. 176.
Diss. de oeconomico historiæ naturalis usu. I. 167.
HAGKA z HAGKU, *Thaddæus.* Tr. III. 55.
HAGSTRÖM, *Anders Johan.* Anat. Prof. Stockholm. et
Acad. Scient. ib. Soc. III. 330, 536.
HAGSTRÖM, *Johan Otto.* Medicus Svecus. II. 143, 156,
520, 527. III. 595.
Jemtlands oeconomiska beskrifning. I. 114.
Pan Apum. II. 529.
HAHN, *Immanuel Ernestus.* R. III. 198.
Johannes David. Chem. et Botan. Prof. Traject.
n. Heidelbergæ. ob. 1784.
De scientia naturali ab observationum sordibus repur-
ganda. I. 80.
De Chemiæ cum Botanica conjunctione. III. 433.
De Usu Venenorum in medicina. I. 294.
HAHN, *Joannes Godofredus.* R. II. 367.
Diss. Manus hominem a brutis distinguens. II. 371.
HAHN, *Jo. Sigismundus.* R II. 371.
Petro, Præside, Dissertationes:
De Avibus. II. 110.
Ferro et Chalybe. IV. 205.
Quadrupedibus. II. 49.
Montibus ignivomis. IV. 287.
Platano. III. 335.
Δενδρολογια. III. 205.
Vera Insectorum genesis. II. 411.

HAHNEMANN, *Samuel.* Medicus Pyrmont. n. 1753. IV.
    182.
HAID, *Joannes Elias.* III. 78.
            Jacobus. III. 62, 78.
HAIDINGER, *Carl.* IV. 85, 181, 236, 238.
    Dispositio rerum natural. Musei Vindobonensis. IV. 27.
    Systematische eintheilung der Gebirgsarten. IV. 143.
HAIGHTON, *John.* II. 429.
HAIJ, *Isaacus.* R. II. 228.
HAIM, *J. Bernhard.* IV. 19.
HAIN, *Johannes Patersonius.* III. 550. IV. 195.
HAKLUYT, *Richard.* ob. 1616.
    The principal voyages of the English nation. I. 83.
HAKMANN. I. 138.
HALE, *Gulielmus Pusey.*
    Diss. inaug. de Cantharidum natura. II. 508. V. 53.
HALENIUS, *Jonas D.* R. III. 174.
HALES, *Stephen.* R. S. S. n. 1677. ob. 1761.
    Statical essays. III. 373 et II. 382.
HALL. II. 514.
        Birgerus Martinus. R. III. 387.
HALLDÓRSSON, *Biörn.* Præpos. et Pastor Saudlauksdal. in
    Islandia.
    Gras-nytiar. III. 555.
HALLE'. III. 375.
HALLE, *Johann Samuel.* Professor der Staatshistorie beym
    adelichen kadettenkorps zu Berlin, n. 1727.
    Naturgeschichte der thiere. II. 5.
    Die Deutsche Giftpflanzen. III. 543.
HALLENBERG, *Georgius.* R. III. 479.
VON HALLER, *Albert.* M. D. In supremo senatu Reip.
    Bernensis Ducentum Vir; antea Anat. et Bot. Prof.
    Götting. n. 1708. ob. 1777. II. 390, 415. III. 7, 79,
    212, 214, 215, 232, 233, 245, 279, 280, 295, 305, 310,
    314, 315, 594. Ed. III. 152, 161.
    De methodico studio botanices absque præceptore. III.
    12.
    De Veronicis alpinis. III. 232.
    Diss. de Pedicularibus. III. 295.
    Ex itinere in sylvam Hercyniam observationes botanicæ.
    III. 159.
    Iter Helveticum. III. 151.
    Enumeratio methodica stirpium Helvetiæ. III. 150.
            stirpium horti Gottingensis. III. 118 et 159.
    De Allii genere. III. 260.

Opuscula botanica. III. 91. conf. 3, 12, 151, 159, 260.
Sur la formation du coeur dans le poulet. II. 404 et 384.
Ad enumerationem stirpium Helveticarum emendationes.
III. 150.
Enumeratio stirpium, quæ in Helvetia rariores. III.
150.
Opera anatomici argumenti minora. II. 372. conf. 384,
387, 390. 401, 404.
Historia stirpium indigenarum Helvetiæ. III. 150.
Nomenclator ex historia plantarum indigenarum Helvetiæ
excerptus. III. 151.
Bibliotheca·botanica. III. 7.
         anatomica. II. 370.
(Epistolæ ab eruditis viris ad A. Hallerum scriptæ. I. 71.)
(Einiger gelehrter freunde Deutsche briefe an den Herrn
von Haller. I. 71.)
VON HALLER, *Albert.* Filius præcedentis. V. 70.
              Gottlieb Emanuel. Filius etiam Alberti se-
nioris, in supremo senatu Reip. Bernensis Ducentum
Vir, n. 1735. ob. 1786. I. 180.
Dubia ex Linnæi fundamentis botanicis. III. 19.
Bibliothek der Schweizer-geschichte. I. 180.
HALLIDAY, *Gulielmus.* R. IV. 244.
HALLMAN, *Daniel Zachariæ.*
Diss. inaug. de corona de spinis. III. 197.
HALLMAN, *Johannes Gustavus.* R. III. 257.
                                        518.
HAMBERG, *Joan. Martinss.* R. IV. 284.
HAMBERGER, *Georgius Erhardus.* Med. Prof. Jen. n.
1697. ob. 1755. III. 46.
Sendschreiben an Haller wegen der recension der Ham-
bergerischen vorrede zu dem Wedelischen tentamine
botanico. III. 46.
Progr. de Cyprino monstroso. II. 423.
    Præside Hamberger, Dissertationes:
De Sulphure. IV. 168.
    Opio. III. 505.
HAMERSLY. II. 131.
HAMILTON, *Charles.* III. 282.
            Sir William. Regi Magnæ Britanniæ a Con-
siliis intimis, Balnei Eques, R. S. S. I. 102. IV. 72, 294,
296.
Observations on Vesuvius, and other volcanoes. IV. 291.
conf. 293, 295.
Campi Phlegræi. IV. 291. conf. 293—295.

HAMILTON, *William.* Clericus Hibernus. I. 309. V. 12.
Letters concerning the northern coast of the county of Antrim. I. 99.
HAMMARIN, *Johannes* R. II. 272.
VON HAMMEN, *Ludovicus.*
De herniis, et de Crocodilo. II. 479.
HAMMER, *Christopher.*
Fauna Norvegica. II. 28.
HAMNERIN, *Petrus.*
Diss. sistens vires medicas plantarum quarundam indigenarum. III. 461.
HAMPE, *John Henry.* II. 65, 108.
HANCKEWITZ, *Ambrosius Godofredus.* II. 505.
HANDSCH, *Georgius.* Tr. III. 55.
HANDTWIG, *Gustavus Christianus.* Med. Prof. Rostoch. ob. 1766.
Præside Handtwig Dissertationes :
De Orchide. III. 315.
Bryonia. III. 327.
HANN, *Philippus Nerius.*
Diss. inaug. de semi-metallis. IV. 188.
HANNÆUS, *Georgius.* Medicus Fioniæ in Dania. n. 1647. ob. 1699. II. 183. III. 405.
Physiotheca ejus. 1. 232.
HANNÆUS, *Wilhelmus.* IV. 237.
HANNEKEN, *Meno Nicolaus.* R. III. 532.
HANNELIUS, *Salomon.* R. III. 391.
HANNEMANN, *Johannes Ludovicus.* Ostfrisius. M. D. Phys. Prof. Kilon. n. 1640. ob. 1724. II. 68, 419. III. 202.
Methodus cognoscendi simplicia. III. 16.
Scrutinium nigredinis Æthiopum. II. 55.
Phoenix botanicus. III. 438.
Præside Hannemanno Dissertationes :
De tribus naturæ regnis. II. 21.
Thubalcain ad fornacem et incudem stans. IV. 187.
Ostrea Holsatica. II. 330.
Piscis Torpedo. II. 199.
Triumphus naturæ et artis. I. 267.
HANOW, *Michael Christoph.* Pomeranus. Phys. Prof. Gedan. n. 1695. ob. 1773. II. 197, 305. III. 344.
Erläuterte merkwürdigkeiten der natur. I. 79.
Seltenheiten der natur. I. 65.

HÅRLEMAN, *Baron Carl.* Ofverintendent, Eques Ord.
Stellæ Polaris, Acad. Sc. Stockholm. Soc. n. 1700. ob.
1753. IV. 34.
Resa igenom åtskillige rikets landskaper. I. 113.
HAPEL. IV. 390.
HARDERUS, *Christophorus.* R. IV. 356.
     Johannes Jacobus. Anat. et Bot. Prof. Basil.
n. 1656. ob. 1711. II. 97, 372, 381, 413, 467.
Examen anatomicum Cochleæ terrestris domiportæ. II.
336.
Apiarium observationibus medicis refertum. I. 69. conf.
II. 354, 377, 468, 515. III. 541, 546.
VON DER HARDT, *Hermannus.* Lingu. Orient. Prof. Helm-
stad. n. 1660 ob. 1746. IV. 56.
Intybum sylvestre in Elisæ mensa. III. 198.
HARDTMAN, *Christian Fr.* R. III. 593.
HARDUINUS, *Joannes.* Ed. I. 73.
HARENBERGIUS, *Joannes Christophorus.* Prof. Brunsvic.
n. 1696 ob. 1774. IV. 301.
Encrinus. IV. 344.
Ad Brückmannum epistola lithologica. IV. 281.
HARIOT, *Thomas.* I. 154.
HARKMAN, *Widichindus.* R. IV. 281.
HARMENS, *Gustavus.* Med. Prof. Lund. n. 1699. ob. 1774.
   Præside Harmens Dissertationes:
De Nitro. IV. 158.
  Sale communi. IV. 150.
  Ferro Tabergensi. IV. 376.
  lapide Calcareo. IV. 130.
  generatione lapidum. IV. 241.
  transpiratione plantarum. III. 376.
  Sulphure minerali. IV. 357.
HARMER, *Thomas.* II. 409.
HARMONT, *Pierre, dit Mercure.*
Le miroir de Fauconnerie. II. 560.
HARNISCH, *Johannes Andreas.*
De Pimpinella nigra. III. 484.
HARRER, *Georg Albrecht.* Senator Ratisbon.
Beschreibung derjenigen insecten, welche Schäffer heraus-
gegeben hat. II. 226.
HARRIS, *John.* II. 346.
Remarks on some late papers relating to the universal
deluge. IV. 273.
Collection of voyages and travels. I. 85.

HARRIS, M. III. 185.
       Moses. Pictor Londin.
The Aurelian. II. 253.
On the tendons and membranes of the wings of Butterflies.
   II. 485.
The English Lepidoptera. II. 253.
An exposition of English insects. II. 223.
HARRISON, *John.* II. 447.
HARSLEBEN, *Carolus Fridericus.*
Diss. inaug. de cortice Winterano. III. 465
AB HARTENFELSS. vide PETRI.
HARTIG, *Georg Ludwig.* III. 592.
HARTLIB, *Samuel.* Ed. I. 236.
HARTMANN, *Franciscus Xaverius.* Medicus Austriacus,
   n. 1737.
Primæ lineæ institutionum botanicarum Cranzii. III. 21.
HARTMANN, *Hieronymus Erbardus.* R. IV. 222.
        Johannes. Chem. Prof. Marburg. ob. 1631.
De Opio. III. 504.
HARTMANN, *Johann Friedrich.* II. 436, 557. III. 14.
        Melchior Philippus. Filius Phil. Jacobi se-
   quentis. Med. Prof. Regiomont. n. 1685. ob. 17 - -.
Diss. de Succino. IV. 357.
       Vitriolo. IV. 355.
HARTMAN, *Petrus.* R. IV. 148.
HARTMANN, *Petrus Immanuel.* Med. Prof. Francof. ad
   Viadr. ob. 1791. æt. 64.
    Præside P. I. Hartmann Dissertationes:
De Salice laurea odorata. III. 525.
   Jo. Langii studiis botanicis. I. 306.
Iconum botanicarum Gesnerio-Camerarianarum nomen-
   clator Linnæanus. V. 63.
De Monarda. III. 650.
HARTMANN, *Philippus Jacobus.* Med. Prof. Regiomont.
   n. 1648. ob. 1707. I. 266. II. 352, 366, 377, 415, 420,
   482.
Succini Prussici historia. IV. 170.
Succincta succini Prussici historia. IV. 170.
    Præside P. J. Hartmann Dissertationes:
De Phoca. II. 71.
Dubia de generatione viviparorum ex ovo. II. 397.
De Bile. II. 395.
HARTMANN, *Sam. Adolph. Fridr.*
Diss. inaug. de Pechuri. III. 539.
HARTOG. III. 177.

HAWKINS, *Sir John.* N. II. 563.
            John. Chirurgus Anglus. III. 497.
            R. S. S. IV. 30.
HAWORTH, *Adrian Hardy.*
    On the genus Mesembryanthemum. III. 288.
HAYES, *William.* Pictor Londin.
    Portraits of Birds from the menagery of Osterly park. II.
        118. V. 23.
HAYNE, *Friedrich Gottlob.* V. 77.
    Termini botanici iconibus illustrati. latine et germanice.
        1 et 2 Heft. pag. 1—22. tab. æn. color. 1—10.
                                            Berlin, 1799. 4.
    Addatur Tom. 3. p. 27. ante sect. 12.
VAN HAZEN, *Willem.* Hortulanus Harlem. III. 558.
    Naamlyst van bloem-zaaden. V. 67.
    Catalogue des plantes etrangeres, qu'on vend chez W. van
        Hazen, H. Valkenburgh et Comp. III. 105.
HEATH, *Robert.*
    Accouut of the islands of Scilly. I. 95.
HEBENSTREIT, *Ernst Benjamin Gottlieb.* Anat. Prof.
    Lips. n. 1758. Ed. I. 67.
    De Vegetatione hiemali. III. 378.
    Caussæ humorum motum in plantis commutantes. III.
        375.
HEBENSTREIT, *Johann Christian.* Bot. Prof. Petropolit.
    dein Medicus Lips. ob. 1795. æt 75. III. 81, 251, 297.
    R. III. 609.
    Diss. Aquilæ natura. II. 39.
HEBENSTREIT, *Joannes Ernestus.* Med. Prof. Lips. n.
    1702. ob. 1757. II. 426. IV. 223, 315. R. III. 44.
    IV. 352.
    Museum Richterianum. I. 230.
        Programmata :
    De organis Piscium externis. II. 480.
        methodo plantarum ex fructu. III. 46.
        Vermibus anatomicorum administris. II. 540.
        Insectorum natalibus. II. 411.
    Historiæ naturalis Insectorum institutiones. II. 411.
    De foetu vegetabili. III. 392.
        ordinibus Gemmarum. IV. 81.
            Præside J. E. Hebenstreit Dissertationes :
    De ordinibus Conchyliorum. II. 313.
        sensu externo facultatum in plantis judice. III. 446.
    Definitiones plantarum. III. 28.
    De Terris. IV. 85.

HEBENSTREIT, *Jobannes Paulus.* Moral. dein Theol. Prof.
Jen. n. 1664. ob. 1718.
Præside J. P. Hebenstreit Dissertationes :
De Locustis. II. 242.
remediis adversus Locustas. II. 242.
HEBERDEN, *William.* Medicus Londin. R. S. S. n. 1710.
III. 532, 552. IV. 165.
HECHT. IV. 229, 233, 234, 245. Tr. IV. 386.
fils. V. 118.
HECKER, *Jobann Julius.* Pastor Berolin. n. 1707. ob.
1768.
Einleitung in die botanic. III. 18.
HECKHELER, *Jobannes.* R. III. 573.
HEDENBERG, *Andreas.* R. III. 420.
HEDER, *Cbristopborus Andreas.*
Diss. inaug. Hedera terrestris. III. 508.
HEDERSTRÖM, *Hans.* II. 177.
HEDIN, *Sven Andreas.* R. III. 290.
Quid Linnæo Patri debeat Medicina? Diss. I. 174.
HEDMAN, *Abrabam.* R. IV. 87.
HEDREN, *Jobannes Jacobus.* R. III. 5.
Magnus. R. I. 233.
HEDWIG, *Jobann.* Transsylvanus. Bot. Prof. Lips. n.
1730. ob. 1799. III. 49, 384.
Fundamentum historiæ naturalis Muscorum frondosorum.
III. 442.
Theoria generationis plantarum Cryptogamicarum. III.
440.
Descriptio Muscorum frondosorum. III. 219.
De fibræ vegetabilis et animalis ortu. II. 459.
Sammlung seiner abhandlungen über botanisch-ökono-
mische gegenstände. III. 93. V. 65. conf. II. 459. III.
355, 376, 381, 389, 400, 402, 442. V. 58, 63, 85—88.
HEE, *Severinus.* III. 547.
HEERFORT, *Cbristopborus.*
Diss. de Sirenibus. V. 17.
HEERING, *Albertus.*
Diss. inaug. de Iride. III. 469.
HEERKENS, *Ger. Nicolaus.*
Aves Frisicæ. II. 119.
HEFFTER, *Joannes Carolus.* Medicus Zittav. ob. 1786.
æt. 74.
Museum Disputatorium. I. 178.
HEGARDT, *Cornelius.* R. III. 337.
HEGNER, *Job. Ulricus.* R. III. 502.
TOM. 5. T

HEIBERG, *Petrus.* R. IV. 282.
DE HEIDE, *Antonius.*
Anatome Mytuli. II. 491.
Centuria observationum medicarum. I. 69. conf. I. 291.
II. 407, 416. IV. 162.
Experimenta circa sanguinis missionem, Urticam marinam
&c II. 372. conf. 365, 369, 379, 382, 488.
HEIDECKE, *Henricus.*
Disp. inaug. de usu Pethi in catarrhis. III. 477.
HEIGEL, *Ambrosius.*
Disp. inaug Opium exhibens. III. 504.
HEILAND; *Michael* III. 117.
HEILIGTAG, *Johann Benjamin.* R. III. 338.
HEILMANN, *Joannes.* R. II. 445
HEIMREICH, *Ernestus Fridericus Justinus.*
Diss. inaug. de Pimpinella alba. III. 483.
HEIN. III. 544.
HEINE, *Joannes Fridericus Ernestus.*
Diss. inaug. de medicamentis vegetabilibus adstringenti-
bus. III. 451.
HEINRICI, *Caspar.* R. IV. 353.
HEINROTH, *Joannes Christianus Augustus.* R. IV. 327.
HEINSIUS, *Daniel.* Ed. I. 62.
        Ernestus. R. II. 507.
        Joannes Samuel. R. III. 491.
        Martinus. Philos. Adjunct. Witteberg. dein
Inspect. Eccles. Francof. ob. 1667.
Præside Heinsio Dissertationes :
De impio alite Cuculo. II. 127.
piscium habitaculis. II. 176.
HEINSIO, *Uldarico,* Præside
Diss. de Alce. II. 93.
HEINZ, *Joan. Christianus.* R. III. 501.
HEINZELMAN, *Johannes.* Rector Gymnasii Berolin. dein
Superintendens in Salzwedel, n. 1629. ob. 1687.
Zoologia. I. 195.
HEINZIUS, *Joannes Georgius.* R. III. 221.
HEISE, *Johannes Gottlob.*
Diss. inaug. de Insectorum noxio effectu in corpus huma-
num. II. 516.
HEISENIUS, *Henricus.* R. IV. 360.
HEISTERUS, *Elias Fridericus.* Filius sequentis. Med. Ad-
junct. Helmstad. n. 1715. ob. 1740. III. 482. R. III.
49.
Oratio de Hortorum academicorum utilitate. III. 94.

HEISTERUS, *Laurentius.* Med. Prof. Helmstad. n. 1683.
   ob. 1758. II. 281, 352, 394. III. 46, 367.
De studio rei herbariæ emendando. III. 45.
Index plantarum rariorum, quas a. 1730—1733 in hor-
   tum academiæ Juliæ intulit III. 118.
Systema plantarum ex fructificatione III. 31. conf. 50.
Designatio librorum, quos edidit. I. 173.
Descriptio Brunsvigiæ. III. 260.
      Præside Heistero Dissertationes:
De collectione simplicium. III. 445.
      Manna. III 531.
      foliorum utilitate in constituendis plantarum generi-
         bus. III. 49.
      Pipere. III. 468. conf. 331.
Animadversiones in systema botanicum Linnæi. III. 46.
De nominum plantarum mutatione. III. 50. conf. 331.
      Aurantiis. III. 307.
      Cydoniis. III. 288.
      nuce Been. III. 497.
      generibus plantarum potius augendis quam minuen-
         dis. III. 49.
HELBIGIUS, *Johannes Otto.* I. 200.
HELBIGK, *Christianus.* R. III. 571.
HELBLING, *Georg Sebastian.* II. 319. III. 569.
HELCHERUS, *Christianus Theophilus.* R. III. 538.
HELCHER, *Johannes Godofredus.* R. IV. 357.
HELCK, *Johann Christian.* III. 407. IV. 60, 61, 209,
   315.
HELFENZRIEDER, *Johann.* III. 401.
HELFRECHT, *Johann Theodor Benjamin.* Rector des Gym-
   nasiums zu Hof, n. 1752.
Orographisch-mineralogische beschreibung der Landes-
   hauptmannschaft Hof. IV. 50.
HELG, *Franciscus Josephus.*
   Diss. inaug. de botanices systematicæ in medicina utilitate.
      III. 3.
         Auctor est Joh. Hermann. Gelehrt. Deutschl. 5 Aus-
            gabe, 3 Band, p. 244.
HELIE.
   Sisteme de Linnæus sur la generation des plantes. III. 20.
HELLANT, *Anders.* Acad. Scient. Stockholm. Soc. II. 410.
   R. II. 566.
HELLBERG, *Ericus.* R. IV. 68.
            T 2

276 *Hellenius—Helvigius.*

HELLENIUS, *Carolus Nicolaus.* Philos. Prof. Aboens. Acad.
  Scient. Stockholm. Soc. II. 79, 126, 237, 366, 426. III.
  277, 331. R. II. 549. III. 307. IV. 238.
    Præside Hellenio Dissertationes:
  Finska medicinal-växter. III. 462.
  Hortus academiæ Aboensis. III. 125.
  Djurfången i Tavastland. II. 557.
  Om Finska allmogens nödbröd. III. 563.
  De Culla. III. 316.
      Hippuride. III. 230.
      Evonymo. III. 251.
  Calendarium floræ et faunæ Aboensis. III. 418.
  De Asparago. III. 561.
  Ogräsen uti Orihvesi socken. III. 645.
  De Hippophaë. III. 329.
      Tropæolo. III. 271.
  Fruktträns skötsel i Finland. III. 621.
  Fruktbärande buskars skötsel. III. 621.
  De Cichorio. III. 309.
  Specimina quædam instinctus, quo animalia suæ prospi-
      ciunt soboli. II. 446.
HELLENIUS, *Johannes.* R. III. 30.
HELLMUTH, *Leonhardus Christophorus.*
  Diss. inaug. de radice Senega. III. 513. V. 93.
HELLOT, *Jean.* Acad. Scient. Paris. Soc. n. 1685. ob.
  1766. IV. 219.
HELMS, *Anton Zacharias.*
  Tagebuch einer reise durch Peru. V. 8.
HELSINGIUS, *Johannes.*
  De carne piscium Diss. V. 30.
HELTBERG, *Elias.*
  Diss. de origine montium et fontium. IV. 282.
HELWICHIUS, *Christianus.* IV. 201.
HELVIGIUS, *Carolus.* R. III. 531. IV. 130.
          Christophorus, pater.
  De studii botanici nobilitate oratio. III. 1.
HELVIGIO, *Christophoro, filio,* Professore Gryphiswald.
      Præside Dissertationes:
  De Creta. IV. 130.
      Antimonio, Cicuta et Pisce Tobiæ. I. 263.
      Ligno Brasiliensi. III. 496.
      Chærephyllo. III. 483.
      Quinquina Europæorum. III. 531.

DE HELLWIG, *Christoph.* Medicus in Tennstädt, n. 1663.
ob. 1721. (vide Valentinus Kräutermann.) Tr. V. 240.
Anmuthige berg-historien. IV. 7.
HELWIGIUS, *Joachimus Ernestus.* R. II. 124.
HELLWIG, *Johann Christian Ludwig.* Lehrer der Mathe-
matik und der Naturgeschichte an den Gymnasien zu
Braunschweig. n. 1743. II. 573.
HELWING, *Georgius Andreas.* Pastor Angerburg. in Bo-
russia, n. 1666. ob. 1748.
Flora quasimodogenita. III. 171.
Floræ campana s. Pulsatilla. III. 293.
Lithographia Angerburgica. IV. 68.
Supplementum floræ Prussicæ. III. 171.
HEMMEN. II. 172.
HEMPEL, *Aug. Frid. Christ.* R. IV. 80.
HENCHEL, *Ole.* IV. 169.
HENCKEL, *Johannes Fredericus.* Medicus Freyberg. n.
1679. ob. 1744. III. 183, 405. IV. 219.
Flora saturnizans. III. 433. conf. 589.
De lapidum origine. IV. 240.
Pyritologia. IV. 210.
Henckelius in mineralogia redivivus. IV. 369.
Kleine mineralogische und chymische schriften. IV. 22.
conf. 77, 104, 167, 171, 240.
HENNE. III. 288.
HENNEPIN, *Louis.* Monachus Franciscanus.
Decouverte d'un très grand pays entre le nouveau Mexique
et la mer glaciale. I. 151.
HENNINGER, *Johanne Sigismundo,* Præside Dissertationes:
De Aniso. III. 484.
Millepedæ. II. 509.
De spermate Ceti. II. 504.
Viola martia purpurea. III. 521.
HENNINGS, *August.*
Geschichte des Carnatiks. I. 140.
HENNINIUS, *Henricus Christianus.* Tr. II. 209. Ed. I.
92.
HENRICI, *Robertus Stephanus.* Medicus Nidros. n. in
Siælandia 1718. ob. 1782.
De laude et præstantia vegetabilium. III. 3.
HENRIQUES FERREIRA, *Jozé.* III. 589.
HENRY, *Thomas.* Pharmacopeus Mancestr. R. S. S. IV.
118.
HENRY, *William.* V. 114.

HENTSCHEL, *Samuel.*
  Diss. de terra Lemnia. IV. 353.
          Cancris. II. 287.
          Asteria gemma. I.V. 84.
HEPPE, *Johann Christoph.*
  Die Jagdlust. II. 555. conf. III. 619.
HERÆUS, *Carolus Gustavus.* IV. 280.
HERBELL, *J. F. M.* Tr. I. 67. II. 21.
HERBERT, *Henricus Nicolaus.*
  Diss. inaug. de Cassavæ amaræ radice. III. 551.
HERBERT, *Sir Thomas.* Baronetus Anglus, ob. 1682. æt.
  76.
  Travels into divers parts of Asia. I. 134.
HERBST, *Johann Friedrich Wilhelm.* Prediger zu Berlin,
  n. 1743. II. 216, 223, 229, 231, 238, 291, 292, 425,
  572. Cont. II. 6, 207.
  Naturgeschichte der Krabben und Krebse. II. 287, 576;
  ubi addatur :
    3 Band. 1 Heft. pagg. 66. tab. 47—50. 1799.
  Natursystem der ungeflügelten insekten. V. 38.
HERBST, *Johannes Henr.* R. II. 75.
D'HERBOUVILLE. V. 103.
HEREFORD, *Lord Bishop of.* vide CROFT.
HERESBACH, *Conradus.* Jurisconsultus Clev. n. 1508. ob.
  1576.
  Rei rusticæ libri iv. I. 298.
HERING, *Joannes Ernestus.* R. II. 427.
    Præside Hering Dissertationes :
  De ortu avis Britannicæ. II. 133.
          Lapidum. IV. 239.
    Uva. III. 567.
HERISSANT, *François David.* Medicus Paris. Acad. Scient.
  ibid. Soc. n. 1714. ob. 1773. II. 386, 391, 394, 473,
  486. III. 543.
HERISSANT, *Louis Antoine Prosper.*
  Bibliotheque physique de la France. I. 180.
HERKEPÆUS, *Christopher.* R. I. 115. II. 531.
HERMANN, *Benedikt Franz Johann.* Direktor der berg-
  werke in Sibirien, n. in Stiria 1755. IV. 71, 88, 97,
  106, 146, 206, 380.
  Reisen durch Österreich etc. I. 104.
  Physikalische beschaffenheit der Oesterreichischen staaten.
  I. 93.
  Beyträge zur physik - - und zur statistik der Russischen
  länder. I. 59. conf. I. 120. IV. 71, 363.

Mineralogische beschreibung·des Uralischen erzgebürges.
IV. 378.
HERMANN, *Gottlob Ephraïm.* R. III. 518.
        Johannes. R. III. 507.
               Chem. et Bot. Prof. Argentorat. n.
1738. II. 63, 71, 103, 183, 300, 319, 330, 341, 552.
IV. 333. V. 14. R. V. 91. (confer HELG, *Franc.*
Jos.)
Diss. inaug. de Rosa. III. 288.
Affinitatum animalium tabula, commentario illustrata.
II. 6.
Programmata 27 Maji et 31 Oct. 1782. II. 40.
           1790. I. 205.
Tabula affinitatum animalium uberiore commentario
illustrata. II. 7.
Amphibiorum virtutis medicatæ defensio. II. 506.
HERMANN, *Johann Friedrich.* Præcedentis filius, M. D.
ob. 179—.
Etwas über die korallen. II. 494.
Observationes ex osteologia comparata. II. 378.
HERRMANNUS, *Jo. Georgius.* R. II. 508.
HERRMANN, *Joannes Gotthelf.*
Diss. de modo cavendæ corruptionis corporum naturalium
in museis. I. 218.
HERMANNUS, *Joannes Henricus.* R. III. 509.
HERMANN, *Leonhard David.* II. 456.
Maslographia. I. 107.
Beschreibung der Masslischen Muschel‑marmor‑steinen.
IV. 132.
Von einem Elends‑thier‑körper, welcher in dem Massli-
schen Pfarr‑garten‑graben gefunden worden. IV. 328.
HERMANNUS, *Paulus.* Med. et Bot. Prof. Lugd. Bat. n.
Halæ Saxonum 1646. ob. 1695. I. 282. III. 177.
Horti Lugduno‑Batavi catalogus. III. 103.
Paradisi Batavi prodromus. III. 101.
Floræ Lugduno‑Batavæ flores. III. 103.
Paradisus Batavus. III. 75.
Museum zeylanicum. III. 180.
Cynosura materiæ medicæ. I. 283.
HERMANNUS, *Salomo.* R. II. 36.
HERMANS, *Joannes.*
Recensio plantarum in horto ejus. III. 116.
HERMBSTÄDT, *Siegmund Friedrich.* Pharmacopoeus Bero-
lin. n. 1758. IV. 226. V. 96.

280 *Hermelin—Hesselius.*

HERMELIN, *Baron Samuel Gustaf.* Consiliarius Collegii
Metallici Sveciæ, Acad. Scient. Stockholm. Soc. IV. 67,
181, 364, 379.
Tal om de i hushållningen nyttige Svenske sten-arter. IV.
362.
HERMES, *G. M.* III. 430.
HERNANDEZ, *Franciscus.*
Plantarum, animalium et mineralium Mexicanorum histo-
ria. I. 254.
HERNANDEZ, *Don Francisco Garcia.*
De la generacion de plantas, insectos etc. II. 399.
HERNQUIST, *Petrus.*
Genera Tournefortii, stilo reformato. III. 32.
HEROLD, *David Gottlob.* R. III. 574.
Friedrich.
Von der bestimmung der Drohnen unter den Bienen. II.
527.
HERPORT, *Albrecht.*
Ostindianische reiss-beschreibung. I. 139.
HERRENSCHWANDT, *Johannes Fredericus.*
Diss. inaug. sistens historiam Mercurii medicam. IV.
358.
HERRICHEN, *Johannes Gothofredus.* Rector Scholæ Lips.
n. 1629. ob. 1705.
De Thea herba Doricum melydrion. III. 577.
HERTELIUS, *Joannes Gottlob.*
Diss. de plantarum transpiratione. III. 375.
HERTIO, *Joanne Casimiro,* Præside
Diss. de Pimpinella Saxifraga. III. 483.
HERTODT A TODENFELD, *Joannes Ferdinandus.* Medi-
cus Brunn. in Moravia, n. 1645. ob. 1714.
Crocologia. III. 469.
HERVIEUX DE CHANTELOUP, *J. C.*
Des Serins de Canarie. II. 148.
HERWECH, *Olaus.*
Diss. de præstantia studii historici naturæ. I. 166.
HERZOG, *Samuel.* R. III. 519.
VAN DEN HESPEL, *Hendrik.* V. 16.
HESS, *Johannes Rudolphus.*
Theses anatomico-botanicæ. III. 470.
Observationes medicæ. III. 79.
HESSE, *Heinrich.* Hortulanus.
Neue garten-lust. III. 607.
HESSELGREN, *Nicolaus L.* R. II. 520.
HESSELIUS, *Andreas.* R. III. 264.

HESSELIUS, *Andreas P.* R. I. 261.
  Johann. IV. 177, 365. R. III. 524.
  Samuel.
  Om'tobaks-plantering uti America. III. 628.
HESSLE'N, *Nicolaus.*
  Diss. de usu botanices morali. III. 192.
HESSUS, *Paulus.*
  Defensio problematum Guilandini. I. 290.
HETTLINGER. II. 201, 354, 417.
VON HEUCHER, *Johann Heinrich.* Med. Prof. Jen. dein
  Medicus Elect. Saxon. n. 1677. ob. 1747.
  Index plantarum horti Vitembergensis. III. 121.
  Novi proventus horti Vitembergensis. III. 121.
  Præside Heuchero Dissertationes :
  De vegetabilibus magicis. III. 203.
  Araneus. II. 283.
  Plantarum historia fabularis. III. 203.
HEURLIN, *Samuel.*
  Diss. de Syngenesia. III. 218.
HEUSINGERUS, *Jo. Henricus.* R. II. 283.
HEÜSSLIN, *Rudolff.* Tr. II. 10.
HEWSON, *William.* Chirurgus Londin. ob. 1774. II. 381.
VON HEXTOR, *J.* II. 13.
HEY, *William.* II. 390.
HEYER, *Just Christian Heinrich.* Pharmacopoeus Bruns-
  vic. n. 1746. III. 437. IV. 97, 99, 139, 172, 200, 216,
  230, 253.
HEYKE, Nob. HEYKENSKÖLD, *Detlof.* Consiliarius Col-
  legii Metallici Sveciæ, Acad. Sc. Stockholm. Soc. n.
  1707. ob. 1775. II. 176. III. 596.
HEYM, *Joh. Martinus.* R. II. 116.
HEYN, *Franciscus.* R. II. 449.
HEYNE, *Christian Gottlob.* Eloqu. et Poes. Prof. Götting.
  n. 1729. I. 175, 177. N. I. 264.
  Historiæ naturalis fragmenta ex ostentis. I. 267.
VON HEYNIZ, *F. G. B.* V. 115, 119.
HEYSE, *Ernst Gottfried.* II. 468. conf. V. 51.
HEYSHAM, *John.* II. 360.
HIÄRNE, *Urban.* Archiater Regis Sveciæ, et Collegii Me-
  dici Præses, n. 1641. ob. 1724. III. 436.
  Anledning til malm-och bergarters efterspörjande. IV. 5.
  Anledningen til malm-och bergarters efterspörjande be-
  svarad. IV. 272.
HICKERINGILL.
  Jamaica viewed. I. 162.

HICKOCK, *Thomas.* Tr. I. 134.
HIDEEN, *Jacobus.* R. II. 501. IV. 354.
HJELM, *Peter Jacob.* Mynt-Guardien, Acad. Sc. Stockholm. Soc. IV. 178, 206, 226, 230, 231. R. IV. 211.
    Åminnelse Tal öfver Torbern Bergman. I. 170.
HJERTA, *Carolus Dietericus.* R. IV. 112.
HILCHEN, *Ludov. Henricus Leo.* R. III. 483.
HILDEBERTUS, Cenomanensis Episcopus. n. 1057. ob.
    circa a. 1134.
    Phisiologus. in ejus Operibus, studio Ant. Beaugendre,
    p. 1173—1178.   Parisiis, 1708. fol.
    Addatur Tom. 2. pag. 8. ante lin. 4 a fine.
HILDEBRANDT, *Georg Friedrich.* Med. Prof. Erlang. n.
    1764. V. 116.
    Geschichte des Quecksilbers. IV. 199.
HILDEBRAND, *Joannes Christianus.* II. 87.
HILDEGARDIS, Abbatissa monasterii S. Ruperti, n. 1098.
    ob. 1179.
    Physica. I. 194.
HILL, *Barthol. Ludov.* R. III. 450.
HILL, *John.* Pharmacopoeus, dein Medicus Londin. ob.
    1775. III. 441. IV. 110. Tr. IV. 6. N. II. 209. Ed.
    III. 179.
    A general natural history. I. 189.
    History of the materia medica. I. 285.
    Review of the works of the Royal Society. I. 7.
    Essays in natural history. I. 215.
    Family herbal. III. 459.
    British herbal. III. 131.
    Eden. III. 610.
    The sleep of plants. III. 416.
    Gardener's kalendar. III. 612.
    The virtues of Valerian. III. 469.
    Flora Britannica. III. 131.
    Outlines of a system of vegetable generation. III. 393.
    Of the Mushroom stone. III. 350. conf. 348.
    Usefulness of a knowledge of plants. III. 3.
    A method of producing double flowers. III. 614.
    The origin of proliferous flowers. III. 615.
    The practice of gardening. III. 610.
    Botanical Tracts. III. 91.
    Hortus Kewensis. III. 95.
    Family practice of physic. III. 466.
    Herbarium Britannicum. III. 131.
    The construction of timber. III. 370

Fossils arranged according to their obvious characters.
IV. 10. conf. 136.
Exotic botany. III. 82.
Virtues of British herbs. III. 461.
A decade of curious insects. II. 213.
Vegetable system. III. 41.
An idea of an artificial arrangement of fossils. IV. 10.
Enquiries into the nature of a new mineral acid. IV. 136.
The power of Water-dock against the scurvy. III. 487.
(Short account of the life of Sir John Hill. I. 173.)
HILL, *Thomas.*
The arte of gardening. III. 604.
HILLE, *Carolus Fridericus.*
Diss. inaug. de actione plantarum in partes solidas corpo-
ris humani. III. 446.
HILLER, *Carolus Christophorus.* R. III. 433.
Daniel Godofredus. R. III. 652.
HILLERSTRÖM, *Anders.* R. II. 557.
HILLERUS, *Matthæus.* Lingu. Orient. Prof. Tubing. n.
1646. ob. 1725.
De gemmis in pectorali Pontificis Hebræorum. IV. 76.
Hierophyticon. III. 195.
HILLIGER, *Johannes Guilielmus.* R. I. 199.
HILLIUS, *Fridericus Bogislaus.* R. III. 17.
HILSCHER, *Simon Paulus.* Med. Prof. Jen. n. 1682. ob.
1748.
Prolusio de gramine Manna. III. 238.
  Præside Hilschero Dissertationes :
De Castorii natura. II. 502.
Von bestandtheilen des Spiesglases. V. 118.
DE HIMSEL, *Nicholaus.* IV. 339.
HINDENBURG, *Carl Friedrich.* Ed. I. 57.
HINDERER, *Georgius Conradus.*
Diss. inaug. de Geranio Robertiano. III. 511.
VON HINÜBER. III. 423.
HINTZ, *Daniel.* R. II. 44.
HINZE, *Philippus Ernestus.* R. II. 358.
HIORTH, *Johan.* R. III. 559.
HIORT, *J.* IV. 197.
HJORTBERG, *Gustaf Fredric.* Præp. et Pastor in Walda,
Ord. Vasiaci et Acad. Sc. Stockholm. Soc. n. 1724.
ob. 1776. II 197, 308. III. 633.
HIORTHÖY, *Hugo Friderich.*
Beskrivelse over Gulbrandsdalens Provstie. I. 109.

HIORTZBERG, *Laurentius.* R. III. 448.
  Fundamentum Halurgiæ systematicæ. IV. 148.
HIPPOCRATES *Cous.* n. a. 460 ante æram Christ.
  Opera omnia. I. 273.
HIRN, *Daniel.* R. IV. 1.
HIRSEKORN, *Christ. Gottlieb.* R. III. 493.
HIRZEL, *sohn.* IV. 173.
HISING, Nob. HISINGER, *Wilhelm.* IV. 265, 267, 385.
HIZLER, *Georgius.*
  Oratio de vita Leonh. Fuchsii. V. 8.
HOBOKENUS, *Nicolaus.* Med. Prof. Traject. dein Harde-
  rovic. n. 1632. ob.
  Anatomia Secundinæ Vitulinæ. II. 403.
HOBSON, *Joseph.* III. 401.
VON HOCHENWARTH, *Siegmund Freyherr.* Decanus Ca-
  pituli in Gurk. II. 215. III. 154. V. 23, 33.
HODIERNA, *Joannes Baptista.* II. 514.
HOECHSTETTERUS, *Johannes Philippus.* R. III. 492.
HOEFER, *Hubert Franz.* II. 541. IV. 161.
HOEFFEL, *Joannes Theophilus.*
  Historia Balsami mineralis Alsatici. IV. 172.
HOEFNAGEL, *D. J.*
  Insectarum volatilium icones. II. 210.
HOEFNAGEL, *Georgius.*
  Archetypa studiaque patris Jacobus f. ab ipso scalpta
  communicat. I. 196.
HÖGMAN, *David Erik.* R. III. 595.
HÖGSTRÖM, *Pehr.* Th. D. Præp. et Pastor in Skellefta,
  Acad. Sc. Stockholm. Soc. n. 1714. ob. 1784. II. 86.
  III. 624.
  Beskrifning öfver Sveriges Lapmarker. I. 115.
  Tal om orsakerna, hvarföre säden mera skadas af köld på
  somliga orter i.Norrland, än på andra. III. 421.
HÖIJER, *Gerh. Reinh.* R. I. 268.
HÖJER, *Johannes Christ.* R. III. 124.
HÖLDERLIN, *Wilhelmus Fridericus.* R. III. 517.
HOELZEL, *Johannes Georgius.* R. III. 340.
HÖÖK, *Carolus N.* R. II. 110.
HÖPFNER, *Johann Georg Albrecht.* M. D. Pharmaco-
  poeus in Biel Helvetiæ. n. 1759. IV. 109, 184.
  Magazin für·die naturkunde Helvetiens. I. 59. conf. 5,
  121, 144, 245.
HÖPFFNER, *Nicolaus.*
  Das verkehrte jahr. I. 267.

Höst, *Georg.*
Efterretninger om Marokos. I. 128.
Höyberg, *Welleejus.*
Diss. de coelesti cibo Man. III. 198.
Hoezer, *Franciscus Xaverius.*
Pharmaca mineralia Bohemiæ indigena. IV. 353.
Hofer, *Franz Josepb.* Medicus Dilling.
Vom Kaffee. III. 575.
Hofer, *Johannes, filius.* Medicus Mulhusan. II. 335.
III. 79, 214, 245. IV. 346.
Hoffberg, *Carl Fredric.* Medicus Stockholm. ob. 1790.
II. 516. R. II. 95.
Anvisning til växtrikets kännedom. III. 21.
Hoffman, *Antonius.* R. III. 579.
Hofmannus, *Casparus.* Med. Prof. Altdorf. n. 1572. ob.
1648.
Variæ lectiones. I. 264.
Hoffmann, *Cbristiano,* Præside
Disp. de Gigantum ossibus. II. 56.
Hoffmann, *C. A. S.* V. 108, 110, 126. N. V. 105, 107.
Ed. V. 106, 107.
Hofmann, *Christian Gottbold.* IV. 251, 254.
Hoffmann, *Fredericus.* Med. Prof. Hal. n. 1660. ob.
1742. III. 446. N. I. 282.
Præside F. Hoffmanno Dissertationes:
De infusi Veronicæ efficacia præferenda Herbæ Thee. III,
467.
De Nitro. IV. 356.
Sacchari historia naturalis. III. 564.
De Caryophyllis aromaticis. III. 286.
Balsamo Peruviano. III. 539
Circa Nitrum observationes. IV. 356.
De usu interno Camphoræ. III. 494.
Millefolio. III. 520.
Manna. III. 531.
recto corticis Chinæ usu. III. 475.
Oryctographia Halensis. IV. 57.
De Ebore fossili Svevico. IV. 326.
De animalibus humanorum corporum hospitibus. II. 358.
De cortice Cascarillæ. III. 529.
Hoffmann, *Georg Franz.* Bot. Prof. Goetting n. 1760.
III. 87, 220.
Enumeratio Lichenum. III. 342.
Historia Salicum. III. 328.
De vario Lichenum usu. III. 342.

Vegetabilia cryptogamica. III. 219.
Observationes botanicæ. III. 87.
Nomenclator Fungorum. III. 225.
Plantæ Lichenosæ. III. 342 et 653. V. 104.
Deutschlands flora. III. 152. V. 70.
Hortus Gottingensis. III. 119.

HOFFMANN, *Godofredus Daniel.*   Juris Prof. Tubing. n. 1719. ob. 1780.
Observationes circa Bombyces. II. 531.

DE HOFFMAN, *Hans.*   Amtmand over Coldinghuus amt. ob. 1793. æt. 80. Cont. I. 108.

HOFFMANN, *John.*   III. 546.
          Joannes Fridericus.   Consul Sangerhus. ob. 1759. II. 336, 338. IV. 241.

HOFFMAN, *Johannes Georgius.*
De matricibus Metallorum Diss. IV. 247.

HOFFMANN, *Johannes Georgius Henricus.*   R. V. 54.
          Mauritius. Mauritii sequentis filius.
Med. Prof. Altorf. n. 1653. ob. 1727. II. 402, 420, 422, 457. III. 403. Ed. II. 377.
Floræ Altdorfinæ deliciæ hortenses. III. 116.

HOFFMANNUS, *Mauritius.*   Med. Prof. Altorf. n. 1621. ob. 1698. II. 377, 419, 420. III. 405.
Floræ Altorfinæ deliciæ hortenses. III. 116.
          sylvestres. III. 155.
Florilegium Altdorffinum. III. 156.
Montis Mauriciani descriptio. III. 156.

HOFFMANN, *Simon.*   R. IV. 14.
          Theophilus.   R. III. 514.

HOFFWENIUS, *Petrus.*   Med. et Phys. Prof. Upsal. n. 1630 ob. 1682.
Præside Hoffwenio Diss. de Manna. III. 531.

HOFMEISTER, *C.*   IV. 153.

HOFSTEDE, *Petrus.*   III. 199.

HOFSTETER, *Johannes Adamus.*   Archiater Regis Daniæ, n. in Hongaria 1660.
Epistola de Papavere et Opio esculentis. III. 291.
Diss. de Cinnabari nativa. IV. 201.

HOLCH, *O. C.*   III. 595.

HOLLAND, *Joannes.*
Diss. inaug. de veneno ex rabidis animalibus. II. 513.

HOLLAND, *Philemon.*   Tr. I. 74.

HOLLAR, *Wenceslaus.*
Muscarum, Scaraoæorum Vermiumque figuræ. II. 210.

HOLLBERG, *Esaias.*   R. III. 582.

HOLLMANN, *Samuel Christian.* Phil. Prof. Goetting. n.
  1696. ob. 1787. III. 385. IV. 175, 321.
Commentationes in R. Scient. Societate recensitæ. I. 30.
  conf. III. 383. IV. 176, 302.
HOLLOWAY, *B.* IV. 31.
HOLLSTEIN, *Christianus Heinricus.*
  Diss. inaug. Rharbarbari historiam exhibens. III. 495.
HOLLSTEN, *Jonas.* Præpos. et Pastor in Luleå, Acad. Sc.
  Stockholm. Soc. n. 1717. ob. 1789. II. 81, 84, 95.
HOLM, *Georgius Tycho.* R. III. 165.
    Jonas. R. I. 166.
    S. M.
  Om jordbranden paa Island 1783. IV. 297.
HOLM, Nob. HOLMSKIOLD, *Theodor.* Eques Ord. Dane-
  brog. etc. n. 1732. ob. 1794. II. 190. III. 224.
Afhandling om Anagallis. III. 471.
Coryphæi Clavarias Ramariasque complectentes. III. 353.
HOLMBERGER, *Petrus.* II. 521. III. 557. V. 87. R. II.
  38, 520.
Om Svenska insecters vinterquarter. II. 450.
HOLME'N, *Ericus.* R. IV. 148.
HOLMER, *Laur. Magn.* R. I. 233.
HOLMIUS, *Petrus.* R. II. 44.
HOLSTEIN BECK, *Friedrich Carl Ludwig Herzog von.* n.
  1757. II. 354.
HOLSTENIUS, *Lucas.* Tr. II. 554.
HOLTZBOM, *Andreas.* R. III. 478.
  Disp. inaug de Mandragora. III. 478.
HOLWELL, *John Zephaniah.* R. S. S. ob. 1798. æt. 98.
  III. 322.
HOLZMANNUS, *Heinricus Christianus.* R. IV. 169.
HOMANN, *Carolus.* R. III. 650.
HOMBERG, *Guillaume.* Medicus Ducis Aurelian. Acad. Sc.
  Paris. Soc. n. Bataviæ 1652. ob. 1715. II. 265, 283. III.
  399, 433. IV. 168, 251.
HOME, *Everard.* Chirurgus Londin. R. S. S. II. 303, 390,
  402, 466, 487. V. 46—48.
HOMILIUS, *Johannes Henricus.* R. II. 43.
HONKENY, *Gerhard August.* Amtmann zu Golm bey
  Prenzlow.
Verzeichniss aller gewächse Teutschlands. III. 152.
Synopsis plantarum Germaniæ. III. 152.
HOOKE, *Robert.* M. D. R. S. S. n. 1635 ob. 1703.
  Micrographia. I. 208.
  Lectures made before the Royal Society. IV. 298.

Philosophical collections. I. 6.
Posthumous works. IV. 274.
HOOLE, *Samuel.*   Tr. I. 213.
HOOPER, *Robert.*
   On the structure and economy of plants. V. 84.
HOOSON, *William.*
   The Miners dictionary. IV. 2.
HOOYMAN, *Jan.* Luthersch Predikant te Batavia. ob.
   1789 II. 150. V. 27.
HOPE, *John.* Bot. Prof. Edinburg. ob. 1786. III. 240,
   242, 275, 482. Ed. I 285.
HOPE, *Thomas Charles.* Præcedentis filius. Chem. Prof.
   Edinburg.
   De plantarum motibus et vita. III. 369.
   Account of a mineral from Strontian. IV. 139.
HOPF, *Philipp Heinrich.* Ed. I. 244.
HOPFERUS, *Benedictus.* Moral. Prof. Tubing. n. 1643.
   ob. 1684.
   Diss. de Pyrausta et Salamandra. II.41.
       victu aëreo Chamæleontis. II. 161.
HOPKINS, *J.* II. 461
HOPPE, *David Heinrich.* M. D. Pharmacopoeus Ratisbon.
   III. 154, 395.
   Botanisches taschenbuch. III. 92.
   Enumeratio Insectorum elytratorum circa Erlangam indi-
       genarum. II. 231.
HOPPE, *Fridericus Wilhelmus.*
   De balsamo Copayba Diss. III. 499.
HOPPE, *Tobias Conrad.* II. 202, 273. III. 79, 219, 405.
   IV. 59, 350.
   Ueber die sogenante Todten-uhr. V. 17.
   Beschreibung versteinerter Gryphiten. IV. 59.
   Von denen Erd-äpfeln. III. 627. conf. 556.
       den Eichen-Weiden-und Dorn-rosen. II. 219.
   Antwort-schreiben auf Hrn. Schreibers zweifel. II. 219.
   Von dem Filtrir-steine. IV. 362.
 · Von der begattung der pflanzen. III. 393.
   Geraische flora. III. 161.
HOPPIUS, *Christianus Emmanuel.* R. II. 60.
HOPPIO, *Joachimo,* Præside
   Diss. de edaci Locustarum pernicie. II. 241.
HORBIUS, *Christianus Johannes.*
   Disp. inaug. de febrifuga Chinæ-chinæ virtute. III. 474.
HORCH, *Fridericus Wilhelmus.* II. 157, 280.
HORLACHER, *Christoph Michael.* R. IV. 355.

HORLACHER, *Conrad.*
   Diss. de Vitriolo. IV. 355.
HORN, *Caspar.*
   Elephas. II. 68.
HORN, *George.*
   A treatise on Leeches. V. 54.
HORNIUS, *Georgius.* Hist. Prof. Harderovic. dein Lugd.
   Bat. n. in Palatinatu circa a. 1620. ob. 1670. Tr. I.
   143.
   Historia naturalis et civilis. I. 77.
AB HORN, *Georgius Conradus.* IV. 243.
HORNBORG, *Bogislaus.* R. III. 410.
           Johannes. R. III. 292.
HORNE, *Henry.* IV. 210.
HORNEMANN, *Johannes Fridericus.* R. II. 81.
HORNSCHUCH, *Valerius Michael.* R. III. 519.
HORNSTEDT, *Clas Fredric.* Hist. Nat. et Med. Lector Lin-
   cop. Acad. Sc. Stockholm. Soc. II. 160, 166, 190, 235.
   R. III. 35.
HORNUNG, *Leonbardus Fridericus.* R. III. 526.
HORREBOW, *Niels.* Assessor Tribunalis Supremi Hafniæ.
   n. 1712. ob. 1760.
   Efterretninger om Island. I. 110.
HORSTIUS, *Gregorius.* Ed. III. 454.
           Jacobus. Med. Prof. Helmstad. n. 1537. ob.
   1600.
   Herbarium Horstianum. III. 454. conf. 567.
AB HORTO, S. DEL HUERTO, *Garcia.*
   Aromatum historia. I. 286.
HOSANG, *Abondius.*
   Vegetatio. III. 378.
HOSE, *J. A. C.* V. 70.
        Job. Gerhardus. R. III. 17.
HOSSER, *Jos. Karl Edward.* I. 107, 247. IV. 63.
HOST, *Nicolaus Thomas.* II. 164, 215, 246.
   Synopsis plantarum in Austria crescentium. III. 648.
HOTTINGER, *Johannes Henricus.* III. 406. IV. 45. R.
   IV. 86.
HOTTINGER, *Salomon.* Med. Prof. Tigur. ob. 1713.
   Præside Hottinger Diss. de Crystallis. IV. 86.
HOTTON, *Petrus.* Bot. Prof. Lugd. Bat. n. 1648. ob. 1709.
   III. 517.
   Rei herbariæ historia et fata. III. 5.
HOTZ, *Johannes.* R. II. 238.
HOUCK, *Fridericus.* R. III. 516.
   TOM. 5.   U

HOUGHTON, *John.* III. 574.
HOULSTON, *Thomas.* III. 548.
HOUSTOUN, *James.*
    Account of the coast of Guinea. I. 130.
HOUSTOUN, *William.* Scotus. M. D. R. S. S. ob. in Jamaica
    1733. III. 321.
    Reliquiæ Houstounianæ. III. 187.
HOUTTUYN, *Martinus.* II. 63, 159, 171, 175, 281, 361,
    410. III. 234, 466. IV. 91, 218, 219. V. 33, 81. Cont.
    II. 119. Tr. V. 92. Ed. I. 50. V. 32.
    Natuurlyke historie. I. 189.
    Musæum Houttuinianum. II. 24.
HOVIUS, *Jacobus.*
    De circulari humorum motu in oculis. II. 389.
HOW, *Guilielmus.* Medicus Londin. n. 1619. ob. 1656.
    III. 60. Ed. III. 57.
    Phytologia Britannica. III. 130.
HOWARD, *Charles.* III. 624.
HOWELL, *George.* III. 548.
HOY, *Thomas.* Hortulanus Scotus. II. 304.
HOYER, *Joannes Georgius.* Medicus Mulhusin. n. 1663.
    ob. 1738. IV. 326.
HUBE, *J. M.* II. 399.
HUBER.
    Sur le vol des oiseaux de proie. II. 561.
HUBER, *Johannes Christophorus.* R. IV. 195.
        Johan Jacob. Anat. Prof. Cassell. n. Basileæ 1707.
    ob. 1778.
    Positiones anatomico-botanicæ. III. 45.
    Progr. de Cicuta. III. 547.
HUBERT. IV. 298.
        alias *Forges, Robert.*
    A catalogue of natural rarities. I. 221.
HUBRIGK, *Joannes Fridericus.* R. II. 43.
HUDDESFORD, *Gulielmus.* Ed. II. 315.
HUDSON, *William.* Pharmacopoeus Londin. R. S. S. ob.
    1793.
    Flora Anglica. III. 131.
HÜBER, *Joann. Samuel.* R. III. 538.
HÜBNER, *Jacob.*
    Beiträge zur geschichte der Schmetterlinge. II. 251.
HÜBNER, *Johann Gottfried.* II. 215.
    Ueber die beste art, die schädlichen Raupen zu vertilgen.
    II. 540.
HÜBNER, *Martin.* IV. 93.

HÜNERWOLFF, *Jacobus Augustinus.* Medicus Arnstad. n·
 1644. ob. 1685. III. 403.
 Anatomia Pæoniæ. III. 506.
VON HÜPSCH, *Johann Wilhelm Carl Adolph Freyherr.* II.
 82. IV. 310.
 Entdeckungen einiger seltenen versteinerten schaalthiere.
 IV. 335.
 Ursprung des Cöllnischen Umbers. IV. 247.
 Naturgeschichte des Niederdeutschlandes. IV. 307.
DEL HUERTO. vide HORTO.
HUESSLIN, *Johann Conrad.* II. 220.
HUFNAGEL. II. 255, 257, 262, 540.
HUGHES, *Griffith.* II. 308.
 Natural history of Barbados. I. 255.
HUGHES, *William.*
 The compleate Vineyard. III. 629.
 The american physician. III. 186. conf. 579.
HUGO, *Augustus Johannes.*
 Diss. inaug. de variis plantarum methodis. III. 44.
AB HULDEN, *Philippus.*
 Rangifer. II. 94.
HULL, *John.* Medicus Mancestriæ.
 The British flora. V. 68.
HULTMAN, *David.* R. I. 218.
HUMBLE, *Nicolaus.* R. II. 567.
VON HUMBOLDT, *Friedrich Heinrich Alexander.* Ober-
 bergmeister der Fürstenthümer Ansbach und Bayreuth.
 I. 271. III. 220, 239, 406, 414, 424. IV. 76, 245, 259.
 V. 87.
 Ueber einige Basalte am Rhein. IV. 116. conf. 76.
 Flora Fribergensis. III. 220. conf. 342.
 Aphorismi ex doctrina physiologiæ chemicæ plantarum.
 V. 84.
 Versuche über die gereizte muskel-und nervenfaser, nebst
 vermuthungen über den chemischen process des lebens
 in der thier-und pflanzenwelt.
 Posen und Berlin, 1797. 8.
 1 Band. pagg. 495. tabb. æneæ 8. 2 Band. pagg 468.
 Addatur Tom. I. p. 271. ad calcem.
HUMELBERGIUS, *Gabriel.* N. I. 295. II. 499. III. 451.
HUMMEL, *A. David.* Tr. II. 206.
 Jacob Bernhard. R. II. 355.
HUMPHREY, *George.* II. 491.
HUNAULD, *François Joseph.* Anat. Prof. in Horto Paris.
 Acad. Sc. ibid. Soc. n. 1701. ob. 1742. II. 462.

HUNGER. IV. 263.

HUNGERBYHLER.
De oleo Ricini. III. 524.

HUNTER, *Alexander.* Medicus Eborac. R. S. S. Ed. I. 299.
III. 617.
Georgical essays. I. 51. conf. I. 167. II. 459. III. 374,
377, 400, 628.
The state of an egg on the fourth day of incubation. II.
404.
Illustration of the analogy between vegetable and animal
parturition. V. 51.

HUNTER, *John.* Scotus, Medicus Londin. R. S. S.
Disp. de Hominum varietatibus. II. 54.

HUNTER, *John.* Scotus. Frater Gulielmi M. D. sequentis.
Chirurgus Londin. R. S. S. n. 1728. ob. 1793. II. 72,
107, 303, 401, 435, 437, 439, 482, 528. IV. 321. V.
49, 55.
Observations on certain parts of the animal oeconomy. II.
373. conf. 191, 382, 388, 390, 392, 394, 402, 415, 416,
435, 474.

HUNTER, *John.* Captain in the Royal Navy.
Journal of the transactions at Port Jackson. I. 147.

HUNTER, *William.* Scotus. Medicus Londin. R. S. S. n.
1718. ob. 1783. II. 97. IV. 320, 323.

HUNTER, *William.* III. 583.
Account of the kingdom of Pegu. I. 141. conf. II. 425.

HUPEL, *August Wilhelm.* Prediger zu Oberpahlen in Lief-
land. n. in Saxonia 1736.
Topographische nachrichten von Lief-und Ehstland. I.
120.

HUPERZ, *Joannes Petrus.*
Specimen inaug. de Filicum propagatione. V. 89.

HURLEBUSCH, *Gerhardus Ludovicus.*
Diss. inaug. Zincum medicum inquirens. IV. 360.

HURTLEY, *Thomas.*
Of some natural curiosities in the environs of Malham. I.
96.

HUSS, *Haquin.* III. 630.
Johan Laurent. III. 622.

HUSSEM, *B.* II. 161, 363.

HUSSTY VON RASSYNYA, *Z. G.* II. 141.

HUTCHINS, *John.*
History of the county of Dorset. I. 95.

HUTCHINS, *Thomas.* IV. 270.

HUTCHINSON, *Thomas.* M. D.
Natural history of the Frogfish of Surinam. V. 28.
HUTH, *Georg Leonbart.* Medicus Norimberg. ob. 1761.
æt. 56. II. 420. Tr. II. 66. III. 10.
HUTH, *Johannes Christopborus.* R. III. 573.
VON HUTTEN, *Ulrich.* Eques Germanus. n. 1488. ob.
1523.
Of the wood called Guaiacum. III. 497.
HUTTON, *James.* M. D. IV. 145, 269.
Theory of the earth. IV. 277.
HUXHAM, *John.* M. D. R. S. S. ob 1768. IV. 360.
HWAL, *Elisæus.* R. II. 106.

JABLONSKY, *Carl Gustaf.* Geheimer Sekretar der Königin
von Preussen, ob. 1787.
Natursystem aller bekannten Insekten. II. 207. V. 32.
JACOB, *Edward.* Pharmacopoeus in Faversham. II. 321.
IV. 325.
Plantæ Favershamienses. III. 136. conf. IV. 309.
JACOBÆUS, *Haltorus.*
Om de udi Island ildsprudende bierge. IV. 297.
JACOBÆUS, *Johannes Adolpbus.*
De plantarum structura et vegetatione. III. 365.
JACOBÆUS, *Oligerus.* Med. Prof. Hafn. n. 1650. ob. 1701.
II. 286, 394, 407, 442, 471, 475, 476, 479, 482, 484,
486, 515. III. 180. Ed. IV. 357.
De Ranis. II. 156.
Museum Regium. I. 232.
Diss. de Vermibus et Insectis. II. 204.
JACOBÆUS, *Thomas.*
Diss. de oculis insectorum. II. 391.
JACOBI, *Christianus.* R. III. 486.
R. II. 511.
Ludovicus Fridericus. Med. Prof. Erfurt. ob.
1715.
Præside Jacobi Dissertationes :
De regulo Antimonii stellato. IV. 360.
Terræ medicatæ Silesiacæ. IV. 353.
JACOBS, *S. L.* II. 177.
JACOBUS I. Magnæ Britanniæ Rex.
Misocapnus. III. 477.
VON JACQUIN, *Joseph Franz.* Sequentis filius. II. 408.
III. 36.
Beyträge zur geschichte der vögel. II. 116.

VON JACQUIN, *Nicolaus Joseph.*   Med. et Bot. Prof. Vin-
dobon. n. Lugd. Bat. 1727. III. 81. Ed. III. 40.
Enumeratio plantarum, quas in insulis Caribæis detexit.
III. 187.
Enumeratio stirpium, quæ sponte crescunt in agro Vin-
dobonensi. III. 153.
Stirpium Americanarum historia. III. 188.
Observationes botanicæ. III. 81. conf. 153.
Hortus Vindobonensis. III. 114.
Floræ Austriacæ icones. III. 153.
Miscellanea Austriaca. I. 54. conf. III. 81, 216, 224, 404.
Icones plantarum rariorum. III. 68.
Anleitung zur pflanzenkenntniss. III. 23.
Collectanea ad botanicam etc. spectantia. I. 54. conf. II.
547. III. 81, 153, 234, 247, 251, 646.
Oxalis. III. 281.
Plantæ rariores horti Schoenbrunnensis. V. 67.
JÆGER, *Christianus Fridericus.*   Med. Prof. Tubing. nunc
Medicus Ducis Wirtemberg. n. 1739.
  Præside Jæger Dissertationes:
De Cantharidibus. II. 508.
Musta et Vina Neccarina. III. 569.
De gummi Guttæ. III. 529. V. 94.
Magnesia. IV. 354.
DE JÆGER, *Herbertus.*   I. 251. III. 635.
JÆGER, *Joannes Henricus.*   Medicus Goetting. n. 1752.
De pathologia animata. II. 356 et 428.
JÆGER, *J. H.* Sachsen-Gothaischer Wildmeister zu Meuse-
bach, im Fürstenthume Altenburg.
Beyträge zur kenntniss des Borkenkäfers. II. 550.
JÆNISCH, *Cornelius.*
Bibliotheca, quam collegit G. J. Jænisch Sen. I. 179.
JÆNISCH, *Johannes.*   Medicus Vratislav. n. 1636. ob.
1707. III. 405.
JÆNISCH, *Joannes Henricus.*   R. II. 369.
JAHN, *Augustus Fridericus Guilielmus Ernestus.*
Plantæ circa Lipsiam nuper inventæ. III. 161.
JAHN, *Petro,* Præside
Disp. de Lupo. II. 73.
JAMES   Tr. III. 572.
JAMESON, *Robert.*
Mineralogy of the Shetland islands. V. 107.
JAMPERT, *Christianus Fridericus.* ob. Halæ 1758. æt. 29.
Dubia contra vasorum in plantis probabilitatem. III. 372.

JANNEQUIN, *Claude.*
  Voyage de Lybie. I. 128.
JANSEN, *H. J.* Tr. V. 7.
    Jean.
  Elephanten-beschreibung. II. 68.
JANSZ, *Bernhardus.* I. 160.
JARS, *Gabriel.* Acad. Sc. Paris. Soc. n. 1732. ob. 1769.
    IV. 376.
  Voyages metallurgiques. IV. 370.
JARTOUX. III. 532.
JASCHE, *Jo. Francisc. Christoph.* R. IV. 201.
JASKIEWICZ, *Joannes.* IV. 47.
  Diss. inaug. sistens Pharmaca regni vegetabilis. III. 460.
JAUFFRET, *L. F.*
  Voyage au jardin des plantes. V. 9.
JAUSSIN. III. 149.
IDES, *Evert Ysbrand.*
  Travels from Moscow to China. I. 143.
JEFFERSON, *Thomas.* Soc. Philosoph. Americ. Præses.
  Notes on the state of Virginia. I. 155.
JEFFRIES, *David.*
  On Diamonds and Pearls. IV. 182. V. 51.
JENKINSON, *James.*
  Description of British plants. III. 131.
JENNER, *Edward.* M. D. R. S. S. II. 128, 572.
JENSEN, *Gregorius.* R. II. 411.
JENTSCH, *Gottlieb Christianus.* R. III. 480.
JERLIN, *Petrus.* R. III. 560.
JERLINUS, *Thomas.* R. II. 128.
JESSENIUS *a Jessen, Johannes.*
  De plantis Disp. III. 15.
JESSEN-SCHARDEBÖLL, *Erich Johan.*
  Det Kongerige Norge. I. 108.
JETZE, *Fr. Chr.*
  Ueber die weissen Hasen. II. 91. conf. II. 568. III. 491.
IHLE, *Johannes Abrahamus.* II. 218.
JIRASEK, *Johann.* I. 248. III. 417. IV. 62.
IKENIUS, *Conradus.*
  Diss. de Lilio Saronitico. III. 198.
ILLIGER, *J. C. W.* II. 574.
ILSEMANN, *J. C.* IV. 137, 147, 227, 230.
ILSTRÖM, *Johan.* II. 134, 565.
IMHOF, *Franciscus Jacobus.*
  Zeæ Maydis morbus ad ustilaginem vulgo relatus. III.
    431.

IMLAY, *G.*
Description of the Western territory of North America.
I. 153.
IMLIN, *Philippus Jacobus.*
Diss. inaug. de Soda. III. 589.
IMPERATO, *Ferrante.*
Historia naturale. I. 194.
IMPERATO, *Francesco.*
De fossilibus. IV. 7.
IMRIE.
Mineralogical description of the mountain of Gibraltar.
IV. 40.
D'INCARVILLE. I. 252. III. 584.
INDREEN, *Israël.* R. III. 562.
INGENHOUSZ, *John.* Belga, Medicus Cæsareus. ob. in
Anglia 1799. II. 438.
JOBLOT, *Louis.*
Descriptions de plusieurs microscopes. I. 214.
Observations faites avec le microscope. I. 214.
JOCKUSCH, *Johann.*
Naturhistorie der grafschaft Mansfeld. IV. 57.
JÖNCKERS, *Joannes.* R. III. 494.
JÖRLIN, *Engelbert.* III. 593. R. III. 581.
Præside Jörlin Dissertationes:
De usu quarundam plantarum indigenarum præ exoticis.
III. 593.
Partes fructificationis. III. 26.
Trifolium hybridum. III. 593.
Avena elatior. III. 594.
JOHANSSON, *Boas.* R. II. 212.
JOHN, *Christopher Samuel.* Missionarius Lutheranus in
Coromandel. II. 571, 574.
JOHN, *Hans Henric.* R. I. 114.
JOHNSON, *James.* III. 544.
Samuel. Tr. I. 128.
Thomas. Pharmacopoeus Londin. ob. 1644. Ed.
III. 59.
Descriptio itineris in agrum Cantianum a. 1632. III. 134.
Mercurius botanicus. III. 134.
JOHNSON, *Thomas.* M. A.
Gratii Falisci Cynegeticon, cum poematio Nemesiani etc.
II. 553.
JOHNSTON, *William.* Tr. I. 305.

JOHRENIUS, *Martin Daniel.* Phys. Prof. Francof. ad
Viadr. ob. 1718.
Vade mecum botanicum. III. 28 et 163.
DE JOINVILLE. IV. 290.
IOLAS *Hierotarantinus.* Tr. IV. 75.
JONÆUS, *Johannes.* R. II. 107.
Wigfusus.
Diss. de Balænis maris Islandici. II. 107.
JONCQUET, *Dionysius.*
Hortus ejus. III. 107. conf. 9.
Regius. III. 106.
JONES, *Daniel.* IV. 299.
Hugh. I. 154, 254.
Sir William. Eques, Judex in Bengal, R. S. S. ob.
1794. III. 178, 202, 648, 649. V. 20, 103.
JONES, *William.* Clericus, R. S. S. ob. 1800.
The religious use of botanical philosophy. III. 193.
On the nature and economy of beasts. II. 34.
JONES, *William.* Mercator Londin. II. 256.
JONSTON, *Johannes.* Polonus, M. D. n. 1603. ob. 1675.
Thaumatographia naturalis. I. 266.
Historia naturalis. II. 12.
Notitia regni vegetabilis. III. 36.
mineralis. IV. 7.
Dendrographia. III. 205.
JORDANUS, *Hieronymus.* R. IV. 149.
JORDAN, *J. Lud.* IV. 54.
JOSSELYN, *John.*
New-England's rarities. I. 154.
Two voyages to New-England. I. 154.
DE JOUBERT, *Philippe Laurent.* President de la Cour des
Aides de Montpellier, n. 1729. II. 331. IV. 221, 290, 320.
JOVIUS, *Paulus.* Episcopus Noceræ. n. 1483. ob. 1552.
De Romanis piscibus. II. 170.
JOYEUSE, *J. B X.* II. 544.
Des vers qui s'engendrent dans le biscuit. II. 544.
VAN IPEREN, *Josua.* Predikant te Batavia. II. 56, 61,
155. V. 18.
IRONSIDE. III. 591.
ISBERG, *Carolus.* R. II. 568.
Ericus. R. II. 531.
ISENFLAMM, *Jacob Friedrich.* Anat. Prof. Erlang. n.
1726. ob. 1793. Tr. I. 216.
Methodus plantarum medicinæ clinicæ adminiculum. III.
448.

ISERT, *Paul Erdmann.* II. 122. III. 290.
Reise nach Guinea. I. 164.
ISIDORUS. Hispalensis Episcopus. ob. a. 636.
Origines. I. 75.
ISINK, *Adamo Menson,* Præside
Disp. de Fabis. III. 305.
D'ISNARD, *Antoine Danty.* Bot Prof. in Horto Paris. Acad.
Sc. ibid. Soc. III. 245, 251, 283, 295, 297, 299, 313.
ITTIGIUS, *Thomas.* Theol. Prof. Lips. n. 1643. ob.
1710.
De montium incendiis. IV. 287.
JUCH, *Hermannus Paulus.* Med. Prof. Erlang. n. 1676.
ob. 1756.
Præside Juch Diss. de radice Chinæ. III. 527.
JÜRGENS, *Joachimus.*
De Vitriolo. IV. 156.
JULIAANS, *Arnoldus.*
Diss. inaug. de Resina elastica. III. 438. V. 89.
JULIN, *Johan.* Pharmacopoeus in Uleåborg, Acad. Sc.
Stockholm. Soc. II. 452. III. 648.
Inträdes-tal om Djur-rikets bestånd. V. 16.
JULIOT. IV. 173.
JUNG, *Conrad Christoph.*
Verzeichniss der Europäischen Schmetterlinge. II. 250.
Schmetterlinge aus allen welttheilen. II.
250.
JUNG, *Georgius Sebastianus.* Medicus Vindobon. ob.
1682. æt. 39. II. 406, 418.
Malum aureum h. e. Cydonium. III. 502.
JUNGIUS, *Joachimus.* Phys. et Log. Prof. Hamburg. n.
1587. ob. 1657.
Doxoscopiæ physicæ. I. 78.
Mineralia. IV. 187.
Historia vermium. II. 209.
Opuscula botanico-physica. III. 16.
JUNG, *Johannes Henricus.* Œcon. Prof. Marburg. n. 1740.
Spec. inaug. de historia Martis Nassovico-Siegehensis.
IV. 375.
Progr. de originibus montium. IV. 283.
JUNGERMANNUS, *Ludovicus.* Bot. Prof. Altorf. n. 1572.
ob. 1653.
Catalogus plantarum circa Altorfium. III. 155.
in horto et agro Altdorphino. III.
116 et 155
JUNGHANS, *Johannes.* R. II. 133.

Junghanss, *Philipp Caspar.* Med. Prof. Hal. n. 1738.
Index plantarum horti Halensis III. 121.

Junius, *Hadrianus.* Medicus Belga, ob. 1575. æt. 64.
Phalli in Hollandiæ sabuletis crescentis descriptio. III.
351.

Jurine. IV. 253.

Juslenius, *Abraham D.* R. III. 80.

de Jussieu, *Antoine.* Bot. Prof. in Horto Paris. Acad. Sc.
ibid. Soc. n. 1686. ob. 1758. I. 198. II. 459, 471. III.
223, 231, 242, 248, 285, 349, 359, 499, 514, 530, 586,
589. IV. 79, 134, 310, 330, 339, 348. Ed. III. 38, 128.
Sur le progrès de la botanique au jardin Royal de Paris.
III. 107. conf. 44.

Jussieu, *Antoine Laurent.* Antecedentis et sequentis e
fratre nepos. Bot. Prof. in Museo Paris. Instituti Paris.
Soc. n. 1748. III. 47, 216.
Genera plantarum. III. 33. V. 62.

de Jussieu, *Bernard.* Antonii frater, Bot. Prof. Paris.
Acad. Sc. ibid. Soc. n. 1699. ob. 1777. II. 492. III.
319, 338, 650. Ed. III. 141.

Justander, *Johan.* R. II. 49.
R. III. 410.
Gustaf. R. III. 418, 630.
Observationes historiam plantarum Fennicarum illus-
trantes. III. 170.

Justi, *Carolus Guilielmus.*
Diss. inaug. de Thymelæa Mezereo. V. 92.

von Justi, *Johann Heinrich Gottlob.* ob. 1771. IV. 196.
Grundriss des mineralreiches. IV. 10.

Justice, *James.*
The British gardener's director. III. 610.

Juulstrupius, *Canutus.* R. II. 38.

Juvelius, *Fridericus.* R. II. 446.

Ives, *Edward.*
Voyage to India. I. 136.

Ixstatt, *Adamus.* R. III. 366.

Kaalund, *Jacobus.*
Diss. de Chamæleonte. II. 161.

Kaalund, *Johannes Wilhelmus.* R. III. 364.

Kaasböl, *Hilarius Christophorus.* Pastor Hafn. n. 1682.
ob. 1754.
Diss. de arboribus Sodomæis. III. 196.

Kaau Boerhaave, *Abrahamus.* Belga, Acad. Sc. Petropo-
lit. Soc. ob. 1758. II. 416.
Kaau, *Hermannus.*
Diss. inaug. de Argento vivo. IV. 358.
Kade, *David.* II. 488.
Kadelbach, *Christianus Frider.* R. IV. 4.
Kæhler, *Joannes Siegfried.*
Diss. inaug. de Ferro. IV. 359.
Kähler, *Mårten.* II. 286, 306. R. IV. 261.
Kähnlein, *Ulrich.*
Verzeichniss einiger um Wittenberg befindlichen kräuter.
III. 161.
Kämmerer, *C. L.* Aufseher des Naturalienkabinets des
Erbprinzen zu Rudolstadt. IV. 278, 341. V. 125.
Die Conchylien im cabinette des Erbprinzen von Schwarz-
burg-Rudolstadt. II. 320.
Kæmpfer, *Engelbertus.* Medicus Comitis Lippiaci. n.
1651. ob. 1716.
Amoenitates exoticæ. I. 135. conf. I. 137, 138, 291. II.
43, 163, 363, 437, 505. III. 183, 360, 472, 481, 486,
570, 577, 590, 655. IV. 174, 280. V. 53, 98.
Beschreibung von Japan. I. 145.
Icones selectæ plantarum. III. 183.
Kæstner, *Abraham Gotthelf.* Math. Prof. Gotting. n.
1719. I. 171. II. 58, 202, 284, 496, 572. III. 379,
388. Tr. IV. 340. Ed. I. 49.
Præside Kæstner Diss. de systematibus Mammalium. II.49.
Kagel, *E. F.* IV. 202.
Kahler, *Wigandus.*
Vita Euricii Cordi. I. 171.
Kaim, *Ignatius Godefridus.*
Diss. inaug. de Metallis dubiis. IV. 189.
Kaiser, *Christianus Ferd.* R. II. 508.
Kall, *Abrahamus.*
Programma ad promotionem P. Thorstensen. III. 7.
Kall, *Nicolaus Christophorus.* Lingu. Orient. Prof. Hafn.
n. 1740.
De duplici plantarum sexu Arabibus cognito. III. 394.
Kalm, *Pehr.* Fenno. Th. D. Œconom. Prof. Aboens. Or-
dinis Vasiaci, et Acad. Sc. Stockholm. Soc. n. 1715.
ob. 1779. I. 151, 248. II. 145, 164, 245, 281, 550.
III. 170, 320, 323, 421, 520, 556, 565, 571, 582, 593,
595, 600.
Wästgötha och Bahusländska resa. I. 113.
Resa til Norra America. I. 151.

Præside Kalm Dissertationes:

302 *Kalm, Pehr.*

1761. Utilitas montium in Œconomia. I. 262.
1762. Præstantia plantarum indigenarum præ exoticis.
III. 554.
1763. Norra Americanska färge-örter. III. 582.
1765. Flora Fennica. III. 170.
1766. Om tjänliga ämnen til boskapsföda. II. 520.
Blomstergård af inhemska växter. III. 615.
Om gräs-eller ängsmasken. II. 548.
1769. äppleträns skötsel i Finland. III. 633.
De usu quem præstat Zoologia in Hermeneutica
sacra. II. 37.
1770. Eenens egenskaper. III. 602.
1771. Genera plantarum Fennicarum. III. 30.
De animalibus vectariis. II. 519.
1772. Usus animalium sylvestrium domitorum. II. 519.
Nyttan af Manna gräs. III. 595.
Svarta Vinbärsbuskars nytta. III. 596.
1774. Beskrifning öfver Somero sokn. I. 114.
1775. Trän tjänliga til häckar i Finland. III. 595.
1778. Nyttan af Hallon. III. 599.
Sätt at utöda mask på Stickelbärs busken. II. 547.
KALMETER, *Henric.* IV. 364.
KALTSCHMIED, *Carolus Fridericus.* Anat. et Botan. Prof.
Jen. n. 1706. ob. 1769.
Progr. de Cicuta. III. 481.
Præside Kaltschmied Diss. de Vermibus, et præcipue de
Tænia. II. 369.
KALTSCHMIED, *Friedericus.* R. III. 483.
KAMEL, *Georgius Josephus.* Missionarius in insulis Phi-
lippinis. II. 31, 340, 504. III. 182, 200, 479. IV. 72.
KAMPER, *Johannes Leopoldus.* R. II. 510.
KANNEGIESSER, *Gottlieb Henricus.* Med. Prof. Kilon. n.
1710. ob. 1792. IV 212.
De cura piscium per Holsatiæ Ducatum usitata. II. 565.
KANOLD, *Johannes.* Medicus Vratislav. n. 1679. ob. 1729.
Ed. I. 45, 219.
KAPFF, *Friedrich.* IV. 375.
KAPPIUS, *Christianus Erbardus.*
Motus humorum in plantis cum motu humorum in ani-
malibus comparatus. III. 374.
KAPP, *Johann.* Theol. et Hist. Prof. Bayreuth. n. 1739.
II. 222. Ed. I. 265.
DE KARAMYSCHEW, *Alexander.* R. I. 169.
KARCHER, *Johannes Baptista.*
Diss. inaug. de Anetho. III. 483.

K ARSTEN, *Dietrich Ludwig Gustav.* Bergrath und Assessor
bey der Königl. Preussischen Bergwerks-und Hütten-
Administration, n. 1768. IV. 20, 57, 64, 107, 119, 126,
145, 148, 217, 233, 238. V. 110, 112, 113, 115, 124.
Leske's mineralien kabinet. IV. 28.
Tabellarische übersicht der mineralogisch-einfachen fossi-
lien. IV. 13.
K AWERSNIEW, *Affanasey.*
Von der abartung der thiere. II. 425.
K EATE, *George.* R. S. S. ob. 1797.
An account of the Pelew Islands. I. 146.
K ECHELEN, *Georgius Samuel.*
Diss. inaug. de genesi Camphoræ. III. 494.
K EGEL. IV. 165.
K EIL, *Christoph. Henricus.* R. III. 494.
K EILHORN, *Georgius Simon.*
Diss. inaug. de radicibus Senega et Salab. III. 513 et 521.
K EELANDER, *Daniel.* Medicus Gothoburg. ob. 1724. III.
380. R. III. 289.
K ELLER, *Christianus.* R. III. 16.
Joannes Christophorus. Ed. II. 277. III. 78, 81.
K ELLNER, *David.*
Synopsis musei metallici Aldrovandi. IV. 187.
K ELLNER, *Wilhelmus Andreas.* Medicus Isenac. ob. 1744.
Synopsis observationum, quas Decuriæ 3, ac Centuriæ 10
Academiæ Naturæ Curiosorum continent. I. 25.
K ELLY, *James.* IV. 32, 328.
K EMPER, *Theodulo,* Præside
Diss. de Succino. IV. 357.
K ENNETT, *White.*
Bibliothecæ Americanæ primordia. I. 82.
K ENTISH, *Richard.*
On a new species of Bark. III. 472.
K ENTMANUS, *Johannes.*
Nomenclaturæ fossilium, quæ in Misnia inveniuntur. IV.
23.
K ENTMANN, *Theophilus.* III. 445.
K'EOGH, *John.*
Botanologia Hibernica. III. 457.
K ERCKSIG, *Fridericus Degenhard.*
De usu medico calcis Zinci et Bismuthi. IV. 360.
DE K ERGUELEN *Tremarec.*
Voyage dans la mer du Nord. I. 112.
K ERN, *Johann Gottlieb.*
Vom Schneckensteine. IV. 144.

KERNER, *Johann Simon.* III. 415.
Naturgeschichte der Coccus Bromelia. II. 248.
Beschreibung der bäume, welche in Wirtemberg wild wachsen. III. 207.
Giftige und essbare Schwämme. III. 226.
Flora Stuttgardiensis. III. 155.
KERR, *James.* II. 537. III. 505, 530. V. 56.
Robert.
The animal kingdom. II. 5.
KERSTENS, *Johanne Christiano,* Præside
Dissertatio: Primitiæ floræ Holsaticæ. III. 166.
KESSELMAYER, *Johann.* III. 559.
KESSLER VON SPRENGSEYSEN, *Christian Friedrich.* Obrister in Sachs. Meiningischen diensten. IV. 50.
KESZLER, *Franciscus Antonius.*
Diss. inaug. de Viola. III. 521. conf. 314.
KETTNERUS, *Johannes Adolphus.* R. III. 498.
KEVENTER, *Matthias.* R. III. 376.
KEYSER, *Johannes Georgius.* R. III. 497.
KHUN, *Johann Rostislaw.* IV. 62.
KHUQN, *Joannes Franciscus Michael.*
Diss. inaug. de Alumine. IV. 355.
KIELLBERG, *Eric.*
Rön til landthushållningens uphjelpande. IV. 362.
KIELLBERG, *Nicolaus.* R. II. 411.
KIELLIN, *Petrus.* R. I. 184.
KJELLMAN, *Carolus Joh.* R. V. 91.
KIEN-LONG, *Imperator Chinæ.*
Eloge de la ville de Moukden. I. 144.
KIERNANDER, *Jonas.* R. III. 512.
KIES, *Johannes.* Phys. et Math. Prof. Tubing. ob. 1781. æt. 68.
Præside Kies Diss. de effectibus electricitatis in quædam corpora organica. I. 270.
KIESLING, *Christian Gottbilf.* M. D. n. 1724. ob. 1754. R. III. 402.
Diss. de Succis plantarum. III. 374.
KIESSLING, *Daniel.* R. I. 235.
KIGGELAER, *Franciscus.* III. 67, 104.
Horti Beaumontiani catalogus. III. 101.
KING, *Sir Edmund.* Eques, M. D. R. S. S. n. 1629. ob. 1709. II. 217, 271, 346, 401.
KING, *Edward.* R. S. S. II. 289. IV. 127, 262.
Remarks concerning stones, said to have fallen from the clouds. IV. 79.

KING, *James.* Captain in the Royal Navy. R. S. S. n.
1751. ob. 1784.
Voyage to the pacific ocean. I. 91.
KINMANSON, *Samuel.* R. II. 228.
VON KINSKY, *Franz Joseph Graf.* Kajserl. Königl. Ge-
neralfeldwachtmeister, n. 1739. IV. 16, 63.
KIRANUS.
Kiranides. I. 278.
KIRBY, *William.* II. 302. V. 34, 37, 57.
KIRCH, *Johann.* III. 429.
KIRCHDORFF, *Michaël.* R. II. 397.
Diss. de Cantharidibus. II. 507.
KIRCHER, *Athanasius.* S. J. Germanus, n. 1602. ob. Romæ
1680.
Magnes. I. 78.
China illustrata. I. 142.
Mundus subterraneus. I. 78.
Arca Noë. II. 37.
KIRCH-HOFF, *Antonius.* Ethic. Prof. Lips. ob. 1640.
De Gemmis Diss. IV. 82.
KIRCHMAJER, *Georg Caspar.* Eloqu. Prof. Witteberg. n.
1635. ob. 1700. IV. 149. Ed. III. 560.
De Draconibus volantibus. II. 45.
Locustis, in Germaniæ regiones sese infundentibus. II.
242.
Præside G. C. Kirchmajer Dissertationes :
De Gemmis. IV. 82.
Phoenice. II. 44.
Dracone. II. 45.
Coralio, Balsamo et Saccharo. I. 291.
Tribulis. III. 243.
Ferax metallorum Dübensis saltus. IV. 61.
De veterum Celtarum Celia, Oelia et Zytho. III. 566.
Dissertationes zoologicæ de Basilisco, Unicornu etc. II.
20. conf. 38, 43—45, 127, 284.
KIRCHMAJER, *Sebastian.* Præcedentis frater. Superinten-
dens Rotenburg. n. 1641. ob. 1700.
Præside S. Kirchmajer Dissertationes :
De corporibus petrificatis. IV. 305.
Margaritis. II. 456.
KIRCHMAJER, *Theodorus.*
Diss. de Locustis. II. 241.
KIRSTEN, *Andreas Jacobus.*
Diss. inaug. de Arecca Indorum. III. 360.

TOM. 5. X

KIRSTEN, *Johannes Jacobus.* Chem. Prof. Altorf. n. 1710.
  ob. 1765. III. 285.
Diss. inaug. de Lapidibus Cancrorum. II. 509.
Præside Kirstenio Diss. de Styrace. III. 500.
KIRWAN, *Richard.* Acad. Hibern. Præses. IV. 139, 178,
  179, 242, 258, 278.
Elements of mineralogy. IV. 12.
Of the proportion of carbon in Bitumens. IV. 169.
Geological essays. Pagg. 502.   London, 1799. 8.
  Addatur Tom. 4. p. 278 ad calcem.
KITE, *Charles.*
Essays physiological and medical. III. 486.
KLÄRICH, *Friedrich Wilhelm.* V. 44.
KLAPROTH, *Martin Heinrich.* Pharmacopoeus, Acad. Sc.
  Berolin. Soc. n. 1743. IV. 19, 30, 103, 141, 207, 215,
  217, 218, 231, 232, 234, 236, 263. V. 119, 125.
Observations relative to the chemical history of the fossils
  of Cornwall. IV. 30.
Beiträge zur chemischen kenntniss der Mineralkörper. IV.
  23. conf. 30, 88—90, 92—94, 96, 99—104, 107, 111,
  112, 119, 120, 122, 126, 135, 139, 140, 141, 143, 155,
  156, 158, 160, 196—198, 202, 203, 217, 218, 221, 222,
  225, 228, 233, 253, 269, 386. V. 110, 116.
KLASE, *Laurentius Mag.* R. III. 319.
KLEEMANN, *Christian Friedrich Carl.* Pictor Norimberg.
  n. 1735. ob. 1789. I. 176. II. 233, 251. Ed. II. 211.
Beyträge zur Insecten-geschichte. II. 212.
KLEIN, *Jacobus Theodorus.* Civitatis Gedan. Secret. n.
  1685. ob. 1759. II. 44, 87, 89, 291, 325, 338, 358,
  374, 426, 430, 487. III. 14, 249, 379. IV. 328, 337,
  342. Ed. IV. 2.
An Tithymaloides frutescens foliis Nerii. III. 309.
Descriptiones Tubulorum marinorum. II. 337. IV. 333.
  conf. III. 317.
Conspectus dispositionis Echinorum musei Kleiniani. II.
  312.
Naturalis dispositio Echinodermatum. II. 312. conf. 4.
Historia Piscium naturalis. II. 480, 107, 173. conf. 190,
  391, 483, 501. IV. 325.
Summa dubiorum circa classes Quadrupedum et Amphi-
  biorum in Linnæi Systemate Naturæ. II. 6. conf. 279,
  374, 392.
Mantissa ichthyologica. II. 480.
Historiæ Avium prodromus. II. 36, 112, 451. conf. 88.

Quadrupedum dispositio. II. 47 et 152.
Methodus Ostracologica. II. 315. conf. 489.
Tentamen Herpetologiæ. II. 152. conf. 301, 368.
De lapidibus macrocosmi. IV. 9.
Stemmata Avium. II. 112.
De terris et mineralibus. IV. 9.
Dubia circa plantarum marinarum fabricam vermiculo-
    sam. II. 493.
Ova Avium. II. 405.
Descriptio Petrefactorum Gedanensium. IV. 316.
KLEIN, *Joannes Conradus.*
    Disp. inaug. de Junipero. III. 527.
KLEIN, *Michael.* Clericus Lutheranus in Hungaria. n.
    1712. ob. 1782. III. 557.
Naturseltenheiten des Königreichs Ungarn. I. 250.
KLEINER, *Salomon.*
    Animaux de la menagerie du Prince Eugene. I. 309.
KLEINKNECHT, *Johannes Jacobus.* III. 508.
KLEINWECHTERUS, *Valentinus.* Ed. II. 68.
KLEIST, *Severinus Petrus.* Rector Scholæ Nidros. ob.
    1779.
    Diss. de Urtica marina soluta. II. 311.
KLEMM, *Johannes Cunradus.*
    Disp. de Olea. III. 231.
KLESIUS, *Johann Jakob.*
    Anleitung bestäubte insekten zu sammlen. II. 203.
DE KLETTENBERG, *Remigius Seyffart.*
    Diss. inaug. exhibens Nitrum. IV. 356.
KLINCHAMERUS, *Christianus.* R. IV. 239.
KLINGENSTIERNA, *Samuel.* Geometr. Prof. Upsal. Eques
    Ord. de Stella Polari, Acad. Sc. Stockholm. Soc. n.
    1698. ob. 1765.
        Præside Klingenstierna Dissertationes:
    Circa ortum fossilium solidorum. IV. 240.
    De perfectionibus divinis ex contemplatione rerum natura-
        lium illustratis. I. 261.
KLINGSOHR, *Johannes Georgius Guilielmus.*
    De Geoffroea inermi Diss. inaug. III. 513.
KLIPSTEIN, *Johannes Christianus Gottlob.*
    Diss. inaug. de Nectariis plantarum. III. 388.
KLIPSTEIN, *Philipp Engel.* Hessen-Darmstädtischer Kam-
    merrath, n. 1747. IV. 53, 88, 297.
Mineralogischer briefwechsel. IV. 22. conf. 47, 52, 277,
    297.
Mineralogische beschreibung des Vogelsgebirgs. IV. 53.

KLOBIUS, *Justus Fidus.*
   Ambræ historia. II. 504.
KLOCKNER, *J. C.*
   Van den Hippopotamus. V. 23.
KLOPSCH, *Gottlieb.* R. III. 488.
KNAUT, *Christianus.*
   Diss. præliminaris de variis doctrinam plantarum tradendi
      methodis. III. 44.
   Methodus plantarum genuina. III. 28.
KNAUTH, *Christophorus.* Medicus Hal. n. 1638. ob. 1694.
   Enumeratio plantarum circa Halam sponte provenientium.
      III. 162.
KNEUSSEL, *Christophorus Fridericus.* R. III. 537.
KNIGGE, *Thomas.*
   De Mentha piperitide. III. 508.
KNIGHT, *Thomas Andrew.* III. 621. V. 86.
   On the culture of the Apple and the Pear. V. 97.
KNIPHOF, *Joannes Hieronymus.* Med. Prof. Erfurt. n.
      1704. ob. 1762. III. 15. V. 61.
   Untersuchung des pelzes, welchen die natur durch fäul-
      niss auf einigen wiesen hervorgebracht. III. 346.
   Botanica in originali. III. 68.
         Præside Kniphofio Dissertationes :
   De Gramine. III. 470.
      Nitro. IV. 356.
      Pediculis inguinalibus. II. 356.
KNOCH, *August Wilhelm.* Phys. Prof. Brunsvic. IV. 99.
   Beiträge zur Insektengeschichte. II. 214.
KNOLLE, *Fredericus Augustus Gottlieb.*
   Plantæ venenatæ umbelliferæ. III. 542.
KNOOP, *Johann Hermann.*
   Pomologia. III. 210.
   Fructologia. III. 210.
   Dendrologia. III. 205.
KNORR, *Georg Wolffgang.*
   Lapides diluvii universalis testes. IV. 305.
   Les delices des yeux et de l'esprit, ou collection de Coquil-
      lages. II. 317.
   Deliciæ naturæ selectæ. I. 202.
   Thesaurus rei herbariæ. III. 82.
KNOWLES, *Gilbert.*
   Materia medica botanica. III. 456.
KNOWLTON, *Thomas.* IV. 327.
KNOX, *John.*
   A tour through the Highlands of Scotland. I. 97.

Knox, *Robert.*
  Relation of the island of Ceylon. I. 141.
Knutberg, *Carl.* II. 557.
Koch, *J. G.*
  Vergleichungen mineralogischer benennungen der·Deut-
    schen mit arabischen wörtern. IV. 6.
Koebeke, *Augustus.* R. IV. 361.
Köhler, *Alexander Wilhelm.* Lehrer der Bergrechte bey
    der Bergakademie zu Freyberg.
  Bergmännisches journal. V. 106; ubi dele lin. 13 a fine.
  Neues Bergmännisches journal. V. 107; ubi lege:
    2 Band. pagg. 514. tabb. 4.   1798, 1799.
Köhler, *Johann Georg Wilhelm.* Ed. II. 551.
           Johann Gottfried. II. 22.
Köliser de Keres-Eer, *Samuel.* II. 87. IV. 69.
Koelle, *Joannes Ludovicus Christianus.*
  De Aconito. III. 292.
Koelpin, *Alexander Bernhard.* Med. Prof. Stettin. n.
    1739. II. 183, 366, 577. Tr. I. 239.
  De Stylo. III. 389.
      Historiæ naturalis præstantia. I. 166.
  Floræ Gryphicæ supplementum. III. 163.
  Progr. de cultura Historiæ naturalis in Pomerania. I. 169.
  Ueber den gebrauch der Sibirischen Schneerose in gicht-
    krankheiten. III. 499.
  Ueber die naturgeschichte von Pommern. I. 247.
Kölreuter, *Joseph Gottlieb.* Hist. Nat. Prof. Carolsruh.
    n. 1733. II. 115, 178, 184, 191, 192, 195, 232, 246,
    309, 310, 337, 338, 342, 414, 483. III. 216, 344, 393,
    396, 397, 414. R. II. 229. III. 80.
  Von einigen das geschlecht der pflanzen betreffenden
    versuchen. III. 393.
  Das entdeckte geheimniss der cryptogamie. III. 440.
König, *Emanuel.* Med. Prof. Basil. n. 1658. ob. 1731. II.
    394, 475, 483. IV. 331.
  Regnum vegetabile. III. 16.
         animale. II. 13.
         minerale. IV. 7.
König, *Emanuel.* Med. Prof. Basil. ob. 1752. II. 368.
       Johann. IV. 365.
         Ernestus. R. II. 393.
         Gerhard. M. D. natus in Livonia 1728,
    ob. in Jagrenatporum 1785. I. 72, 140. II. 273, 300.
  III. 87, 167, 215, 271, 336. IV. 72.

Diss. inaug. de remediorum indigenorum ad morbos cuivis regioni endemicos expugnandos efficacia. I. 203.

KÖPING, *Nils Matson.*
En resa genom Asia, Africa etc. I. 86.

KOESTLIN, *Carolus Henricus.* Prof. Stutgard. ob. 1783. I. 240. R. I. 270.
Sur l'histoire naturelle de l'isle d'Elbe. I. 242.
Fasciculus animadversionum mineralogico-chemici argu-menti. IV. 288.

KOHLHAAS, *Johann Jakob.* III. 4.

DE KOKER, *Ægidius.*
Plantarum horti Harlemensis catalogus. III. 104.

KOLBE, *Peter.*
Beschryving van de Kaap de Goede Hoop. I. 131.

KOPPE, *Carolus Fridericus.* R. IV. 222.

KORONZÆY, *Joh. Fridericus.* R. III. 3, 457.

KORTUM, *Carl Arnold.*
Grundsäze der Bienenzucht. II. 527.

KOSCHWIZ, *Georg Daniel.* vide COSCHWITZ.

KOSEGARTEN, *Dav. Aug. Josua Frid.*
De Camphora Diss. inaug. III. 437.

KOSTRZEWSKI, *Jacobus.*
Diss. inaug. de Gratiola. III. 655.

KRÄUTERMANN, *Valentinus.* h. e. *Christoph* DE HELL-WIG.
Regnum animale. II. 13.
Lexicon exoticorum. I. 183.
Blumen-uud kräuter-buch. III. 62.
Regnum minerale. IV. 9.

KRAFFT, *Georgius Wolffgang.* Phys. Prof. Tubing. ob. 1754. æt. 53. III. 400. IV. 339.

KRAFT, *Jens.* III. 370.

KRAHE, *Christophorus.* Lipsiensis. Rector Scholæ Dith-marsiæ Meldorp. n. 1642. ob. 1688.
Diss. de Crocodilo. II. 159.

KRAMER, *Christianus Carolus.* R. II. 227.
Guilielmus Henricus.
Elenchus vegetabilium et animalium per Austriam infe-riorem observatorum. III. 153 et II. 27.

KRAMER, *Joannes Georgius Henricus.* II. 241.
Tentamen botanicum. III. 38.

VON KRAPF, *Karl.* Medicus Vindobon.
De Ranunculorum venenata qualitate. III. 551.
Beschreibung der um Wien-herum wachsenden essbaren Schwämme. III. 226.

KRAPP, *Dan.* R. IV. 380.
KRASCHENINNIKOW, *Stephan.* III. 77, 173, 335.
Descriptio Kamtchatkæ. Russice. I. 121.
KRATOCHVILL, *Carolus.*
Diss. de radice Colchici autumnalis. V. 92.
KRATZENSTEIN, *Christian Gottlieb.* Phys. et Med. Prof.
Hafn. n. Wernigerodæ 1723. IV. 285.
Von der erzeugung der würmer im menschlichen körper.
II. 356.
Præside Kratzenstein Dissertationes :
De ligni Quassiæ usu medico. III. 498.
Medicamentorum Antimonialium conspectus. IV. 361.
KRAUSE, *C. H.* III. 638.
Christ. Ludov. Hortulanus Berolin. III. 631.
Catalogus arborum, fruticum et herbarum. V. 68.
KRAUSOLDT, *Johannes Ernestus.* R. II. 502.
KRAUSOLD, *Johannes Fridericus.* R. III. 528.
KRAUT, *Johannes Henricus.* R. III. 561.
KREANDER, *Carl.* R. IV. 68.
KRENGER. IV. 208.
KRESSE, *Gottfried.* R. III. 197.
KRETZSCHMAR, *Samuel.* ob. 1774.
Beschreibung der Martyniæ annuæ villosæ. III. 296.
conf. 3.
KREYSIG, *Fridericus Ludovicus.*
Vitæ vegetabilis cum animali convenientia. V. 51.
KREYSIG, *George Christoph.*
Bibliotheca scriptorum venaticorum. II. 1, 553.
KRIELE, *Samuel.* II. 505.
KRIGEL, *Abrahamus.*
Diss. de Spongiarum apud veteres usu. II.ᵢ 343.
KROCKER, *Anton Johann.* Medicus Vratislav.
Flora Silesiaca. III. 164.
KRÖYER, *Christianus Carolus.*
Diss. de sexualitate plantarum ante Linnæum cognita. III.
393.
VOM KROGE, *Henricus.* R. II. 396.
KRONENBURG, *Gottlob Wilhelm.*
Anatomische zergliederung von dem entwurf einer ge-
schichte der steinsamlung. IV. 308.
KRÜGER, *Johann Gottlob.* Med. Prof. Helmstad. n. 1715.
ob. 1759.
Von den Steinkohlen. IV. 178. V. 16, 115.
Vom Caffee, Thee und Tobak. III. 573.

Krüniz, *Johann Georg.*   Medicus Berolin. n. 1728. ob.
179—. III. 334. IV. 2, 192. V. 23. Tr. II. 55. III.
575. IV. 129, 212, 241.
Kuchlero, *Joanne Casparo,* Præside
Diss. de viribus mineralium medicamentosis. IV. 352.
Kuckhan, *Tesser Samuel.* II. 110.
Küchelbecker, *Georg Gottlob.* M. D. ob. 1758. R. III.
389.
Diss. de Spinis plantarum. III. 385.
Saponibus. I. 272.
Kühn, *August Christian.* Medicus Isenac. I. 203. II. 46,
58, 117, 220, 221, 256, 259. IV. 344.
Anleitung insecten zu sammlen. II. 202.
Kühn, *Carl Gottlob.* Med. Prof. Lips. n. 1754.
De ratione qua Ælianus in historia animalium conscri-
benda usus est. II. 8.
Kühn, *Christophorus Fridericus.* Medicus Isenac. n. 1711.
ob. 1761. III. 160.
Kühn, *Joannes Augustus Christianus.*
Diss. inaug. de Ascaridibus per urinam emissis. V. 44.
Kühn, *Johannes Fridericus Guilielmus.* R. V. 78.
Künneth, *Johann Theodor.* Superintendent zu Bayreuth,
n. 1735. IV. 50.
Kugelann, *Johann Gottlieb.* II. 575.
Kugelberg, *Haraldus.* R. I. 233.
Kuhlemann, *Joannes Christophorus.*
Observationes circa negotium generationis. II. 403.
Kullberg, *Jonas.* R. II. 228.
Kulmus, *Joannes Adamus.* Med. Prof. Gedan. n. Vra-
tislaviæ 1689. ob. 1745. II. 464.
Præside Kulmo Dissertationes:
De Lapidibus. IV. 240.
Animalibus in genere. V. 14.
Insectis. V. 31.
literis in ligno Fagi repertis. III. 379.
Kulmus, *Joannes Ernest.* R. III. 379.
Kunckel, *Johannes.* IV. 79.
Kundmann, *Johann Christian.* Medicus Vratislav. n.
1684. ob. 1751. II. 317. IV. 268.
Promtuarium rerum naturalium Vratislaviense. I. 219.
Rariora naturæ et artis. I. 230.
Ueber die Heuschrecken in Schlesien. II. 243.
Collectio rerum naturalium. I. 230.
Kunsemüller. III. 495.
Kunst, *Johannes Georgius.* R. III. 482.

Kunze, *Johannes Christianus.* R. II. 373.
Kyberus, *David.* Medicus Argentorat. ob. 1553. æt. 28.
    Tr. III. 53.
    Lexicon rei herbariæ. III. 8.
Kyllenius, *Laurentius.* R. II. 272.
Kyllingius, *Petrus.* Danus. ob. 1696. III. 166.
    Viridarium Danicum. III. 165.
Kyronius, *Nils.* III. 640.

Labach, *Leopoldus Albertus.* R. II. 501.
Labadie. V. 97.
Labat, *Jean Baptiste.* Gallus, Monachus Dominicanus,
    ob. 1738. æt. 65.
    Voyage aux isles de l'Amerique. I. 162.
    Relation de l'Afrique occidentale. I. 129.
    Voyage du Chev. des Marchais en Guinée. I. 164.
Labee, *Hubertus.*
    Spec. inaug. de Marte. IV. 359.
Labillardiere, *Jacobus Julianus.* III. 311, 514.
    Icones plantarum Syriæ rariorum. III. 175.
    Relation du voyage à la recherche de La Perouse, fait pen-
    dant les années 1791, 1792, et pendant la 1. et 2. année
    de la Republ. Franç.   Paris, an 8. 4.
    Tome 1. pagg. 442. Tome 2. pagg. 332 et 113.
    Atlas pour servir à la relation du voyage à la recherche de
    La Perouse. Tabb. æneæ 44.   fol.
    Addantur Tom. 1. p. 147. ante sect. 104.
Laborie. IV. 215.
Lacepede, *Bernard Germain Etienne.* Instituti Paris. Soc.
    II. 573.
    Histoire naturelle des quadrupedes ovipares. II. 14.
                  Poissons. V. 14.
Lachausse, *Ignatius Xaverius Emericus Paulus.* R. III.
    502.
de Lachenal, *Werner.* Anat. et Botan. Prof. Basil. n.
    1736. III. 80, 151.
    Observationes botanico-medicæ. III. 80.
Lachmund, *Fridericus.* Medicus Hildesheim. ob. 1676,
    æt. 41. II. 21.
    Ορυκτογραφια Hildesheimensis. IV. 54.
    De ave Diomedea. II. 136.
La Court, vide De la Court.

LACUNA S. DE LAGUNA, *Andreas.* Medicus Hispanus, n.
    1499. ob. 1560. Tr. I. 275.
    Annotationes in Dioscoridem. I. 276.
L'ADMIRAL, *Jacob.*
    Waarneemingen van gestaltverwisselende gekorwene dier-
    tjes. II. 211. V. 32.
DE LAËT, *Joannes.* Antverpiensis. ob. 1649.
    Nieuwe wereldt. I. 149.
    De gemmis et lapidibus. IV. 80.
LAFITAU, *Joseph François.*
    La plante du Gin-seng decouverte en Canada. III. 336.
LAFONT, *Abel.* R. III. 393.
L'AGASCHERIE DU BLE', *Carolus Ludovicus.*
    Diss. inaug. examen Bituminis Neocomensis. IV. 173.
LAGERBRING, *Sven.* vide BRING.
LAGERLÖF, *Daniel Johan.* R. IV. 281.
            Petrus. Philos. Prof. Upsal. n. 1648. ob. 1699.
        Præside Lagerlöf Dissertationes :
    De Draconibus. II. 45.
    Natura Gemmarum. IV. 82.
LAGHIUS, *Thomas.* II. 433.
LAGIUS, *Matthæus.* II. 554.
DE LAGUNA. vide LACUNA.
LAGUS, *Andreas Johannes.* R. II. 214.
        Elias. II. 558.
        Johannes. R. III. 272.
LAGUSI, *Vincenzo.*
    Erbuario Italo-Siciliano. III. 457.
VON LAICHARTING, *Johann Nepomuck.* Hist. Nat. Prof.
    Œnipont. n. 1754.
    Verzeichniss der Tyroler Insecten. II. 231.
LAIGUE, *Estienne.* vide AQUÆUS.
LA LANDE DE LIGNAC, *Joseph Albert.*
    Memoires pour l'histoire des Araignées aquatiques. II.
    286.
    Lettres sur l'histoire naturelle de M. de Buffon. V. 14.
LALANDE, *Joseph Jerome Lefrançois.* Instituti Paris. Soc.
    I. 171.
DE LAMANON, *Robert de Paul.* n. 1752. ob. in insula
    Maouna 1787. IV. 72, 243, 253, 310, 317, 319.
LAMARCK, *Jean Baptiste.* Instituti Paris. Soc. I. 208.
    II. 314. III. 48, 86, 185, 233, 234, 243, 246, 252, 253,
    268, 291, 309—312, 327, 333, 335, 336. V. 41.
    Flore Françoise. III. 140.

Encyclopedie methodique. Botanique. III. 11.
Memoires de physique et d'histoire naturelle. I. 271.
LAMB, *Thomas.* II. 149.
LAMBERGEN, *Tiberius.*
Oratio de amico historiæ naturalis cum medicina connu-
bio. I. 166.
Oratio exhibens encomia botanices. III. 3.
LAMBERT.
Bibliotheque de physique et d'histoire naturelle. I. 80.
LAMBERT, *Aylmer Bourke.* Filius sequentis. R. S. S.
V. 20, 83.
Description of the genus Cinchona. III. 651. conf. 653.
LAMBERT, *Edmund.* V. 50.
LAMBERTI, *Archange.* I. 125.
LAMBLARDIE. IV. 383.
LAMETHERIE. vide DELAMETHERIE.
LAMMERS, *Hieronymus.* R. II. 427.
LAMMERSDORFF, *Joannes Antonius.*
Diss. inaug. de Filicum fructificatione. III. 441.
LAMORIER. II. 483, 488.
LAMOTHE. II. 55.
LAMPADIUS, *W. A. F.* Chem. Prof. Freyberg. n. 1772.
IV. 177. V. 106, 119.
LAMPE, *Henricus.* R. III. 198.
Johann. II. 59.
LAMY, *François.* Monachus Benedictinus, Congreg. S.
Mauri, n. 1636. ob. 1711.
Dissertation sur l'Antimoine. IV. 360.
LANCISIUS, *Joannes Maria.* Archiater Pontificis Romani,
n. 1654. ob. 1720. III. 420. IV. 44. Ed. IV. 24.
De ortu et textura Fungorum. III. 442.
LANDAFF, *Richard Lord Bishop of.* vide WATSON.
LANDINO, *Christophoro.* Tr. I. 73.
LANDRIANI, *Marsilio.* II. 203. IV. 236.
LANGIUS, *Carolus Nicolaus.* Medicus et Senator Lucern.
n. 1670. ob. 1741.
Historia lapidum figuratorum Helvetiæ. IV. 312.
De origine lapidum figuratorum. IV. 280.
miro quodam Achate. IV. 268.
Methodus testacea marina in classes distribuendi. II. 315.
LANGIUS, *Georgius Jacobus.*
Diss. inaug. Millefolium. III. 519.
LANG, *Heinrich Gottlob.* Sculptor gemmarum Augustæ
Vindelicorum.
Verzeichniss seiner Schmetterlinge. II. 252.

LANGIUS, *Joannes.* Medicus Electoris Palatini, n. 1485.
ob. 1565. I. 306.
Epistolæ medicinales. I. 70. ,
LANGE, *Johannes Henricus.* R. III. 322.
Medicus Helmstad. ob. 1779.
æt. 46.
Wirkungen des Wasserfenchels. III. 482.
Briefe über verschiedene gegenstände der naturgeschichte.
I. 69.
LANGE, *Johann Joachim.* Math. Prof. Hal. ob. 1765. æt.
67. Tr. I. 188.
Anweisung wie man sich die um Halle vorkommende na-
turalia bekant machen solle. I. 106.
A. H. Deckers mineralien-cabinet. IV. 26.
Einleitung zur mineralogia metallurgica. IV. 370.
Præside J. J. Langio Dissertationes:
Genesis mineralium. IV. 241.
Lithographia Halensis. IV. 57.
LANGIUS, *Johannes Michael.* Theol. Prof. Altorf. n.
1664. ob. 1731.
Dissertationes de herba Borith. III. 197.
LANGE, *Samuel* R. III. 516.
LANGIUS, *Samuel Theophilus.* IV. 111, 348.
LANGELOTTUS, *Joel.* II. 94.
LANGENMANTEL, *Hieronymus Ambrosius.* Patricius Au-
gustanus, n. 1641. ob. 1718. IV. 325.
LANGER, *Johann Heinrich Sigismund.*
Mineralogische geschichte der Hochstifter Paderborn und
Hildesheim. IV. 54.
LANGERMANN, *Georgius.*
Disp. inaug. de fraudibus circa lapidem Bezoar. II. 503.
LANGFORD, *T.*
Instructions to raise fruit-trees. III. 620.
LANGGUTH, *Georgius Augustus.* Med. Prof. Wittemb.
ob. 782.
Antiquitates plantarum feralium apud Græcos. III. 203.
Programmata:
De plantarum venenatarum arcendo scelere. III. 542.
ortu Piscium absque nuptiis. II. 409.
Torpedinibus quibusdam nothis. II. 437.
nuptiis Piscium innumera prole beatis. II. 409.
Præside Langguth Dissertationes:
De Torpedine veterum, genere Raja. II. 438.
recentiorum, genere Anguilla. II. 439.

LANGHAM, *William.*
 The garden of health. III. 455.
LANGHANSS, *Gottfried.*
 Das Aderbachische steingebirge. IV. 62.
LANGHEINRICH, *Georgius Nicolaus.*
 Diss. de sensu plantarum. III. 366.
LANGIUS. vide LANGE.
LANGLEY, *Batty.*
 Plantation of timber-trees. III. 617.
 Pomona. III. 620.
LANGLY, *Wilhelmus.* II. 396.
LANTINGSHAUSEN, *Baron Jacob Albert.* III. 627.
LANZONI, *Josephus.* Med. Prof. Ferrar. n. 1663. ob.
 1731. II. 423. IV. 239. Tr. II. 360.
 Citrologia. III. 515.
 Zoologia parva. II. 500.
LÅSTBOM, *Johanne,* Œcon. nunc Theol. Prof. Upsal. Præ-
 side Dissertationes:
 De Piscinis. II. 568.
 Societates Œconomicæ. I. 1.
 De cultura mineralium in Lapponia. IV. 377.
  antiquis rei rusticæ scriptoribus. I. 297.
  usu mineralium in Architectura. IV. 363.
  Oleis seminum expressis. V. 98.
  historia naturali ordini ecclesiastico necessaria. I. 168.
DE LAPEROUSE, *Jean François Galaup.* Chef d'Escadre
 des armées navales de France, n. 1741.
 Voyage autour du monde. I. 307.
LAPEYROUSE. vide PICOT.
LAPORTERIE, *Pierre.*
 Explication de la planche, qui represente la pierre aux
  etoiles mouvantes. IV. 255.
 Expl. de la pl. qui represente le Herisson solaire. IV. 255.
 Le Saphir, l'Oeil de chat et la Tourmaline de Ceylan de-
  masqués. IV. 84.
 Tarif des pierres brutes. IV. 84.
LA ROQUE. Ed. I. 126.
 Voyage de l'Arabie heureuse. I. 137. conf. III. 574.
  Syrie. I. 125.
LASIUS, *Georg Sigismund Otto.* IV. 47, 265.
 Ueber die Harzgebirge. IV. 55.
DE LASSONE, *Joseph Marie François.* Archiater Regis
 Galliæ, Acad. Sc. Paris. Soc. n. 1717. ob. 1788. II.
 421. IV. 34, 147, 152, 219.

Lasteyrie, *C. P.* V. 101.
Traité sur les Bêtes-à-laine d'Espagne.
Pagg. 356. tab. ænea 1. Paris, an 7. 8.
Addatur Tom. 2. pag. 523. ante sect. 7.

Latham, *John.* M. D. R. S. S. n. 1740. II. 199, 360,
V. 40, 52.
A general synopsis of Birds. II. 112. conf. 119.
Index ornithologicus. II. 112.

Latham, *Simon.*
Faulconry. II. 560.

de Latourrette, *Marc Antoine Louis Claret.* Conseiller
à la Cour des Monnoies de Lyon, Acad. Lugdun. Secret. n. 1729. ob. 1793. II. 194, 267. III. 20, 144,
534. IV. 113, 203, 319, 341. V. 69.
Voyage au Mont-Pilat. I. 239. conf. III. 144.

Latreille, *Pierre André.* Instituti Paris. Soc. II. 274.
V. 35—39, 48.

La Trobe, *Christian Ignatius.* Tr. I. 152.

Lauerentzen, *Johannes.*
Museum regium. I. 232.

de Laumont. IV. 36.

de Launay. IV. 13, 78, 262, 277, 303. Tr. IV. 105.
Histoire naturelle des roches. IV. 143. conf. 80.

de Launay, *Charles Denys.*
Sur la generation de l'homme et celle de l'oiseau. II. 404.

Laurell, *Axelius Fredericus.* R. III. 271.

Lauremberbergius, *Guilielmus.* Rostochiensis, Medicus
Hafn. Tr. IV. 121.
Botanotheca. III. 13.
Descriptio Aetitis. IV. 212.

Lauremberbergius, *Petrus.* Præcedentis frater. Poës. Prof.
Rostoch. ob. 1639. æt. 54.
Horticultura. III. 605.
Apparatus plantarius. III. 228.

Laurence, *John.*
The Clergyman's recreation. III. 607.
System of Agriculture. I. 299. conf. III. 649.

Laurenti, *Josephus Nicolaus.*
Synopsis Reptilium. II. 152.

Laurentius, *Christianus.* R. II. 38.
Joh. Heinricus. R. IV. 84.

Laurin, *Carolus Gustavus.* R. III. 508.

Lauth, *Thomas.*
Diss. inaug. de Acere. III. 335.

Lauthier, *Pierre Jean Baptiste.* I. 177.

LAVATER, *Johannes Rodolphus.* R. I. 235.
LAVILLEMARAIS. IV. 36.
LAVINGTON, *Andreas.*
 Diss. inaug. de Ferro. IV. 359.
LAVOISIER, *Antoine Laurent.* Fermier General, Regisseur
 des Poudres et Salpetres de France, Acad. Sc. Paris.
 Soc. n. 1743. ob. 1794. I. 59. IV. 5, 79, 120, 134,
 160, 180, 183, 252, 277. V. 46.
LAWRENCE, *Thomas.*
 Mercurius centralis. IV. 300
LAWSON, *John.*
 Voyage to Carolina. I. 155.
LAWSON, *Isaacus.*
 Diss. inaug. sistens Nihil. IV. 359.
LAWSON, *Thomas.* III. 138.
 William.
 A new orchard and garden. III. 605.
LAXMANN, *Eric.* Fenno. Acad. Sc. Petropolit. Soc. ob.
 1796. I. 118. II. 82, 87, 150, 228. III. 174, 271. IV.
 70, 197, 271.
 Sibirische briefe. I. 118.
LE BLANC. II. 568. IV. 262, 266.
LE BLOND. I. 256. II. 33. III. 597.
LE BRETON, *F.* III. 590.
 Sur les moyens de perfectionner les Remises. II. 518.
 Manuel de botanique. III. 24.
 Sur les proprietés du Sucre. III. 564.
LE BROCQ, *Philip.*
 Methods of managing Fruit-trees. III. 621.
LEBWALD *von und zu Lebenwald, Adam.*
 Damographia. II. 97.
LE CAMUS. IV. 247.
LE CAT, *Claude Nicolas.* Anat. et Chirurg. Prof. et Secr.
 Acad. Rothomag. n. 1700. ob. 1768. II. 2, 421, 488.
LECHE, *Johan.* Med. Prof. Aboens. Acad. Sc. Stockholm.
 Soc. n. 1704. ob. 1764. II. 79, 247, 451, 545, 562.
 III. 169, 418.
 Præside Leche Dissertationes:
 Primitiæ floræ Scanicæ. III. 169.
 Novæ Insectorum species. II. 212.
 De commoratione hybernali Hirundinum. II. 449.
LE CLERC. vide CLERICUS.
LE COMTE, *Louis.* Burdigalensis, S. J. ob. 1729.
 Sur l'etat present de la Chine. I. 143.
LE COURT. vide CURTIUS.

LEDEL, *Johann Samuel.*
  Mannæ excorticatio. III. 238.
LEDELIUS, *Samuel.* Medicus Siles. n. 1644. II. 194, 536.
  IV. 237.
  Centaurium minus. III. 480.
LEDELIUS, *Sigismundus.* Juris Consultus Siles. n. 1654.
  ob. 1705. IV. 195.
LEDERMÜLLER, *Martin Frobenius.* Juris Consultus No-
  rimberg. ob. 1769. æt. 50.
  Amusement microscopique. I. 216.
  Vom Asbest. IV. 124.
LEE, *Arthur.*
  Diss. inaug. de Cortice Peruviano. V. 92.
LEE, *James.* Scotus, Hortulanus in Hammersmith prope
  Londinum. ob. 1795.
  Introduction to botany. III. 20.
  Catalogue of plants, sold by Kennedy and Lee. III. 100.
LEEM, *Knud.* Prof. linguæ Lapponicæ in Seminario Lap-
  ponico Nidrosiæ, n. 1697. ob. 1774.
  De Lapponibus Finmarchiæ. I. 109.
LEERS, *Johann Daniel.*
  Flora Herbornensis. III. 157. conf. 27.
LEETSTRÖM, *Petrus.* R. II. 265.
VAN LEEUWENHOEK, *Antoni.* n. Delphis 1632. ob. 1723.
  I. 209—212. II. 535. III. 339, 371.
  Opera omnia. I. 213.
  Ontledingen en ontdekkingen. I. 212.
  Vervolg der brieven aan de Kon. Societeit in Londen. I.
  212.
  Anatomia seu interiora rerum. I. 213.
  Arcana naturæ detecta. I. 213.
  Epistolæ ad Societatem Regiam Anglicam. I. 213.
  Send-brieven. I. 213.
  Epistolæ physiologicæ. I. 213.
  His select works. I. 213.
LEFEBURE. III. 628.
  Sur les Mans et les Hannetons. II. 233.
LEFEBURE DES HAYES. II. 259, 308, 323.
LEFEBURE-HELANCOURT, *Antoine Marie.* Membre du
  Conseil des Mines de la Republique Françoise. IV. 145
  284, 383, 385.
LE FUEL. II. 544.
LEGATI, *Lorenzo.* Gr. Lingu. Prof. Bonon. ob. 1675.
  Museo Cospiano. I. 227.

LE GENTIL, *Guillaume Joseph Hyacinthe Jean Baptiste.*
   Acad. Sc. Paris. Soc. n. 1725. II. 337. IV. 286.
   Voyage dans les mers de l'Inde. I. 140.
LE GRAND. Tr. I. 127.
         Antonius.
   Historia naturæ. I. 79.
LEGUAT, *François.*
   Ses voyages. I. 87.
LEHMANN, *Christian.* Pastor in Scheibenberg, n. 1611.
   ob. 1688.
   Schauplaz derer natürlichen merckwürdigkeiten in dem
      Meissnischen Ober-Erzgebirge. V. 10.
LEHMANN, *Christianus.* R. V. 30.
         Immanuel R. III. 539.
         Johannes Christianus. Phys. Prof. Lips. n.
   1675. ob. 1739.
   Diss. de Balsamo Peruviano nigro. III. 539.
   Blumen-garten im Winter. III. 614.
LEHMANN, *Joannes Christianus.*
   Catalogus Insectorum Coleopterorum medicatorum. V.
   53.
LEHMANN, *Johannes Fridericus.* R. II. 524.
         Gottlob. Acad. Sc. Petropolit. Soc.
   ob. 1767. II. 543. III. 537. IV. 57, 70, 77, 78, 94, 96,
   121, 131, 148, 169, 196, 242, 248, 259, 306, 345, 348.
   Von den Metallmüttern. IV. 248.
   Geschichte von Flözgebürgen. IV. 284.
   Traités de Physique. IV. 22. conf. I. 246. IV. 57, 248,
   272, 284, 287, 369.
   Entwurf einer Mineralogie. IV. 10.
   Untersuchung derer versteinerten kornähren. IV. 306.
   Cadmiologia. IV. 224.
   Specimen Orographiæ generalis. IV. 282.
   De nova mineræ Plumbi specie crystallina rubra. IV. 216.
LEHMANN, *Martin Christian Gottlieb.*
   De sensibus externis animalium exsanguium. V. 46.
LEHR, *Georgius Philippus.*
   Diss. inaug. de Olea europæa. III. 231.
LEIBNITIUS, *Godefridus Guilielmus.* Lipsiensis. n. 1646.
   ob. 1716. IV. 328.
   Protogæa. IV. 275.
LEIGH, *Charles.* IV. 165.
   Natural history of Lancashire. I. 96.
LEINCKER, *Johannes Laurentius.* R. III. 538.

TOM. 5.   Y

LEINCKER, *Joannes Sigismundus.* R. III. 499.
Horti Helmstadiensis præstantia. III. 118.
LEISNERUS, *Gottlob Christianus.* R. II. 511.
LELIEVRE, *Claude Hugues.* Membre du Conseil des Mines
de la Republique Françoise, Instituti Paris. Soc. IV.
100. V. 111, 112.
LE LONG, *Jacobus.* I. 180.
LE MAIRE. I. 129.
LEMAISTRE, *F.* IV. 383.
LE MASCRIER.
Description de l'Egypte. I. 126.
LE MASSON LE GOLFT. *Mlle.* II. 430.
Balance de la nature. I. 204.
LEMBCKEN, *Burchardus Joannes.* R. IV. 354.
LEMBKE, *Joh.* R. III. 496.
LEMERY, *Louis.* Filius sequentis. Medicus Paris. Acad. Sc.
Paris Soc. n. 1677. ob. 1743. III. 433. IV. 156, 158,
162, 205.
LEMERY, *Nicolas.* Acad. Sc. Paris. Soc. n 1645. ob. 1715.
III. 493.
Traité de l'Antimoine. IV. 222.
Dictionaire des Drogues. I. 283.
LEMKE, *Joannes.*
Spec. inaug. de Anagallidis viribus. III. 471.
LEMNIUS, *Levinus.* Medicus Ziriczeæ, n. 1505. ob. 1568.
Occulta naturæ miracula. I. 266.
Similitudinum, quæ in Bibliis ex herbis et arboribus de-
sumuntur, explicatio. III. 193.
LE MOINE, *Wilhelmus.* R. III. 491.
LE MONNIER, *Louis Guillaume.* Archiater Regis Galliæ,
et Bot. Prof. in horto Paris. dein Instituti Paris. Soc.
n. 1717. ob. 1799. III. 552.
Observations d'histoire naturelle faites dans les provinces
meridionales de la France. I. 237.
LE MOYNE *dit de Morgues, Jaques.*
La clef des champs. I. 196.
LENÆUS, *Canutus Aug.* R. II. 508.
LENTILIUS, *Rosinus.* Medicus Marchionis Badensis, n.
1657. ob. 1733. I. 250. II. 330, 407, 408. III. 204.
IV. 176, 177, 353.
LENTINN, *Joh. Christophorus.* R. II. 46.
LENTNERUS, *Pantaleon.* R. II. 93.
LENZ, *Johann Georg.* Phil. Prof. Jen. n. 1748.
Tabellen über die Versteinerungen. IV. 304.
das Steinreich. IV. 12.

Anfangsgründe der Thiergeschichte. II. 6.
Anleitung zur kenntniss der Mineralien. IV. 12.
LEO, *Johannes.* Africanus, ob. 1526.
Africæ descriptio. I. 126.
LEONARDUS, *Camillus.* Patricius Pisaurensis.
Speculum lapidum. IV. 6.
LEONHARD, *Philippus Conradus.*
De novo aquæ salsæ fonte detecto Diss. III. 420.
LEONHARDI, *Johanne Gottfried*, Præside
Diss. de Ferro. IV. 359.
LEONICENUS, *Nicol.* Med. Prof. Ferrar. n. 1428. ob. 1524.
De Serpentibus. II. 162.
Plinii erroribus. I. 74. conf. II. 162.
LEONIS ARONIS, *Jacobus.*
Diss. inaug. de Lumbricis. II. 357.
LEOPOLD, *Carl Fridric.* R. III. 556, 609.
Johann Dietrich. R. III. 319.
Deliciæ sylvestres floræ Ulmensis. III. 155.
LEOPOLD, *Johannes Fridericus.* Medicus Lubec. n. 1676.
ob. 1711.
Diss. inaug. de Alce. II. 93.
De itinere suo Svecico. I. 113; sed cum nil nisi mine-
ralogica et metallurgica contineat, transferatur ad Tom.
4. p. 66. post lin. 6.
LE PAGE DU PRATZ.
Histoire de la Louisiane. I. 156.
LEPECHIN, *Iwan.* Acad. Sc. Petropol. Soc. II. 30, 71, 185,
197, 292, 339, 344. III. 236, 295, 344, 462.
Itinera per varias Imperii Russici provincias. Russice. I.
118. conf. III. 126.
LE PERS, *Jean Baptiste.* I. 163.
LE PETIT, *Johann Friedrich.* IV. 379.
LE PREUX. I. 173.
LERCHE, *Johannes Jacobus.* Exercituum Russicorum
Medicus primus, n. Potsdampii 1703. ob. Petropoli
1780. III. 174, 291. R. IV. 57.
LERIUS, *Joannes.*
Navigatio in Brasiliam. I. 159.
LERMINA, *Claude.* II. 235. IV. 265.
LE ROY, Medicus Monspeliensis, sequentis frater. II. 442.
Jean Baptiste. Instituti Paris. Soc. II. 439.
LERSNER, *Achilles Augustus.* R. III. 567.
LESCALLIER. III. 616.
LESCHIUS, *Johannes Georgius.* R. II. 446.
L'ESCLUSE. vide CLUSIUS.

Leske, *Nathanael Gottfried.* Œcon. Prof. Lips. dein Hist.
Nat. Prof. Marburg. n. 1751. ob. 1786. IV. 108, 116,
289. V. 18. R. III. 384. Ed. I. 57, 58.
Diss. de generatione vegetabilium. III. 393.
Ichthyologiæ Lipsiensis specimen. II. 193.
Progr. qua Physiologiam animalium commendat. II. 370.
Anfangsgründe der naturgeschichte. II. 5.
Von dem drehen der Schafe. II. 366.
Reise durch Sachsen. I. 106.
Leslie, *Matthew.* II. 65.
Lesser, *Friedrich Christian.* Pastor Nordhus. n. 1692.
ob. 1754. I. 230. II. 548. III. 128. IV. 176, 311,
321.
Lithotheologie. IV. 74.
De præcipuis speciminibus Musei F. Hoffmanni. IV. 26.
Insecto-theologia. II. 35. V. 16.
Von der Baumanns-höhle. IV. 56.
Die offenbahrung Gottes in der natur. I. 261.
Beschreibung eines Muschel-marmors. IV. 132.
Einige kleine schriften. I. 65. conf. III..192. IV. 58.
Testaceo-theologia. II. 36.
Lestevenon, *Johannes Henricus.*
De Gemmis in pectorali Pontificis Hebræi. IV. 76.
Lestiboudois. III. 596.
Letschius, *Joannes Theophilus.*   R. III. 477.
Lettsom, *John Coakley.*   Medicus Londin. R. S. S.
Natural history of the Tea-tree. III. 578.
The Naturalists companion. I. 217.
Hortus Uptonensis. III. 98.
Leupold, *Jacob.* Mechanicus Lipsiæ, n. 1674. ob. 1727
Prodromus bibliothecæ metallicæ. IV. 1.
Leutel, *Joh. Jacob.*   R. II. 397.
Leutholf.   vide Ludolfus.
Levaillant, *Francois.*
Voyage dans l'interieur de l'Afrique. I. 132.
Second voyage dans l'interieur de l'Afrique. I. 132.
Histoire naturelle des Oiseaux d'Afrique. V. 23.
Le Vavasseur.   III. 473.
Leveille', *J. B. F.*   III. 343.
Dissertation physiologique sur la nutrition des foetus, con-
siderés dans les Mammiferes et dans les Oiseaux.
Pagg. 94.   Paris, an 7.   8.
Addatur Tom. 2. p. 401. ante sect. 36.
Le Verrier de la Conterie.
Ecole de la chasse aux chiens courans. V. 58, 59.

LEVIN, *Gustaf.* R. III. 462.
LEWIN, *William.* V. 33.
  The Birds of Great Britain. II. 119.
  The Insects of Great Britain. II. 253.
LEWIS. IV. 31.
  Mark. II. 46.
  Richard. II. 218.
  William. R. S. S. ob. 1781. IV. 191.
History of the Materia medica. I. 285.
LEYELL, *Carl.* IV. 151, 204.
VON LEYSSER, *Friedrich Wilhelm.* Preuss. Kriegs-und
  Domainenrath, n. 1731. III. 224. IV. 307.
  Flora Halensis. III. 162.
LEZERMES. Tr.'III. 210.
L'HERITIER, *Charles Louis.* Instituti Paris. Soc. III. 229,
  276, 284, 302, 423. V. 77, 78, 80, 88.
  Stirpes novæ aut minus cognitæ. III. 86.
  Louichea. III. 243.
  Buchozia. III. 249.
  Michauxia. III. 272.
  Hymenopappus. III. 310.
  Virgilia. III. 313.
  Geraniologia. III. 300.
  Cornus. III. 242. V. 75.
  Sertum anglicum. III. 86.
  Erodium. III. 301.
L'HOMMEDIEU, *Ezra.* II. 566.
LHUYD, LHWYD, LLWID, LUID, LLOYD S. FLOYD, *Ed-
  ward,* s. *Owen.* Præfectus Musei Ashmoleani Oxonii,
  R. S. S. n. 1670. ob 1709. I. 96, 98. II. 242. IV.
  122, 308—310, 345.
  Lithophylacium Britannicum. IV. 309. conf. II. 311. IV.
  305, 343.
D'LIAGNO, *Teodor Filippo.*
  Sceleta animalium. II. 378. V. 45.
LIBAVIUS, *Andreas.* Director Gymnasii Coburg. ob. 1616.
  Singularia. I. 198.
  De Ovi Gallinarum, et Pulli ex eo generatione. II. 403.
LICETUS, *Fortunius.* Med. Prof Patav. n. 1577. ob. 1656.
  De spontaneo viventium ortu. II. 427.
  Litheosphorus. IV. 254.
  De Monstris. II. 417.
LICHTENBERG, *Georg Christoph.* Phys. Prof. Gotting.
  n. 1744. ob. 1799. II. 497. Ed. I. 56.

LICHTENBERG, *Ludwig Christian.* Præcedentis frater.
Sachsen-Gothaischer wirklicher geheimer Legations-
rath, n. 1738. II. 406.
Magazin für das neueste aus der Physik. I. 58.
LICHTENSTEIN, *Anton August Heinrich.* Lingu. Orient.
Prof. Hamburg. n. 1753. V. 35, 38.
Progr. de luce, quam auctorum classicorum interpretatio
ex historia naturali lucratur. I. 167.
De Simiis, quotquot veteribus innotuerunt. II. 60.
Catalogus rerum naturalium, auctionis lege distrahenda-
rum. II. 25.
LIDBECK, *Anders.* III. 650.
⸻ *Eric Gustaf.* Hist. Nat. Prof. Lund. Eques
Ord. Vasiaci, Acad. Sc. Stockholm. Soc. II. 138, 422,
531, 545 III. 379, 625, 633, 634, 637, 638, 642.
Præside Lidbeck Dissertationes:
De Arena volatili Scanensi. III. 642.
Fungos regno vegetabili vindicans. III. 443.
De Moro alba. III. 320.
LIDHOLM, *Johan Svenson.* IV. 67.
LIDOVIUS, *Christophorus Jani.*
De Talparum oculis et visu. II. 81.
LIE, *Ole.* I. 202.
LIEB, *Johann Wilhelm Friedrich.* R. III. 327.
Die Eispflanze. III. 503.
LIEBAULT, *Jean.*
L'Agriculture. I. 299.
VON LIEBENROTH, *Friedrich Ernst Franz.* Chursächsi-
scher Lieutenant.
Beobachtungen über natur und menschen. I. 106.
LIEBENTANTZ, *Johannes.* R. III. 196.
⸻ *Michael.*
De Rachelis deliciis Dudaim. III. 196.
LIEBERKUHN, *Johann Nathanael.* M. D. Acad. Sc. Be-
rolin. Soc. n. 1711. ob. 1756. II. 392.
LIEBEROTH, *F. L.* IV. 241, 344, 345.
LIEBKNECHT, *Joannes Georgius.* Mathes. dein Theol.
Prof. Giess. n. 1679. ob. 1749. IV. 208, 314.
De Diluvio maximo. IV. 280.
Hassiæ subterraneæ specimen. IV. 314.
LIEBLEIN, *Franz Kaspar.* Bot. et Chem. Prof. Fuld. n.
1744.
Flora Fuldensis. III. 157.
LIEGELSTEINER, *Georg.*
Wohl fundirter zwergbaum. III. 622.

VAN LIER, *J.*
Over de Slangen in het landschap Drenthe. II. 163.
DE LIERGUES. Ed. I. 86.
LIGER, *Louis.* III. 608.
LIGHTFOOT, *John.* Clericus Anglus, R. S. S. n. 1735.
ob. 1788. II. 149, 321.
Flora Scotica. III. 138.
LIGON, *Richard.*
History of Barbados. I. 163.
LILJEBLAD, *Samuel.* III. 318, 339.
Diss. de historia naturali ordini ecclesiastico necessaria. I.
168. V. 8.
Svensk Flora. III. 168; ubi addatur:
————— Andra uplagan. Pagg. 508. tabb. æneæ 2.
Upsala, 1798. 8.
Ratio plantas in 16 classes disponendi. III. 646.
LILJEMARK, *Lars.*
Om blomman och des delars gagn. III. 386.
LILIENTHAL, *Theodorus Christophorus.* R. IV. 129.
LILIUS, *Abraham.* R. IV. 68.
———— *Henricus H.* R. III. 263.
———— *Martin.* R. IV. 68.
LIMBIRD, *James.*
Of the strata observed in sinking for water at Boston. IV.
31.
DE LIMBOURG, *Joannes Philippus.* II. 353.
————— *Robert.* IV. 33.
LIMMER, *Conrado Philippo,* Præside Dissertiones:
De plantis in genere. III. 17.
Cerevisia Servestana. III. 571.
LIMPRECHT, *Johannes Adamus.* Medicus Siles. n. 1651.
ob. 1735. II. 64, 140, 477. III. 366, 547.
LINCK, *Joannes Guilielmus.* R. III. 85.
Historia naturalis Castoris et Moschi. II. 85, 92.
Disp. inaug. de Coccionella. II. 534.
LINCK, *Johannes Henricus.* Pharmacopoeus Lips. n. 1674.
ob. 1734. III. 249. IV. 223.
Epistola ad Jo. Woodward. IV. 329.
De Stellis marinis. II. 311.
LINCK, *Johann Heinrich.* Filius præcedentis.
Index Musei Linckiani. I. 231.
LINCOLN, *Benjamin.* III. 378. IV. 73.
LINDH, *Jacobus.* R. II. 106.
LINDACKER, *Johann Thaddæus.* I. 247. II. 159. IV. 20,
63, 86, 88, 97, 122, 142, 181, 197, 297, 332. V. 27.

LINDBLAD, *Carolus Alex.* R. I. 233.
     Gustavus. R. II. 176.
LINDECRANTZ, *Ericus M.* R. II. 73.
LINDEGAARD, *Erasmus.* R. III. 199.
VAN DER LINDEN, *Johannes Antonides.* Med. Prof. Lugd.
    Bat. n. 1609. ob. 1665. N. I. 295.
    De scriptis medicis. I. 178.
LINDENBERG. II. 237, 244.
VON LINDENTHAL. I. 120. IV. 30.
LINDER, Nob. LINDESTOLPE, *Johan.* Medicus Stock-
    holm. n. 1678. ob. 1724.
    Flora Wiksbergensis. III. 169.
VON LINDERN, *Franciscus Balthazar.* R. II. 357.
    Tournefortius Alsaticus. III. 144.
    Hortus Alsaticus. III. 144.
LINDEWALL, *Daniel.* R. II. 272.
LINDHULT, *Johannes.* R. IV. 352.
LINDNER, *Jo. Christianus.* R. IV. 358.
LINDROTH, *Petrus Gustavus.*
    Museum Grillianum. II. 24.
LINDSAY, *Archibald.*
    Diss. inaug. de plantarum incrementi caussis. III. 378.
LINDSAY, *John.* III. 441. V. 89.
    Account of the Quassia polygama. III. 277, 474, 652.
LINDSTEEN, *Henric.* R. III. 609.
LINDSTRÖM, *Petrus Joannes.* R. III. 571.
LINDT, *Joannes Ludovicus.*
    De Aluminis virtute medica. IV. 355.
LINDWALL, *Johan.* II. 80. R. III. 458, 615.
LINK, *Heinrich Friedrich.* Chem. et Bot. Prof. Rostoch.
    n. 1767. II. 173, 570. III. 420. IV. 54, 89, 203. V.
    62, 85, 86.
    Floræ Goettingensis specimen. III. 159, 420.
    Annalen der Naturgeschichte. 1. 208. conf. I. 185, 271.
    II. 401. III. 88. IV. 55, 246.
    Beyträge zur Naturgeschichte. V. 10.
    Philosophiæ botanicæ prodromus. V. 62.
LINNÆA, Nob. VON LINNE', *Elisabeth Christina,* nupta
    BERGENCRANZ. Filia sequentis. ob. 1782. III. 368.
LINNÆUS, Nob. VON LINNE', *Carl.* Med. et Bot. Prof.
    Upsal. Eques Ord. de Stella Polari, Acad. Sc. Stock-
    holm. Soc. n. 1707. ob. 1778. I. 165, 299. II. 22, 29,
    62, 77, 80, 84, 86, 112, 126, 129, 135, 147, 163, 165,
    194, 195, 244, 249, 267, 272, 274, 331, 541, 545, 552.
    III. 29, 35, 169, 170, 215, 232, 234, 240, 241, 246,

249—252, 259, 269, 271, 273, 278, 280, 283, 297, 301,
304, 314, 332, 407, 411, 461, 557, 571, 581, 593, 609,
617, 633. IV. 332. V. 42. Ed. I. 124, 239. II. 173.
Systema naturæ. I. 187. conf. 184.
Observationes in regnum lapideum. IV. 8.
Fundamenta botanica. III. 18. V. 61.
Bibliotheca botanica. III. 6.
Musa Cliffortiana. III. 333.
Hortus Cliffortianus. III. 104. conf. 7.
Viridarium Cliffortianum. III. 104.
Flora Lapponica. III. 170.
Genera plantarum. III. 29.
Corollarium generum plantarum. III. 29.
Methodus sexualis. III. 29.
Classes plantarum. III. 45.
Critica botanica. III. 50.
Flora Svecica. III. 167.
Öländska och Gothländska resa. I. 113.
Fauna Svecica. II. 29. conf. III. 168.
Wästgöta resa. I. 113.
Flora Zeylanica. III. 180.
Hortus Upsaliensis. III. 124.
Materia medica. III. 458.
Amoenitates academicæ. I. 63.
Philosophia botanica. III. 18. V. 61.
Skånska resa. I. 113.
Species plantarum. III. 38. V. 63.
Museum Tessinianum. I. 233.
      Adolphi Friderici Regis. II. 23. conf. I. 165.
Regnum vegetabile. III. 30.
Elementa botanica. III. 18.
Opera varia. I. 65. conf. I. 188. III. 18, 391.
Delineatio plantæ. III. 25.
Animalium specierum methodica dispositio. II. 5.
De sexu plantarum. III. 391.
Museum Ludovicæ Ulricæ Reginæ. II. 24.
Mantissa plantarum altera. III. 30, 39. conf. I. 188.
Genera animalium ex editione 12ma systematis naturæ.
    II. 4.
Genera plantarum ex ed. 12. syst. nat. III. 30.
Systema vegetabilium. III. 39. V. 63.
      plantarum. III. 39.
Termini botanici, Classium methodi sexualis generumque
    plantarum characteres compendiosi. III. 19.
Reflexions on the study of nature. I. 165.

Systema plantarum Europæ. III. 91.
Prælectiones in ordines naturales plantarum. III. 31.
Epistolæ. I. 71.
(Orbis eruditi judicium de C. Linnæi scriptis. I. 174.)
Orationes Academicæ :
Märkvärdigheter uti Insecterne. II. 218.
De necessitate peregrinationum intra patriam. I. 82. conf.
II. 29
De telluris habitabilis incremento. I. 269.
Tal vid deras Majesteters närvaro. I. 166.
Deliciæ naturæ. I. 166.
Dissertationes Academicæ :

1743. Betula nana. III. 319.
1744. Ficus. III. 337.
Peloria. III. 395.
1745. Corallia Baltica. II. 492. IV. 347.
Amphibia Gyllenborgiana. II. 153.
Plantæ Martino Burserianæ. III. 76.
Hortus Upsaliensis. III. 124.
Passiflora. III. 257.
Anandria. III. 311.
Acrostichum. III. 338.
1746. Museum Adolpho-Fridericianum. II. 23.
Sponsalia plantarum. III. 391.
1747. Vires plantarum. III. 447.
Nova plantarum genera. III. 35.
Crystallorum generatio. IV. 261.
1748. Surinamensia Grilliana. II. 23.
Flora Œconomica. III. 556.
De Curiositate naturali. I. 165.
Tænia. II. 367.
1749. Œconomia naturæ. I. 261.
Lignum Colubrinum. III. 537.
Radix Senega. III. 512. conf. 303.
Gemmæ arborum. III. 382.
Pan Svecicus. II. 520.
1750. Splachnum. III. 341.
Semina Muscorum detecta. III. 441.
Materia medica in regno Animali. II. 500.
Plantæ rariores Camschatcenses. III. 174.
1751. Sapor medicamentorum. III. 449.
Nova plantarum genera. III. 35.
Plantæ hybridæ. III. 395.
1752. Plantæ esculentæ patriæ. III. 559.
Euphorbia. III. 283.

Materia medica in regno Lapideo. IV. 352.
Noctiluca marina. II. 444.
Odores medicamentorum. III. 449.
Rhabarbarum. III. 275.
Cui Bono? I. 165,
Hospita Insectorum flora. II. 448.
Miracula Insectorum. II. 219.
Noxa Insectorum. II. 540.
1753. Vernatio arborum. III. 419.
Incrementa botanices proxime præterlapsi semise-
culi. III. 5.
Demonstrationes plantarum in horto Upsaliensi.
III. 124.
Herbationes Upsalienses. III. 168.
Instructio Musei rerum naturalium. I. 218.
Plantæ officinales. III. 458.
Censura medicamentorum simplicium vegetabi-
lium. III. 458.
Cynographia. II. 73.
1754. Stationes plantarum. III. 420.
Flora Anglica. III. 131.
Herbarium Amboinense. III. 182.
De methodo investigandi vires medicamentorum
chemica. III. 448.
Cervus Rheno. II. 95.
Oves. II. 101.
De Mure Indico. II. 84.
Horticultura academica. III. 609.
Chinensia Lagerströmiana. II. 23.
1755. Centuria I et II. plantarum. III. 80.
Metamorphoses plantarum. III. 409.
Somnus plantarum. III. 416.
Fungus Melitensis. III. 317.
1756. Flora Palæstina. III. 175.
Alpina. III. 129.
Calendarium floræ. III. 418.
Flora Monspeliensis. III. 143.
Specifica Canadensium, III. 463.
De Acetariis. III. 562.
Phalæna Bombyce. II. 531.
1757. Migrationes Avium. II. 451.
Prodromus floræ Danicæ. III. 165.
De Pane diætetico. III. 562.
Natura Pelagi. I. 257.
Buxbaumia. III. 340.

Exanthemata viva. II. 361.
De transmutatione frumentorum. III. 410.
Culina mutata. I. 296.
1758. Spigelia Anthelmia. III. 471.
De Cortice Peruviano. III. 475.
Frutetum Svecicum. III. 209.
Medicamenta graveolentia. III. 449.
Pandora Insectorum. II. 204. conf. 448.
1759. Auctores botanici. III. 7.
Instructio Peregrinatoris. I. 82.
Plantæ Tinctoriæ. III. 581.
Animalia composita. II. 493.
Flora Capensis. III. 177.
Ambrosiaca. II. 501.
Arboretum Svecicum. III. 209.
Plantarum Jamaicensium pugillus. III. 188.
Generatio ambigena. II. 399.
Flora Jamaicensis. III. 188.
Nomenclator botanicus. III. 11.
De pinguedine animali. II. 106.
1760. Politia naturæ. I. 262.
Anthropomorpha. II. 60.
Flora Belgica. III. 139.
Macellum olitorium. III. 560.
Prolepsis plantarum. III. 386.
Plantæ rariores Africanæ. III. 177.
1761. Potus Coffeæ. III. 575.
1762. Inebriantia. III. 580.
Morsura Serpentum. II. 515.
Termini botanici. III. 26.
Alströmeria. III. 267.
Nectaria florum. III. 387.
Fundamentum fructificationis. III. 409
De Meloë vesicatorio. II. 508.
Reformatio botanices. III. 5.
1763. Raphania. III. 551.
Fructus esculenti. III. 560.
Lignum Quassiæ. III. 498.
Centuria Insectorum rariorum. II. 212.
De prolepsi plantarum. III. 386.
1764. Hortus culinaris. III. 609.
Spiritus frumenti. III. 580.
Opobalsamum declaratum. III. 491. conf. 651.
1765. De Hirudine. II. 511.
Fundamenta Ornithologica. II. 111.

De potu Chocolatæ. III. 579.

Potus Theæ. III. 577.

1766. Purgantia indigena. III. 450.

Necessitas promovendæ historiæ naturalis in Rossia.
I. 169. conf. III. 173.

Usus historiæ naturalis in vita communi. I. 166.

Siren Lacertina. II. 182.

Usus Muscorum. III. 221.

1767. Mundus invisibilis. I. 216.

Fundamenta Agrostographiæ. III. 212.

De Menthæ usu. III. 508.

Fundamenta Entomologiæ. II. 204.

1768. Rariora Norvegiæ. I. 249. conf. III. 316.

De coloniis plantarum. III. 129.

Iter in Chinam. I. 144.

1769. Flora Åkeröensis. III. 169.

1770. Erica. III. 272.

1771. Dulcamara. III. 479.

Pandora et flora Rybyensis. II. 228. III. 169.

Fundamenta Testaceologiæ. II. 314.

1772. Fraga vesca. III. 290.

Observationes in materiam medicam. III. 458.

1774. Planta Cimicifuga. III. 292.

Esca Avium domesticarum. II. 520.

De Maro. III. 508.

Viola Ipecacuanha. III. 538.

1775. Plantæ Surinamenses. III. 189.

De Ledo palustri. III. 278.

Opium. III. 505.

Medicamenta purgantia. III. 450.

Diss. Bigas Insectorum sistens. II. 212.

1776. Planta Aphyteja. III. 299.

Hypericum. III. 307.

LINNÆUS, Nob. VON LINNE', *Carl.* Præcedentis filius.
Med. et Bot. Prof. Upsal. n. 1741. ob. 1783. III. 273.

Decas I et II. plantarum rariorum horti Upsaliensis. III.
124.

Plantarum rariorum horti Upsal. fasciculus. III. 124.

Supplementum plantarum. III. 30, 39.

Dissertationes botanicæ. I. 64. viz.

Nova Graminum genera. III. 213.

De Lavandula. III. 294.

Methodus Muscorum illustrata. III. 222.

LINOCIER, *Geofroy.*

Histoire des plantes. III. 56. conf. II. 10.

van Linschoten, *Jan Huyghen.* ob. 1601. Tr. I. 149.
Voyages into the East and West Indies. I. 83.
Linsio, *Paulo,* Præside
Diss. de Coralio. II. 40.
Lintrupius, *Severinus.* Ed. I. 62.
Lipenius, *Martin.* Conrector Scholæ Lubec. n. 1636.
ob. 1692.
Præside Lipenio Dissertationes:
Λιθολογια. IV. 80.
Ορολογια. IV. 281.
Lipp, *Franciscus Josephus.*
Enchiridium botanicum. III. 26.
Lippert, *Josephus.*
Phlogistologia. IV. 168.
Lippius, *Laurentius.* I. 260. Tr. II. 562.
Lippoldt, *Job. Georgius.* R. II. 242.
Lipsius, *Justus.*
Elephas brutum non-brutum. II. 68.
Lipstorp, *Christophorus.* II. 420.
Gustavus Daniel.
Disp. inaug. de animalculis in corpore humano. II. 354.
Lischwitz, *Johannes Christophorus.* Botan. Prof. Lips.
dein Med. Prof. Kilon. n. 1693. ob. 1743.
Progr. de anomaliis circa plantas. III. 408.
Præside Lischwizio Dissertationes:
De continuanda Rivinorum industria in eruendo plan-
tarum charactere. III. 44.
De ordinandis rectius Virgis aureis. III. 311.
Plantis diaphoreticis et sudoriferis. III. 450.
Plantæ anthelminticæ. III. 450.
Lissander, *Anders.*
Svenska trägårdskötseln. III. 610.
Lister, *Martin.* M. D. R. S. S. ob. 1711. II. 111, 217,
230, 248, 283, 314, 333, 491, 510. III. 371, 373, 442.
IV. 237, 330, 343—345. N. I. 295. Ed. II. 209.
Historiæ animalium Angliæ tractatus tres. II. 283, 320.
Ad historiam animalium Angliæ appendix. II. 283, 321.
Naturgeschichte der Spinnen. II. 283.
Historia Conchyliorum. II. 314.
Exercitatio anatomica 1. de Cochleis. II. 490,
2. de Buccinis. II. 490.
3. Conchyliorum bivalvium. II.
490.
A journey to Paris. I. 99.
Lithenius, *Martinus.* R. II. 141.

Litzow, *Christianus.* R. II. 451.
Ljungh, *Sven Ing.* V. 24, 26.
Livingston, *Robert R.* II. 470.
Lloyd, *Edward,* vide Lhuyd.
    John. R. S. S. n. 1750. IV. 194.
Lobe', *Joannes Petrus.*
    Diss. inaug. de diversa lapidum origine. IV. 241.
de Lobel s. Lobelius, *Matthias.* Medicus Belga, n.
    1538. ob. 1616.
    Stirpium adversaria. III. 57. conf. 492.
        historia. III. 57. conf. I. 290.
        icones. III. 65.
    Balsami explanatio. III. 489.
    In Rondeletii pharmaceuticam officinam animadversiones.
        I. 280, 290.
    Stirpium illustrationes. III. 57.
Lobo, *Jerome.* Lusitanus, S. J. ob. 1678.
    Relation of the River Nile. I. 127. conf. III. 211.
    Voyage d'Abissinie. I. 127.
Lochead, *William.* I. 256.
Lochner, *Johannes Henricus.* Sequentis filius, n. 1695.
    ob. 1715.
    Rariora musei Besleriani. I. 229.
Lochner, *Michael Fridericus.* Medicus Norimberg. n.
    1662. ob. 1720. II. 422. 504. III. 76. IV. 262. Ed.
    I. 229.
    Papaver. III. 649,
    Mungos. II. 77. et III. 472.
    Nerium s. Rhododaphne. III. 253.
    de Ananasa. III. 259.
        novis Thee et Cafe succedaneis. III. 578.
    Belilli indicum. II. 510.
    De Acriviola. III. 271.
        Parreira brava. III. 528.
Loddiges, *Conrad.*
    Catalogue of plants sold by him. III. 100.
Loder, *J. C.* Tr. IV. 155.
Lodi, *Ercole.* II. 433, 548.
Lodin, *Johannes Gust.* R. III. 35.
Löber, *Samuel,* II. 243.
Löchstör. *Henricus.* Medicus Bergensis, in Norvegia, n.
    1713. ob. 1747.
    Diss. de Nicotiana. III. 477.
Lödman, *Magnus Laur.* R. III. 206.

LÖFLING, *Peter.* Svecus, Botanicus Regis Hispaniæ, n.
1729. ob. in America 1756. II. 291, 339. III. 19. R.
III. 382.
Resa til Spanska länderna i Europa och America. I. 239.
conf. III. 145, 187.
VON LÖHNEYSS, *Georg Engelhard.*
Bericht von Bergwerken. IV. 369.
VAN LOEN, *Rutgerus.*
Disp. inaug. de Lumbricis. II. 357.
LÖNBERG. *Ericus Gust.* R. III. 646.
LÖNBORG, *Hans.*
Om en græselig orm. II. 45.
LÖNQUIST, *Nicolaus Johannes.* R. III. 475.
LÖNWALL, *Johannes.* R. III. 335.
LÖPER, *Christian.*
Naturgeschichte des Elephanten. II. 69. V. 20.
LÖPER, *C. P. G.* I. 174.
LÖSCHER, *Carl Immanuel.*
Uibergangsordnung bei der kristallisation der fossilien.
IV. 261.
LOESCHER, *Martin Gotthelf.* Phys. Prof. Witteberg. ob.
1735.
Præside Loeschero Dissertationes :
De lapidum concretione et accretione. IV. 240.
Sale Ammoniaco. IV. 151.
Balsamum de Mecca. III. 491.
LOESELIUS, *Johannes.* Med. Prof. Regiomont. n. 1607.
ob. 1655.
Flora Prussica. III. 171.
Löw, *Carolus Fridericus.* Medicus Sempron. in Hungaria,
n. 1699. ob. 1741. III. 172. 648. R. III. 533.
LÖWE, *Johann Carl Christian.* I. 203, 248. III. 315, 330.
Handbuch der Kräuterkunde. III. 24.
LOGAN, *Jacobus.* III. 390.
Experimenta de plantarum generatione. III. 390.
LOHRMAN, *Gustavus.* R. III. 605.
LOKK, *Carolus David.* R. II. 102.
LOMBARDIUS, *Carolus Philippus.* II. 513.
LOMMER, *Christian Hieronymus.* Rerum montanarum Ma-
gister Annabergæ, ob. 1788. IV. 324.
Vom Hornerze. IV. 197.
LOMONOSOW, *Michael.*
De generatione metallorum a terræ motu. IV. 248.
LONCQ, *Janus.*
Diss. inaug. de Venenis et antidotis. I. 294.

VAN LONDERSEEL, *Assuwerus.*
Icones animalium et plantarum. I. 196.
LONDON, *George.* III. 608.
LONG.
History of Jamaica. I. 163.
DA LONGIANO, *Fausto.* Tr. I. 274.
LONGOLIUS, *Gybertus.* Medicus Coloniæ, n. Trajecti 1507.
ob. 1543.
Dialogus de Avibus. II. 113.
LONICERUS, *Adamus.* Medicus Francof. ad Moen. n.
1528. ob. 1586.
Naturalis historiæ opus. I. 279.
Kreuterbuch. I. 279.
LONICERUS, *Johannes.* Tr. I. 292. II. 513. N. I. 273.
LOO, *Augustinus.* R. III. 7.
LOOSJES, *Adriaan.*
Flora Harlemica. III. 140.
LOPEZ, *Edoardus.* I. 130.
LORD, *Thomas.* II. 497.
Pictor Londin.
History of British birds. II. 119, 571.
LORENZ, *Johann Friedrich.*
Grundriss der botanik. III. 23.
LORENZINI, *Stefano.*
Osservazioni intorno alle Torpedine. II. 484.
LORGNA, *Anton Mario.* IV. 246.
LOSCHGE, *Friedrich Heinrich.* Med. Prof. Erlang. n.
1755. II. 56, 239, 269, 291, 354, 468, 550.
LOSKIEL, *Georg Heinrich.*
Geschichte der mission der Evangelischen brüder in Nord-
amerika. I. 152.
LOSSBERG, *Benedictus.* R. III. 391.
LOSSIUS, *Jeremias.* Med. Prof. Witteberg. n. 1643. ob.
1684.
Præside J. Lossio Diss. de Nuce vomica. III. 479.
LOSSIUS, *Petrus.* Prof. Gymnasii Gedan. n. 1588. ob.
1639.
Præside P. Lossio Diss. de succis et terris mineralibus.
IV. 14.
LOSTBOM. vide Låstbom.
LOTEN, *Johannes Gideon.* II. 31.
LOTERI, *Giuseppe.* III. 594.
VAN DER LOTT, *Frans.* II. 438.
LOTTINGER, *Anton Joseph.* II. 544.
Le Coucou. II. 128.
TOM. 5.   Z

DE LOUREIRO, *Joannes.*   III. 635. V. 93, 95.
Flora Cochinchinensis. III. 182.
LOVELL, *Robert.*
Παμβοτανολογια. I. 281.
Πανζωορυκτολογια. I. 281.
LOW, *Johan.* II. 565.
LǪWITZ, *Tobias.* Pharmacopoeus Petropol. IV. 125.
LOYER, *Godefroy.*
Voyage du royaume d'Issyny. V. 6.
LUBEEX, *Michael.*
Diss. inaug. de Opio. III. 505.
LUCAS, *Paul.*
Voyage au Levant. I. 123.
          dans la Grece, l'Asie mineure etc. I. 123.
                    Turquie, l'Asie, Sourie etc. I. 123.
LUCE. II. 441.
VON LUCE, *J. W. L.* III. 442.
Öconomische abhandlungen. V. 12. conf. 57, 103.
DE LUCHET, *Jean Pierre Louis Marquis.*
Essais sur la mineralogie. V. 126.
LUCHTMANS, *Petrus.*
Spec. inaug. de Saporibus et Gustu. I. 269.
LUCIUS, *Johannes Georgius.*
Disp. inaug. de Lumbricis alvum occupantibus. II. 357.
LUCOPPIDANUS, *Janus.*
Disp. de animalibus quæ sponte generantur. II. 428.
LUDEEN, *Jacobus.* M. D. Svecus. R. III. 252.
De Lithogenesia. IV. 240.
LUDOLFF, *Hieronymus.* Med. Prof. Erfurt. ob. 1764.
Præside Ludolff Diss. de fabis Coffee. III. 574.
LUDOLFUS S. LEUTHOLF, *Jobus.* Chursächsischer Resident zu Frankfurt. n. 1624. ob. 1704.
Historia Æthiopica. I. 127.
Ad historiam Æthiopicam commentarius. l. 127.
De Locustis. II. 242.
LUDOLFF, *Michael Matthias.*
Catalogus plantarum Berolini demonstratarum. III. 122. conf. 46.
LUDOVICI, *Daniel.* II. 402. III. 196. IV. 166, 358.
          Jacobus. R. IV. 231.
LUDOVICUS *Romanus.* vide L. VARTHEMA.
LUDWIG, *Christian Friedrich.* Filius sequentis. Hist. Nat. Prof. Lips. n. 1751.
De plantarum munimentis. III. 385.
          sexu Muscorum detecto. III. 441.
                    Antennis. II. 485.

Diss. de pulvere Antherarum. III. 389.
De cinerea Cerebri substantia Diss. inaug. II. 386.
Die neuere wilde baumzucht. III. 206.
Historia Anatomiæ et Physiologiæ comparantis. II. 370.
Delectus opusculorum ad scientiam naturalem spectantium. I. 208.
Naturgeschichte der Menschenspecies. V. 18.
Erste aufzählung der bis jezt in Sachsen entdeckten Insekten. V. 33.
Præside C. F. Ludwigio Dissertatio: Auctarium ad Helminthologiam humani corporis. II. 356.
LUDWIG, *Christian Gottlieb.* Med. Prof. Lips. n. 1709, ob. 1773. III. 459. R. III. 446.
Definitiones plantarum. III. 31.
Aphorismi botanici. III. 19.
Institutiones regni vegetabilis. III. 19.
Terræ Musei Regii Dresdensis. IV. 85.
    Programmata :
De minuendis plantarum generibus. III. 49.
Observationes in methodum plantarum sexualem Linnæi. III. 45.
De minuendis plantarum speciebus. III. 49.
Radicum officinalium bonitas. III. 445.
De colore plantarum. III. 432.
    florum mutabili. III. 432.
    plantarum species distinguente. III. 49.
  rei herbariæ studio et usu. III. 12.
  elaboratione succorum plantarum. III. 374.
    Præside C. G. Ludwigio Dissertationes :
De vegetatione plantarum marinarum. II. 492.
  sexu plantarum. III. 391.
  Terris medicis. IV. 353.
LÜDEKE, *Johann Christian.* Prediger zu Kleinengarze in der Altmark.
Naturgeschichte der Altenmark. I. 106.
LÜDERS, *Friedrich Wilhelm Anton.* Medicus Havelberg.
Nomenclator stirpium Marchiæ Brandenburgicæ. III. 162.
LÜDGERS, *Maximilian Stanislaus Joseph.*
Diss inaug. de medicamento Tebaschir. III. 487.
VON DER LUHE, *F. K. Freyherr.*
Hymnus an Flora. V. 72.
LÜTGENS, *Anton* R. IV. 187.
LUFFKIN, *John.* IV. 318.
LUFFT, *Fridericus Matthæus.* R. II. 34.
LUID, *Edvardus.* vide LHUYD.

LUILLIER.
Voyage aux grandes Indes. I. 140.
LUKER and SMITH.
Catalogue of plants sold by them. III. 100.
LUMNIZER, *Stephanus.*
Diss. inaug. de rerum naturalium adfinitatibus. I. 19½.
Flora Posoniensis. III. 172.
LUND, *Carl Fredric.* II. 546, 569. III. 563.
David, Præside
Diss. de vocis Κερατιων significatu. III. 197.
LUND, *Gabriel.* III. 522.
Jacobus Reinh. R. IV. 377.
Johannes. R. II. 486.
Michaël. II. 95.
Magnus. R. III. 634.
Niels Tönder. II. 222, 238. III. 499.
Om maaden, hvorpaa naturen retter udarter. I. 270.
LUNDAHL, *David.* R. II. 214.
LUNDELIUS, *Andreas.* R. IV. 287.
Jonas. R. I. 234.
LUNDMARK, *Johan Daniel.* III. 320. R. III. 294.
Petrus. R. III. 328.
LURSENIUS, *Philippus Silvester.*
Diss. inaug. de Cortice Peruviano. III. 475.
LUTHERUS, *Jo. Georgius.* R. IV. 85.
LUTZEN, *Ludovicus Henricus.*
Ophiographia. II. 506.
LUUT, *Carolus Joh.* R. III. 169.
DE LUYART. vide D'ELHUYAR.
LYCOSTHENES, s. WOLFFHART, *Conradus.* Dialect. Prof.
Basil. n. 1518. ob. 1561. Ed. I. 265.
Prodigiorum ac ostentorum chronicon. I. 265.
LYMAN, *Johannes.* R. II. 531.
LYONET, *Pierre.* Juris Consultus Belga, n. 1707. ob.
1789. II. 398. N. II. 35.
Traité anatomique de la Chenille, qui ronge les bois de
Saule. II. 486.
LYONS, *Israël.*
Fasciculus plant. circa Cantabrigiam nascentium. III. 136.
LYSERUS, *Polycarpus.*
Disp. de Cetis. II. 106.
LYSONS, *D.* II. 138.
LYTE, *Henry.* Tr. III. 54.
LYTH, *Laurentius.* R. I. 186.
LYTTELTON, *Charles.* IV. 331, 338.

MACAULAY, *Kenneth.*
 History of St. Kilda. I. 98.
MACBRIDE, *David.* II. 433.
MAC CAUSLIN, *Robert.* IV. 20.
MACDONALD, *John.* III. 536. IV. 201. V. 53.
MACE', *Jean.* I. 253.
MAC ENCROE. vide DE LA CROIX.
MACER, *Æmilius.*
 De virtutibus herbarum. III. 451.
DE MACHY. III. 524.
MACIE, *James Louis.* R. S. S.
 Chemical experiments on Tabasheer. III. 487.
MACKENZIE, *George.* II. 77.
MACKEPRANG, *Marcus.* R. III. 526.
MAC LAURIN, *Colin.* II. 525.
MACQUART. II. 393. IV. 124, 216, 217.
 Essais sur plusieurs points de mineralogie. IV. 20.
MACQUER, *Pierre Joseph.* Chem. Prof. in horto Paris.
 Acad. Sc. Paris. Soc. n. 1718. ob. 1784. III. 438. IV.
 110, 192, 231.
MACRI, *Saverio.*
 Storia naturale del Polmone marino. II. 310.
MADDEN, *T.* III. 549.
MADER, *Johann.*
 Raupenkalender. II. 453.
MADERNA, *Francesco.* III. 594.
MADEWISIO, *Friderico,* Præside
 Diss. de Basilisco ex ovo Galli decrepiti oriundo. II. 45.
MADIHN. Ed. IV. 370.
MADONETTI.
 Sur l'utilité des Cabinets d'histoire naturelle dans un etat.
 I. 218.
MADRIGNANUS, *Archangelus.* Tr. I. 127, 134.
MÆDERJAN, *Johannes Elias.* R. III. 564.
MÆHLIN, *Johannes.* R. II. 411.
Märklin, *G. F. der jüngere.* III. 89, 443.
Märter, *Franz Joseph.* I. 162. II. 116.
 Verzeichniss der Östreichischen bäume. III. 207.
 Vorstellung eines ökonomischen gartens. III. 558.
MAFFEI, *Scipione.* ob. 1755.
 Della formazione de' fulmini. II. 498. IV. 302.
MAGGI, *Conte Carlo.* II. 533.
MAGNENUS, *Joannes Chrysostomus.*
 De Tabaco. III. 477.
  Manna. III. 531.

MAGNOL, *Petrus.* Med. Prof. Monspel. dein Acad. Sc.
Paris. Soc. n. 1638. ob. 1715.
Botanicum Monspeliense. III. 143.
Prodromus historiæ generalis plantarum. III. 28.
Hortus Monspeliensis. III. 109.
Novus character plantarum. III. 28.
MAGNUS, *Olaus.*
Historia de gentibus Septentrionalibus. I. 113.
MAHUDEL, *Nicolas.* IV. 123.
MAJER, *Johannes Wolfgangus.*
Dissertationes II. de Avibus literigerulis. II. 116.
MAJER, *Michael.* Holsatus. Medicus, ob. 1622. æt. 54.
De Volucri arborea in insulis Orcadum. II. 40.
DE MAILLET, *Benoit.* I. 126.
Telliamed. IV. 279.
MAINARDUS, *Joannes.* vide MANARDUS.
MAJOLUS, *Simon.*
Dies caniculares. I. 76.
MAJOR, *Johannes Daniel.* Vratislaviensis, Med. Prof.
Kilon. n. 1634. ob. 1693. I. 219. II. 99, 313, 472.
III. 265, 438. N. II. 317.
De Cancris et Serpentibus petrefactis. IV. 331.
planta monstrosa Gottorpiensi. III. 404.
Præside Majore Dissertationes :
De Lacte lunæ. IV. 130.
Myrrha, Locustis, Jejunio Christi, etc. I. 262.
MAIRONI DA PONTE, *Giovanni.* Patricius Bergamensis.
III. 552. IV. 41, 117, 180.
Sulla storia naturale della provincia Bergamasca. IV. 41.
MAISONNEUVE. IV. 389.
MAITRE-JAN, *Antoine.*
Sur la formation du Poulet. II. 404.
MAJUS, *Joannes Henricus.* Theol. Prof. Giess. n. 1653.
ob. 1719. II. 39.
Animalium in Sacro Codice memoratorum historia. II.
37.
MALACARNE, *Vincenzo.* II. 384, 474.
MALBOIS, *Jacobus.*
Diss. inaug. de intestinis ac vermibus in iis nidulantibus.
II. 358.
MALCOLM, *William.* Hortulanus prope Londinum.
Catalogue of hot-house and green-house plants, etc. III.
100.
MALLEEN, *Jacob.* R. IV 68.
MALLET. III. 473. IV. 383.

MALLET, *Robert Xavier.*
  Fleurimanie raisonnée. III. 610.
MALLINCKRODT, *Wilhelmus.* R. IV. 241.
MALM, *Andreas.*
  Ornithotheologia. II. 34.
MALM, *Nicolaus.* R. II. 35.
MALMER, Nob. MALMERFELT, *Olof.* II. 567.
MALMERFELDT, *Gust. Phil.* R. IV. 205.
MALMSTEN, *Olavus.* R. I. 165.
MALMSTRÖM, *Michael.* IV. 156.
MALOUIN, *Paul Jacques.* Med. Prof. Paris. Acad. Sc.
  Paris. Soc. n. 1701. ob. 1778. IV. 219.
MALPIGHI, *Marcellus.* Med. Prof. Bonon. n. 1628. ob.
  1694.
  De Bombyce. II. 530.
  Anatome plantarum. III. 364. conf. II. 403.
  Opera omnia. II. 372. conf. II. 403, 530. III. 364.
  posthuma. II. 372. conf. I. 175.
MALSCH, *Benjamin Constantin.* R. III. 518.
DE MALUS. IV. 373.
MALVEZZI, *Floriano.* III. 590.
MANARDUS, *Joannes.* Med. Prof. Ferrar. n. 1462. ob.
  1536. III. 70. N. I. 277.
  Epistolæ medicinales. I. 69.
VON MANDELSLO, *Johann Albrecht.* Nobilis Megapolita-
  nus, n. 1616. ob. 1644.
  Morgenländische reisebeschreibung. I. 138.
MANDEVILLE, *B.*
  Zoologia medicinalis Hibernica. II. 500.
MANESSE.
  Sur la maniere d'empailler les animaux. II. 4.
MANETTI, *Xaverius.* Medicus Florent. n. 1723. ob. 1784.
  Ed. III. 30.
  Viridarium Florentinum. III. 112.
MANFREDUS Rex Siciliæ. II. 559.
MANGER, *H. L.*
  Systematische Pomologie. III. 210.
MANGET. N. III. 572.
MANGOLD, *Christophorus Andreas.* Anat. et Chem. Prof.
  Erfurt. n. 1719. ob. 1767. IV. 201.
MANITIUS, *Samuel Gottbilff.* Medicus Lips. n. 1668. ob.
  1698. R. II. 271.
  De ætatibus Zedoariæ. III. 540.
DE MANLIIS, *Joannes Jacobus.* III. 70.

MANN, *Theodore Angustine.*   Anglus, Acad. Sc. Bruxell.
   Secret. I. 99, 258.
   Histoire de la ville de Bruxelles. I. 99.
MANQUER, *Jacobus.*   R. III. 377.
MANUEL.   IV. 47.
MANUTIUS, *Paulus.*   Ed. I. 73.
Månsson RYDAHOLM, *Arwid.*
   Örtabook. III. 455.
MAPLET, *John.*
   A greene forest. I. 194.
MAPPUS, *Marcus.*   Bot. Prof. Argentor. n. 1632. ob. 1701.
   Catalogus plantarum horti Argentinensis. III. 109.
   Historia plantarum Alsaticarum. III. 144.
         Præside Mappo Dissertationes:
   De Thée, Café, Chocolata. III. 572.
      Rosa de Jericho. III. 297.
MARABELLI, *Francesco.*   III. 434.
MARALDI, *Jacques Philippe.*   Acad. Sc. Paris. Soc. n.
   1665. ob 1729. II. 524.
MARANTA, *Bartholomeus.*
   Methodus cognoscendorum simplicium. III. 454.
MARATTI, *Joannes Franciscus.*
   De florum existentia in dorsiferis. III. 440. V. 89.
   Romuleæ et Saturi iæ specificæ notæ. III. 235.
   De Zoophytis et Lithophytis in mari mediterraneo. II.340.
MARBODUS.   Episcopus Redonensis (in Gallia.) ob. 1123.
   æt. 88.
   De lapidibus pretiosis. IV. 74.
MARCANDIER.   III. 330.
   A treatise on Hemp. V. 103; sed referatur ad pag. 330.
   sect. 716, versio anglica ejusdem libelli.
MARCARD, *Heinrich Matthias.* MedicusOldenburg.n.1747.
   Description de Pyrmont. I. 105.
MARCGRAF, *Georgius.*   Saxo, ob. in Africa 1644. æt. 34.
   II. 34.
   Historia rerum naturalium Brasiliæ. I. 257.
DES MARCHAIS, *Chevalier.*   I. 164.
MARCHANT, *Nicolas.*   Acad. Sc. Paris. Soc. ob. 1738. II.
   268. III. 302, 305, 326, 341, 353, 358, 403, 406, 407,
   409, 510
MARCHETT, *Joannes.*   IV. 255.
DE MARCORELLE, *Jean François, Baron d'Escalles.*   II.
   286. III. 253, 369, 436. IV. 37.
MARCUELLO. *Francisco.*
   Historia natural de las Aves. II. 113.

MARCUS, *Samuel.* R. V. 63.
MARGGRAF, *Andreas Sigismund.* Pharmacopoeus Berolin.
Director Classis Physicæ Acad. Scient. ibid. n. 1709.
ob. 1782. II. 155. III. 435, 564 585. IV 99, 104,
118, 120, 133, 35, 155, 191, 224, 225, 255.
MARIGUES. II 369.
MARIN, *Georg.* II 567.
MARINELLO, *Giovanni* Ed. I. 277.
MARIOTTE, *Edme.* Prieur de Saint-Martin-sous-Traune,
Acad Sc. Paris. Soc. ob. 1684.
De la vegetation des plantes. III. 376.
MARITI, *Giovanni.*
Della Robbia. III. 626.
Itinerario per le colline Pisane. I. 308.
MARIUS, *Joannes.*
Castorologia. II. 84.
MARKHAM, *Gervase.*
Cavalarice. V. 55.
Art of fowling. II. 562.
Way to get wealth. I. 299.
MARKWICK, *William.* II. 117, 140, 452, 543. V. 24.
DEL MARMOL *Caravaial, Luys.*
Descripcion de Affrica. I. 126.
MAROGNA, *Nicolò.* III. 200.
MARRADON, *Barthelemy.* III. 579.
MARSCHALCH, *Johannes Fridericus.* III. 549.
MARSDEN, *William.* R. S. S. n. 1754.
History of Sumatra. I. 142.
MARSHALL, *Humphrey.*
Arbustrum Americanum. I. 209.
MARSHALL, *William.* II. 545.
MARSHAM, *Robert.* III. 377, 420, 619, 654.
Thomas. II. 261, 543. V. 37, 57.
MARSILLI, *Antonio Felice.*
Del ritrovamento dell' uova di Chiocciole. II. 413.
MARSILI, *Joannes.* III. 281, 326.
Fungi Carrariensis historia. III. 356.
MARSILLI, *Ludovicus Ferdinandus Comes.* Bononiensis, n.
1658. ob. 1730.
Del fosfore minerale. IV. 254.
Notizie sopra la pianta del Caffé. III. 248.
Ristretto del saggio fisico intorno alla storia del mare. I.
257. conf. II. 534.
De generatione fungorum. III. 442.
Histoire physique de la Mer. I. 257.

Prodromus operis Danubialis. I. 307.
Danubius. I. 307.
MARSOLLIER. IV. 38.
MARTEL, *Peter.*
  An account of the glacieres in Savoy. I. 238.
MARTELIUS, *Joannes Petrus.*
  De natura animalium. II. 372.
MARTELLI, *Nicolaus.*
  Hortus Romanus. III. 112.
MARTENS, *Fridericb.* Hamburgensis, Chirurgus navalis.
  Spitzbergische reise beschreibung. I. 112.
MARTFELT. *C.* IV. 181.
MARTHIUS, *Jobannes.* R. IV. 122.
DE MARTI, *Antonio.*
  Sobre los sexos y fecundacion de las plantas. III. 394.
MARTIN, *Anton Rolandson.* II. 136, 353, 364, 440. R.
  III. 340.
MARTIN, *Hugb.* III. 582.
      M.
  Voyage to St. Kilda. I. 98.
  Description of the Western islands of Scotland. I. 98.
MARTIN, *Mattbew.*
  The Aurelians vademecum. II. 448.
  Observations on marine Vermes. II. 19.
MARTIN, *Petrus.* Medic. Adjunct. Upsal. ob. 1728. III.
  76. V. 64.
MARTIN, *Roland.* II. 57. R. III. 76.
      William. IV. 337.
MARTINET, *Joannes Florentius.* Clericus Zutphan. ob.
  1795. æt. 61. I. 180. III. 316. IV. 195.
  Diss. inaug. de respiratione Insectorum. II. 385.
  Register der Verhandelingen van de Hollandsche Maat-
  schappye der weetenschappen te Haarlem. I. 10, et 302.
MARTINI, *Cristoforo.* II. 245.
      Friedrich Heinrich Wilbelm. Medicus Berolin.
  n. 1729. ob. 1778. II. 318, 322, 323, 330. III. 563,
  IV. 339. Tr. II. 283. V. 41. R. III. 480.
  Berlinisches Magazin. I. 50.
  Berlinische Sammlungen. I. 50.
  Systematisches Conchylien-cabinet. II. 316.
  Verzeichniss einer sammlung von naturalien. I. 231. conf.
  II. 316.
MARTINI, *Gustavus.* R. II. 241.
DE MARTINI, *Joannes Nepomucenus.*
  Diss. inaug. de Arnica. III. 655.

MARTINI, *M. C.*
De Oleo Wittnebiano seu Kajuput. III. 515.
MARTINI, *Samuel Gottfried.* R. II. 131.
MARTINIUS, *Georgius.*
De similibus animalibus et animalium calore. II. 373,
435.
MARTINIUS, *Henricus.* Gedanensis. Medicus Ducis Brieg.
ob. 1675.
De Hellebori nigri exhibitione cuidam ægro facta judi-
cium. III. 507.
MARTIUS, *Ernst Wilhelm.* Pharmacopoeus Erlang. n.
1756. III. 5, 154.
Anweisung pflanzen nach dem leben abzudrucken. V.
61.
MARTIUS, *Hieremias.* Tr. I. 293.
MARTYN, *John.* Botan. Prof. Cantabrig. n. 1699. ob.
1768. I. 236. III. 244, 350. Tr. III. 130.
Tabulæ synopticæ plantarum officinalium. III. 457.
Methodus plantarum circa Cantabrigiam nascentium. III.
136.
Historia plantarum rariorum. III. 76.
The first lecture of a course of botany. III. 25.
Explanation of the technical words in botany. V. 62.
Dissertations upon the Æneids of Virgil. I. 175.
MARTYN, *Thomas.* Præcedentis filius. Botan. Prof. Can-
tabrig. n. 1735. III. 27, 259. V. 88.
Plantæ Cantabrigienses. III. 136. conf. 135.
Catalogus horti Cantabrigiensis. III. 99.
Mantissa plantarum horti Cantabrigiensis. III. 99.
Elements of natural history. Mammalia. II. 47.
Letters on the elements of botany. III. 23.
Flora rustica. III. 558.
The language of botany. III. 27.
Gardener's Dictionary. III. 10, 646.
MARTYN, *Thomas* Mercator rerum naturalium Londini.
The universal conchologist. II. 319.
MARTYR, *Petrus.* vide ANGLERIA.
VAN MARUM, *Martinus.* Societ. Harlem. Secret.
Diss. inaug. de motu fluidorum in plantis. III. 374.
qua disquiritur, quousque motus fluidorum,
et cæteræ quædam animalium et plantarum functione
consentiunt. II. 458.
VON MARWITZ. II. 569.
MARX, *Marx Jacob.*
Observata quædam medica. II. 369.

MASCALL, *Leonard.*
How to plant and graffe all sortes of trees. III. 620.
The government of cattell. II. 519.
MASCH, *Andreas Gottlieb.* II. 425.
MASCULUS, *Johannes Baptista.* Neapolitanus, S. J. n.
1583. ob. 1656.
De incendio Vesuvii 1631. IV. 292.
MASECOVIUS, *Christianus.* Theol. Prof. Regiomont. n.
1673. ob. 1732.
Diss. de Uro. II. 102.
MASSARIUS, *Franciscus.*
In nonum Plinii librum castigationes. II. 167.
MASSEY, *James.* IV. 159.
MASSON, *Francis.*
Stapeliæ novæ. III. 253. V. 76.
MASSONIO, *Salvatore.* ob. 1624.
Archidipno, overo dell' insalata. III. 561.
MASSUET, *Petrus.*
Diss. inaug. de generatione ex animalculo in ovo. II. 398.
Sur les Vers à tuyau, qui infestent les vaisseaux, les digues
etc. II. 327.
MASTALIRZ, *Josephus.*
Diss. inaug. de Api mellifica. V. 55.
MASTIN, *John.*
History of Naseby. I. 96.
MATANI, *Antonio.* Med. Prof. Pis. n. 1730. ob. 1779.
Delle produzioni naturali del territorio Pistojese. I. 241.
MATHER, *Cotton.* I. 151.
MATHESIUS, *Nicolaus.* R. I. 233.
MATHIEU. IV. 372.
(de Nancy) *Charles Leopold.* IV. 140.
MATOLAI DE ZOLNA, *Joannes.* V. 97.
MATON, *William George.* V. 42.
Observations relative to the Western counties of England.
I. 94.
MATTHÆUS, *Antonius.* R. II. 193.
MATTHEWS, *John.*
Voyage to the river Sierra-Leone. I. 129.
MATTHIOLUS, *Petrus Andreas.* Senensis. Medicus, n.
1500. ob. Tridenti 1577.
Commentarii in libros de materia medica Dioscoridis. I.
274.
Apologia adversus Amatum Lusitanum. I. 276.
Epistolæ medicinales. I. 69.
Adversus 20 problemata Guilandini disputatio. I. 290.

Kreuterbuch. III. 55.
Compendium de plantis omnibus. III. 55.
Opera omnia. I. 62.
von Mattuschka, *Heinrich Gottfried Graf.* ob. 1779.
æt. 45. II. 88.
Flora Silesiaca. III. 164.
Enumeratio stirpium in Silesia sponte crescentium. III.
164.
Maty, *Paul Henry.*
General index to the Philosophical Transactions. I. 4.
Mauchart, *Burcardus David.* Med. Prof. Tubing. n.
1696. ob. 1751.
    Præside Mauchart Dissertationes :
Butyrum Cacao. III. 514.
Lumbrici in ductu pancreatico reperti historia. II. 359.
Maude, *Thomas.*
Account of the Oak at Cowthorp. III. 322.
Observations on a subject in natural history. II. 96.
Mauduit, *Israel.* Mercator Londin. R. S. S. ob. 1787.
II. 447.
Mauduit, *P. J. E.* Medicus Paris. ob. 1792. I. 256.
II. 3, 32, 132. III. 381.
Maundrell, *Henry.*
Journey from Aleppo to Jerusalem. I. 125.
de Maupertuis, *Pierre Louis Moreau.* Acad. Sc. Paris.
Soc. Acad. Sc. Berolin. Præses, n. 1698. ob. 1759. II.
159, 286.
Ses oeuvres. I. 65. conf. I. 261, 269. II. 54, 399.
Maussacus, *Philippus Jacobus.* N. IV. 352. Ed. II. 7.
May, *Edward.*
Relation of a Serpent found in the heart of J. Pennant.
II. 46.
Mayer, *Friedrich Christoph Siegmund.* Prediger zu Obern-
breit im Fürstenthum Ansbach.
Anweisung zur Angorischen Kaninchenzucht. II. 523.
Mayer, *Gothofredus David.* Medicus Vratislav. ob. 1719.
II. 456.
Mayer, *Johann.* R. III. 402.
    Medicus Prag. n. 1754. I. 247. II. 214,
362, 436. III. 164, 174, 238, 346, 539, 558. IV. 19,
64, 89, 184, 321. V. 47, 80.
Sammlung physikalischer aufsäze. I. 60; ubi adde:
fortgesezt von Franz Ambros Reuss.
5 Theil. pagg. 484.   1798.

MAYER, *Johann Christoph Andreas.* Medicus Regis Borussiæ, n. 1747. III. 372, 375. V. 92, 97.
Von dem nuzen der systematischen botanik. III. 4.

MAYER, *Joseph.* Hist. Nat. Prof. Prag. n. 1752. II. 124,
578 IV. 19, 259. V. 31, 89.

MAYR, *Clarus.* III. 597. IV. 242.

MAYWOOD, *Robertus.*
Coramen inaug. de actione Mercurii in corpus humanum.
IV. 358.

MAZEAS, *Guillaume.* Chanoine de Vannes. II. 305. III.
584. IV. 128, 155. 157.

MAZZUOLI, *Franciscus Maria.* II. 511. III. 443.

MEAD, *Richard.* Medicus Regis Magnæ Britanniæ, R. S. S.
n. 1673 ob. 1754.
A mechanical account of poisons. I. 294.

MEADER, *James.* Hortulanus.
The planter's guide, or pleasure gardener's companion.
Plagg. 8. tabb. æneæ 2. London, 1779. 4. obl.
Addatur Tom. 3. p. 616. ante lin. 11 a fine.

MEARES, *John.*
Voyages to the North west coast of America. I. 150.
An answer to Mr. G. Dixon. I. 150.

MEDICUS, *Friedrich Kasimir.* Director Societatis Œco-
nom. Palatinæ, n. 1736. I. 1. II. 529. III. 48, 83,
207, 217, 263, 291, 313, 370, 394, 399, 444, 616, 623,
637.
Index plantarum horti Manhemiensis. III. 647.
Beiträge zur schönen gartenkunst. III. 611.
Botanische beobachtungen. III. 83. conf. 216.
Theodora speciosa. III. 48, 276.
Ueber einige künstliche geschlechter der Malvenfamilie.
III. 217.
Geschichte der botanik unserer zeiten. III. 48.
Critische bemerkungen über gegenstände aus dem pflan-
zenreiche. V. 64.

MEDLEY, *Johannes.*
Disp. ii aug. de natura et viribus Opii. III. 505.

MEEN, *Margaret.*
Exotic plants. III. 69.

MEERBURGH, *Nicolaas.* Hortulanus in horto botanico
Lugduno-Batavo. III. 643.
Afbeeldingen van zeldzaame gewassen. III. 68. conf. II.
256.
Naamlyst der boom en heestergewassen, dienstig tot het
aanleggen van lustbuschjes. III. 206.

Plantarum selectarum icones. V. 63.
M e e s e, *Bernard Christoffle.* III. 423.
David. II. 361. III. 441, 602.
Flora Frisica. III. 140.
Het 19 classe van de genera plantarum van Linnæus op-
geheldert. III. 218. conf. 345.
Plantarum rudimenta. III. 32.
M e i b o m, *Brandanus.* Med. Prof. Helmstad. n. 1678. ob.
1740.
Præside Meibomio Diss. de Arsenico. IV. 231.
M e i b o m i u s, *Johannes Henricus.* Med. Prof. Helmstad.
dein Medicus Lubec. n. 1590. ob. 1655.
De Cervisiis potibusque extra vinum aliis. III. 566.
v o n M e i d i n g e r, *Karl Freyherr.* n. 1750. III. 407. IV.
69, 87, 269.
Von dem Torfe. IV. 365.
Icones piscium Austriæ. II. 179.
Eintheilung des mineralreichs. IV. 13.
M e j e r, *Carolus Gottlob.*
Diss. inaug. de Carice arenaria. III. 523.
M e j e r, *Florianus.*
Eλαβοδιδασκαλος. II. 93.
M e i n e c k e, *Johann Christoph.* Pastor zu Oberwiedersted
in der Grafschaft Mansfeld, n. 1722. ob. 1790. I. 204.
IV. 16, 58, 303, 327, 344, 347.
M e i n e c k e, *Johann Heinrich Friedrich.* Rector Gymnasii
Quedlinburg. n. 1745. l. 172. II. 203, 221, 250.
M e i s n e r, *Joannes Fridericus.* R. III. 387.
Gotofriedus. R. II. 68.
Leonhard Ferdinand.
De Caffé, Chocolatæ, herbæ Thee natura. III. 572.
M e i s t e r, *Albrecht Ludewig Friedrich.* Philos. Prof. Got-
ting. n. 1724. ob. 1788. IV. 294.
M e i s t e r, *George.*
Orientalisch-Indianischer kunstgärtner. I. 139.
M e l a n d e r, Nob. M e l a n d e r h j e l m, *Daniel.* Eques
Ord. Stellæ Polaris, Acad. Sc. Stockholm. Secret. III.
428.
M e l d a l, *Andreas.* R. IV. 199.
a M e l l e, *Jacobus.* Pastor Lubec. n. 1659. ob. 17 - -.
De Echinitis Wagricis. IV. 342.
lapidibus figuratis agri Lubecensis. IV. 314.
M e l l e n i u s, *Samuel Gabriel.* R. I. 114.
v o n M e l l i n, *August Wilhelm Graf.* II. 91, 94—96.

MELTZER, *Christophorus Daniel.*
Diss inaug de Salis Ammoniaci natura. IV. 354.

MENABENUS, *Apollonius.*
De magno animali quod Alcen vocant. II. 92. conf. 80, 94.

MENDEL, *Philippus.*
Diss. inaug de Saccharo. III. 564.

MENEGOTI, *Vicenzo,* i. e. *J. B.* SCARELLA.
Post.lle ad alcuni capi della storia botanica di Zanoni. III , 74. .1

MENGENBERGER, *Conradus.* Tr. I. 78, 306.

MENGHINUS, *Vincentius.* III. 494.

MENNANDER, *Arvid.* R. III. 602.
          Carl Fredric. Phys. Prof. Aboëns. dein Archiepiscopus Sveciæ, ob. 17 - -.
     Præside Mennander Dissertationes :
De nutrimento plantarum. III. 377.
     usu Logices in historia naturali. I. 184.
          cognitionis Insectorum. II. 201.
Observationes in septentrionali prætura territorii superioris Satagundiæ collectæ. I. 114.
De arte adipem Phocarum coquendi in Ostrobotnia. II. 71.
De Foliis plantarum. III. 383.
     Phoenice ave. II. 44.
     Radicibus plantarum. III. 381.
     Bysso. IV. 123.
     Serico ex telis Aranearum. II. 539.
Delineatio officinarum Ferrariarum in Finlandia. IV. 377.
De transpiratione plantarum. III. 376.
Ichthyotheologia. II. 35.
Ornithotheologia. II. 34.
De regia piscatura Cumoënsi. II. 566.
     seminibus plantarum. III. 398.

MENTZEL, *Albertus.*
Synonyma plantarum circa Ingolstadium sponte nascentium. III. 154.

MENTZELIUS, *Christianus.* Medicus Electoris Brandenburg. n. 1622. ob. 1701. II. 164, 211, 218, 264, 267, 383, 418. III. 128, 171, 532. IV. 15, 254, 342.
Index nominum plantarum universalis. III. 9. conf. 74, 177.

MENTZEL, *Emanuel Gottlob.* R. I. 306.

MENZIES, *Archibald.* Scotus, Chirurgus navalis. II. 20, 466. V. 82.

MENZIO, *Friderico,* Præside Dissertationes:
De plantis, quas ad rem magicam facere crediderunt
veteres. III. 203.
Generatio παραδοξος in Rana. II. 407.
MERBITZIO, *Johanne Valentino,* Præside
Diss. exhibens Dissidium animalium. II. 445.
MERCATO, *Michele.* Medicus Pontif. Rom. n. 1541. ob.
1593.
Metallotheca. IV. 24.
MERCK, *J. A.* Ed. II. 458.
Johann Heinrich. Hessischer Kriegsrath und
Oberkriegszahlmeister, ob. 1791. æt. 50. II. 57, 160,
470, 472, 479. IV. 47.
Sur les os fossiles d'Elephans et de Rhinoceros. IV. 320.
MERCKLEIN, *Georg Abraham.*
Das dem menschen nüzliche thierreich. II. 14.
MERCKLINUS, *Georgius Abrahamus.* Medicus Norim-
berg. n. 1644. ob. 1702. Ed. I. 178.
MERCURIALIS, *Hieronymus.* Med. Prof. Patav. dein Bo-
non. hinc Pis. n. 1530. ob. 1606.
Variæ lectiones. I. 263.
MERGILETUS, *Augustus Fridericus.* R. III. 297.
MERIAN, S. GRÄFFIN, *Maria Sibylla.* Filia Matthæi
Merian sen. et uxor Johannis Andreæ Graff, n. 1647.
ob. 1717.
Der Raupen wunderbare verwandelung. II. 210.
De metamorphosibus Insectorum Surinamensium. II. 33,
et III. 189.
MERIN, *John Baptiste.* IV. 68.
MEROLLA *da Sorrento, Girolamo.*
Viaggio nel regno di Congo I 130.
MERREM, *Blasius.* Phys. Prof. Duisburg. n. 1761. II. 27,
62, 83, 474.
Disp. de animalibus Scythicis apud Plinium. II. 40.
Abhandlungen aus der thiergeschichte. II. 21. conf. 83,
123, 364.
Beytrage zur besondern geschichte der Vögel. II. 116.
Avium rariorum icones. II. 116.
Beyträge zur geschichte der Amphibien. II. 152.
MERRETT, *Christophorus.* Medicus Londin. R. S. S. n.
1614. ob. 1695. III. 370, 373. IV. 371.
Pinax rerum naturalium Britannicarum. I. 235.
MERY, *Jean.* Chirurgus Paris. Acad. Sc. Paris. Soc. n.
1645. ob. 1722. II. 332, 383, 476.

TOM. 5. A a

Merz, *Christophorus Fridericus.*
De Caricibus Sarsaparillæ succedaneis. III. 523.
Merz, *Joannes Jacobus.*
Diss. inaug. de Digitali purpurea. III. 510.
Mesaize. IV. 372. V. 42, 103.
Mesny, *Barth.* Medicus Florent. ob. 1787.
Sur les dents fossiles d'Elephants en Toscane. IV. 326.
Messererus, *Johannes Melchior.* R. IV. 148.
Messerschmid, *Daniel Gottlieb.* Gedanensis, n. 1685.
ob. 172 -. II. 92.
Mesue.
Opera. I. 277.
Metzger, *Carolus.* R. II. 369.
Momenta quædam ad animalium differentiam sexualem
præter genitalia. V. 48.
Metzger, *Johann Daniel.* Anat. Prof. Regiomont. n.
1739. II. 393. R. IV. 110.
Meurling, *Carl.* R. III. 596.
Meursius, *Johannes.* Hist. et Græc. Lingu. Prof. Lugd.
Bat. n. 1579. ob. 1639. Ed. I. 265.
Meursius, *Joannes.* Filius præcedentis.
Arboretum sacrum. III. 60.
Meuschen, *Friedrich Christian.* Sachsen-Coburgischer
Legationssekretar im Haag, n. 1719. II. 333.
Catalogue du cabinet de M. Oudaan. I. 224.
Leers. I. 224.
Koening. I. 224.
Museum Gronovianum. I. 225.
Geversianum. I. 225,
de Mey, *Joannes.* Comm. II. 208.
Meyenberg, *Henricus Julius.*
Flora Einbeccensis. III. 159.
Meyer.
Semina. 1794. III. 117.
Meyer, *Friedrich Albrecht Anton.* M. D. Goettingæ. ob.
1795. II. 232, 440, 445, 541, 552. III. 414. IV. 52,.
78, 121, 243, 251. Ed. II. 206.
Diss. inaug. de cortice Angusturæ. III. 535.
Magazin für thiergeschichte. II. 570. conf. 571, 578.
Spinnen der Göttingischen gegend. II. 284.
Tentamen ordinum Insectorum. II. 206, 573.
Naturgeschichte der Hausthiere. V. 54.
giftigen Insekten. II. 516.
Monographia generis Meloës. II. 239.
Zoologische Annalen. II. 1.

Synopsis Reptilium. II. 153.
Zoologisches Archiv. V. 59. conf. 16, 21, 39.
MEYERO, *Gottlob Andrea,* Præside
Diss. de Sycomoro quem Zacchæus ascenderat. III. 197.
MEYER, *Joann. Augustus.* R. III. 289.
    Johann Carl Friedrich. Pharmacopoeus Stettin.
II. 110. IV. 85, 98, 116, 137, 205, 207, 209, 250.
MEYER, *Johann Daniel.*
Vorstellungen allerhand thiere. II. 18.
MEYER, *Nicolaus.* II. 251.
MEYRICK, *William.*
Family herbal. III. 460.
Miscellaneous botany. III. 89.
MEZGER, *Georgius Balthasar.* Med. Prof. Giss. dein
Tubing. n. 1623. ob. 1687.
Præside Mezgero Diss. Helleborus niger. III. 507.
MICHAËL, *Johannes.* R. II. 354.
MICHAËLIS, *Christian Friedrich.* Filius Johannis Davidis
sequentis. Med. Prof. Marburg. n. 1754. II. 164. IV.
323. V. 51.
MICHAËLIS, *Johannes.* Med. Prof. Lips. n. 1606. ob.
1667.
Præside Michaëlis Diss. de Ferro. IV. 358.
MICHAËLIS, *Johann David.* Philos. Prof. Gotting. Eques.
Ord. Stellæ Polaris, n. 1717. ob. 1791. I. 176.
Fragen an eine gesellschaft gelehrter männer, die nach
Arabien reisen. I. 263.
MICHAËLIS, *Joannes Theophilus.* Præfectus Musei Dres-
densis, n. 1704. ob. 1740. II. 489.
MICHAUX, *André.* III. 185.
MICHE', *Alexandre.* IV. 367.
MICHEL. IV. 49.
MICHELI, *Petrus Antonius.* Florentinus. n. 1679. ob.
1737. I. 241.
Dell' erba Orobanche. III. 644.
Nova plantarum genera. III. 35.
Catalogus plantarum horti Florentini. III. 111.
Icones plantarum submarinarum. I. 197.
MICHELITZ, *Antonius.*
Diss. inaug. exhibens systematicam Salium divisionem.
IV. 148.
MICRANDER, *Julio,* Præside
Diss. Delineatio Rangiferi. II. 94.
MIECKISCH, *Gottfried.* R. IV. 353.

MIEG, *Achilles.* Med. Prof. Basil. III. 237. R. III. 78.
   Observationes anatomicæ et botanicæ. III. 79, 334. V.
   81.
MIEG, *Johannes Rodolphus.* R. III. 450.
   Melchior. R. III. 334.
MIKAN, *Joannes Christianus.*
   Monographia Bombyliorum Bohemiæ. V. 38.
MIKAN, *Josephus.*
   Catalogus plantarum, juxta Systematis vegetabilium C. a
   Linné editionem 13. III. 40.
MILCHSACK, *Conradus Reinhardus.* R. III. 477.
MILES, *Henry.* II. 346. III. 339, 359.
MILET-MURAU, *M. L. A.* Ed. I. 307.
MILHAU.
   Sur le Caffeyer. III. 627.
      Cacaoyer. III. 579.
MILHAU, *Johannes Ludovicus.*
   Diss. inaug. de Carvi. III. 483.
MILIUS, *Abrahamus.*
   De origine animalium. II. 36.
MILIZIA, *Francesco.* Tr. I. 240.
MILLER, *Charles.* Filius Philippi sequentis. I. 142. III.
   401.
MILLER, *James.*
   Synopsis of mineralogy. IV. 13.
MILLER, *John;* s. *Johann Sebastian* MÜLLER.
   Engravings of Insects. II. 212.
   Illustratio systematis sexualis Linnæi. III. 22.
   Illustration of the sexual system of Linnæus. III. 22, 27.
   Icones plantarum. V. 63.
MILLER, *John Frederick.* Filius præcedentis.
   Icones animalium et plantarum. I. 198.
MILLER, *Joseph.*
   Botanicum officinale. III. 456.
MILLER, *Philip.* Scotus, Hortulanus in horto Chelseano,
   R. S. S. n. 1691. ob. 1771. III. 173, 584, 613, 641.
   Gardener's and Florist's dictionary. III. 10.
   Catalogus plantarum officinalium in horto Chelseano. III.
   97.
   Gardener's dictionary. III. 10, 646.
   Abridgement of the Gardener's dictionary. III. 10.
   Figures of plants described in the Gardener's dictionary.
   III. 80.
   The method of cultivating Madder. III. 626.
   Gardener's kalendar. III. 612. conf. 21.

M I L L E S, *Jeremiah.* IV. 179.
M I L L I N (D E G R A N D M A I S O N), *Aubin Louis.* Professeur
d'Archæologie à la Bibliotheque Nationale de Paris. I.
169, 264. II. 40. III. 354. IV. 319. V. 18. Tr. I. 6,
174. Ed. V. 71.
Annuaire du Republicain. I. 300.
Elemens d'histoire naturelle. I. 187.
Magasin encyclopedique. I. 61, 305.
Sur les manuscrits de Dioscorides à la Bibliotheque natio-
nale. I. 275.
M I L L I N G T O N, *Leonard.* III. 486.
M I L L S, *Abraham.* R. S. S. IV. 31, 179, 194.
M I L N E, *Colin.*
Botanical dictionary. III. 11.
Institutes of botany. III. 32, 47.
Catalogue of plants, the seeds of which were lately re-
ceived from the East Indies. III. 178.
Indigenous botany. III. 134.
M I N A S I, *Antonio.*
Dissertazioni sopra diversi fatti meno ovvi della storia
naturale. II. 288.
M I N D E R E R U S, *Raimundus.* Medicus Augustæ Vindel. ob.
1621.
Aloëdarium marocostinum. III. 464.
De Calcantho s. Vitriolo. IV. 355.
M I N I, *Paolo.*
Della natura del Vino. III. 567.
M I R O N E, *Giuseppe.* IV. 295.
M I S S O N, *Maximilien.* Juris Consultus Gallus, ob. 1722.
Voyage d'Italie. I. 92.
M I T C H E L L, *John.* Medicus in Virginia, R. S. S. ob. 1768.
II. 54.
De principiis Botanicorum et Zoologorum. I. 192. conf.
III. 31.
M I T O U A R D. IV. 252.
V O N M I T R O W S K Y, *Johann Nepomuk Graf.* IV. 63.
M I T T E R P A C H E R, *Ludovicus.* I. 117.
M I Z A L D U S, *Antonius.* Medicus Paris. ob. 1578.
Hortorum cura. III. 604.
Alexikepus. III. 454.
M I Z L E R, *Steph. Andreas.* R. III. 566.
M O D E E R, *Adolph.* Acad. Sc. Stockholm. Soc. II. 234, 246,
248, 249, 274, 279, 282, 297, 300, 309—311, 313, 340,
345, 348, 354, 414, 546, 549. IV. 231, 312, 316, 345.
V. 38, 40, 43, 45.

Bibliotheca helminthologica. II. 297.
Tal om några ämnen, som uti de tre naturens riken likna
    hvarandra. I. 270.
Model, *Johann Georg.* Pharmacopoeus Petropolit. ob.
    1775. II. 512.
De Borace nativa. IV. 165.
Ueber ein natürliches Salmiak. IV. 152, 166.
Modena, *Carlo.* II. 532.
Moebius, *Gothofredus.* Med. Prof. Jen. n. 1611. ob. 1664.
    R II. 93.
Anatomia Camphoræ. III. 493.
Mögling, *Johannes Ludovicus.*
Palingenesia s. resurrectio plantarum. III. 439.
Moehringius, *Paulus Henricus Gerardus.* Medicus Je-
    ver. n. 1710. ob. 1792. II. 129, 199, 465, 517. III.
    77, 234, 250, 252, 255, 262, 298, 302, 307, 309, 312,
    334, 345, 360, 384. IV. 348.
Avium genera. II. 111.
Moehsen, *Joannes Carolus Vilelmus.* III. 380.
a Möinichen, *Ericus.* Rector Scholæ Bergensis in Nor-
    vegia, ob. 1728.
Diss de generatione Concharum anatiferarum. II. 325.
Mofllenbroccius, *Valentinus Andreas.* Medicus Eifurt.
    ob. 1672.
Cochlearia curiosa. III. 510.
Möller, *Georg Friederich.* III. 382, 388.
Mönch, *Conrad.* Bot. Prof. Marburg. n. 1744. IV. 52,
    114, 224, 249.
Enumeratio plantarum indigenarum Hassiæ. III. 157,
    417.
Verzeichniss ausländischer bäume des lustschlosses Weis-
    senstein. III. 208.
Methodus plantas horti et agri Marburgensis describendi.
    V. 67, 71.
Moeren, *Johannes Theodorus.* Medicus Elect. Colon. n.
    1663. ob. 1702. II. 547.
Mohr, *Georgius Fridericus.* IV. 313.
        Nic. R. III. 237.
Islandsk naturhistorie. I. 249.
Mojsjeenkow, *Feodor.*
Von dem Zinnsteine. IV. 217.
Molberg, *Christian Gran.* II. 565.
Moldenhawer, *Joannes Henricus Daniel.*
Diss. inaug. de Vasis plantarum. III. 372.

MOLDENHAWER, *Joannes Jacobus Paulus.* Philos. Prof.
 Kilon. n. 1766.
 Tentamen in historiam plantarum Theophrasti. III. 52.
MOLIIS, *Joseph.* R. IV. 144.
MOLINA, *Giovanni Ignazio.*
 Storia naturale del Chili. I. 257.
DU MOLINET, *Claude.* Canonicus regularis Stæ. Geno-
 vefæ, ob. 1687. æt. 67.
 Le cabinet de la bibliotheque de Ste. Genevieve. I. 225.
MOLL, *Herman.*
 Fifty maps of England and Wales. IV. 29.
VON MOLL, *Johann Paul Carl.* V. 42.
 Karl Ehrenbert. Salzburgischer Kammerdi-
 rektor. n. 1760. I. 104. II. 201, 226, 232. Tr. II.
 540.
 Oberdeutsche beyträge zur naturlehre und oekonomie. I.
 59.
MOLLERUS, *Daniel Guilielmus.* Hungarus. Metaphys. et
 Hist. Prof. Altorf. n. 1642. ob. 1712.
 De Insectis quibusdam Hungaricis prodigiosis. II. 217.
 Præside Mollero Dissertationes :
 De Salamandra. II. 159.
 Technophysiotameis. I. 218.
MOLLERUS, *Johann Frid.* R. I. 262.
MOLLIN, *Josephus.* R. III. 125.
MOLYNEUX, *Thomas.* M. D. R. S. S. II. 232, 305. IV.
 115, 324, 327. V. 40.
MOLYNEUX, *William.* R. S. S. n. 1656. ob. 1698. II. 218,
 382. IV. 127. V. 45.
MONARDES, *Nicolaus.*
 De las cosas que se traen de las Indias Occidentales, que
 siruen al uso de medicina. I. 287. conf. I. 293. IV.
 204.
 De Rosa. III. 503. conf. 306.
MONBODDO, *Lord.* see *James* BURNET.
MONCÆJUS, *Franciscus.*
 De magia divinatrice. II. 41.
DE MONCHY, *Salomon.* Medicus Roterodam. ob. 1794. æt.
 77.
 Diss. inaug. de Opio. III. 505.
DE MONCONYS, *Balthazar.* Medicus Gallus, ob. 1665.
 Journal de ses voyages. I. 86.
MONDAINI, *Antonio.* III. 626.
MONGE. Instituti Paris. Soc. I. 59, 60. IV. 206.
MONGEZ, *A.* II. 132. IV. 142, 269.

Mongez *le jeune, J. A.* IV. 72, 108, 223, 349. Tr. IV.
    12 Ed. I 52.
Monnereau, *Elie.*
    Le parfait indigotier. III. 636. conf. 627.
Monnet. IV. 17, 33, 36, 38, 88. 95, 111, 118, 124, 136
    —138, 142, 146. 169, 197, 215, 242, 283, 290, 383.
    Sur l'arsenic. IV. 248.
    Systeme de mineralogie. IV. 11.
Monro, *Alexander.* Anat. Prof. Edinburg. ob. 1768.
    An essay on comparative anatomy. II. 371.
Monro, *Alexander.* Præcedentis filius. Anat. Prof. Edin-
    burg. III. 466.
    Diss. inaug de Testibus in variis animalibus. V. 47.
    On the structure and functions of the nervous system. II.
    379.
    The structure and physiology of Fishes. II. 481. V. 52.
    conf. II. 488. V. 52, 53.
Monro, *Donald.* IV. 165.
van Mons. I. 60.
Monselius, *Davides Johannes.* R. II. 486.
Montagu, *George.* V. 24.
Montalbanus, *Ovidius.* Med. Prof. Bonon. ob. 1672.
    III. 205.
    Bibliotheca botanica. III. 6. conf. 212.
    Hortus botanographicus. III. 69. conf. 402.
Montanus, *Arnoldus.* Clericus Belga. ob. 1687.
    Atlas Japanensis. I. 145.
        Chinensis. I. 143.
    De nieuwe en onbekende weereld, of beschryving van
    America en 't Zuid-land.   Amsterdam, 1671. fol.
    Pagg. 585; cum tabb. æneis, et figg. æri incisis pluri-
    mis.
    Addatur Tom. 1. p. 149. ante lin. 14 a fine.
de Montbeillard. vide Gueneau.
de Monte Pigati, *Joannes Antonius.*
    Ad praxim medicam utilissima botanices rudimenta. III.
    448.
de Montelimart, *D. F. L. G. E. V. S.* II. 437.
Montesaurus, *Dominicus.* Tr. I. 264.
Montet. I. 202. III. 469. IV. 37, 290.
Monti, *Cajetanus.* II. 126, 150, 263, 406, 410. III. 243,
    258. Tr. III. 74.
Monti, *Ignazio.* III. 466.
    Le Lucertole acquatiche. II. 41.

Monti, *Josephus.* I. 175. III. 14, 77, 357, 465, 548.
IV. 86, 174, 335, 337.
Catalogi stirpium agri Bononiensis prodromus. III. 214.
De monumento diluviano in agro Bonon. detecto. IV. 280.
Plantarum varii indices. III. 90. conf. 5, 28, 111, 457.
Exoticorum medicamentorum indices. I. 283.
Indices botanici et materiæ medicæ. III. 90. conf. I. 283.
III. 11, 111, 457.
Montin, *Lars.* Medicus Svecus, Acad. Scient. Stock-
holm. Soc. n. 1723. ob. 1785. II. 144, 197. III. 170,
248, 252, 272, 273, 297, 306, 643. R. III. 341.
de Montlosier, *Comte.*
Notice sur la Roche de Corne.
Pagg. 23. Londres, Novembre 1799. 8.
Addatur Tom. 4. p. 95. ad calcem sect. 72.
de Moor, *Bartholomæus.*
Oratio de Piscium et Avium creatione. II. 36.
Moore, *Francis.*
Travels into the inland parts of Africa. I. 129.
Moore, *John.*
Natural history of tame Pigeons. II. 145.
de Moraaz, *S. A.* II. 406.
Moræus, *Joac.* R. IV. 379.
Johan. Medicus Fahlun. Acad. Scient. Stock-
holm. Soc. n. 1672. ob. 1742. III. 550. R. IV. 156.
Moræus, *Johan.* Præcedentis filius. III. 550.
de Morales, *Gaspar.* Boticario.
De las virtudes de las piedras preciosas. IV. 81.
Morand, *Jean Francois Clement.* Filius sequentis. Medi-
cus Paris. Acad. Scient. Paris. Soc. n. 1726. ob. 1784.
II. 222. IV. 18, 38, 178, 273.
Morand, *Sauveur François.* Medicus Paris. Acad. Scient.
Paris. Soc. n. 1697. ob. 1773. II. 418, 419, 421, 460,
465, 488.
Morandi, *Joannes Baptista.* Eques.
Historia botanica practica. III. 458.
Moray, *Sir Robert.* Eques, R. S. S. ob. 1673. II. 325.
More, *Robert.* R. S. S. n. 1704. ob. 1780. III. 531.
Sir Thomas. Baronetus. III. 641.
Moreau, *René.* Tr. III. 579.
de Saint-Mery. II. 519. III. 596, 635.
Morel. II. 117.
Morell, *Bernhard Friedrich.* Pharmacopoeus Bern. IV.
109, 164.
Morgan, *John.* II. 56.

Morgenbesser, *Michaël.* R. II. 492.
Morgenstern, *Fridericus Simon.* Medicus Magdeburg.
  ob. 1782. æt. 53. II. 289.
Morison, *Robertus.* Scotus. Botan. Prof. Oxon. n. 1620,
  ob. 1683.
  Præludia botanica. III. 90. conf. 36, 43, 60, 108.
  Plantarum Umbelliferarum distributio. III. 217.
        historia universalis. III. 36.
Morisot. I. 132, 159.
Morland, *Samuel.* III. 390.
Moro, *Anton Lazzaro.*
  De' crostacei che si truovano su' monti. IV. 301.
Moro, *Giovanni.*
  La generazione degli animali e vegetabili. II. 399.
Moro, *Pietro.* III. 431.
Morozzo (Mouroux), *Comte.* II. 120, 374. III. 432.
  IV. 113.
Morris, *Michael.* Medicus Londin. R. S. S. ob. 1791.
  IV. 213.
Mortimer, *Cromwell.* M. D. Reg. Soc. Secret. ob. 1752.
  II. 84, 187, 189, 291, 432, 435. III. 550. IV. 238,
  324, 331. Tr. IV. 199.
Mortimer, *George.*
  Voyage to the South Sea. I. 147.
Morton, *John.* IV. 310.
  Natural history of Northamptonshire. I. 96.
de Morveau. vide Guyton.
Morwyng, *Peter.* Tr. I. 279.
·Moscardo, *Conte Lodovico.*
  Museo di L. Moscardo. I. 227.
Moscati, *Pietro* III. 238.
  Delle corporee differenze che passano fra la struttura de
  bruti, e la umana. II. 371.
Moseder, *Joh. Fridericus.* R. IV. 110.
Mossdorf, *Godofredus Christophorus.* R. III. 485.
Mossin, *Christianus Lodovicus.* R. III. 3.
Moubach, *Abraham.* I. 112.
Mouffet, *Thomas.*
  Insectorum theatrum. II. 208.
Moulin, *Allen.* M. D. R. S. S. II. 418, 473. V. 48.
  Anatomical account of an Elephant. II. 463 et 389.
Moult, *J.* III. 522.
Mounsey, *James.* I. 201.
Mountaine, *Dydymus.*
  The gardener's labyrinth.. III. 604.

MOURGUE. III. 422.
MOUROUX. vide MOROZZO.
MOZELIUS, *Gabriel.* R. II. 68.
MUCHA, *J. J. M. Wolfgang.*
   Anleitung zur kenntniss des Quecksilberbergwerks zu
   Hydria. IV. 200.
MÜCKE, *Joannes Henricus.* R. III. 492.
MULLER, *Andreas.* Ed. I. 133.
MULLERUS, *Cbristopborus.* R. IV. 82.
MÜLLER, *Cornelius.* II. 141.
      Elias.
   Inhalt einer abhandlung von fürtrefflichkeit der gewächse
   in Dännemark. I. 248.
MÜLLER, *Franciscus H.* R. IV. 99.
      Gerbard Friedricb. II. 506.
      Godofredus.
Θηρολογια biblica. II. 38.
MÜLLER, *Gottfried Adrian.* IV. 325.
      Polycarpus. n. 1685. ob. 1747.
   Præside G. P. Müller Meditationes in oeconomiam gene-
   rationis animalium a N. Hartsoekero expositam. II.
   397.
MÜLLER, *J. L.* II. 358.
      Joacbim Friedricb. II. 139.
      Jobahne, Præside Dissertationes :
   De Vespertilionibus. II. 64.
     Tarantula. II. 285.
   An aliqua spęcies corporum naturalium de novo orta sit?
   I. 269.
MÜLLER, *Jobannes.* R. IV. 361.
MULLER, *Jobannes Ernestus.* R. II. 94.
MÜLLER, *Jobannes Fridericus.* R. IV. 119, 134.
      Gottfried.
   Verzeichniss der vornehmsten stücken in dem cabinet J.
   C. Olearii. I. 230.
MÜLLER, *Jobann Gotthilf.*
   Species plantarum. III. 68.
MÜLLER, *Jobannes Heinricus.* R. IV. 80.
      Mattbias. III. 547.
      Nicolaus. R. I. 245.
      Traugott.
   Oekonomische und physikalische bücherkunde. I. 178.
VON MÜLLER, *Joseph.* Thesaurariatsrath zu Salatna in
   Siebenbürgen. IV. 69, 194, 235.
   Von den in Tyrol entdeckten Turmalinen. IV. 105.

MÜLLER, *Otto Friedrich*. Hafniensis. n. 1730. ob. 1784.
 I. 203 II. 22, 29, 224, 265, 282, 290, 300—302, 304,
  307, 310, 328, 335, 347, 349, 351, 353, 365, 414, 423,
  431, 490. III. 167, 223, 340, 347, 348, 352—354, 358,
  415, 420, 421. Cont. III. 166.
Om Svampe, i sær Rörsvampen. III. 223.
Fauna Insectorum Fridrichsdalina. II. 227.
Flora Fridrichsdalina. III. 166. conf. II. 227.
(Schreiben, die beurtheilung der Flora Fridrichsdalina
  in dem Dänischen Journal betreffend. III. 166.)
Von würmern des süssen und salzigen wassers. II. 303.
Pile-larven med doppelt hale. II. 260. conf. 400.
Vermium terrestrium et fluviatilium historia. II. 297.
Zoologiæ Danicæ prodromus. II. 28.
          icones. II. 28.
Reise igiennem Ovre-Tillemarken. I. 108.
Zoologia Danica. II. 28.
Hydrachnæ. II. 282.
Kleine schriften aus der naturhistorie. I. 207. conf. II.
  263, 282, 336, 349, 350. III. 223, 358.
Entomostraca Daniæ et Norvegiæ. II. 290.
Animalcula infusoria. II. 347.
MULLERUS, *Paulus Christianus*. R. III. 425.
MÜLLER, *Philipp Ludwig Statius*. Hist. Nat. Prof. Er-
  lang. n. 1725. ob 1776. I. 202.
Dubia Coralliorum origini animali opposita. II. 494.
Des Ritters von Linné vollständiges natursystem. I. 190.
MÜLLER, *Samuel*.
Vademecum botanicum. III. 456.
MÜLLER, *Theophilus*. R. II. 56.
MÜNTER, *Laurentius*. R. II. 316.
MUHLENBERG, *Henricus*. III. 185.
MULE, *Johannes*.
De Ficu arefacta. III. 649.
MULGRAVE, *Lord*. vide PHIPPS.
MUMSEN, *Jacob*. IV. 245.
MUNDELSTRUP, *Janus Nicolai*. Rector Scholæ Aarhus.
  in Jutlandia, n. 1657. ob. 1701.
De Pomis Sodomiticis Diss. III. 196.
MUNDINI, *Carolus*. II. 410.
MUNDINUS. N. I. 277.
MUNDY, *Henricus*.
  Βιοχρηςολογια I. 296.
MUNIER. II. 516.
MUNNICKS, *Johannes*. III. 179.

MUNTING, *Abraham.* Filius sequentis. Med. et Botan.
Prof. Groning. n. 1626. ob. 1683.
Waare oeffening der planten. III. 606.
De vera antiquorum herba Britannica. III. 269. conf.
264.
Naauwkeurige beschryving der aardgewassen. III. 61.
Phytographia curiosa. III. 67.
MUNTING, *Henricus.* Botan. et Chem. Prof. Groning.
ob. 1658.
Hortus. III. 105. conf. I. 280.
VON MURALT, *Johann.* Medicus Tigur. n. 1645. ob.
1733. II. 211, 377, 419, 466, 475, 477. IV. 312.
Eydgnössischer lustgarten. III. 150.
MURALTUS, *Johannes Conradus.* II. 465.
MURBERG, *Johan.* R. IV. 275.
MURHARD, *Friedrich Wilhelm August.* V. 49.
DE MURILLO Y VELARDE, *Tomas.*
Tratado de raras y peregrinas yervas. III. 464.
VON MURR, *Christoph Gottlieb.* Patricius Norimberg. n.
1733. I. 181. II. 49. IV. 31. Tr. II. 30, 111.
MURRAY, *Adolphus.* Frater Joannis Andreæ sequentis.
Anat. Prof. Upsal. IV. 91, 155. R. II. 314.
MURRAY, *Andreas Joannes Georgius.*
De redintegratione partium corporis animalis. II. 428.
MURRAY, *Lady Charlotte.* Soror Ducis Atholiæ.
The British garden. V. 66.
MURRAY, *Joannes Andreas.* Svecus. Med. Prof. Gotting.
Eques Ord. Vasiaci, n. 1740. ob. 1791. III. 119, 263,
530. Ed. III. 39.
Enumeratio vocabulorum quorundam, quibus antiqui lin-
guæ latinæ auctores in re herbaria usi sunt. III. 25.
De Arbuto Uva ursi. III. 278.
Vermibus in Lepra obviis. II. 360, 487.
Prodromus designationis stirpium Gottingensium. III.
118, 159.
De redintegratione partium cochleis limacibusque præci-
sarum. II. 431.
Apparatus medicaminum. I. 285.
Dulcium natura et vires. III. 449.
Vindiciæ nominum trivialium. III. 50.
Succi Aloës amari initia. III. 486.
Opuscula. I. 67. conf. II. 360, 431, 487. III. 50, 278,
383, 449 486, 530.
MUSA, *Antonius.*
De herba Vetonica. III. 509.

Musard, *F.* IV. 305.
Musculus, *F. C.* II. 325.
Mushet, *David.* V. 117, 126.
Mussin-Puschkin, *Comte Apollos.* IV. 193.
Mustel. III. 368.
Muthuon. Ingenieur des Mines de la Republ. Françoise.
    IV. 384. V. 123.
Mutis, *Joseph Celestino.* II. 78. III. 331, 332.
    Instruccion relativa de las especies de la Quina. V. 91.
Mutonus, *Nicolaus.* Tr. I. 277.
Mutzer, *Franciscus.*
    Diss. inaug. de Nitro. IV. 356.
Muys, *Wyer Guilielmus.* IV. 354.
a Mygind, *Franciscus.* III. 188.
Mylius, *Christlob.* Lusatus. n. 1722. ob. Londini 1754.
    II. 219, 398, 447. III. 356, 392. IV. 57. Ed. I. 49.
    Beschreibung einer Grönlandischen Thierpflanze. II.
    345. V. 43.
Mylius, *Gottlieb Friedrich.*
    Memorabilia Saxoniæ subterraneæ. IV. 314.
    Cabinet. IV. 24.
Mynster, *O. J.* Tr. V. 9.
Myrstedt, *Ammund. Gabr.* R. II. 428.

Næze'n, *Daniel Erik.* II. 231. R. III. 213.
Nagel, *Fridericus.* R. II. 102.
        Leopoldus Antonius.
    Cardamine pratensis. V. 93.
Nahuys, *Alexander Petrus.* Med. Prof. Traject. ob. 1794.
    æt. 58.
    Oratio de religiosa plantarum contemplatione. III. 193.
Naironus, *Faustus.* Maronita Syrus. Lingu. Chald. et
    Syr. Prof. Romæ.
    De potione Cahve seu Cafe. III. 573.
Nannoni, *Lorenzo.* II. 419.
Napione, *Carlo Antonio.* IV. 203, 228. V. 113.
    Sul Lincurio. IV. 78.
Narborough, *Sir John.*
    Voyage to the streights of Magellan. I. 160.
Narcissus, *Ferdinandus Georgius.* R. III. 483. IV. 356.
Nash, *Tredway.*
    History of Worcestershire. I. 96.
Nathorst, *Theoph. Erdm.* R. III. 143.
Nati, *Petrus.*
    De malo limonia citrata vulgo la Bizzarria. III. 307.

N A U, *Bernhard Sebastian.* I. 182. II. 81, 120, 179, 200, 354.
    Neue entdeckungen aus der physik. I. 60. conf. I. 105. 185, 205. IV. 51. V. 14, 36, 44, 87.

N A U C L E R U S, *Olaus.*
    Delineatio magnæ fodinæ Cuprimontanæ. IV. 377.

N A U C L É R, *Samuel.* R. III. 124.

N A U M A N N, *Johann Andreas.* Ein Bauer zu Ziebigk, im Anhalt-Köthenschen, n. 1743.
    Naturgeschichte der land-und wasser-vögel des nördlichen Deutschlands. V. 24.

N A U M A N, *Johan Justus.* R. II. 84.

N A U M B U R G, *Johannes Samuelis.* III. 389.
    Diss. inaug. sistens delineationes Veronicæ Chamædryos etc. III. 160. conf. V. 39.

N A U T O N. II. 55.

N A U W E R K. IV. 161, 243.

N A V A R E T T E, *Dominick Fernandez.*
    An account of China. I. 143.

N E A L, *Adam.* Hortulanus.
    Catalogue of the plants in the garden at Orford. III. 99.

N E A N D E R, *Johannes.* Medicus Brem.
    Tabacologia. III. 476.

N E B E L, *Christophorus Ludovicus.* Med. Prof. Giess. ob. 1782. æt. 45.
    Diss. de Secali cornuto. III. 430.
    Dissertationem suam de Secali cornuto vindicat. III. 430.

N E B E L, *Daniel.* Med Prof. Heidelberg. n. 1664. ob. 1733. II. 466. Ed. III. 36. R. III. 307.

N E B E L, *Daniele Wilhelmo,* Præside
    Diss. de Ferro. IV. 205.

N E B E L, *Michaël.* II. 281.
    Samuel. II. 381.
    Wilhelm Bernhard. Med. Prof. Heidelberg. n. 1699. ob. 1748.
    Præside W. B. Nebel Diss. de Acmella Palatina. III. 465.

D E N E C K E R, *Natalis Josephus.* M. D. Botanicus Electoris Palatini, Acad. Sc. Palat. Soc. n. 1730. ob. 1793. III. 156, 311, 440, 441.
    Deliciæ Gallo Belgicæ silvestres. III. 145.
    Methodus Muscorum. III. 221.
    Physiologia Muscorum. I. 193. III. 441.
    Traité sur la Mycitologie. III. 224.
    Elementa botanica. III 33.
    Paytozoologie philosophique. III. 48.

Corollarium ad philosophiam botanicam Linnæi. III. 27.
NECTOUX. III. 613.
NEEDHAM, *Turberville.* Chanoine de Soigny, Acad. Sc.
    Bruxell. Director, n. Londini 1713. ob. 1781. I. 201.
    II. 273, 398, 528. IV. 123.
    New microscopical discoveries. I. 214.
NEEDHAM, *Walter.* Medicus Londin. R. S. S. ob. 1691.
    De formato foetu. II. 396.
NEGELEIN, *Julius Ægidius.* R. IV. 170.
NEHRING, *Jo. Christianus.* C. I. 268.
NEICKELIUS h. e. EINCKEL, *Caspar Friedrich.* Mercator
    Hamburg. vide Hamburg. Magaz. 3 Band, p. 560.
    Museographia. I. 219.
NEILE, *Sir Paul.* Eques, R. S. S. III. 570.
NEJMAN, *Anders.* R. IV. 250.
NELLY, *Henricus.* R. III. 309.
NEMESIANUS, *Marcus Aurelius Olympius.*
    Cynegeticon. II. 554.
NEMNICH, *Philipp Andreas.*
    Polyglotten-lexicon der naturgeschichte. I. 184. V. 9.
NENTER, *Georgio Philippo,* Præside
    Diss. de generatione viventium. II. 397.
NERET *fils.* IV. 350.
NERITINORUM *Dux.* vide AQUIVIVUS.
NETHENUS, *Sebastian.* R. II. 17.
NEUCHTER, *Jacobus.* R. IV. 317.
NEUCRANTZ, *Paulus.* Medicus Lubec. n. 1605. ob. 1671.
    De Harengo. II. 193.
A NEUENARE, *Heremannus Comes.* III. 70.
NEUENHAHN. III. 88. V. 64.
NEUMANN, *Caspar.* Pharmacopoeus Berolin. n. 1683. ob.
    1737. III. 436, 437.
    Von Salibus alcalino-fixis und von Camphora. III. 494.
    Vom Succino, Opio, Caryophyllis und Castoreo. I. 291.
    Vom Thée, Caffée, Bier und Wein. III. 566.
    De Ambra grysea. II. 505. V. 53.
NEUWIRTH, *Augustus J. N.*
    Diss. inaug. sistens Salium acidorum originem. IV. 354.
NEVIANUS, *Marcus.*
    De viribus plantarum poematium. III. 454.
NEVILL, *Francis.* IV. 128, 324.
NEWBURGH, *John.* III. 570.
NEWLAND. II. 443.
NEWTON, *James.* III. 550.
    Enchiridion universale plantarum. III. 37.
    A complete herbal. III. 68.

Newton, *Thomas.* Tr. III. 193.
Nibling, *Elias.* R. III. 621.
Nicander. vixit Olymp. 155—160.
  Alexipharmaca. I. 292.
  Theriaca. II. 513.
Niceron. Tr. IV. 274.
Nicholls, *Frank.* Anat. Prof. Oxon. ob. 1778. II. 352,
  417. III. 384. IV. 371.
Nicholson, *Henricus.*
  Methodus plantarum in horto Collegii Dublinensis jam
  jam disponendarum. III. 101.
Nicholson, *William.*
  A journal of natural philosophy. I. 305. V. 12. conf. IV.
  102. V. 48.
Niclas, *J. N.* N. I. 264, 265.
Nicola, *Lewis.* II. 2.
Nicolai, *Ernst Anton.* Med. Prof. Jen. n. 1722.
  Progr. de viribus medicamentorum explorandis. III. 447.
  Præside Nicolai Diss. de Nucis vomicæ viribus. III. 479.
Nicolai, *J. D.*
  Was ist für und wider den einländischen Zukkerbau in
  den Preussischen staaten zu sagen? V. 97.
Nicolai, *Johannes Godofr.* R. III. 491.
Nicolas. II. 3, 117, 220. IV. 254.
Nicolis de Robilant, *Chev.* I. 102.
Nicols, *Thomas.*
  Lapidary, or history of precious stones. IV. 82.
Nicolson.
  Histoire naturelle de St. Domingue. I. 163.
Niebuhr, *Carsten.* n. 1733. Ed. II. 30. III. 175.
  Beschreibung von Arabien. I. 137.
  Reisebeschreibung. I. 136.
Niemeyer, *Johannes Henricus Andreas.*
  De Violæ caninæ in medicina usu Diss. inaug. III. 521.
Nierembergius, *Joannes Eusebius.* Hispanus, S. J. n.
  1590. ob. 1653.
  Historia naturæ. I. 195.
Niesen, *Christian.* II. 529.
Nieuhof, *Johan.*
  Legatio Batavica ad Sinæ Imperatorem. I. 142.
  Brasiliaense reize. I. 159.
  Reize door verscheide gewesten van Oostindien. I. 139.
Nieuwentyt, *Bernard.* M. D. Consul in Purmerend, n.
  1654. ob. 1718.
  Het regt gebruik der werelt beschouwingen. I. 261.
    Tom. 5.   B b

NIGRISOLI, *Francesco Maria.*   Med. Prof. Ferrar. n.
    1648. ob. 1727.
    Considerazioni intorno alla generazione de' viventi. II.397.
    (Difesa delle considerazioni etc. II. 397.)
NIPHUS, *Augustinus.*   Comm. II. 7, 371, 372.
NISSOLLE.   II. 535. III. 34, 241, 304, 325.
NIVELET.   II. 109.
NOBBES, *Ro.*
    The complete Troller. II. 564.
DE NOBILI, *Pietro.*
    Erbario. III. 66.
NOCCA, *Dominicus.* I. 240. III. 12, 89, 110. Tr. III. 533.
    In botanices commendationem oratio. III. 5.
NOEHDEN, *Henricus Adolphus.*   V. 86.
    Spec. inaug. de argumentis contra Hedwigii theoriam de
    generatione muscorum. V. 89.
NOEL.   I. 61.
    S. B. J.   IV. 34, 177, 372. V. 31.
NÖLDECHEN, *Karl August.*
    Ueber den anbau der Runkelrüben. V. 97.
NÖRAGER, *Christiernus.*
    De potu Thee. III. 577.
NOGUEZ.   Tr. IV. 274.
NOLLAVIUS, *Johannes Christophorus.*   R. I. 199.
NOLLET, *Jean Antoine.*   Phys. Prof. Paris. Acad. Sc. ibid.
    Soc. n. 1700. ob. 1770. I 101. II. 388.
NONNE, *Joannes Philippus.*   Med. Prof. Erfurt. ob. 1772.
    II. 379. III. 400.
    Flora in territorio Erfordensi indigena. III. 160.
    Quædam de plantis nothis. III. 396.
NONNIUS, *Ludovicus.*
    Diætetica, s. de re cibaria. I. 296.
A NOORT, *Olevier.*
    Descriptio navigationis per fretum Magellanicum. I. 88.
NORÆUS, *Johannes Olai.*   R. II. 214.
NORBERG, *M.*   III. 400.
NORDBLAD, *Carolus.*   R. I. 233.
            Ericus And.   R. I. 82.
NORDENSKJÖLD, *August.*   R. IV. 217.
            Carl Fredric.   III. 592.
NORDHOLM, *Æschill*   R. II. 557.
NORDLING, *Ingevald.*   R. III. 617.
NORDMEYER, *Carolus Henricus Christophorus.*
    Calendarium Ægypti oeconomicum. III. 419.
NORELL, *Carolus.*   R. IV. 118.

Norlin, *Petrus Ant.* R. II. 236.
Norlind, *Daniel.* R. II. 45.
Norona, *F.* III. 181.
Norrelius, *Andreas.*
De avibus esu licitis. II. 38.
Norrmann, *Laurentius.* Græcæ L. Prof. Upsal. dein
Episcopus Gothoburg. ob. 1703.
Præside Norrmanno Dissertationes:
De Purpura. II. 538.
Castor. II. 84.
Elephas. II. 68.
North, *Richard.*
Of the different grasses propagated in England. V. 99.
Norwood. I. 255.
Nose, *Carl Wilhelm.* Medicus Elberfeld. n. 1753. IV.
19, 87, 296.
Ueber das Siebengebirge. IV. 52.
Sauerländische gebirge. IV. 54.
Beyträge zu den vorstellungsarten über vulkanische ge-
genstände. V. 124.
Beschreibung einer sammlung von meist vulkanisirten
fossilien, die D. Dolomieu von Maltha aus versandte.
IV. 21.
de Noya Carafa, *Duc.*
Sur la Tourmaline. IV. 257.
Nozeman, *Cornelius.* ob. 1786. I. 180. II. 145, 192, 196,
303, 413. III. 275, 410, 592, 653. V. 50. Tr. II. 111.
Nederlandsche vogelen. II. 119. V. 24.
Nunes, *A.* V. 62.
Nunningius, *Jodocus Hermannus.*
Commercii literarii Dissertationes epistolicæ. I. 71.
Nyander, *Johannes.* R. II. 361.
Nygren, *Petrus.* III. 630.
Nylandt, *Petrus.*
De Nederlandtse herbarius. III. 61.
Schauplaz irdischer geschöpfe. II. 13.

Oberländer, *Johann-Nicolaus.* R. II. 242.
Obsequens, *Julius.*
Prodigiorum liber. I. 265.
d'Obsonville.
Sur les moeurs de divers animaux etrangers. II. 15
Ochs, *Johannes Fridericus.*
Diss. inaug. de Sanguine Draconis. III. 465.

ODANEL. IV. 334.

ODHELIUS, *Johan Lorens.* Medicus Svecus, Acad. Sc.
Stockh. Soc. II. 359, 362. III. 387, 474, 536. IV. 354.
R. II. 23.
Åminnelsetal öfver Pehr Kalm. I. 173.

ODHELIUS, *Laurentius.* R. II. 73.

ODHELSTIERNA, *Eric.* Assessor Collegii Metallici Sveciæ,
n. 1661. ob. 1704. IV. 201.

ODIER. II. 64.

ODOARDI, *Jacopo.*
De' corpi marino che nel Feltrese si trovano. IV. 311.

ODONUS, *Cæsar.*
Theophrasti de plantis sententiæ. III. 52.
Aristotelis de animalibus sententiæ. II. 8.

VON OEDER, *Georg Christian.* Stiftsamtmann und Land-
vogt in Oldenburg, n. in Anspach 1728. ob. 1791. III.
152. Tr. I. 217. Ed. III. 40.
Elementa botanicæ. III. 20.
Icones floræ Danicæ. III. 165.
Nomenclator botanicus. III. 11.
Enumeratio plantarum floræ Danicæ. Cryptantheræ. III.
220.

ÖDMAN, *Johan.* II. 331.
    Samuel. Theol. Adjunct. Upsal. Acad. Sc. Stock-
holm. Soc. II. 40, 71, 83, 121, 124, 132, 134, 135, 137
—139, 142, 246, 289, 452. V. 35, 58. Ed. I. 296.
Strödde samlingar utur naturkunnigheten, till den Heliga
Skrifts upplysning.
    1 Flocken. Tredje uplagan.   Pagg. 144. tab. ænea 1.
                                      Upsala, 1795. 8.
    2 Flocken. pagg. 184. tab. 1.   1785.
    3 Flocken. pagg. 132. tabb. 2.   1788.
    4 Flocken. pagg. 115. tab. 1.   1789.
    5 Flocken. pagg. 111.   1792.
    6 Flocken. pagg. 149.   1794.
    Addatur Tom. 1. p. 263. ante sect. 69.
Om djur-rikets slägtskaper. II. 7.
Åminnelse-tal öfver Clas Bjerkander. V. 8.

ÖHMB, *Carolus.* Medicus Vratislav. n. 1653 ob. 1706.
IV. 128.

OEHME, *Carolus Joseph.* III. 412.
De serie corporum naturalium continua. I. 193.

ÖHRGREN, *Joh.* R. IV. 370.

ÖJEBOM, *Jacob.* R. IV. 241.

OELER, *Adamus Fridericus.* R. III. 196.

OELHAFEN *von Schöllenbach, Carl Christoph.* Patricius
Norimberg. n. 1709. ob. 1785. II. 157.
Abbildung der wilden bäume. III. 205.
ÖLHAFIUS, *Nicolaus.*
Elenchus plantarum circa Dantiscum nascentium. III.
171.
OELREICH, *Nicolao,* Præside
Diss. generationem æquivocam ut absonam demonstrans.
II. 428.
OELSCHLÄGER. vide OLEARIUS.
OERIUS, *Caspar.* R. IV. 199.
OERTEL, *Johannes.* R. II. 456.
OESFELD, *Gotthelf Friedrich.* IV. 60.
ÖSTERDAM, *Abrahamus.* R. II. 182.
ÖSTERMAN, *Magnus G.* R. I. 296.
OETINGER, *Ferdinandus Christophorus.* Med. Prof. Tu-
bing. ob. 1772. R. III. 478.
Præside Oetinger Diss. de irritabilitate vegetabilium. III.
412.
OGILBY, *John.* Scotus, n. 1600. ob. 1676. Tr. I. 143,
145.
Africa. I. 86.
America. I. 86.
Asia. I. 86.
OHEIM, *Johannes Philippus.* Superintendens in Borna
Saxoniæ, n. 1631. ob. 1697.
Elephas. II. 68.
OHEIMB, *Petrus.* R. II. 44.
OLAFSEN, *Eggert,* s. *Egerhardus* OLAVIUS. Islandus, n.
1726. ob. 1768.
De natura et constitutione Islandiæ. IV. 65.
Reise igiennem Island. I. 110.
OLAFSYN, s. OLAVIUS, *Olaf.* I. 300.
Islendsk urtagards bok. III. 610.
Termini botanici, III. 26.
Reise igiennem Island. I. 110.
Beskrivelse over Schagens kiöbstæd. I. 108.
OLDENBURG, *Henricus.* I. 5.
OLDENDORP, *Christian Georg Andreas.* Vorsteher der
Brüdergemeine zu Kleinwelke in der Oberlausiz, n.
1721. ob. 1787.
Geschichte der mission der evangelischen brüder auf den
Caraibischen inseln. I. 162.
OLDENLAND, *Henricus Bernhardus.* III. 177.

OLEARIUS (OELSCHLÆGER), *Adam.* Bibliothecarius Du-
cis Holsatiæ, n. 1599. ob. 1671. Ed. I. 138.
Colligirte reisebeschreibungen. I. 84. conf. 137.
Gottorfische kunstkammer. I. 228. V. 10.
OLEARIUS, *Johann Gottfried.* Superintendens in Arn-
stadt, n. 1635. ob. 1711.
Hyacinth-betrachtung. III. 263.
OLIN, *Johannes Henricus.* R. V. 94.
OLINA, *Giovanni Pietro.*
Ucceliera. II. 561.
OLIVARIUS, *Jacobus.* N. II. 500.
OLIVER, *William.* I. 92. III. 475.
OLIVI, *Giuseppe.* ob. 1795. II. 487. III. 346, 415.
Zoologia Adriatica. II. 171. conf. II. 538. III. 346.
OLIVIER, *Guillaume Antoine.* 1. 208. II. 33, 201, 230,
232, 244, 259, 485, 544. III. 431, 616, 624. V. 35.
Entomologie. Coleopteres. II. 230.
OLIVUS, *Joannes Baptista.*
De præcipuis collectaneis a F. Calceolario in Museo ad-
servatis I. 227.
OLMI, *Gio. Domenico.* III. 410.
DE OLNHAUSEN, *Carolus.* R. IV. 355.
OLORINUS, *Johannes.*
Centuria arborum mirabilium. V. 63.
herbarum mirabilium. V. 63.
OMNBERG, *Christiernus P.* R. II. 449.
Olaus. R. IV. 282.
VAN OOSTEN, *Henry.*
The Dutch gardener. III. 607.
OPOIX. III. 503.
OPPIANUS. vixit Sec. II.
De Piscibus. II. 562.
Venatione. II. 553.
ORCHAMUS, *Janus.* i. e. *Johannes* VORSTIUS. Rector
Gymnasii Berolin. n. 1623. ob. 1676.
De generatione animantium. II. 395.
ORIBASIUS.
De herbarum, et simplicium, quæ medicis in usu sunt,
virtutibus. I. 277.
ORPHEO a quibusdam adscriptum
De lapidibus poema. IV. 74.
ORRÆUS, *Gustavus.* R. III. 128.
ORRELIUS, *Magnus.*
Historia animalium. II. 49.
Inledning til djurkänningen. II. 48.

DE ORTEGA, *Don Casimiro Gomez.* Bot. Prof. Madrit.
Cont. III. 145. N. I. 89. Ed. V. 61.
De Cicuta. III. 481.
Tabulæ botanicæ. III. 33. conf. 27.
De las aguas termales de Trillo. III. 146. IV. 40.
Historia natural de la Malagueta. III. 286.
Curso elemental de botanica. III. 23.
Rariorum plantarum horti Matritensis decades. V. 65.
ORTH, *Johannes Christophorus.* R. IV. 359.
J. G. II. 540.
ORTLOB, *Joannes Christophorus.*
Diss. de brutorum præsagiis naturalibus. II. 445.
præsagiis Locustarum incertis. II. 243.
ORTLOB, *Johannes Fredericus.* Anat. Prof. Lips. n. 1661.
ob. 1700.
Diss. Analogia nutritionis plantarum et animalium. II.
459.
ORTMANN, *Gottlieb Wilhelm.* V. 126.
OSANDER, *Nicolaus.* R. II. 509.
OSBECK, *Pehr.* Th. D. Præpositus et Pastor in Hasslöf,
Acad. Sc. Stockholm. Soc. II. 179, 185, 189, 190, 195,
262, 263, 542. III. 239, 303, 352, 625, 637. V. 27,
71, 82.
Dagbok öfver en Ostindisk resa. I. 144.
Anledningar til nyttig upmärksamhet under Chinesiska
resor. I. 144.
OSKAMP, *Theodoricus Leonardus.*
Spec. inaug. exhibens nonnulla, plantarum fabricam et
oeconomiam spectantia. III. 25.
De calcinatione metallorum. IV. 188.
OSSORY, *Richard Lord Bishop of.* See POCOCKE.
OTTIN, *Michael Henr.* R. III. 400.
OTTO, *Bernhard Christian.* Med. Prof. Francof. ad Viadr.
n. 1746. II. 18, 117, 140, 146, 196, 424.
Præside Otto Dissertationes :
Theses botanicæ. III. 646.
De Fumaria. III. 652.
Phytolacca. V. 78.
Phellandrii aquatici charactere et usu. III. 482.
OTTO, *Christophorus.* R. III. 518.
Friedrich Wilhelm. Geheimer und Justiz sekretar
des Königl. Generalpostamts zu Berlin, n. 1743.
Naturgeschichte des Meeres. V. 11.
OTTO, *Georgius Christianus.*
Diss. inaug. de Carduo benedicto. III. 520.

OUDENDORPIUS, *Franciscus.*   Ed. I. 265
OUDRY.   II. 75.
  A book of beasts. II. 51.
DE OVALLE, *Alonso.*   I. 160.
OVIDIUS *Naso, Publius.*   ob. A. C. 18.
  Halieuticon. II. 167.
DE OVIEDO S. DE VALDES, *Gonçalo Fernandez.*
  Sumario de la natural y general istoria de las Indias. I.
    147.
  Primera parte de la historia natural y general de las In-
    dias. I. 148.
OVINGTON, *John.*
  Voyage to Suratt. I. 139.
OWEN, *Charles.*
  Natural history of Serpents. II. 163.
OWEN, *Edward.*
  On the minerals for some miles about Bristol. IV. 31.
OWEN, *George.*   II. 218.

PAAW, *Petrus.*   Bot. et Anat. Prof. Lugd. Bat. n. 1564.
    ob. 1617.
  Hortus academiæ Lugduno-Batavæ. III. 102.
PACCARD.   IV. 286.
PACHHELBEL *von Gehag, Joh. Christ.*
  Beschreibung des Fichtelberges. I. 105. conf. V. 5.
  (Sendschreiben wegen der beschreibung des Fichtelberges.
    V. 5.)
PACIUS, *Georg Friedrich.*   II. 3.
PACKBUSCH, *Stephanus Ludovicus.*
  Diss. de varia plantarum propagatione. III. 606.
DE PAGE'S.
  Voyages autour du monde. I. 90.
PAJOT DESCHARMES.   III. 584. IV. 267.
PALASSOU.   V. 114.
  Mineralogie des Monts-Pyrenées. IV. 384. conf. III. 142.
    IV. 382.
PALAU Y VERDERA, *Antonio.*   Botan. Prof. Madrit. III.
    23. V. 99, 100.
PALIER, *Johan Carel.*   Predikant en Professor in's Herto-
    genbosch. ob. 1780. æt. 50. III. 592. IV. 326.
PALISSY, *Bernard.*
  Ses Oeuvres. IV 21.
PALLADIUS *Rutilius Taurus Æmilianus.*   vixit Sec. II.
  De re rustica. I. 297.

PALLAS, *Johannes Dietericus.*
Diss. inaug. de Chrysosplenio. III. 279.
PALLAS, *Peter Simon.* Eques Ord. Wladimir. Acad. Sc.
Petropolit. Soc. n. Berolini 1740. II. 30, 52, 76, 81,
82, 91, 134, 144—146, 162, 180, 300, 344, 412, 416,
425, 569. III. 174, 557. IV. 17, 70, 137, 209, 322,
341. V. 22, 30, 32, 44, 50, 54. Ed. I. 119.
Diss. inaug. de infestis viventibus intra viventia. II. 351.
Elenchus zoophytorum. II. 338.
Miscellanea zoologica. II. 18.
Spicilegia zoologica. II. 18. conf. 92, 96, 101, 188.
Reise durch verschiedene provinzen des Russischen reichs.
I. 118.
Sur la formation des montagnes. IV. 282.
Novæ species Glirium. II. 83.
Icones Insectorum præsertim Rossiæ. II. 214.
Neue Nordische beyträge. I. 57. conf. I. 121, 251. II.
63, 86, 88, 101, 102, 104, 115, 139, 278, 283, 366,
571. IV. 70, 71, 84, 108, 322.
Enumeratio plantarum in horto P. a Demidof. III. 126.
Flora Rossica. III. 172.
Of the different kinds of sheep found in the Russian
dominions. II. 101.
Tableau physique de la Tauride. I. 251. conf. V. 11.
Bemerkungen auf einer reise in die südlichen statthalter-
schaften des Russischen reichs in den jahren 1793
und 1794.
1 Band. pagg. 516. tabb. ænæ color. 25.
Leipzig, 1799. 4.
Addatur Tom. I. p. 118. ante lin. 3 a fine.
PALLETTA, *Giambattista.* III. 431.
PALMÆRUS, *Isacus.* R. II. 101.
PALMARIUS, s. *de* PAULMIER, *Julien.* Cadomensis, Me-
dicus. ob. 1588.
De vino et pomaceo. III. 570.
PALMBERG, *Johannes.*
Serta florea Svecana. III. 455.
PALMEGREEN, *Simon.* R. III. 211.
PALMER, *Joannes Fysbe.*
Tentamen inaug. de Vermibus intestinorum. II. 358.
PALMROOT, *Johannes.* R. II. 37.
PALMSTJERNA, *Baron Nils.* Senator Sveciæ, etc. n. 1696.
ob. 1766. III. 622.
PALTEAU.
Nouvelle construction de ruches de bois. II. 525.

PANCIROLLUS, *Guido.* Jur. Prof. Patav. n. 1523. ob. 1599.
 Res memorabiles, deperditæ, et recens inventæ. I. 77.
PANCOVIUS, *Thomas.* Medicus Berolin. n. 1622. ob. 1665.
 Herbarium portatile. III. 60.
PANZER, *Georg Wolfgang Franz.* Medicus Norimberg.
 n. 1755. II. 215, 234. Cont. I. 191.
 Observationum botanicarum specimen. III. 85.
 Beytrag zur geschichte des Ostindischen Brodbaums.
 III. 317.
 Fauna Insectorum Germanica. II. 225. V. 33.
 Deutschlands Insectenfaune. II. 225.
 Faunæ Insectorum Americes borealis prodromus. II. 574.
PAPADOPOLUS, *Nicolaus Comnenus.*
 Historia Gymnasii Patavini. III. 110.
PAPE, *Johann Heinrich.* IV. 173.
PARACELSUS, *Philippus Theophrastus.* Helvetus, n. 1493.
 ob. 1541.
 Drey bücher: das holzbüchlin, von dem Vitriol, ein
 kleyne chyrurgy. IV. 355. V. 93.
PARAGALLO, *Gaspare.*
 Istoria naturale del monte Vesuvio. IV. 292.
PARÉ, *Ambrose.* Chirurgus Regis Galliæ. ob. 1585 vel
 1590. æt 80.
 Discours de la Mumie, des Venins, de la Licorne, et de
 la Peste. II. 42.
 Ses Oeuvres. I. 305. conf. I. 293. II. 13, 42, 417.
PARELIUS, *Jacob von der Lippe.* II. 124, 303.
PARIZEK, *Alexius.*
 Naturgeschichte Böhmens. I. 247.
PARK, *Mungo.* Scotus, Chirurgus. V. 30.
 Travels in the interior districts of Africa. V. 6.
PARKINSON, *John.* Pharmacopoeus Londin. n. 1567.
 ob. 16—.
 Paradisi in sole paradisus terrestris. III. 604.
 Theatrum botanicum. III. 60.
PARKINSON, *John.* V. 35.
PARKINSON, *Sydney.* Pictor.
 Voyage to the South Seas. I. 89. conf. III. 185.
PARMENTIER, *Antoine Augustin.* Instituti Paris. Soc. II.
 177. III. 430, 626.
 Sur les vegetaux nourrissans. III. 559.
 Sur la culture des Pommes de terre. III. 622.
PARRA, *Don Antonio.*
 Description de diferentes piezas de historia natural. V.
 29. conf. IV. 316.

PARSKIUS, *Fr.*
  Rosa aurea omnique ævo sacra. III. 203.
PARSONS, *James.* Medicus Londin. R. S. S. ob. 1770.
    II. 51, 62, 66, 67, 71, 72, 76, 97, 161, 197, 326, 332,
    384, 419, 430, 446, 493. III. 398. IV. 87, 309, 342.
  Microscopical theatre of seeds. III. 398.
  Natürliche historie des Nashorns. II. 66.
  On the analogy between the propagation of animals and
    that of vegetables. II. 398.
PARTHENIUS *Giannettasius, Nicolaus.*
  Halieutica. II. 564.
PASINI, *Antonio.*
  Emendationi nella tradottione di Matthioli de 5 libri della
    materia medicinale di Dioscoride. I. 275.
PASQUIER. II. 138.
PASSÆUS, *Crispinus.*
  Hortus floridus. III. 72.
PASSERI, *Giambattista.*
  Della storia de' fossili dell' agro Pesarese. IV. 43.
PASSINGES. III. 422. IV. 384.
PASTEUR, *J. D.* III. 426.
PASUMOT. IV. 36, 101, 134, 267, 290, 319, 333.
PATERSON, *William.* Lieutenant Colonel, Lieutenant Go-
    vernor of New South Wales, R. S. S. II. 437.
  Narrative of four journeys into the country of the Hot-
    tentots. I. 132.
PATOUILLOT, *Dom.* IV. 290.
PATOUILLAT. III. 545.
PATRIN, *Eugene-Melchior Louis.* Instituti Paris. Soc.
    I. 119. IV. 23, 70, 71.
PATRIS, *J. B.* III. 498.
PAUER, *Christophorus Andreas.* R. III. 341.
PAULET, *Joannes Jacobus.* III. 348, 552.
  Tabula plantarum fungosarum. III. 225. V. 74.
PAULI, S. POVELSEN, *Biarne.* Medicus Islandus. ob.
    1778. I. 110.
  Plantarum quarundam maris Islandici, et speciatim Algæ
    sacchariferæ origo. III. 344.
PAULIN, *Abraham.* R. III. 595.
PAULLI, *Johan.* Medicus Hafn. R. II. 231.
  Dansk oeconomisk urtebog. III. 557.
PAULLI, *Simon.* Rostochiensis, Bot. Prof. Hafn. n. 1603.
    ob. 1680. III. 549.
  Quadripartitum botanicum. III. 455.

Flora Danica. III. 165.
Viridaria varia. III. 94.
De abusu Tabaci et herbæ Thee. III. 572.
PAULLINI, *Christianus Franciscus.* Medicus Isenac. n.
1645. ob. 1712.
Cynographia. II. 72.
Bufo. II. 157.
Sacra herba s. Salvia. III. 468.
Cœnarum Helena s. Anguilla. II. 181.
Talpa. II. 81.
Lagographia. II. 90.
Lycographia. II. 74.
De Asino. II. 104.
Jalapa. III. 537.
Lumbrico terrestri. II. 510.
Μοσχοκαρυογραφια. III. 528.
DE PAULMIER. vide PALMARIUS.
PAULSON, *Sven.* I. 111. II. 473.
PAULUS, *Marcus.* vide POLO.
DE PAUW, *Cornelius.*
Recherches sur les Americains. II. 53. conf. II. 60.
IV. 276.
DE PAUW, *Joannes Cornelius.* Ed. II. 9.
PAVON, *Josephus.* V. 72.
VON PAYKULL, *Gustaf.* Acad. Sc. Stockholm. Soc. II.
259, 261, 263, 264. V. 59.
Monographia Staphylinorum Sveciæ. II. 239.
Caraborum Sveciæ. II. 238.
Curculionum Sveciæ. II. 236.
Tal om Djurkännedomens historia för Linnés tid. V. 13.
Fauna Svecica. Insecta. V. 33; ubi addatur.
Tom. 2. pagg. 234. (1799.)
PAYNEL, *Thomas.* Tr. III. 497.
PÁZMÁNDI, *Gabriel.*
Idea Natri Hungariæ. IV. 164.
PEARSON, *George.* Medicus Londin. R. S. S. IV. 206.
A translation of the table of chemical nomenclature.
IV. 6; ubi adde:
——— Second edition. London, 1799. 4.
Pagg. 156. tabb. æneæ 2, et typis expressæ 10.
PECCANA, *Alexander.*
De Chondro et Alica. III. 201.
PECHEY, *John.*
Herbal of physical plants. III. 456.

PENNY, *Thomas.* Medicus Londin. ob. 1589. II. 208.
PENROSE, *Bernard.*
  Account of the last expedition to Port Egmont, in Falk-
    land's islands. I. 160.
PENTZ, *Carol. Joh.* R. V. 76.
PEPYS, *W. H.* V. 122.
PERCIVAL, *Thomas.* III. 413, 476, 522.
PEREBOOM, *Cornelis.*
  Descriptio novi generis vermium Stomachidæ. II. 362.
PEREBOOM, *Nicolaus Ewoud.*
  Materia vegetabilis. III. 27.
PEREIRA REBELLO DA FONSECCA, *Francisco.* III. 569.
PERENOTTI, *Pierre Antoine.* II. 347.
PEREZ DE VARGAS, *Bernardo.*
  De re metalica. IV. 368.
PERFECT, *T.* III. 610.
PERKA, *Prokop Thomas.* IV. 62.
PERLA, *Franciscus.*
  De orientali Opobalsamo. III. 490.
PERNETTY, *Dom.* II. 53.
  Voyage aux isles Malouines. I. 160.
PERRAULT, *Claude.* M. D. Acad. Sc. Paris. Soc. n. 1613.
    ob. 1688. II. 406. III. 406.
  Sur un grand poisson, et sur un Lion dissequés dans la
    bibliotheque du Roy. II. 375.
  Description anatomique d'un Cameleon etc. II. 375.
  Memoires pour servir à l'histoire naturelle des animaux.
    II. 376.
PERRY, *Charles.*
  View of the Levant. I. 124.
PERSOON, *Christianus Henricus.* III. 90, 225, 444, V.
    74. Ed. V. 63.
  Bemerkungen über die Flechten. III. 342.
  Observationes mycologicæ. III. 225.
  De fungis clavæformibus. V. 83.
  Tentamen dispositionis methodicæ Fungorum. V. 74.
  Icones et descriptiones Fungorum. V. 74; ubi adde:
    Fascic. 2. pag. 29—60. tab. 8—14.   (1800.)
PESCHIER, *J.* I. 271.
PETAGNA, *Vincentius.*
  Specimen insectorum ulterioris Calabriæ. II. 224.
  Institutiones botanicæ. III. 23, 42, 149.
PETAZZI, *Luigi.* II. 533.
PETERMAN, *Andreas.* R. V. 39.

Peters, *Franc.* R. III. 573.
Petersen, *Carl.* R. IV. 369.
   Johan Christ. Pet. R. III. 475.
   Dieterich.
 Verzeichniss Balthischer vögel. II. 120.
du Petit, *François Pourfour.* Medicus Paris. Acad. Sc.
 Paris. Soc. n. 1664. ob. 1741. II. 194, 389.
 Lettres d'un medecin des hopitaux du Roy. III. 75.
Petit, *Petrus.* Parisinus. n. 1617. ob. 1687.
 De Sinensi herba Thee carmen. III. 577.
Petitmaitre, *Sigismundus.*
 Diss. inaug. de usu et abusu Nicotianæ. III. 477.
Petiver, *James.* Pharmacopoeus Londin. R. S. S. ob.
 1718. I. 254, 289. II. 31—33, 178, 229, 287, 322,
 327, 340. III. 75, 95, 130, 180, 183, 185, 187, 209,
 447, 463. IV. 24. V. 42.
 Gazophylacium naturæ et artis. I. 197.
 Herbarium Britannicum. III. 130.
 Pterigraphia Americana. I. 255.
 Aquatilium animalium Amboinæ icones. II. 71.
 Directions for making collections of natural curiosities.
  I. 217.
 Aromata Indiæ. III. 465.
 Plantarum Italiæ marinarum icones. I. 240.
 Opera. I. 205. conf. I. 197, 217, 221, 240, 255. II. 253.
  III. 13, 17, 75, 130, 134, 176, 215, 464, 465.
Petræus, *Benedictus Nicolaus.*
 Disp. inaug. de natura metallorum. IV. 187.
Petræus, *Carl Magnus.* R. III. 425.
Petri ab Hartenfelss, *Georgius Christophorus.* Med.
 Prof. Erfurt. n. 1633. ob. 1718.
 Carduus sanctus, vulgo benedictus. III. 520.
 Elephantographia. II. 69.
Petrucci, *Gioseffo.*
 Prodromo apologetico alli studi Chircheriani. I. 200.
Pettus, *Sir John* Baronetus, R. S. S. ob. 1698.
 Fleta minor. IV. 368. conf. 2.
 Fodinæ regales. IV. 370; ubi adde:
 ——— The first part. (Pagg. 45 priores, præcedentis
  editionis.)
 Pagg. 87.   London, 1706. 8.
Petzschius, *Christophorus Henricus.* R. III. 520.
Peucerus, *Caspar.*
 Appellationes quadrupedum etc. I. 182.

PEYERUS, *Johannes Conradus.* Medicus Scaphus. n. 1653.
  ob. 1717. II. 377, 394, 419.
  Merycologia. II. 392.
  Parerga anatomica. V. 4. conf. II. 394.
  Pæonis et Pythagoræ exercitationes anatomicæ. II. 372.
PEYERUS, *Johannes Jacobus.* Præcedentis filius. II. 377.
PEYRE, *E.* IV. 390.
PEYSSONEL, *Jean André.* II. 303, 307, 493, 538. III.
  344, 552. IV. 73.
  Sur le Corail. II. 493.
PEZOLD, *C. P.*
  Mittel die schädlichen Raupen zu vermindern. V. 57.
PEZOLDT, *Adamus Fridericus.* Chem. Prof. Lips. n. 1679.
  ob. 1761. I. 268.
VON PFALER, *Eric Johan.* R. III. 621.
PFAUTZ, *Joannes.* Phys. Prof. Ulm. n. 1622. ob. 1674.
  Descriptio graminis medici. III. 470. conf. 260.
PFAUZIUS, *Christophorus.* R. II. 159.
PFEFFER, *Georgius Conradus.* R. III. 468.
PFEIFFER, *Christoph. Ludwig.*
  Der Orang-outang. V. 19.
PFEIFFER, *Georgius Christianus.* R. II. 504.
         Johannes. R. III. 317.
         Philippus.
  Diss. de Phoenice ave. II. 44.
PFEIFFER, *Siegismundus Augustus.*
  Piscem Jonæ deglutitorem fuisse Balænam. II. 39.
PFISTERUS, *Balthasar.* R. II. 398.
PFOTENHAUER, *Carolus Fridericus.* R. III. 47.
VAN PHELSUM, *Murk.*
  Historia physiologica Ascaridum. II. 361.
  Over de wormen in de darmen der menschen. II.
  358.
  Explicatio partis 4. Phytographiæ Pluc'neti. III. 67.
  Brief aan M. Houttuyn. II. 358.
      over de Gewelv-slekken. II. 313. conf. II. 298,
  360. III. 345.
PHILES, *Manuel.* Ephesius, vixit initio Sec. XIV.
  Περι ζωων ιδιοτητος. II. 8.
  Carmina græca; græce et latine, cum annotationibus, cura
  Gottlieb Wernsdorfii. Pagg. 350. Lipsiæ, 1768. 8.
  Huc faciunt Carmen 4. de plantis, p. 93—129; Carm.
  8. de Elephante, p. 248—299; et Carm. 9. de Bom-
  byce, p. 300—305.
  Addatur Tom. I. p. 260. post. lin. 1.

PHILIBERT, *J. C.*
   Introduction à l'etude de la botanique. Paris, an 7. 8.
      Tome 1. pagg. 454. Tome 2. pagg. 658. Tome 3.
      pagg. 524. tabb. æneæ color. 10.
      Addatur Tom 3. p. 25. ante sect. 11.
PHILIPPUS *a S Sma Trinitate,* Carmelita discalceatus.
   Itinerarium orientale I. 135.
PHIPPS, *Constantine John (Lord* MULGRAVE.) n. 1746.
      ob. 1792.
   Voyage towards the North Pole. I. 112.
PICART, *Bernard.*
   Recueil de Lions. II. 75.
PICCARDO, *Angelo.*
   Viaggio nel regno di Congo. I. 130.
PICCARDT, *Jacobus Joannes.*
   Spec. inaug. de venenis et antidotis. I. 294.
PICCIVOLI, *Giusseppe.*
   Hortus Panciaticus. III. 112, 631.
PICCOLI, *Gregorio.*
   Ragguaglio di una grotta. IV. 311.
PICKERING, *Roger.* III. 443.
PICOT-LAPEYROUSE, *Philippe.* Inspecteur des Mines de
      la Republique Françoise, Associé de l'Institut. II. 117,
      140, 144, 148. III. 142, 426. IV. 37, 226, 227, 229,
      262, 384. V. 78, 81, 119.
   De novis Orthoceratitum speciebus. IV. 334.
   Sur les mines de Fer du Comté de Foix. IV. 373.
PICTET, *Marc Auguste.* IV. 19, 138.
PICTORIUS, *Georgius.* N. III. 452. IV. 74.
   Πανтοπωλιον I. 260. conf. II. 523. V. 55.
PICUS, *Victorius.*
   Meletemata inauguralia. III. 92. conf. 444, 534, 553.
PIELNHUBER, *Georg. Abrah.* R. III. 243.
PIETSCH, *J. G.*
   Sur la generation du Nitre. IV. 159.
PIGAFETTA, *Antonio.*
   Viaggio atorno il mondo. I. 88.
PIGAFETTA, *Philippus.*
   Regnum Congo. I. 130.
PIGNORIUS, *Laurentius.* Canonicus Tarvis. n. 1571. ob.
      1631.
   Symbolæ epistolicæ. I. 70.
PIGONATI, *Andrea.* II. 286. IV. 294.
PIGOU, *Frederick.* III. 655.
PIHL, *Andreas.* R. IV. 231.
   TOM. 5.   C c

PIHLMAN, *Johannes.* R. III. 613.
PILATI, *Cristoforo.*
 Storia naturale Bresciana. I. 240.
PILKINGTON, *James.*
 The present state of Derbyshire. I. 96.
PILLER, *Matthias.*
 Iter per Poseganam. I. 117.
PILLETERIUS, *Casparus.*
 Plantarum in Walachria nascentium synonymia. III. 139.
PILLINGEN, *Matthias Zacharias.*
 Bitumen et lignum fossile bituminosum. IV. 169.
PINÆUS, S. DU PINET, *Antoine.* Tr. I. 74. 275.
 Historia plantarum. III. 56.
PINEL, *Philippe.* II. 4, 461, 463. Tr. I. 5.
PINI, *Ermenegildo.* IV. 40, 47, 109, 277, 278, 286.
 Su la miniera di Ferro di Rio. IV. 43.
 Sur des nouvelles cristallisations de Feldspath. IV. 41.
 Sulla montagna di S. Gottardo. IV. 47.
PISANSKI, *George Christoph.*
 Ueber den Ostsee. I. 258.
PISO, *Guilielmus.* Medicus Belga.
 De medicina Brasiliensi. I. 256.
 Historia naturalis Indiæ Occidentalis. I. 257.
PITCAIRN, *Archibald.*
 De legibus historiæ naturalis. I. 236.
PITORIUS, *Peregrinus.*
 Opobalsami Romani censura. III. 490.
PITTSTÆDT, *Bartholomæus Casparus.* R. IV. 360.
PITZSCHMANN, *George Gottlob.*
 Von einem gewächse der erden, gleich einer Semmel. I. 267.
PLACITUS. vide SEXTUS.
PLANCUS, *Janus,* h. e. *Giovanni* BIANCHI. ob. 1775. æt. 80. I. 171. II. 195, 196, 298, 312. IV. 333.
 De Conchis minus notis. II. 168.
PLANER, *Johannes Andreas.* R. III. 428.
　　　　　　　　　Jacobus. Med. Prof. Erfurt. n. 1743. ob. 1789.
 Index plantarum in agro Erfurtensi. III. 160.
 Indici plantarum Erfurtensium Fungos addit. III. 160.
DE PLANTADE. I. 237.
PLAPPART, *Joachimus Fridericus.*
 Diss. inaug. de Juglande nigra. III. 323.
PLAT, *Sir Hugh.*
 The garden of Eden. III. 605.

PLATERETTI, *Vincenzo Ignazio.* II. 428.
PLATNER, *Johannes Zacharias,* R. II. 397.
Diss. de generatione metallorum. IV. 247,
PLATT, *Joshua.* IV. 238, 318, 341.
Thomas. II. 515.
PLAZ, *Antonius Guilielmus.* Med. Prof. Lips. n. 1708. ob.
1784.
Organicarum in plantis partium historia physiologica.
III. 380. conf. 381, 383, 386, 397.
Programmata:
Historia Radicum. III. 380.
De plantarum Seminibus. III. 397.
Plethora. III. 427.
natura plantas muniente. III. 385.
Saccharo. III. 564.
plantarum cultura III. 610.
Præside Plaz Dissertationes:
Foliorum in plantis historia. III. 383.
De Caule plantarum. III. 381.
Flore plantarum. III. 386.
Atropa Belladonna. III. 250.
PLAZZA, *Michael Antonius.* III. 149.
PLENCK, *Josephus Jacobus.*
Bromatologia. I. 296.
Physiologia et pathologia Plantarum. V. 84.
PLETZ, *Martinus.* R. IV. 158.
PLEYER.
Artificiosa hominum, miranda naturæ. I. 86.
PLINIVS *Secundus, Cajus.* Veronensis. n. a. 20. ob. a. 76.
Historia naturalis. I. 72—74.
Liber 9. de aquatilium natura. II. 167.
32. de medicinis ex aquatilibus. II. 167.
33. de auro et argento. IV. 189.
37. de gemmis. IV. 81.
PLOT, *Robert,* L.L. D. R. S. Secret. ob. 1696. III. 421.
IV. 122, 182.
Natural history of Staffordshire. I. 96.
Oxfordshire. I. 96.
PLOYER, *Karl.* Bergrichter in Kärnten. IV. 48, 374.
PLUCHE, *Noel Antoine.* III. 428.
Le spectacle de la nature. I. 77.
PLUKENETT, *Leonard.* Medicus Londin. n 1642. ob. 17 .
Opera omnia botanica. III. 66.
PLUMIER, *Carolus.* Monachus ex ordine Fratr. Minor. n.
1646. ob. 1604.

Descriptions des plantes de l'Amerique. III. 186.
Nova plantarum genera. III. 34, 186.
Des Fougeres de l'Amerique. III. 220.
Plantarum Americanarum fasciculi. III. 186.
POCOCKE, *Richard, Lord Bishop of Ossory.* IV. 114, 115.
Description of the East. I. 124.
PODA, *Nicolaus.* n. 1725. IV. 48, 208, 346.
Insecta musei Græcensis. II. 223.
DE POEDËRLE', *Baron.* III. 423.
PÖTZSCH, *Christian Gottlieb.* Aufseher bey der Kurfürstl.
naturaliensammlung zu Dresden, n. 1732. IV. 90.
Mineralogische beschreibung der gegend um Meissen.
IV. 61.
POGATSCHNIGK, *Georgius Sigismundus.* IV. 332.
POGGIO *Fiorentino.* I. 133.
POGORETSKI, *Petrus.*
Spec. inaug. de semimetallo Nickel. IV. 225.
POHL, *Johann Ehrenfried.* Medicus Electoris Saxoniæ,
n. 1746. III. 415.
Diss. Structura foliorum in plantis. III. 384.
POIRET. II. 228, 241, 485.
Voyage en Barbarie. I. 128.
POIVRE, *Pierre.*
Voyages d'un philosophe. I. 87.
POL. I. 103.
POLHEM, *Gabriel.* Director Mechanices, Acad. Scient.
Stockholm. Soc. n. 1700. ob. 1772.
Tal om de i landet befinteliga byggnings-ämnen. I. 301.
POLHILL, *Nathaniel.* II. 528.
POLISIUS, *Gothofredus Samuel.* Medicus Francof. ad Oder.
n. 1636. ob. 1700. II. 422, 517. R. IV. 189.
Myrrhologia. III. 539.
POLLICH, *Johannes Adamus.* Medicus Cæsareæ Lutræ.
ob. 1780. II. 213. III. 546.
Historia plantarum in Palatinatu sponte nascentium. III.
156.
POLLIO, *Lucas.*
Exercitatio physica de metallis. IV. 186.
POLO, *Marco.* Venetianus, vixit Sæc. XIII.
De regionibus orientalibus. I. 133.
POLYCARPUS, *Martinus.* R. III. 15.
POMEL. III. 343.
POMᴇT, *Pierre.*
Histoire generale des Drogues. I. 282.
POMET, *fils.* Ed. I. 282.

Pona, *Franciscus.* Tr. III. 148.
    Joannes. Pharmacopoeus Veron.
    Plantæ, quæ in Baldo monte reperiuntur. III. 148.
    Del vero Balsamo de gli antichi. III. 489.
Poncelet.
    Histoire naturelle du Froment. III. 239.
Poncet.
    Voyage to Æthiopia. I. 127.
Pond, *Arthur.* IV. 329.
Pontedera, *Julius.* Bot. Prof. Patav. ob. 1758. æt 69.
    III. 76, 110.
    Compendium tabularum botanicarum. III. 147. conf. II.
    241. III. 75.
    Anthologia. III. 386, et 90. conf. 44, 218, 364, 446.
Pontin, *David Davidis.* R. III. 209.
Pontoppidan, *Carl.*
    Hval-og Robbefangsten udi Strat-Davis. II. 566.
Pontoppidan, *Erich.* Episcopus Bergensis, n. 1698. ob.
    1764.
    Norges naturlige historie. I. 108.
    Den Danske Atlas. I. 107.
Pontoppidan, *Johannes.*
    Diss. de Manna Israelitarum. III. 199.
Ponzettus, *Ferdinandus, tit. S. Pancratii Presbyter Car-*
    dinalis Melfitensis.
    De Venenis. I. 293.
van Poot, *Abraham.* Tr. III. 179.
Pope, *Walter.* IV. 374.
Poppius, *Hamerus, Thallinus.*
    Basilica Antimonii. IV. 222.
Popp, *Johann.*
    Kräuterbuch. V. 90.
Porcel. IV. 208.
Porta, *Johannes Baptista.* Neapolitanus. ob. 1615. æt.
    70.
    Phytognomica. I. 280; ubi adde:
    ——————   Francofurti, 1591. 8.
    Pagg. 552; cum figg. ligno incisis.
e Porta Leonis, *Abrahamus.*
    De Auro. IV. 357.
Portal. Instituti Paris. Soc. II. 464.
Portius, *Lucas Antonius.* II. 412.
Portlock, *Nathaniel.* Captain in the Royal Navy.
    Voyage round the world. I. 150.
Pose, *Henricus Wilhelm.* R. III. 199.

390 Posthius—de Preslon.

POSTHIUS, *Ferdinandus.*
Elephas rationis expers. II. 69.
POTKONICZKY, *Adamus.*
De Metallis petrificatis. IV. 307.
POTT, *Augustus Fridericus.* R. IV. 232.
   Carl Wilhelm R. III. 494.
   Johannes Henricus. Med. et Chem. Prof. Berolin.
Acad. *Sc.* ibid. Soc. n 1692. ob. 1777. IV. 104, 119,
120, 150, 158, 182, 225.
Observationes chymicæ. IV. 21. conf. 150, 162, 219—221.
Chymische untersuchungen von der Lithogeognosie. IV.
15.
POUGET. IV. 37, 267.
POUPART, *François.* Acad. Sc. Paris. Soc. ob. 1709. II.
245, 264, 266, 327, 487.
POURRET. III. 143, 236.
POVELSEN. vide PAULLI.
POWER, *Henry.*
Experimental philosophy. I. 208.
POYNTZ, *John.* I. 256.
PRÆFECTUS, *Jacobus.* Siculus.
De diversorum Vini generum natura. III. 567.
PRÆTORIUS, *Joachimus.* Theol. Prof. Stettin. n. 1597.
ob. 1663.
Historia Elephanti. II. 67.
PRÆTORIUS, *Johannes.* Rector Scholæ Hal. n. 1634. ob.
1705.
Von des Storchs winter-quartier. II. 450.
Disp. de plantis. III. 16.
Winterflucht der nordischen Sommervögel. II. 450.
Alectryomantia. II. 41.
PRALON. IV. 135.
PRANGE, *Christianus.* R. II. 242.
DE PRÉ', *Joannes Fridericus.* Anat. et Bot. Prof. Erfurt.
ob. 1727.
   Præside De Pré Dissertationes :
De regno vegetabili morborum curandorum principe.
III 446.
De Melle. II. 508.
Millepedes, Formicæ et Lumbrici. II. 507.
DE PREFONTAINE.
Maison rustique à l'usage des habitans de Cayenne. III.
189
PRENZLER, *Jacobus.* R. III. 390.
DE PRESLON. I. 129. IV. 117.

Preston, *Charles.* II. 480.
> *Georgius.*
> Catalogus plantarum, quas in seminario Medicinæ dicato
> transtulit. III. 101.
Preston, *Thomas.* I. 98.
Prestwich, *John.*
> Dissertation on poisons. I. 294.
Preu, *Paulus Sigismundus Carolus.*
> De vita et meritis Joach. Camerarii. V. 8.
Preuss, *Godofredus Benjamin.* Medicus Vratislav. n.
> 1684. ob 1719. III. 406.
Preyssler, *Johann Daniel.* I. 247. II. 215.
> Verzeichniss Böhmischer insekten. II. 227.
Price, *Charles.* II. 392.
Prieur, *C. A.* I. 60.
de Priezac, *Salomon.*
> L'Histoire des Elephants. II. 68.
Prince, *Franciscus.*
> Diss. inaug. de Vino Neocomensi. V. 97.
Pringle, *Colonel John.* II. 431.
Pringle, *Sir John.* Baronetus, Medicus Regis Magnæ
> Brit. Reg. Soc. Præses, n. 1707. ob. 1782.
> A discourse on the Torpedo. II. 436.
Printz, *Jacob.* R. III. 177.
Probst, *Andreas.* R. IV. 85.
> *Johann Ernst.*
> Wörterbuch. III. 10.
> Verzeichniss derer bäume etc. des Caspar Bosischen gar-
> tens. III. 121.
Prochaska, *Georg.* Anat. et Physiol. Prof. Vindobon.
> n. 1749. II. 464, 577. V. 45.
Prosky, *Philippus Carolus.*
> Diss. inaug de Nitro. IV. 356.
Prosperin, *Erik.* Astron. Prof. Upsal.
> Tal om Kongl. Vetenskaps Societeten i Upsala. I. 304.
Proust, *Joseph Louis.* III. 437. IV. 19, 142, 166, 224.
Proyart.
> Histoire de Loango. I. 130.
Pruneau de Pommegorge.
> Description de la Nigritie. I. 129. conf. V. 6.
Prunelle de Lierre. IV. 39.
Pryce, *William.*
> The plan of a work, intituled Mineralogia Cornubiensis
> IV. 370.
> Mineralogia Cornubiensis. IV. 370.

Pryss, *Ulricus.*   R. II. 485. III. 561.
Psellus.
  De lapldum virtutibus. IV. 352.
Psilanderhjelm, *Nils.*   Consiliarius Collegii Metallici
    Sveciæ, Acad. Scient. Stockholm. Soc. n. 1706. ob.
    1768.
  Tal om mineral-samlingar. IV. 23.
Puget.
  Sur la structure des yeux de divers insectes. II. 484.
Puihn, *Joannes Georgius.* Medicus Culmbac. ob. 1793.
  Materia venenaria regni vegetabilis. III. 542.
Pujol.   IV. 128.
Pullein, *Samuel.* II. 539.
Pulteney *Richard.*   Medicus in Blandford, R. S. S. n.
    1730. III. 137, 250, 357, 416, 548. V. 83.
  Diss. inaug. de Cinchona officinali. III. 476.
  General view of the writings of Linnæus I. 174.
  Sketches of the progress of botany in England. III. 6.
  Rare plants found in the neighbourhood of Leicester. III.
    137.
  Catalogues of Birds, Shells, and rare plants of Dorset-
    shire. V. 24, 41, 68.
Pundt, *Johannes.*
  Diss. inaug. de Asa foetida. III. 482.
Purchas, *Samuel.*
  His Pilgrimes. I. 84.
  Theatre of politicall flying insects. II. 524.
Putius, *Josephus.*   III. 287.
Putoneus.
  Beschreibung einer art Seewürmer, welche durch ruinirung
    derer dämme schaden verursachet. II. 326.
de Puymaurin *fils.*   II. 550. IV. 363.
Pyl, *Johann Theodor.*   Tr. III. 473.
Pyrard *de Laual, François.*
  Voyage des François aux Indes Orientales. I. 138.

von Quarin, *Joseph Graf.*   Medicus Cæsareus, n. 1734.
  De Cicuta. III. 481.
Quatremere d'Isjonval.   IV. 126.
Quelmaltz, *Samuel Theodorus.*   Med. Prof. Lips. n.
    1696. ob. 1758. II. 108.
  Diss. de Magnete. IV. 258.
  Progr. Utrum Arsenicum sit primum principium metal-
    lorum. IV. 248.

DE QUELUS.
Histoire naturelle du Cacao et du Sucre. III. 579 et 564.
QUENSEL, *Conrad.* II. 256, 262.
QUENTIN, *Joannes Ludolfus.*
Memoriæ clarorum Mundensium. I. 176.
QUER Y MARTINEZ, *Don Joseph.* Prof. Primarius in
horto botanico Madrit. n. 1695. ob. 1764.
Flora Espanola. III 145. conf. I. 180. III. 26, 47.
Sobre la Uva ursi. III. 500.
el uso de la Cicuta. III. 481.
QUERCETANUS, S. DU CHESNE, *Josephus.* Medicus Re-
gis Galliæ, ob. 1617.
Ad Jac. Auberti de ortu et causis metallorum explica-
tionem responsio. IV. 247.
A QUERCU, *Leodegarius*, s. *Leger* DU CHESNE.
In Ruellium de stirpibus e, itome. III. 8. conf. II. 2.
QUERL, *Georg Christian.* IV. 176.
DE QUERONIC. II. 289.
QUESNE', *Fr. A.* Tr. III. 18.
QUINQUET. IV. 93.
QUIRINUS, *Joannes.*
De Testaceis fossilibus musei Septalliani. IV. 300.
QUIST *Andersson, Benct.* Assessor Collegii Metallici Sve-
ciæ, Acad. Sc. Stockholm. Soc. IV. 15, 83, 90, 117,
179, 182.
Om en nyttig mineral-samlare. IV. 23.
QUISTORP, *Joanne*, Præside,
Observationes circa Vermes intestinales. II. 354.

RAAB, *Jacob Jodoc.* Archiater Ducis Saxo-Gothani. IV.
327.
RABE, *Christianus Fridericus.* R. III. 445.
RABEN, *Friedrich.* II. 258.
RABENIUS, *Lars Georg.* R. IV. 273.
RADEMINE, *Carolus Ericus.* R. I. 233.
RADERMACHER, *Jacob Cornelius Matthæus.* Raad Ex-
traordinair van Nederlands Indie. ob. 1783. æt. 42.
II. 54.
Naamlyst der planten, die gevonden worden op het eiland
Java. III. 181.
RADLOFF, *Fridericus Wilhelm.* R. I. 233. III. 528.
RADZIVIL, *Nicolaus Christophorus, Dux Olicæ et Nies-
visii.*
Jerosolymitana peregrinatio. V. 6.

RÄTZEL, *Johann Conrad.* I. 229.
RAFF, *Georg Christian.*
Naturgeschichte für kinder. I. 195.
RAHN, *J. H.* III. 476.
RAHSE, *Carl Didric* R. III. 601.
RAIMONDI, *Eugenio.*
Delle Caccie. II. 555.
RAINVILLE, *Frederic.* III. 428.
RAJUS. vide RAY.
RALEIGH, *Sir Walter.* ob. 1618.
Beschryvinge van Guiana. I. 159.
RALLIUS, *Georgius Fridericus.* Medicus Pomeranus, ob.
1670.
De generatione animalium. II. 396.
RAMATUELLE, *L. D.* III. 312, 382, 384. IV. 39.
RAMAZZINI, *Bernardinus.* IV. 357.
RAMBALDI, *Angelo.*
Ambrosia arabica. III. 573.
RAMBOURG. IV. 381. V. 126.
RAMOND. Prof. d'Hist. nat. à Tarbes, Associé de l'Insti-
tut. IV. 384, 386. V. 69, 88.
Observations faites dans les Pyrenées. I. 100.
RAMONDINI, *Vicenzo.*
Intorno il Nitro del Pulo di Molfetta. IV. 160.
RAMSPECK, *Jacobus Christophorus.*
Observationes anatomico-physiologicæ et botanicæ. III.
79.
RAMSTADIUS, *Alexander.* R. IV. 86.
RAMSTRÖM, *Christian Lud.* R. II. 399.
RAMUS, *Johannes Daniel.* R. III. 197.
Jonas. Pastor in Norderhaug, in Norvegia. ob.
1718.
Norriges beskrivelse. I. 108.
RAMUSIO, *Giovanni Battista.* Venetianus. n. 1486. ob.
1557.
Navigationi et viaggi raccolte. I. 83.
RANBY, *John.* II. 477, 514.
RAND, *Isaac.* Pharmacopoeus Londin. R. S. S. ob. 1743.
Index plantarum officinalium in horto Chelseiano. III. 97.
Horti Chelseiani index. III. 97.
RANFFTL, *Franciscus Antonius.*
Catalogus horti Salisburgensis. III. 114.
RANGO, *Conrad Tiburtius.* Theol. Prof. Gryphiswald. n.
1639. ob. 1702.
Von denen Curculionibus oder Kornwürmern. II. 543.

Der Rangonischen naturalien-kammei Schönbergisches
cabinet. IV. 24.
RANOUW, *W. V.*
Kabinet der natuurlyke historien. I. 46.
RANTZOVIUS, *Henricus.* Ed. IV. 74.
RANZA. II. 533.
RAPINUS, *Renatus.* S. J. n. 1621. ob. 1687.
Hortorum libri. III. 191, et 605.
RAPPOLT, *Carolus Henricus.* Phys. Prof. Regiomont. ob.
1753.
De Oolitho Regiomontano. IV. 129.
RASHLEIGH, *Philip.* R. S. S.
Specimens of British minerals. IV 30.
RASPE, *Rudolph Eric.* Hannoveranus. ob. in Hibernia,
1794. IV. 116, 128, 131, 229, 297, 317. Tr. I. 101.
Specimen historiæ naturalis globi terraquei. IV. 276.
Beschreibung des Habichwaldes. IV. 296.
RATHLEF, *Ernst Ludwig.*
Akridotheologie. II. 35. conf. 39.
RAU, *Wolfgang Thomas.* Medicus Ulm. ob. 1772. III.
546. IV. 362.
RAUH, *Daniel Cornelius,*
Diss. inaug. de Ascaride lumbricoide. II. 362.
RAUWOLFF, *Leonhard.* Medicus Augustanus, ob. in Hun-
garia 1606. III. 174.
Raiss in die Morgenländer. I. 122.
RAVEN, *Abraham.*
Disp. inaug. de Vermibus intestinorum. II. 357.
RAVIUS, *Sebaldus.* Lingu. Orient. Prof. Traject.
Excerpta libri Achmedis Teifaschii de gemmis. IV. 81.
RAVIUS, *Sebaldus Fulco.* R. IV. 81.
RAWLEY, *William.* Ed. I. 78.
RAY, *Benjamin.* III. 201.
   John. Clericus Anglus, R. S. S. n. 1628. ob. 1705.
II. 133, 283, 469, 472, 478, 482. III. 43, 49, 174, 373,
397. IV. 345. V. 95. Tr. II. 111. Ed. II. 111, 173.
Catal. plantarum circa Cantabrigiam nascentium. III.136.
Catalogus plantarum Angliæ. III. 130.
Fasciculus stirpium Britannicarum, post editum plantarum
Angliæ catalogum observatarum. III. 130.
Synopsis stirpium Britannicarum. III. 130.
Methodus plantarum nova. III. 27, 212.
Journey through the Low-Countries etc. I. 92. conf. III.
128.
English words not generally used. II. 118, 178.

REDDING, *Sir Robert.* II. 567: V. 59.
REDI, *Francesco.* Patricius 'Aretinus, Medicus Magni
  Ducis Etruriæ, n. 1626. ob. 1698.
Osservazioni intorno alle Vipere. II. 514. V. 54.
Lettera sopre alcune opposizioni fatte alle sue osservazioni
  intorno alle Vipere. II. 514.
Esperienze intorno alla generazione degl' Insetti. II. 411.
            a diverse cose naturali. I. 199. V. 9.
Osservazioni intorno agli animali viventi che si trovano
  negli animali viventi. II. 352.
Opuscula. I. 62. conf. I. 199. II. 411, 514.
REDTEL, *Ernestus Fridericus.* R. III. 560.
REED, *Richard.* III. 571.
REFTELIO, *Johanne,* Præside
  Diss. de Apibus. II. 524.
REFTELIUS, *Joannes Mart.* R. III. 5.
REGENFUSS, *Franciscus Michael.* Norimbergensis. Chal-
  cographus Regius Hafniæ, n. 1713. ob. 1780.
Choix de Coquillages. II. 317.
REGIUS, S. VAN ROY, *Henricus.* Bot. dein Med. Prof.
  Traject. n. 1598. ob. 1679.
Hortus Ultrajectinus. III. 105.
REGNAULT, *Sr. et De.*
La botanique mise à la portée de tout le monde. III. 460.
REHFELDT, *Abraham.*
Hodegus botanicus, plantas circa Halam enumerans. III.
  162. conf. 17.
REHN, *Sam. Conr.* II. 574.
REICH, *Godofredus Christianus.*
Mantissa insectorum. V. 34.
REICHARD, *Christoph Wilhelm Emanuel.* R. II. 356.
            Joannes Jacobus. Medicus Francofurti ad
  Moenum, ob. 1782. æt. 39. III. 84, 352. Ed. III.
  30, 39.
Flora Moeno-Francofurtana. III. 156.
Enumeratio stirpium horti Senkenbergiani. III. 117.
Sylloge opusculorum botanicorum. III. 91.
REICHEL, *Abraham Gottlieb.* R. III. 577.
            Christian Heinrich. Tr. IV. 65.
            Christophorus Carolus.
Disp. inaug. de Tabaco. III. 477.
De Vegetabilibus petrifactis. IV. 348.
REICHEL, *George Christian.* Med. Prof. Lips. n. 1727.
  ob. 1771. R III. 374.
Diss. de vasis plantarum spiralibus. III. 372.

REICHEL, *Joannes Daniel.* R. I. 218.
REICHNAU, *Georgius Fridericus.*
  Disp. inaug. de Opio. III. 505.
REIMANN, *Christoph. Frider.* R. IV. 256.
REIMARUS, *Hermannus Diedericus.*
  Diss. de Opii usu. V. 93.
REIMARUS, *Hermann Samuel.*
  Ueber die triebe der thiere. II. 445.
          besondern arten der thierischen kunsttriebe.
     II. 445.
REIMARUS, *Johann Albrecht Heinrich.* Phys. Prof. Ham-
     burg. n. 1729. II. 494. Ed. II. 445.
REINBOTH, *Joannes Ehrenfried.* R. III. 500.
REINECCIUS, *Christianus Albert.* R. III. 198.
REINEGGS, *Jakob.* IV. 71, 366. V. 125.
REINER, *Joseph.*
  Botanische reisen. III. 154.
REINESIUS. N. I. 295.
REINHARD, *Friedrich Adolph.* IV. 339.
          Maximilian Wilhelm. Tr. III. 600.
REINHOLD, *Samuel Abraham.*
  Diss. inaug. de Aconito Napello. III. 292.
REINICK, *Gabriel Gottlieb.*
  Diss. inaug. de Moscho. II. 502.
REINICK, *Jo. Eilhardus.* R. V. 31.
REINIGER, *Ernestus Samuelis.* R. III. 393.
REINIUS, *August. Cassiod.* Tr. I. 130.
REINMANN, *Joannes Christophorus.* Medicus Rudolstad.
     n. 1723. ob. 1761. II. 147.
REISELIUS, *Salomon.* Medicus Ducis Wirtemberg. n. 1625.
     ob. 1701. II. 108, 268, 390, 418. III. 324, 379.
REISING, *Johannes Benjamin.* R. III. 378.
REISKE, *Johannes.* Rector Scholæ Wolffenbütt. n. 1641.
     ob. 1701. IV. 338.
  De Glossopetris Lüneburgensibus. IV. 331.
REITMEYER, *Georgius.*
  Diss. inaug. de Lumbricis. II. 357.
REITZ, *K. K.* II. 570. V. 59.
RELHAN, *Richard.* Clericus Anglus, R. S. S. n. 1753.
  Flora Cantabrigiensis. III. 136.
  Heads of a course of lectures on botany. III. 24.
RELPH, *John.*
  On the efficacy of the Yellow bark. III. 474.
REMBOLD, *J. J.*
  Von Heuschrecken. II. 243.

RENARD, *Louis.*
Poissons que l'on trouve autour des isles Moluques. II.
171.

RENEALMUS, *Paulus.*
Specimen historiæ plantarum. III. 71.

RENEAUME. Acad. Scient. Paris. Soc. ob. 1739. I. 177
II. 344. III. 323, 373.

RENIER, *Steffano Andrea.* II. 343.

RENNEWALD, *Henricus Conradus.* R. IV. 162.

RENOVANZ, *Hans Michael.* Inspektor bey der Kaiserl.
Bergschule zu St. Petersburg, Ritter des Wolodimeror-
dens. IV. 70.
Von den Altaischen gebürgen. IV. 71.

REPPLERUS, *Olaus.* R. II. 204.

RESPINGER, *Johannes Henricus.* II. 406.

DE RESSONS, *Jean Baptiste des Chiens.* Lieutenant General
d'Artillerie, Acad. Scient. Paris. Soc. n. 1660. ob 1735.
III. 621.

RETTEL, *Christophorus.*
Diss inaug de Nitro. IV. 158.

RETZIUS, *Anders Jahan.* Hist. Nat. Prof. Lund. Acad.
Scient. Stockholm. Soc. II. 196, 200, 312, 329, 332.
571. III. 170, 232, 233, 296, 304, 318, 521, 645. IV.
20, 66. V. 101. Ed. II. 207.
Om det som förbinder oss til natural-historiens lärande.
I. 184.
Inledning til Djur-riket. II. 4.
Observationes botanicæ. III. 82.
Floræ Scandinaviæ prodromus. III. 129.
De Vermibus intestinalibus. II. 351.
Mineral-rikets upställning. IV. 14.
    Præside Retzio Dissertationes:
Nova Testaceorum genera. II. 316.
De Zeolithis Svecicis. IV. 99.

RETZIUS, *Nicolaus.* R. IV. 268.

REUBERUS, *Joh. Andreas.* R. II. 507.

REUSCHIUS, *Erhardus.* Eloqu. et Poës. Prof. Helmstad.
n. 1678. ob. 1740. V. 103.
Progr. de Botanicis non Medicis. III. 6.

REUSS, *Christian Friedrich.* M. D. n. Hafniæ 1745. I.
167. III. 580.
Compendium botanices. III. 21.
Pflanzen die mahlern und färbern zum nuzen gereichen
können. III. 582.

REUSS, *Franz Ambros.*   Medicus Bohemus. IV. 20, 62, 63,
    106, 116, 145, 154, 164. V. 109, 120, 124. Cont. V.
    349.
Orographie des nordwestlichen mittelgebirges in Böhmen.
    IV. 62.
Mineralogische geographie von Böhmen. IV. 62. V. 109.
    conf. IV. 2.
Beschreibung des Egerbrunnens. IV. 63.
Sammlung naturhistorischer aufsäze. IV. 23. conf. 63,
    89, 94, 95, 100, 116, 117, 145, 146, 211.
REUSS, *Georgius Daniel.* R. III. 509.
    Johannes Josephus. R. III. 569.
REUSSER, *G.* V. 17.
REUTZ, *Stevelinus Adamus.* II. 419.
REUTZIUS, *Guilhelmus.* R. IV. 80.
REVIGIN, *Carolus.* R. III. 377.
REVILLAS, *Diego.* II. 278. IV. 301.
REYGER, *Gottfried.* Gedanensis. n. 1704. ob. 1788. II.
    247. Ed. II. 112.
Flora Gedanensis. III. 171.
REYMANN, *Franz.* Juwellier in Wien.
Verzeichniss seines naturalienkabinets. IV. 27.
REYNIER, *L.* I. 185. III. 151, 224, 268, 289, 294, 298,
    301, 304, 306, 308, 335, 341, 354, 355, 359, 370,
    394, 397, 404, 407, 440, 444. IV. 243. Ed. 1. 208.
    Tr. I. 5.
RHANIUS, *Johannes Rodolphus.* R. III. 198.
VAN RHEEDE *tot Draakestein, Henricus Adrianus.*
Hortus Malabaricus. III. 179.
RHEIN, *Joannes Casparus.* R. III. 467.
RHIEM, *Johannes Lucas.*
Disp. inaug. de Ebore fossili. IV. 316.
RHODE. IV. 374.
RHODIUS, *Johannes.* II. 395.
DE RHOER, *Matthias Joannes.*
Diss. inaug. de Boracis origine atque usu. IV. 161.
TEN RHYNE, *Wilhelmus.* I. 251. III. 177, 576.
Dissertatio de Arthritide. II. 417. III. 2.
De Promontorio Bonæ spei. I. 131.
DE RIBAUCOURT. II. 414.
RIBOCK, *Just. Joh. Henr.* R. IV. 164.
RIBOUD. II. 433.
RICHARD.
Histoire du Tonquin. I. 142.
RICHARDUS, *Claudius.* II. 502.

RICHARD, *Louis Claude.* Instituti Paris. Soc. II. 33, 461.
III. 190, 269, 326, 354.
RICHARDSON, *R.* Tr. II. 524.
   Richard. II. 21. IV. 175.
   William. II. 247.
RICHE, *Antoine.* II. 269.
RICHERS, *Arnoldus Julius Johannes.* R. III. 295.
RICHERTZ, *Arnoldus.* R. II. 242.
RICHMOND, LENNOX AND AUBIGNE', *Charles Duke of.*
 n. 1701. ob. 1750. II. 495.
RICHTER, *Adam Daniel.*
 Lehrbuch einer naturhistorie. I. 186.
RICHTER, *Christian.*
 Saxoniæ miraculosa terra. IV. 111.
RICHTER, *Christian.*
 Ueber die fabelhaften thiere. V. 17.
RICHTER, *Christophorus Fridericus.*
 Diss. de Cochinilla. II. 535.
RICHTER, *Georgius Fridericus.* Moral. et Polit. Prof.
 Lips. n. 1691. ob. 1742. III. 380.
RICHTER, *Georgius Gottlob.* Med. Prof. Gotting. ob.
 1773. æt. 84.
 Progr. de Purpuræ pigmento. II. 538.
 Præside Richtero Diss. de Muscorum notis. III. 221.
RICHTER, *Johann Gottfried.* R. III. 485.
     Ohnefurcht.
 Ichtyotheologie. II. 35.
RICHTER, *Wenzel.* I. 107.
RIDDELL, *Maria.*
 Voyages to the Madeira, and Leeward Caribbean isles. I.
 162.
RIDDERMARCK, *Andrea,* Præside Dissertationes:
 De Ulmo. III. 254.
  Sale in genere. IV. 148.
   specie communi. IV. 148.
RIDINGER, *Johann Elias.* III. 62.
 Thier reis-büchl. II. 73.
 Betrachtung der wilden thiere. II. 50.
 Vorstellung der wilden thiere. II. 51.
 Entwurf einiger thiere. II. 50.
 Abbildung der jagtbaren thiere. II. 51.
 Zeichnungsbuch. II. 51.
 Tabulæ æneæ 28, exhibentes Equos. II. 104.
 Vorstellungen wie alles wild gefangen wird. II. 556.
 Die von Hunden behäzte Jagtbare thiere. II. 556.
  TOM. 5.   D d

Vorstellung der wundersamsten Hirschen etc. II. 16.
Tabulæ æneæ 12, exhibentes animalia in Paradiso. II. 16.
25 tabulæ Venatorum. II. 556.
Der Parforce Jagt 4 Theile. II. 556.
RIECKIUS, *Johannes Christophorus.* R. III. 512.
RIEDLINUS, *Vitus.* Medicus Ulm. n. 1656. ob. 1724. II.
    94. III. 546. IV. 84.
RIEGELS, *N. D* II. 464.
    Philosophiæ animalium fasciculus 1. de Erinaceo.
    Pagg. 82.   Havniæ, 1799. 8.
    Addatur Tom. 2. p. 467. ad calcem sect. 131.
RIEGER, *Joannes Christophorus.*
    Notitia rerum naturalium, quarum in medicina usus est.
    I. 284.
RIEM, *Johann.* Soc. Oecon. Lips. Secret. n. 1739. II. 526.
    Die verädelte Kanincherey. II. 523.
RIESS. V. 124.
RIMROD, *C. G.* I. 247. II. 261. III. 275.
RINIUS, *Benedictus.* N. I. 277.
RINMAN, *Carl.* IV. 99.
        Sven. Consiliarius Collegii Metallici Sveciæ,
    Eques Ord. Vasiaci, Acad. Scient. Stockholm. Soc. n.
    1720. ob. 1792. IV. 105, 120, 208, 218, 225, 227,
    253.
    Åminnelse-tal öfver A. F. Cronstedt. I. 171.
    Järnets historia. IV. 380.
    Bergverks Lexicon. IV. 3.
DA RIO, *Niccolo.* IV. 42.
DEL RIO, *Don Andrés Manuel.* Mineralog. Prof. Mexic.
    Elementos de orictognosia. IV. 14.
A RIPA, *Ludovicus.*
    Historiæ plantarum scribendæ propositum. III. 75.
RIPPELIUS, *Joh. Henricus.* R. III. 76, 77.
RISERUS, *Carolus.* II. 257.
RISLER, *Jacobus.* III. 286.
    Diss. inaug. de Verbasco. III. 249.
RISLER, *Josua.*
    Hortus Carolsruhanus. III. 114.
RITTER, *Albertus.* IV. 55, 133.
    De Alabastris Hohnsteinensibus. IV. 58.
                 Schwarzburgicis. IV. 58.
    Oryctographia Goslariensis. IV. 55.
    De Zoolitho-dendroidis. IV. 315. conf. 58.
        iterato itinere in Bructerum. I. 246.
    Oryctographia Calenbergica. IV. 55.

Von dem Arend-see. I. 259.

Supplementa scriptorum suorum, I. 205. conf. IV. 54, 133, 315.

RITTER, *Joannes Jacobus.* Medicus Siles. n. Bernæ, 1714. ob. 1784. I. 245, 248. III. 447. IV. 341.

RITTERMANN, *Jacobus Henricus.* R. IV. 58.

RITTERSHUSIUS, *Conradus.* II. 172, 553. N. II. 553, 562.

RIVALIEIZ, *Petrus.* II. 406.

RIVIERE. III. 544. IV. 329.

Singularités du terroir de Gabian. IV. 173.

RIVINUS, *Augustus Quirinus.* Physiol. et Bot. Prof. Lips. n. 1652. ob. 1723. II. 407, 480. III. 43. R. III. 446.

Introductio in rem herbariam. III. 43. conf. 44.

Ordo plantarum flore irregulari monopetalo. III. 37.
            tetrapetalo. III. 37.
            pentapetalo. III. 37.

Præside Rivino Diss. de pruritu exanthematum ab Acaris. II. 361.

RIVINUS, *Johannes Augustus.* Filius præcedentis. M. D. n. 1692. ob. 1725.

Diss. de Terris medicinalibus. IV. 353.

RIVINUS, *Quintus Septimius Florens.* Frater Augusti Quirini, Consul Lips. n. 1651. ob. 1713.

An plantarum vires ex figura et colore cognosci possint ? III. 446.

RIVIUS, s. RYFF, *Gualtherus.* N. I. 273.

ROBERG, *Laurentius.* Med. Prof. Upsal. n. 1664. ob. 1742.

Grundvahl til plantekjænningen. III. 28.

  Præside Roberg Dissertationes :

Ursus. II. 79.

De Vitriolo. IV. 156.

 Piceæ, Pinique sylvestris resina. III. 524.

 Fluviatili Astaco. II. 509.

 Metallo Dannemorensi. IV. 376.

 Formicarum natura. II. 272.

 Ferri confectione. IV. 379.

Græsoea. I. 114.

De Piscibus. II. 180.

 Monocerotis cornu fossili. IV. 317.

 Lagopode gallinacea. II. 141.

 Salmonum natura. II. 191.

 Planta Sceptrum Carolinum dicta. III. 296.

 Libella insecto. II. 265

Plantarum generatio. III. 391.

ROBERJOT. II. 547.
ROBERT, *Nicolas.*
  Recueil d'Oyseaux. II. 114.
  Icones plantarum. III. 66.
ROBERTS, *William.*
  Natural history of Florida. I. 155.
ROBERTSON, *James.* II. 109.
DE ROBIEN.
  Sur la formation des fossiles. IV. 241, 261.
ROBILANT. V. 108.
ROBILLIARD. II. 407.
ROBIN, *Jean.* III. 65, 107.
ROBINET, *Jean Baptiste.*
  De la gradation naturelle des formes de l'etre. I. 193.
ROBINSON, *Tancred.* I. 101. II. 133. III. 355.
        Thomas   Rector of Ousby in Cumberland.
  On the natural history of this world. IV. 273.
  Natural history of Westmorland. IV. 31.
ROBSAHM   *Carolus Gust.* R. IV. 124.
ROBSON, *Edward.* III. 651.
        Stephen.
  The British Flora. III. 132. conf. 22.
DE ROCHEFORT.
  Histoire des iles Antilles. I. 161.
ROCHON. Instituti Paris Soc.
  Voyage à la mer du Sud. I. 91.
        Madagascar. I. 140.
VON ROCHOW, *Friedrich Eberhard.* II. 424. IV. 328.
RODDE, *Jacob.* Tr. I. 120.
RODSCHIED, *Ernestus Carolus.*
  Diss. inaug. de utilitate studii botanici. III. 4.
RÖBERUS, *Paulus.* R. II. 217.
ROEDE, *Christianus.*
  Diss de Pisce, qui Jonam deglutivit. II. 39.
RÖHLING, *Johann Christian.* Pfarrer zu Braubach im
      Hessen-Darmstädtischen.
  Deutschlands flora. V. 70.
ROELSIUS, *Tobias.* III. 71.
VON RÖMER, *Carl Heinrich.* J. U. D. n. 1760. V. 115.
RÖMER, *Johann Jacob.* M. D. Tiguri. II. 201, 259. III.
      646. N. V. 70. Ed. III. 92, 219, 220.
  Genera Insectorum iconibus illustrata. II. 206.
  Neues Magazin für die botanik III. 93.
  Archiv für die botanik. V. 65 ; ubi addatur:
    2 Bandes 1 Stück. pagg. 131. tabb. 3.   1799

Rösel von Rosenhof, *August Johann.* Pictor Norimberg. n. 1705. ob. 1759.
Insecten belustigung. II. 211. conf. 496.
Historia naturalis Ranarum. II. 157.
Rössler, *Carl Anton.* IV. 62, 378.
Rösler, *Gottlieb Friedrich.* Phys. et. Math. Prof. in Gymnasio Stuttgard. n. 1740. ob 1790. IV 49.
Beyträge zur naturgeschichte des Herzogthums Wirtemberg. I. 244.
Rössler, *Matthias.* III. 649.
Roeslin, *Eucharius.*
Kreutterbuch. I. 278.
Rössig, *Karl Gottlob.* Jur. Prof. Lips. n. 1752.
Versuch einer botanischen bestimmung der Runkel-oder Zuckerrübe, nach ihren ab-und spielarten; nebst bemerkungen über die kultur derselben.
Pagg. 51. Leipzig, 1800. 8.
Addatur Tom. 3. p. 629. ad calcem sect. 130.
Roffredi, *Maurizio.* III. 427.
Rogers. I. 132.
Roggenkamp, *Albertus Augustus.* R. II. 258.
von Rohr, *Julius Bernhard.*
Geschichte der wilde wachsenden bäume in Teutschland. V. 73.
Von dem nuzen der gewächse. III. 554. conf. 50.
Merkwürdigkeiten des Oberharzes. I. 106.
Phytotheologia. III. 192.
von Rohr, *Julius Philipp Benjamin.* III. 36, 499.
Ueber den Cattunbau. V. 103.
Roland *de la Platiere, Jean Marie.* III. 422, 629, 639.
Lettres ecrites de Suisse, d'Italie etc. I. 93.
L'art du Tourbier. IV. 390.
Rolander, *Daniel.* II. 238, 261, 266, 270, 541. III. 290.
Rolfincius, *Guernerus.* Anat. Bot. et Chem. Prof. Jen. n. 1599. ob. 1673
Dissertationes chimicæ sex. IV. 21. conf. II. 456. IV. 168, 188, 189.
De purgantibus vegetabilibus. III. 450.
vegetabilibus in genere. III. 16.
Mercurius metallorum et mineralium. IV. 199.
Præside Rolfincio Dissertationes.
Ελαφολογια. II. 93.
De lapide Bezoar. II. 502.
Auro et Argento. IV. 188.
Scrutinium chimicum Vitrioli. IV. 355.

Rollius, *Theodorus.* R. IV. 188.
Roloff, *Christianus Ludovicus.* II. 80.
  Index plantarum in horto Krausiano. III. 122.
Roman, *Jacob Leonhard.* R. IV. 284.
Romans, *Bernard.*
  Natural history of Florida. I. 156.
de Romé de l'Isle, *Jean Baptiste Louis.* n. 1736. ob.
    1790. II. 506. IV. 77, 125, 250, 264, 267.
  Sur les Polypes d'eau douce. II. 497.
  Catalogue du Cabinet de M. Davila. I. 226.
            de la premiere vente de J. Forster. 1769.
            V. 10.
                seconde vente de J. Forster. 1772. I.
            226.
  Cristallographie. IV. 260.
  Description methodique d'une collection de mineraux.
    IV. 27.
  Catalogue du cabinet de M. Beost. 1774. V. 10.
            de la troisieme vente de J. Forster. 1780.
    V. 10.
  Des caracteres exterieurs des mineraux. IV. 4.
Romme, *G.* IV. 278.
  Annuaire du cultivateur. I. 300.
Rommel, *Petrus.* II. 422.
  De foetibus Leporinis extra uterum repertis. II. 402.
Rondeletius, *Gulielmus.* Med. Prof. Monspel. n. 1507.
    ob. 1566.
  De Piscibus marinis. II. 167.
Rooke, *Hayman.*
  Descriptions of Oaks in the park at Welbeck. III. 322.
Roos, *Johannes Carolus.* R. I. 216.
Roques de Maumont, *Jacob Emanuel.* Pastor der fran-
    zösisch-reformirten gemeine zu Celle.
  Sur les Polypiers de mer. II. 338.
Rosa, *Michele.* II. 535. III. 238.
        Vincenzo. II. 570. IV. 281.
Rose, *Hugh.*
  Elements of botany. III. 22. conf. 136.
Rose'n, Nob. Rosenblad, *Eberhard.* Frater sequentis.
    Med. Prof. Lund. Tr IV. 3.
  Observationes botanicæ circa plantas quasdam Scaniæ.
    III. 169.
        Præside Rosenblad Dissertationes:
  De cortice Peruviano. III. 475.
  Entomologia medica. II. 507.

Rosén, Nob. von Rosenstein, *Nils.* Med. Prof. Upsal.
dein Archiater Regis Sveciæ, Eques Ord. de Stella
Polari, Acad. Scient. Stockholm. Soc. n. 1706. ob.
1773. II. 358, 359.
Rosenbach, *Zacharias.*
Indices corporum naturalium. I. 194.
Rosenbaum. IV. 376
Rosenbergius, *Joannes Carolus.*
Rhodologia. III. 289.
Rosenfeld, *Daniel.*
Diss. de Rosa Saronitica. III. 198.
Rosenmüller, *Ernst Friedrich Carl.* L. Arab. Prof.
Lips. n. 1768. Ed. V. 16.
Rosenmüller, *Johann Christian.* Fater præcedentis.
Anat. Prosect. Lips. n. 1771.
De ossibus fossilibus animalis cujusdam. IV. 327.
Beiträge zur geschichte fossiler knochen. IV. 327.
Rosensten, *Anders.* III. 629.
Rosenström, *Olaus Bernhardus.* R. II. 485.
Rosenthal, *Christian Fred.* R. III. 139.
    Gottfried Erich. III. 419.
    Henricus Alexander. R. III. 448.
Rosewarne, *Henry.* IV. 218.
Rosinus, *Johannes* Ed. V. 115.
    Michaël Reinhold. Mundensis. n. 1687. ob.
1725.
De Stellis marinis fossilibus. IV. 343.
Belemnitis. IV. 340.
Roskoschnik, *Johan.* II. 244.
Roslin, *Hans.* R. II. 330.
de Rosnel, *Pierre.* Orfevre et Jouailler ordinaire du Roi
de France.
Le Mercure Indien. IV. 14.
Rossi, *Petrus.* II. 64, 222, 258. III. 395.
De nonnullis plantis quæ pro venenatis habentur. III 541.
Fauna Etrusca. II. 224.
Mantissa Insectorum. II. 224.
Rossingius, *Fridericus.* R. III. 198.
Rostan, *E. M.* II. 473. III. 575.
Rosted, *E.* II. 71, 199.
Roswall, *Benedictus.* R. II. 538.
Roth, *Albrecht Wilhelm.* Medicus in Ducatu Bremensi.
n. 1755. III. 85, 219, 268, 357, 388, 413. V. 64.
Verzeichniss derjenigen pflanzen, welche nicht in den ge-
hörigen klassen des Linneischen systems stehen. III. 47.

Beyträge zur botanik. III. 91. conf. 4, 13, 48, 50, 85,
158, 162, 301, 413.
Botanische abhandlungen. III. 646. conf. 177.
Flora Germanica. III. 152.
Catalecta botanica. V. 64.
Ueber das studium der cryptogamischen wassergewächse.
V 74.
ROTHE, *Leberecht Gottlob.* R. IV. 353.
     Tyge. II. 497. IV. 65, 88, 117.
ROTHERAM, *John.* Prof. Nat. Philos. at St. Andrews. R.
III. 450. Ed. III. 26.
The sexes of plants vindicated.
   Pagg. 43.   Edinburgh, 1790. 8.
   Addatur Tom. 3. p. 394. ante lin. 4 a fine.
ROTHIUS, *Vitus Eberhardus.* R. III. 508.
ROTHMANN, *Christophorus.* R. III. 474.
ROTHMAN, *Georgius.* R. III. 551.
     Johan. III. 351.
ROTHOF, *Lorenz Wilhelm.*
Jordmärg i Sverige funnen. IV. 363.
ROTTBÖLL, *Christen Friis.* Med. et Bot. Prof. Hafn. n.
1727. ob. 1797. III. 6, 33, 83, 167, 178. Pr. I. 203.
Botanikens udstrakte nytte. III. 4, 216.
Descriptiones plantarum rariorum indicit. Progr. III. 213.
Plantæ horti Universitatis rariores. Progr. III. 123.
Descriptiones et icones rariores plantas illustrantes. III.
213.
Descriptiones rariorum plantarum (Surinamensium.) III.
189
Anmærkninger til Cato de re rustica. I. 298. conf. III.
252.
VON ROTTEMBURG, *S. A.* II. 255.
ROUELLE. IV. 183.
ROUGIER-LABERGERIE. Instituti Paris. Soc. V. 88.
ROUME DE SAINT-LAURENT. II. 22.
ROUSSEAU, *Jean Jaques.*
Letters on the elements of botany. III. 23.
ROUSSEAU, *Ludwig.* Chem. et Hist. Nat. Prof. Ingolstad.
n. 1725. ob. 1794. I. 167. IV. 184.
Von den Salzen. IV. 148.
ROUSSET.
Sur les Vers-de-mer, qui percent les vaisseaux. II. 326.
ROUSSY, *Josephus Ludovicus.*
Diss. inaug. de Fumaria vulgari. III. 512.
DA ROVATO, *Giuseppe.* IV. 163.

Roxburgh, *William.* Scotus, Medicus in India Orientali.
III. 303, 584, 625, 649, 652. V. 104.
Account of the Chermes Lacca. II. 537. V. 57.
Description of a new species of Swietenia. III. 497.
Plants of the coast of Coromandel. III 180. V. 71;
ubi lege: Vol. II. No. 1, 2. col. 1.—28. tab. 101—
150.
van Roy. vide Regius.
van Royen, *Adrianus.* Bot. Prof. Lugd. Bat. ob. 1779.
æt. 74.
Diss. inaug. de anatome plantarum. III. 365.
Oratio, qua medicinæ cultoribus commendatur doctrina
botanica. III. 2.
Carmen de amoribus plantarum. III. 192.
Floræ Leydensis prodromus. III. 103.
van Royen, *David.* Bot. Prof. Lugd. Bat. ob. 1799.
Oratio de hortis publicis præstantissimis scientiæ botanicæ
adminiculis. III. 94.
Royer.
Catalogue des plantes de son jardin. III. 107.
Royer, *Johann.*
Beschreibung des gartens zu Hessem. III. 118, 158, 605.
Rozier, *François.* Lugdunensis, Clericus, n. 1734. ob.
1793. III. 20, 640. IV. 27. Ed. I. 51.
Sur la maniere de faire les Vins de Provence. III. 568.
Table des memoires de l'Academie Royale des Sciences.
I. 16.
Rubel, *Franciscus.*
Diss. inaug. de Agarico officinali. III. 535.
Ruberti, *Michel Angiolo.*
Sulla testa mostruosa d'un Vitello. II. 421.
Rubeus, *Hieronymus.* Ravennas. Medicus Clementis VIII.
P. M. ob. 1607. æt. 68.
De Melonibus. III. 327.
Rubin de Celis, *Don Miguel.* IV. 210.
Rubini, *Pietro.* III. 527.
de Rubruquis, *William.* I. 133. V. 6.
Rucker, *Joannes Daniel.* III. 546.
Rudbeck, *Johannes Olavus.* R III. 296.
⸻ Olaus. Anat. et Bot. Prof. Upsal. n. 1630. ob.
1702.
Catalogus plantarum quibus hortum Ubsaliensem primum
instruxit. III. 124.
Horticultura nova Upsaliensis. III. 605.
Deliciæ vallis Jacobææ. III. 124.

Hortus Upsaliensis Academiæ. III. 124.
    botanicus. III. 124.
Campi Elysii liber secundus. III. 67.
Reliquiæ Rudbeckianæ. III. 67.
Rudbeck, *Olaus.* Filius præcedentis Med. et. Bot. Prof.
    Upsal. n. 1660. ob. 1740. III. 170.
Propagatio plantarum. III. 606.
Disp. inaug. de fundamentali plantarum notitia rite ac-
    quirenda. III. 12.
Nora Samolad s Laponia illustrata. I. 113.
De ave Selav. II. 39.
    Borith Fullonum. III. 197.
Dudaim Rubenis. III. 196.
Responsum ad C. B. Michaelis objectiones de Borith Ful-
    lonum. III. 197.
    Præside Rudbeckio Dissertationes :
De Mandragora. III. 478.
    Hedera. III. 252.
Rubus humilis, Fragariæ folio, fructu rubro. III. 289.
Rudberg, *Daniel.* R. III. 395.
            Jaccb. R. III. 449.
            Olaus. R. III. 364.
Rudenschöld, *Ulric.* Consiliarius Collegii Commercio-
    rum Sveciæ, Acad. Scient. Stockholm. Soc. n. 1704.
    ob. 1765. III. 324.
Rudolph, *Daniel Gottlob.*
    Wie man naturalien sammlungen betrachten soll. I. 186.
Rudolph, *Joannes Henricus.*
    Floræ Jenensis plantæ ad Polyandriam Monogyniam per-
    tinentes. III. 161.
Rudolphi, *Carolus Asmund.*
    Observationes circa Vermes intestinales. II. 354.
Rudzinsky, *Karl.* IV. 64.
Rübner, *Andreus.* R. II. 73.
Rücker, *Joh. Frid.* III. 177.
Rüfferus, *Jo Christianus.* R. III. 372.
Rüling, *Joannes Philippus.* Medicus Eimbeck. n. 1741.
    Ordines naturales plantarum, III. 33. V. 62.
    Beschreibung der stadt Northeim V. 5.
Ruellius, *Joannes.* Medicus Paris. n. 1474. ob. 1537.
    Tr. I. 273.
    De natura stirpium. III. 53.
Rubus, *Ftanciscus.*
    De Gemmis aliquot. IV. 75.

RUINI, *Carlo.* Juris Consultus, Italus, ob. 1530.
Anatomia del Cavallo. II. 470.
RUIZ, *Don Hipolito.*
Quinologia. V. 91.
Floræ Peruvianæ prodromus. V. 72.
Respuesta a la impugnacion, que ha divulgado D. Jos. A.
Cavanilles contra el prodromo de la flora del Peru.
III. 190.
Flora Peruviana. V. 72.
RUMBERG, *Ericus.* R. III. 26.
RUMPEL, *Herm. Ernest.* I. 177.
          Ludovicus Fridericus Eusebius. III. 491.
RUMPF, *J. D. F.*
Deutschlands goldgrube. V. 98.
RUMPHIUS, *Georgius Everbardus.* ob. 1706. æt. 69. I.
200, 251. II. 333, 334. III. 286. IV. 79.
D'Amboinische rariteit kammer. I. 252.
Thesaurus imaginum piscium Testaceorum. I. 252.
Herbarium Amboinense. III. 181.
RUNDBERG, *Pebr.* R. IV. 363.
RUNG, *Johannes Dan.* R. III. 235.
RUPPIUS, *Henricus Bernhardus.* III. 29.
Flora Jenensis. III. 160.
VON RUPRECHT. IV. 18, 92, 190, 193, 235, 236.
RUSCELLIUS, *Hieronymus.* N. II. 554.
RUSDEN, *Moses.*
A further discovery of Bees. II. 524.
RUSH, *Benjamin.* III. 565. V. 96.
RUSSELL, *Alexander.* Scotus. M. D. R. S. S. ob. 1768.
II. 181, 307. III. 472.
Natural history of Aleppo. I. 125.
RUSSELL, *Claud.* III. 654.
          Patrick. Duorum præcedentium frater. M. D.
R. S. S. n. 1726. N. I. 125.
Memoir presented to the Governor of Madras. II. 516.
Account of the Tabasheer. III. 487. V. 92.
          Indian Serpents. II. 578. V. 60.
RUTENSCHÖLD, *G. A.* II. 143.
RUTHE, *Job Henricus.* R. III. 324.
RUTTY, *John.* III. 550.
Natural history of the county of Dublin. I. 236.
Materia Medica. I. 285.
DE RUUSCHER, *Melchior.*
Histoire naturelle de la Cochenille. II. 535.

RUYSCH, *Fredericus.*   Anat. et Bot. Prof. Amstelod. n.
    1638. ob. 1731. III. 104.
  Thesaurus animalium. I. 223.
  Catalogus musæi Ruyschiani. V. 60.
RUYSCH, *Henricus.* Filius præcedentis. Medicus Amstelod.
    ob. 1727. II. 12.
RYDAHOLM. vide Månsson.
RYDBECK, *Ericus Ol.*   R. II. 204.
RYDELIO, *Andrea,* Præside
  Diss. de Palma. III. 211.
RYDELIO, *Magno,* Præside
  Diss. de Mustela domestica. II. 79.
RYDER, *Thomas.*
  Some account of the Maranta. III. 589.
RYE, *Lieutenant.*
  Excursion to the Peak of Teneriffe. 1. 132.
RYHINERUS, *Johannes Henricus.*   III. 575.
VAN RYMSDYK, *John* and *Andrew.*
  Museum Britannicum. I. 221.
RYTSCHKOW, *Nikolaus.*
  Reise durch verschiedene provinzen des Russischen reiches.
    I. 119.
RYTSCHKOW, *Peter.*
  Orenburgische topographie. I. 120.
RZACZYNSKI, *Gabriel.*
  Historia naturalis Poloniæ. I. 250.

DE Sá, *José Antonio.*   I. 101.
SABBATI, *Constantinus.*   III. 113.
              Liberatus.   III. 112.
  Synopsis plantarum, quæ in solo Romano luxuriantur.
    III. 149.
SACCONI, *Agostino.*
  Ristretto delle piante. III. 616.
SACCONI, *Francesco Persio.*   Ed. III. 616.
SACHS, *Franciscus Jacobus.*
  Diss. inaug de Ulmo. III. 254.
SACHS, *Paulus Ludovicus.*
  Monocerologia. II. 108.
SACHS A LEWENHEIMB, *Philippus Jacobus.* Medicus
    Vratislav. n. 1627. ob. 1672 I. 208. II. 42, 287, 373,
    406. III. 265, 408. IV. 195, 237, 305.
  Αμπελογραφια. III. 567.
  Γαμμαρολογια. II. 287.

SACKLEN, *Johannes Fridericus.* R. III. 316.
SAGAR, *Michael.*
 Diss. inaug. de Salicaria. III. 501.
SAGE, *Balthazar George.* Acad. Scient. Paris. Soc. n. 1740.
 III. 436. IV. 19, 20, 23, 28, 96—98, 101, 104, 108,
 112, 124, 126, 131, 141—143, 152, 174, 175, 180,
 198, 200—204, 211, 213, 214, 215, 220—224, 227,
 230, 255, 287, 366, 389. V. 112, 113, 118.
 Elemens de mineralogie docimastique. IV. 11.
SAGITTARIUS, *Christianus.* R. II. 43.
SAHLSTEDT, *Magnus Gustaf.* R. III. 82.
DE SAILLY, *Paulus Franciscus.*
 Diss. inaug. de Manna. III. 531.
SAINT-AMANS, *Jean Florimond.* II. 176.
 Voyage dans les Pyrenées. I. 100. conf. III. 142.
 Sur la cause de la maladie qui detruit les arbres des pro-
 menades d'Agen. III. 426.
 Eloge de C. von Linné. I. 174.
DE ST. GERMAIN, *J. J.*
 Manuel des vegetaux. III. 42.
 Les presens de Pomone. III. 211.
SAINT-JEAN CREVECOEUR. Instituti Paris. Soc. III. 600.
ST. JOHN, *J. Hector.* An idem cum præcedenti?
 Letters from an American farmer. I. 152.
DE S. LAURENT, *Joannon.*
 Description du cabinet de M. le Ch. de Baillou. IV. 26.
ST. LEGER. V. 101.
DE SAINT MARTIN. III. 546.
SAINT-PIERRE, *Jacques Bernardin Henri.* Instituti
 Paris. Soc.
 Voyage à l'Isle de France. I. 132.
DE SAINT SIMON, *Marquis.*
 Des Jacintes. III. 632.
SALBERG, *Carolus Henr.* R. III. 35.
  Johan. R. III. 560.
  Julius. Pharmacopoeus Stockholm. Acad.
 Scient. ib. Soc. n. 1680. ob. 1753. II. 541. IV. 153.
 Tal, hvaruti de inkast förläggas, som äro gjorde emot
 dess rön om det i Sverige fundna Sal Natron. IV. 153.
 Ytterligare återsvar på G. Wallerii försvars skrift. IV.
 153.
SALERNE. III. 429. IV. 269. Cont. I. 284. Tr. II. 111.
SALISBURY, *Richard Anthony.* R. S. S. n. 1762. III.
 259, 281, 316. Ed. vide infra, C. P. Thunberg.
 Icones stirpium rariorum. III. 88. V. 64.

Prodromus stirpium in horto ad Chapel Allerton. III.
647.

SALISBURY, *W.* Hortulanus.
Hortus Paddingtonensis. V. 66.

VON SALIS MARSCHLINS, *Carl Ulysses.* n. 1728. II. 79,
97, 532.

SALMASIUS, S. SAUMAISE, *Claudius.* Gallus, Prof. Lugd.
Bat. n. 1588. ob. 1653. N. IV. 75.
Præfatio in librum de Homonymis hyles iatricæ. III. 200.
conf. I. 75.
Plinianæ exercitationes in Solini polyhistora. I. 75. conf.
III. 200, 202, 531.

SALMENIUS, *Christiern.* R. I. 115.

SALMON, *U. P.* V. 120.
William.
Botanologia. III. 62.

SALMUTH, *Henricus.* Comm. I. 77. Ed. III. 237.

DE SALNOVE, *Robert.*
La venerie royale. II. 555.

SALONIUS, *Petrus.* R. II. 240.

SALOVIUS, *Anders.* R. III. 645.
Samuel A. R. III. 630.

SALTZMANN, *Johanne Rudolpho,* Præside Dissertationes:
De Margaritis. II. 456.
Lupo. II. 73.

SALVENIUS, *Fridericus.* R. IV. 150.

SALVIANUS, *Hippolytus.* Medicus Julii III. P. M. ob.
1572. æt. 59.
Aquatilium animalium historia. II. 168.

DE SAN ANTONIO, *Santiago.* Monachus Franciscanus. V.
100.

VON SANDBERG, *Karl.* I. 169. II. 248.

SANDEL, Nob. SANDELS, *Samuel.* Consiliarius Collegii
Metallici Sveciæ, Eques Ord. Stellæ Polaris, Acad.
Scient. Stockholm. Soc. ob. 178—.
Tal om K. Svenska Vetenskaps Academiens inrättning
och fortgång. I. 37.

VON SANDEN, *Henricus.* Phys. Prof. Regiomont. n. 1672.
ob. 1728.
Præside von Sanden Diss. de Succino. IV. 256.

SANDER, *Heinrich.* Prof. Gymnasii Carolsruh. n. 1754.
ob. 1782.
Ueber das grosse und schöne in der natur. I. 262.
Oeconomische naturgeschichte. I. 299.

Kleine schriften. I. 67. conf. I. 185, 204, 216, 244, 259,
270. II. 8, 38, 43, 52, 66, 115, 129, 159, 179, 185,
405, 431, 447, 478, 517, 549, 554. III. 570, 628. IV.
49, 179, 195.
SANDHAGEN, *Jodocus Edmundus.* R. III. 50.
SANDIFORT, *Edvardus.*
Museum anatomicum Academiæ Lugduno-Batavæ. II. 55.
SANDIUS, *Christophorus.* II. 456.
SANDMARK, *Carolus Gust.* R. III. 188.
SANDSTEN, *Gabriel.* R. I. 233.
SANDWICH, *Edward Earl of.* Tr. IV. 369.
SANDYS, *Edwin.* IV. 115.
        George. n. 1578. ob. 1643.
Relation of a journey. I. 122,
DA SAN GALLO, *Pietro Paolo.*
Experienze intorno alle Zanzare. II. 278.
SANGIORGIO, *Giannambrogio.* III. 238.
        Paolantonio. II. 455.
SANMARK, *Carl Gustaf.* R. IV. 68.
DA S. MARTINO, *Giambatista.* II. 541. III. 378, 569.
Sopra la Nebbia dei vegetabili. III. 428.
SANSOVINO, *Francesco.* Tr. I. 297, 298.
Della materia medicinale. I. 280.
DI S. CATERINA DA SIENA, *Vincenzo Maria.*
Viaggio all' Indie Orientali. I. 135.
SANTI, *Giorgio.*
Analisi delle acque dei Bagni Pisani. I. 241.
SARACENUS, *Janus Antonius.* Tr. I. 275.
SARASINI, *Agostino.* II. 355.
SARDUS, *Alexander.*
De rerum inventoribus. I. 76.
SARRAZIN. II. 83—85.
SARWEY, *Theophilus Henricus.* R. III. 289.
SATTLER, *Christoph. Wilh.* R. III. 467.
SAUNDERS, *James.*
The complete fisherman. II. 564.
SAUNDERS, *Robert.* I. 252. II. 537. IV. 163.
        Samuel.
Introduction to botany. III. 25.
SAUNDERS, *William.*
Diss. inaug de Antimonio. IV. 360.
Of the Red Peruvian bark. III. 473.
DE SAUNIER, *Gaspard.* Ed. II. 521.
        J.
La parfaite connoissance des Chevaux. II. 521.

SAUR. IV. 224.
SAURI.
Precis d'histoire naturelle. I. 195.
SAURMANUS, *Thomas.* R. II. 176.
DE SAUSSURE, *Horace Benedict.* Genevensis, ob. 1799.
æt. 59. III. 415. IV. 40, 41, 253, 278, 296. V.
108, 123.
Sur l'ecorce des feuilles. III. 384.
Voyage dans les Alpes. I. 242.
DE SAUSSURE *fils.* IV. 92, 124, 132, 254. V. 85, 112.
DE SAUVAGES, *Augustin Boissier.* Sequentis frater. Cle-
ricus Gallus. II. 247, 284, 530. IV. 37, 268, 310.
DE SAUVAGES, *François Boissier.* Med. Prof. Monspel.
n. 1706. ob. 1767. III. 541.
Methodus foliorum. III. 143.
DE SAUVIGNY.
Histoire naturelle des Dorades de la Chine. II. 194.
SAVARESI, *A. M.* IV. 236.
SAVARY, *Jacobus.* n. Cadomi 1607. ob. 1670.
Venationis Leporinæ leges. II. 557.
Cervinæ, Capreolinæ etc. leges. II. 557.
SAVASTANUS, *Franciscus Eulalius.* S. J.
Botanicorum libri iv. III. 191. V. 72.
SAVENIUS, *Salomon.* R. IV. 4.
SAVI, *Gaetano.* V. 65.
Flora Pisana. italice.
Tomo 2. pagg. 500.   Pisa, 1798.   8.
    Tomus 1. desideratur.
Addatur Tom. 3. p. 149. post lin. 9.
SAVOIS, *Petrus.*
Diss. inaug. de generatione hominis ex ovo. II. 397.
SAVVALLE. IV. 291.
SAXHOLM, *Petrus.* R. IV. 379.
SBARAGLI, *Joannes Hieronymus.* Med. Prof. Bonon. n.
1641. ob. 1710.
Oculorum et mentis vigiliæ. II. 372.
SCALIGER, *Josephus Justus.* Filius sequentis. Gallus,
Prof. Honor. Lugd. Bat. n. 1540. ob. 1609.
Opuscula varia. III. 237.
SCALIGER, *Julius Cæsar.* Italus. Miles, dein Medicus, n.
1484. ob. in Gallia 1558. Tr. II. 7.
In libros de plantis Aristoteli inscriptos commentarii.
III. 51.
Exotericarum exercitationum liber de subtilitate. I. 76.

Commentarii in libros de causis plantarum Theophrasti.
III. 52.
Animadversiones in historias Theophrasti. III. 52.
Scalus, *Petrus Paulus.*
Catalogus Testaceorum in museo ejus. II. 319.
Scannagati, *Giosué.*   III. 594.
Scarabelli, *Pietro Francesco.* Tr. I. 227.
Scaramucci, *Joannes Baptista.*
Meditationes in epistolam de Sceleto Elephantino Ten-
tzelii. IV. 272, 300.
Scarella, *Joannes Baptista.* vide Vic. Menegoti.
Lettera intorno ad una pianta anonima. III. 243.
Ragguaglio intorno al fiore dell' Aloe americana. III. 265.
Scepin, *Constantinus.*
De acido vegetabili. III. 80.
Schacher, *Polycarpus Gottlieb.* Med. Prof. Lips. n. 1674.
ob. 1737.
Progr. de verme in rene canis animadverso. II. 362.
Præside Schachero Diss. de Tænia. II. 367.
von Schachmann, *Carl Gottlob Adolph.* Nobilis Lusa-
tus. ob. 1789.
Ueber das gebirge bey Königshayn. IV. 61.
Schacht, *Christianus Paulus.*
Oratio de historiæ naturalis cum reliquis disciplinæ me-
dicæ partibus conjunctione. I 168.
Schacht, *Matthias Henricus.* Rector Scholæ Cartemund.
in Fionia Daniæ, n. 1660. ob. 1700. II. 287, 422.
Schad, *Georg Friederich Casimir.*
Litteratur der reisen. I. 83.
Schade, *Clemens.* Rector Scholæ Hafn. n. 1683. ob.
1765.
Diss. de Behemoth. II. 38.
Schadeloch, *August Mart.* R. V. 14.
Schæffer, *Carolus.* Medicus Hal. ob. 1675.
Deliciæ botanicæ Hallenses. III. 161.
Schæfer, *Godofredus Henricus.* Tr. V. 3.
Schäffer, *Jacob Christian.* Lutherischer Prediger zu
Regensburg, n. 1718. ob. 1790. III. 557. IV. 306.
Die Blumenpolypen der süssen wasser. II. 496.
De Musca Cerambyce. II. 237.
Der Afterholzbock. II. 237.
Kalchartiges bergmeel. IV. 130.
Das fliegende Ufreraas. II. 265.
Apus pisciformis. II. 289.
De studii botanici faciliori methodo. III. 20.
Tom. 5.   E e

Isagoge in botanicam expeditiorem. III. 20.
Vorläufige beobachtungen der Schwamme um Regens-
burg. III. 226.
Der Gichtschwamm mit grünschleimigem hute. III.
351.
Botanica expeditior. III. 32.
De studii ichthyologici faciliori methodo. II. 173.
Piscium Ratisbonensium pentas. II. 179.
Der wunderbare Eulenzwitter. II 260, 416.
Icones Fungorum quorundam singularium. III. 226.
Fungorum qui circa Ratisbonam nascuntur icones. III.
226.
Vorschläge zur förderung der naturwissenschaft. I. 184.
Opuscula entomologica edenda indicit. II. 205.
Abhandlungen von Insecten. II. 20. conf. 46, 212, 235
—237, 239, 256, 257, 259—261, 264, 266, 267, 269
—271, 276, 277, 289—291, 306, 365, 416, 485,
496.
Zweifel welche in der Insectenlehre annoch vorwalten. II.
205.
Elementa entomologica. II. 205.
Icones Insectorum circa Ratisbonam indigenorum. II.
226.
Versuche mit Schnecken. II. 430.
Elementa ornithologica. II. 111.
Abbildung des Mayenwurmkäfers. II. 508.
SCHÆFFER, *Jacob Christ. Gottl.*
Diss. inaug. de Magnesia. IV. 118.
SCHÆFFER, *Johannes.*
Diss. inaug. sistens anthelmintica regni vegetabilis. III.
450. V. 90.
SCHALE'N, *Carolus Gustavus.* R. I. 233.
SCHALL, *Carl Friedrich Wilhelm.*
Anleitung zur kenntniss der besten bücher in der minera-
logie. IV. 2.
SCHALLER, *Georg.* II. 15.
          Johann Gottl. II. 215, 251.
          Johannes Philippus Bonaventura.
Diss. inaug de Jalappa. III. 537.
SCHANGIN, *Peter Iwanowitsch.* I. 120.
SCHARFENBERG, *G. L.* II. 252.
SCHARFFIUS, *Benjamin.* Archiater Schwarzburgo-Son-
dershus. n. 1650. ob. 1702. II. 415. III. 551.
Ακριυθολογια. III. 527.

Schaub, *J.*
Physikalisch-mineralogisch bergmännische beschreibung des Meissners.
Pagg. 245. tabb. æneæ 2.   Cassel, 1799. 8.
Addatur Tom. 4. p. 52. post lin. 12. sect. 27.

Schauffenbül, *Franciscus Josephus.*
Diss. inaug. de partibus constitutivis corporum naturalium. I. 270.

Scheel, *Paulus Simon.* R. II. 46.

Scheele, *Carl Wilhelm.* Pomeranus, Pharmacopoeus in Köping, Sveciæ, Acad. Scient. Stockholm Soc. n 1742. ob. 1786. IV. 85, 136, 137, 140, 182, 207, 225, 228, 230, 231.
Opuscula chemica et physica. V. 3. conf. 110, 113—115, 117—119.

Scheele, *Leonhardus.* R. IV. 376.

Scheferus, *Johannes Daniel.*
Disp. inaug. de Chamomilla. III. 519.

Scheffel, *Claes Fredric.* R. IV. 285.

Scheffer, *Friherre Carl Fredric.* Dein Comes, Senator Sveciæ, &c. Nepos Joannis Schefferi sequentis. n. 1715. ob. 1786. III. 638.

Scheffer, *Henric Theophil.* Nepos sequentis. Proberare vid Bergs Collegium, och vid Myntet; Acad. Scient. Stockholm. Soc. n. 1710. ob. 1759. IV. 191, 366.

Schefferus, *Joannes.* Eloqu. et Polit. Prof. Upsal. n. Argentorati 1621. ob. 1679. N. I. 265.
Lapponia. I. 115.

Scheffler, *Jacobus Christophorus.*
Disp. inaug. de Asaro. III. 501.

von Scheffler, *Johann Peter Ernst.* M. D. n. Gedani 1739. IV. 77, 242.

Scheidius, *Christianus Ludovicus.* Ed. IV. 275.

Scheidt, *Carl August.* IV. 178, 272.

Schelhamer, *Güntherus Christophorus.* Med. Prof. Helmstad. dein Jen. tandem Kilon. n. 1649. ob. 1716. I. 248. II. 116, 317, 336, 467, 469, 476. III. 352, 399, 405.
Catalogus plantarum in hortulo domestico. III. 117.
De nova plantas in classes digerendi ratione. III. 43.
Phocæ maris anatome. II. 464.
Anatome Xiphiæ. II. 175.
De Nitro. IV. 149.

Schelhass, *Christophorus Elias.* R. III. 523.

SCHELVER, *Franz Joseph.*
  Naturgeschichte der sinneswerkzeuge bey den Insecten
    und Würmern. V. 46.
SCHENKIUS A GRAFENBERG, *Johannes Georgius.* Ed.
    III. 110.
  Monstrorum historia. II. 417.
SCHENCKIUS, *Johannes Theodorus.* Med. Prof. Jen. n.
    1619. ob. 1671.
  Catalogus plantarum horti Jenensis. III. 120.
    Præside Schenckio Dissertationes:
  De natura mineralium. IV. 239.
    Terra sigillata. IV. 353.
    Foeniculo. III. 483.
    Moscho. II. 502.
    Cinnamomo. III. 492.
    Vermibus intestinorum. II. 357.
    Succino. IV. 170.
SCHEPPERUS, *Ericus.* R. IV. 379.
SCHERBIUS, *Joannes.*
  Diss. inaug. de Lysimachiæ purpureæ virtute medicinali.
    III. 501.
SCHERER, *Alexander Nicolaus.*
  Allgemeines Journal der Chimie. V. 3.
SCHERER, *Johannes Andreas.* III. 346, 415.
SCHEUCHZER, *Johannes.* Frater Joh. Jacobi sequentis.
    Phys. Prof. Tigur. n. 1684. ob. 1737. IV. 242.
  Agrostographiæ helveticæ prodromus. III. 214.
  Operis agrostographici idea. III. 212.
  Agrostographia. III. 212. conf. 152.
  Diss. de Tesseris Badensibus. IV. 351.
SCHEUCHZER, *Johannes, junior.*
  Diss. inaug. de alimentis farinaceis. III. 562.
SCHEUCHZER, *Johann Caspar.* Tr. I. 145.
                Jacob. Mathes. Prof. Tigur. n.
    1672. ob. 1733. Il. 466, 468. IV. 2, 86, 300, 338,
    348.
  Historiæ Helveticæ naturalis prolegomena. I. 235. conf.
    179.
  Specimen lithographiæ Helveticæ. IV. 312.
  Itinera Alpina. I. 103.
  Piscium querelæ et vindiciæ. IV. 329.
  Herbarium diluvianum. IV. 348.
  Museum diluvianum. IV. 308.
  Bibliotheca scriptorum historiæ naturalis. I. 178.
  Naturhistorie des Schweizerlands. IV. 45.

Jobi physica sacra. I. 263.
Homo diluvii testis. IV. 329.
Physique sacrée. I. 263.
Sciagraphia lithologica. IV. 2.
von Scheven, *Theodosius Gottlieb.* Pastor zu Neuwarp
 in Vorpommern. II. 204, 221, 270, 412.
Schiavo, *Domenico.* I. 242.
Schiebel, *Johann-Georgius.* R. II. 64.
Schiemann, *Carolus Christianus.*
 Diss. inaug. de Digitali purpurea. III. 510.
Schiffermüller, *Ignaz.*
 Von den Schmetterlingen der Wiener gegend. II. 254.
Schildbach, *Carl.*
 Beschreibung einer holz-bibliothek. III. 206.
Schilling, *Godofredus Guilielmus.*
 De morbo Jaws. II. 438.
 Lepra. III. 84.
Schindler, *Conradus.* R. III. 3, 79.
Schinz, *Rudolf.* Pfarrer zu Utikon im canton Zürich, n.
 1745. ob. 1790.
 Beyträge zur nähern kenntniss des Schweizerlands. I.
 103.
Schinz, *Salomon.* Phys. et Math. Prof. et Canonicus
 Tigur. n. 1734. ob. 1784. III. 367.
 Diss. inaug. de Calce. IV. 125.
 Primæ lineæ botanicæ. III. 22.
 Anleitung zu der pflanzenkenntniss. III. 22.
Schirach, *Adam Gottlob.*
 Melittotheologia. II. 35.
 Histoire naturelle de la Reine des Abeilles. II. 526.
 Natürliche geschichte der Erd-schnecken. II. 304.
Schirow, *Joannes Jacobus.*
 Diss. inaug. de Cantharidibus. V. 53.
Schissler, *Pehr.*
 Hälsinga hushålning. I. 114.
Schkuhr, *Christian.* Universitätsmechanicus zu Witten-
 berg. III. 89, 152.
 Botanisches handbuch. V. 70.
Schlegel, *Johann Andreas.*
 Von natürlichen, unnatürlichen - - - dingen. III. 455.
Schlegel, *Joannes Christianus Traugott.* Ed. IV. 199.
 Thesaurus materiæ medicæ. I. 272.
Schleger, *Theodor August.* Med. Prof. Cassell. ob. 1772.
 æt. 35. III. 498.
 Versuche mit dem Mutterkorn. III. 429.

SCHLEICHER. V. 70.
SCHLETTWEIN, *M.* II. 522.
SCHLICHTING, *Joannes Daniel.* Medicus Amstelodam.
  n. in Jeverensi ditione 1705. ob. 1770. II. 501.
SCHLINCKE, *Ernestus Rudolphus.* R. III. 500.
SCHLÖZER, *August Ludwig.* Ed. I. 118.
SCHLOSSER, *Johannes Albertus.* Medicus Amstelodam.
  ob. 1769. II. 187, 289, 343. V. 30.
  De Lacerta amboinensi. II. 160.
VON SCHLOTHEIM, *Ernst.* IV. 307. V. 117.
SCHLOTTERBECCIUS, *Philippus Jacobus.* II. 322, 333.
  III. 349, 403. IV. 333.
SCHLUGA, *Joannes Baptista.*
  Primæ lineæ cognitionis Insectorum. II. 205.
SCHMALKALDEN, *Christianus Gunther.* R. IV. 356.
SCHMEER, *Christianus.* R. II. 459.
SCHMEISSER, *Johann Gottfried.* R. S. S. IV. 139, 233.
  Syllabus of lectures on mineralogy. IV. 13.
  A system of mineralogy. IV. 13.
  Beyträge zur nähern kenntniss des gegenwärtigen zu-
  standes der wissenschaften in Frankreich. V. 5.
SCHMERSAHL, *Elias Friedrich.* III. 622, 631, 634, 639.
SCHMID, *Gerh. Andr. Rud.*
  Diss. inaug. de Sale Ammoniaco. IV. 355.
SCHMID, *Johannes Philippus.* R. III. 524.
          Ulricus. R. III. 537.
SCHMIDEL, *Casimirus Christophorus.* Med. Prof Erlang.
  dein Præses Collegii Medici Anspac. n. 1718. ob. 1793.
  II. 312. III. 69. Ed. III. 56, 90.
  Fossilium metalla concernentium glebæ. IV. 189.
  Icones plantarum. III. 81.
  Dissertationes botanici argumenti. III. 91. conf. 386. viz.
  De Oreoselino. III. 255.
    Buxbaumia. III. 340.
    Blasia. III. 342.
    Jungermanniæ charactere. III. 341.
SCHMIDEL, s. *Faber, Huldericus.*
  Historia navigationis in Americam. I. 157.
SCHMIDELIUS, *Johannes.* R. III. 250.
SCHMIDERUS, *Sigismundus.* R. III. 539.
SCHMIDICHEN, *Christianus.* R. II. 449.
  Disp. de Psittaco. II. 125.
SCHMIDIUS, *Johannes.* II. 420.
          Andreas. IV. 305. R. III. 514.
SCHMIDT, *Carolus Wilhelmus.* R. V. 75.

SCHMIDT, *Christian Frands.* III. 619.
   Elias. R IV. 358.
   Franz Hortulanus.
Österreichs allgemeine baumzucht. III. 207.
SCHMIDT, *Franz Willibald.* Bot. Prof Prag. ob. 1796.
 II 572. III. 88, 164, 315, 417. V. 65, 71, 76.
Flora Boëmica. III. 163.
Sammlung physikalisch-ökonomischer aufsäze. I. 208.
 conf. III. 646, 650. V. 15.
SCHMIDT, *Friedrich Christian.* Amtsverweser zu Gotha,
 n. 1755.
Mineralogische beschreibung der gegend um Jena. IV.
 59.
SCHMIDT, *Frederic Samuel.*
Sur les Oolithes. IV. 129.
SCHMIDT, *Godofredus.* R. II. 133.
   Johannes Andreas. Philos. Prof. Jen. dein
 Theol. Prof. Helmstad. n. 1652. ob. 1726.
Præside Schmidt Diss. Respublica Formicarum. II. 271.
SCHMIDT, *Johannes Eberhardus.* R. II. 502.
   Valentinus. R. II. 41.
SCHMIEDER, *Carl Christoph.*
Topographische mineralogie der gegend um Halle. IV.
 57.
SCHMIEDER, *Sigismundus.* III. 233, 403.
SCHMIEDLEIN, *Gottfried Benedikt.* M. D. Lipsiæ. n.
 1739.
Einleitung in die kenntniss der Insectenlehre. II. 206.
SCHMINCKIO, *J. H.* Præside
Diss. de cultu religioso arboris Jovis. III. 203.
VON SCHMIRSIZKY, *Adalbert.* IV. 117.
SCHMUCK, *Friderich Wilhelm.*
Admiranda naturæ. II. 417.
SCHNABEL, *Marcus.* I. 109.
SCHNACK, *Jonas.* IV. 194.
SCHNEEVOOGT, *G. Voorhelm.*
Icones plantarum rariorum. III. 89.
SCHNEIDER, *Conrad Victor.* Med. Prof. Witteberg. ob.
 1680. æt. 66.
Præside Schneider Diss. Lapis Bezoar. II. 503.
SCHNEIDER, *David Heinrich.* II. 226.
Nomenclator entomologicus. II. 208.
Beschreibung der Europäischen Schmetterlinge. II. 252.
Magazin für die liebhaber der Entomologie. II. 574.
 conf. 573—576.

Verzeichniss einer parthei Insekten, welche am 6ten März
1800 zu Stralsund verkauft werden sollen.
Pagg. 23.   8.
Addatur Tom. 2. p. 223. ad calcem sect. 548.
SCHNEIDER, *Joannes Georgius.*
Minerarum Plumbi oryctognosia. V. 118.
SCHNEIDER, *Johann Gottlob.* Eloqu. et Philolog Prof.
Francof. ad Viadr. n. 1752. II. 22, 34, 120, 163, 177,
199, 377, 393. IV. 319. Tr. II. 563. V. 52. N. I. 265.
II. 554, 559, 561, 563. Ed. I. 292, 297. II. 8, 553.
Naturgeschichte der Schildkröten. II. 154.
Abhandlungen zur aufklärung der zoologie. II. 21. conf.
107, 154, 309, 474.
Analecta ad historiam rei metallicæ veterum. IV. 76.
Historia piscium naturalis et literaria. II. 173. conf. 105,
481, 573.
Amphibiorum physiologiæ specimina. II. 153.
Historia Amphibiorum naturalis et literaria. V. 27.
SCHNEIDER, *Matthias Friedericus.* R. II. 503.
SCHNEITER, *Johannes Godofredus.* R. II. 506.
SCHNEKKER, *Johannes Daniel.*
Idea generalis ordinis plantarum verticillatarum. III. 217.
SCHNETTER, *Johann Christoph.*
Wegen der censur über sein sendschreiben von dem zu Al-
tenburg gefundenen Unicornu fossili. IV. 326.
SCHNYDER, *Franz Xaver.* III. 214.
SCHOBER, *C. G.* III. 371. IV. 15, 58, 150.
          Gottlob. Medicus Moscvensis, ob. circa a. 1738.
III. 544. IV. 174.
SCHOBINGER, *Bartholomæus.* R. III. 478.
SCHOCKWITZ, *Johannes.* R. IV. 61.
SCHODER, *Friedrich Jacob.* Diaconus zu Lauffen im Wür-
tembergischen. n. 1752. ob. 1785.
Hierozoici specimina. II. 37.
SCHÖLLER, *Josephus.*
Diss. inaug. Consideratio physiologica amphibiorum. V.
50.
SCHOEN, *Casparus.* R. III. 290.
SCHÖNBERG, *Anders.* II. 143, 146.
SCHÖNFELDT, *Joh. Wilhelmus.* R. III. 203.
SCHÖNGAST, *Christoph-Andreas.*
Enkurek Persarum, morsumque Tarantulæ. V. 39.
SCHÖPF, *Johann David.* Præses Collegii Medici Anspac.
n. 1752. II. 91, 181, 189, 192, 303. III. 369. IV. 46.
Materia medica Americana. I. 289.

Beyträge zur mineralogischen kenntniss des östlichen
theils von Nordamerika. IV. 73.
Reise durch einige der vereinigten Nordamerikanischen
staaten. I. 152.
Historia Testudinum. II. 154, 572.
SCHÖPFLIN, *Johann Daniel.* IV. 35, 195.
SCHOLLER, *Friedrich Adam.* Inspector Academiæ Fra-
trum Barbiensis, n. 1718. ob. 1785.
Flora Barbiensis. III. 162.
Supplementum Floræ Barbiensis. III. 162.
SCHOLTZ, *Adam-Sigismundus.* R. II. 503.
A SCHONEVELDE, *Stephanus.* Medicus Hamburg.
Ichthyologia. II. 171.
SCHOOCKIUS, *Martinus.* n. Trajecti ad Rhenum 1614.
ob. Francofurti ad Viadrum 1669.
De Ovo et Pullo. II. 403.
Harengis. II. 193.
Turfis. IV. 176.
Ciconiis. II. 139.
SCHOON, *Theodorus.*
Waare oeffening der planten. III. 250.
SCHOPPER, *Jacob.* Theol. Prof. Altorf. n. 1545. ob. 1616.
Biblisch edelgesteinbüchlein. IV. 75.
SCHOSULAN, *Joannes Michael.*
Diss. inaug. de Vinis. III. 568.
SCHOTTUS, *Gasparus.* Wirceburgensis, S. J. n. 1608. ob.
1666.
Physica curiosa. I. 78.
SCHOUWMAN, *Fredrik.* II. 61.
SCHOW, *Petrus.* R. III. 577.
SCHRADER. III. 498.
        Christian Friedrich.
Index plantarum horti Glauchensis. III. 122.
Genera plantarum selecta. III. 33.
SCHRADER, *Fridericus.* Med. Prof. Helmstad. n. 1657.
ob. 1704.
De microscopiorum usu in naturali scientia. I. 213.
Programma ad exercitia botanica. III. 2.
        Præside Schradero Dissertationes:
De habitaculis animantium. II. 446.
        brutorum animantium armatura. II. 373.
SCHRADER, *Gottlieb-Nathanaël.*
Diss. inaug de Anagallide. III. 471.
SCHRADER, *Heinrich Adolph.*
Spicilegium floræ Germanicæ. III. 152.

Sertum Hannoveranum. III. 119. V. 68.
Systematische sammlung kryptogamischer gewächse.
  1 Lieferung. pagg. 20.   Göttingen, 1796. 8.
  2 Lieferung. pagg. 16.   1797.
  Addatur Tom. 3. p. 219. ad calcem sect. 201.
Nova genera plantarum. V. 74.
Journal für die botanik. V. 65. conf. 82.
SCHRADER, *Hermannus Henricus Christianus.*
  Diss. inaug. de digestione animalium carnivororum. II.
  392.
SCHRADER, *Justus.*
  De generatione animalium. II. 396. conf. 376.
SCHRAMM, *Gottlieb Georg.* R. II. 287.
SCHRAMMIUS, *Joh. Daniel.* R. III. 195.
SCHRANK, *Franz von Paula.* Œconom. et Bot. Prof. Ingol-
  stad. n. 1747. I. 244. II. 19, 22, 117, 177, 191, 214,
  222, 225, 226, 230, 232, 254, 276, 354, 424. III. 12,
  48, 83, 84, 215, 347, 388, 415, 433, 444. IV. 52. V.
  25, 30, 73. Ed. I. 61.
Beyträge zur naturgeschichte. I. 207. conf. III. 83. V.
  32, 35, 38—40, 43.
Ueber die weise die naturgeschichte zu studiren. I. 185.
Enumeratio Insectorum Austriæ. II. 225.
Anleitung die naturgeschichte zu Studiren. I. 187.
Naturhistorische briefe über Österreich, Salzburg etc. I.
  104. conf. III. 154.
Baiersche reise. I. 105.
Verzeichniss der Eingeweidewürmer. II. 351.
Baiersche flora. III. 154. conf. 288.
Primitiæ floræ Salisburgensis. III. 154. conf. II. 459.
Von den nebengefässen der pflanzen. V. 85.
Sammlung naturhistorischer und physikalischer aufsäze.
  V. 3. conf. 9, 10, 40, 43, 86, 108.
VON SCHREBER, *Johann Christian Daniel.* Med. Prof.
  Erlang. Acad. Nat. Curios. Præses, n. 1739. II. 115,
  157, 240, 270, 312. III. 81, 167, 202, 279, 299, 312,
  341, 543. IV. 91, 110, 256. V. 78. Tr. I. 113. Ed.
  I. 63, 64. III. 30, 458.
Lithographia Halensis. IV. 57.
Novæ Insectorum species II. 212.
Icones plantarum minus cognitarum. III. 175.
Beschreibung der Gräser. III. 212.
De Phasco. III..340.
Spicilegium floræ Lipsicæ. III. 161.
Plantæ verticillatæ unilabiatæ. III. 294.

Die Säugthiere. II. 47. V. 17.
Mantissa editioni 4tæ Materiæ medicæ a Linné. III. 458.
SCHRECK, *Christophorus Jacobus.*
Diss. inaug. de Cynoglosso. III. 470.
SCHREGER, *Bernhard Gottlob.* R. II. 274.
SCHREIBER, *Johann Friedrich.* II. 219. III. 653.
Gegenantwort auf die antwort des Hrn. Hoppens. II. 219.
SCHREIBER, *J. G.* Inspecteur dès mines de la Republ.
Françoise. IV. 38, 39, 99, 196, 210, 372, 373, 384. V. 107.
SCHREIBER, *Joh. Jacobus.* R. IV. 168.
Thomas.
Von aufkunft der bergwerke auf dem Harz. V. 126.
SCHREIBERS, *Karl.*
Vollständige conchylienkenntniss. V. 41.
SCHREUDER, *Johannes Ovenides.* R. III. 196.
SCHREY, *Wolfgangus Henricus.* II. 454.
SCHRÖCKIUS, *Lucas.* Medicus Augustanus, Acad. Nat.
Curios. Præses, n. 1646. ob. 1730. II. 45, 67, 92, 164, 258, 423, 424, 454, 455. III. 265, 286, 316, 352, 379, 406, 492, 530, 549. IV. 79, 134, 237. R. II. 502.
Historia Moschi, II. 92.
SCHRÖDER, *Christian Friedrich.*
Beschreibung der Baumans-höhle. IV. 56.
SCHROEDER, *Fridericus Josephus Wilhelmus.* R. III. 517.
Janus Otthonis. R. III. 196.
Johannes.
Arzney-schaz. I. 282.
SCHRÖDER, *Joh. Joach.* Præside
Diss. de hortis veterum Hebræorum. III. 195.
SCHROEDER, *Philippus Richardus.* Jur. Prof. Regiomont.
n. 1692. ob. 1724.
Præside P. R. Schroeder Diss. de jure Succini in regno Borussiæ. IV. 170.
SCHRÖDER, *Roland.* II. 545.
Theodorus Guilielmus.
De Hydatidibus in corpore animali. II. 366.
SCHRŒER, *Samuel.* Medicus Lips. n. 1669. ob. 1716.
In naturam Opii inquisitio. III. 504.
SCHRÖTERUS, *Carolus.* R. III. 363.
SCHROETER, *Henr. Ern. Aug.*
Diss. inaug de Vermibus intestinalibus. II. 358.
SCHRÖTER, *Johann Samuel.* Superintendent zu Buttstätt im Weimarischen, n. 1735. I. 168, 231. II. 258, 319,

322, 334. III. 353, 408. IV. 16, 70, 132, 208, 313, 335, 342, 343. Tr. II. 314.
Lithographische beschreibung der gegenden um Thangelstedt. IV. 315.
Ueber die Erdkonchylien. II. 322.
Journal für die liebhaber des Steinreichs und der Konchyliologie. I. 206. conf. I. 189, 228. II. 318, 324, 491. IV. 91, 252, 308, 313, 338, 364.
Einleitung in die kenntniss der Steine. IV. 11.
Beyträge zur naturgeschichte, sonderlich des mineralreichs. IV. 15.
Etwas zum nuzen und zum vergnugen. I. 203.
Abhandlungen über verschiedene gegenstände der naturgeschichte. I. 207. conf. I. 167, 192, 203, 261. II. 201, 202, 221, 229, 241, 257, 273, 276, 312, 323, 544, 545. IV. 129, 209, 248, 306, 321, 338, 343.
Lithologisches lexicon. IV. 2, conf. 82, 113.
Geschichte der Flussconchylien. II. 323.
Lebensgeschichte J. E. J. Walchs. I. 177.
Die Conchylien der Gottwaldtischen naturaliensammlung. II. 300.
Für die litteratur der naturgeschichte. I. 207. conf. II. 329, 330. IV. 313.
Ueber den innern bau der Schnecken. II. 491.
Einleitung in die Conchylienkenntniss. II. 316.
Neue litteratur der naturgeschichte. I. 207. conf. II. 323, 334, 337. IV. 52, 289, 306, 334, 342, 375.
Register über alle 10 bände des systematischen Conchylien-cabinets. II. 316.
Unterhaltungen für Conchylienfreunde. I. 207.
SCHROETER, *Ludovico Philippo*, Præside
 Diss. Descriptio anatomica 2 vitulorum bicipitum. II. 421.
SCHRÖTER, *Paulus Conradus.* R. II. 44.
SCHROLL, *Caspar Melchior Balthasar.* Mineral. Prof. Salzburg. n. 1756. IV. 374. V. 126.
SCHUBART, *Johann Adam.* R. III. 506.
SCHÜTT, *Petrus Andreas.*
 Spec. inaug. de viribus Arnicæ. III. 519.
SCHÜTTE, *Johannes Henricus.* ob. 1774. æt. 80. Ed. III. 161.
 Ορυκτογραφια Jenensis. IV. 59.
SCHÜTZ, *Andreas Gottbelf.*
 Beschreibung einiger Nordamerikanischen fossilien. IV. 73.

Schütz, *Johann Carl.*
Kurze beschreibung des Zinnstockwerks zu Altenberg.
   Pagg. 31.   Leipzig, 1789. 8.
   Addatur Tom. 4. p. 375. ante lin. 7 a fine.
DE Schütz, *Julius Ernestus.*
De terra miraculosa Saxonica, an Steatites sit? IV. 112.
Schultens, *Albertus*   Lingu. Orient. Prof. Franequer.
   dein Lugd. Bat. n. 1686. ob. 1750.
Oratio in memoriam H. Boerhaavii. V. 8.
Præside Schultens Diss. de Palma ardente. III. 198.
Schultes.
   Östreichs flora. III. 153; ubi loco Anon. lege:
   (Schultes.)
Schultz, *Godofredus.* Medicus Vratislav. n. 1643. ob.
   1698. II. 158. IV. 329. R. IV. 170.
Scrutinium Cinnabarinum. IV. 358.
Schulze, *Christian Ernst Wilberg.*
Om planternes dyriske liighed. III. 365.
Schulze, *Christian Friedrich.* I. 247. II. 262, 291, 537.
   III. 94, 161, 494. IV. 60, 61, 84, 123, 132, 180, 219,
   228, 251, 285, 315, 321, 329, 345. V. 31, 39, 53, 83,
   95.
Betrachtung der versteinerten hölzer. IV. 349.
             derer kräuterabdrucke. IV. 348.
Versuche mit Erdarten an einem parabolischen brenn-
   spiegel. IV. 251.
Ueber das bey Leipzig befindlichen Steinkohlen. IV. 180.
Betrachtung der versteinerten Seesterne. IV. 344.
Von den in Sachsen befindlichen Serpentinsteinarten. IV.
   120.
Betrachtung der brennbaren mineralien. IV. 168.
Schultze, *Johannes Dominicus.* Medicus Hamburg. ob.
   1790. II. 210, 213. III. 68.
Diss. grad. de Bile medicina. II. 501.
Ueber die grosse amerikanische Aloe. III. 267.
Ueber den Waschbären. II. 80.
Schultze, *Johann Ernst Ferdinand.*
Toxicologia veterum. III. 541.
Schulze, *Joannes Henricus.* Anat. Prof. Altorf. dein
   Med. Prof. Hal. n. 1687. ob. 1744. IV. 327.
      Præside Schulze Dissertationes:
De Aloë. III. 486.
   Colocynthide. III. 525.
   Cancrorum fluviatilium usu medico. II. 509.
   Splene canibus exciso. II. 394.

430   Schulze, Joannes Henricus.

De Persicaria acida Jungermanni. III. 492.
    Fructibus horæis. III. 560.
    Adamante. IV. 361.
    Chamæmelo. III. 519.
    Asaro. III. 501.
    Melissa. III. 509.
    Lilio convallium. III. 485.
    Granorum Kermes et Coccionellæ convenientia. II.
    507.
    Rubo idæo. III. 289.
    Ipecacuanha. III. 538.
SCHULTZE, Nicolaus.
    Disp. inaug. de Nuce moschata. III. 333.
SCHULTZE, Samuel. III. 625.
VON SCHULZENHEIM, David Schulz.
    Grifte-tal öfver C. von Linné. I. 174.
SCHULTZIUS, Simon. III. 545.
SCHUMACHER, Christen Fredric. II. 237. III. 237. IV.
    143, 263.
SCHUSTER, Gottwald. III. 406, 546.
SCHUYL, Florentius.
    Catalogus horti Lugduno-Batavi. III. 102, 140.
SCHUYL, Franciscus.
    Catalogus rerum memorabilium in theatro anatomico
    Lugd. Bat. I. 223.
SCHWAB, Joannes. Philos. Prof. Heidelberg. n. 1731. ob.
    1795.
    Lapides in ordinem systematicum digesti. IV. 11.
    Petrefacta in ordinem systematicum digesta. IV. 304.
A SCHWACHEIM, Franciscus Rudolphus.
    Cobalti historia. IV. 223.
SCHWÆGRICHEN, Christianus Fridericus.
    Topographiæ botanicæ et entomologicæ Lipsiensis speci-
    men 1. Resp. Jo. Chr. Aug. Clarus. Pagg. 36.
    Specimen 2. Diss. inaug. Pagg. 48.
                                        Lipsiæ, 1799. 4.
        Addatur Tom. 1. p. 247. post lin. 12.
SCHWALBE, Christianus Georgius. II. 416.
    Disp. inaug. de China officinarum. III. 527.
SCHWALBE, F. C. R. III. 372.
SCHWAN, Christian Friedrich. II. 529.
        Joannes Philippus. R. III. 482.
SCHWARZ, Christian.
    Raupenkalender. II. 578.

SCHWARTZE, *Augustus Jacobus.*
De virtute corticis Geoffræææ contra Tæniam. III. 513.
SCHWARTZIUS, *Johannes Fridericus.* R. III. 197.
SCHWEDE, *Johanne*, Præside
Diss. de natura Avium. II. 110.
SCHWEDIAUER, *Francis.* II. 65, 505. V. 53.
SCHWEIGGER, *Joh. Christophorus.* R. IV. 239.
         Salomon. Pastor Norimberg. n. 1551. ob.
   1622.
Reyss beschreibung nach Jerusalem. I. 122.
SCHWEIGHÆUSER, *Jacobus Fridericus.* R. II. 506.
SCHWENCKE, *Martin Wilhelm.* Medicus Hagæ Comitum,
   ob. 1785. æt. 78. III. 233.
Officinalium plantarum in horto Hagæ Comitum catalo-
   gus. III. 102.
Over de waare gedaante der Cicuta aquatica. III. 547.
Beschryving der gewassen, welke meest in gebruik zyn.
   III. 459. conf. 232.
SCHWENCKFELT, *Casparus.* Medicus Siles. ob. 1609.
Stirpium et fossilium Silesiæ catalogus. III. 164. IV. 64.
Theriotropheum Silesiæ. II. 28.
SCHWENCKIUS, *Johann-Sigismundus.* Metaphys. Prof.
   Lips. ob. 1670.
Præside. Schwenckio Diss. Metallographia generalis. IV.
   187.
SCHWENDIMANN, *Petrus Josephus.*
Diss. inaug. Helminthochorti historia. III. 534.
SCHWENGEL, *George.* I. 249.
SCHWERIN, *Johann David.*
Nahmregister der pflanzen auf einem im Horn vor Ham-
   burg belegenen garten. III. 120.
SCHWIEBE, *Johannes Jacobus.* R. II. 361.
SCHYTTE, *Eric.* I. 202.
SCILLA, *Agostino.* Pictor Neapolit. ob. 1700.
Circa i corpi marini, che petrificati si trovano in varij
   luoghi terrestri. IV. 300.
SCOPOLI, *Joannes Antonius.* Tyrolensis, Chem. et Bot.
   Prof. Ticin. n. 1723. ob. 1788. III. 434. IV. 108,
   188.
Methodus plantarum. III. 32.
Flora Carniolica. III. 154.
Entomologia Carniolica. II. 225.
Anni historico-naturales. I. 206. conf. I. 243, 244. II.
   19, 118, 271. III. 47, 205, 227, 326, 431, 533, 638.
   IV. 168, 187, 203, 220, 232, 235.

De Hydrargyro Idriensi. IV. 199. conf. 157, 389.
Principia mineralogiæ. IV. 10.
Dissertationes ad scientiam naturalem pertinentes. I. 206
   conf. III. 219. IV. 95, 187, 197.
Crystallographia Hungarica. IV. 262.
Introductio ad historiam naturalem. I. 192.
Fundamenta botanica. III. 23.
Deliciæ floræ et faunæ Insubricæ. I. 204   conf. III. 305.
Scott, *George.* Ed. I. 65.
Scot, *Reynolde.*
   A perfect platforme of a Hoppe garden. III. 640.
Scriba, *Ludwig Gottlieb.* Pfarrer zu Arheiligen im Hes-
   sen-Darmstädtischen, n. 1736. II. 222, 416.
Beyträge zu der Insekten-geschichte. II. 216.
Journal für die liebhaber der Entomologie. II. 216. conf.
   222, 226.
Scufonius, *Franciscus.* II. 243.
Seba, *Albertus.* Pharmacopæus Amstelodam. n. in Frisia
   Oriental. 1665. ob. 1736. III. 384, 465.
Rerum naturalium thesaurus. I. 224.
Sebaldt, *Carolus Fridericus.* R. II. 228.
Sebastiani, *Georgius Christianus.* II. 217.
Sebeòk *de Szent-Miklòs, Alexander.*
   Diss. inaug. de Tataria Hungarica. III. 298, 652.
Sebizius, *Melchior.* Ed. III. 53.
de Secondat. I. 237.
   Observations de physique et d'histoire naturelle. I. 65.
    conf. III. 345. IV. 36, 222.
Memoires sur l'histoire naturelle. III. 91. conf. 207, 285,
    322, 350, 568.
Sedilau. Acad. Scient. Paris. Soc. ob. 1693. II. 249,
   260.
Sedillot *jeune.* Ed. V. 4.
Seeber, *Joannes Ludovicus.* R. III. 385.
von Seelen, *Erich Gottlieb.* R I. 263.
Seelmatter, *Rudolphus.* R. III. 466.
Seetzen, *Ulricus Jasper.* I. 245. II. 180, 578. III. 128,
   654. V. 28.
   Systematum de morbis plantarum dijudicatio. III. 425.
Sefström, *Erik.* II. 541.
Seger, *Georgius.* II. 92, 388, 419, 420, 464, 465, 467,
   469, 478, 536.
   Synopsis rariorum in Musæo O. Wormii. I. 232.
Seger, *Joanne Theophilo,* Præside
   Disp. de Apibus. II. 527.

SEGERSTEDT, *Albertus Julius.*
De pharmacis indigenis. V. 91.
SEGUIER, *Joannes Franciscus.* Acad. Scient. Nemausinæ
Secr. ob. 1784.
Bibliotheca botanica. III. 7.
Catalogus plantarum in agro Veronensi. III. 147.
Plantæ Veronenses. III. 147. conf. 7.
SEGUIN, *Armand.* Instit. Paris. Soc. I. 60. II. 384. V.
46.
SEIZIUS, *Joannes.* R. III. 398.
SELIGMANN, *Gottlob Friedrich.* Theol. Prof. Lips. n.
1654. ob. 1707.
De dubiis hominibus Diss. II. 59.
SELIGMANN, *Johannes Michael.* III. 78.
SELLIUS, *Godofredus.* ob. 1767.
Historia naturalis Teredinis. II. 326.
SELLMANN. V. 27.
SEMLER, *Johann Salomo.* Theol. Prof. Hal. n. 1725. ob.
1791.
Ueber die ökonomie mancher Insecten im winter. II.
222.
Nachlese zur Bonnetischen insektologie. II. 247.
SEMMEDUS, *Joannes Curvus.*
Pugillus rerum indicarum. I. 289.
SENCKENBERG, *Joannes Christianus.* Medicus Franco-
furti ad Moen. ob. 1772.
Diss. inaug. de Lilii convallium viribus. III. 485.
SENDEL, *Christian.* I. 173.
         Nathanaël. Medicus Elbing. n. 1686. ob. 1757.
V. 95.
Electrologia. IV. 170, 171.
Historia Succinorum corpora aliena involventium. IV.
171.
SENEBIER, *Jean.* I. 216. II. 64. III. 347, 371, 378, 382,
384, 423. IV. 287. V. 90, 124.
Sur l'influence de la lumiere solaire pour modifier les êtres
des trois regnes de la nature. I. 270.
DE SENGER, *Franciscus.*
Diss. inaug. de viribus substantiarum animalium medica-
tarum. II. 500
SENGUERDIUS, *Wolferdus.* Philos. Prof. Lugd. Bat.
De Tarantula. II. 285.
SENNERTUS, *Job Andreas.* R. IV. 130.
SENNERUS, *Joannes Conradus.*
Diss. inaug. de Senna. III. 496.
    TOM. 5.   F f

DE SEPIBUS, *Georgius.*   S. J.
  Romani Collegii Societatis Jesu Musæum. I. 227.
SEPP, *Anthony.*   I. 160.
    Christian.
  Nederlandsche Insecten. II. 254. V. 36.
SERAO, *Francesco.*
  Della Tarantola. II. 285.
  Opuscoli di fisico argomento. II. 20. conf. 69, 465.
SERAPIO, *Joannes.*
  De simplicium medicamentorum historia. I. 277.
DE SERRES, *Olivier.* III. 601.
  The perfect use of Silk-wormes. II. 529. conf. III. 601.
DE SERVIERES, *Baron.*   II. 442. III. 637. IV. 38, 130,
    244, 324.
DE SERVIERES, *Chevalier.*   II. 494.
SESLER, *Lionardo.*   III. 245.
SESTINI, *Domenico.*   IV. 298.
  Lettére scritte dalla Sicilia e dalla Turchia. I. 307.
  Viaggio per la penisola di Cizico. I. 124. conf. III. 175.
  Opuscoli. I. 125.
SETHI, *Symeon.*   Medicus Græcus, vixit Sæc. XII.
  De cibariorum facultate. I. 295.
SETTERMARK, *Laurentius.* R. III. 401.
SEUBERLICH, *Fridericus.*
  De Phoenice, ave fictitia Diss. II. 44.
SEÜBERLICH, *Fridericus Güntherus.*   R. II. 508.
SEUTER, *Bartholomæus.*   III. 62.
SEUTTER, *Matthæus.*
  Disp. inaug. de Nuce vomica. III. 479.
SEVERINUS, *Joannes.*
  Zoologia Hungarica. II. 48.
SEVERINUS, *Marcus Aurelius.*   Anat. et Chirurg. Prof.
    Neapolit. n. 1580. ob. 1656. Ed. III. 578.
  Zootomia democritæa. II. 370.
  Vipera Pythia. II. 165.
  Antiperipatia. II. 385. conf. 446, 464, 516.
  De lapide fungifero. III. 350, 355, 358.
SEVON, *Abrahamus.*   R. II 485.
SEWERGIN, *Basilius.*   IV. 106.
SEXTUS *Placitus.*
  De medicamentis ex animalibus. II. 499.
SEYBOTHIUS, *Joh. Georgius*   R IV. 305.
SEYDLER, *Gottgetreu Carolus Ludovicus.*
  Diss inaug. de Alumine. IV. 355.
SEYFFERT, *Erdmannus Christianus.*   R. III. 223.

SEYFRIED, *Johann Heinrich.*
Medulla mirabilium naturæ. I. 266.
SEYLER, *Georgius Daniel.* I. 170.
SFORZINO, *Francesco.*
De gli Uccelli da rapina. II. 560. conf. 558.
SHARROCK, *Robert.*
The history of the propagation of vegetables. III. 605.
SHAW, *George.* M. D. R. S. S. Assistant Librarian of the
British Museum. II. 182, 289, 293, 302, 304. V. 37.
Naturalist's miscellany. I. 204, 309.
Speculum Linnæanum. II. 49.
Museum Leverianum. II. 24, 570.
Zoology of New Holland. II. 32. V. 15.
General zoology.
Vol. I. Part. 1. pagg. 248. tabb. æneæ 69.
2. pag. 249—552. tab 70—121.
London, 1800. 8.
Addatur Tom. 2. p. 6. ante sect. 6.
SHAW, *Thomas.*
Travels in Barbary and the Levant. I. 123.
Supplement to the Travels. I. 123.
Further vindication of the Travels. I. 124.
SHELDRAKE, *Timothy.*
Herbal of medicinal plants. III. 459.
SHELVOCKE, *George.*
Voyage round the world. I. 88.
SHERARD, *William.* Consul Britannicus Smyrnæ, R. S. S.
n. 1659. ob. 1728. III. 548. Ed. III. 75.
SHERLEY, *Thomas.* Tr. III. 510.
On the probable causes, whence stones are produced in the
greater world. IV. 239.
SHERWOOD, *James.* II. 349.
SHIERCLIFF, *E.*
The Bristol and Hotwell guide. III. 137.
SHORT, *Thomas.*
Medicina Britannica. III. 458.
Dissertation upon Tea III. 577.
SHULDHAM, *Molyneux (Lord.)* ob. 1798. II. 70.
SIBBALD, *Sir Robert.* Eques, Med. Prof. Edinburg. II.
321, 324.
Scotia illustrata. I. 236.
Phalainologia nova. II. 107.
Auctarium Musæi Balfouriani e Musæo Sibbald. I. 222.
Vindiciæ Scotiæ illustratæ I. 236.
History of the sheriffdoms of Fife and Kinross. I. 98.

History of the sheriffdoms of Linlithgow and Stirling. I.
98.
Miscellanea eruditæ antiquitatis. I. 97.
Description of the isles of Orknay and Zetland. I. 98.
SIBTHORP, *Joannes* Bot. Prof. Oxon. R. S. S. ob. 1796.
Flora Oxoniensis. III. 137.
SICELIUS, S. SICKEL, *Christophorus Conradus.* Medicus
Nordhus. n. 1697. ob. 1748.
De Belladonna. III. 545.
VON SICKINGEN, *Graf Carl.* ob. 1787.
Versuche über die Platina. IV. 193.
SIDRE'N, *Jonas.* R. II. 500.
SIEFFERT, *Ambrosius Michael.* III. 589. IV. 156.
SIEGESBECK, *Joannes Georgius.* R. III. 258.
Primitiæ fl ræ Petropolitanæ. III. 126.
De Majanthemo, Lilium convallium nuncupato. III. 262.
Tetragono Hippocratis III. 203.
Botanosophiæ verioris sciagraphia. III. 45.
Vaniloquentiæ botanicæ specimen. III. 45.
SIEGFRIED, *Friedrich Wilhelm.* IV. 108, 269.
SIEMERLING, *Christianus.* R. III. 512.
SIEMSSEN, *Adolph Christian.* Collaborator Scholæ Ros-
toch. n. 1768.
Systematische kenntniss der Meklenburgischen Vögel.
II. 572.
Die Fische Meklenburgs. II. 573.
VON SIERSTORPFF, *Caspar Heinrich.* Braunschweigischer
Oberjägermeister, n. 1750.
Ueber einige Insektenarten, welche den Fichten schäd-
lich sind. II. 551.
SIEUVE.
Sur les moyens de garantir les Olives de la piquure des
insectes. III. 623.
SIEVERS. *Johann.* I. 121. III. 274.
SIGEL, *Christophorus Fridericus.* II. 262. III. 507. IV.
128 V. 96.
SIGFRIDUS, *Joannes.* Ed. IV. 21.
SIGWART, *Georgio Friderico,* Præside Dissertationes:
De Insectis coleopteris. II. 229. III. 80.
Balneis infantum. II. 238.
vegetabilium ulteriori indagine. III. 433.
SILANDER, *Johan.* III. 627.
SILBERSCHLAG, *Georg Christoph.* Frater sequentis. Ge-
neralsuperintendent der Altmark und Priegniz, n. 1731.
ob. 1790. I. 259.

SILBERSCHLAG, *Johann Esaias.* Prediger bey der Drey-faltigkeitskirche zu Berlin, Acad. Scient. Berolin. Soc. n. 1721. ob. 1791. I. 246, 259. II. 380. IV. 54, 256.

SILTEMANN, *Johannes Rudolphus.*
Diss. inaug. de cortice Winterano. III. 506.

SILVATICUS, *Johannes Baptista.*
De Unicornu, Lapide Bezaar etc. I. 291.

SILVESTRE. II. 407. V. 1.

SIMLERUS, *Josias.* Theol. Prof. Tigur. n. 1530. ob. 1576.
Vita C. Gesneri. I. 172.
Vallesiae descriptio. I. 102.

SIMMONS, *Samuel Foart.* Medicus Londin. R. S. S. n. 1750.
London Medical Journal. I. 56.
Medical facts and observations. I. 57; ubi adde:
Vol. 8 pagg. 244. tabb. 2.   1800.

SIMON, *James.* IV. 128.
        Johanne, Præside
Diss. de generatione æquivoca. II. 427.

SIMON, *Stuckey.* II. 433.

SIMSON, *Archibald.*
Hieroglyphica animalium. II. 12.

SINCLAR *George.*
Natural philosophy. I. 79.

SINCLAIR, *Sir John.* Baronetus, Scotus. II. 523.

SJÖBERG, *Jacobus.* R. II. 79.
        Johannes Petrus. R. I. 233.

SJÖSTEDT, *Fredric.* R. III. 619.

SJÖSTEEN, *Jacob.* III. 644.

SIPMAN. II. 322.

SIRET. II. 63.

SIRICIUS, *Joannes.*
Beschreibung dreyer blühenden Aloen. III. 264. conf. 263.
Beantwortung derer von Dr. W. V. W. imputationen wider seine beschreibung derer Aloen. III. 264.

SIVERS, *Henricus Jacobus.* Pastor ecclesiæ germanicæ Norcopiæ.
Curiosa Niendorpensia. I. 246.
Von dem schwedischen Marmor. IV. 132.

DE SIVRY.
Observations mineralogiques dans une partie des Vosges et de l'Alsace. IV. 34.

SIXIUS, *Godofredus Ludovicus.* R. III. 534.

De Gentiana. III. 480.
  Scrophularia. III. 510.
SLOANE, *Sir Hans.* Hibernus, Baronetus, Medicus Regis
  Magnæ Britanniæ, Reg. Soc. Præses. n. 1660 ob .1753.
  II. 123, 164, 342, 454, 461. III. 129, 241, 248. 306,
  501, 502, 506, 545, 552. IV. 175, 325, 331, 345.
  Catalogus plantarum, quæ in Jamaica spónte proveniunt.
  III. 188.
  Voyage to Madera, Barbados - - - Jamaica. I. 161.
SMEATHMAN, *Henry.*
  Some account of the Termites. II. 273. V. 37.
SMELLIE, *William.* Typographus Edinburg. ob. 1795.
  The philosophy of natural history. I. 270.
SMITH. III. 570.
      Charles.
  Ancient and present state of the County of Cork. I. 99.
                                          Kerry. I. 99.
                                       Waterford. I. 99.
SMITH, *Henrick.*
  Een ny urtegaardt. III. 454.
SMITH, *James Edward.* M. D. R. S. S. n. 1759. III.
  154, 184, 232, 238, 244, 279, 313, 342, 441, 650, 652,
  653. V. 63, 68, 70, 75, 78, 79, 104. Tr. I. 165. III.
  391. Ed. III. 67, 170.
Disp. inaug de generatione. II. 400.
On the irritability of vegetables. III. 414.
Plantarum icones. III. 87.
Icones pictæ plantarum rariorum. III. 87. V. 64.
English botany. III. 133. V. 68; ubi adde:
  Vol. 9. pag. et tab. 577—648.
       10. pag. et tab. 649—720.   1800.
Spicilegium botanicum. III. 87.
Sull' origine e progresso della storia naturale. I. 168.
Tour on the continent. I. 93.
A specimen of the botany of New Holland. III. 184.
De Filicum generibus dorsiferarum. III. 221.
Syllabus of a course of lectures on botany. III. 25.
Natural history of the rarer Lepidopterous insects of
  Georgia. V. 36.
Tracts relating to natural history. I. 208. conf. 165, 168,
  191. V. 75, 77, 79, 87.
Flora Britannica.
  Vol. 1. pagg. 436. Vol. 2. pag. 437—914. (Desinit in
  Syngenesia.)   Londini, 1800. 8.

Compendium floræ Britannicæ.   Londini, 1800.   8.
     (Pars 1) pagg. 122. (Desinit in Syngenesia.)
     Addantur Tom. 3. p. 133. ad calcem.
SMITH, *Pierce* II. 390.
          Robert.
     Directory for destroying Rats. II. 555.
SMITH, *William.*
     Natural history of the English Leeward Charibee islands.
          I. 255.
SMYTH, *Edward.* IV. 127, 365.
          John III. 463.
SNAFE, *Andrew*
     The anatomy of a Horse. II. 470. conf. 373, 396.
SNELLEN, *Henricus.* R. II. 365.
          Paulus.
     Disp. inaug. de historia Metallorum. IV. 187.
SOARES BARBOSA, *Antonio.* III. 654. V. 88.
SOAVE, *Felice.* II. 532.
SOCINUS, *Abel.*
     Theses anatomico-botanicæ. III. 79.
SOCOLOFF, *Nicœtas.* II 434, 541. IV. 232. V. 49, 57.
SÖDERBERG, *Daniel Henr.* R. II. 228.
          Olaus. R. I. 165.
SÖDERSTEDT, *Johannes Gustavus.* R. V. 94.
SOLANDER, *Daniel Charles.* Svecus. Under Librarian of
     the British Museum, R. S. S. n. 1736. ob. 1782. II.
     369. III. 248, 506.
     Fossilia Hantoniensia. IV. 309.
SOLDANI, *Ambrogio.* IV. 312. V. 119, 120.
     Sopra le terre Nautilitiche della Toscana. IV. 311.
     Testaceographia microscopica. II. 300, 577. conf. IV
          43.
SOLE, *William.*   Pharmacopoeus Bathon.
     Menthæ Britannicæ. V. 79.
SOLINUS, *Cajus Julius.*
     Polyhistor I. 75.
SOLITANDER, *Petrus.* R. III. 398.
SOLIVA, *Salvador.*
     Sobre el Sen de Espana. III. 496.
SOMMER, *Johannes Georgius.* Medicus Principis Schwarz-
     burg. n. 1634. ob. 1705. II. 393, 509. R. II. 456.
SOMMERFELDT, *Christian.* I. 249, 300. III. 611.
SOMNER, *William.*
     Chartham news. IV. 317.

162, 236, 246, 359. III. 85, 241, 276, 330. V. 28.
R. I. 144.
Om den tilväxt, som vetenskaperne vunnit genom under-
sökningar i Söderhafvet. I. 82.
Resa til Goda Hopps Udden. I. 131.
Museum Carlsonianum. II. 118.
SPARMANN, *Johann Wilhelm.* R. III. 468.
SPARSCHUCH, *Hinricus.* R. III. 575.
SPARVENFELT, *Johan Gabriel.* V. 16.
SPATH, *Joachim Friderich.*
Geschichte der steinsamlungen. IV. 308.
SPECKBUCK *Christianus Henricus.* R. III. 525.
SPEECHLY, *William.*
On the culture of the Pine apple. III. 631. conf. II. 545.
Vine. III. 629.
SPENER, *Christian Maximilian.* Anat. Prof. Berolin. n.
1678 ob. 1714 IV. 328.
De novo hæmorrhoidum cœcarum remedio. I. 291.
Catalogus von natur-seltenheiten. I. 231.
SPENERUS, *Joh. Jacob.* R. IV. 82.
SPENGLER *Lorenz.* Præfectus Musei Regii Hafniensis, n.
1720. II. 291, 292, 318, 324—330, 333—336, 341.
III. 359 IV. 303, 336.
SPERLINGIUS, *Johannes.* Phys. Prof. Witteberg. n. 1603.
ob. 1658.
Carpologia physica. III. 560.
Zoologia physica. II. 13.
    Præside J Sperlingio Dissertationes:
De Leone, Aquila, Delphino et Dracone. II. 17.
traductione formarum in plantis. III. 401.
                        mineralibus. IV. 237.
  metallis IV. 186.
  generatione æquivoca. II. 427.
SPERLING, *Otho.* Hamburgensis. Medicus Hafniæ, dein
Hamburgi. n. 1602. ob. 1681. III. 166.
Hortus Christianæus. III. 123.
SPERLING, *Otho.* Præcedentis filius. Medicus Hamburg.
dein Hist Prof. Soran. n. 1634, ob. 1715. IV. 243.
SPERLING, *Paulus Gottfried.* Anat. et Bot. Prof. Witte-
berg. ob. 1709.
    Præside P. G. Sperling Dissertationes :
De Arsenico. IV. 231.
Chymica Formicarum analysis. II. 271.

Spielmann, *Jacobus Reinboldus.* Med. et *Bot.* Prof.
 Argentorat. n. 1722. ob. 1783. IV. 172.
 Prodromus floræ Argentoratensis. III. 144.
 Pharmacopoea generalis. I. 286.
  Præside Spielmanno Dissertationes:
 Cardamomi historia. V. 91.
 De Argilla. IV. 110.
  Vegetabibus venenatis Alsatiæ. III. 543.
  Animalibus nocivis Alsatiæ. II. 514.
 Acaciæ officinalis historia. III. 502.
 Olerum Argentoratensium fasciculus. III. 561.
 De compositione et usu Argillæ. IV. 110.
Spielmann, *Johannes Jacobus.*
 Olerum Argentoratensium fasciculi duo. III. 561.
Spies, *Johannes Carolus.* Med. Prof. Helmstad. n. 1663.
 ob. 1729.
 Progr. de Vanigliis. III. 522.
  Præside Spies Dissertationes:
 De Avellana mexicana. III. 579.
  Valeriana. III. 469.
de Spiessenhoff, *Carolo Eugenio Luchini,* Præside
 Diss. Solanum Dulcamara. III. 478.
Spigelius, *Adrianus.* Anat. et Chirurg. Prof. Patav. n.
 Bruxellis 1578. ob. 1625.
 Isagoge in rem herbariam. III. 15.
 De Lumbrico lato. II. 368.
Spindler, *Gottlob Fridericus.* R. III. 323.
Spittler, *Christian Ferdinand.* III 429.
Spleissius, *David.*
 Oedipus osteolithologicus. IV. 320.
Spöring, *Herman Diedrich.* Med. Prof. Aboens. Acad.
 Scient. Stockholm. Soc. n. 1701. ob. 1747. II. 421.
 IV. 194, 333.
Spole, *Andrea,* Præside Dissertationes:
 De sagacitate Canum. II. 73.
 Ferrum. IV. 205.
Spon, *Jacobus.* Medicus Lugdun. n. 1647. ob. 1685.
 Voyage d'Italie, de Grece et du Levant. I. 123.
 Bevanda asiatica. III. 572.
Spottswood. III. 176.
Sprat, *Thomas, Lord Bishop of Rochester.* n. 1634. ob.
 1713
 History of the Royal Society. I. 6.
Sprecchis, *Pompejus.*
 Antabsinthium Clavenæ. III. 520.

SPRENGEL, *Christan Konrad.*
Das entdeckte geheimniss der natur im bau und in der
befruchtung der blumen III. 395.
SPRENGELL, *Conrad J.* II. 166.
SPRENGEL, *Kurt.* Bot. Prof. Hal. n. 1766. N. I. 297.
Antiquitates botanicæ. V. 73.
Der botanische garten der universität zu Halle im jahre
1799.   Halle, 1800. 8.
Pagg. 108; cum icnographia horti, æri incisa.
Addatur Tom. 3. p. 121 ad calcem.
SPRENGER, *Bulthasar.* III. 596.
Opuscula physico mathematica. I. 65. conf. II. 130, 427.
VON SPRINGER, *G A* IV 69.
SPRINGSFELD, *Gottlieb Carolus.* ob. 1772. æt. 58. III.
346. IV. 212 Ed. III. 76.
SPROEGEL, *Joannes Adrianus Theodorus.*
Experimenta circa venena in vivis animalibus. I. 294.
SPROEGELIUS. *Job Christophorus.* R. IV. 357.
STAAF, *Martin.* V 21, 28.
STACKHOUSE, *Hugh.* II. 234.
            Johns. III. 654.
Nereis Britannica. III. 223. V. 74.
STADEL, *Eberhard Friedrich.* II. 96.
STADIUS, *Joannes.* I. 159.
STAFFORD, *Richard.* I. 254.
STAHL, *Georgius Ernestus.* Med. Prof. Hal. n. 1660. ob.
1734 IV. 240.
Progr. de Cornu Cervi deciduo. II. 94.
        Præside Stahlio Dissertationes :
De lapide Manati. II. 501.
        Sanguisugarum utilitate. II. 510.
        Lumbricis terrestribus. II. 510.
STAHL, *Ivone Joanne,* Præside Dissertationes :
De Pane, speciatim triticeo III. 562.
        Herbæ Thee proprietatibus. III. 577.
STALPART VAN DER WIEL, *Cornelius.*
Observationes rariores medic. anatomic. chirurgicæ. I. 69.
conf II 43, 46, 325, 406. III. 547, 552.
STAMPE, *Henricus.*
Diss. de generatione Insectorum. II. 411.
STANCARIUS, *Victorius Franciscus.* II. 391.
STANG, *Ignatius Bartholomæus Josephus.*
Diss. inaug. de Vitro ruthenico. IV. 106.
STANTCKE, *Johannes Fridericus.* R. III. 469.
STÅLHAMMAR, *Carl Leonard.* III. 566.

Stålhöös, *Magnus J.* R. IV. 205.
Staphorst, *Nicholas.* Tr I. 122.
Starcke, *Johannes Henricus,* Med. Prof. Regiomont. n.
1651. ob. 1707. II. 415, 416.
Starcken, *Johannes Georgius Guilelmus.* R. III. 227.
Staunton, *Sir George.* Baronetus Hibernus. R. S. S.
Account of an Embassy from the King of Great Britain to
the Emperor of China. I. 145.
Stavorinus, *Jan Splinter.*
Voyage à Batavia, à Bantam, et au Bengale. V. 7.
à Samarang, à Macassar etc. V. 7.
Stechmann, *Joannes Paulus.*
Diss. inaug. de Artemisiis. III. 310.
Steck, *Abrahamus.*
Diss. inaug. de Sagu. III. 360. conf. 211.
Steding, *Carolus Gottlob.* IV. 326.
Stedman, *John.* III. 545.
a Steenevelt, *Christianus.*
De ulcere verminoso. II. 360.
Stegerus, *Adrianus Deodatus.* R. III. 547.
Stehelinus, *Benedictus.*
Observationes anatomico-botanicæ. III. 76.
de Stehelin, *Jaques.* Acad. Scient. Petropol. Secret. n.
Memmingæ 1710. ob. 1785. IV. 178, 209.
Stehelinus, *Johannes.*
Theses medico anatomico-botanicæ. III. 3.
Stehelinus, *Johannes Rodolphus.* III. 396.
Observationes anatomicæ et botanicæ. III. 78.
medicæ. III. 79.
Steigerthal, *Johannes Georgius.* II. 108.
Stein, *Johann Heinrich.* Hortulanus.
Künstliche befruchtung der Levkojen. III. 397.
Steinbach, *Wilhelm.*
Historie des städtgens Zoebliz. I. 106.
Steinerus, *Henricus.*
Diss. inaug. de Antimonio. IV. 360.
Steinhauser, *Franciscus Michael.*
Experimenta Marggrafiana de terra Aluminis. IV. 155.
Steinhauser, *Johann Gottfried.* V. 121.
Steinmetz, *Johann Friedrich.* N. II. 527.
Von den verschiedenen geschlechtsarten der Bienen. II.
526.
Anmerkungen über Riems Bienenmüttern. II. 526.
Nähere aufklärung der verschiedenen geschlechtsarten
der Bienen. II. 526.

STEINMEYER, *Georgius Fridericus.*
   Diss. inaug. de Rubia tinctotum. III. 242.
STEINSKY, *Franz.* IV. 277
STELLA, S. STUELER, *Erasmus.* Medicus Zuickav. ob.
   1521.
   De Gemmis. IV. 81.
   Borussiæ antiquitatibus. I. 115.
STELLER, *Georg Wilhelm.* Acad. Scient. Petropol. Ad-
   junctus. n. in Franconia 1709. ob. in Tjumen 1746. I.
   121, 149. II. 173, 405. III. 557. V. 22, 50.
   Von sonderbaren Meerthieren. II. 51.
   Beschreibung von Kamtschatka. I. 121.
STELLUTI, *Francesco.*
   Del legno fossile nuovamente scoperto. IV. 175.
STEMPELIUS, *Johannes Georgius.* R. IV. 186.
STENBERG, *Joh.* R. IV. 246.
      Petrus. R. III. 329.
STENGELIUS, *Carolus.*
   Hortorum, florum et arborum historia. III. 60.
VON STENGEL, *Freyherr Georg.* IV. 51.
STENIUS, *Jacobus.* R. III. 377.
STENONIS, *Nicolaus.* Hafniensis. n. 1631. ob. 1686. II.
   396, 403, 420, 475.
   De solido intra solidum naturaliter contento. IV. 239.
   Specimen Myologiæ. II. 483.
   De Musculis et Glandulis. II. 403, 484.
STENTZELIUS, *Christianus Godofredus.* Med. Prof. Wit-
   teberg. n. 1698. ob. 1748.
      Præside Stentzelio Dissertationes :
   De Salvia in infuso adhibenda. III. 468.
      Ruta. III. 498.
      Cantharidibus. II. 507.
      Insectis in corpore humano genitis. II. 356.
STEPHAN, *Christianus Fridericus.*
   De Rajis. V. 31.
STEPHAN, *Fridericus.* Bot. et Chem. Prof. Mosqv.
   De Pediculari comosa.   Lipsiæ, 1791. 8.
      Pagg. 8. Icon desideratur.
      Addatur Tom 3. p. 296. post sect. 543. præfixo titulo :
      Pedicularis comosa.
   Enumeratio stirpium agri Mosqvensis. III. 648.
STEPHANI, *Johann Emanuel.* Ed. IV. 369.
STEPHANUS, *Carolus.* Medicus et Typographus Paris.
   ob. 1564.
   De re hortensi. III. 604.

Sylva, Frutetum, Collis. III. 604.
Arbustum, Fonticulus, Spinetum. III. 604.
Seminarium. III. 604.
Pratum, Lacus, Arundinetum. III. 604.
De Nutrimentis. I. 295.
Prædium Rusticum. III. 604.
L'agriculture et maison rustique. I. 299.
STEPHANUS, *Henricus.* N. I 264. IV. 74.
      s. STEPHENS, *Philippus.*
Catalogus horti Oxoniensis. III. 99.
STEPHENSEN, *Magnus.*
  Over den nye vulcans ildsprudning paa Island, 1783. IV.
      297.
VAN STERBEECK, *Franciscus.*
  Theatrum Fungorum. III. 223, 228, 541.
  Citricultura. III. 615.
VON STERNBERG, *Graf Joachim.* n. 1755. III. 378. IV.
      92, 96, 125, 273.
STERNBERG, *Joannes Christophorus.* R. III 498.
STERPINUS, *Johannes.* Tr. I. 5, 109.
STEUCHIO, *Elavo,* Præside
  Diss. de nutritione arborum. III. 377.
STEUCHIO, *Joanne,* Præside Dissertationes:
  Hierozoicon. II. 37.
  De generatione Insectorum. II. 411.
STEVENSON, *H.*
  The gentleman gardener. III. 610.
STEWART, *John* I, 138.
STICKMAN, *Olavus.* R. III. 182.
STIEBER, *Georgius Stephanus.* R. II. 38.
STIEFF, *Johannes Ernestus.* III. 285.
  De vita nuptiis |ue plantarum. III. 365.
STIELER, *Henricus David.* R. III. 475.
STIERNA, *Henricus.* R. III. 559.
STILLINGFLEET, *Benjamin.*
  Miscellaneous tracts relating to Natural history. I. 64.
      conf. III. 213, 417, 419.
STISSER, *Johann Andreas.* Med. Prof. Helmstad. n. 1657.
      ob. 1700.
  Botanica curiosa. III. 606.
  Horti Helmstadiensis catalogus. III. 117.
STOBÆUS, *Joh.* R. IV. 79.
            Kilian. M. D Hist. Prof. Lund. n. 1690, ob.
      1742. II. 156, 456. III. 405. IV. 66, 268, 336.
  Opera. I. 65. conf. IV. 79, 268, 281, 336.

Stoutz. IV. 62, 146.
Stoy, *Johann Friedrich.* IV. 209.
Strabo, *Walafridus.*
   Hortulus. III. 191.
Strachan. I. 141. II. 69.
Strachey, *John.* IV. 179.
von Strahlenberg, *Philipp Johann.*
   Das nord-und ostliche theil von Europa und Asia. V. 5.
Strand, *Benedictus Joh.* R. III. 175.
Strandberg, *Olof.* II. 566.
Strandman, *Petrus.* R. III. 450.
Strange, *John.* R. S. S. ob. 1799. II. 343. IV. 42.
   Sopra l'origine della carta naturale di Cortona. III. 591.
   De' monti colonnari dello stato Veneto. IV. 115, 116.
Straskircher, *Johannes Jacobus.* R. IV. 353.
Strauss, *Joannes Daniel.* R. II. 476.
         Laurentius. Med. Prof. Giess. ob. 1687. æt. 54. II. 476.
   De potu Coffi. III. 573.
      Ovo Galli. II. 142.
Stridsberg, *Magnus.* III. 640.
Stringer, *Arthur.*
   The experienced Huntsman. II. 555.
Strobelbergerus, *Johannes Stephanus.*
   De Cocco Baphica. I. 291.
   Galliæ descriptio. I. 99.
   Mastichologia. III. 526.
Ström, *Gabriel Tobias.* R. III. 36.
      Hans. Pastor ecclesiæ Eger in Norvegia. n. 1726.
   I. 109. II. 86, 121, 140, 148, 165, 180, 184, 189, 198, 215, 227, 279, 288, 301, 310, 340, 348, 538, 566. III. 130, 167, 222. IV. 157, 315.
   Beskrivelse over fogderiet Söndmör. I. 109.
         Hardanger. I. 109.
   Om den Islandske moss. III. 560.
Ström, *Petrus.* R. II. 53.
Strömer, *Mårten.* Astron. Prof. Upsal. Acad. Scient.
   Stockholm. Soc. n. 1707. ob. 1770. II. 548. III. 421.
Stromeyer, *Joannes Fridericus.*
   Diss. inaug. sistens Solanacearum ordinem. III. 216.
Strumpff, *Christoph. Carolus.* Ed. III. 29.
von Strussenfelt, *Alexander Michael.* II. 184, 308.
Strutz, *Johannes.* R. IV. 150.

Tom. 5.   G g

STRUVE, *Friderico Christiano*, Præside
Diss. sistens vires plantarum cryptogamicarum medicas.
III. 532.
STRUVE, *Jacobus Bernhardus.* R. III. 272.
Wilhelm Otto. IV. 109, 161, 181, 214. V. 106,
112, 115. Ed. I. 208.
STUBBE, *Henry.* I. 255.
The Indian Nectar, or Chocolata. III. 579.
STUBBS, *George.* Pictor Londin.
Anatomy of the Horse. II. 471.
STUCK, *Gottlieb Heinrich.*
Verzeichniss von Reisebeschreibungen. I. 83.
STÜBNER, *Johann Christoph.*
Denkwürdigkeiten des fürstenthums Blankenburg. I. 105.
STUELER. vide STELLA.
STÜTZ, *Andreas.* IV. 77, 99. V. 110.
Mineralgeschichte von Österreich unter der Enss. IV. 48.
Neue einrichtung der K. K. naturalien sammlung zu
Wien.
Pagg. 174. tabb. æneæ 3.　　　Wien, 1793.　8.
Addatur Tom. 1. p. 228. post lin. 18. sect. 29.
STUKELEY, *William.* M. D. R. S. S. n. 1687. ob. 1765.
IV. 318.
Of the Spleen. II. 394. conf. 463.
STUMPF, *Johann Georg.* Monachus Carthusianus, dein
Statistices, Scient. Cameralium et Commerc. Prof. Gry-
phiswald. n. 1750. ob. 1798. I. 107. II. 529. V. 73.
Geschichte der Schäfereien in Spanien, und der Spani-
schen in Sachsen. II. 522.
Præside Stumpf Diss. de Robiniæ Pseudoacaciæ præstan-
tia et cultu. V. 100.
STUPANUS, *Johannes Rudolphus.*
Specimen anatomico-botanicum. III. 78.
STURDIE, *John.* IV. 371.
STURM, *Benjamin Christ. Theoph.*
Visci quercini descriptio. Spec. inaug. III. 526.
STURM, *Jacob.*
Verzeichniss meiner Insecten-sammlung. V. 33.
STURMIUS, *Joannes.*
De Rosa hierochuntina III. 296.
STURMIUS, *Johannes Christophorus.* Math. et Phys. Prof.
Altorf. n. 1635. ob. 1703.
　　Præside Sturmio Dissertationes:
De plantarum animaliumque generatione. II. 396.
Elephante. II. 68.

SUAREZ DE RIVERA, *Don Francisco.*
Clave botanica. III. 457.
SUCKOW, *Georg Adolph.* Phys. et Hist. Nat. Prof. Heidel-
berg. n. 1751. I. 245. III. 12, 582, 583, 598. IV. 29,
51, 117, 363, 372.
Oeconomische botanik. III. 557.
Beschreibung des natürlichen Turpeths. IV. 200.
Anfangsgründe der botanik. III. 24.
SUE. II. 465.
  J. J. V. 13.
Sur la physiognomie des corps vivans. I. 271.
  vitalité. V. 45.
SUJEF. vide ZUIEW.
SULZBERGER, *Johan-Ruperto.* Med. Prof. Lips. Præ-
side
Disp. de vermibus in homine. II. 354.
SULZBERGER, *Sigismundus Rupertus.* Præcedentis filius.
Med. Prof. Lips. ob. 1675. æt. 47.
Præside S. R. Sulzberger Diss. de morsu Viperæ. II. 515.
SÜLZER, *Friedrich Gabriel.* IV. 139. V. 113.
Naturgeschichte des Hamsters. II. 87.
SULZER, *Johann Georg.* IV. 275.
Von dem ursprung der Berge. IV. 282.
SULZER; *Johann Heinrich.*
Die kennzeichen der Insekten. II. 204.
Abgekürzte geschichte der Insekten. II. 204.
SUNBORG, *Magnus Haquinus.* R. IV. 376.
SUNDBERG, *Petrus.* R. I. 234.
SUNDIUS, *Petrus.* R. II. 23.
SUTHERLAND, *James.*
Hortus Edinburgensis. III. 101.
SUTTON, *Charles.* V. 79.
SVENONIUS, *Johannes.*
De usu plantarum in Islandiá indigenarum in arte tinc-
toria. III. 582.
SVENSSON, *Isacus.* R. III. 562.
SWAB, *Anders.* IV. 67.
  Nob. VON SWAB, *Anton.* Consiliarius Collegii
  Metallici Sveciæ, Eques Ord. de Stella Polari, Acad.
  Scient. Stockholm. Soc. n. 1703; ob. 1768. IV. 66, 98,
  222.
SWAB, *Anton.* IV. 379.
SWAGERMAN, *Everard Piëter.* II. 537. III. 288, 372,
412.

SWALBACIUS, *Jan-Georgius.*
 Diss. de Ciconiis, Gruibus - - - ubi hyement. II. 450.
SWAMMERDAM, *Joannes.* Amstelodamensis. n. 1637. ob.
 1680. II. 288, 373.
 De respiratione. II. 383.
 Historia Insectorum generalis. II. 209.
 Biblia naturæ. II. 209. conf. III. 339.
 Ephemeri vita. II. 266.
 Catalogus musei ejus. I. 224.
SWARTZ, *Nicolaus.* R. III. 195.
  Olof. Prof. Instituti Bergiani, et Acad. Scient.
 Stockholm. Soc. II. 200, 274, 303, 311, 361. III. 168,
 222, 242, 247, 249, 254, 277, 282, 300, 301, 305, 320,
 650. V. 81. R. III. 222.
 Prodromus descriptionum vegetabilium, quæ sub itinere
 in Indiam occidentalem digessit. III. 188.
 Anmärkningar om Vestindien. I. 162.
 Observationes botanicæ. III. 88 et 188.
 Om natural historiens framsteg i Sverige. I. 169.
 Icones plantarum, quas in India occidentali detexit. III.
 188.
 Flora Indiæ occidentalis. V. 71.
 Om hushålls-nyttan af de däggande djuren. V. 54.
 Dispositio systematica Muscorum frondosorum Sveciæ.
  Pagg. 112. tabb. æneæ color. 9. Erlangæ, 1799. 8.
  Addatur Tom. 3. p. 650. post lin. 15 ; nova editio
  illius commentarii, adiectis descriptionibus et iconibus
  novarum specierum.
SWAYNE, *G.*
 Gramina pascua. III. 213.
SWEDENBORG, *Emanuel.* Assessor Collegii Metallici Sve-
 ciæ, Acad. Scient. Stockholm. Soc. n. 1688. ob. 1772.
 IV. 279.
 Miscellanea observata circa res naturales. IV. 15.
 Principia rerum naturalium. I. 306.
 De Ferro. IV. 380.
  Cupro et Orichalco. IV. 379.
SWEDERUS, *Nils Samuel.* II. 215, 235. V. 37.
SWEDIAUR. vide SCHWEDIAUER.
SWEERTIUS, *Emanuel.*
 Florilegium. III. 65.
SWINDEN, *N.*
 The beauties of Flora displayed. III. 610.
SWINTON, *John.* II. 278.
SYBEL. II. 528.

Syen, *Arnoldus.* III. 292. Comm. III. 179.
Sylburgius, *Fr.* N. I. 264.
Sylvius, *Jacobus.* N. I. 277.
    Johannes.
  Oratio de Rosis. III. 288.
Symes, *Michael.* Lieutenant Colonel.
  An account of an Embassy to the kingdom of *Ava,* sent
  by the Governor-General of India, in the year 1795.
  Pagg. 503. tabb. æneæ 27.   London, 1800. 4.
  Addatur Tom. 1. p. 141. post lin. 20.
Symons, *Jelinger.*
  Synopsis plantarum insulis Britannicis indigenarum. V.
  68.
Szabo de Bartzafalva, *David.*
  De multiplicibus scientiarum naturalium utilitatibus. V.
  8.
Szujew, *Wasilius.* vide Zuiew.

Tabbarani, *Pietro.* II. 418.
Tabernæmontanus, *Jacobus Theodorus.* Medicus Elec-
  toris Palatini, ob. 1590.
  Kreuterbuch. III. 59:
  Eicones plantarum. III. 65.
Tachard, *Guy.*
  Voyage de Siam. I. 141.
  Second voyage de Siam. I. 141.
Tärnström, *Christophorus.*
  De Alandia. I. 114.
Taglini, *Carlo.*
  Lettere scientifiche. I. 63. conf. II. 122. III. 367.
Tait, *Christopher.* IV. 177.
Tamlander, *Zacharias.* R. III. 170.
Tannenberg, *Godofredus Guilelmus.*
  Spicilegium observationum circa partes genitales masculas
    Avium. II. 405.
Tappius, *Jacobus.* Med. Prof. Helmstad. n. 1603. ob.
  1680.
  Oratio de Tabaco. III. 477.
Tardif, *Guillaume.*
  La Fauconnerie. II. 560.
Targioni Tozzetti, *Giovanni.* Botan. Prof. Florent.
  n. 1712. ob. 1782. Ed. III. 111.
  Sopra una specie di Farfalle. II. 265.

Sull' agricoltura Toscana. I. 300.
Viaggi fatti in diverse parti della Toscana. I. 102.
Dei progressi delle scienze in Toscana. I. 80.

TASSAERT. V. 118.

TATA, *Domenico.*
Dell' ultima eruzione del Vesuvio. IV. 294.
Lettera al Sig. D. Bern. Barbieri. IV. 294.

TATISCHOW, *Basilius.*
Mamontova kost. IV. 322.

TAUBE, *J.*
Beiträge zur naturkunde des Herzogthums Zelle. I. 246.

TAUBER, *Joannes.*
Disp. inaug. de Lumbricis. II. 357.

TAVERNIER, *Jean Baptiste.* Mercator Gemmarum, n.
Parisiis 1605. ob. Moscvæ 1689.
Ses voyages. I. 135.

TAYLOR, *Silas.* III. 570.
History and antiquities of Harwich. I. 95.

DEL TECHO, *Nicholas,* I. 160.

TEDESCHI E PATERNO, *Don Tomaso.*
Incendi di Mongibello avvenuti in 1669. IV. 295.

TEESDALE, *Robert.* III. 138.

TEICHMEYER, *Hermannus Fridericus.* Med. Prof. Jen.
n. 1685. ob. 1744. III. 380. R. III. 468.
Progr. 2. de Caapeba s. Parreira brava. III. 528.
Institutiones botanicæ. III. 18.
    Præside Teichmeyer Dissertationes :
De Auro. IV. 357.
    Antimonio. IV. 222.
    Coralliorum rubrorum tincturis. II. 511.

TEIFASCHI, *Ahmed.* Gemmarius Ægyptius, scripsit anno
Hegiræ 640. (Æræ Chr. 124$\frac{2}{7}$) IV. 81.

TELLES, *Balthezar.* S. J. Lusitanus, n. 1595. ob. 1675.
Historia geral de Ethiopia a alta. I, 127.

TEMPESTA, *Antonio.*
Raccolta de li animali piu curiosi. II. 16.
Jachtboeck. II. 556.
Venationes ferarum. II. 556.
Aucupationis multifariæ effigies. II. 561.

TEMPLER, *John.* II. 441.

TENGBORG, *Jonas.* R. III. 609.

TENGMALM, *Pehr Gustaf.* Medicus Svecus, Acad. Scient.
Stockholm. Soc. II. 121, 125, 137, 520. V. 44.

TENGSTROEM, *Johannes.* R. II. 71.

TENNANT, *Smithson.* R. S. S. IV. 184, 190. V. 116.
T. O.
The natural history of the Elephant.
Pagg. 17; cum fig. ligno incisa. 1771. 8.
Addatur Tom 2. p. 69. ante lin. 3 a fine.
TENNIGS, *Michael Fridericus.* R. II. 458.
TENON, *Jaques.* Instituti Paris. Soc. II. 523. V. 46, 47.
TENZEL, *Jo. Fridericus* R. III. 562.
    Wilhelm Ernest. Historiographus Ducum Saxo-
    niæ. n. 1659. ob. 1707.
De sceleto Elephantino Tonnæ effosso. IV. 326.
TERAJEW, *Andreas.*
Synopsis mineralogiæ. Russice. IV. 14.
TERECHOWSKY, *Martinus.*
Diss. inaug. de Chao infusorio. II. 346. V. 43.
TERENTIUS, *Jo.* N. I. 254.
DE TERMEYER, *Raimondo Maria.* II. 215, 290, 439, 539.
TERRASSON. I. 177.
TERZAGO, *Paolo Maria.*
Musæum Septalianum. I. 227.
TERZI, *Basilio.* IV. 42.
TESDORPF, *Petrus Henricus.*
Beschreibung des Colibrit. II. 131.
TESSIER, *Henri Alexandre.* Instituti Paris. Soc. III. 286,
    424, 430, 436, 611, 628. V. 47, 89, 96, 101.
Traité des maladies des grains. III. 427.
TESTA. IV. 330.
TETTELBACHIUS, *Jo. Gothofr.* R. III. 311.
TEXTOR, *Benedictus.*
Stirpium differentiæ ex Dioscoride. I. 276.
THALIN, *Petrus.* R. IV. 205.
THALIUS, *Joannes.*
Sylva Hercynia. III. 159.
THEBESIUS, *Adamus Samuel.* R. IV. 266.
THELAUS, *Daniel.* R. IV. 380.
THEOPHRASTUS *Eresius.* ob. an. 3. Olymp. 123. æt. 85.
Opera omnia. I. 62.
Aristotelis et Theophrasti historiæ. I. 205.
Historia plantarum. III. 51.
De caussis plantarum. III. 51.
Περι ιχθυων. II. 446.
λιθων. IV. 6.
THERKORN, *Carl August.* IV. 178, 365.
DE THEVENOT. n. 1633. ob. in Miana, in Persia 1667.
Voyage au Levant. I. 135.

Suite du voyage au Levant. I. 135.
Voyages aux Indes orientales. I. 135.
THEVENOT, *Melchisedec.* ob. 1692. æt. 71.
Relations de divers voyages. I. 84.
Recueil de voyages. V. 4.
THEVET, *André.*
Singularitez de la France antarctique. I. 163.
THIELISCH. III. 550.
THIERY DE MENONVILLE, *Nicolas Joseph.*
De la culture du Nopal, et de l'education de la Coche-
nille. II. 535. conf. I. 156.
THILLAYE. II. 132.
THILO, *Gottfried.* Rector Scholæ Brieg. n. 1646. ob. 1724.
R. IV. 193.
Diss. de generatione Piscium. II. 409.
THILO, *Johann Gottfried.* Tr. III. 9.
Isaac. R. II. 125.
Diss. de Succino Borussorum. IV. 170.
THOMÆ, *Christianus.* R. III. 504.
Heinricus. R. II. 127.
THOMAI, *Thomaso.*
Idea del giardino del mondo. I. 76.
THOMAS, *David.* II. 420.
THOMASIUS, *Godefridus.* Medicus Norimberg. ob. 1746.
III. 578.
THOMASIUS, *Jacobus.* Prof. Lips. n. 1622. ob. 1684.
De Mandragora. III. 250.
hibernaculis Hirundinum. II. 449.
visu Talparum. II. 81.
THOME. III. 589.
THOMPSON, *John.*
Botany displayed. V. 62.
THORESBY, *Ralph.* I. 221.
THOREY, *G.* III. 434. IV. 173.
THORIUS, *Raphael.*
Hymnus Tabaci. III. 477.
THORLACIUS, *Enarus Biarnesen.* R. III. 582.
Thorlacus Theodori F. Rector Scholæ Skal-
holtinæ in Islandia.
De ultimo incendio montis Heclæ. IV. 297.
THORLEY, *John.*
The government of Bees. II. 526.
THORMANN, *Michael Fridericus.* R. II. 71.
THORPE, *John.* II. 366.
J. III. 135.

THORSTENSEN, *Petrus.* R. III. 498.
Diss. de Scirpis in Dania sponte nascentibus. II. 237.
DE THOSSE. II. 546.
THOUIN, *André.* Instituti Paris. Soc. Prof. Horticult. in
Museo Paris. III. 207, 611, 619.
THOUVENEL. II. 501.
THRELKELD, *Caleb.* Anglus, Medicus Dublin. n. 1676.
ob. 1728.
Synopsis stirpium Hibernicarum. III. 138.
THRYLLITIUS, *Valentinus Hermannus.* R. III. 203.
THUANUS, *Jacobus Augustus.* President du Parlement de
Paris, n. 1553. ob. 1617. III. 191.
De re accipitraria. II. 560.
THUE, *Andreas.* Pharmacopoeus Norveg. IV. 150.
THÜMMIGIUS, *Ludovicus Philippus.* III. 383.
De arboribus ex folio educatis. III. 402.
Erläuterung der merkwürdigsten begebenheiten in der
natur. I. 79. conf. III. 14, 402.
A THUESSINK, *Everardus Joannes Thomassen.*
Diss. de Opii usu in siphylide. V. 93.
THUILLIER.
Flore des environs de Paris. III. 142.
THULIS. II. 441.
THUNBERG, *Carl Peter.* Med. et Bot. Prof. Upsal. Eques
Ordinis Vasiaci, Acad. Scient. Stockholm. Soc. n. 1743.
II. 3, 117, 146, 155, 159, 175, 181, 189, 214, 228,
236, 240, 263, 331, 455. III. 184, 211, 215, 236, 240,
246—248, 255, 258, 261, 267, 268, 292, 293, 299,
300, 313, 317, 327, 329, 332, 333, 360, 486, 493. IV.
72. V. 24, 34, 36, 79, 92, 93, 104.
Flora Japonica. III. 184.
Resa uti Europa, Africa, Asia. I. 87.
Prodromus plantarum Capensium. III. 178; ubi adde:
Partis posterioris adsunt pag. 85—180.
Icones plantarum Japonicarum. III. 184.
Præside Thunberg Dissertationes:
1780. De Gardenia. III. 247.
1781. De Protea. III. 240.
Oxalis. III. 281.
Nova genera plantarum. III. 35; ubi adde:
Pars 9. Resp. Nic. Gust. Bodin. Pag. 123—
134. 1798.
Pars 8. desideratur.
Novæ species Insectorum. II. 214.
1782. Iris. III. 236.

1783. Ixia. III. 235.
1784. Gladiolus. III. 235.
    Insecta Svecica. II. 228.
1785. De Aloe. III. 264.
    Medicina Africanorum. III. 463. V. 91.
    Erica. III. 272. V. 77; ubi adde:
    ——— Editio altera, curante R. A. Salisbury.
                 Featherstone, 1800. 4.
    Pagg. 62. tab. ænea 1, nova, ab Editore addita.
1786. Ficus genus. III. 337.
1787. Museum Academiæ Upsaliensis. I. 233; ubi adde:
    Appendix 7. Resp. Laur. Fred. Gravander.
    Pag. 119—125.   1798.
      Appendix 6. desideratur.
    De Moræa. III. 236.
1788. Restio. III. 328.
    Arbor toxicaria Macassariensis. III. 542.
    De Moxæ in medicina usu. III. 518.
    Myristica. III. 528.
    Caryophyllis aromaticis. III. 286.
1789. Characteres generum Insectorum. II. 206.
    De Muræna et Ophichto. II. 181.
1791. Flora Strengnesensis. III. 169.
1793. De Benzoë. III. 500.
    cortice Angusturæ. II. 536.
    Acere. III. 335.
    scientia botanica utili atque jucunda. III. 5.
1794. Hermannia. III. 300.
1797. Oleo Cajuputi. V. 94.
    Diosma. V. 76.
    usu Menyanthidis trifoliatæ. V. 91.
De Hydrocotyle. Resp. Joh. Peter Pontén.
    Pagg. 8. tab. ænea 1.   Upsaliæ, 1798. 4.
    Addatur Tom. 3. p. 255. post sect 354. præfixo titulo:
    Hydrocotyles genus.
Arctotis. Resp. Car. Joh. Afzelius.
    Pagg. 19.   Upsaliæ, 1799. 4.
    Addatur Tom. 3. p. 314. post sect. 641. præfixo titulo:
    Arctotis genus.
DE THURAH, *Laurids.* Architectus Regis Daniæ, n. 1706.
    ob. 1759.
Beskrivelse over Bornholm. I. 108.
THURMIO, *Johanne Jacobo,* Præside
    Diss. de Apibus. II. 524.

THURNEISSER *zum Thurn, Leonhard.* Basileensis, n.
1530. ob. 1596.
Historia plantarum. III. 57.
THURNEYSEN, *Johannes Jacobus.*
Theses medicæ. III. 79.
THYM, *J. F.*
Die nuzbarkeit, fremde thiere und pflanzen einzuführen.
I. 299.
THYMIUS, *Johannes Henricus.* R. II. 204.
TIBURTIUS, *Tiburz.* II. 56, 569 III. 625, 644.
TICCANDER, *Michael.* R. V. 5.
TIEMANN, *Joannes Gottlieb.* R. III. 398.
TIESSET. IV. 383.
TIETZMANNUS, *Johannes Godofredus.* R. II. 502.
TIHAVSKY, *Franciscus.* IV. 236.
VAN TIL, *Salomon.*
De Tabernaculo Mosis, et Zoologia sacra. II. 38.
TILAS, *Friherre Daniel.* Consiliarius Collegii Metallici
Sveciæ, Commend. Ordinis de Stella Polari, Acad.
Scient. Stockholm. Soc. n. 1712. ob. 1772. IV. 66—
68, 119, 176, 231, 272.
En Bergsmans rön i mineral riket. IV. 3.
Stenrikets historia. IV. 274.
Sveriges mineral historia. IV. 66.
TILEBEIN, *C. F.* III. 435.
TILEMANN *dictus Schenck, Arnoldus.* R. II. 502.
TILING, *Johan Gunther.* R. IV. 231.
TILINGIUS, *Matthias.* Med. Prof. Rintel. n. 1634. ob.
1674. II. 160. III. 471. IV. 86, 122.
Rhabarbarologia. III. 495.
Cinnabaris mineralis scrutinium. IV. 201.
Lilium curiosum. III. 260.
TILLÆUS, *Petrus C.* R. III. 577.
TIL-LANDS, *Elias.* Med. Prof. Aboens. n. 1640. ob.
1692.
Catalogus plantarum prope Aboam. III. 170.
Icones catalogo plantarum appensæ. III. 170.
TILLET, *Mathieu.* Acad. Scient. Paris. Soc. n. 1714. II.
543. III. 344, 431. IV. 192.
Sur la cause qui noircit les grains de bled dans les epis.
III. 426.
TILLI, *Michael Angelus.*
Catalogus horti Pisani. III. 111.
TILLOCH, *Alexander.*
The philosophical magazine. V. 3.

DE TILLY.
Sur le Charbon mineral. IV. 178.
TIMM, *Joachim Christian.* Consul et Pharmacopoeus in
Malchin.
Flora Megapolitana. III. 160.
TINGRY. IV. 126, 349.
TIRELLUS, *Mauritius.*
De historia Vini. III. 567.
TISELIUS, *Daniel.*
Beskrifning öfver sjön Wätter. I. 259.
Ytterligare sjöprofver uti Wättern. I. 259.
TISSOT. III. 429.
TITA, *Antonius.*
Catalogus horti Jo. Franc. Mauroceni. III. 11c. conf.
148.
TITIUS, *Georgius Christianus.* R. III. 492.
        s. TIETZ, *Johann Daniel.* Borussus. Phys. Prof.
Witteberg. n. 1729. ob 1796. II. 90, 132. Ed. I. 65.
Parus minimus, Polonorum Remiz. II. 150.
De divisione animalium generali Progr. II. 6.
Crisis concretorum lithologica. Progr. IV. 4.
De rebus petrefactis Diss. IV. 304.
Systema plantarum sexuale Diss. III. 47.
Gemeinnüzige abhandlungen. I. 51. conf. II. 537. III.
47. IV. 5, 304.
Lehrbegriff der naturgeschichte. I. 186.
TODD, *William.* III. 322.
TODE, *Heinrich Julius.* Clericus Mecklenburg. n. 1733.
ob. 1797. III. 224, 348, 351—353.
Fungi Mecklenburgenses selecti. III. 226.
TODERINI, *Giambattista.*
Sopra un legno fossile. IV. 175.
TÖRNER, *Fabian,* Præside
Diss. de generosis Equis. II. 104.
TÖRNER, *Johan.*
Föreläsningar öfver naturkunnigheten. I. 185.
TÖRNER, *Samuel.* R. II. 206.
TÖRNSTEN, *Olof.* R. III. 630.
TOGGIA, *Francesco.* II. 457.
TOLL, *Adrianus.* Ed. IV. 80.
TOLLIUS, *Jacobus.* Trajectinus. ob. 1696.
Epistolæ itinerariæ. I. 92.
DE' TOMMASI, *Domenico.*
Del Sale Ammoniaco Vesuviano. IV. 152.

Tomson, *Thomas.*
 Diss. inaug. de alkali volatili. IV. 167.
Tonge, *Ezerel.* III. 373, 376.
Tonning, *Henrik.* II. 188. R. I. 249.
 Norsk Oeconomisk flora. III. 167.
Tooke, *William.* R. S. S.
 View of the Russian Empire. V. 5.
Topp, *Ericus.* R. II. 53.
Topsell, *Edward.*
 History of four-footed Beasts. II. 11.
           Serpents. II. 11.
Torcia, *Michele.* IV. 295.
Toren, *Olof.* I. 136.
Torner, *Ericus.* R. III. 80.
della Torre, *Giovanni Maria.*
 Storia e fenomeni del Vesuvio. IV. 292.
 Osservazioni intorno la storia naturale. I. 215.
            microscopiche. I. 215.
Torrubia, *Joseph.*
 Aparato para la historia natural Española. IV. 311.
dal Toso, *Alessandro.* II. 523.
Toulmin, *G. H.*
 The eternity of the world. IV. 277.
du Tour. IV. 130.
Tournefort, *Joseph Pitton.* Acad. Scient. Paris. Soc.
    n. 1656. ob. 1708. II. 492. III. 34, 106, 246, 273,
    280, 299, 349, 371, 390, 425, 641. IV. 240.
 Elemens de botanique. III. 38.
 De optima methodo in re herbaria. III. 43.
 Histoire des plantes, qui naissent aux environs de Paris.
    III. 141.
 Institutiones rei herbariæ. III. 38. conf. 17.
 Corollarium institutionum rei herbariæ. III. 38.
 Matiere medicale. I. 283.
 Voyage du Levant. I. 123.
 (Abregé des elemens de botanique. III. 31.)
Tournon.
 Discours prononcé à l'ouverture d'un cours de botanique.
    V. 61.
Toussaint. Cont. I. 49.
Townley, *Richard.* III. 628.
Townsend, *Joseph.*
 A journey through Spain. I. 100.
Townson, *Robert.* III. 413.
 Observationes physiologicæ de Amphibiis. II. 478. V. 52.

Travels in Hungary. I. 117.
Philosophy of Mineralogy. IV. 382.
Tracts and observations. V. 10. conf. 52, 87, 107.
TRADESCANT, *John.*
Museum Tradescantianum. I. 221. conf. III. 97.
TRAFVENFELDT, *Eric Carol.* R. III. 36.
TRAGUS, *Hieronymus.* vide BOCK.
TRALLIANUS, *Alexander.* II. 356.
TRAMPE, *Joannes Godofredus.* Ed. III. 68.
TRANSILVANO, *Massimiliano.* I. 88.
TRANT. Acad. Scient. Paris. Soc. ob. 1739. III. 314. V. 72.
TRATTINICK, *Leopold.* III. 646, 648, 654.
TRAULLE' *l'ainé.* I. 99. IV. 319.
TRAUTMANN, *Christoph Gottlieb.* R. III. 381.
TRAVINI, *Domenico Ant.*
Difesa delle considerazioni intorno alla generazione de viventi del Sig. F. M. Nigrisoli. II. 397.
TRAVIS, *William.*
Catal. plantarum circa Scarborough nascentium. V. 69.
VON TREBRA, *Friedrich Wilhelm Heinrich.* Berghauptmann zu Clausthal, n. 1740. II. 550. IV. 55, 56, 60, 223, 254, 378.
Erfahrungen vom innern der gebirge. IV. 283.
Mineraliencabinett. IV. 28.
Verzeichniss von seinem mineralien-cabinette. IV. 28.
TREDWAY, *Robert.* II. 504.
TREISE, *Fridericus Augustus.* R. III. 484.
TREITLINGER, *Franciscus Ludovicus.*
De Aurilegio in Rheno, Diss. inaug. IV. 195.
TREMBLEY, *Abraham.* Genevensis. n. 1710. ob. 1784. I. 201. II. 496. IV. 116.
Histoire d'un genre de Polypes d'eau douce, à bras en forme de cornes. II. 495.
TRETERUS, *Thomas.* Tr. V. 6.
TREUNER, *Johann Philipp.* General Superintendens zu Weimar, n. 1666. ob. 1722.
Praeside Treunero Diss. Phaenomena Locustarum. II. 242.
TREUTLER, *Fridericus Augustus.* R. II. 356.
De Echinorhynchorum natura. II. 364.
TREW, *Christophorus Jacobus.* Medicus Norimberg. n. 1695. ob. 1769. II. 136, 248, 258, 268, 420, 466, 492. III. 76, 90, 204, 228, 230, 246, 248, 258, 263, 270, 274, 285, 324, 333, 360, 379, 384, 393, 465, 492, 512, 532, 547.

Beschreibung der grossen Americanischen Aloe. III.
265.
Plantæ selectæ, quarum imagines pinxit Ehret. III. 77.
Amoenissimorum florum imagines. III. 78,
Librorum botanicorum catalogi. III. 7.
Plantæ rariores III. 78.
TRIEWALD, *Mårten.* Capitaine Mechanicus vid Fortifi-
cationen, Acad. Scient. Stockholm. Soc. n. 1691. ob.
1747. II. 275, 531. III. 399, 616, 635, 640, 641. IV.
178.
Tractat om Bij. II. 524.
Om orsaker til mineraliernes mognande växt i jorden. IV.
240.
TRILLER, *Daniel Wilhelm.* Med. Prof. Witteberg. ob.
1782. æt. 82. N. II. 8.
De planta venenata, copiis Antonianis exitiali. III. 541.
Exerc. 2 et 3. in legem 16. §. 7. Digestorum. I. 264.
TRIUMFETTI, *Joannes Baptista.* Bot. Prof. Rom. ob.
1707.
De ortu ac vegetatione plantarum. III. 389. conf 74.
Syllabus plantarum horto Romano 1688 additarum. III.
112.
Prælusio ad publicas herbarum ostensiones. III. 2, 74.
Vindiciæ veritatis. III. 389.
TROELTZSCH, *Georgius Christianus.* R. III. 255.
TROJA, *Michel.* II. 478.
VON TROIL, *Uno.* Archiepiscopus Sveciæ, Commend.
Ordinis de Stella Polari:
Bref rörande en resa til Island. I. 110. conf. IV. 113.
TROILI, *Domenico.* II. 532. conf. V. 56. Ed. IV. 175.
TROMBELLI, *Joannes Chrysostomus.* III. 590.
TROMMSDORFF, *Johann Bartholomæus.* III. 482.
          Wilhelm Bernhard. Med. Prof. Erfurt.
ob. 1782. æt. 43. III. 434, 493.
TRONSSON DU COUDRAI. IV. 211.
TROYEL, *Frantz Wilhelm.* III. 425.
TROZELIO, *Claudio Blechert,* Præside Dissertationes:
Guds undervärk uti naturen. I. 261.
Hvit-och Rot-kåls plantering. III. 634.
Skånska Karp-dammar. II. 569.
Aphorismi ex Zoologia generali. II. 22.
De generatione ac nutritione arborum. III. 377.
Såcker och Sirup af inhemska växter. III. 565.
Nya brygg-och drickes ämnen. III. 571.
De sacerdote botanico. III. 4.

Landtmanna genväg til Frukt-trän. III. 621.
Om Trän och Buskar i allmänhet. III. 206.
TRUMPHIUS, *Johannes Conradus.* Medicus Goslar. n.
  1697. ob. 1750. IV. 158.
Υϛερ-ορυκτιρευνα circa Goslariam. IV. 56.
Historia naturalis urbis Verdæ. V. 10.
TRUMPHIUS, *Joannes Georgius.* Medicus Goslar.
Scrutinium chimicum Vitrioli. IV. 355.
TSCHIRPE, *Johann Christoph.*
Leben und charakter des D. Friedrich Christian Günthers.
                                        Jena, 1775   8.
  Pagg. 40; cum icone Güntheri, æri incisa.
  Addatur Tom. 1. p. 172. ante lin. 7 a fine.
TUDECIUS, *Simon Aloysius.* III. 403. IV. 329.
TULPIUS, S. TULPE, *Nicolaus.* Medicus et Senator Am-
  stelodam. n. 1593. ob. 1674.
  Observationes medicæ. I. 68. conf. II. 60, 108, 369. III.
  576. V. 19.
TUNBORG, *Andreas Nicolaus.* R. IV. 188.
TUNSTALL, *Marmaduke.* R. S. S. ob. 1790.
  Avium Britannicarum catalogus. II. 118.
TURBERVILE, *George.*
  The booke of Falconrie. II. 560.
TURGOT, *Etienne François.*
  Sur la maniere de rassembler et conserver les curiosités
  d'histoire naturelle. I. 217.
DE TURIN, *Comte.* II. 83.
TURNEBUS, *Adrianus.* Tr. II. 554.
  De Vino. III. 567.
TURNER, *Robert.*
  The British physician. III. 461.
TURNER, *Samuel.* V. 22.
  An account of an embassy to the court of the Teshoo
  Lama, in Tibet; containing a narrative of a journey
  through Bootan, and part of Tibet.
  Pagg. 473. tabb. æneæ 14.   London, 1800. 4.
  Addatur Tom. 1. p. 138. post lin. 7.
TURNER, *William.* M. D. Dean of Wells. ob. 1568.
  Avium præcipuarum, quarum apud Plinium et Aristote-
  lem mentio est, historia. II. 113.
  A new herball. III. 54.
  Wines commonly used in England. III. 567.
TURPIN.
  Histoire de Siam. I. 141.

Turra, *Antonius.* III. 249, 488.
  Farsetia. III. 81.
  Floræ Italicæ prodromus. III. 147.
a Turre, *Georgius.*
  Catalogus horti Patavini. III. 110.
  Dryadum, Amadryadum, Cloridisque triumphus. III. 61.
Turse'n, *Erland Zach.* III. 639. R. III. 311.
Tusser, *Thomas.*
  500 points of good husbandry. I. 298.
Twet, *Johannes.* R. II. 69.
Twiss, *Richard.*
  A trip to Paris. I. 99.
Tybring, *Melchior Matthiæ.* R. II. 391.
Tychonius, *Tycho Lassen.*
  Monoceros piscis haud monoceros. II. 108.
Tychsen, *Olaus Gerbardus.* Tr. V. 16.
          Thomas Christian. N. I. 128.
Tyrholm, *N. H.* Tr. I. 217.
Tyrwhitt, *Thomas.* N. IV. 74.
Tyson, *Edward.* M. D. R. S. S. ob. 1708. æt. 59. II.
    47, 184, 361, 367, 368, 373, 466, 472, 480.
  Phocæna, or the anatomy of a Porpess. II. 472. conf. V.
    51.
  Orang-outang, or the anatomy of a Pygmie. II. 461.
    conf. 59.
Tyson, *Michael.* II. 188.
  Icones et descriptiones Piscium. II. 175.
Tzscheppius, *Jo. Christian. Frider.* R. III. 450.

ab Ucria, *E. Bernhardinus.* V. 69.
Uddman, *Isaacus.* R. II. 212.
Uffenbachius, *Petrus.* Tr. III. 58. Ed. I. 279.
Uggla *Hillebrandson, Carl.* Acad. Scient. Stockholm. Soc.
  Tal om sjön Hjelmaren. I. 259.
Ugla, *Petrus.* R. III. 390.
Uhlich, *Christianus Gottlieb.* R. III. 398.
        Rudolphus Ernestus. R. III. 398.
Uibelaker, *Franz.*
  System des Karlsbader Sinters. IV. 129.
Ullmark, *Hinricus.* R. III. 386.
de Ulloa, *Don Antonio.* Præfectus Classis Regis Hispa-
    niæ, n. 1716. ob. 1795.
  Viage a la America meridional. I. 158.
  Noticias Americanas. I. 149.
    Tom. 5.   H h

ULMGREHN, *Haraldus.* R. III. 254.
UMFREVILLE, *Edward.*
The present state of Hudson's bay. I. 153.
UMMIUS, *Johannes Antonius.*
Diss. inaug. de herba Fumaria III. 512.
UNGEBAUER, *Joannes Andreas.* R. III. 383.
Diss. de cultura plantarum. III. 609.
UNGERUS, *Joannes Godofredus.*
Diss. de עורת h. e. Papyro frutice. III. 198.
UNGNAD, *Christian Samuel.*
Diss. inaug. de Malo Persica. III. 502.
UNONIUS, *Israel.* R. IV. 188.
UNZER, *Johann August.* Medicus Altonavii. ob. 1799.
II. 368.
Sammlung kleiner schriften. Physicalische. I. 66. conf.
I. 202. II. 34, 41, 81, 86, 136, 158, 220, 273, 390, 399,
432, 534, 543, 568. III. 193, 412, 422.
UNZER, *Matthias.* Medicus Hal. ob. 1624. æt. 43.
De Sulphure. IV. 168.
UPMARCK, Nob. ROSENADLER, *Johanne,* Præside Disser-
tiones :
De magna fodina Cuprimontana. IV. 377.
Formicis. II. 272.
URE, *David.*
History of Rutherglen and East-Kilbride. I. 98.
URSIN, *Claudius.* R. II. 325.
URSINUS, *Georgius Henricus.* R. II. 241.
Joannes. Medicus Gallus.
Prosopopeia animalium aliquot. II. 500.
URSINUS, *Joannes Henricus.* Superintendens Ratisbon.
n. 1608. ob. 1667.
Miscellanea. II. 37.
Arboretum biblicum. III. 194.
URSINUS, *Leonhardus.* Bot. et Physiolog. Prof. Lips. n.
1618. ob. 1664.
Progr. Tulipa de Alepo. III. 260.
27 April. 1662. III. 1.
Lilium album plenum. III. 260.
VON USLAR, *J.*
Fragmente neuerer pflanzenkunde. V. 84.
USTERI, *Paulus.* III. 12. Ed. III. 92, 219. V. 62.
Delectus opusculorum botanicorum. III. 92. V. 65.
Beyträge zur biographie des Dr. Gleditsch. I. 172.
Annalen der Botanik. III. 92. V. 65.
UTERVERIUS, *Joannes Cornelius.* II. 10, 11.

Utterbom, *Joannes.* R. III. 593.
Uttinus, *Cajetanus Caspar.* II. 386.

Vacher. III. 541.
Vagetius, *Johannes.* Ed. II. 209. III. 16. IV. 187.
Vagg, *Henry.* V. 58.
Vaghi, *Georgius.* R. II. 356.
Vahl, *Martinus.* I. 249. II. 189, 343. III. 36, 88, 247,
 308, 313, 355, 651. V. 23, 25, 31. Cont. III. 166.
 Symbolæ botanicæ. III. 88.
 Eclogæ Americanæ. III. 649. V. 103.
 Icones illustrationi plantarum Americanarum, in Eclogis
  descriptarum, inservientes. V. 103.
Vaillant, *Sebastien.* Acad. Scient. Paris. Soc. ob. 1722.
 III. 34, 44, 218.
 Sur la structure des fleurs. III. 386. conf. 34.
 Botanicon Parisiense. III. 141.
Valcarenghi, *Paulus.*
 In Ebenbitar de Limoniis commentaria. III. 515.
de Valdecebro, *Andres Ferrer.* Monachus Dominicanus,
 ob. 1675.
 Govierno general hallado en las Fieras. II. 49. V. 18.
          Aves. II. 113.
Valentin, *Joannes Christophorus.*
 Diss. inaug. de plantarum succis. V. 90.
Valentini, *Christophorus Bernhardus.* Tr. I. 252.
 Tournefortius contractus. III. 28. conf. 13.
Valentini, *Conrad Michael.* II. 128.
    Michael Bernhard. Med. Prof. Giess. n.
 1657. ob. 1729. I. 201. II. 382, 424, 476, 477. III.
 545.
 Polychresta exotica. I. 62. conf. III. 474, 479, 537.
 Museum Museorum. I. 282 et 200. conf. 219.
 De Magnesia alba. IV. 390.
 Armamentarium naturæ. I. 181, 245.
 Viridarium reformatum. III. 38.
 Amphitheatrum zootomicum. II. 377.
 Historia simplicium. I. 282.
    Præside Valentini Dissertationes:
  De lapide Porcino. II. 501.
   Filtro lapide. IV. 362.
Valentyn, *François.*
 Oud-en nieuw Oost-Indien. I. 136.

VALLA, *Georgius.*
   De simplicium natura. I. 278.
      natura partium animalium. II. 499.
      tuenda sanitate per victum. I. 295.
VALLE, *Felix.* III. 149.
DELLA VALLE, *Pietro.* n. Romæ 1586. ob. 1652.
   Ses voyages. I. 134.
DE VALLEMONT.
   Curiositez de la nature et de l'art sur la vegetation. III.
     609.
VALLERIUS, *Göran.* Filius sequentis. Assessor Collegii
   Metallici Sveciæ, Acad. Scient. Stockholm. Soc. n.
   1683 ob. 1744. IV. 30. R. II. 285.
VALLERIO, *Haraldo.* Math. Prof. Upsal. Præside Disser-
   tationes :
   De phænomenis historiæ naturalis. I. 79.
     Tarantula. II. 285.
   Montium differentia. IV. 281.
   De varia hominum forma externa. II. 53.
VALLERIO, *Jobanne,* Præside Dissertationes :
   De generosis Equis. II. 104.
     Cervis. II. 93.
VALLESIUS, *Franciscus.*
   De sacra philosophia. I. 262.
VALLET, *Pierre.*
   Le jardin du Roy Henri IV. III. 65.
VALLETTA, *Ludovicus.*
   De Phalangio Apulo. II. 285.
VALLISNERI, *Antonio.* Med. Prof. Patav. n. 1661. ob.
   1730.
   Sopra la curiosa origine de molti Insetti. II. 209.
   Opere fisico-mediche. I. 63. conf. I. 102, 183. II. 153,
     209, 240, 245, 286, 303, 323, 326, 355, 357, 398, 409,
     413, 418, 420, 455, 477, 570. III. 266, 318. IV.
     281.
VALMONT-BOMARE. Instituti Paris. Soc. II. 302. IV. 27,
   88, 241.
   Mineralogie. IV. 10.
   Dictionnaire d'histoire naturelle. I. 183.
VALTERUS, *Job. Erdmanus.* R. II. 39, 124.
VALVASOR, *Jobann Weichard.* Nobilis Carniolicus. ob.
   1693 æt. 54. I. 258.
   Ehre des herzogthums Crain. I. 104.
VANCOUVER, *George.* Captain in the Royal Navy.
   Voyage to the North Pacific Ocean. V. 5.

VANDELLI, *Dominicus.* I. 300. III. 430, 590. IV. 21,
    291. V. 15, 69. Ed. III. 146.
  De Aponi thermis. I. 240. conf. II. 18.
    Thermis agri Patavini. I. 241.
    Holothurio et Testudine coriacea. II. 306 et 155.
  Dell' acqua di Brandola. I. 241.
  De arbore Draconis. III. 262. conf. I. 166, 228.
  Sobre a utilidade dos jardins botanicos. III. 94.
  Fasciculus plantarum. III. 82.
  Diccionario dos termos technicos de historia natural. I.
    183. conf. III. 94.
  Floræ Lusitanicæ et Brasiliensis specimen. III. 146, 190.
DE VANDERESSE. III. 380.
VANDERMONDE. IV. 206.
VANSLEB, *Jean Michael.* .n. Erfurti 1635. ob. in Gallia
    1679.
  Voyage en Egypte. I. 126.
VARENNE DE FENILLE.
  Observations sur l'agriculture. V. 12. conf. II. 568.
VARIN. IV. 372.
VARO, *Salvator.* S. J. n. 1592. ob. 1648.
  Vesuviani incendii historia. IV. 292.
VARRO, *Marcus Terentius.* ob. A. U. 726. æt. fere 90.
  De re rustica. I. 297.
DE VARTHEMA, *Ludovico.*
  Itinerario. I. 133.
VASCO, *Giambattista.* II. 533, 549.
VASSALLI, *Anton Maria.* II. 64, 237.
VASTEL.. III. 375, 400.
VATER, *Abraham.* Filius sequentis. Med. Prof. Witteberg.
    n. 1684. ob. 1751. Tr. I. 289.
  Catalogus horti Wittenbergensis. III. 121.
           exoticorum in museo ejus. I. 229.
  Syllabus plantarum in horto Wittenbergensi. III. 121.
  Progr. de Balsamo de Mecca. III. 491.
          Hippomane. II. 471.
      Anatome trunci Ulmi, cui Cornu Cervinum inoli-
      tum. III. 380.
      Cornu Cervi monstrosum a trunco arboris Fagi,
      cui adhæsit, resectum. III. 380.
  Præside A. Vatero Diss. de Ruta. III. 498.
VATER, *Christian.* Med. Prof. Witteberg. n. 1651. ob.
    1732. R. II. 43.
  Progr. ad plantarum lustrationes. III. 448.
  Præside C. Vatero Diss. de Coralliorum natura. II. 511.

VAUQUELIN, *Nicolas.* Instituti Paris. Soc. I. 60. II. 385.
III. 426, 434, 496, 511. IV. 96, 97, 101, 103, 104,
122, 138, 141, 154, 157, 169, 198, 202, 206, 208, 228,
229, 234, 249, 382, 385—388. V. 105, 111, 113,'114,
119, 127.

VEEZAERDT, *Paulus.* Com. II. 208.

VELEZ *de Arciniega, Francisco.*
Historia de los animales mas recebidos en el uso de medicina. II. 500.

VELLEY, *Thomas.*
Coloured figures of marine plants. III. 222. V. 74.

VELLIA, *Pierius Dionysius.* III. 111.

VELSCHIUS, *Georgius Hieronymus.* Medicus Augustanus,
n. 1624. ob. 1677. II. 468.
De Ægagropilis. II 457.
Vena Medinensi. II. 363.
Hecatosteæ observationum physico-medicarum. I. 68.¹

VON VELTHEIM, *August Ferdinand Graf.*
Grundriss einer Mineralogie. IV. 11.
Ueber die bildung des Basalts. IV. 245.
der Herrn Werner und Karsten reformen! IV. 5, 76.
die Onyxgebirge des Ctesias. IV 76.
Von den goldgrabenden Ameisen der alten. V. 17.

VELTHEM, *Johannes.* R. IV. 353.

VENABLES, *Robert.*
The experienced Angler. II. 563.

VENEGAS, *Miguel.*
Noticia de la California. I. 150.

VENETTE, *Nicolas.*
Des pierres qui s'engendrent dans les terres et dans les
animaux. IV. 239. conf. II. 492.

VENTENAT, *Etienne Pierre.* Instituti Paris. Soc. III. 387,
442, 651. V. 76, 77, 83, 86.
Tableau du regne vegetal. V. 62.

VERATTI, *Josephus.* II. 433.

VERDIER *de la Blaquiere, Matthæus.* Tr. I. 202.

VERDION, *C. M. L.* IV. 315.

VERDRIES, *Joannes Melchior.* Med. Prof. Giess. n. 1679.
ob. 1736. II. 415. III. 379, 388. IV. 335, 338.
Physica. I. 79.
Præside Verdries Dissertationes :
De succi nutritii in plantis circuitu. III. 373.
Cupro. IV. 201.

VERESTOI, *Georgius.* R. III. 198.

VERGILIUS, *Marcellus.* Tr. I. 274. N. I. 273.

VERGILIUS, *Polydorus.* Urbinas. ob. 1555.
De rerum inventoribus. I. 76.
prodigiis. I. 265.
VERGIN, *Johan Bernhard.*
Om sädesarternes förvandling. III. 410, 654.
VERNISY. III. 343.
VERSTER, *F.* IV. 326.
VERTOMANNUS, *Lewes.* vide VARTHEMA.
VERZASCHA, *Bernhard.* Medicus Basil. n. 1629. ob. 1680.
Krauterbuch. III. 61.
VESALIUS, *Andreas.* Anat. Prof. Patav. dein Medicus
Imperatoris Caroli V. n. Bruxellis 1514. ob. in Zante
1564.
Radicis Chynæ usus. III. 526.
VESLINGIUS, *Joannes.* Westphalus. Anat. Prof. Pàtav. ob.
1649. æt. 51.
De plantis Ægyptiis observationes. III. 176.
Opobalsami veteribus cogniti vindiciæ. III. 490. conf. 1.
Observationes anatomicæ. I. 68.
VESTI, *Christophorus Wilhelmus.* R. II. 503.
Justus. Bot. et Anat. Prof. Erfurt. n. 1651. ob.
1715.
Præside Vesti Dissertationes :
De Spermate Ceti. II. 503.
Castoreo. II. 502.
Cornu Cervi. II. 94.
lapide Bezoardico orientali. II. 503.
Vermis umbilicalis. II. 46.
VETTORI, *Piero.*
Della coltivatione degl' Ulivi. III. 623.
VIANELLI, *Giuseppe.*
Scoperte intorno le luci notturne dell' acqua marina. II.
444.
DI VIANO, *Conte Giulio.* III. 429.
VIBORG, *Erik.* II. 375.
Om Sandvexterne. III. 643.
Bygget. III. 563.
Botanisk-oekonomisk beskrivelse over de i landhuushold-
ningen vigtigste Aspe-og Pilearter.
Pagg. 116. Kiöbenhavn, 1800. 8.
Addatur Tom. 3. p. 206. ante sect. 172.
Danske benævnelser til Hestens anatomie, bygning og be-
handling, ordnede af E. Viborg og J. Neergaard.
Pagg. 93. Kiöbenhavn, 1800. 8.
Addatur Tom. 2. p. 521 ad calcem.

VICAT, *P. R.* I. 71.
Plantes veneneuses de la Suisse. III. 543.
VICQ D'AZYR, *Felix.* Acad. Scient. Paris. Soc. ob. 1794.
æt. 46. II. 386, 405, 458, 460, 473, 481.
VIDA, *Marcus Hieronymus.* Episcopus Albæ, n. 1470.
ob. 1566.
Bombycum libri 2. II. 529.
VIDALINUS, *Paullus Bernardi fil.*
Oratio in natali Friderici V. Daniæ Regis. I. 110.
VIDALIN, *Theodor Thorkelson.* IV. 65.
VIDAURE.
Storia del regno del Chile. I. 161.
VIDEMAR, *Giovanni.* III. 238.
VIDUSSI, *Giuseppe Maria.*
Motivi di dubitare intorno la generazione de' viventi sen-
sitivi. II. 398.
VIERTHALER, *Jo. Christianus Ferdinandus.* R. IV. 172.
VIEWEG, *Carl Friedrich.*
Verzeichniss der in Churmark Brandenburg einheimi-
schen Schmetterlinge. II. 255.
VIGIER, *Joaon.* III. 61.
VIGNA, *Dominicus.*
Animadversiones in libros de historia, et de causis planta-
rum Theophrasti. III. 52.
VON VIGNET, *Alois Anton Edler.* III. 653.
DE VILLA, *Estevan.* Monachus Benedictinus.
Ramillete de plantas. III. 455.
DE VILLAMONT.
Ses voyages (en 1588—1591.)
Troisieme edition. Foll. 347. Paris, 1598. 8.
Addatur Tom. 1. p. 122. ante lin. 10 a fine.
DE VILLA NOVA, *Arnaldus.*
De arte cognoscendi venena. V. 12.
VILLARS. Instituti Paris. Soc. 1 238. III. 144, 311.
Histoire des plantes de Dauphiné. III. 144. conf. 27.
VILLENEUVE. II. 71, 437, 483.
DE VILLERS, *Carolus.*
Linnæi entomologia speciebus nuperrime detectis locuple-
tata. II. 223.
DE VILLIAMSON, *Comte.* II. 461.
VINCENT. II. 137.
DE VILLAS *fils ainé.* IV. 130.
Jaques. Tr. IV. 367.
Levinus.
Wondertoneel der natuur. I. 223.

Elenchus tabularum - - - in gazophylacio ejus. I. 224.
Descriptio Pipæ. II. 156.
Catalogus animalium quæ in liquoribus conservat. V. 14.
Beschryving van den inhout der Cabinetten in de rariteit-
kamer van L. Vincent. I. 224.
VINCENTIUS *Bellovacensis.* Monachus Dominicanus, vixit
Sæc. XIII.
Speculum naturale. I. 75.
VINK, *H.*
Over de herkauwing der Runderen. II. 393.
VIO, *Guido.* II. 343.
VIREY, *J. J.* V. 11, 40, 45.
VIRGANDER, *David Magn.* R. III. 209.
VIRMOND, *Joannes Wilhelmus.* R. IV. 205.
DE VISME, *Stephen.* II. 61.
VITMAN, *Fulgentius.*
De medicatis herbarum facultatibus. III. 460.
Istoria erbaria delle alpi di Pistoja. III. 149.
Summa plantarum. III. 43.
VLITIUS, *Janus.* N. II. 553, 554.
Venatio novantiqua. II .553.
VOET, *Joannes Eusebius.*
Descriptiones et icones Coleopterorum. II. 229.
VOGEL, *Benedictus Christianus.* Med. Prof. Altorf. n.
1744. Cont. III. 78.
De generatione plantarum Progr. III. 393.
VOGEL, *Cornelius.* R. II. 45.
Diss. de Gryphibus. II. 44.
VOGEL, *Hermannus.* R. II. 501.
        Rudolph. Augustin. Med. Prof. Gotting. n. 1724.
ob. 1774.
De incrustato agri Gottingensis. IV. 128.
Practisches mineralsystem. IV. 10.
Historia materiæ medicæ. I. 285.
Progr. de statu plantarum, quo dormire dicuntur. III. 416.
        Balsami Meccani notis. III. 491. V. 92.
            Præside Vogel Dissertationes:
De Nitro cubico. IV. 161.
Terrarum atque lapidum partitio. IV. 80.
De natura Alcali mineralis. IV. 164.
VOGLER, *Johannes Andreas.*
Diss. inaug. sistens Polypodium montanum. III. 340.
VOGLER, *Johannes Philippus.* Medicus Weilburg. n. 1746.
III. 584—586.
De duabus graminum speciebus. III. 213.

Vom Sommerspelz, oder Emmer. III. 563.
Versuche mit den Scharlachbeeren. II. 535.
Vogt, *Michael.* V. 51.
Vogtius, *Samuel.* R. IV. 187.
Voigt, *Adaukt.* I. 169.
Voigtius, *Gothofredus.* Rector Scholæ Hamburg. n.
    1644. ob. 1682.
Curiositates physicæ. I. 205. conf. I. 267. II. 131, 161,
    408.
Contra nivis albedinem realem Diss. V. 32.
    Præside Voigtio Dissertationes :
De Catulis Ursarum. II. 79.
    lacrymis Crocodili. II. 160.
    piscibus fossilibus atque volatilibus. II. 176.
Voigt, *Johann Carl Wilhelm.* IV. 50, 84, 145, 245, 284.
    V. 120.
Mineralogische reisen durch Weimar und Eisenach. IV. 59.
        beschreibung des hochstifts Fuld. IV. 52.
        reise von Weimar bis Hanau. IV. 47.
Drey briefe über die gebirgs-lehre. V. 123.
Practische gebirgskunde. V. 124.
Voigt, *Johann Christian.*
Physikalische bemerkungen über die Bienen. II. 527.
Voigt, *Johann Heinrich.* Math. Prof. Jen. n. 1751. IV.
    58, 277.
Magazin für das neueste aus der physik und naturge-
    schichte. I. 58, 304; ubi addatur :
    12 Band : Allgemeines Register. Pagg. 208. 1799.
Magazin für den neuesten zustand der naturkunde.' I.
    304.
Volkamer, *Johann Christoph.* Filius sequentis. Mercator
    Norimberg. III. 248.
Nürnbergische Hesperides. III. 636. conf. 115.
Volckamer, *Joannes Georgius.* Medicus Norimberg.
    Acad. Nat. Curios. Præses, n. 1616. ob. 1693. III. 350.
Opobalsami orientalis examen. III. 490.
Volckamer, *Joannes Georgius.* Præcedentis filius. Me-
    dicus Norimberg. ob. 1744. II. 136, 469, 470. III.
    280, 385, 399, 403.
Flora Noribergensis. III. 115, 155.
Volcmann, *Gottlob Israel.* R. III. 531
Volkelt, *Johann Gottlieb.* Conrector Scholæ Liegnit.
    n. 1721 ob. 1795. IV. 194.
Nachricht von den Schlesischen mineralien. IV. 64.
Historische mineralogie. IV. 11.

VOLKMANN, *Georg Anton.*
  Silesia subterranea. IV. 64.
VOLLGNAD, *Henricus.* Medicus Vratislav. n. 1634. ob.
  1682. I. 200. II. 420, 504.
VOLPINI, *Giusseppe.*
  Della origine de' Vermini del corpo umano. II. 357.
VOLTA, *Giovanni Serafino.* I. 258. II. 125,251. III. 198.
  IV. 41, 264.
DE VOLTAIRE, *François Marie Arouet.* n. 1694. ob. 1778.
  Les singularités de la nature. I. 267.
VOORHELM et SCHNEEVOGT.
  Catalogue of dutch flowers. III. 106.
          des oignons et plantes de fleurs. III. 106.
VAN DER VORM, *Hobius.*
  Atriplex salsum. III, 334.
VON VORSTER, *Karl Freyherr.* II. 547.
VORSTIUS, *Adolphus.* Filius sequentis. Bot. Prof. Lugd.
  Bat. n. 1597. ob. 1663.
  Catalogus horti Lugduno-Batavi. III. 102. conf. 140.
VORSTIUS, *Everardus.* Med. Prof. Lugd. Bat. n. 1565.
  ob. 1624.
  Oratio funebris in obitum C. Clusii. I. 171.
VORSTIUS, *Joannes.* vide *Janus* ORCHAMUS.
VOSMAER, *Arnout.* II. 287. IV. 349. N. II. 111.
  Beschryving van een Africaansch Varken. II. 106.
  Beschr. van het Guineesche Juffer-Bokje. II. 99.
          een Basterd Mormeldier. II. 91.
          den Oostind. vliegenden Eekhoorn. II. 89.
              Amerikaan. Bosch-Duivel. II. 62.
          een vyfvingerige Luiaard-soort. II. 63.
          de Fluiter. II. 62.
              Bizaam-kat. II. 78.
              Potto. II. 78.
              Bison. II. 103.
              Ichneumon. II. 77.
          eenen Oostind. Bosch-Hond. II. 74.
          eene Oostind. Bosch-Kat. II. 76.
          de Orang-outang. II. 60.
              Coudou. II. 100.
              Eland of Canna. II. 99.
              Gnou. II. 98.
              Pronkbok. II. 98.
              groenglanzige Mol. II. 82.
              Kameel paard. II. 96.
          den Amerikaanschen Trompetter. II. 141.

Beschr. van een langstaartigen Ys-vogel. II. 129.
Ys-vogeltje hebbende byna geen staart.
II. 129.
twee Oostind. Ys-vogeltjes. II. 130.
den Amerik. Lyster Quereiva. ll. 146.
Rots-haan. II. 149.
de Ceylonsche groote Loeri. II. 125.
den Sagittarius. II. 124.
de Surinaamsche Ratelslang. II. 164.
twee platstaart Slangen. II. 166.
de Slang-Hagedis. II. 162.
Vredius, *Olivarius.* Ed. III. 73.
de Vries, *J.*
Aanmerkingen over J. F. Martinets Katechismus der
natuur. I. 80.
de Vries, *Simon.*
De Noordsche weereld. I. 112.
Vulcanius, *Bonaventura.* Ed. I. 75.
Vulpius, *Johannes Heinricus.* R. II.176.

W,abst, *Christianus Xaverius.*
De Hydrargyro. IV. 199.
van Wachendorff, *Everardus Jacobus.* Med. et Bot.
Prof. Ultraject. ob. 1758. æt 56.
De plantis immensitatis intellectus divini testibus. III.
192.
Horti Ultrajectini index. III. 105.
Wad, *Gregorius,* Hist. Nat. Prof. Hafn.
Fossilia Ægyptiaca musei Borgiani. IV. 72.
Tabulæ synopticæ terminorum systematis oryctognostici
Werneriani. V. 105.
Wade, *Gualterus.*
Catalogus plantarum indigenarum in Comitàtu Dubli-
nensi, III. 648.
Wadsberg, *Andr. Magn.* R. III. 168.
Wadstrom, *C. B.*
Observations on the Slave trade. I. 129.
Wännmann, *Carolus Henr.* R. III. 177.
Wäsström, *Peter.* III. 428.
Wafer, *Lionel.*
Description of the isthmus of America. I. 158.
Wagenitz, *Melchior Ernestus.* R. III. 17.
Wagler, *Carolus Gottl.*
De morbo mucoso. II. 363.

W AGNER, *Carolus Christianus.* R. III. 372.
    Daniel. R. II. 395.
      Georg-Friderico, Præside Dissertationes:
De Bezoar. II. 503.
  Balsamo. III. 490.
  natura plantarum in genere. III. 17.
W AGNERUS, *Godofredus.*
De lapide fulminari Diss. IV. 79.
W AGNER, *Joannes Gerardus.* Medicus Lubec. n. 1706.
  ob. 1759.
Arboreti sacri specimen sistens Laurum. III. 274.
W AGNER, *Johannes Jacobus.* Medicus Tigur. n. 1641.
  ob. 1695. II. 45, 90, 278, 424, 454. III. 405, 544, 545.
  IV. 210.
Historia naturalis Helvetiæ. I. 242.
W AGNER, *Paulus Christianus Ludovicus.* R. III. 481.
  Petrus Christianus. R. IV. 343.
    Reinboldus. Regiomontanus, Medicus Hafn. II.
  55, 415.
W AGNERO, *Rudolpho Christiano,* Præside
Diss. Gyri Convolvulorum. III. 227.
W AGNITIUS, *Melchior Ernestus.* R. III. 571.
W AHLBOM, *Johan Gustaf.* II. 359. R. III. 391
W AHLENBERG, *Georg.* R. I. 234.
W AHRMUND, *C. W.* II. 452.
W AITE, *Nicholas.* Merchant of London. IV. 122.
W AKEFIELD, *Priscilla.*
Introduction to botany. V. 62.
W ALBAUM, *Johann Julius.* Medicus' Lubec. n. 1724.
  II. 123, 132, 134, 135, 137, 138, 156—158, 183, 185,
  186, 198, 482, 571, 572. IV. 329. Ed. II. 172. V. 29.
Chelonographia. II. 155.
Kleinii ichthyologia enodata. V. 29.
W ALCH, *Georgius Fridericus.*
Calendarium Palæstinæ œconomicum. III. 419.
W ALCH, *Johann Ernst Immanuel.* Eloqu. et Poës. Prof.
  Jen. n. 1725. ob, 1778. II. 63, 115, 213, 261, 304,
  312, 318, 327, 329, 331, 343, 414, 424, 430, 490. IV.
  49, 242, 307, 333, 336, 337, 339, 346.
Das steinreich systematisch entworfen. IV. 304.
W ALCHER, *Joseph.* S. J. Mechan. Prof. Vindobon. n.
  1718.
Von den eisbergen in Tyrol. IV. 49.
W ALCOTT, *John.*
Flora Britannica. III. 132.

Petrifactions found near Bath. IV. 309.
Figures of Amphibia and Pisces. II. 19.
WALDIN, *Johann Gottlieb.* Mathes. et Phys. Prof. Marburg. n. 1728. ob. 1795.
Die Frankenberger versteinerungen. IV. 306.
Diss. de stimulis et instinctibus naturæ animalium. II. 445.
WALDSCHMIEDT, *Wilhelm Ulrich.* Hanoviensis. Phys. Prof. Kilon. n. 1669. ob. 1731. II. 420, 484.
Progr. ad herbationes 1696, 1701, 1702. III. 2.
               1707. III. 446.
               1710. III. 377.
               1712. III. 607.
Beschreibung derer Americanischen Aloen. III. 264.
Americanischer zu Gottorff blühender Aloen fernere beschreibung. III. 264.
Præside Waldschmiedt Diss. de sexu ejusdem plantæ gemino. III. 390.
WALDUNGUS, *Wolfgangus.*
Lagographia. II. 90.
WALES, *William.*
Remarks on Forster's account of Cook's voyage. I. 90.
WALKER, *Adam.* IV. 32.
       George.
Testacea minuta littoris Sandvicensis. II. 321.
WALKER *John.*
Classes fossilium. IV. 13.
On the motion of the sap in trees. III. 375.
Institutes of natural history. I. 187.
WALLACE, *James.*
Description of the isles of Orkney. I. 98.
WALLENIUS, *Carl Gustaf.* R. III. 542.
         Jeremias. R. IV. 302.
         Johan Fredric. R. III. 563.
WALLER, *Richard.* II. 407, 441, 468, 475, 476. V. 49.
       William.
On the value of the mines, late of Sir C. Price. IV. 371;
ubi adde:
The present state of the mines.
Pagg. 22. tabb. æneæ 11.   8.
WALLERIUS, *Johan Gotschalk.* Chem. Prof. Upsal. Eques Ord. Vasiaci, Acad. Sc. Stockholm. Soc. ob. 1785. æt. 77. IV. 192, 222.
Tal om Salternas ursprung. IV. 15.
Försvars skrift emot J. J. Salberg. IV. 153.

Mineralogia. IV. 9.
Elementa Metallurgiæ. IV. 369.
Systema mineralogicum. IV. 9.
Introductio in histor. literariam mineralogicam. IV. 1, 5.
De origine mundi. IV. 275.
Disputationes academicæ. I. 67. conf. I. 268. IV. 79,
  205, 241, 246, 250, 275, 281, 282, 287, 354, 369, 370,
  379, 380. V. 18.
      Præside Wallerio Dissertationes:
1740. De historiæ naturâlis usu medico. I. 165.
1741. Decades binæ thesium medicarum. I. 201.
1749. De origine et natura Nitri. IV. 158.
1751. De principiis vegetationis. III. 377.
      Salibus alcalinis. IV. 354.
1752. Observationes mineralogicæ ad plagam occiden-
      talem sinus Bothnici. IV. 67.
      De artificiosa foecundatione seminum. III. 613.
1753. Om Quarz. IV. 87.
1755. De Monte argenteo occidentali. IV. 377.
1757. Om Malmgångars natur. IV. 284.
             upsökande. IV. 284.
1758. De origine Montium. IV. 282.
1759. Om malmförande bergs egenskaper. IV. 285.
1760. De prima Vinorum origine. III. 568.
      vestigiis Diluvii universalis. IV. 281.
      diversitate Montium extrinseca. IV. 282.
      Montibus ignivomis. IV. 287.
1761. De vegetatione seminum. III. 400.
      incrementis Montium dubiis. IV. 282.
1764. Indoles historiæ naturalis in genere. I. 186.
      De aurifodina ädelfors. IV. 376.
1766. Mineraliske kroppars förvittring. IV. 250.
WALLIN, *Georgius.* Bibliothec. Acad. Upsal. dein Epis-
      copus Gothoburg. ob. 1760. II. 425.
Diss. de nuptiis arborum. III. 390.
WALLIN, *Wilhelmus.* R. IV. 148.
WALLIS, *John.* Th. D. R. S. S. n. 1616. ob. 1703. II.
      373. IV. 318.
WALLIS, *John.* M. A.
Natural history of Northumberland. I. 96.
WALLIS, *Thomas.*
Diss. inaug. de Vermibus intestinorum. V. 44.
WALPURGER, *Johann Gottlieb.*
Der grosse Gott im kleinen, an dem edlen geschöpfe der
      Bienen. II. 35.

WALSH, *John.* R. S. S. ob. 1795. II. 199, 437.

WALTER, *Friedrich August.* Filius sequentis. Anat. Prof.
Berolin. Acad. Scient. ibid. Soc.
Anatomisches Museum. II. 577.

WALTER, *Johann Gottlieb.* Anat. Prof. Berolin. Acad.
Scient. ibid. Soc. n. 1734. II. 577. V. 51.

WALTER, *Richard.*
Anson's voyage round the world. I. 88.

WALTER, *Thomas.*
Flora Caroliniana. III. 186.

WALTHER, *Augustinus Fridericus.* Med. Prof. Lips. n.
1688. ob. 1746.
Designatio plantarum horti ejus. III. 121.
Progr. de plantarum structura. III. 372.
　　　　Silphio. III. 203.
　　　　Loto Ægyptia. III. 201.

WALTHER, *Friedrich Ludwig.* Philos. Prof. Giess. III.
324.

WALTHERO, *Johanne,* Præside
Disp. de lapidibus in genere. IV. 80.

WALTHER, *Joan. Fridericus.* R. III. 525.
　　　　Israel. II. 547.

WALTON, *Izaak.*
The compleat Angler. II. 563.

WANDER VON GRÜNWALD, *Joseph Leopold.* I. 107.

VON WANGENHEIM, *Friedrich Adam Julius.* Oberforst-
meister in Preussisch-Litthauen. II. 571. III. 270, 277,
320, 325.
Beschreibung einiger Nordamericanischen holzarten. III.
209.
Anpflanzung Nordamericanischer holzarten. III. 209.

WÅHLIN, *Andreas.* R. III. 449.

WARDER, *Joseph.*
The monarchy of Bees. II. 524.

WARENS. I. 61.

WARGELIN, *Isaac.* R. III. 599.

WARGENTIN, *Pehr.* Acad. Scient. Stockholm. Secret.
Eques Ord. de Stella Polari, n. 1717. ob. 1783. I. 168.

WARIENSIS, *Michael.*
Disp. inaug. de metallo regio. IV. 193.

WARING, *Richard Hill.* III. 135.

WARLITZ, *Christian.* Medicus Witteberg. n. 1648. ob.
1717.
Museum Chr. Nicolai. I. 229.

WARNER, *Richard.* ob. 1775.
Plantæ Woodfordienses. III. 136.
WARREN, *George.* II. 477.
WARTMANN, *Bernhard.* II. 177, 191, 192, 271, 344.
WARTON, *Simon.*
Schola botanica. III. 106.
WASANDER, *Jahannes J.* I. 262.
WATERVLIET, *Jacobus.* II. 348.
WATSON, *Frederick.*
The animal world displayed. II. 15.
WATSON, *Henry.* II. 191.
John.
History of the parish of Halifax. III. 137.
WATSON, *Richard, Lord Bishop of Landaff.* IV. 78, 213.
Sir William. Eques, Medicus Londin. R. S. S.
n. 1715. ob. 1787. II. 65, 176, 455. III. 95, 97, 135,
244, 342, 346, 347, 354, 356, 392, 401, 443, 480, 493,
535, 547, 548, 581. IV. 78, 191, 270.
WATSON, *Sir William.* Filius præcedentis. Eques, R. S. S.
II. 198.
WATT, *James, jun.* IV. 141, 361. V. 114.
WEBB, *John.*
Catalogue of seeds and hardy plants. III. 100.
WEBER, *Fridericus.*
Nomenclator entomologicus. V. 32.
WEBER, *F. C.*
Einleitung zum gartenbau. III. 620.
WEBER, *Georg Heinrich.* Med. et. Botan. Prof. Kilon. n.
1751. ob. 1786. III. 166. R. III. 532.
Spicilegium floræ Goettingensis. III. 159.
Plantarum minus cognitarum Decuria. III. 85.
WEBER, *Joannes Andreas.* R. III. 480.
WEBSTER, *John.*
Metallographia. IV. 187.
WEDEL, *Ernst Heinrich.* Sequentis filius. n. 1671. ob.
1709. R. IV. 354.
Præside E. H. Wedelio Diss. de Vermibus. II. 357.
WEDEL, *Georg Wolfgang.* Med. Prof. Jen. n. 1645. ob.
1721. II. 46, 476. III. 402, 403, 518, 544. IV. 329,
332.
Opiologia. III. 504.
Amoenitates materiæ medicæ. V. 11.
De Colchico veneno et alexipharmaco. III. 487.
            Programmata :
1686. De Amello Virgilii. III. 200.
TOM. 5.   I i

1686. De Hyperico mystico. III. 196.
1688.   Tetragono Hippocratis. III. 203.
1689.   Anil, Indico, Glasto. III. 582.
       herbis germanis Ovidii. III. 201.
1690.   Sinapi Scripturæ. III. 196.
       morbo et herba solstitiali. III. 201.
1692.   radice amara Homeri. III. 202.
       Nepenthe Homeri. III. 202.
1693.   faecula Coa. III. 201.
1695.   Corchoro Theophrasti in genere. III. 201.
                            specie. III. 201.
1696.   corona Christi spinea. III. 197.
1699.   Unicornu et ebore fossili. IV. 316.
1700.   resina ægyptia Plauti. III. 202.
1701.   Bulbo veterum. III. 200.
1706.   Purpura et Bysso. III. 197.
1707.   lignis thyinis Apocalypseos. III. 197.
       Sabina Scripturæ. III. 197.
       Thyo Homeri. III. 203.
       mensis Citreis. III. 201.
1708.   Rhabarbari origine. III. 495.
                genere et differentiis. III. 495.
       Theseo Theophrasti. III. 203.
1710.   Paulo a-vipera demorso. II. 39.
       Œnanthe Theophrasti. III. 202.
       Lilio convallium Salomonis. III. 197.
1713.   Moly Homeri in genere. III. 201.
                   specie. III. 202.
       mythologia Moly Homeri. III. 202.
       Zytho Scripturæ. III. 198.
1715.   Holoconitide Hippocratis. III. 202.
          Præside G. W. Wedelio Dissertationes:
1678. De Gialapa. III. 537.
1695.   Sale Ammoniaco. IV. 354.
1697.   Camphora. III. 493.
1698.   Ambra. II. 504.
1701.   Aro. III. 523.
1702.   musco terrestri clavato. III. 532.
1703.   Maro. III. 507.
1705.   Ipecacuanha. III. 538.
       Cubebis. III. 468.
1707.   Sabina. III. 528.
       Cinnamomo. III. 492.
1709.   Petroleo. IV. 357.
1710.   Serpentaria virginiana. III. 522.

1712. De Contrayerva. III. 523.
    Plantagine. III. 470.
1713.   Centaurio minori. III. 480.
1715.   Salvia. III. 468.
    Cuscuta. III. 244.
    Hyoscyamo. III. 476.
1716.   Viola martia purpurea. III. c21.
    Hyperico. III. 516.
1717.   Cantharidibus. II. 507.
    Glycyrrhiza. III. 514.
1718.   Allio. III. 485.
1719.   Arsenico. IV. 361.
1720.   Sambuco. III. 484.
1721.   Polypodio. III. 533.
WEDEL, *Johann Adolph.* Præcedentis filius. Med. Prof.
  Jen. R. III. 493.
    Præside J. A. Wedelio Dissertationes:
De Scordio. III. 508.
    Calamo aromatico. III. 486.
    Helenio. III. 518.
    Vincetoxico. III. 479.
    Verbena. III. 467.
    Fungis. III. 223.
WEDEL, *Johann Wolfgang.* M. D. n. 1708. ob. 1757.
Tentamen botanicum. III. 31.
Sendschreiben wegen der beurtheilung seines tentaminis
  botanici. III. 31.
WEDGWOOD, *Josiah.* R. S. S. ob. 1795. IV. 101, 227.
WEGNER, *Godofredus.* Theol. Prof. Regiomont. n. 1644.
  ob. 1709.
De origine Avium. II. 36.
    Rattis. II. 85.
WEICHHART, *Justus Henricus.* R. II. 108.
WEIDLERUS, *Johannes Fridericus.* II. 218.
WEIGEL, *Carl.* I. 275.
    Christian Ehrenfried. Chem. Prof. Gryph. n.
  1748. II. 163, 165, 166. III. 82. IV. 87. Pr. II. 354.
Flora Pomerano-Rugica. III. 163.
Observationes mineralogicæ. IV. 15.
    botanicæ. III. 82.
Vom nuzen der botanik. III. 4
Index horti Gryphici. III. 123,
Præside Weigel Diss. Hortus Gryphicus. III. 123.
WEILER, *Johannes Fridericus.* R. II. 514.

Weinlig, *Christian Gottlob.*
Von Eisen. IV. 205.
Weinmann, *Joannes Georgius.* R. III. 155. conf. II. 111.
De Chara Cæsaris. III. 201.
Weinmann, *Johann Wilhelm.*
Phytanthozaiconographia. III. 62.
Weinrich, *Georgius Albertus.*
Diss. inaug. de Hæmatoxylo Campechiano. III. 276. V. 77.
Weiss, *Emanuel.* I. 215. II. 238, 380.
Fridericus Guilielmus.
Plantæ cryptogamicæ floræ Gottingensis. III. 220.
Ueber die nuzbare einrichtung academischer vorlesungen in der botanik. III. 12.
Forstbotanik. III. 618.
Weiss, *Johannes Christophorus.*
Disp. inaug. de Malo Punica. III. 286.
Weiss, *Simon.*
Diss. de excrescentiis plantarum animatis. II. 218.
Weis, *Z. G.* IV. 175.
Weissenborn, *Joanne Friderico,* Præside Dissertationes:
Delineationes Veronicæ chamædryos etc. III. 160.
De Vermibus corporis humani intestinalibus. V. 44.
Weissheit, *Benjamin.* R. III. 468.
Weissmann, *Joannes Fridericus.* Med. Prof. Erlang. n. 1678. ob. 1760. III. 527. R. III. 490.
Weld, *Isaac.*
Travels through North America. V. 7.
von Well, *Johann Jakob.* Hist. Nat. Prof. Vindobon. n. 1725. ob. 1787. II. 214, 448.
Gründe zur pflanzenlehre. III. 24.
Eintheilung mineralischer körper. IV. 12.
von Welling, *Christian Friedrich.*
Naturgeschichte der gewächse. V. 84.
Welschius, *Christianus Ludovicus.* M. D. n. 1669. ob. 1719.
Basis botanica. III. 17.
Welter. IV. 271
Wencker, *Daniel.* R. III. 573.
de Wenckh, *Johannes Baptista.* III. 526.
Wendelinus, *Marcus Fridericus.* Rector Gymnasii Servest. n. 1584. ob. 1652.
Admiranda Nili. I. 126.

WENDLAND, *Johann Christoph.* Hortulanus horti Regli in Herrenhausen. V. 65.
Verzeichniss der glas-und treibhauspflanzen auf dem Königl. Berggarten zu Herrenhausen. III. 647. V. 103.
WENNER, *Gustavus Magnus.* R. II. 228.
WENZEL, *Carl Friedrich.*
Chymische untersuchung des Flussspaths. IV. 137.
WEPFERUS, *Johannes Jacobus.* Medicus Scaphus. n. 1620. ob. 1695. II. 415, 467, 469. III. 546.
Cicutæ aquaticæ historia. I. 293.
WEPPEN, *J. A.* V. 108.
WERDMYLLER, *Otho.* II. 10.
WERGER, *Johannes.* Philos. Adjunct. Witteberg. dein Diaconus Servest. n. 1633. ob. 1677.
Diatribe de generatione æquivoca. II. 427.
Disp. de mineralium generatione. IV. 239.
WERLHOF, *Paulus Gottlieb.* Archiater Hannoveran. n. 1699. ob. 1767. II. 466.
WERNER, *Abraham Gottlob.* Assessor bey dem Oberbergamte zu Freyberg. n. 1749. IV. 13, 23, 112, 135, 196, 284, 285, 287. V. 105, 106, 111—113, 120. Tr. IV. 9. N. V. 109.
Von den äusserlichen kennzeichen der fossilien. IV. 4.
Klassifikation der gebirgsarten. IV. 144.
Verzeichniss des mineralien-kabinets des Herrn K. E. Pabst von Ohain. IV. 28.
WERNER, *Adamus.* R. I. 114.
Joachim Bechtold.
Diss. inaug. de Moscho. II. 502.
WERNER, *Johannes.*
Ichneumon. II. 76.
WERNER, *Paulus Christianus Fridericus.* Prosector Anatom. Lips. ob. 1785.
Vermium intestinalium expositio. II. 353.
WERNISCHECK, *Jacobus.*
Genera plantarum. III. 32.
WERNSDORFF, *Gottlieb.* Ed. V. 384.
WERTMÜLLER, *Carolus Henricus.*
Diss. inaug. de Catechu. III. 530.
WESER, *Daniel.* R. II. 511.
WEST, *H.*
Beskrivelse over Ste. Croix. I. 162.
WEST, *Thomas.* IV. 289.
WESTBECK, *Gustaf.*
Om Svensk Bomull. III. 556.

Westbeck, *Sacharias.*   Præpositus et Pastor in Östra
Löfstad, Acad. Scient. Stockholm. Soc. n. 1696. ob.
1765. II. 567. III. 587.
Westenbergius, *Ernestus Wilhelmus.*
Viridarii Academiæ Harderovici catalogus. III. 105.
Westfeld, *Chr. Friedrich Gotthard.* II. 441. III. 432.
Mineralogische abhandlungen. IV. 15.
Westmacot, *William.*
A Scripture herbal. III. 194.
Westman, *Olaus Nordeholm.* R. III. 568.
Weston, *Richard.*
The universal botanist. III. 41.
English flora. III. 100.
Westring, *Johannes Petr.* III. 587. V. 99. R. III. 278.
Westrumb, *Johann Friedrich.* Pharmacopoeus in Hameln.
III. 435. IV. 110, 138, 139, 141—143, 147, 198, 236.
Geschichte der neu entdeckten metallisirung der einfachen
erden. IV. 236.
Westzynthius, *Olof.* R. III. 609.
Wetterlund, *Magn. Petr.* R. V. 100.
Wharton, *Richard.*
Observations on the authenticity of Bruce's travels in
Abyssinia, in reply to some passages in Brown's travels
through Egypt, Africa, and Syria.
Pagg. 84.   Newcastle upon Tyne, 1800.   4.
Addatur Tom. 1. p. 128. post lin. 29.
Wheler, *Sir George.* Baronetus, R. S. S. n. 1650. ob.
1724.
Journey into Greece. I. 123.
Wheeler, *James.*
Gardener's dictionary. III. 11.
Whistling, *Christianus Godofredus.* R. III. 535.
Whiston, *T* II. 432.
        William.
Theory of the earth. IV. 274.
Whitaker, *Gulielmus.*
Diss. inaug. de Cantharidibus. II. 507.
White, *Charles.* Chirurgus Mancestr. R. S. S. II. 522.
Of the gradation in Man, and in animals. V. 13.
White, *Lieutenant Charles.* V. 25.
        Gilbert. II. 150.
Natural history of Selborne. I. 95.
Naturalists calendar. III. 417. conf. I. 205.
White, *John.*
Voyage to New South Wales. I. 147.

WHITE, *Taylor.* III. 493.
W.
On the broad-leaved Willow bark. V. 94.
WHITEHURST, *John.* R. S. S. n. 1714. ob. 1788.
Inquiry into the formation of the earth. IV. 276.
WHYTT, *Robert.* II. 414. III. 505.
WIBEL, *Augustus Guilielmus Eberhardus Christophorus.*
Dissertatio inaug. Primitiarum floræ *Werthemensis* sistens.
prodromum. Pagg. 40. Jenæ, 1797. 8.
————— in libro sequenti, p. 1—36.
Primitiæ floræ Werthemensis.
Pagg. 372. Jenæ, 1799. 8.
Addantur Tom. 3. p. 155. post lin. 1. sect. 139.
Beyträge zur beförderung der pflanzenkunde.
1 Band. 1 Abtheilung. pagg. 116. tabb. æneæ 2.
Frankfurt am Main, 1800. 8.
Addatur Tom. 3. p. 93. ad calcem.
WIBOM, *Carolus Petrus*
Sal, qua ortum et criteria, in genere. IV. 148.
WICHMANN, *Gerhardus.* R. IV. 239.
Johann Ernst. II. 487.
Ætiologie der Kräze, II. 361.
WICKMAN, *Daniel.* R. III. 538.
DE WICQUEFORT, *A.* Tr. I. 139.
WIDDOWES, *Daniel.*
Natural philosophy. I. 78.
WIDENIUS, *Eric E.* R. III. 597.
WIDENMANN, *Johann Friedrich Wilhelm.* Würtemberg.
Hof-und Domainenrath, n. 1764. ob. 1798. IV. 245,
261. V. 108, 109, 120.
Ueber die umwandlung einer erd-und steinart in die an-
dere. IV. 250.
Handbuch des oryktognostischen theils der mineralogie.
IV. 13.
WIEGLEB, *Johann Christian.* Pharmacopoeus in Langen-
salza, n. 1732. ob. 1800. IV. 85, 92, 95, 101, 102,
104, 106, 108, 119, 120, 124, 137, 142, 146, 181, 193,
208, 213, 229.
VAN DER WIEL. vide STALPART.
WIESEL, *Andreas.* R. II. 79.
WIETZEL, *Johannes Casparus.*
Disp inaug. de morsibus animalium. II. 513.
WIGAND, *Joannes.* Theol. Prof. Jen. dein Regiomont. n.
1523. ob. 1587.
De Alce. II. 92.

488 *Wigand, Joannes.*

De Succino Borussico etc. V. 115. conf. II. 92. III. 171.
IV. 149.
WIGANDUS, *Wolradus.* R. III. 508.
WIGGERS, *Fridericus Henricus.* R. III. 166.
WILBERDING, *Joan. Herman. Anton.* R. III. 307.
WILCKE, *Henricus Christianus Daniel.* R. I. 262.
Diss. de usu systematis sexualis in medicina. III. 448.
WILCKE, *Johann.* R. IV. 360.
Carl. Acad Scient. Stockholm. Secret.
Eques Ord. de Stella Polari, n. Wismariæ 1732. ob.
1796. l. 215. II. 22, 544. III. 368. IV. 257.
Tal om Magneten. IV. 258.
WILCKE, *Samuel Gustavus.*
Primæ entomotheologiæ lineæ. II. 35.
Flora Gryphica. III. 163.
Hortus Gryphicus. III. 122.
WILD, *François Samuel.* IV. 180.
Sur la montagne salifere du gouvernem. d'Aigle. IV. 46.
WILDE, *Jeremias.*
De Formica. II. 271.
WILHELM, *Johannes Georgius.* R. II. 504.
Diss. inaug. tradens Juniperum. III. 527.
DE WILHEM, *Hieronymus.*
Diss. inaug. de Manna κεκρυμμενω. III. 199.
WILKENS, *Christian Friedrich.* Inspector und Pastor Pri-
marius der Cotbusischen Diöces, n. 1721. ob. 1784.
II. 313.
Von seltenen versteinerungen. IV. 306. conf. 332.
WILKES, *Benjamin.*
Twelve new designs of English Butterflies. II. 253.
The English Moths and Butterflies. II. 253.
WILKINS, *John, Lord Bishop of Chester.* n. 1614. ob.
1672.
Essay towards a real character. I. 77.
WILKINSON, *George.* III. 536.
WILL, *Georgius Philippus.* R. III. 500.
WILLAN, *Robert.* Medicus Londin.
On the sulphur-water at Croft. III. 348.
WILLDENOW, *Carl Ludwig.* M. D. Acad. Scient. Bero-
lin. Soc. III. 49, 87, 230, 263, 272, 286, 295, 332, 333,
338, 342, 400, 444. V. 64, 68, 75, 81. Ed. III. 18,
182. V. 63.
Flora Berolinensis. III. 163.
De Achilleis. III. 312. conf. 310.
Historia Amaranthorum. III. 321.

Willdenow, Carl Ludwig. 489

Biographie des Dr. J. G. Gleditsch. I. 172.
Grundriss der Kräuterkunde. V. 62.
Phytographia. III. 87.
Berlinische baumzucht. III. 208.
WILLE, *C. L. A.* IV. 374.
WILLEMET, *Pierre Remi François.* Filius sequentis, n.
 1762. ob. in Seringapatam, 1790.
Herbarium Mauritianum. III. 178. V. 71.
WILLEMET, *Remi.* I. 175. II. 240, 457. III. 349, 443,
 540. V. 80.
Phytographie economique de la Lorraine. III. 558.
Willemetia et Neckeria. III. 302 et 308.
Histoire de la famille des plantes etoilées. III. 217.
WILLES, *Richard.*
History of travayles. I. 307.
WILLIAMS, *Alexander.* III. 535.
 Edward.
Virginia richly and truly valued. V. 7.
Virginia's discovery of Silke-wormes. V. 55.
WILLIAMS, *John.*
Natural history of the mineral kingdom. V. 123.
WILLIAMSON, *Hugh.* II. 439.
WILLICH, *Christianus Ludovicus.* Medicus Clausthal. ob.
 1776. III. 77.
Observationes botanicæ. III. 77.
De plantis observationes. III. 77.
Illustrationes botanicæ. III. 77.
WILLICHIUS, *Jodocus.*
De Salinis Cracovianis. IV. 150.
WILLICH, *Mauritius Ulricus.* R. III. 82.
WILLIS, *Thomas.* Medicus Londin. n. 1662. ob. 1675.
Cerebri anatome. II. 386.
De anima brutorum. II. 373.
WILLIS, *Thomas.* Chemist in London. IV. 193.
WILLIUS, *Joh. Val.* II. 396, 516. III. 166.
 Wilhelm Ludwig. Medicus in Emmendingen,
 n. 1726. ob. 1785.
Beschreibung der natürlichen beschaffenheit in der Marg-
 gravschaft Hochberg. I. 105.
WILLUGHBY, *Francis.* R. S. S. ob. 1672. æt. 37. I. 70.
 II. 217, 269. III. 373.
Ornithologia. II. 111.
Historia piscium. II. 173.
WILMET. Tr. I. 5.
WILSON. IV. 123.

Wilson, *Alexander Philip.*
　On the manner in which Opium acts on the living ani-
　　mal body. III 505.
Wilson, *Benjamin.* Pictor Londin. R. S. S. ob. 1788.
　IV. 257.
Wilson, *Henry.* I. 146.
　　　John.
　Synopsis of British plants. III. 131. conf. 25.
Wilson, *Matthew.* III. 422.
Wiman, *Johannes.* R. III. 283.
Winchilsea, *Earl of.*
　Relation of the late eruption of Mount Ætna. IV. 295.
Windingius, *Erasmus Pauli fil.* Tr II. 561.
von Windisch, *Karl Gottlieb.* Senator Presburg. n.
　1725.
　Ungrisches Magazin. I. 58.
Winckler, *Gottofredus Christianus.* Medicus Bregensis,
　n. 1635. ob. 1684. II. 421. III. 408.
Winklerus, *Johannes Henricus.* Phys. Prof. Lips. ob.
　1770. æt. 67.
　Quam mirabiles sint in animalibus parvitates. II. 373.
　Tentamina circa electricitatem animantium. II. 436.
Wincklerus, *Nicolaus.*
　Chronica herbarum. I. 272.
Winslow, *Jacobus.* II. 380. R. II. 204.
Winspeare, *Antonio.* IV. 294.
Winter von Adlersflügel, *Georg Simon.*
　De re equaria. II. 521.
Winterl, *Jacob Joseph.* IV. 173.
　Index horti Pestini. III. 125.
Winthorp, *John.* I. 253. III. 600.
Wirsing, *Adamus Ludovicus.* III, 78.
　Marmora et adfines lapides. IV. 131.
Wirtensohn, *Carolus Josephus.*
　Diss. demonstrans Opium vires fibrarum cordis debilitare.
　V. 93.
Wise, *Henry* III. 608.
Wisger, *Johann Georg.* IV. 49.
Withering, *William.* Medicus Birmingham. R. S. S. n.
　1741. ob. 1799 III. 14. IV. 133, 140, 144.
　Botanical arrangement of the vegetables naturally grow-
　　ing in Great Britain. III. 131.
　An account of the Foxglove. III. 510.
de Witry. IV. 33.
Witsen, *Nicolaus.* I. 146. II. 414.

Wittichius, *Johannes.*
Von den Bezoardischen steinen. I. 290. V. 11.
Wittwer, *Philipp Ludwig.* I. 177.
Witzelius, *Johannes Ludovicus.* II. 424.
Wöldike, *Petrus.* R. II. 311.
Woellnerus, *Jo. Georg. Magnus.* R. III. 49.
Wohlfahrt, *Joh. Aug.* Med. Prof. Hal. ob. 1784. æt. 73.
De Vermibus per nares excretis. II. 360.
Wolfart, *Peter.* Medicus Landgravii Hassiæ. n..1675. ob. 1726.
Vale Hanoviæ. IV. 314.
Historia naturalis Hassiæ inferioris. IV. 52.
Præside Wolfart Diss. de Leone. II. 75.
Wolff, *Caspar Fridericus.* II. 395, 404, 407, 418, 421, 422, 465.
Theoria generationis. V. 47.
Wolff, *Christianus.* Philos. Prof. Hal. dein Liber Baro, n. 1679. ob. 1754. III. 366.
Entdeckung der ursache von der wunderbaren vermehrung des getreides. III. 401.
Erläuterung der entdeckung der ursache etc. III. 401.
Præside C. Wolffio Diss. de Malo pomifera absque floribus. III. 366.
Wolffius, *Georgius Christophorus.* R. III. 479.
Wolff, *Georg Conrad.* R. II. 382.
　　　Jacob. Med. Prof. Jen. n. 1642. ob. 1694.
Diss. de Insectis in genere. II. 204.
Wolf, *Johann.* R. II. 73.
　　　Christoph.
Reise nach Zeilan. I. 141.
Wolffius, *Johannes Philippus.* Medicus Svinfurt. n. 1705. ob. 1749. II. 398. III. 355.
Wolff, *Joannes Philippus.* R. III. 440.
de Wolf, *Nathanaël Matthæus.* Medicus Gedan. n. 1724. ob. 1784. II. 537.
Genera plantarum vocabulis characteristicis definita. III. 33.
Genera et species plantarum vocabulis characteristicis definita. III. 42.
Wolff, *Salomon Beer.* R. III. 465.
Wolffer, *Fridericus.* R. II. 48.
Wolffganck, *Isaacus.*
Disp. inaug. de Salibus. IV. 148.

Wolfstrigel, *Laurentius.*   Anat. Prof. Vindobon. ob.
     1671. II. 464, 465.
Wolleb, *Daniel.*   R. III. 80.
Wollebius, *Lucas.*
   Diss. de methodo herbas lustrandi. III. 17.
Wollenhaupt, *Georgio Andrea,* Præside
   Diss. Locustæ. II. 242.
Wollenius, *Petrus Ol.*   R. IV. 376.
Wollrath, *Johan Gust.*   R. III. 609.
Wolphius, *Casparus.*   II. 9. III. 56, 57. Ed. I. 69.
Woltersdorff, *Johann Lucas.*
   Systema minerale. IV. 9.
Wood, *William.*
   New Englands prospect. I. 154.
Woodville, *William.*   Medicus Londin.
   Medical botany. III. 461.
Woodward, *John.*   Med. Prof. Collegii Gresham. Lon-
   dini, R. S. S. n. 1665. ob. 1728. III. 377.
   Natural history of the earth. IV. 274.
   Naturalis historia telluris illustrata. IV. 274. conf. 8.
   Natural history of the Fossils of England. IV. 30. conf.
   24.
Woodward, *Thomas Jenkinson.*   III. 344, 345, 356, 357.
   V. 83.
Wooller. IV. 318.
Woolridge, *J.*
   The art of gardening. V. 100.
Worm, *Olàus.*   Med. Prof. Hafn. n. 1588. ob. 1654. II.
   108.
   Historia animalis, quod in Norvagia e nubibus decidit.
   II. 86.
   Museum Wormianum. I. 232.
   Wormii, et ad eum doctorum virorum epistolæ. I. 70.
Worm, *Olaus.*   Wilhelmi filius, Olai nepos. Med. Prof.
   Hafn. n. 1667. ob. 1708.
   De Glossopetris. IV. 331.
Woschkius, *Christoph.*   R. II. 503. III. 490.
Wotton, *Edoardus.*   Medicus Londin. ob. 1555. æt. 63.
   De differentiis animalium. II. 10.
Woulfe, *Peter.*   R. S. S.
   Experiments made in order to ascertain the nature of some
   mineral substances. IV. 17.
Woyt, *Joh. Jacob.*   R. III. 606.
Wray, *John.*   vide Ray.
Wright, *Edward.*   I. 215. IV. 339.

WRIGHT, *Thomas.*
Louthiana. IV. 328.
WRIGHT, *William.* Medicus Scotus. R. S. S. n. 1740.
III. 463, 476, 513.
Account of the Quassia Simaruba. III. 499.
WRISBERG, *Henricus Augustus.* Anat. Prof. Gotting. n.
1739. II. 363.
De animalculis infusoriis. II. 346. conf. 363.
Utero gravido etc. quorundam animalium. II. 400.
Commentationum medici, physiologici, anatomici et ob-
obstetricii argumenti Societati Reg. Scient. Goettin-
gensi oblatarum et editarum Vol. 1. pagg. 572. tabb.
æneæ 11. Gottingæ, 1800. 8.
Addatur Tom. 1. p. 30 ad calcem.
WÜNSCH, *Christian Ernst.* Math. et Phys. Prof. Francof.
ad Viadr. n. 1744.
Briefwechsel über die naturprodukte. I. 186.
WÜRTZ, *Georg Christoph.* R. II. 6.
VON WULFEN, *Xavier.* I. 243. III. 153. V. 29.
Vom Kärntnerischen Bleyspate. IV. 216.
Descriptiones Capensium insectorum. II. 228.
Vom Kärnthenschen pfauenschweifigen Helmintholith.
IV. 132.
WULFF, *Johannes Christophorus.*
Plantæ XXIII in Borussia repertæ. III. 171.
Flora Borussica. III. 171.
Ichthyologia regni Borussici. II. 180. conf. 153.
WUND, *Friedrich Peter.* III. 570.
WURFFBAIN, *Fridericus Sigismundus:* Sequentis filius.
Medicus Norimberg. n. 1682. ob. 1710. R. I. 218.
Diss. inaug. de Rubea tinctorum. III. 242.
WURFFBAIN, *Johannes Paulus.* Medicus Norimberg. n.
1655. ob. 1711. IV. 223.
Salamandrologia. II. 159.
WURKO, *Andreas Josephus.*
Diss: inaug. de Zinco. IV. 219.
VAN WURMB, *Fredrik Baron.* Soc. Batavicæ Secret. ob.
1781. I. 203. II. 60. III. 211. V. 19.
WUSTENFELD, *Joh. Balthasar.* R. III. 521.
WYCHE, *Sir Peter.* Tr. I. 127.
WYNNE, *Gabriel.*
Diss. inaug. de cortice Peruviano. V. 92.
VAN DE WYNPERSSE, *Dionysius.* IV. 90.
Musei Doeveriani catalogus. I. 225.

WYTTENBACH, *Jacob Samuel.* Pfarrer zu Bern, n. 1748.
I. 69.

XENOCRATES. vixit Sæc. I.
Περι της απο ενυδρων τροφης. I. 295.
XENOPHON. n. Olymp. 82. ob. Olymp. 105.
Λογος οικονομικος. I. 297.
Κυνηγετικος. græce et latine. impr. cum ejus Περι ιππικης;
p. 101—172.   Oxonii, 1633.   8.
Addatur Tom. 2. p. 553. post lin. 1. sect. 45.
XYLANDER, *G.*   N. I. 265.

YEATS, *Thomas Pattinson.*   R. S. S. ob. 1782.
Institutions of entomology. II. 205.
Catalogue of a collection of Birds and Quadrupeds from
Cayenne. II. 33.
YMAN, *Hans.*   R. I. 234.
YOUNG, *Thomas.*   M. D. R. S. S. II. 390. III. 651.
YPEY, *A.*   Professor te Franequer, ob. 1785. æt. 71. III.
372.
YVARD.   III. 558.

ZAHN, *Johannes.*
Specula physico-mathematico-historica. I. 77.
ZAHN, *Johannes Georgius.*   R. III. 511.
Henricus.
Diss. inaug. de Rhododendro chrysantho. III. 499.
ZALUZANIUS *a Zaluzaniis, Adamus.*
Methodus herbaria. III. 15.
ZAMZELIUS, *Abraham.*
Blomsterkrans af de i Nerike befintliga växter. III. 169.
ZANCARUOLO, *Carlo.*   Tr. II. 170.
ZANNICHELLI, *Johannes Hieronymus.*   Pharmacopoeus
Venet. n. 1662. ob. 1729. IV. 359.
De Myriophyllo pelagico. II. 345. conf. III. 344.
Lithographia duorum montium Veronensium. IV. 42.
Ex naturæ gazophylacio penes J. H. Zannichelli index
primus. IV. 308.
De Rusco. III. 529.
Opuscula botanica. III. 148.
Istoria delle piante che nascono ne' lidi intorno a Venezia.
III. 149.

ZANNICHELLI, *Johannes Jacobus.* Filius præcedentis.
  Ed. III. 148, 149.
  Lettera intorno alle facoltà dell' Ippocastano. III. 488.
  Enumeratio rerum naturalium in museo Zannichelliano.
  I. 228.
ZANONI, *Jacobus.* Præfectus horti Bonon. ob. 1682. æt.
  67.
  Istoria botanica. III. 74.
ZAPF, *Guilielmus.* III. 265.
ZAUSCHNER, *Johann.* III. 261, 297.
                    Baptista Joseph. IV. 131.
  De Sale, a mineralogis haud descripto. IV. 149.
ZEBUHLE, *David Gottlob.* R. III. 465.
ZEDER, *Johann Georg Heinrich.* II. 365. V. 44.
ZEIDLER, *Melchior.* Log. dein Theol. Prof. Regiomont.
  n. 1630. ob. 1686.
  Præside Zeidler Diss. de respiratione Piscium. II. 385.
ZETTERBERG, *Vilh. Gust.* R. IV. 241. V. 18.
ZETTERSTRÖM, *Carolus.* R. I. 233.
ZETZELL, *Pehr.* II. 281.
ZEUTHEN, *Nicolaus.* R. III. 649.
ZEVIANI, *Giovanni Verardo.* III. 552.
ZIDEEN, *Jacob.* R. II. 44.
ZIEGENBALG, *E. G.* II. 431.
ZIEGER, *Christianus Gottlieb.*
  De vita inter plantas. III. 3.
ZIEGRA, *Christiano Samuel,* Præside
  Diss. de morte plantarum. III. 378.
ZIEGRA, *Constantinus.* Philos. Prof. Witteberg. n. 1617.
  ob. 1691.
      Præside Ziegra Dissertationes :
  De Sale. IV. 148.
      Metallis in specie dictis. IV. 187.
  Aurum. IV. 193.
  Rex avium Aquila. II. 124.
  De Zoophytis. I. 199.
      Halcyone. II. 129.
ZIENER, *Christian.* IV. 66.
ZIERVOGEL, *Samuel.* R. III. 275.
ZIMMERMANN, *Carl Friedrich.* Ed. IV. 22.
                    Eberhard August Wilhelm. Phys. Prof.
  Brunsvic. n. 1743.
  Specimen zoologiæ geographicæ. II. 52.
  Geographische geschichte des Menschen, und der vierfüs-
  sigen thiere. II. 52.

496 *Zimmermann, Eberhard August Wilhelm.*

Tabulæ mundi geographico-zoologicæ explicatio. II. 53.
Description d'un embryon d'Elephant. II. 70.
Voyage à la nitriere de Molfetta. IV. 160.
ZIMMERMANN, *Johann Christoph.* R III. 342.
 Georg. Helvetus, Medicus Reg.
 Hannoveræ, n, 1728. ob. 1795.
 Leben des Herrn von Haller. I. 172.
ZINANNI, *Giuseppe.* vide GINANNI.
ZINCKE, *Georg Gottfried.*
 Bemerkungen über die Waldraupe. V. 58.
ZINN, *Johann Gottfried.* Med. et Bot. Prof. Gotting. ob.
 1759. æt. 32. II. 390. III. 79, 281, 329, 409, 417, 420.
 Observationes botanicæ et anatomicæ. III. 79.
 Catalogus horti Gottingensis. III. 118, 159.
ZOEGA, *Johann.* III. 167. IV. 98.
ZORGDRAGER, *C. G.*
 Bloeyende opkomst der Groenlandsche visschery. I. 112.
ZORN, *Bartholomæus.* Medicus Berolin. n. 1639. ob. 1717.
 Ed. III. 60.
 Botanologia medica. III. 456.
ZORN, *Johann.* Pharmacopoeus in Kempten, n. 1739.
 Icones plantarum medicinalium. III. 460.
ZORN, *Johann Heinrich.*
 Petinotheologie. II. 34.
 De Avibus Germaniæ. II. 120.
ZORN VON PLOBSHEIM, *Friedrich August.* Gedanensis,
 n. 1711. ob. 1789. II. 52, 319, 320. IV. 209.
ZSCHACH, *Johann Jacob.*
 Museum Leskeanum. Pars entomologica. II. 223.
ZSCHAV, *Johannes Christophorus.* R. II. 456.
ZUCCAGNI, *Attilio.* V. 77.
 Istoria di una pianta panizzabile dell' Abissinia. III. 563.
ZUCCHINI, *Andrea.* III. 626.
ZÜCKERT, *Johann Friedrich.* Medicus Berolin. n. 1737.
 ob. 1778. IV. 325.
 Naturgeschichte des Ober-Harzes. I. 106.
 Unter-Harzes. I. 106.
 Materia Alimentaria. I. 296.
ZUIEW, *Basilius.* II. 175, 182, 185, 188, 198, 467. IV.
 308.
 Reise von St. Petersburg nach Cherson. I. 120.
ZUMBACH *condictus Coesfeld, Lotharius.* Ed. III. 103.
ZVINGERUS, *Fridericus.* III. 359. IV. 15.
 Positiones anatomico-botanicæ. III. 77.
 Theses anatomico-botanicæ. III. 77.

ZVINGERUS, *Johannes Jacobus.* R. III. 425.
              Theodorus. Anat. et Botan. Prof. Basil. n.
   1657. ob. 1724.
Theatrum botanicum. III. 62.
      Præside Zvingero Dissertationes :
De Nitro. IV. 356.
Examen plantarum Nasturcinarum. III. 450.
De Cymbalaria. III. 509.
      Thee helvetico. III. 578.
Fasciculus Dissertationum medicarum selectiorum. I. 62.
   conf. III. 425, 502. IV. 199, 356.

ACTA ACADEMIARUM ET
SOCIETATUM.

Communications to the Board of *Agriculture*. I. 302; ubi
    adde:
    Vol. 2. pagg. 501. tabb. 23.   1800.

Memoirs of the *American Academy*. I. 42.

Transactions of the *American* Philosophical *Society*. I. 42.

Verhandelingen uitgegeeven door de Maatschappy ter bevor-
    dering van den Landbouw, te *Amsterdam*. I. 11, 303.

Analecta Transalpina. I. 37.

Asiatick researches. I. 42.

Abhandlungen der Churfürstlich-*Bajerischen* Akademie der
    Wissenschaften. I. 32.

Estatutos para gobierno de la Real Sociedad *Bascongada*.
    I. 19.
Ensayo de la Sociedad Bascongada. I. 19.
Extractos de las Juntas generales celebradas por la Real
    Sociedad Bascongada. I. 19.

Verhandelingen van het *Bataviaasch* Genootschap. I. 41.

Letters and papers selected from the correspondence of the
    Bath Society. I. 8, 302; ubi adde:
    Vol. 9. pagg. liii et 348. tabb. 4.   1799.

Transactions of the Society instituted in *Bengal*. I. 42.

Miscellanea *Berolinensia*. I. 26.
Histoire de l'*Academie* Royale des Sciences et des Belles
    Lettres *de Berlin*. I. 26.
Nouveaux Memoires de l'Academie Royale des Sciences. I.
    27.

Memoires de l'Academie Royale des Sciences et Belles Lettres depuis l'avenement de Frederic Guillaume II. au throne. I. 27. V. 1; ubi adde: 1794 et 1795. pagg. 74, 186 et 204. tabb. 5. 1799. Sammlung der Deutschen Abhandlungen, welche in der Kön. Akademie der Wissenschaften zu Berlin vorgelesen worden. V. 1.

Beschäftigungen der, *Berlinischen Gesellschaft* Naturforschender Freunde. I. 27.
Schriften der Berlinischen Gesellschaft Naturforschender Freunde. I. 27.
Beobachtungen und Entdeckungen aus der Naturkunde von der Gesellschaft Naturforschender Freunde zu Berlin. I. 28.
Der Gesellschaft Naturforschender Freunde zu Berlin Neue Schriften. I. 28; ubi adde:
2 Band. pagg. 458. tabb. 8.   1799.

Abhandlungen einer Privatgesellschaft in *Böhmen.* I. 32.
Abhandlungen, der Böhmischen Gesellschaft der Wissenschaften. I. 33.
Neuere Abhandlungen der K. Böhmischen Gesellschaft der Wissenschaften. I. 304.
Drey Abhandlungen über die physikalische beschaffenheit einiger distrikte von Böhmen, herausgegeben von der Böhm. Ges. der Wissensch 1. 107.
Beobachtungen auf reisen nach dem Riesengebirge, veranstaltet und herausgegeben von der K. Böhm. Ges. der Wissensch. 1. 248.

De *Bononiensi* Scientiarum et Artium Instituto atque Academia Commentarii. I. 21.

Corps d'Observations de la Societé d Agriculture de *Bretagne.* I. 19.

Memoires de l'Academie Imp. et Roy. des Sciences et Belles Lettres de *Bruxelles.* I. 19.

Saggi di naturali esperienze fatti nell' Accademia del *Cimento.*   Firenze, 1667. fol.
Pagg. cclxix; cum figg. æri incisis.
────── coll' aggiunte ai respettivi luoghi, di molte altre esperienze correlative alle medesime materie. in libro sequenti, p. 377—594.

500   *Acta Academiarum.*

Atti e Memorie della Accadeinia del Cimento. I. 2z.

Seance publique pour l'ouverture du Jardin Royal de Botanique, tenue par la Societe Royale de *Clermont Ferrand.*
III. 4.

Skrifter, som udi det Kong. (*Danske*) *Videnskabers* Selskab
ere fremlagde. I. 33.
Nye samling af det Kong. Danske Videnskabers Selskabs
Skrifter. I. 33.

Det Kong. *Danske Landbuusboldings* Selskabs Skrifter. I.
34.
Plan og indretning for det Danske Land-huusholdings Selskab. I. 34.
Det Kong. Danske Landhuush. Selsk. Love. I. 34.
Fortegnelse paa det K. Danske Landhuush. Selsk. Medlem-
mer, og fortegnelse paa premier. I. 34.

Versuche und Abhandlungen der Naturforschenden Gesell-
schaft in *Dantzig.* I 38.
Neue sammlung von Versuchen und Abhandlungen der
Naturf. Ges. in Danzig. I. 39.

Nouveaux Memoires de l'Academie de *Dijon.* I. 18.

Essays and observations read before a Society in *Edinburgh.*
I. 9.
Transactions of the Royal Society of Edinburgh. I. 9, 302;
ubi adde:
Vol. 5. Part 1. pagg. 116. tab. 1.   1799.

Kongl. *Götheborgska* Wetenskaps och Witterhets Samhäl-
lets Handlingar. I. 38. V. 1.

Commentarii Societatis Regiæ Scientiarum *Gottingensis.* I.
29.
Novi Commentarii Soc. R. Sc. Gottingensis. I. 29.
Commentationes Soc. R. Sc. Gottingensis. I. 30; ubi adde:
1795—98 Vol. 13. pagg. 123, 119 et 182. tabb. 8.
1799.
Deutsche Schriften von der Königl. Societät der Wissenschaften zu Göttingen herausgegeben. I. 304.
Drey preisschriften zu beantwortung der von der Kön. Societät der Wissenschaften zu Göttingen aufgegebenen

preisfrage die, den Urkunden und Bibliotheken schädlichen Insekten betreffend. II. 552.

Verhandelingen uitgegeeven door de Hollandse Maatschappy der Weetenschappen te *Haarlem.* I. 9, 302.

Abhandlungen der *Hallischen* Naturforschenden Gesellschaft. I. 28.

Acta Societatis Academicæ Scientiarum Principalis *Has-
siacæ.* I. 31.

Prodromus prævertens continuata Acta *Medica Havniensia.*
I. 33.

Societatis *Medicæ Havniensis* Collectanea. I. 34.

Acta literaria *Universitatis Hafniensis.* I. 34.

Acta *Helvetica.* I. 22.
Nova Acta Helvetica. I. 23.

Comptes rendus au Corps Legislatif par l'*Institut* National
des Sciences et Arts. I. 303.
Memoires de l'Institut National des Sciences et Arts. V. 12;
ubi adde:
Sciences Mathematiques et Physiques.
Tome 2. pagg. 155 et 516. tabb. 11.
Sciences Morales et Politiques.
Tome 2. pagg. 28 et 699.
Litterature et Beaux Arts.
Tome 2. pagg. 48, 560 et 39. tabb. 14 et 5. an 7.

Charter and Statutes of the Royal *Irish* Academy. I. 9.
Transactions of the Royal Irish Academy. I. 9, 302; ubi
adde:
Vol. 7. pagg. 380. tabb. 4.   1800.

Memorie di Matemat, e Fisica della Società *Italiana.* I. 21.

Skrifter, som udi det *Kiöbenhavnske* Selskab af Lærdoms og
Videnskabers elskere ere fremlagte. I. 33.

Memoires de la Societé des Sciences Physiques de *Lausanne.*
I. 23.

Bemerkungen der physikalisch-ökonomischen und Bienengesellschaft zu *Lautern.* I. 31.

Schriften der *Leipziger* oekonomischen Societät. I. 28.

Transactions of the *Linnean* Society. I. 8, 302; ubi adde:
Vol. 5. pagg. 296. tabb. 13.   1800.

Memorias da Academia Real das Sciencias de *Lisboa.* I. 303.
Memorias economicas da Academia Real das Sciencias de Lisboa. I. 20.
Memorias de Agricultura premiadas pela Academia Real das Sciencias de Lisboa. I. 20.
Memorias de Litteratura Portugueza, publicadas pela Acamia Real das Sciencias de Lisboa. I. 20, 303.
Breves instrucçoes aos correspondentes da Acad. das Sc. de Lisboa, sobre as remessas dos productos, e noticias pertencentes a' historia da natureza. I. 218.

Philosophical Transactions of the *Royal Society of London.*
I. 1—4; ubi lege:
1797 pagg. 546. tabb. 12.
1798. pagg. 598. tabb. 24.
1799. pagg. 348. tabb. 21.
1800. Part 1. and 2. pagg. 436. tabb. 19.
Acta Philosophica Societatis Regiæ in Anglia. I. 5.
Abregé des Transactions Philosophiques. I. 5.
Diplomata et Statuta Regalis Societatis Londini. I. 6.
Miscellanea curiosa, being the most valuable discourses, read to the Royal Society. I. 6.

Transactions of the *Society,* instituted at *London,* for the encouragement *of Arts,* Manufactures and Commerce. I. 7; ubi adde:
Vol. 16. pagg. 445. tabb. 4.   1798.
     17. pagg. 444. tabb. 5.   1799.

Memoirs of the *Medical Society of London.* I. 8.

Memorias de la Sociedad economica (de *Madrid.*) V. 1.

Memoirs of the Literary and Philosophical Society of *Manchester.* I. 8.

Medical Communications. I. 8.

Medical Observations and Inquiries. I. 7.
    Transactions. I. 7.

Atti della Società Patriotica di *Milano.* I. 21.

Acta Academiæ Electoralis *Moguntinæ* Scientiarum utilium, quæ Erfordiæ est. I. 28.

Histoire de la Societé Royale des Sciences, etablie à *Montpellier.* I. 18.
Assemblees publiques de la Soc. Roy. des Sciences. I. 18.

Atti della Reale Accademia delle Scienze e Belle-Lettere di *Napoli.* I. 22.

Miscellanea curiosa Medico-Physica Academiæ *Naturæ Curiosorum.* I. 23.
Academiæ Cæsareo-Leopoldinæ Naturæ Curiosorum Ephemerides. I. 24.
Acta Physico-Medica Acad. Cæs. Nat. Cur I. 24.
Nova Acta Physico-Medica Acad. Cæs. Nat. Cur. I. 25.
Index Dec. 1. 2. et 3. Ephemeridum Ac. Nat. Cur. I. 25.
Academiæ Cæs. Nat. Cur. Bibliotheca. I. 25.

Skrivter af *Naturhistorie-Selskabet.* I. 34; ubi adde:
  4 Bind, 1 Hefte. pagg. 216. tabb. 12.   1797.
        2 Hefte. pagg. 247. tabb. 13.   1798.
  Pars 2da Vol. 3tii desideratur.

Transactions of the Society, instituted in the State of *New-York,* for the promotion of Agriculture, Arts and Manufactures. I. 42.

Det K. *Norske* Videnskabers Selskabs Skrifter. I. 35.
Nye samling af det K. Norske Videnskabers Selskabs Skrifter. I. 35.

Saggi scientifici e letterarj dell' Accademia di *Padova.* I. 21.

Historia et Commentationes Academiæ Electoralis Scientiarum et Elegantiorum Literarum Theodoro-*Palatinæ.* I. 31.

Histoire et Memoires de l'*Academie* Royale *des Sciences* (*de Paris.*) I. 12—15, 303.

Memoires de Mathematique et de Physique, presentés à l'Ac.
R des Sc par divers sçavans. I. 15.
Recueil des pieces qui ont remporté le prix de l'Academie
Royale des Sciences.
    Tome 1. 1720—1727. pagg. 100, 24, 21, 57, 108, 164,
        tabb. æneæ 14.
      2. 1727—1732. pagg. 48, 63, 40, 72, 44, 67, 63.
        tabb. 14.   Paris, 1732. 4.
    Addatur Tom. 1. p. 16. post lin. 18.

Memoires d'Agriculture, publiés par la *Societé* Royale *d'Agriculture de Paris.* I. 17.
Avis sur la culture du Tabac, publié par la Societé Royale
d'Agriculture. III. 628.
Memoires sur l'education des Bêtes à laine longue, publiés
par la Soc. d'Agriculture. II. 523.

Actes de la *Societé d'Histoire Naturelle de Paris.* I. 18.
Memoires de la Societé d'Histoire Naturelle de Paris.
    Pagg. 171. tabb. æneæ 10.   Paris, an 7. 4.
    Addatur Tom. 1. p. 18. post lin. 4.

Histoire de la *Societé* Royale *de Medecine* (*de Paris*), avec
les Memoires de Medecine, et de Physique Medicale. I. 17.

Rapport general des travaux de la *Societé Philomatique de
Paris.* V. 1; ubi adde:
    Depuis le 23 frimaire an 6 jusqu'au 30 nivose an 7.
    Pagg. 176.   an 7.

Sermones in primo solenni Academiæ Scientiarum Imperialis
conventu recitati. I. 39.
Commentarii Academiæ Scientiarum Imperialis *Petropolitanæ.* I. 39.
Novi Commentarii Acad. Sc. Imp. Petrop. I. 39.
Acta Acad. Scient. Imp. Petrop. I. 40.
Nova Acta Acad. Sc. Imp. Petrop. I. 41.
Memoires presentés à l'Academie Imperiale des Sciences,
pour repondre à la question mineralogique, proposée pour
le prix de 1785. IV. 143.

Bemerkungen der Chur *Pfälzischen* physikalisch-ökonomischen Gesellschaft. I. 31.
Vorlesungen der Chur Pfälz. phys. ökon. Gesellsch. I. 32.

Physiographiska Sälskapets Handlingar. I. 38.

Schriften der *Regensburgischen* Botanischen Gesellschaft. III. 93.

Plan en grondwetten van het Bataafsch Genootschap der proefondervindelijke wijsbegeerte te *Rotterdam.* I. 11.
Verhandelingen van het Bataafsch Genootschap der proefondervindelijke wijsbegeerte te Rotterdam. I. 11, 303.
Algemeene bladwyzer over de 6 eerste deelen der Verhand. van het Bat. Gen. der proef. wijsb. te Rotterdam. I. 11.

Gli Atti dell' Accademia delle Scienze di *Siena.* I. 22.

Proceedings of the *Sussex* Agricultural Society, from its institution, to 1798 inclusive; together with engravings of the prize cattle for that year, from drawings made by actual admeasurement, by E. Scott.
Pagg. 18. tabb. æneæ color. 10.   Lewes, 1800. fol.
Addatur Tom. 1. p. 8 post sect. 6. præfixo titulo :
Societas Œconomica Sussexiensis.

Acta Literaria et Scientiarum *Sveciæ.* I. 37.

Kongl. *Svenska* Vetenskaps Academiens Handlingar. I. 35.
Kongl. Vetenskaps Academiens Nya Handlingar. I. 36. V. 1.
Register öfver K. Vetensk. Acad. Handlingar. I. 36, 37.
Samling af rön och afhandlingar, rörande landtbruket, som til K. Vet Acad. blifvit ingifne. I. 37.
Tal hållne i K. Vetenskaps Academien. I. 37, 304. V. 1.
Svar på de af K. Vet. Acad. upgifne frågor. 1. 37.
      frågan huru kunna maskar på fruktträd fördrifvas ? II. 545.
Anmärkningar vid de utkomna svaren på frågan om maskar på frukt-trän. II. 546.
Svar på samma fråga andra gången framstäld. II. 546.
      frågan om biskötsel. II. 527.

Miscellanea Philosophico-Mathematica Societatis privatæ *Taurinensis.* I. 20.
Melanges de Philosophie et de Mathematique de la Societé Royale de Turin. I. 20.
Memoires de l'Academie Royale des Sciences. I. 21.

Histoire et Memoires de l'Academie Royale des Sciences,
Inscriptions et Belles Lettres de *Toulouse.* I. 18.

Det *Trondhiemske* Selskabs Skrifter. I. 35.

Acta Societatis Regiæ Scientiarum *Upsaliensis.* I. 38.
Nova Acta Soc. Reg. Scient. Upsaliensis. I. 38.

Verhandelingen van het Provinciaal *Utregtsch* Genootschap
van Kunsten en Wetenschappen. I. 12.

Verhandelingen uitgegeven door het Zeeuwsch Genootschap
der Wetenschappen te *Vlissingen.* I. 10, 303.

Abhandlungen der Naturforschenden Gesellschaft in *Zürich.*
I. 23.

COLLECTANEA.

Abhandlungen einer privatgesellschaft von Naturforschern
und Oekonomen in Oberdeutschland. I. 61.
Acta Eruditorum Lipsiæ publicata. I. 43.
   Nova Acta Eruditorum. I. 43.
   Actorum Eruditorum Supplementa. I. 43, 44.
   Indices generales Actorum Eruditorum. I. 43, 44.
Acta Germanica. I. 47.
Annales de Chimie. I. 59, 305. V. 2; ubi adde:
   Tome 31. pagg. 340. tabb. 3.
         32. pagg. 336. tab. 1.   an 8.
         33. pagg. 351. tab. 1.
         34. pagg. 336. tab. 1.
Berlinisches Magazin. I. 50.
Berlinische Sammlungen. I. 50.
Bulletin des sciences, par la Societé Philomatique. V. 3.
Commentarii de rebus in scientia naturali et medicina gestis
   (Lipsiæ editi.) I. 181.
Commercium litterarium ad rei medicæ et scientiæ naturalis
   incrementum (Norimberg.) I. 46.

Decade philosophique, litteraire et politique. V. 3.
Dresdnisches Magazin. I. 304.
Essays, by a society of gentlemen, at Exeter. I. 61.
Genees-natuur-en huishoud-kundige Jaarboeken. I. 55.
    Nieuwe genees-natuur-en huishoud-kundige Jaarboeken.
        I. 56.
    Algemeene genees-natuur-en huishoud-kundige Jaarboe-
        ken. I. 56.
Göttingisches Magazin der wissenschaften und litteratur. I.
    56.
Hamburgisches Magazin. I. 47.
    Neues Hamburgisches Magazin. I. 48.
Hessische beiträge zur gelehrsamkeit und kunst. I. 59.
Journal de l'Ecole Polytechnique. V. 3 ; ubi lege :
    Tome 2. 5 et 6 Cahier. pagg. 456.   an 6, 7.
Journal d'Histoire Naturelle. I. 208.
        des Mines. I. 61. V. 2 ; ubi lege :
    1 Trimestre. an 7. No. 49—51. pagg. 245.
    2 Trimestre. an 7. No. 52—54. pag. 249—485. tab. 30
        —33.
Journal de Physique. I. 51.
    Nouveau Journal de Physique. I. 53. V. 2 ; ubi adde :
    Tome 6. Messidor, an 7 —Frimaire, an 8. pagg. 472.
        7. Nivose—Prairial, an 8. pagg. 480.
Leipziger Magazin zur Naturkunde, Mathematik und Oe-
    konomie. I. 57.
    Leipziger Magazin zur Naturkunde und Oekonomie. I.
        58.
London Medical Jonrnal. I. 56.
Magasin encyclopedique. I. 61 ; ubi lege :
    Troisieme année.
    Tomes 6.   l'an 5. 1797—l'an 6. 1798.
    Quatrieme année.
    Tomes 6.   an 6. 1798—an 7 1799.
    Cinquieme année.
    Tomes 6   an 7. 1799—an 8. 1800.
Magazin für das neueste aus der physik und naturgeschichte.
    I. 58, 304.
    Magazin für den neuesten zustand der naturkunde. I. 304.
Medical facts and observations. I. 57 ; ubi adde :
    Vol. 8 pagg. 244. tabb. 2.   1800.
Memoirs for the Curious. I. 44.
Memorie sopra la fisica e istoria naturale di diversi valentuo-
    mini. I. 47.

Naturforscher. I. 206; ubi adde:
28 Stück. pagg. 260. Tabulæ desiderantur. 1799.
Nordische Beyträge zum wachsthum der naturkunde. I. 50.
Nova Literaria Maris Balthici. I 44.
Oberdeutsche Beyträge zur Naturlehre und Oekonomie. I. 59.
Opuscoli scelti, sulle scienze e sulle arti. I. 53. V. 2.
Phoenix. I. 305.
Physikalische Arbeiten der einträchtigen Freunde in Wien. I. 58.
Physikalische Belustigungen. I. 49.
Rheinisches Magazin. I. 208.
Sammlung von Natur-und Medicin-wie auch hierzu gehöri-
gen kunst-und literatur-geschichten, von einigen Bresla-
uischen Medicis. I. 44.
Sammlungen zur Physik und Naturgeschichte. I. 56.
Scelta di Opuscoli interessanti. I. 53.
Stralsundisches Magazin. I. 51.
Uitgezogte Verhandelingen. I. 50.
Ungrisches Magazin. I. 58.

Collectiones Auctorum Classicorum.

Scriptores rei Rusticæ. I. 297.
Venatici et Bucolici Poetæ Latini, Gratius, Nemesianus,
Calpurnius. (edidit Casp. Barthius.)
    Pagg. 424.   Hanoviæ, 1613. 8.
    Addatur Tom. 2. p. 553. post lin. 1. sect. 44.
Jani Vlitii Venatio novantiqua. II. 553.
———— : Autores rei Venaticæ antiqui, cum commenta-
riis J. Vlitii.   Lugd. Bat. 1653. 12.
    Est eadem editio, novo titulo, et nova dedicatione.
Gratii Falisci cynogeticon, cum poematio cognomine M. A.
Olympii Nemesiani; adornavit Th. Johnson. II. 553.
Poetæ Latini rei Venaticæ scriptores et Bucolici antiqui, cum
notis integris Barthii, Vlitii, Johnson, Brucei. II. 553.
Rei Accipitrariæ Scriptores. II. 558.

ANONYMI.

Miscellanei.

Speculum regale. I. 75.
Das puch der natur. I. 306.
Naturbüch. I. 78.
Hortus sanitatis. I. 194.
A summarie of the antiquities and wonders of the world. I. 74.
De latinis et græcis nominibus Arborum, Fruticum, Herbarum, Piscium et Avium. I. 182.
Herbarum - - animalium - - aliorumque, quorum in medicinis usus est, simplicium imagines. I. 195.
A booke of beasts, birds, flowers, fruits, flies and wormes. I. 196.
The history of Jewels, and of all the principal riches of the east and west. Pagg. 128.   London, 1671. 8.
Addatur Tom. 1. p. 199. post lin. 10.
A family herbal, or the treasure of health. I. 296.
Wunderwirkende allmacht Gottes bey denen Kornhalmen von vielen æhren. I. 266.
Icones arborum, fruticum et herbarum exoticarum, ut et animalium peregrinorum. I. 197.
Principales merveilles de la nature. I. 267.
La Science naturelle. I. 79.
Description of a great variety of animals and vegetables. I. 201.
Sisteme d'histoire naturelle. I. 191.
The young lady's introduction to natural history. I. 80.
Manuel du naturaliste. I. 183.
Systematisches verzeichniss aller derjenigen schriften, welche die naturgeschichte betreffen. I. 178.

Itinerum Collectiones.

Relations de l'isle de Madagascar et du Bresil, d'Egypte et du royaume de Perse. I. 84.
Een kort beskriffning uppå trenne resor. I. 84.
Recueil de divers voyages faits en Afrique et en l'Amerique. I. 84.
A collection of curious travels and voyages, in two tomes. I. 84.

An account of several late voyages and discoveries to the south and north. I. 84.

A collection of voyages, in 4 volumes. I. 85.

Voyages faits principalement en Asie dans les 12, 13, 14 et 15 siecles. I. 85.

A collection of voyages and travels, compiled from the library of the late Earl of Oxford. I. 85.

New discoveries concerning the world and its inhabitants. I. 86.

Itineraria et Topographiæ.

Viridarium *Adriaticum.* I. 87.

The British empire in *America.* I. 149.

Memoires et observations faites par un voyageur en *Angleterre* I. 94.

The *Antidote.* I. 118.

Beschreibung des *Bodensees.* I. 105.

The voyage of Governor Phillip to *Botany Bay.* I. 147.

Viage del Comandante *Byron* al rededor del mundo. I. 89.

Nouvelle description du *Cap de Bonne-esperance.* I. 131.

Memoires pour servir à l'histoire du *Cap Breton.* I. 154.

The present state of *Carolina.* I. 155.

A letter from South Carolina, giving an account of the soil, air, product, &c. of that province. I. 155.

Memoires concernant l'histoire, les sciences, les arts, les mœurs des *Chinois*, par les Missionaires de Pekin. I. 144.

Cyaneæ. I. 87.

The ancient and present state of the County of *Down.* I. 99.

Memoires sur l'*Egypte*, publiés pendant les campagnes du General Bonaparte, dans les années 6 et 7.

Pagg. 411. tabb. æneæ 2.   Paris, an 8. 8.

Addatur Tom. 1. p. 126. ante sect. 95.

Voyage à la *Guiane* et à Cayenne. V. 8.

Beschryvinge vant Gout koninckrijck van *Guinea.* I. 129.

The annual *Hampshire* repository. V. 5.

Viazo da Venesia al sancto *Iherusalem.* I. 125.

Historie van *Indien.* I. 138.

Topographisk journal for *Norge.* I. 108.

A journal of a voyage towards the *North Pole.* I. 113.

Description topographique d'*Olivet.* I. 100.

A missionary voyage to the Southern *Pacific Ocean.* V. 7.

Histoire naturelle et politique de la *Pensylvanie.* V. 7.

Beschreibung des *Plauischen* grundes bey Dresden. I. 106.

Voyage dans les *Pyrenées* Françoises. I. 100.
Histoire des decouvertes faites par divers savans voyageurs
dans plusieurs contrées de la *Russie.* I. 119.
Account of the glacieres in *Savoy.* I. 238.
Substance of the reports delivered by the Court of Directors
of the *Sierra Leone* Company. I. 253.
Fragmente zur mineralogisch und botanischen geschichte
Steyermarks und Kärntheus. I. 243.
Natural history of the four *Western counties.* I. 94.

Musea.

Catalogue d'une collection, dont la vente se fera le 9 Nov.
1773. I. 225.
Handbuch bey anordnung und unterhaltung natürlicher
körper in naturalienkabinettern. I. 219.
Adresses et projet de reglemens, presentés à l'Assemblée
Nationale par les Officiers du Jardin' des plantes et du
Cabinet d'histoire naturelle. I. 225.

Museum *Boerhaavianum.* I. 224.
Catalogue de la collection de M. *Boers.* I. 225.
Elenchus pinacothecæ *Bozenbardianæ.* I. 230.
Museum *Brackenhofferianum.* I. 229.
The general contents of the *British* Museum. I. 221; ubi
addatur editio prima. Pagg. 103. London, 1761. 8.
Entwurf der Königl. naturalienkammer zu *Dresden.* I.
228.
Musæum *Gottwaldianum.* I. 234.
Verzeichniss einer auserlesenen naturaliensammlung, welche
E. T. *Harrer* hinterlassen. I. 231.
Catalogus musei indici, continens varia exotica, collecta a
P. *Hermanno.* I. 224.
Verzeichniss von dem naturalien-cabinet des Hrn. *Jänisch.*
I. 231.
Des Hrn. Hofc. *Lanckbavels* in Zerbst kunst-und natura-
lienkabinet. I. 231.
A companion to the museum, late Sir Ashton *Lever's.* I.
222.
Res curiosæ et exoticæ in ambulacro horti academici *Lug-
duno Batavi.* I. 222.
A catalogue of rarities in the chamber of rarities belonging
to the physick garden at Leyden. I. 222.
A catalogue of rarities in the publick theater of the univer-
sity of Leiden. I. 222.

Beschreibung des Hochfürstlichen naturalienkabinets in
　　Meerspurg I. 228.
Catalogue du cabinet de M. de *Montribloud.* I. 226.
Museum Imperiale *Petropolitanum.* I. 234.
Catalogue of the *Portland* museum. I. 222.
Catalogue of the rarities to be seen at Don *Saltero's* coffee
　　house. I. 221.
Catalogue du cabinet de feu M. *Villiez.* I. 226.

Materia Medica.

Gart der gesundheit. Kreuterbuch. Herbarius. I. 278.
Den groten herbarius. I. 278.
The grete herball. I. 278.
The Dutch dispensatory. I. 281.
Tesoro delle gioie. I. 291.
Pharmacopoea Svecica. I. 286.
Portable instructions for purchasing the Drugs and Spices
　　of Asia and the East Indies, pointing out the distinguish-
　　ing characteristics of those that are genuine, and the arts
　　practised in their adulteration.
　　Pagg. 96.　　　　　　　　　　　London, 1779.　8.
　　Addatur Tom. 1. p. 286. post lin. 11.
Pharmacopoeia Collegii Regii Medicorum Edinburgensis.
　　I. 286.
Ricettario Fiorentino. I. 286.

Zoologi.

Der dieren palleys. II. 9.
Libellus de natura animalium. II. 9.
Thierbuch. II. 15.
C. Plinii schriften van de Menschen, van de viervoetige die-
　　ren, etc. II. 11.
A booke of beasts. II. 16.
Observationes anatomicæ Collegii privati Amstelodamensis.
　　II. 376.
Neues thier-buch. II. 13.
Histoire des Singes et autres animaux, dont l'instinct et l'in-
　　dustrie excitent l'admiration des hommes. II. 445.
Description of 300 animals. II. 15.
Catalogue of Birds, Insects &c. now exhibiting at Spring
　　gardens. II. 24.
Memorie sopra i Muli. II. 426.
Beschryving der dieren. II. 15.
Elements of zoography. II. 15.

Encyclopedie methodique. Histoire naturelle des Animaux.
II. 2.
Angenehmes und lehrreiches geschenk für die jugend. II.
17.
Physiologus Syrus. V. 16.

Mastologi.

A general history of Quadrupeds. II. 50.

Discours apologetique en faveur de l'instinc de l'*Elephant*.
II. 68.
Description of the Elephant brought to London 1675. II.
68.
Geschichte des Elephanten. II. 70.
Sendschreiben eines naturforschers in Languedoc, worinnen
die *Hyäne* beschrieben ist. II. 74.
Versuch einer *Kazengeschichte.* V. 21.
Of the *Rhinoceros.* II. 65.
Account of a *Whale* taken in the river Wivner. II. 106.
Beskrivelse paa den underlige Fisk som vid Wischhaffen er
bleven död opfangen. II. 107.
Vom *Ziebeth*-thier. II. 52.

Ornithologi.

Instruction pour elever toutes sortes de petits oyseaux de
voliere. II. 122.
A new general history of Birds. II. 113.
Natural history of Singing birds. II. 122.
Birds, by T. Telltruth. II. 113.
Catalogue des Oiseaux de la collection de M. le Baron de
Faugeres. II. 118.
History of British birds. V. 23.

Unterricht von den verschiedenen arten der *Canarienvögel*
und Nachtigallen. II. 122.
Ueber einen monstreusen Canarien-vogel. II. 423.
Naturgeschichte des *Fasans.* II. 142.
A treatise on domestic *Pigeons.* II. 145.
Traité du *Rossignol.* II. 149.

Ichthyologi.

Translation of a letter on breeding of fish. II. 177.
The names of the fish, and their best seasons. II. 169.

Entomologi.

Umständliche beschreibung derer Raupen, Maden, Käfer,
   Heuschrecken etc. II. 540.
Abregé de l'histoire des Insectes. II. 210.
Catalogus musei zoologici auctionis lege distrahendi, conti-
   nens Insecta. V. 33.
Entomologie Helvetique, ou catalogue des insectes de la
   Suisse. en françois et en allemand.
   Vol. 1. pagg. 149. tabb. æneæ color. 16.
                                            Zuric, 1798. 8.
   Addatur Tom. 2. p. 224. ad calcem.
Entomologische bemerkungen.
   1 Heft. pagg. 64.   Braunschweig, 1799. 8.
   Addatur Tom. 2. p. 222 ad calcem.

Etwas über den *Borkenkäfer.* II. 550.
Relazione delle diligenze usate per distruggere le *Cavallette.*
   II. 243.
Relazione delle devozioni, che si son fatte per discacciare le
   Cavallette. II. 575.
Eine *Heuschreckliche* schreck-ruthe. II. 242.
Beschreibung der Heuschrecken. II. 243.
Sammlung merkwürdiger nachrichten von den Heuschreck-
   en. II. 243.
Geschichte der Heuschrecken. II. 244.
Namen der sämtlichen gattungen von *Käfern.* II. 230.
Naturgeschichte der *Kohlraupe.* II. 544.
Papillons d'Europe. II. 252.
Namen der sämtlichen gattungen von *Schmetterlingen.* II.
   250.
Characterisirung einer kleinen art von *Taschen-krebsen.* II
   288.
Description of a net to destroy the *Turnip Fly.* II. 545.
Abhandlung von der *Wickelraupe.* II. 546.

Helminthologi.

Vermiculars destroyed, with an historical account of Worms.
II. 355.
Des magens vertheidigung der Austern. II. 330.
Beschreibung des Holländischen See-oder Pfahl-wurms. II.
326.
Omstændelig beretning om Söe-ormene. II. 326.
Brief wegen des in Holland grassirenden Meer-wurms. II.
326.
Beschreibung des Bandwurmes. II. 369.
Catalogue du cabinet de Coquilles de feu P. Lyonet. II.
320.

Zoologi Œconomici.

Instructions for the breeding of Silke-wormes. II. 529.
A discourse how to know the age of a Horse. II. 521.
Trattato de' Cavalieri. II. 530.
Account of the whole art of breeding the Silkworm. II. 530.
Traité des Mouches à miel, avec un traité des Vers à soye.
II. 525, 530.
Entwurf einer oekonomischen zoologie. II. 518.
Memoire pour l'amelioration des Bêtes à laine. II. 523.

Rei Venaticæ Scriptores.

Κυνοσοφιον. II. 558.
The noble art of Venerie or hunting. II. 555.
The Vermin-killer, by W. W.
  Second edition.   Pagg. 57.   London, 1680. 12.
  Addatur Tom. 2. p 555. ante lin. 5 a fine.
Traité des chasses, de la venerie et fauconnerie. II. 555.
Les ruses innocentes de la chasse et de la peche. II. 555.
Om förgiftade ludrar emot wargar och räfvar. II. 557.
Berättelse med hvad nytta förgiftade ludrar blifvit brukade
  för rofdjur. II, 557.
La chasse au fusil. II. 555.

Rei Aucupariæ Scriptores.

Les amusemens innocens, ou le parfait oiseleur. II. 561.
Aviceptologie Françoise. II. 562.

Rei Piscatoriæ Scriptores.

Fischbüchlin. V. 59.
The art of angling. Pagg. 18.   London, 1653. 4,
  Addatur Tom. 2. p. 563. post lin. 12.
The anglers sure guide. II. 564.
A discourse of fish and fish-ponds. II. 568. V. 59.
The whole art of fishing. II. 564.
The North-country angler. II. 564.
The anglers complete assistant. II. 564.

Botanici.

Histoire des plantes de l'Europe. III. 61.
Catalogus plantarum. V. 66.
Der Christ bey dem kornhalme. V. 72.
Index plantarum in Linnæi syst. nat. edit. X. III. 40.
                            XII. *ib.*
                            XIV. *ib.*
Nomenclator botanicus enumerans plantas syst. nat. edit.
  XII. *ib.*
Leçons de botanique, faites au jardin de Montpellier. III.
  63.
Demonstrations elementaires de botanique. III. 20, 459. V.
  61.
Termini botanici. III. 26.
Dissertazioni sopra una gramigna che nella Lombardia in-
  festa la Segale. III. 238.
En liten örtebok. III. 462.
Botanische unterhaltungen. III. 23.
Principia botanica. III 24.
Magazin für die botanik. III. 92.
Pomona Britannica. III. 211.
A list of plants and seeds, wanted from China and Japan.
  III. 613
Plantes et arbustes d'agrement. III. 89.
Herbarium australe V. 66.
Verzeichniss sichtbar blühender gewächse, welche um den
  ursprung der Donau und des Nekars, dann um den un-
  tern theil des Bodensees vorkommen.
  Pagg. 50   Winterthur, 1799. 8
  Addatur Tom 3 p. 155. ad calcem sect. 138.

Sur l'arbre nommé *Acacia.* III. 600.

Account of the *Aloe* now in blossom in Mr. Cowell's gar-
den. III. 266, 284.
Poetische beschreibung zweyer Americanischen Aloen. III.
266.
De potu *Coffi.* III. 573.
The natural history of Coffee, Thee, Chocolate. III. 566.
Virtù del Caffé. III. 573.
A supplement to the description of the Coffee-tree. III.
574.
K. Collegii Medici kundgörelse om det missbruk, som Thé
och Caffé drickande är underkastadt. III. 573.
Botanische beschreibung der *Gräser.* III. 213.
Remarks on the manufacturing of *Maple sugar.* III. 595.
Observations on the *Oberoo*, a Palmtree. III. 360.
The *Rice* manufacture in China. III. 632.
Der neueste deutsche stellvertreter des indischen *Zuckers.*
V. 97.

Icones Plantarum.

Herbarum imagines vivæ. III. 63.
Les figures des plantes dont on use coustumierement, soit
au manger, ou en medecine. III. 454.
Theatrum floræ. III. 66.
Flora Berolinensis. III. 162.
Ectypa vegetabilium usibus medicis destinatorum. III. 459.
Ectypa plantarum Hamburgi edita. III. 68.

Horti Botanici.

Hortus *Argentoratensis.* III. 109.
Catalogue of plants, collected by the late P. *Brown.* III.
99.
Account of the donation of a botanic garden to the univer-
sity of *Cambridge.* III. 99.
Catalogus horti botanici *Carolsrubani.* III. 115.
Catalogue of trees in the botanic garden at *Edinburgh.* III.
206.
Synopsis plantarum horti *Florentini* a. 1782, 83, 84, 93. III.
112.
Auctarium ad synopsim plant. horti Florentini, ab a. 1793.
ad a. 1795. III. 112.
Synopsis plant. horti Florentini a. 1797. V. 67; ubi adde:
Auctarium I. ad synopsim plantarum horti botanici musei
regii Florentini hoc anno 1798. Pagg. 4. 4.

Verzeichniss der treibhauspflanzen auf dem Königl. Berg-
garten zu *Herrenhausen.* III. 119.
Verzeichniss der bäume, auf der Königl. plantage zu Her-
renhausen. III. 119.
Conspectus horti botanici *Jenensis.* V. 68.
Catalogue of trees, shrubs, - - - propagated for sale in the
gardens near *London.* III. 100.
Catal. plant. horti *Lugduno-Batavi.* III. 102. V. 67.
　　　　　　Mantovani. III. 109.
　　　　　　Oxoniensis. III. 98.
L'horto de i semplici di *Padova.* III. 110.
Hortus Patavinus. III. 110.
Catalogue des plantes du jardin de Mrs. les Apothecaires de
Paris. III. 107.
Catal. plant. horti medici *Petropolitani.* III. 647.
Enumeratio stirpium in horto *Pisano.* V. 67.
Catal. des plantes du jardin de l'Acad. de *Rouen.* III. 108.
　　　of the garden of T. *Sikes.* V. 66.
　　　plant. horti *Ticinensis.* III. 109.
　　　des plantes usuelles dans les jardins de l'Acad. de
Toulouse. III. 108.
Catalogus horti botanici Societatis Physicæ *Turicensis.*
　　　Anno 1776. V. 67.
　　　　　　1784, 1788. III. 113.
Catalogue for sale of the plants in Dr. Fothergill's garden
at *Upton.* III. 98.

Materia Medica Vegetabilium.

Aggregator practicus de simplicibus. III. 453.
Herbarius. III. 655.
Tractatus de virtutibus herbarum. III. 453.
Herbolario volgare. III. 453.
Properties of herbes. III. 453, 655.
Parere dell' almo Collegio de' Spetiali di Napoli sopra l'Opo-
balsamo. III. 489.
Ragguaglio primo venuto di Parnaso sopra il Balsamo d'Ara-
bia. III. 490.
Lettera piacevole a Mastro Marforio. III. 490.
An english herbal. III. 461.
Catalogue des plantes usuelles. III. 459. conf. 20
A short attempt to recommend the study of botanical ana-
logy in investigating the properties of medicines. III.
448.

Horticultura.

Nouveau traite pour la culture des fleurs. III. 614.
L'art de tailler les arbres fruitiers. III. 622.
Anweisung zur woleingerichteten baum-schule. III. 620.
Ein neues garten-baum und pelz-büchlein. III. 606.
Eines Churfürstl. kunst-gärtners Garten-memorial. III.
607.
De nieuwe Neederlandse hovenier. III. 607.
Historischer und verständiger blumengärtner. III. 607.
The retired gardener. III. 607.
The flower-garden displayed. III. 614.
The best methods of pruning fruit-trees. III. 622.
Neue unterweisung zu dem blumenbau. III. 614.
En trägårdsbok. III. 609.
The complete florist. III. 615.
Trattato de fiori, che provengono da Cipolla. III. 615.
Directions for taking up plants and shrubs. III. 613.

Die beste art *Ananas* zu pflanzen. III. 631.
Herefordshire *Orchards*. V. 102.
St. Foine improved. III. 656.
Commercie Collegii underättelse på hvad sätt *Tobaks*-plan-
teringen i Sverige inrättas bör. III. 628.
Ytterligare undervisning om Tobakets plantering. *ib.*
Undervisning om Tobaks plantering efter det Holländska
sättet. III. 628.

Mineralogi.

Denombrement, facultez et origine des pierres precieuses.
IV. 82.
Sendschreiben betreffend einige steinabhandlungen. IV.
59.
Sur quelques fossiles d'Artois. IV. 33.
Elemens d'oryctologie. IV. 10.
Mineralogische geschichte des Sächsischen Erzgebirges. IV.
60.
Essais sur les montagnes. IV. 283.
Methode de nomenclature chimique. IV. 5.
Sketch of a new arrangement of mineralogy.
Pagg. 23.   London, 1800. 4.
Addatur Tom. 4. p. 14. ante sect. 9.

Collectiones Opusculorum Mineralogicorum.

Musea Mineralogica.

Montes Ignivomi.

Petrificata.

Epistel eines Medici über den zu Burg-Tonna ausgegrabenen vermeinten Elephanten. IV. 326.
Vertheidigung des zu Tonna ausgegrabenen Einhorns. IV.
326.
Ittiolitologia Veronese. IV. 330.

CODICES MANUSCRIPTI.

1—5. Icones Plantarum Plumerianæ. III. 187.
6, 7. Icones Animalium, quas in Cookii secundo itinere delineavit Georgius Forster. II. 17.
8, 9. Icones Plantarum, quas in eodem itinere delineavit G.
Forster. III. 69.
10. Icones Animalium et Plantarum, in Promontorio bonæ
spei pictæ. I. 253.
11. Icones Piscium, Cantoni pictæ. II. 181.
12. Icones Plantarum, Cantoni eleganter pictæ, cum anatome partium fructificationis. III. 183.
13—15. Icones plantarum, in Bengala pictæ. V. 71.
16. Icones plantarum 65, a G. D. Ehret pictæ. III. 68.
17. Archetypa Iconum Horti Kewensis, (præter ultimam,)
eleganter picta.
Addantur Tom. 3. p. 95. post lin. 11.
18. Francisci Buchanan enumeratio plantarum, quas in
adeundo Barmanorum regiam observavit. V. 71; ubi
adde:
19. Icones pictæ 53 plantarum, quas rariores in hoc itinere
observavit Fr. Buchanan.   Fol.
Harum 8 editæ in Symes's Embassy to Ava.
20. Ectypa picta iconum, quas in India Orientali pingi curavit J. G. Loten. II. 31.
Archetypa, ni fallor, naufragio perierunt.
21. Archetypa iconum fascic. 2. et 3. Plantarum Cryptogamicarum Britanniæ Dicksoni. III. 220.
22. Declaraçaõ das plantas virtuozas, cujas raizes, cascas,
folhas, flores - - - seruem para se aplicar a varias doen-
ças desclaradas pellos fizicos deste Anjenga. III. 462.
23. Original letters from John Bartram to Dr. Fothergill.
I. 71.
Icones animalium et plantarum, quas in Carolina,
Georgia et Florida delineavit G. Bartram. I. 254.
24, 25. William Youngs natural history of plants of North
and South Carolina. III. 186.
26. Ricardi Pulteney Flora Malabarica. III. 180.
27, 28. Icones Animalium et Plantarum, coloribus fucatæ
a pictore sinensi. V. 11.

29. Fusée Aublet descriptiones variarum plantarum Guianensium. III. 189.
30. Bartholomæus Anglicus de rerum proprietatibus. I. 76.
31. Anton Pantaleon Hove's journey through Guzerat. V. 7.
32. Icones Avium et Piscium, quas in Cookii ultimo itinere delineavit Gul. Webber. II. 17.
33. Icones Animalium, quas in eodem itinere delineavit Gul Ellis. II. 17.
34. Figuræ pictæ Animalium et Plantarum Novæ Cambriæ. I. 253; ubi dele nomen E. T. Dell, qui eas non delineavit.
35. Copies of letters written by Dr. Patrick Blair, and of letters written to him. I. 71.
    Catalogue of the botanical discoverys made by Dr. Blair. III. 134.
36. Archetypa iconum Filicum Britanniæ Jacobi Bolton. V. 73.
37—55. Johannis Gerhardi Koenig schedæ, quotquot in India, post mortem ejus inveniri potuerunt. I. 252.
56. Archetypa iconum historiæ Muscorum J J. Dillenii. III. 221.
57. Aloisio Besalu de re Accipitraria, italice. II. 559.
58—60. Les desseins originaux des plantes de la Guiane, de Fusée Aublet. III. 189.
61. Desseins de plantes, non publiés par F. Aublet. *ibid.*
62. Codex chartaceus continens figuras plantarum rudes. III. 63.
63. Codex chartaceus continens figuras rudes plantarum et animalium, adscriptis nominibus græcis. I. 195.
64. Icones plantarum coloribus fucatæ a pictore quodam sinensi. III. 183.
65. Henr. Cristoph. Seyffert icones Fungorum. III. 223.
66. Dom. Cyrilli institutiones botanicæ. III. 21.
67. Gul. Houstoun Catalogus plantarum in America observatarum. III. 187.
68, 69. Ejusdem Nova plantarum Americanarum genera. Plantæ circa Kingston, Havanam et Veram Crucem observatæ. III. 187.
70. Pat. Browne's catalogue of the plants of the English Sugar colonies. III. 188.
71. C. Linnæi föreläsningar öfver Djur-riket II. 5.
72.   Fundamenta botanica. III. 18.

73. C. Linnæi föreläsningar öfver Växt-riket. III. 19.
74.   Sten-riket. IV. 8.
75.   Diæten. I. 296.
76. Letter from D. Cirillo to Lord Exeter, giving an account of a voyage to Sicily. I. 242.
Rariorum Siciliæ stirpium catalogus. III. 150.
77. Codex membranaceus, in quo præter medica, non hujus
loci, cortii entur :
Apulejus de virtutibus herbarum. V. 90.
Sextus Placitus de medicamentis ex animalibus. II. 499.
78, 79 William Bartram's travels through North and South
Carolina, Georgia, East and West Florida. I. 152.
80. Gul. Sherard Observationes in Raji historiam plantarum. III. 37.
81. Gul. Anderson Descriptiones animalium et plantarum,
ex itinere in Oceanum Pacificum. II. 32. III. 184.
82. Catalogue des plantes que M. de Tournefort trouva
dans ses voyages d'Espagne et de Portugal. III. 145.
83. Lars Montin's bekrifning öfver en resa til Lapska fjäl-
larne. I 115.
84, 85. Descriptiones et icones Animalium, in itinere ad
Canton observatorum. II. 20.
86. J. Lightfoot's journal of a botanical excursion in Wales.
III. 138.
87 Icones pictæ variorum Insectorum Svecicorum. II. 228.
88. Icones pictæ Plantarum Capensium. III. 178.
89. Catalogus horti Johannis Gerardi. III. 97.
90. R. Pultney's catalogue of plants growing about Lough-
borough. III. 137.
91. Degli herbaggi mangiativi, di Gia. Castelvetri. III.
559.
92. Catalogus horti Dublinensis. III. 101.
93. Jo de Loureiro nova plantarum genera, e Cochinchina.
III. 35.
94. Catalogue of plants sent from Mr. Bobart. III. 134.
                                observed by Dr. Tancred Robinson
in several parts of Wales. III. 138.
95. Sam. Brewer's botanical journey through Wales. III.
138
96. Th. Johnson iter Cantianum a. 1629. III. 134.
97. Icones Cerealium et Leguminosarum, quæ coluntur in
Tanjore. III. 563.

ADDENDA.

Pag. 4. ad calcem :

————— : Histoire de l'expedition des trois vaisseaux, envoyés par la Compagnie des Indes Occidentales des Provinces-Unies, aux terres australes, en 1721.

La Haye, 1729. 8.

Tome 1. pagg. 224. Tome 2. pagg. 254.

Pag. 47. lin. 5 a fine lege : Pag. 401. ad calcem.

Pag. 63. post lin. 14.

Pars 2. pag. 835—1340.

Pag. 108. lin. 3 a fine, adde : p. 211—236.

Pag. 115. lin. 1. adde : et p. 292—295.

Pag. 123. lin. 23. adde : Vol, 5. p. 24—29, p. 135—140, et p. 217—221.

Pag. 124. lin. ult. lege : Pag. 1—104. tab. 1—17.

Pag. 126. lin. penult. adde : et Vol. 5. p. 236—239.

Description of a Blast-furnace for smelting Iron from the ore. ib. p. 40—42.

On the production of cast Iron, and the operations of the Blast-furnace. ib. p. 124—135.

On the relative proportions of coals and iron-stones used at the blast-furnace, and of their proper application to use. ib. p. 366—377.

On the various effects produced by the nature, compression, and velocity of the air used in the Blast-furnace. ib. Vol. 6. p. 60—70, et p. 113—119.

Description of an Air and a Water-Vault employed to equalize the discharge of air into a Blast-furnace. ib. p. 362—364.

On the origin and progress of the manufacture of Pig-iron witn Pit-coal ; and comparison of the value and effects of Pit-coal, Wood, and Peat-char. ib. Vol. 7. p. 35—46.

Pag 127. lin. 12. adde : et p. 465—514.

Pag. 132. post lin. 13.

Lichenographiæ Svecicæ prodromus.

Pagg 264. tabb. æneæ color 2. Lincopiæ, 1798. 8. Addatur Tom. 3. p. 343. post lin. ult. sect. 771.

Pag. 140. post lin. 4.

ANTES, *John*.

Observations on the manners and customs of the Egyptians, the overflowing of the Nile and its effects, and other subjects. London, 1800. 4.
Pagg. 139; cum mappa geographica, æri incisa.
Addatur Tom. 1. p. 126. ante sect. 95.

Pag. 141. post lin. 19.

Aristotelis et Theophrasti scripta quædam, quæ vel nunquam antea, vel minus emendata quam nunc, edita fuerunt. Pagg. 168. Parisiis, 1557. 8.
Addatur Tom. 1. p. 61. ad calcem.

Pag. 143. post lin. 2.

AUDEBER.

Le voyage et observations de plusieurs choses diverses qui se peuvent remarquer en Italie. Deuxiesme partie.
Paris, 1656. 8.
Pagg. 334; cum figg. plantarum æri incisis. Pars prior,
Le voyage et la description d'Italie, par P. Du Val,
geographici argumenti.
Addatur Tom. 1. p. 101. post lin. 5. sect. 85.

AUDEBERT, *J. B.*

Histoire-naturelle des Singes et des Makis.
Paris, an 8. fol.
Pagg. 24, 4, 4, 10, 4, 8, 10, 24, 14, 8, 10, 8, et 44.
tabb. æneæ color. 2, 2, 1, 4, 1, 3, 2, 14, 2, 7, 2, 6, 1,
8, 2, 1, 1, 2, et non color. 2; optimæ.
Addatur Tom. 2. p. 59. ante sect. 57. præfixo titulo:
De Primatibus Scriptores.

ib. ad calcem paginæ.

A new system of mineralogy, in the form of catalogue (of
the collection now belonging to Sir John St. Aubyn,
Bart.) Pagg 279. London, 1799. 4.
Addatur Tom 4. p. 28. ad calcem.

Pag. 150. post lin. 21.

Botanique pour les femmes et les amateurs des plantes,
mis en français, et augmentée de notes et d'autres additions par J. Fr. B. (Bourgoing.)
Pagg. 198. tabb. æneæ color. 4. Weimar, 1799. 8.
Addatur Tom. 3. p. 24. ante lin. 12 a fine.

Pag. 158. lin. 16. lege:

Amerikaansche voyagien, behelzende een reis na Rio de
Berbice, mitsgaders een andere na de colonie van Suriname.
Pagg. 139. tabb. æneæ 2. Amsterdam, 1695. 4.

—————: Beschreibung seiner reisen etc.
Pag. 161. ante lin. 10 a fine.
BIET, *Antoine.*
　Voyage de la France equinoxiale en l'isle de Cayenne, en-
　　trepris par les François en l'année 1652.
　　　Pagg. 432. Paris, 1664. 4.
　　Addatur Tom. 1. p. 159. post lin. 24.
Pag. 163. post lin. 18.
BLAKE, *Robertus.*
　Disputatio inaug. de Dentium formatione et structura in
　　homine et in variis animalibus.
　　　Pagg. 152. tabb. æneæ 7. Edinburgi, 1798. 8.
　　Addatur Tom. 2. p. 391. post lin. 6. sect. 26.
Pag. 165. lin. 2. lege: I. 204; ubi adde:
　　4 Heft. fol. et tab. 31—40. 1799.
　　5 Heft. fol. et tab. 41—50. 1800.
Pag. 168. ante lin. 16. a fine.
BONOEIL, *John.*
　A treatise of the art of making silke. London, 1622. 4.
　　Pagg. 35; præter Instructions how to plant Vines.
　　Addatur Tom. 2. p. 530. post lin. 4.
　Instructions how to plant and dress Vines, and to make
　　Wine, and how to dry Raisins, Figs and other fruits,
　　and to set Olives, Oranges, Lemons, Pomegranates,
　　Almonds, and many other fruits. printed with his Trea-
　　tise of the art of making Silk; p. 36—88.
　　Addatur Tom. 3. p. 620. post lin. 9.
Pag. 171. lin. penult. lege: Bouillon La Grange *E. J. B.*
　II. 85.
Pag. 172. ante lin. 9 a fine.
BOYER, *Paul.*
　Veritable relation de tout ce qui s'est fait et passé au
　　voyage que M. de Bretigny fit à l'Amerique occidentale
　　(1643.) Pagg. 463. Paris, 1654. 8.
　　Addatur Tom. 1. p. 159. post lin. 24.
Pag. 181. post lin. 10.
　Beobachtungen über den Kreuzstein.
　　　Pagg. 28. tab. ænea 1. Leipzig, 1794. 8.
　　Addatur Tom. 4. p. 143. post lin. 8. sect. 163.
ib. ante lin. 15 a fine.
　Traités très rares concernant l'histoire naturelle. I. 304.
Pag. 182. post lin. 7.
　Miscellanea Physico-Medico-Mathematica. I. 46.
Pag. 184. post lin. 9.
　Anviisning til at opelske indenlandske og udenlandske

træearter i det frie, oversat og omarbeided til anven-
delse for Dannemark og Holsteen af M. G. Schæffer,
med anmærkninger af E. Viborg.
  1 Deel. pagg. 354. tab. ænea 1.

  Kiöbenhavn, 1799. 8.
  Addatur Tom. 3. p. 619. post lin. 23.
Pag, 185. lin. 23. lege: IV. 7; ubi adde:
  ——————— Pagg. 222.   Noribergæ, 1602. 4.
Pag. 196. lin. 9. adde: ob. 1799.
Pag. 198. ante lin. 8 a fine.
COLBATCH, *Sir John.*
  A dissertation concerning Mistletoe, a specifick remedy
  for the cure of convulsive distempers.
  Second edition.   London, 1720. 8.
  Pagg. 30. Part 2. pagg. 40.
  Addatur Tom. 3. p. 526. post lin. 6.
Pag, 204. ante lin. penult.
CREUXIUS, *Franciscus.* S. J.
  Historiæ Canadensis, seu Novæ Franciæ libri X. ad annum
  usque 1656.
  Pagg. 810; cum tabb. æneis.   Parisiis, 1664. 4.
  Addatur Tom. 1. p. 153 ad calcem.
Pag. 205. lin. 24. adde: ob. 1800.
Pag. 206. post lin. ante penult.
  Tableau elementaire de l'histoire naturelle des animaux.
  Pag. 710. tabb. æneæ 14.   Paris, an 6. 8.
  Addatur Tom. 2. p. 6. ante sect. 6.
  Leçons d'anatomie comparée, recueillies et publiées sous
  ses yeux par C. Dumeril.   Paris, an 8. 8.
  Tome 1. pagg. 521. Tome 2. pagg. 697.
  Addatur Tom. 2. p. 371. ante sect. 5.
Pag. 209. post lin. 2.
  Phytologia, or the philosophy of agriculture and garden-
  ing.
  Pagg. 612. tabb. æneæ 12.   London, 1800. 4.
  Addatur Tom. 3. p. 366. ante sect. 2.
ibid. lin. 7. adde: n. 1716. ob. 1800.
ibid. post lin. 16.
DAUDIN, *F. M.*
  Traité elementaire et complet d'Ornithologie.
  Tome 1. pagg. 474. tabb. æneæ 8.   Paris, 1800. 4.
     2. pagg. 473. tab. 9—29.
  Addatur Tom. 2. p. 112 ad calcem.

Pag. 212. post lin. 20.

DE LA VIGNE, *Gisleni Francisci,*
Commentatio de Gratiola officinali Linn. ejusque usu,
præcipue in morbis cutaneis.
Pagg. 46. Erlangæ, 1799. 8.
Addatur Tom. 3. p. 467. ad calcem sect. 22.

Pag. 218. lin. 7. lege : III. 99; ubi adde :
——— 2d edition. Pagg. 133. Cambridge, 1800. 8.

Pag. 240. ante lin. 6. a fine.

FREIESLEBEN, *Johann Carl.*
Mineralogische bemerkungen über das schillernde fossil,
von der Baste bey Harzburg.
Pagg. 38. Leipzig, 1794. 8.
Addatur Tom. 4. p. 106. ad calcem sect. 98.

Pag. 246. post lin. 24.

GARNETT, *Thomas.*
Observations on a tour through the Highlands and part
of the western isles of Scotland. London, 1800. 4.
Vol. 1. pagg. 338. Vol. 2. pagg. 275. tabb. æneæ 53.
Addatur Tom. I. p. 97. ante lin. 3 a fine.

Pag. 247. ante lin. 20 a fine.

GAUTIERI, *Joseph.*
Untersuchung über die entstehung, bildung, und den bau
des Chalcedons, und der mit ihm verwandten steinar-
ten, insbesondere aber des Chalcedons von Tresztya in
Siebenbürgen.
Pagg. 360. tab. ænea 1. Jena, 1800. 8.
Addatur Tom. 4. p. 88. ad calcem sect. 60.

Pag. 270. post lin. 16.

HARTMANN, *Guilielmus.*
Diss. inaug. sistens observationes botanicas de discrimine
generico Betulæ et Alni.
Pagg. 38. Stuttgardiæ, 1794. 4.
Addatur Tom. 3. p. 319. post sect. 664. præfixo titulo :
Betulæ genus.

Pag. 295. post lin. 15.
Zoographie des diverses regions, tant de l'ancien que du
nouveau continent. Paris, an 8. 4.
Pag. 1—64. Mapp. zoograph. æri incis. 1—6.
Addatur Tom. 2. p. 25. post lin. 1. sect. 14.

Pag. 297. post lin. 5.

JOLYCLERC, *N.*
Cryptogamie complette de C. Linné, premiere edition fran-
çoise, calquée sur celle de Gmelin.
Pagg. 242. Paris, an 7. 8.
Addatur Tom. 3. p. 219. ad calcem sect. 201.

TOM. 5. M m

Pag. 311. post lin. 15.

KRAUSE, *Joanne Christophoro,* Præside
Diss. Veterum e mineralogia aphorismi. Resp. Car. Chph.
  Schmieder. Pagg. 22.   Halis, 1799. 4.
  Addatur Tom. 4. p. 77. post lin. 19.

Pag. 315. lin. 1. III. 11; ubi lege:
Tome 3. Gor-Mau. pagg. 759.   1789.
   4. Mau-Pan. pagg. 764.   an 4.
ib. post lin. 23.
Erfahrungen über den Runkelrübenzukker.
  Pagg. 84.   Freyberg, 1800. 8.
  Addatur Tom. 5. p. 97. post lin. 12.

Pag. 319. post lin. 22.

LE BLANC, *Vincent.*
Les voyages fameux du Sieur Vincent Le Blanc Marseillois, qu'il a faits depuis l'age de douze ans (1567)
jusques à soixante, aux quatre parties du monde; le
tout recueilly de ses memoires par le sieur Coulon.
  Pagg. 276. 2 partie. pagg. 180. 3 partie. pagg. 150.
                   Paris, 1648. 4.
  Addatur Tom. 1. p. 86. post lin. 9.

Pag. 321. post lin 9 a fine.
Verzeichniss von ausgestopften Säugethieren und Vögeln,
welche in öffentlicher auction verkauft werden sollen.
  Pagg. 46.   Göttingen, 1799. 8.
  Addatur Tom. 2. p. 25. ante sect. 14.

Pag. 325. lin. 15. adde: ob. 1800.

Pag. 345. post lin. 8.

DE MARINI.
Histoire des royaumes de Tunquin et de Lao, traduite de
l'Italien. Pagg. 436.   Paris, 1666. 4.
  Addatur Tom. 1. p. 142. post lin. 1. sect. 101.

Pag. 351. post lin. 22.

MEIGEN, *J. G.*
Nouvelle classification des Mouches a deux ailes, (Diptera L.) Pagg. 40.   Paris, an 8. (1800.) 8.
  Addatur Tom. 2. p. 274. ad calcem sect. 705.

Pag. 359. lin. ult. lege: *Antoine.* Instituti Paris. Soc.

Pag. 394. post lin. 3.

RAFN, *Carl Gottlob.*
Udkast til en plantephysiologie.
  Pagg. 240.   Kiöbenhavn, 1796. 8.
———— in ejus Dannemarks Flora, 1 Deel, p. 81—320.
  Addatur Tom. 5. p. 84. ante lin. 21 a fine.

Dannemarks og Holsteens flora.
    1 Deel. pagg. 722.   Kiöbenhavn, 1796.   8.
    2 Deel. pag. 1—800.   1800.
    Addatur Tom. 3. p. 166. post lin. 14.
Pag. 417. lin. 23. adde : Med. Bot. et Chem. Prof. Harde-
    rovic. ob. 1800. æt. 32.
Pag. 437. post lin. 5.
DE SILVA FIGUEROA, *Garcias.*
    Ambassade en Perse, (1617—1624) traduite de l'espag-
    nol, par M. de Wicquefort.
    Pagg. 506.   Paris, 1667.   4.
    Addatur Tom. 1. p. 137. ante lin. 20 a fine.
Pag. 472. ante lin. 10 a fine.
VILLAULT, *Sieur de Bellefond.*
    A relation of the coasts of Africa called Guinee; trans-
    lated from the french. Pagg. 266. London, 1670.   12.
    Addatur Tom. 1. p. 130. post lin. 4.

EXPLICATIO SIGLARUM.

A. U.   Anno Urbis (Romæ.)
æt.   ætatis.
Anon.   Anonymus.
Comm.   Commentarii.
Cont.   Continuatio libri cujusdam.
Ed.   Editor.
J. U. D.   Juris Utriusque Doctor.
LL. D.   Legum Doctor.
M. A.   Artium Magister.
M. D.   Medicinæ Doctor.
N.   Notæ.
n.   natus.
ob.   obiit.
P. M.   Pontifex Maximus.
Pr.   Præses.
R.   Respondens.
R. S. S.   Regiæ Societatis Londinensis Socius.
S. J.   Societatis Jesu.
Th. D.   Theologiæ Doctor.
Tr.   Translation, Traduction.

FINIS TOMI V.
ET ULTIMI.

Printed by W. Bulmer and Co.
Cleveland-row, St. James's.

Printed in the United States
By Bookmasters